沉井沉箱设计、施工及实例

张凤祥　编著

中国建筑工业出版社

图书在版编目（CIP）数据

沉井沉箱设计、施工及实例/张凤祥编著. —北京：中国建筑
工业出版社，2009
ISBN 978-7-112-11553-2

Ⅰ. 沉… Ⅱ. 张… Ⅲ. ①沉井施工②沉箱－工程施工
③沉井－设计④沉箱－设计 Ⅳ. TU473.2 TU753.6

中国版本图书馆 CIP 数据核字（2009）第 204527 号

本书全面系统地阐述近年推出的沉井、沉箱新工法（重点是低成本无人自动化工法），新技术（信息化遥控施工监测技术）及大量工程实例。全书理论联系实际，突出一个"新"字。本书对大型桥梁基础、都市立交地下道、盾构和顶管隧道工作井、永久通风井、超高建筑物基础、港口基础、护堤基础、水闸基础、集装箱码头、船坞、地下坝、地下河、地下电站、地下油罐、地下气罐、地下蓄水池、防空洞、地下垃圾场、大型地下停车场、地下商业街、冶金高炉及重型设备基础等建设工程项目的设计、施工、管理均有较大的借鉴价值和指导意义。

本书可作为上述行业广大科研人员、设计人员、监理人员及高校广大师生的业务参考书。

* * *

责任编辑：武晓涛
责任设计：赵明霞
责任校对：王金珠 关 健

沉井沉箱设计、施工及实例
张凤祥 编著
*
中国建筑工业出版社出版、发行（北京西郊百万庄）
各地新华书店、建筑书店经销
北京华艺制版公司制版
北京盈盛恒通印刷有限公司印刷
*
开本：787×1092 毫米 1/16 印张：41 字数：1024 千字
2010 年 5 月第一版 2010 年 5 月第一次印刷
印数：1—2500 册 定价：85.00 元
ISBN 978-7-112-11553-2
（18781）

前　言

采用边排土边下沉，或直接设置于水中等手段，把井筒、箱体沉入地下和水中，分别称为陆地沉井、沉箱和水中沉井、沉箱，相应的施工方法分别称为陆地沉井、沉箱工法和水中沉井、沉箱工法。沉井、沉箱的优点是躯体刚度大、断面可大可小、承载力大、抗渗能力强、耐久性好、抗震性好、施工占地面积小、成本低、可靠性好、适用土质范围宽、施工深度深（可达100m），特别是沉箱工法对大深度施工有着得天独厚的优势。理论、实践都证明，沉箱是目前所有基础工法对周围地层影响最小的一种工法。

由于沉井、沉箱具有上述优点，故沉井、沉箱在交通领域（如各种大中型桥梁基础、立体交叉地下道、磁悬浮交通基础等）；隧道领域（如盾构隧道、顶管隧道的临时工作井、永久性通风井等）；水利设施领域（如港口基础、护堤基础、水闸基础、集装箱码头、防浪堤、船坞、地下河、地下坝等）；电力设施领域（如电站基础、地下变电站、送电铁塔基础、火力发电地下贮油罐、地下LNG贮罐等）；市政工程领域（如地下沉淀池、污水处理深层曝气槽、地下蓄水池、地下防空洞、地下泵站、地下垃圾处理场等）；大型地下深层建筑（如大型超高层建筑物基础、地下停车场、地下商业街等）；其他领域（如核料、放射性物质贮存库，冶金高炉基础，矿井及各种重型设备基础等），有着极为广泛的应用。

就沉井工法而言，以往的自沉工法因只适于软地层、沉没深度不深、易倾斜、成本高等弊病，20世纪90年代以来施工数量锐减。取而代之的是压沉沉井工法、水中反铲自动化沉井工法（SOCS工法）、自由扩缩挖掘式硬地层自动化沉井工法、并联射流水中自动挖掘工法等成本低、质量高、工期短、适于软硬地层的合理化工法。

目前的沉箱工法系指压气沉箱工法。该工法的基本原理是向沉箱下部的作业室内压送与地下水压相当的压缩空气，抑制地下水以实现干挖。目前该工法已进入无人化时代，即地表遥控无人自动化挖掘工法进入推广普及阶段，完全无人化工法进入完善阶段。

水中沉井、沉箱工法是在陆地上制作沉井、沉箱的整个躯体（即井筒或箱体），然后把躯体用台船（或拖船、吊船）运至沉设地点，设置到水中的工法。该工法的最大优点是可以实现基础的大断面、大深度化（目前已有深70m、直径80m的水中沉井的成功施工实例），质量可靠、工期短。

目前，沉井、沉箱及水中沉井、沉箱工程数量猛增，大有独占鳌头之势。

然而，上述诸多新工法、新技术，在我国尚属空白。开发上述课题填补空白，乃当务之急。

无论是赶上国际先进水平，缩短差距的需要，还是从提高业务素质的需求，都表明广大从业人员迫切希望全面阐述新工法和新技术的原理、优点、用途、系统构成、合理设计方法、低成本无人工法、信息化施工监测系统与方法、事故的应急措施、工程实例等全面系统的专著问世。鉴于上述状况，我们编著了本书。

书中给出的大量工程实例均系近年现场施工的成功经验总结。条理清楚、数据齐全、结果可信度高，对实际的工程设计、施工、测量等均有较大的借鉴价值，有的实例完全可以套用。

本书出版对我国前述诸多行业的技术开发有较大的参考价值和促进作用。

马国民高级工程师编写了 7.1.5 节，邵倩芸工程师查阅了部分文献，这里一并致谢。

由于编著者水平有限，书中难免存在错误和不足，恳请读者批评指正。

作者

2009 年 8 月 28 日于上海

目　　录

第1章 概 述

1.1 沉井与沉箱的定义、特点及用途

1. 定义

把不同断面形状（圆形、椭圆形、矩形、多边形等）的井筒或箱体（带底板的井筒），按边排土边下沉的方式沉入地下，即沉井（见图 1.1.1 (a)）或沉箱（见图 1.1.1 (b)）。两者的根本差别是沉箱装有底隔板，该底隔板是为确保压气排水干挖而采取的封闭措施。故也有人把沉箱看成是沉井的一个特例，称为压气沉井。此外，还有称沉井为开口沉箱，称沉箱为闭口沉箱的提法。

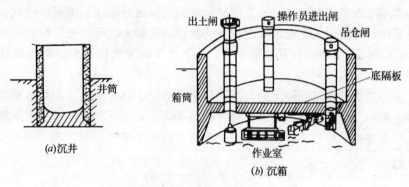

图 1.1.1 沉井与沉箱

2. 特点

（1）沉井与沉箱的躯体刚度大、承载力高、抗渗能力强、耐久性好、内部空间可资利用。

就深基础支承层而言，各种基础相对刚度（βl）的关系如图 1.1.2 所示。这里的 $\beta = (kB/4EI) l/4$；k 为地层反力系数（N/cm^3）；B 为基础的宽度（cm）；E 为基础的弹性系数（N/cm^2）；I 为基础的断面 2 次矩（cm^4）；l 为基础的深度（长度）（cm）。

由图 1.1.2 不难发现，沉井沉箱的刚性最好。这也是重要深基础工程均选用沉井沉箱工法的理论依据，是其他基础工法无法取代的理由。

（2）施工场地占地面积小、成本低、质量大、稳定性好、可靠性高。

（3）适用土质范围广（淤泥土、砂土、黏土、砂砾、岩层均可施工）。

（4）施工深度大，已有 70m 的施工实例；断面大，已有 4800m² 的施工实例。

（5）施工给周围地层中土体造成的变位小，故对邻近建筑物的影响小，较适于近接施工。特

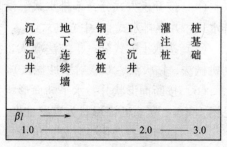

图 1.1.2 相对刚度与基础形式的关系

别是沉箱工法对周围地层沉降的影响极小，目前已有离开箱体边缘30cm以外的地层无沉降的沉箱施工实例问世。

（6）对软硬地层变化较大的情形或地中存在障碍物的情形而言，处置容易。

（7）确认支承层的现场原位平板载荷试验容易（沉箱）。

（8）在满足同样承载力的前提下，与桩基础相比沉井沉箱基础的平面面积小。

（9）与其他基础（桩基础、板式基础等）相比抗震性好。

对软地层（淤泥层等）而言，沉井与沉箱施工中存在突沉的可能性，工序复杂、技术含量高，全面加强质量管理是成功的关键。

3. 用途

由于沉井与沉箱存在上述优点，故沉井沉箱在大型地下构造物和深基础方面有得天独厚的优势，应用极广。

作为永久性地下构造物使用的有地下储油罐、地下NLG天然气罐，地下泵房、地下沉淀池、地下水池、地下防空洞、地下车库、地下变电站、地下料坑等多种地下设施。此外，在盾构隧道工法中作为临时性的工作井（为盾构机械的搬入、组装、进发、到达、解体，管片及其他材料的运入、泥水处理设备的设置，挖掘土砂及其他废料的运出等作业提供场地）。永久性工作井有通风井、排水井、地下铁道施工盾构站设备的接收井、采矿业的竖井等。

作为大型构造物的深基础使用的有高层和超高层建筑物的基础、各种桥梁基础、都市高架路基础、都市立交地下隧道通道、轻轨线路基础、磁悬浮高架基础、水闸基础，大坝港口基础、护提基础、冶金高炉基础及各种重型设备基础等等。

1.2 沉井与沉箱概述

1.2.1 分类

沉井与沉箱的分类方法较多，大致有以下几种。

（1）按构成材料分：钢筋混凝土式、水泥土（SMW墙）+钢筋混凝土（RC墙）式、钢板拼接式、混凝土夹心钢板拼接式等。

（2）按井筒构筑方法分：现浇式、预制拼接式、拼接浇注混合式。

（3）按有无井筒下沉措施分：自沉式；助沉式（压沉式、设减摩台阶式、润滑泥浆助沉式、刃脚射流助沉式，刃脚外撇式、圆砾减摩式及上述措施组合式）。

（4）按开挖方式分：不排水式、设防渗墙式（注浆加固式、冻结式）、排水式（外围排水式、井点排水式）、中心岛式。

（5）按取土方式分：干挖法（人工挖掘法、无人机械自动挖掘法）；水中挖掘法（水利机械法、钻吸法、双联射水冲挖法）。

（6）按断面形状分：水平断面形状为圆形、椭圆形、矩形、正多边形、其他多边形，见图1.2.1；竖直断面形状为直壁柱形、内、外阶梯形、锥形，见图1.2.2。

（7）按施工自动化程度分：机械式、半自动化式、全自动化式。

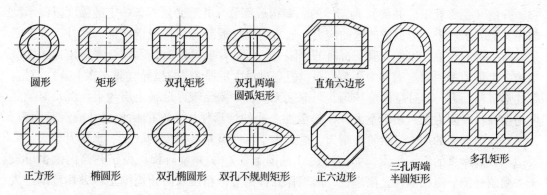

图1.2.1　按水平断面形状分类

圆形　矩形　双孔矩形　双孔两端圆弧矩形　直角六边形

正方形　椭圆形　双孔椭圆形　双孔不规则矩形　正六边形　三孔两端半圆矩形　多孔矩形

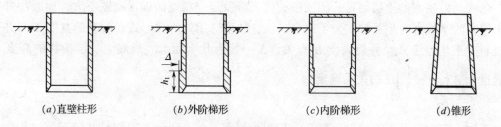

(a)直壁柱形　　(b)外阶梯形　　(c)内阶梯形　　(d)锥形

图1.2.2　按竖直断面形状分类

（8）按深度分：大深度（30m以上）、中小深度。

（9）按断面面积大小分：小中断面、大断面、超大断面。

（10）按使用用途分：隧道各种工作沉井、桥梁基础沉井或沉箱、大厦基础沉箱、雨水贮水池、地下车库、地下料坑、矿井、基础托换沉箱等。

（11）按沉井沉箱沉设区域分：陆地沉井沉箱、水中沉井沉箱。

此外，还可按地层软硬分，按挖掘机的特点分等，由于篇幅关系，此外不赘述。

1.2.2　构造

箱体的基本构造如图1.2.3所示。箱体一般由井壁、刃脚、内隔墙、井孔凹槽、底板、顶盖（对沉箱而言，还应增设气闸、人孔）等部分构成。

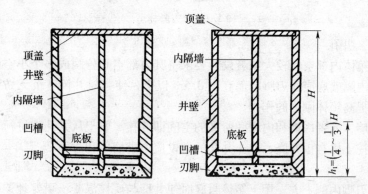

图1.2.3　箱体构造图

顶盖　井壁　内隔墙　凹槽　刃脚　底板

顶盖　内隔墙　井壁　凹槽　刃脚　底板

H　$h_1 = \left(\frac{1}{4} \sim \frac{1}{3}\right)H$

（1）井壁

井壁（也称箱壁、井筒）是箱体的主要构成部分。井壁必须具备一定的强度以便承受作用其上的水、土压力造成的弯曲应力，通常为钢筋混凝土结构或钢结构。此外，井壁必须具备一定的自重，以便克服下沉时的摩阻力，设计井壁厚度时，须综合考虑用途、助沉措施、自重力等因素。通常为 0.5~2m，但有过最大壁厚 4m 的报导（见 4.2.1 节）。对直壁柱形沉箱而言，其井壁厚度均匀，与深度无关；井壁易较好地被土层约束，沉设时的竖向精度高；摩阻力大，适于不太深、松散性土质的情形使用。对阶梯形沉井或沉箱而言，井壁厚度随深度的加大呈台阶形增大，这是由于沉井沉箱底部受到的土、水压力较大，需要适当提高刚度的原因所致。如前所述（见图 1.2.2），井壁阶梯可设于井筒内侧也可设于井筒的外侧。对松散性土层来说，因确保井体的竖向精度及防止周围土体破坏范围过大（导致土层沉降大，对邻近建筑物影响大）等因素最为关键，故宜选用内阶梯（外壁为直壁）形式。对密实的土层而言，因周围土层沉降及竖向精度的确保问题不大，而减小井壁与土层间的摩阻力确是关键。为了利于下沉，故多选用外阶梯形式。阶梯的宽度 Δ 与井壁的材料、平均厚度 d 及井筒高度 H 有关，Δ 一般为几十厘米。最底下一层阶梯的高度 h_1 可通过 $h_1 = \left(\dfrac{1}{4} \sim \dfrac{1}{3} \right) H$ 的关系确定。

（2）刃脚

刃脚，即井壁最下端的尖角部分。其构造如图 1.2.4 所示。刃脚是井筒下沉过程中切土受力最集中的部位，所以必须有足够的强度，以免破损。通常称刃脚的底面为踏面，踏面的宽度依土层的软硬及井壁重量、厚度而定，一般为 15~30cm。对硬地层来说，踏面应用钢板或者角钢保护。刃脚侧面的倾角通常为 45°~60°。确定刃脚高度时应从封底状况（是干封、还是湿封）及便于抽取刃脚下的垫木及土方开挖等方面综合考虑。湿封底时高度大些，干封底时高度小些。此外，通常刃脚应外突井壁一定间隔，约为 20~30cm。

图 1.2.4 刃脚构造

（3）内墙、井孔

内墙即当箱体内部空间较大或者设计要求将其内部空间分割成多个小空间时，箱内设置的内隔墙。内隔墙底应比刃脚踏面高出 0.5m 以上，使其对井筒下沉无妨碍。从客观上讲，内墙还有提高箱体刚度的作用。

井壁与内墙，或者内墙和内墙间所夹的空间即井孔。取土从井孔中进行，所以井孔的尺寸应能保证挖土机自由升降，取土井孔的布设应力求简单和对称。

（4）凹槽

凹槽位于刃脚内侧上方，用于箱体封底时使井壁与底板混凝土更好地连接在一起。以便封底底面反力能更好地传递给井壁见图 1.2.3。通常凹槽高度在 1m 左右，凹深 15~

30cm。

（5）底板

底板即井体下沉到设计标高后，为防止地下水涌入井内，须在下端从刃脚踏面至凹槽上缘的整个空间，填充不渗水的能承受基底地层反力的。并具一定刚度的材料，以防地下水的涌入和基底的隆起。这层填充材料的整体即底板。通常底板为两层浇注的混凝土，下层为无筋混凝土，上层为钢筋混凝土。底板的厚度取决于基底反力（水压＋土压）、底板的构造材料的性能、施工方法等多种因素。

（6）底梁和框架

当设计要求不允许在大断面或大深度沉井沉箱内设置内隔墙时，为确保箱体的刚度，可采用在底部增设底梁，或者在井壁不同深度处设置若干道由纵横大梁构成的水平框架，以提高整体的刚度。

（7）顶盖

顶盖即沉井封底后根据条件和需要，井体顶端构筑的一层盖子。通常为钢筋混凝土或钢结构。顶盖的作用是承托上部构造物，同时也可增加井体的刚度。顶盖厚度视上部构造物载荷状况而定。

1.2.3　设计计算原则

沉井与沉箱设计计算的基本内容是，确定井筒（箱体）的尺寸（平面尺寸、高度）和构件（用材的尺寸、型号）。设计结果必须符合下列要求。

（1）必须符合力学稳定性的要求。即沉井与沉箱作用于底面地层上的竖向总荷重必须小于地层的允许持力；作用于沉井与沉箱壁面上的水平荷重（包括地震时的水平最大破坏载荷力）必须小于井壁的允许抗剪力；沉井与沉箱的变形必须小于允许变形值。

（2）沉井与沉箱的所有构件的应力均应小于允许值。

（3）全部设计计算的结果必须符合稳定性计算、构件设计要求，以便保证下沉关系的合理性、可靠性（见4.2节、4.4节的叙述）。

设计计算的内容较多，理论性较强，这里不再赘述，详见本书第3章。

1.2.4　施工简介

1. 沉井施工

通常的沉井施工程序如图1.2.5所示。总的来说，通常沉井施工程序有以下几步。

通常的沉井的施工步骤如下：

① 井筒构筑：包括平整场地、浇筑或设置第一节井筒、拆除垫架，浇筑（或拼接）以后各节井筒。

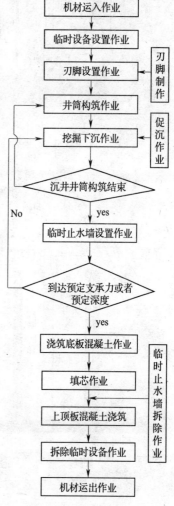

图1.2.5　沉井施工程序

② 挖土，排土，下沉井筒。

③ 续接井筒。

④ 封底。

沉井、沉箱施工概况分别如图 1.2.6 及图 1.2.7 所示。

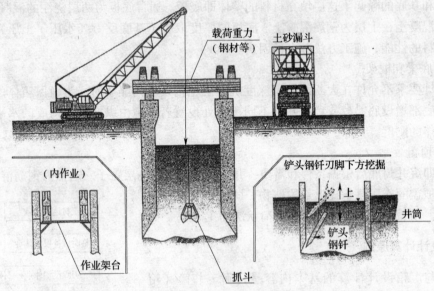

图 1.2.6　沉井施工概况图

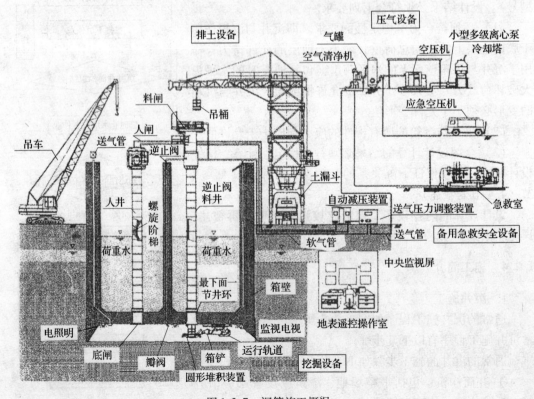

图 1.2.7　沉箱施工概况

上述施工步骤中的各种操作方法的选取，取决于地层土质、地下水位、施工场地大小、沉井用途、施工对周围构造物的影响程度、施工设备的状况及成本等因素有关。具体操作方法的分类如表1.2.1所示。

操作方法分类表　　　　　　　　　　　　　　　　　　　　表 1.2.1

井筒构筑方法	混凝土井筒 {	现场浇筑法	
		管片拼接法	
	钢制管片拼接法		
	自动化拼接工法		
挖土方法	水挖法 {	抓斗法	
		水力机械法	
		钻吸法	
		双联射流冲挖法	
		自动水中反铲法	
		自由扩缩机法	
	干挖法 {	排水法 {	集水井排水法
			外围排水法
		防渗法 {	钢板桩法
			地下连续墙法
			水泥土墙法
			冻结法
			注浆法
		压气法	
井筒下沉方法	自沉法 {	纯自沉法	
		纯自沉＋助沉措施（详见4.1.16节）法	
	压沉法 {	（地锚反力压入力＋自重力）法、自动压沉法	
		（地反力压入力＋自重力＋助沉措施力）法	

（1）井筒构筑方法

井筒构筑方法有浇筑接筑法及预制管片拼接法两种。

浇筑接筑法，即现场分节立模浇筑钢筋混凝土，浇一节、沉一节，然后再立模浇制下一节，逐步接长井筒的方法，浇筑时应注意均匀对称。这种方法的缺点是从现场组装钢筋框架立模到浇筑混凝土及养护，需要的人力、物力均较多，且工期较长，故不经济。由于工期长，下沉不连续，故对防止周围地表沉降及保证井筒的垂直不利。

管片拼接井筒法是针对上述浇筑接筑法的缺点而提出的一种方法。即在现场拼装预制管片接筑井筒的方法。这种方法的优点是省力、工期短、经济、井外周围地表沉降小、井筒下沉的垂直度好。但该方法目前只适用于中小口径沉井，对大口径沉井而言在接头防水、抗拉、抗弯等性能上有待提高。

（2）井筒下沉法

井筒下沉方法有靠自重力下沉的自沉法和压沉法两种。

纯自沉法即靠井筒自身的重力下沉井筒。这种方法的缺点是井筒下沉速度慢、工期长；开挖取土时井外四周土体移向井心，故周围地表沉降大。另外，井筒的垂直度很难保证。故近年来该工法在都市内构造物密集的居民区的施工实例日趋减少，可以说现已基本不用。

SS工法是（纯自沉＋助沉措施）法的一个成功的特例，详见4.3节。

压沉法，即井筒的下沉是靠加在井筒上的外压力（地锚反力）和自重力完成。该工法的优点是可以通过调整地锚反力的大小及地锚的条数来调节压入力的大小及均匀性，故能较好地控制井筒的下沉姿态。若取土是连续进行的，则刃脚贯入土层也是连续的，且井筒的下沉速度较自沉法快得多，所以这种方法可以克服开挖的井外四周土体向井心移动（导致地表沉降大）及井筒垂直度不理想的缺点。目前沉井、沉箱几乎均采用压沉法。但是采用这种方式时，就地层条件而言，必须在适当的深度找到可以作为锚固点的地层，以便得到必要的锚固反力，这一点最为关键。

降低沉井周面摩阻力的方法。无论是自沉法，还是压沉法，为使井筒（或箱体）能顺利下沉，施工中多数情形下采用降低沉井、沉箱周面摩阻力的措施。归纳起来，降低周面摩阻力的方法如表4.1.24所示。

（3）挖土方法

沉井的挖土方法有水挖法、干挖法。

① 水挖法

当地层不稳定，地下水涌水量较大时，为避免排水造成的涌砂等不利现象的发生，通常作不排水施工。因此开挖时井内井外水位基本一致，所以地下水位以下的开挖是水中挖掘。水挖法因地层软硬而不同（详见4.1.9节叙述），大致分类状况如表1.2.2所示。水挖法要求在地表配备泥浆沉淀设备及泥水分离设备，及具备废泥、废水的排放条件。

水挖法分类表 表1.2.2

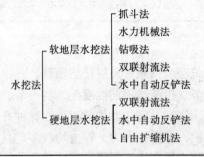

干挖法分类 表1.2.3

干挖法 ┌ 排水干挖法（详见4.1.11节）
　　　 └ 压气干挖法（即沉箱挖掘法，详见第5章的叙述）

a. 抓斗法

要想使沉井确实地沉设到承载层上，须把沉井底的土砂挖掘并排到井外，从而减小土层作用在刃脚上的抗力，因井筒自重力和助沉措施的作用，刃脚下方地层发生崩塌，即井筒发生下沉。通常挖除刃脚侧下方土体的设备是抓斗。抓斗挖土的正确方法是先对称地挖掘靠近刃脚侧面的土体，以利于发生崩脚且井筒下沉稳定，如图 1.2.8（*a*）所示。图 1.2.8（*b*）是不正确的挖掘方法。

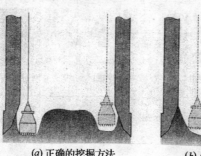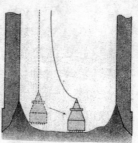

（*a*）正确的挖掘方法　　　　（*b*）错误的挖掘方法

图 1.2.8　抓斗挖掘要领图

b. 双联射流冲挖法

该工法是使用双联射流冲挖排土装置挖排土的工法。其特点是无人入井、自动化地表遥控，效率高、安全可靠。详见 4.1.10 节。

c. 水中自动反铲法

该工法是在沉井刃脚环的内壁上设置运行轨道，自动反铲可在该轨道上横移，自动挖除刃脚下方土体，并把挖掘土砂集中到中央部位，图 1.2.9 示出的是导轨式水中自动反铲挖掘机的侧面图和挖掘参数的平面图。

水中自动挖掘机，可利用反铲的轮换和事先输入的 7 个挖掘参数，及沉井外壁向内 4m 范围的土质状况，自动调节竖向断面的挖掘参数。例如，对于软地层，为防止沉井突沉，挖掘量要小；相反，对于硬地层，为减轻压入系统的负担，应挖到刃尖部位。另外，就平面挖掘参数来说，可由反铲宽度设定周向挖掘块。同样该挖掘块作竖向断面是软土挖掘时，仍可分层挖掘，即由土质状况调节挖掘参数。

水中自动反铲挖掘机工法的优点是：

（*a*）适用土质范围宽，从软地层到硬地层（5MPa）均可适用。

（*b*）作业安全性好，无人入井。

（*c*）可靠性好。

（*d*）作业自动化，操作人员大减，成本低。

（*e*）作业场地小。

（*f*）适于大型沉井施工。目前已有 ϕ35m 的实例。

目前，该工法是最先进、最安全、最实用的工法，故近年施工实例猛增，极有推广价值。

② 干挖法

干挖法，即排水挖土法。

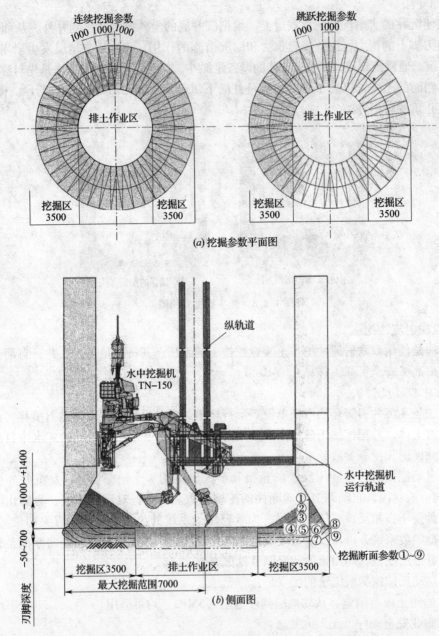

(a) 挖掘参数平面图

(b) 侧面图

图 1.2.9　导轨式水中自动反铲挖掘机（单位：mm）

对于卵石、孤石、密实黏土泥岩、岩层等地层，不易出现隆涨，涌砂、涌水量不多，即使排水也对环境污染不大的现场，其他不适合水中开挖等情形，应考虑采用干挖法，因干挖法成本低、进度快。

干挖法的分类状况，如表 1.2.3 所示。详细叙述见 4.1.11 节和 4.1.12 节。

（4）施工监测管理

作好监测管理工作是沉井、沉箱施工成功的关键。监测的目的是提高沉设精度（深度、偏心、倾斜、旋转），提高施工效率，防止躯体承受大的应力及防止对周围环境的影响。

监测系统包括沉井、沉箱躯体自身状态监测系统及施工对周围环境影响监测系统两部分。

自身状态监测包括自身位置监测（平面位置监测、几何形状偏移监测、下沉深度监测）、姿态监测。

沉井、沉箱躯体上作用力的监测包括：刃脚下方土体抗力、周面摩阻力、侧面土压力、钢筋应力、混凝土变形、内应力、液压千斤顶的压入力等。各种力传感器的设置状况如图 4.2.13 所示。

监测目的、信息、项目及设备的关系如表 4.1.38 所示。采集好监测管理信息，及时调整挖掘方法是实现高精度下沉的关键，必须认真执行。

2. 沉箱工法

（1）原理

沉箱工法的基本原理是向沉箱下部作业室内压送与地下水压相当的压缩空气，阻止地下水进入作业室，即靠气压排水保护作业室内为干涸状态，从而进行干挖。故该工法的挖排土效率高，对周围地下水位无影响。沉箱工法与沉井工法的施工方法大致相同，但也存在一些不同之处：

① 由于井底就是作业室的上顶盖，系在地表制作，故无封底工序。

② 开挖作业仅为干挖法。

③ 随着作业深度的加深，作业气压也增大。目前已有作业气压加大到 0.53MPa（69m 深）的施工实例。

（2）沉箱施工设备

① 顶棚运行挖掘机

沉箱的挖土设备为顶棚运行挖掘铲斗机。该铲斗可沿作业室顶板上的两条轨道悬垂运行，因此消除了挖土时地层不平和支承力不是等因素的影响。此外，以顶棚反力为挖掘力，故可挖掘硬地层，还可把挖掘土砂运往吊斗。上述这些操作均为无人自动遥控作业。故施工效率高且省力。

② 排土吊桶

伴随闸室、竖井的大型化，吊桶已从起初的 $0.5m^3$ 进展到目前的 $1.5m^3$。吊桶的上提设备以往以固定吊车为主，但目前多数已被移动吊车所取代。在现场条件限制不适于使用吊车的场合下，可使用载重架（见照片 1.2.1）。

（3）安全措施设备的提高

① 大气吊仓工法

因作业是在高气压下进行，为实现作业无人化，推出了大气吊仓工法，即把操控人员的工作室（大气压）做成一个吊仓，吊入箱内观察及操纵挖、排土作业的工法。

② 无人遥控自动沉箱工法

随着工业远程遥控摄像电视技术飞跃，人们把该项技术引入到沉箱工法中，即把电视摄像机监视器设置在作业室内，录制箱内作业状况，然后发射录像信号。由地表遥控室内接收该信号并显示在计算机的显示器上，进而发出操作指令。这就是所谓的无人遥控自动沉箱工法。

照片1.2.1 载重吊架设备

③ 出入箱设备

尽管出现了无人遥控自动沉箱工法，但箱内设备的保养、检修等作业有时还需人员进箱操作。为此，沉箱上应设置人员进出的闸室和竖井，这称为人闸、人井。排土的运出及各种料的运入，也应设置物料的进出闸室和竖井，这称为料闸、料井。人闸室的设计形式多种多样，但不管哪种形式均须以预防减压病的观点进行设计，即应重点关注减压装置和供暖装置的合理设置。

（4）降噪措施

沉箱工法压气过程中，空压机的运转噪声、料闸的排气、漏气噪声对环境有一定的影响，应采取降噪措施。通常选用降噪效果较好的螺旋空压机压气。料闸排气噪声多在排气管出口处设置消音器。钢丝绳密封口漏气采用开关罩措施降噪。作业室的漏气采用回收盒法回收漏气（详见9.3节），更重要的防止漏气措施是严加作业气压的管理。

（5）施工精度的提高

与沉井施工相同，其精度的三大要素仍是倾斜（弯曲）、水平移动、下沉深度。这些问题均靠挖掘作业修正。然而这个问题的理论解释极为困难，通常都是在连续掌握沉箱的状态数据的基础上进行挖掘作业调节，而且修正是在偏移较小时进行。沉箱状态数值的掌握必须是实时数值，否则很难实现反馈修正。幸好近年IT技术的进步给测量带来了极大的方便。

1.2.5 沉井与沉箱工法的优缺点比较

（1）沉井

① 优点 相对沉箱而言，施工设备简单；操作容易；成本低；操作时间不受限制。

② 缺点 不排水水挖时，施工效率低；工期长；须增加水、土分离设备和场地；成本高。排水干挖时，施工深度不深，通常小于30m，对周围地层沉降影响大。抗震性差。

（2）沉箱

① 优点 对周围地层沉降影响小，极适于近接施工；抗震性极佳；施工机械化、自动化、无人化，安全性、可靠性好；可在作业室内开展平板载荷试验，可靠地确认支承层承载力；挖除箱内障碍物容易。

② 缺点 施工设备、操作相对复杂；操作人员入箱操作时间受限；成本高。

1.3 沉井、沉箱工法进展概况

1.3.1 沉井工法进展概况

沉井基础工法于18世纪在法国和英国的造桥工程中得以应用，当时构造井筒的材料为砖、石、木。

19世纪后半叶，欧美开始用钢筋混凝土制作井筒。这一时期的最大沉井工程实例当属1890年竣工的伦敦塔桥中支承塔的河中两座巨大沉井桥墩基础工程。塔桥概况如图1.3.1及照片1.3.1所示。沉井基础实际上是由铁、木复合构造的12座沉井组成。

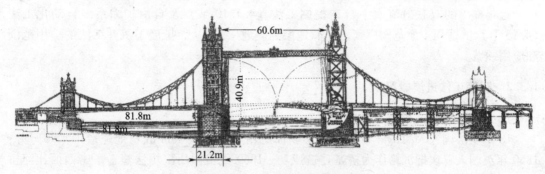

图1.3.1 伦敦塔桥示意图

照片1.3.1 伦敦塔桥塔和中间桥墩

日本在1913年首例钢筋混凝土沉井（肱川桥沉井基础）成功构筑。

此后相当长一段时间内多为钢筋混凝土纯自沉沉井工法。

该工法要求沉井的自身重力要远大于下沉阻力，故把井筒厚度做得非常厚，对软土地层较为有效，但用材浪费。即使如此，对硬土层、卵砾层等硬地层仍下沉困难，且易发生沉井倾斜、偏心等弊病。为此随后人们开发了射气（1938年）、射水等一系列的助沉措施（见表4.1.24）。

到 1965 年日本首先完成了地锚反力压沉沉井工法实例。该工法的问世使难沉、倾斜、偏心等弊病基本得以消除。随后该工法不断完善，现已成为沉井、沉箱顺利下沉的必要手段。1990 年制定了压沉法的设计规范。到 2007 年日本已有 1000 例以上的施工实例。

为了提高沉井的施工速度、降低成本、减轻作业人员的劳动强度和减小施工对周围地层的影响，近年（约 1993 年）问世了一种自动化沉井工法（SOCS 工法）。所谓的自动化沉井工法，即采用预制管片拼接井筒；自动挖土（水中自动反铲挖掘机）、排土；自动压沉井筒控制其姿态的高精度沉井工法。该工法的操作系统由井筒预制管片拼装系统，自动挖土、排土系统，自动下沉管理系统构成（详见 4.8 节、4.9 节）。该工法的优点：适用土质范围广，凡抗压强度 <5MPa 的地层均可适用；作业周期短，对周围地层的影响小；节约人力，可减轻作业人员的负担，成本低；对于 8m <ϕ（直径）<35m 的沉井均可适用；振动小、噪声小。该工法极适合于有高速施工要求的都市市区的施工。

近年推出的双联射流水中自动挖掘工法（4.1.10 节）及自由扩缩系统自动化工法（4.13 节）的适用土质范围广（可从软地层到硬地层），从而扩展了沉井工法的适用范围和应用领域。

1.3.2　沉箱工法进展概况

1. 进展史

1841 年法国人 M. Triger 首次把圆形断面沉箱沉入水下 20m 成功地建造了采煤竖井；1850 年英国人首次把沉箱作为桥基建造成功；1869 年美国用沉箱法建造了密西西比河桥墩。此后在欧美的长大桥梁基础工程、大型地下构造物及深大基础工程中，沉箱工法已成为占统治地位的施工技术。如 1885 年法国埃菲尔铁塔和美国纽约曼哈顿摩天大楼等世界著名建筑物的基础均采用沉箱工法施工。

中国最早的沉箱成功实例是 1894 年由著名铁道专家詹天佑大师主持的天津滦河大桥工程中的沉箱桥基工程。另外 30 年代我国桥梁泰斗茅以升大师设计的钱塘江大桥（铁路、公路两用）工程中的 15 个桥墩全部采用沉箱工法施工，均获成功。

日本 1923 年首次从美国引进沉箱工法。

需要说明的是这一时期的沉箱挖排土是人力作业。随着施工深度的增加，出现对应箱内作业气压 >0.2MPa 现象。结果发现，大于 0.2MPa 气压条件下工作的作业人员（挖、排土人员等）极易患所谓的减压病也称沉箱病（职业病、心肺功能衰竭等症状，详见 5.1.3 节的叙述）。对此，一时又没有好的解决办法。鉴于出现人命关天的大事，当时人们对该工法有一种恐惧感，在 20 世纪中期前后的一段时间里，一直被人们弃之不用（特别是发达国家）。久而久之，沉箱工法的独特优点也被遗忘，该工法进入了冷遇期。

2. 无人工法的开发

尽管沉箱工法遭到了冷落，但日本的从业人员、专家、学者并没有停止对该工法的改进、技术开发和研究。归纳起来有以下几个方面：

（1）挖掘设备的进展

因箱内为压缩空气，故氧气浓度高，易发生火灾和爆炸。所以内燃机型发动机机械不能选用，须选用防爆型电动机械。为此，1962 年他们开发专用电动推土机，然后又开发了电动反铲，解决箱内作业的机械化和人的作业安生。但这些机械均属小型机械，挖掘能力有限。另外，这些机械均靠履带在作业室地面上运行，所以在软地层上作业困难。

为克服上述弊病，1971年开发了在作业室顶棚上安装轨道，然后在轨道上设置悬吊沉箱铲斗挖掘机，铲斗靠作业室顶棚产生挖掘反力，所以挖掘力度大，同时不受挖掘地面平坦与否的影响。不过应当指出，当初开发的箱铲是操作员坐在操作席上的有人方式。

（2）地表遥控无人挖掘工法的开发

随着计算机技术、电视摄像技术、传感器技术、遥控机电自动化技术的长足进步，日本于1981年推出了无人挖掘系统。该系统是在作业室内设置电视摄像机（摄制箱内挖掘，排出机械运转信息的图像）、超声波传感器等（测定箱铲相对位置和刃脚部位挖掘状况信息），随后把图像信息、位置信息、刃脚状况信息等经传输系统（光缆系统或天线发射系统），送给地表遥控室，并用CRT显示器显示。根据该电视监测信息，遥控室内的操作员通过计算机发出作业指令，实现实时遥控操作。即沉箱挖掘作业步入到无人化阶段（地表遥控无人自动挖掘工法）。无人化挖掘工法的成功是一个突破性进展，给沉箱工法的发展带来了新的生机。

（3）充He混合气体工法及新标准减压表的推出

尽管地表遥控无人自动挖掘工法，解决了沉箱工法的大问题，但挖、排土设备的安装、检修、保养、故障解除、解体运出；挖掘结束后承载层的承载试验；底板混凝土浇筑作业的管理等作业均需人员入箱操作。也就是说，这些作业人员仍然要呼吸高压空气，故高压病仍然威胁到他们的安全。作为对策佐久间智开发了让作业员呼吸 He + N$_2$ + O$_2$ 混合气体的所谓的充He混合气体工法（见5.1.3，5.12~5.14节）。加上按真野喜洋教授制定的新标准减压表减压，实践证明，患高压病的概率基本为零（见5.12节）。

（4）完全无人化工法的推出

本着彻底无人化的原则，随后又开发了遥控自动回收挖掘机工法（见5.18节），多功能无人遥控工法（见5.15节），完全无人化工法（见5.17节）、岩层自动无人工法（5.23节）等多种无人化沉箱工法。

在此时段内，排土设备的能力也从 $0.5m^3$ 提高到 $1.5m^3$。

3. 开发大断面、大深度沉箱的意义

随着社会的发展，长大桥基础、地下NLG天然气贮存罐、发电站、地下停车场等大型地下设施的开发需求极为迫切，工程数量极多。而这样需求均要求沉箱大断面化、大深度化。例子很多，由于篇幅关系不便逐一介绍，这里仅以地下停车场为例进行简短介绍。

（1）开发地下停车场的必然性

车站前或商业街等地段停放汽车是人们通行的主要障碍，业已成为都市亟待解决的老大难问题。如果采用开挖法构筑地下停车场，则对周围建筑物的损坏影响大，且施工场地无法满足。另外，车站、商业店铺停业损失过大。

选用沉箱法构筑机械式地下停车场最为适合。

（2）工法概况及特点

图1.3.2示出的是静冈站前大断面沉箱法构筑停车场的例子。该停车场为双层结构，可存放汽车400辆。当初该停车场设计为开挖方案，后经专家组建议改为沉箱工法施工。

该现场存在源于富士山潜流的地下水，若采用开挖法须对地层进行加固，存在污染地下水的隐患，所以改为沉箱工法。沉箱断面面积约为 $3000m^2$（63.7m×46.1m），深19.7m。就断面面积而言，在全世界沉箱地下停车场中居第一位。

图1.3.3示出的是利用大深度沉箱工法构筑站前旋转式地下助动车停车场的例子。工法特点如下：

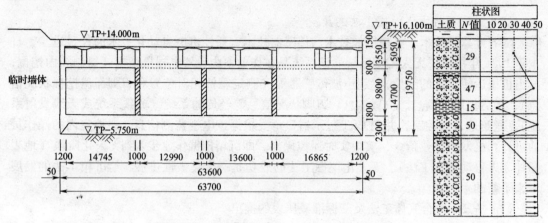

图1.3.2　大断面沉箱停车场例（单位：mm）

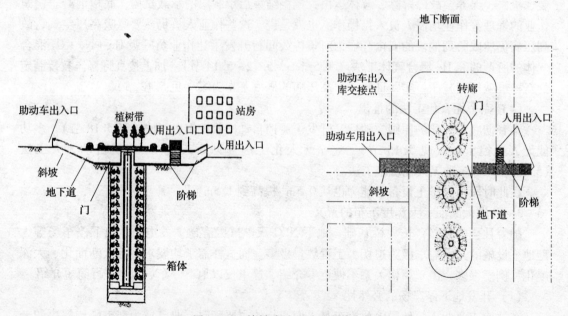

图1.3.3　旋转式地下助动车停车场

① 因系地下设施，故地表可以有效应用。

② 因采用沉箱工法，故邻近构造物受影响最小，场地狭窄对地下施工影响不大。

③ 使用简单的卡片，即可实现存车、取车的操作，汽车出入库的时间大为缩短。

目前有竣工实例的沉箱的最大断面面积为 $4800m^2$，最大深度为63.5m，最大沉箱作业气压为0.539MPa。

此外，沉箱沉设施工精度、环保措施等方面也均有较大的技术进步。

4. 沉箱基础设计方法的三次修改

1970年，沉箱基础的设计方法是把沉箱看成刚体模型。

1990年，修改成核查基本水平变位、考虑沉箱弹性变形的模型。

1996年，修改中引入了确保地震水平承载力法的抗震设计。因此沉箱基础的设计方法也作了大幅度修改。把稳定计算模型从认定刚体改为考虑抗弯刚性的弹性体，同时把侧面的摩阻力视为水平反力。与此同时认定竖向摩阻力是抗扭阻力。总之，这次修改把沉箱基础看成为柱体基础。

沉箱工法从起初有人工法变成彻底无人化工法；从有危险的工法变成无危险（零发病率）安全、可靠的工法以及沉箱设计方法的三次修改，日本专家、学者的卓著贡献有目共睹。

1.3.3 展望

1. 大口径沉井、沉箱施工成本降低

（1）预制化的深入开发

时代的发展趋势是节能、快速施工，预制化是实现上述目的最确实的途径。

就沉井、沉箱而言，随着自动化、无人化挖、排土技术的进步，可以说沉井、沉箱的构筑作业时间已经趋近极限，进一步缩短工期不太容易。所以缩短工期、降低成本的唯一途径是井筒的预制化。尽管现阶段预制化工程的比例有所增加，但今后还应在确保性能质量的前提下，积极推广预制化技术（特别是大口径预制化技术）的开发。

（2）新材料的应用

选用具有密度小、高强度、高耐久性等特点的高韧性混凝土，和超轻型混凝土与超高强度钢筋的组合制作大口径沉井、沉箱，可使沉井、沉箱的材料费、施工费降低。

（3）钢管、混凝土混合型构造沉井、沉箱的开发

因为降低大口径大深度沉井、沉箱施工成本的关键因素是选择节能化和快速化的施工方法。以往沉井、沉箱构筑中的钢筋组装和混凝土浇筑作业的工期较长也是成本高的一个因素。采用钢管、混凝土混合构造时，经验证明工期可缩短，故可导致成本下降。

2. 沉井、沉箱用途形式的扩大化

（1）超长大桥基础

目前横断海峡道路的工程与日俱增。为满足这一需求研究推出的高抗震性的大水深（80～100m）成本低的新的海中基础形式，即双塔形基础和在增强刚性的钢板间填充密实高流动性混凝土的夹层结构的混合型沉箱基础（见图1.3.4），在不久的将来必将得以应用。

（2）超大型地下设施

大型天然液化气贮气罐，发电站、污水处理、地下停车场等设施开发需求，水平断面面积10000m² 的超大型沉井、沉箱的开发也势在必行。

（3）地下河、地下坝

目前在大都市采用建造10万 m³ 以上的地下河（示意图见图1.3.5）防止发生水灾的社会需求较多。对于地域狭窄，构造物密集的情形而言，利用隧道形式的沉箱建造地下河，从成本上讲较为有利。这也是沉箱用途的新扩展。

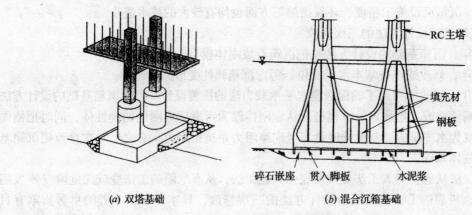

(a) 双塔基础　　　　　　　　(b) 混合沉箱基础

图1.3.4　超长大桥梁基础

（4）深层曝气槽，污水曝气处理场＋燃气涡轮发电站

如果利用深层曝气槽进行污水处理，则可节省很多土地。由于曝气所需时间缩短，故处理能力提高。另外，因为污水曝气处理场和燃气涡轮发电站的压气罐可以共用，故成本大降。大深度压气沉箱是建造这种地下设施的理想工法。

图1.3.5　地下河示意图

（5）大深度地下道路网的构想

以地下50～100m为对象，大深度地下道路网（见图1.3.6）正在起步研究阶段。由图可知，这种技术的关键即是建造50～100m的大深度竖井。该竖井对于上层（软土层）而言，可用沉箱工法建造，而深层（岩层）可用NATM工法扩幅，使地下空间得以最大限度的利用。

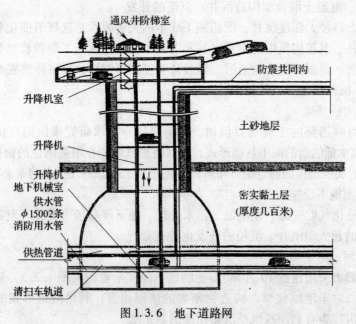

图1.3.6　地下道路网

1.4 对我国开发沉井、沉箱工法的一点肤浅看法

这里就今后我国开发沉井、沉箱工法的动向，谈几点肤浅的看法，仅供参考。

1.4.1 设计方法的合理化

把沉井、沉箱看成柱体基础进行设计，应建立确保地震水平最大承载力的抗震设计方法的规范。

1.4.2 施工方法的开发课题

1. 有关沉井的开发课题

(1) 自动滑模井筒构筑设备、设计方法的开发

(2) 开发健全下沉施工管理监测系统

(3) 地锚反力压沉沉井工法的开发

(4) 水中自动反铲挖掘机的开发

(5) 大断面、大深度 SOCS 工法的开发

(6) 双联射流硬地层冲挖工法的开发

2. 有关沉箱的开发课题

(1) 悬吊沉箱铲斗挖掘机的开发

(2) 地表遥控无人挖掘工法的开发

(3) 呼吸充 He 混合气体工法的开发

(4) 大断面、大深度沉箱的开发

(5) 扩大沉箱的应用范围

3. 水中沉箱的开发课题

(1) 大型钢沉井的设计、制作、拖航、沉设等系列施工技术及在桥梁深、大基础等领域的应用开发

(2) 液压自动滑模沉箱工法的开发

(3) 混合沉箱工法及在大水深集装箱码头、岸墙、港湾防波堤构筑中的应用开发

(4) 水中沉箱无人设置施工管理系统的开发

第2章 施工前的勘察工作

施工前的勘察工作系指沉井（或沉箱）工程设计、施工前的土质和井位周围环境条件的勘察。土质勘察主要指土质成层状态、土质性能指标等勘察。环境条件勘察包括：井位占地状况、施工占地状况、地表交通状况、邻近建筑物的分布状况、地下各种管线（煤气管道，通信电缆，电力电缆，上下水道等），地下设施（地下铁道，电站，油库，建筑物基础），事先没有预料到的埋设物体（废弃的混凝土构造物，战时留下的易爆物体）及巨石等分布状况的勘察等。

施工前的勘察是确保沉井（或沉箱）工程设计施工方案合理、有效、安全、省时、降低成本及工程顺利竣工的关键。实践证明，不作施工前的勘察或勘察不认真，致使设计施工方案不合理，给工程带来严重后果的事例较多，甚至整个工程半途而废的报导也不为鲜。所以施工前的勘察极为必要，必须予以重视。

2.1 土 质 勘 察

2.1.1 目的

（1）把几个地表符合建造沉井条件的位置的土质性能的勘察结果进行对比，然后结合设计要求，客观环境条件及造价等因素，选定其中一个最佳位置定为建井位置。

（2）根据选定位置的土质性能指标确定合理的沉设工法。

（3）根据土质指标、选定的工法，设计合理的井筒。

（4）进而据土质指标确定合理施工方案。显然每一步都离不开土质勘察。也就是说，土质指标勘察的结果是确定井址和提供设计、施工的原始依据资料，至关重要，缺一不可。

土质勘察的内容和目的详见表 2.1.1。

土质勘察的目的及内容　　　　　　　　表 2.1.1

勘察阶段	目的
选址勘察	当存在两个以上的地址可供选择时，应对比必要的地层处理费、环境保护费及建筑后会出现的问题等利弊，进而选定构筑地址
设计勘察	应考虑构筑沉井、沉箱时，掘削地层的难易程度，及对建设费用的影响。例如：软地层掘削时应找出抑制基底隆起的措施和设计井壁的技术数据，该项勘察中应特别注意抗震设计中需要的土的流动性
施工计划勘察	针对设计阶段确定的施工方法，对其可行性进行详细勘察。其中，必须勘察的项目是是否存在不易施工的地层；此外，地下水状况的勘察也至关重要

续表

勘察阶段	目 的
施工管理勘察	应对确保工程安全，确认设计条件及施工对周围环境影响程度等问题实施勘察。即应及时监测掘削、下沉过程中的周围地层的沉降，地下水的枯竭状况，井壁上的土压水压等指标
环境保护勘察	提前掌握施工过程中及竣工后的环境变化的状况，以便事先制定必要的措施。为此应进行地下水位变化的勘察，对周围构造物的破坏程度的勘察及施工产生的噪声、振动程度的勘察

2.1.2 勘察程序

勘察顺序可分以下几步，即文献资料勘察→现场勘察→预勘察→正式勘察→补充勘察→施工管理勘察→维护管理勘察。

（1）文献资料勘察　即先查阅以往的沉井、沉箱预建位置附近的地下设施施工时土质勘察结果的资料。

（2）现场勘察　即对文献资料中记载的土质指标进行现场核对。

（3）预勘察　即在文献调查和现场勘察之后，做粗略的土质概况勘察。勘察手段以标准贯入试验为主。

预勘察的目的是掌握土层构成及地下水的状况。找出在施工中需要采取措施进行处理的土层。例如，软土层（冲积黏性土和含有机物的土层等）及位于地下水位以下的易液化的砂层等。

预勘察的方法及几种主要的触贯试验的概况分别示于表2.1.2和表2.1.3中。

预勘察常用的方法　　　　　　　　　　　　　　　表2.1.2

种 类	方 法
触贯试验	钻孔取样，标准贯入试验，静力触探，旋转贯入等
物理探查	电探查，弹性波探查
水位测定	测定钻孔内水位
土质试验	物性指标试验（由 N 值法的土样贯入器获得的散乱土样进行试验）

对采用上述预勘察方法得到的结果进行分析讨论，确定地层构成；确定应予采取处理措施的地层的位置和程度。

（4）正式勘察　正式地层勘察阶段采用的主要勘察方法、勘察项目及勘察结果的用途，分别示于表2.1.4、表2.1.5、表2.1.6中。在预勘察结果设定地层构成和处理土层规模的基础上，确定正式勘察的深度、取样的位置及取样的个数。正式勘察的目的是为详细设计和确保施工方案合理、安全，而获得必要的依据资料。

几种主要的触贯试验

表 2.1.3

名称	适用土质	采样	目的	有效深度 （可能深度）	用途	备注
标准贯入试验	粒径≤20mm的砂质土	可以取样（散乱样）	·调查成层状态 ·测定地层强度（N值）	30m（50m）	一般	预备调查用适用所有土层
静力触探	粒径≤20mm的砂质土、黏性土	不能	·调查成层状态 ·测定地层强度（q_c）	规格20kN的适用20m（40m）100kN的适用30m（50m）	一般	见表注
旋转触探	黏性土 砂质土 砂砾土	不能	·调查成层状态 ·测定地层强度	>30m	测定地层强度	
十字剪切试验	软黏土	不能	测定剪切强度		测定软黏土层的强度	

注：就20kN规格的静力触探仪而言，当地层存在 $N≥10$、层厚 $>1m$ 的情形下，若用该静力触探仪触探该地层，则会使该触探仪受损。

就100kN规格的静力触探仪而言，当地层存在 $N≥30$、层厚 $>1m$ 的情形下，若用该静力触探仪触探该地层，则会使该触探仪受损。

正式地层勘察概况

表 2.1.4

勘察方法	勘察项目	勘察结果的用途
钻孔取样	土质，层序，层厚	·掌握地层断面； ·计划、设计及施工各阶段的资料
标准贯入试验	·N 值 ·土质，层序，层厚	·土的特性值（c、φ、E）的推算； ·允许承载力； ·持力层的位置； ·施工方法的讨论
静力触探	锥尖贯入阻力 q_c、侧壁与土体的摩擦力 f_s、土体对侧壁的压力 p_n 及孔隙水压力 u 等参数	·土层的承载力、侧限压缩模量 E_S； ·变形模量 E_C、区分土层、土层液化的液化势等
室内土质试验	·物性指标试验； 土粒密度 湿密度 含水比 密实度（液限、塑限等） 粒径级配（级配、最大粒径、均匀系数等） ·力学指标试验； 一轴抗压强度、变形模量 三轴压缩特性（粘力、内摩擦角等） 压密特性（压缩指数，压密屈服应力等） 渗透系数	·井壁解析； ·地层稳定性讨论； ·施工可行性讨论；（施工方法、施工机械、辅助工法等） ·周围地层变形探讨（压密沉降等）

续表

勘察方法	勘察项目	勘察结果的用途
孔内水平载荷试验	·静止土压，屈服压，变形模量	井壁解析
现场渗水试验	·地下水位和孔隙水压； ·渗透系数	·井壁解析； ·地层稳定性讨论； ·施工性讨论； ·辅助工法讨论； ·排水计划
气体调查	氧气吸收量、是否存在毒气、测定浓度	施工安全、管理计划

土的物性指标试验 表2.1.5

试验名称	由试验求取物性指标	典型值	用途
相对密度试验	土粒的相对密度 d_s	黏性土：2.72~2.75 粉土：2.7~2.71 砂土：2.65~2.69	计算孔隙比 e $e = \dfrac{d_s \cdot \gamma_s}{\gamma_\alpha} - 1$，$\gamma_w$ 为水
重度试验	土的干重度 γ_α（kN/m³） 土的湿重度 γ（kN/m³）	13~18 16~20	重度约为10kN/m³ 计算饱和度 S_r $S_r = \dfrac{w \cdot d_s}{e}$
含水量试验	含水比（w）（%）	砂质土（10%~30%） 黏性土（30%~60%） 冲积土（40%~80%） 洪积土（30%~70%）	计算孔隙比 e $e = \dfrac{d_s \cdot \gamma_w \cdot (1+w)}{\gamma} - 1$， 计算饱和度 S_r，同上
密度试验	湿土相对密度 ρ_α	砂质土（1.9~2.1） 黏性土（1.8~2） 冲积土（1.3~1.8） 洪积土（1.6~1.8）	计算 e、S_r，在地层承载力、沉降计算中算定覆盖土的重力，在斜面稳定计算和土压计算中算定自重力
粒径试验	粒径级配均匀 系数曲线曲率系数等		砂质土的分类，判定是否存在液化、推算渗水系数
液限塑限试验	液限 w_L 塑限 w_p 塑性指数 $I_p = w_L - w_p$ 液性指数 $I_L = \dfrac{w - w_p}{w_L - w_p}$		黏性土和非黏性土的分类，推估压缩指数（C_c），推估黏性土的稳定性

土质力学指标试验 表 2.1.6

名称	由试验求取的指标值	适用土质	用途
一轴抗压试验	一轴抗压试验强度（q_u）	黏性土	判定黏性土的强度
单面剪切试验	非压密非排水试验[1]（UU），c_u、φ_u 压密非排水试验[2]（CU），c_{cu}、φ_{cu} 压密排水试验[3]（CD），c_d、φ_d	黏性土 黏性土 砂质土（黏性土）	判定强度
三轴压缩试验	非压密非排水试验[1)]（UU），c_u、φ_u 压密非排水试验[2)]（CU），$(\overline{\text{CU}})$，c_{cu}，φ_{cu}，$(c'$，$\varphi')$ 压密排水试验[3)]（CD），c_d、φ_d	黏性土 黏性土 砂质土（黏性土）	判定强度特性
压密试验	压密预应力（P_c） 压密指数（C_c） 压密系数（C_u） 体积压缩系数（m_v） 渗水系数（K）	黏土	判定黏土 沉降特性
渗水试验	渗水系数（K）	$K = 10^{-2} \sim 10^{-6}$ cm/s 的土	判定渗透特性

注：1. UU 试验：用于黏性土层上快速加载情形的解析；
　　2. CU 试验：用于用预加荷载法等压密黏土层，快速加载提高地层强度等情形的由荷重提高强度的情形；
　　3. CD 试验：用于砂土层的稳定黏土层上缓慢增大载荷，及掘削稳定或有大压密预应力的黏土等长期稳定问题的解析。

2.2　钻探与取样

2.2.1　钻探

钻探是用钻机在地层中钻孔，以便获得地层和土质状况，也可沿孔深取样，用来测定岩层和土层的物理力学参数，这是一种应用最广泛的勘探方法。

1. 钻探方法

钻探方法通常按钻机钻进方式的不同，可分为回转、冲击、振动及冲洗四种，其适用范围如表 2.2.1 所示。

钻探方法的适用范围 表 2.2.1

钻探方法		钻进地层				勘察要求		
		黏性土	粉土	砂土	碎石土	岩石	直观鉴别、采取不扰动试样	直观鉴别、采取扰动试样
回转	螺旋钻探	＋＋	＋	＋	－	－	＋＋	＋＋
	无岩芯钻探	＋＋	＋＋	＋＋	＋	＋＋	－	－
	岩芯钻探	＋＋	＋＋	＋＋	＋	＋＋	＋＋	＋＋

钻探方法		钻进地层				勘察要求		
		黏性土	粉土	砂土	碎石土	岩石	直观鉴别、采取不扰动试样	直观鉴别、采取扰动试样
冲击	冲击钻探	－	＋	＋＋	＋＋	－	－	－
	锤击钻探	＋＋	＋＋	＋＋	＋	－	＋＋	＋＋
振动钻探		＋＋	＋＋	＋	－	－	－	＋＋
冲洗钻探		＋	＋＋	＋＋	－	－	－	－

注：＋＋适用，＋部分适用，－不适用。

（1）回转钻进

钻具回转带动钻头的切削刃或研磨材料削磨岩土使岩土破碎的钻进方式为回转钻进。回转钻进有岩芯钻探，无岩芯钻探及螺旋钻探三种。据使用研磨材料的不同，岩芯钻探可分为硬质合金钻进、钻粒钻进及金刚石钻进。岩芯钻进为孔底环状钻进，螺旋钻进为孔底全面钻进。

（2）冲击钻进

钻具重力和下冲力使钻头冲击孔底破碎岩土的钻进方式为冲击钻进。冲击钻进有冲击钻进和锤击钻进两种。据钻具的不同又有钻杆冲击和钢蝇冲击两种钻进。对基岩、碎石土等硬地层而言，通常采用孔底全面冲击钻进。对一般土层而言，多采用靠钻具冲击力使圆筒形钻头刃口切削土层的钻进。

（3）振动钻进

振动钻进系靠高速振动器的振动，经连接杆及钻具传递到圆筒钻头周围土体中，故土体的抗剪力急剧下降，圆筒钻头在钻具和振动器重力的作用下切削土层钻进。这种钻进较适用于粉土、黏性土及较小粒径的碎石（卵石）层。

（4）冲洗钻进

用高压水的冲力冲击孔底土体，使其结构破坏，悬浮土颗粒随循环水排出孔外的钻进方法。

2. 钻孔规格

（1）孔径和钻具

钻孔孔径和钻具的规格应满足表2.2.2的要求。

（2）孔径、孔具及孔深

钻孔及钻具规格表 表2.2.2

钻孔口径（mm）	钻具规格（mm）										相应于DCDMA标准的级别
	岩芯外管		岩芯内管		套管		钻杆		蝇索钻杆		
	D	d	D	d	D	d	D	d	D	d	
36	35	29	26.5	23	45	38	33	23	—	—	E
46	45	38	35	31	58	49	43	31	43.5	34	A
59	58	51	47.5	43.5	73	63	54	42	55.5	46	B

续表

钻孔口径（mm）	钻具规格（mm）										相应于DCDMA标准的级别
	岩芯外管		岩芯内管		套管		钻杆		蝇索钻杆		
	D	d	D	d	D	d	D	d	D	d	
75	73	65.5	62	56.5	89	81	67	55	71	61	N
91	89	81	77	70	108	99.5	67	55	—	—	
110	108	99.5	—	—	127	118	—	—	—	—	
130	127	118	—	—	146	137	—	—	—	—	
150	146	137	—	—	168	156	—	—	—	—	S

注：DCDMA标准为美国金刚石钻机制造者协会标准。

孔径的选取取决于钻探目的和钻进工艺，必须符合取样、测试及钻进工艺的要求。原状土样的孔径≥91mm，鉴别地层钻孔的孔径≥36mm。

钻孔间距按表2.2.3确定；钻孔深度应根据基础形式、目的确定，通常可按表2.2.4和表2.2.5确定。

3. 地下水位观测

勘探点间距（m）　　　　　　　　　　表2.2.3

场地类别	初步勘探		详细勘探	
	勘探线间距	勘探点间距	Ⅰ类建筑物	Ⅱ类建筑物
简单场地	200~400	150~300	35~50	50~75
中等复杂场地	100~200	50~150	20~35	25~50
复杂场地	<100	<50	<20	<25

初步勘探时勘探孔深度（m）　　　　　　表2.2.4

建筑物类别	勘探孔种类	
	一般性勘探孔	控制性勘探孔
Ⅰ类	10~15	15~20
Ⅱ类	6~12	12~20

详细勘探时勘探孔深度（m）　　　　　　表2.2.5

基础形式	基础宽度				
	1	2	3	4	5
条性基础	6	10	12	—	—
单独柱基	—	6		11	12

（1）钻进中遇到地下水时，应停钻测量初见水位。为测得单个含水层的静止水位，对砂类土停钻时间不少于30min；对粉土不少于1h；对黏性土层不少于24h。并应在全部钻孔结束后，同一天内测量各孔的静止水位，水位允许误差为±1.0cm。

（2）钻探深度范围内有两个含水层时，应分别测量。

（3）当护壁泥浆影响地下水位观测时，应设置专用地下水位观测孔。

2.2.2 取样

1. 土样的分级

土试样可按扰动状况分为四个级别，其土试样质量等级可按表2.2.6划分。

土试样质量等级划分   表2.2.6

级别	扰动程度	试 验 内 容
Ⅰ	不扰动	土类定名、含水量、密度、强度试验、固结试验
Ⅱ	轻微扰动	土类定名、含水量、密度
Ⅲ	显著扰动	土类定名、含水量
Ⅳ	完全扰动	土类定名

注：1. 不扰动是指原位应力状态虽已改变，但土的结构、密度、含水量变化很小，能满足室内试验各项要求。

    2. 如确无条件采取Ⅰ级土试样，在工程技术要求允许的情况下可以Ⅱ级土试样代用，但宜先对土试样受扰动程度作抽样鉴定，判定用于试验的适宜性，并结合地区经验使用试验成果。

2. 取土器的规格、性能及适用范围

（1）规格

贯入型、回转型取土器的技术参数分别如表2.2.7、表2.2.8所示。

贯入型取土器的技术参数   表2.2.7

取土器参数	薄壁取土器		
	敞口自由活塞	水压固定活塞	固定活塞
面积比 $\dfrac{D_w^2 - D_c^2}{D_e^2} \times 100$（%）	≤10	>10	<13
内间隙比 $\dfrac{D_s - D_e}{D_e} \times 100$（%）	0	0.5~1.0	
外间隙比 $\dfrac{D_w - D_t}{D_t} \times 100$（%）	0		
刃口角度 α（°）	5~10		
长度 L（mm）	对砂土：$(5~10)\,D_e$ 对黏性土：$(10~15)\,D_e$		
外径 D_t（mm）	75，100		
衬管	无衬管		

注：1. 取土器取样管及衬管内壁必须光滑圆整，内壁加工光洁度应达V5~V6。

    2. 在特殊情况下取土器直径可增大至150~250mm。

    3. 表中符号：

      D_e——取土器刃口内径；

      D_s——取样管内径，加衬管时为衬管内径；

      D_t——取样管外径；

      D_w——取土器管靴外径，对薄壁管 $D_w = D_t$。

回转型取土器技术参数　　　　　　　　　　　　表 2.2.8

取土器类型		外径（mm）	土样直径（mm）	长度（mm）	内管超前	说　明
双重管（加内衬管即为三重管）	单动	102	71	1500	固定可调	直径尺寸可视材料规格稍作变动，但土样直径不得小于71mm
		140	104			
	双动	102	71	1500	固定可调	
		140	104			

（2）性能

① 贯入型薄壁取土器的性能

薄壁取土器取样扰动小、质量高，但因壁薄（1.25～2mm），故不适于在硬质和密实土层中使用。

a. 敞口式取土器是一种最简单的薄壁取土器，取样操作简便，但易于逃土。

b. 固定活塞取土器是在敞口薄壁取土器内增加一个活塞以及一套与之相连接的活塞杆。活塞的作用是在下放取土器时可排开孔底浮土，上提时可隔绝土样顶端的水压、气压防止逃土，同时也不会产生负压引起土样扰动。固定活塞还可以限制土样进入取样管后的顶端膨胀上凸。因此，取样质量好，成功率高。但因需要两套（内、外）杆，故操作费事。

c. 水压固定活塞取土器的特点是去掉活塞杆，将活塞连接在钻杆底端，取样管则与另一套在活塞缸内的可动活塞连结，取样时通过钻杆施加水压，驱动活塞缸内的可动活塞，将取样管压入土中，取样效果与固定活塞相同，操作较为简便，但结构仍较复杂。

② 回转型取土器的性能

a. 单动三重（二重）管取土器，取样时外管旋转，内管不动。该取土器适于中等硬土层。

b. 双动三重（二重）管取土器，取样时内外管均作旋转，通常适用于硬黏性土、密实砂砾、软岩取样。

（3）取土器的适用范围

不同取样器的适用范围及取样质量如表 2.2.9 所示。

不同取样器的适用范围　　　　　　　　　　　　表 2.2.9

土试样质量等级	取样工具或方法		适用土类										
			黏性土					粉土	砂土				砾砂碎石土软岩
			流塑	软塑	可塑	硬塑	坚硬		粉砂	细砂	中砂	粗砂	
I	薄壁取土器	固定活塞	＋＋	＋＋	＋	－	－	＋	＋	－	－	－	－
		水压固定活塞	＋＋	＋＋	＋	－	－	＋	＋	－	－	－	－
	薄壁取土器	自由活塞	－	＋	＋＋	－	－	＋	＋	－	－	－	－
		敞口	＋	＋	＋	－	－	＋	＋	－	－	－	－
	回转取土器	单动三重管	－	＋	＋＋	＋＋	＋	＋＋	＋＋	＋＋	－	－	－
		双动三重管	－	－	－	＋	＋＋	－	－	－	＋＋	＋＋	＋
	探井（槽）中刻取块状土样		＋＋	＋＋	＋＋	＋＋	＋＋	＋＋	＋＋	＋	＋	＋	＋＋

续表

土试样质量等级	取样工具或方法		适用土类										
			黏性土					粉土	砂土				砾砂碎石土软岩
			流塑	软塑	可塑	硬塑	坚硬		粉砂	细砂	中砂	粗砂	
Ⅱ	薄壁取土器	水压固定活塞	++	++	+	−	−	+	+	−	−	−	−
		自由活塞敞口	+	++	++	−	−	+	+				
			++	++	++	−	−	+					
	回转取土器	单动三重管	−	+	++	++	+	++	++	++			
		双动三重管			+	++	++		−		++	++	++
	厚壁敞口取土器		+	++	++	++	++	++	+	+	+	+	
Ⅲ	厚壁敞口取土器		++	++	++	++	++	++	++	++	++	+	
	标准贯入器		++	++	++	++	++	++	++	++	++	++	
	螺纹钻头		++	++	++	++	++	++	+	+	+	+	
	岩芯钻头		++	++	++	++	++	++	+	+	+	+	+
Ⅳ	标准贯入器		++	++	++	++	++	++	++	++	++	++	
	螺纹钻头		++	++	++	++	++	+	−	−	−	−	
	岩芯钻头		++	++	++	++	++	++	+	+	+	+	++

注：1. ++适用，+部分适用，−不适用。

　　2. 采取砂土试样应有防止试样失落的补充措施。

　　3. 有经验时，可用束节式取土器代替薄壁取土器。

3. 取样注意事项

（1）贯入型取土器取样

① 下放取土器前要认真清孔，孔底残留浮土厚度应小于取土器废土段长度（活塞取土器除外）。

② 取土器应平稳下放不得冲击孔底，随后核对孔深与钻具长度，发现残留浮土厚度超标时，应重新清孔。

③ 采取 Ⅰ 级不扰动土试样，应采用快速、连续的静压贯入取土器。贯入速度≥0.1m/s。采取Ⅱ级原状土试样可使用间断静压方式或重锤少击方式。

④ 在压入固定活塞取土器时，应将活塞杆牢固地与钻架连接，避免活塞移动。为在贯入过程中监视活塞杆的位移变化，可在活塞杆上设定一个标志点，测定该标志点与地面固定点之间的高差。

⑤ 贯入取样管的深度宜控制在总长的90%左右。贯入结束后测量、记录贯入深度。

⑥ 为切断土样与孔底土的联系，应先把取土器回转2～3圈，稍加静置后再提升。

⑦ 取土器应平稳匀速提升，避免磕碰，

（2）回转型取土器取样

① 单动、双动二（三）重管采取原状土试样时，钻进必须保持平稳。为避免钻具抖

动扰动土样，钻杆必须事先校直也可在取土器上加接重杆。

② 取样开始时应将泵压、泵量减至能维持钻进的最低限度，然后随着进尺的增加，逐渐增加到正常值。

③ 回转取土器应设置替换管靴以便改变内管超前长度。内管管口至少要与外管齐平，随着土质变软，可使内管超前 50～150mm。对软硬交替土层，宜采用具有自动调节功能的改进型单动二（三）重管取土器。

④ 对硬质黏性土、密实砂砾、碎石土和软岩，可使用双动三重管取样器采取不扰动土试样，对于非胶结的砂、卵石层，取样时可在底靴上加置逆爪。

4. 土样的检验、封装、贮存、运输

（1）对钻孔中采取的Ⅰ、Ⅱ级土试样，应在现场进行检验（包括尺寸，土样是否受压、开裂、扰动等），并根据检验情况决定土样废弃或降低级别使用。

（2）土样的密封

① 将上下两端各去掉约 20mm，加上一块与土样截面面积相当的不透水圆片，再浇灌蜡液使其与容器端齐平，待蜡液凝固后扣上胶皮或塑料保护帽。

② 用适当的盒盖将两端盖严，随后将所有接缝用纱布条蜡封或胶带封口。

（3）土样的贮存

① Ⅰ、Ⅱ、Ⅲ级土试样应密封，防止湿度变化，避免曝晒或冰冻。

② Ⅰ、Ⅱ、Ⅲ级土试样的贮存时间不宜超过三周。

（4）土样的运输

① 土样运输时，应采用专用土样箱包装，土样之间用柔软缓冲材料填实。一箱土样总重不宜超过 40kg。在运输中应避免振动。

② 对易于振动液化、水分离析的土样，不宜长途运输。

2.3 室内土质试验

2.3.1 土的物理特性试验

土的物理特性指标通常系指土的基本物理性质、黏性土的界限含水量、土的颗粒组成及砂土的密度、土的透水性、土的击实性、土的自由膨胀率指标等。土的物理特性指标有些是通过室内试验直接测定，有些必须通过试验参数值经计算求出。

1. 土的基本物理特性试验

（1）土粒相对密度

① 土粒相对密度是指土粒质量与同体积的 4℃ 时水的质量之比。

$$d_s = \frac{m_s}{V_s \cdot \rho_w} \qquad (式2.3.1)$$

式中 d_s——土粒相对密度；

m_s——土粒质量（g）；

ρ_w——4℃ 时水的密度（g/cm³）；

V_s——粒体积（cm³）。

② 试验方法

对于粒径＜5mm 的土，应采用相对密度瓶法进行试验测定；对于粒径≥5mm，且其中粒径为20mm 的土质量＜总土质量的10% 的土，采用浮标法测定；对于粒径≥5mm，且其中粒径为20mm 土的含量≥总土质量的10% 的土，采用虹吸筒法测定。

③ 取样要求

对试验采集的扰动土样而言，黏性土取样质量≥300g，砂性土取样质量≥500g。

（2）密度

① 土的密度是指土的总质量与其体积之比，即单位体积的质量。

$$\rho = \frac{m}{V} \qquad （式2.3.2）$$

式中　ρ——土的密度（g/cm³）；

　　　m——土的总质量（g）；

　　　V——土的体积（cm³）。

② 试验方法

对于一般黏性土宜采用环刀法进行天然密度试验，对于易破裂土和形状不规则的坚硬土宜采用蜡封法，对于原状砂和砾质土宜在现场采用灌水法或灌砂法进行天然密度试验。

③ 取样要求

直接进行测定的天然密度试验，要求保持土的原状结构和天然湿度，室内试验应采取Ⅰ～Ⅱ级土试样，试样体积应不小于2 个环刀切样的要求。

（3）含水量

① 土的含水量是指土中水的质量与土粒质量之比，以百分数表示，也称之为含水率。

$$w = \frac{m_w}{m_s} \times 100 \qquad （式2.3.3）$$

式中　w——土样的含水量（%）；

　　　m_w——土样中水的质量（g）；

　　　m_s——土样中土粒的质量（g）。

② 试验方法

按照《土工试验方法标准》（GB/T 50123—1999）的规定，土的含水量试验应采用烘干法，要求将试样在105～110℃的恒温下烘干。对于有机质含量超过5% 的土，应将温度控制在65～70℃的恒温下烘干。

在一定条件下，也可采用酒精燃烧法、炒干法等测定土的含水量。

③ 取样要求

含水量试验要求所取土样应保持天然湿度，对粘性土取样质量应≥300g，对砂性土、有机质土应≥500g。

（4）计算得出的基本物理特性

上述试验特性参数值（d_s、ρ、w）可以算出干密度（ρ_d）、孔隙比（e）、孔隙率（n）和饱和度（S_r）等其他基本物理特性指标，见表2.3.1。

计算得出的基本物理特性指标   表 2.3.1

指标名称	符号	单位	物理意义	基本公式
干密度	ρ_d	g/cm³	$\rho_d = \dfrac{m_s}{V}$	$\rho_d = \dfrac{\rho}{1 + 0.01w}$
孔隙比	e	—	$e = \dfrac{V_v}{V_s}$	$e = \dfrac{d_s \rho_w (1 + 0.01w)}{\rho} - 1$
孔隙率	n	%	$n = \dfrac{V_v}{V} \times 100$	$n = \dfrac{e}{1 + e} \times 100$
饱和度	S_r	%	$S_r = \dfrac{V_w}{V_v} \times 100$	$S_r = \dfrac{wd_s}{e}$

注：V_v 为土中的孔隙体积，V_w 为土中水的体积。

2. 黏性土的界限含水量试验

（1）直接测定的指标

① 液限（w_L）

土的液限是指土从流动状态过渡到可塑状态的界限含水量。

土的液限可采用圆锥仪法、液塑限联合测定法、碟式仪法进行测定。

圆锥仪法是采用锥质量为 76g，锥角为 30°的圆锥靠自重力在制备的土试样中下沉，下沉深度为 10mm 所对应的含水量为 10mm 液限，下沉深度 17mm 时所对应的含水量为 17mm 液限。

液塑限联合测定法是将土制备成 3 个不同含水量的试样，分别控制圆锥仪下沉深度为 4~5mm、9~10mm、16~18mm 范围内，记录下沉量及其相应含水量，绘制圆锥仪下沉深度与含水量双对数曲线，从曲线图上查得圆锥仪下沉深度为 10mm、17mm 所对应的含水量。

碟式仪法是将土制备成 4~5 个不同含水量试样，含水量控制在碟式仪槽底试样合拢所需要的击数为 15~35 击之间。在击数与含水量半对数曲线上取击数为 25 击时对应的含水量为试样的液限。

②塑限（w_P）土的塑限是指土从可塑状态过渡到半固体状态的界限含水量。土的塑限可采用滚搓法或液塑限联合测定法测定。

滚搓法是将制备的土样在毛玻璃板上用手掌滚搓，当搓出的土条直径为 3mm 时产生裂缝，并开始断裂，此时土条的含水量即为塑限。

液塑限联合测定法是在圆锥仪下沉深度与含水量双对数曲线上，查得圆锥仪下沉深度为 2mm 所对应的含水量即为塑限含水量。

液、塑限试验均采取扰动土样，试样质量≥500g。

（2）计算求得的指标

利用黏性土的液限、塑限指标，可以计算得到黏性土的塑性指数、液性指数及含水比指标，见表 2.3.2。

计算求得的可塑性指标 表2.3.2

指标名称	符号	物理意义	计算公式
塑性指数	I_P	土呈可塑状态时含水量的变化范围，代表土的可塑程度	$I_P = w_L - w_p$
液性指数	I_L	土抵抗外力的量度，其值愈大，抵抗力的能力愈小	$I_L = \dfrac{w_L - w_p}{w_L - w_p}$
含水比	u	土的天然含水量与液限含水量之比	$u = \dfrac{w}{w_L}$

3. 颗粒级配及砂土的密度试验

（1）颗粒级配

① 颗粒级配的直接测定——颗粒分析试验

土的颗粒级配是指土按粒径大小分组所占的质量百分数。

对于粒径小于、等于60mm，大于0.074mm的土应采用筛析法进行颗粒分析试验；对于粒径小于0.074mm的土，应采用密度计法或移液管法进行颗粒分析试验。颗粒分析试验的结果应用颗粒级配曲线表示。

颗粒分析试验采用扰动土样，对于黏性土取样质量应≥300g，对于砂性土取样质量≥500g。

② 计算求得的颗粒级配指标

利用颗粒分析试验得到的颗粒级配曲线，可以计算求得界限粒径 d_{60}，平均粒径 d_{50}、中间粒径 d_{30}、估算渗水系数粒径 d_{20} 有效粒径 d_{10} 及不均匀系数 C_u、曲率系数 C_c 等颗粒级配指标。见表2.3.3。

计算求得的颗粒级配指标 表2.3.3

指标名称	符号	单位	物理意义	求得方法
界限粒径	d_{60}		小于该粒径的颗粒占总质量的60%	
平均粒径	d_{50}		小于该粒径的颗粒占总质量的50%	
中间粒径	d_{30}	mm	小于该粒径的颗粒占总质量的30%	从颗粒级配曲线上求得
渗水系数粒径	d_{20}		小于该粒径的颗粒占总质量的20%	
有效粒径	d_{10}		小于该粒径的颗粒占总质量的10%	
不均匀系数	C_u		土的不均匀系数愈大，表明土的粒度成分愈不均	$C_u = \dfrac{d_{60}}{d_{10}}$
曲率系数（级配系数）	C_c		表示某种粒径的粒组是否缺失的情况	$C_c = \dfrac{(d_{30})^2}{d_{10} \cdot d_{60}}$

③ 由 d_{20} 确定渗水系数的方法

Creager 的研究指出，d_{20} 与渗水系数 k 之间有表2.3.4示出的关系。即由取样可以判定土质类别，进而由 d_{20} 可以知道渗水系数 k。

Creager 提出的 d_{20} 与渗水系数的关系　　　　　表 2.3.4

d_{20}（mm）	k（cm/s）	土质	d_{20}（mm）	k（cm/s）	土质
0.005	3.00×10^{-6}	粗粒黏土	0.18	6.85×10^{-3}	细砂
0.01	1.05×10^{-5}	细粒淤泥	0.20	8.90×10^{-3}	细砂
0.02	4.00×10^{-5}	粗粒淤泥	0.25	1.40×10^{-2}	细砂
0.03	8.50×10^{-5}	粗粒淤泥	0.30	2.20×10^{-2}	中砂
0.04	1.75×10^{-4}	粗粒淤泥	0.35	3.20×10^{-2}	中砂
0.05	2.80×10^{-4}	粗粒淤泥	0.40	4.50×10^{-2}	中砂
0.06	4.60×10^{-4}	微细砂	0.45	5.80×10^{-2}	中砂
0.07	6.50×10^{-4}	微细砂	0.50	7.50×10^{-2}	中砂
0.08	9.00×10^{-4}	微细砂	0.60	1.10×10^{-1}	粗细砂
0.09	1.40×10^{-3}	微细砂	0.70	1.60×10^{-1}	粗细砂
0.10	1.75×10^{-3}	微细砂	0.80	2.15×10^{-1}	粗细砂
0.12	2.6×10^{-3}	细砂	0.90	2.80×10^{-1}	粗细砂
0.14	3.8×10^{-3}	细砂	1.00	3.60×10^{-1}	粗细砂
0.16	5.1×10^{-3}	细砂	2.00	1.80	细砾

（2）砂的相对密实度

① 砂的最小干密度和最大干密度

砂的相对密实度试验包括砂的最小干密度和最大干密度试验。砂的最小干密度是指砂在最紧密状态的干密度。砂的最大干密度是指砂在最松散状态的干密度。

砂的最小干密度试验宜采用漏斗法和量筒法，它适用于粒径不大于 5mm、且粒径 2～5mm 的试样质量不大于试样总质量的 15% 的砂土。

砂的最大干密度试验宜采用振动击实法，它适用于粒径不大于 5mm 的砂土。

砂的相对密实度试验采用扰动土样，取样数量 ≥2000g。

② 砂的相对密实度

利用试验得到的砂的最小干密度和最大干密度可以计算出砂的最小孔隙比和最大孔隙比，再利用这些指标可计算出砂的相对密实度。

$$D_{r} = \frac{e_{max} - e_{0}}{e_{max} - e_{min}} \qquad （式 2.3.4）$$

$$e_{max} = \frac{\rho_{w} \cdot d_{s}}{\rho_{dmin}} - 1 \qquad （式 2.3.5）$$

$$e_{min} = \frac{\rho_{w} \cdot d_{s}}{\rho_{dmax}} - 1 \qquad （式 2.3.6）$$

式中　D_{r}——砂的相对密实度；

　　　e_{0}——砂的天然孔隙比；

　　　e_{max}——砂的最大孔隙比；

　　　e_{min}——砂的最小孔隙比；

　　　ρ_{dmin}——砂的最小干密度（g/cm³）；

ρ_{dmax}——砂的最大干密度（g/cm³）。

4. 土的透水性试验

（1）物理意义：土的透水性以土的渗透系数 k 表示，其物理意义为当水力梯度等于1时的渗透速度。

$$k = \frac{Q}{FI} = \frac{v}{I} \qquad (\text{式} 2.3.7)$$

式中 k——渗透系数（cm/s）；

Q——渗透通过的水量（cm³/s）；

F——通过水量的总横断面积（cm²）；

v——渗透速度（cm/s）；

I——水力梯度。

（2）试验方法

室内测定土的渗透系数可分常水头渗透试验和变水头渗透试验两种方法。

① 常水头渗透试验适用于砂土和碎石土，试验使用常水头渗透仪。

渗透系数按下列公式计算：

$$k_{\mathrm{T}} = \frac{QL}{AHt} \qquad (\text{式} 2.3.8)$$

式中 k_{T}——水温为 $T℃$ 时试样渗透系数（cm/s）；

Q——时间 t 秒内的渗出水量（cm³）；

L——两测压管中心间的距离（cm）；

A——试样的断面积（cm²）；

H——平均水位差 $\left(\dfrac{H_1 + H_2}{2}\right)$（cm）；

t——时间（s）。

标准温度下的渗透系数应进行水的黏滞系数比的校正。

$$k_{20} = k_{\mathrm{T}} \frac{\eta_{\mathrm{T}}}{\eta_{20}} \qquad (\text{式} 2.3.9)$$

式中 k_{20}——标准温度（20℃）时试样的渗透系数（cm/s）；

η_{T}——$T℃$ 时水的动力黏滞系数（kPa·s）；

η_{20}——20℃ 时水的动力黏滞系数（kPa·s）。

② 变水头渗透试验适用于黏土，试验使用变水头渗透仪。渗透系数按下列公式计算：

$$k_{\mathrm{T}} = 2.3 \frac{a h_0}{A(t_2 - t_1)} \lg \frac{H_1}{H_2} \qquad (\text{式} 2.3.10)$$

式中 a——变水头管的断面积（cm²）；

h_0——试样高度（cm）；

H_1——测压管中的开始水头（cm）；

H_2——测压管中的终止水头（cm）。

标准温度下的渗透系数按式（2.3.9）进行校正。

对于透水性很低的黏性土。可采用透压仪进行土的渗透性试验。

（3）取样要求

常水头渗透试验采取扰动土样，取样质量应保证风干试样不少于4000g。变水头渗透试验应采取Ⅰ~Ⅱ级不扰动试样，试验环刀面积为30cm³或32.2cm²，试样高度4cm。

2.3.2 土的力学特性试验

土的力学特性试验，包括抗剪强度试验、固结试验、湿陷性试验、承载比试验、膨胀性试验等，篇幅关系，这里仅简单介绍抗剪强度试验。

1. 直接剪切试验

① 直接剪切试验是在直剪仪中进行，它是通过在直径61.8mm、高20mm的试样上施加垂直压力，在固定的剪切面上施加水平剪力，使土样剪切破坏，通过4个试样在不同垂直压力的试验，可求得土的抗剪强度指标。试验所用的直剪仪由剪切盒、垂直加荷设备、剪切传动装置、测力计、位移量测系统等部分组成。

② 直接剪切试验按固结及剪切速率分为快剪、固结快剪和慢剪三种情况，见表2.3.5。

直接剪切试验的试验方法 表2.3.5

试验方法	试验要求	固结标准	剪切速率	适用土类
快剪（q）	试样在垂直压力施加后立即进行快速剪切，试验过程中不排水	施加垂直压力后立即剪切，不固结	0.8mm/min	适用于渗透系数小于 10^{-6}cm/s的黏性土
固结快剪（cq）	试样在垂直压力下固结后，再快速剪切	施加垂直压力后试样变形≤0.005mm/h	0.8mm/min	适用于渗透系数小于 10^{-6}cm/s的黏性土
慢剪（s）	试样在垂直压力下固结后，再慢慢剪切，试验过程中孔隙水自由排出	施加垂直压力后试样变形<0.005mm/h	0.02mm/min	适用于黏性土

③ 根据一组不少于4个试样在不同垂直压力作用下的剪切试验结果，利用库仑定律用图解法或最小二乘法确定强度指标 c_i、φ_i 值。计算公式如下：

$$\varphi_i = \arctan\left[\frac{1}{\Delta}k(\Sigma ps - \Sigma p\Sigma s)\right] \qquad （式2.3.11）$$

$$c_i = \frac{\Sigma s}{k} - \frac{\Sigma p}{k}\tan\varphi_i = s_m - p_m\tan\varphi_i \qquad （式2.3.12）$$

$$\Delta = k\Sigma p^2 - (\Sigma p)^2 \qquad （式2.3.13）$$

式中　φ_i——土的内摩擦角（°）；

　　　c_i——土的黏聚力（kPa）；

　　　p——垂直压力（kPa）；

　　　s——水平剪力（抗剪强度）（kPa）；

　　　k——每组试样数。

④ 直接剪切试验应采用Ⅰ级不扰动土样，试验直径≥100mm，高度≥1.50mm。对于砂性土应按要求制备土样。

2. 三轴剪切试验

① 三轴剪切试验是在圆柱形试样上施加最大主应力（轴向应力）σ_1 和最小主应力（周围压力）σ_3，保持 σ_3 不变，改变 σ_1，使试样中的剪应力逐渐增加，直到达到极限平衡而破坏，通过 3~4 个试样在不同 σ_3 的试验，求得土的抗剪强度指标。试验所用的三轴仪由压力室、轴向压力系统、周围压力系统、轴向及体积应变测量系统、反压力系统、孔隙水压力量测系统等组成。

② 三轴剪切试验按固结和排水条件可分为不固结不排水（UU）试验、固结不排水（CU）试验和固结排水（CD）试验。见表2.3.6。

三轴剪切试验的试验方法

表 2.3.6

试验方法	试验要求	固结标准	剪切速率	备注
不固结不排水（UU）试验	试样在不排水条件下施加周围压力后，快速增大轴向压力至试样破坏	在不排水条件下施加周围压力，不固结	每分钟应变为 0.5%~1.0%	总应力法
固结不排水（CU）试验	试样先在周围压力下进行固结，然后在不排水条件下快速增大轴向压力至试样破坏	不排水固结、测孔隙水压力，至孔隙水压力消散95%以上	黏性土每分钟应变为 0.05%~0.1%，粉土每分钟应变为 0.1%~0.5%	剪切过程测试孔隙水压力，可进行总应力法和有效应力法分析
固结排水（CD）试验	试样先在周围压力下进行固结，然后在排水条件下缓慢增大轴向压力至试样破坏	排水固结、测孔隙水压力，至孔隙水压力消散95%以上	每分钟应变为 0.003%~0.012%	剪切过程测试孔隙水压力，为有效应力法

注：对于不固结不排水试验和固结不排水试验，当无法切取多个试样时，可采用一个试样多级加荷进行试验。

③ 根据一组 3~4 个试样在不同应力条件下的试验结果，利用莫尔 - 库仑理论，分别绘制应力圆，从这些应力圆的包线即可求出抗剪强度指标。也可按下列公式计算：

$$\varphi_i = \arcsin\left[\frac{k\Sigma p\tau - \Sigma p\Sigma\tau}{\Delta}\right] \qquad (式\ 2.3.14)$$

$$c_i = \frac{1}{\cos\varphi_i}\left(\frac{\Sigma\tau}{k} - \frac{\Sigma p}{k}\sin\varphi_i\right) \qquad (式\ 2.3.15)$$

$$\Delta = k\Sigma p^2 - (\Sigma p)^2 \qquad (式\ 2.3.16)$$

$$p = \frac{\sigma_{1f} + \sigma_3}{2} \qquad (式\ 2.3.17)$$

$$\tau = \frac{\sigma_{1f} - \sigma_3}{2} \qquad (式\ 2.3.18)$$

式中　k——每组试样数；

　　　σ_{1f}——剪切破坏时的最大主应力（kPa）；

　　　σ_3——周围压力（kPa）。

④ 取样要求：试样制备的数量一般不少于 4 件，试样尺寸取决于土类及土的颗粒组成。对于黏性土，可按工程需要采用 I 级不扰动试样或重塑土样；对于砂土，则按要求制备土样。

3. 无侧限抗压强度试验

① 土在侧面不受限制的条件下，抵抗垂直压力的极限强度称为土的无侧限抗压强度。试验仪器为应变控制式无侧限压力仪，由测力计、加压框架、升降设备、位移量测设备等组成。

② 无侧限抗压强度试验主要适用于饱和软黏土，试验采用Ⅰ级不扰动土样，试样直径宜为 35～50mm，高径比宜采用 2.0～2.5。

③ 试验时的轴向应变速度宜为每分钟 2%～3%，试验宜在 8～10min 内完成。应力 - 应变曲线中的峰值应力或轴向应变为 15% 处的轴向应力，即为无侧限抗压强度。

④ 当需测定灵敏度时，将破坏后的试样重塑，使其与原试样具有相同的尺寸、密度和含水量，重新测定其无侧限抗压强度。

⑤ 指标的计算公式为：

$$q_u = \frac{10p_u(1 - \varepsilon_u)}{A_o} \tag{式 2.3.19}$$

$$S_t = \frac{q_u}{q'_u} \tag{式 2.3.20}$$

式中　q_u——不扰动土样的无侧限抗压强度（kPa）；

　　　q'_u——重塑土样的无侧限抗压强度（kPa）；

　　　S_t——灵敏度；

　　　p_u——试样破坏时的竖向压力（N）；

　　　ε_u——试样破坏时的竖向应变；

　　　A_o——试样的初始截面积（cm^2）。

2.4　土质原位试验概述

下面介绍土质原位试验的分类，国际上使用原位试验的侧重状况及原位试验的优、缺点。

2.4.1　原位试验的分类及各国的利用状况

专业词汇"原位试验"（in situ test）系拉丁语，意思是"in its original place"（原现场，原位置）。该用语始于 20 世纪 40 年代，当时业已确立了土体取样技术，但是为了确认土的强度参数，必须使用无扰动试样进行室内试验。为了获得无扰动土体取样，使得操作复杂，费用大增。后来人们推出了无需烦琐取样，直接从原地层得到需求信息数据的贯入试验，并得以迅速发展、普及。贯入试验属原位试验，但是原位试验的严格定义还要求必须相应地存在室内试验。把只存在现场测定的试验均称为原位试验是不正确的。

例如，触探试验（贯入试验、孔内水平载荷试验、膨胀计试验、十字板剪切力试验等）均属原位试验。而对于只限于现场的涌水压力测定试验、地中变位测量或者平板桩载荷试验等试验就不能称之为原位试验。

原位试验可根据是否钻孔和测定时的主要操作方法分类，分类状况如表 2.4.1 所示。

主要原位试验的分类 表 2.4.1

是否钻孔	操作方法	测定值	典型例
A 必须钻孔	A₁ 利用钻孔测定地下水的变化	渗水系数	原位渗水试验
	A₂ 对钻孔孔壁加载（深度方向上断续）	变形系数	孔内水平荷载试验（PMT）
	A₃ 在钻孔孔底贯入或旋转（深度方向上断续，钻孔始终为辅助手段）	动贯入阻力	标准贯入试验（SPT）
		叶片旋转阻力	十字剪切力试验（VST）
B 无需钻孔	B₁ 从地表连续贯入	动贯入阻力	动锥贯入试验（DP）
		静贯入阻力	静力触探试验（CPT）
		静载沉降量＋旋转贯入阻力	瑞典式土层触探试验（WST）
	B₂ 贯入后打开叶片拉拔	叶片拉拔阻力	拉拔阻力试验
	B₃ 从地表贯入后水平方向加载（深度方向断续）	变形系数	膨胀计试验（DMT）

表 2.4.1 中 A_1 和 A_2 以钻孔孔壁土为测定对象，A_3 以钻孔孔底土层为测定对象，所以钻孔时必须特别细心，不能使测定对象受到扰动。显然冲击式钻孔机不能使用。

B_1 是所谓的贯入试验，有动贯（打击）、静贯（压入）及静载荷＋旋转等 3 种，是原位试验的核心，特别是 CPT 和 DP 即使在世界范围内也处于绝对优势。从技术上看，目前无论是 CPT 的压入容量，还是 DP 的打击力度均有长足的进步；从形式上看，目前从轻小型到中型、大型及车载型（超大型）的各式各样的贯入试验机应有尽有。

B_2 是钢绳一端连接折叠叶片，用杆将其压入到预定深度后，打开折叠叶片卷提钢绳测定上提阻力的特殊测定仪，所以只适于软地层使用。

B_3（DMT）是与 A_2 组的 PMT 类似的水平载荷试验机，近年来在欧美使用较多。

表 2.4.2 给出了世界上一些国家对各种贯入试验和十字剪切力试验的使用状况。其中，SPT、CPT、DP 和 WST 业已国际规范化。

世界上一些国家对各种贯入试验和十字剪切力试验的使用状况 表 2.4.2

地区、国家	试验种类	标准贯入试验（SPT）	动力触探试验（DP）	静力触探试验（CPT）	瑞典式触探试验（WST）	十字剪切力试验（VST）	静力＋动力触探试验（DP–CPT）
欧洲	英国	◎		○		○	△
	法国	△	◎	◎		△	◎
	德国	△	◎	◎		△	◎
	比利时	×	△	◎		△	△
斯堪的那维亚	挪威	×	△	◎	◎	◎	
	瑞典		○	◎	◎	◎	
	芬兰		○	×	◎	◎	
北美	加拿大	◎		◎		◎	
	美国	◎		◎		×	

地区、国家	试验种类	标准贯入试验（SPT）	动力触探试验（DP）	静力触探试验（CPT）	瑞典式触探试验（WST）	十字剪切力试验（VST）	静力＋动力触探试验（DP－CPT）
非洲	南非	◎	○	◎		△	
	尼日利亚	◎				×	△
	摩洛哥		◎	◎		△	
亚洲	中国	◎	△	◎	△	△	
	日本	◎	△	○	○	×	
	马来西亚	◎	◎	△		○	
	泰国	◎	△	△		○	
	印度	◎	◎	○		△	△
	菲律宾	◎	◎	×		△	

注：◎使用最多；○使用率居第2位；△原则上可以使用，但使用不多；×原则上不用。

2.4.2 原位试验的优缺点

1. 优点

如果把原位试验与取样＋室内土质试验的方法相比，可以明显地看出原位试验具有如下一些优点：

（1）可靠性好

原位试验仅测定1次即可获得基础数据；另外，试验中土层骨架被扰动的可能性小。所以测量数据能切实地反映原位土的性质，即可靠性好。

（2）成本低

从开始试验到获得基础数据的时间大为缩短，故勘察试验的成本低。

（3）区分薄层的能力强

特别是贯入试验的场合下，可以在其深度方向上连续地测量土层的参数变化状况。区分薄层的能力强。

2. 缺点

原位试验的缺点如下：

（1）无法明确边界条件

测定中无法明确原位土的边界条件，因此试验中也无法管理。

（2）无法明确排水条件

测定中原位土的间隙水的排水条件无法确认。以贯入试验为例，当按 $1 \sim 2cm/s$ 的速度贯入时，对黏土层贯入而言，接近非排水的条件；对砂砾层的贯入而言，接近排水条件。

（3）依赖室内试验结果

特别是贯入试验的场合下，不管动、静贯入，均由与贯入阻力有关的理论公式导出的 c 和 φ 作为强度参数，缺乏实用性。所以在从测量值求取必要的土质参数的过程中，必须与室内试验结果进行对比讨论，以便最后找出实用的换算公式或者经验公式。总之，要想得出实用的结果，必须遵循这一过程。

从上述优缺点的对比结果知道，原位试验和室内试验两者是互补的关系，要想使地层的勘察结果有效可靠，两者必须兼顾。

2.5 标准贯入试验

2.5.1 概述

1. N值的定义

标准贯入试验（SPT）是动力触探的一种，即用质量为 $63.5kg \pm 0.5kg$ 的重锤，按照规定的落距（76cm）自由下落，将图2.5.1中示出的标准贯入取土器贯入土层30cm（规定的贯入距离）时，落锤的锤击次数 N 值即为标准贯入试验的 N 值。N 值越大，说明地层越坚硬、抗压强度越高；反之，N 值越小，说明地层越松软、抗压强度越低。

2. 试验设备

标准贯入试验设备由标准贯入器（图2.5.1）、触探杆及穿心锤（即落锤）组成。落锤质量63.5kg、落距76cm；触探杆的外径为42mm；由两个半圆管构成取土器。

3. 试验方法

（1）先用钻具钻进到试验土层上面约15cm处，以免扰动下面的试验土层。

（2）将贯入器竖直打入土层15cm，不计锤击数，然后开始记录继续锤击贯人器使之贯入土中30cm之锤击数。此锤击数就是通常所说的标准贯入试验的 N 值。

（3）再继续贯入 5～10cm，观察锤击数是否存在突变。如有突变，则说明可能发生层变，应考虑增加测点；若无突变，则拔出贯入器，取出土样进行鉴别或试验。

4. 各国SPT的规格及国际基准试验法

目前世界上一些国家的SPT的规格及国际基准试验法如表2.5.1所示。SPT国际基准试验法中规定的试验程序如图2.5.2所示。

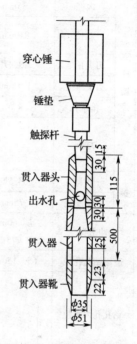

图 2.5.1 标准贯入试验设备
（尺寸单位：mm）

一些国家的SPT的规格及国际基准试验方法一览表　　　　表 2.5.1

规定的对比项目			JIS A1219（日本）	ASTM 1586—84（美国）	BS 1372 Test19（英国）	渗透测试技术委员会欧洲分会（1977）	ISSMFE 渗透测试技术委员会
试验装置	探杆	15m 以内	外径 40.5/42mm	A 杆 外径41.2mm 内径28.5mm	AW 杆 外径41.3 mm 质量5.7kg/m	AW 杆，质量6kg/m 外径43.7mm 内径34.1mm	外径 40.5mm、50mm、60mm，质探量不得超过10.03kg/m（外径60mm）
		15m 以上		推荐使用刚性高的杆	与BW相当的杆或者每3m一接头	与BW相当的杆或者每3m一接头	
		曲率	—	—	—	小于1/1000	1/750

续表

规定的对比项目			JIS A1219（日本）	ASTM 1586—84（美国）	BS 1372 Test19（英国）	渗透测试技术委员会欧洲分会（1977）	ISSMFE 渗透测试技术委员会
试验装置	取样器	外径	51mm	50.8mn±1.3mm	50mm±0.15mm	51m	51mm±1mm
		内径	35mm	3.5mm	35mm±0.15mm	35mm	35mm±1mm
		总长	810mm	482~812mm（不包括头在内）	685mm	660mm	680mm
		刃尖角度	19°47′	16°~23°	17°15′	18°37′	18°37′
		刃尖厚度	1.15mm	2.54mm	1.6mm	1.6mm	1.6mm
		排水孔	4孔	φ9.2mm×2孔	φ13mm×4孔	φ13mm×4孔	大孔4个
		球阀	—	φ22.2mm 的孔上方放置直径25mm 的球	φ22.3mm 孔的上方放置直径25mm 的球	φ22m 孔的上方放置直径 25mm 的球	φ22m 孔上方放置钢球
	锤	质量	63.5kg	63.5kg±1.0kg	65kg	63.5kg±0.5kg	63.5kg±0.5kg
		下落高度	75cm	76cm±2.5cm	76cm	76cm±2cm	76cm
	冲击头		$h=60mm$ $D=75mm$	—	—	冲击头上面附有1/300 的球面	—
试验孔的有关事项	适用钻孔孔径		65~150mm	56~162mm	—	60~200mm	63~150mm
	钻孔孔内水位		注意不能扰动孔底土层	孔内水位低于地下水位时把孔内水位抬高到地下水位以上	保持孔内水位不低于地下水位	按高于地下水位一定值的方式管理孔内水位	按高于地下水位一定值的方式管理孔内水位
	钻孔钻头形式			不能使用向下喷射型的钻头	不能使用向下喷射型的钻头	不能使用向下喷射型的钻头	不能使用向下喷射型的钻头
	可否贯穿取样			使用取样器时不能用射水法钻孔	—	使用泥水的场合下也可以由取样器进行喷射，但应注意压力	
	使用套管时的一些注意事项			贯入深度不能超过孔底	贯入深度不能超过孔底。取样土管与套管间的空隙应大于套管内断面积的10%	贯入深度不能超过孔底。取样土管与套管间的空隙应大于套管内断面积的10%	贯入深度不能超过试验深度。取样土管的外径不得超过套管内径的90%
试验孔的有关事项	孔内涌水和漏水			漏水的场合下记录掘进中的泵压	注意漏水、涌水	按不漏水、不涌水那样管理水位，特别注意承压地下水	地下水承压时用孔内水和泥水与试验深度的水头保持平衡

续表

规定的对比项目		JIS A1219 （日本）	ASTM 1586—84 （美国）	BS 1372 Test19 （英国）	渗透测试技术 委员会欧洲分会 （1977）	ISSMFE 渗透测试 技术委员会
试验程序	预备贯入	15cm	15cm	15cm	15cm 或者锤击 50 次	15cm 或者锤击 50 次
	正式贯入	30cm	30cm	30cm	30cm	30cm
	后备贯入	0~5cm	—	—	—	—
没有贯入到预定长度的最大打击数		对应的正式锤击数 50 次	包括预备贯入在内锤击数 100 次	不包括预备贯入锤击数 50 次	预备锤击 50 次后正式锤击 50 次	预备锤击 50 次后正式锤击 50 次
贯入试验	锤击次数的记录 中间锤击数	正式贯入：记录每锤击 1 次的累计贯入量。但是，当锤击 1 次的贯入量不满 2cm 的场合下，也可以记录每 10cm 的锤击数	包括预备贯入记录每 15cm 的锤击数	要求记录正式贯入时的每 7.5cm 的锤击数	包括预备贯入在内，每 15cm 的锤击数均应记录	包括预备贯入在内，每 15cm 的锤击数均应记录
	没有贯入到预定深度场合下的记录方法	对应正式贯入 50 次锤击数的贯入量	最后 30cm 的锤击数，或者正比 30cm 的值	记录正式贯入 50 次的锤击数对应的贯入量	记录正式贯入 50 次锤击时的贯入量	记录正式贯入 50 次锤击时的贯入量
	锤的下落方式	自由落下，无特殊指定要求	自动、半自动落下，塔轮式（塔轮直径 150 ~ 200mm，$2\frac{1}{4}$ 圈以上）	推荐自由落下，注意绞盘摩擦	使用钢绳塔轮法的效果不好。推荐自由落下	把落下能量损耗抑制到最小。测定 N 值时也应测定能量。按标准能量的 60% 修正 N 值和其他数据
适用的土质类型		所有的土质	所有土质	以砂质土为主	所有土质	—
对砂砾层的适用状况		—	—	在砂砾层中以桩靴替代 60° 锥体试验	在砂砾层中以桩靴替代 60° 锥体。这种场合下试验的最大锤击数为 100 次	—
试验的实施间隔		一般每米实施一次，无规定	1.5m 或者因地层而变化	—	—	—

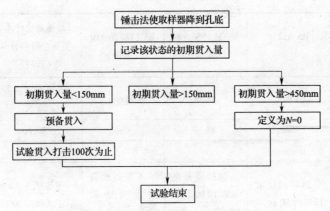

图 2.5.2　SPT 国际基准试验法的试验程序

5. 成果整理

（1）标准贯入试验成果整理时，应注明钻孔孔径、钻进方式、护孔方式、落锤方式、地下水位及孔内水位、初始贯入深度、预锤击数、正式贯入的锤击数、深度、扰动土的鉴别和描述等。

（2）绘制 N 与深度的关系曲线。

6. 优缺点

（1）优点

SPT 属原位试验方法。该方法设备简单、方法简便；适用土质范围宽，即使易散乱的土层也可进行取样；试验获得的 N 值与其他试验方法得到的结果存在相关性，故可由此推估，区分土质的种类及定量地确认许多土质参数，为全面掌握土质的性能创造良好的条件；因设备构造大同小异，故试验结果易于对比（包括国际上的对比在内）。

鉴于上述诸多优点，故现在 SPT 工法已成为土质勘察中的必不可少的用得最多的原位试验方法。

（2）缺点

SPT 工法的缺点是试验结果的精度不高。不过近年来高精度、高效 SPT 自动化装置的问世，使该缺点基本得以消除。

2.5.2　SPT 的机理

SPT 的结果用 N 值表示，N 与取样器的贯入阻力和地层的抗剪阻力有关。而 N 的单位是次数并不是力学单位。因为 SPT 测量的是取样器的贯入量，与此同时还希望能求出作用在取样器上的力，或者取样器的贯入阻力（地层反力）。该结果明确的是 SPT 试验中取样器的动态表象，如果再能与静贯入表象联系起来，则对基础设计而言也可以说是一个重要的武器。

SPT 按波动理论测量和解析，可以明确锤和取样器的表象。即解析安装在冲击头下方的杆上的应变计的测量数据，则可以求出锤击能量传递给杆或取样器上的状况、取样器的动态贯入阻力和贯入量。杆的贯入量的时刻经历可另行用光学变位计测出，即可用该测量值校正解析中求出的贯入量。这里叙述的应力波的测量和解析采用双桥应变计法。

图 2.5.3 是滕田教授按上述方法求出的杆的表象的例子。（a）图示出的是杆的贯入量；（b）图示出的是锤击时杆上产生的应力波；（c）图示出的是杆的速度时刻的经历。由图（a）可知，锤击后杆立即下降（下降量大），不久出现微量回弹；随后反复出现下降和回弹，但幅度很小，不久杆即停止运动。

观察图 2.5.3（b）的应力波波形不难发现，锤击后立即产生大的压缩应力（最大），随后迅速衰减直至变成伸张应力，再随后又反弹成压缩应力，如此反复多次最后衰减到零。也就是说该应力波呈现出一定的周期。滕田教授在 1997 年观测到的该周期为 35ms。该周期区间内的 13ms、21ms、27ms 处出现压缩应力峰值。这些峰值对应的时刻正是图 2.5.3（a）中贯入曲线从回弹转向贯入的时刻。

图 2.5.3（c）是解析上述应力波求出的杆的速度随时间的变化曲线。速度为正时，杆下降；速度为负时，杆上升。如果连同图（a）和图（b）一起观察，不难发现锤下落 1 次，则杆与锤要反复撞击多次。本例试验明确的反复撞击的次数不少于 4 次。

SPT 试验中贯入杆产生的应力波，起初沿杆向下传播，传至取样器的下端时形成反射应力波又向上方传播；随后，在杆的顶端或冲击头处再次形成向下的反射波。如此多次反复后衰减消失。

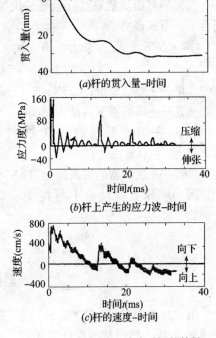

图 2.5.3　标准贯入试验时杆的特性

设 SPT 试验中的重锤自由落下撞到冲击头时锤的速度为 v，杆上产生的最大压缩应力强度为 σ_{max}。在图 2.5.3 的试验条件下，应力波在（杆 + 取样器）长 1.8m 的区间内往返，对应的固有周期 T 与固有频率 f 可用下式计算：

$$v = (2gH)^{1/2} = 3.835(\mathrm{m/s}) \qquad (式 2.5.1)$$

$$c = (Eg/\rho)^{1/2} = \left[\frac{2.1 \times 10^8 \mathrm{kN/m^2} \times 9.807\mathrm{m/s^2}}{78.6\mathrm{kN/m^3}}\right] = 5120(\mathrm{m/s}) \qquad (式 2.5.2)$$

$$T = 2l/c = 2 \times 1.8/5.120 = 0.703(\mathrm{ms}) \qquad (式 2.5.3)$$

$$f = 1/T = 1422(\mathrm{Hz}) \qquad (式 2.5.4)$$

$$\sigma_{max} = (E \cdot v/c)^{1/2} = 157.2(\mathrm{kPa}) \qquad (式 2.5.5)$$

式中　v——撞击锤的速度（m/s）；

　　　g——重力加速度，9.807m/s²；

　　　H——锤的下落高度，0.75m；

　　　σ_{max}——杆的最大压应力强度（kPa）；

　　　ρ——钢材的重度，78.6kN/m³；

　　　E——钢材的弹性系数，2.1×10⁸kN/m²；

　　　c——钢材中的应力波的传播速度，5120m/s。

图 2.5.4 示出的是根据实测 SPT 每次的打击贯入量和测量应力波，应用波动理论解析求

出的贯入量、打击效率及动贯入阻力。图 2.5.4 中的曲线是在实测贯入量和解析动贯阻力的基础上得出的，由该图即可求出打击效率。求出的打击效率与打击效率的解析值之间，存在 0 ~ 3% 的误差，可以认为基本一致。

当锤的打击能量通过杆全部传递给取样器的场合下，下式成立。

$$W \cdot H / S = R_d \quad 或者 \quad W \cdot H = R_d S \qquad （式 2.5.6）$$

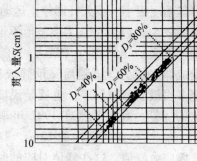

图 2.5.4　SPT 的贯入量 – 打击效率 – 动贯入阻力的关系

式中　W——锤的重量，635N；

　　　H——锤的落下高度，75cm；

　　　S——取样器每打击 1 次时的贯入量（cm）；

　　　R_d——取样器的贯入阻力（kN）。

因为实际上能量是不可能 100% 传递的，故式（2.5.6）可以改写成下面的形式。即

$$e \cdot W \cdot H = e \cdot R_d \cdot S \qquad （式 2.5.7）$$

式中　e——打击效率，满足下式：

$$e = \frac{传递到取样器上的贯入能量}{锤自由下落的打击能量} \leq 1$$

由式（2.5.6）和式（2.5.7）可知，在以 $\lg S$ 和 $\lg R_d$ 为正交轴的图 2.5.4 中，e 曲线的倾角为 45°。滕田教授在修正 N 值、贯入量和动贯入阻力时，把式（2.5.7）改写成如下的形式：

$$e \cdot W \cdot H = (\sqrt{e} \cdot R_d) \cdot (\sqrt{e} \cdot S) \qquad （式 2.5.8）$$

尽管砂的种类、相对密实度、上载压、干燥饱和存在差异，但图 2.5.4 式(2.5.6) ~ 式（2.5.8）的关系均成立，在现场也有效。

2.5.3　影响 N 值精度的因素及 N 值修正

1. 锤的下落方法、打击效率

在 Robortson 给出的图 2.5.5（a）中，示出了在一个孔内交替使用环形锤和分载锤时求出的 N 值的深度分布。括号内数字是测定的打击效率，前者为 34% ~ 56%，平均值为 43%；后者为 55% ~ 69%，平均值为 62%。把这些测定的打击效率修正到 55% 的曲线上，如图 2.5.5（b）所示。与图（a）相比，该曲线变得平滑。由此不难发现锤的型式不同打击效率不同，对 N 值的影响也不同。

在 Kovacs 给出的图 2.5.6 中，观察后可以发现操作员不同打击效率不同，即使同一操作员打击效率也存在 15% ~ 20% 的波动。

在塔轮法中锤下落时，对应的平均打击效率约为 67%；鹰嘴钩法的情形下打击效率为 80%。图 2.5.7 是 Kovacs 给出的钻孔机械与打击效率的关系。这些差异应该说不是机械原因所致，而是由锤落下方法和操作员因素决定的。

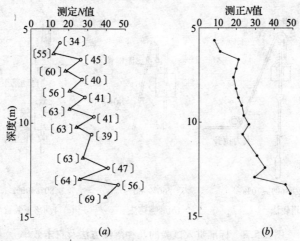

图 2.5.5 交替使用环形锤和分载锤时的 N 值随深度的变化

注：○ – 环形锤的 N 值（打击效率34% ~ 56%，平均 = 43%）；

△ – 分载锤的 N 值（打击效率55% ~ 69%，平均 = 62%）；

〔34〕– 打击效率为34%（余类推）；

· – 打击效率修正到55%时的 N 值。

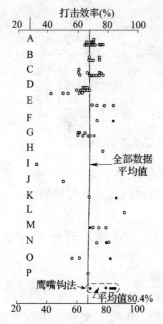

图 2.5.6 操作员与打击效率的关系

注：A、B、C…… – 操作员；

○ – 塔轮法；● – 鹰嘴钩法。

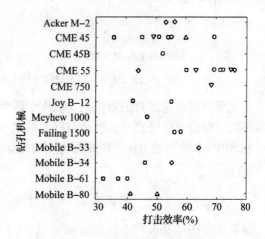

图 2.5.7 钻孔机械与打击效率的关系

　　滕田反复进行模型桩的打入试验，发现有时打击效率下降，究其原因发现是锤的底面与桩的上顶面在撞击时不完全吻合，存在某一角度的原因所致。归纳两撞击面存在1°~3°角的打击试验的结果如图2.5.8所示。角度越大，贯入量、打击效率越低。

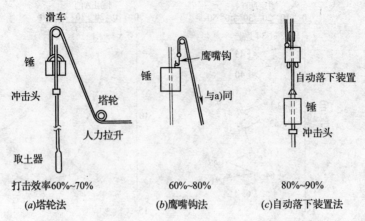

图 2.5.8　标准贯入试验的几种落锤方法及打击效率

因 SPT 试验中不太重视杆的竖直性的管理。图 2.5.9 示出的是锤单侧起吊时测得的 N 值与深度的关系。可把该图看成是一个模式图。但是，实际操作时这种提吊方式出现的概率也不少。这种提吊方式无法期待正确的撞击。鹰嘴钩法和自动落下法比塔轮法的竖直性好，所以打击效率也高。自动落锤装置具有撞击接触面大的优点。

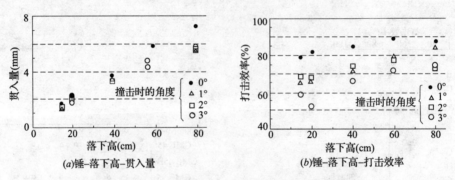

图 2.5.9　打击时锤下面与撞击面存在夹角的影响

由此得出的结论是打击效率主要取决于锤和贯入杆的接触面的大小，与锤的落下方式关系不大。保持杆的竖直性，使锤与杆的轴线一致较为关键。

在 SPT 国际学会的 SPT 国际基准试验方法中，使用下式修正打击效率决定的 N 值：

$$修正 N 值 = 测量值 \times \frac{测定打击效率 e_n}{基准打击效率 e_c} \qquad (式 2.5.9)$$

国际学会中的基准打击效率为 60%（0.6），修正的 N 值记作 N_{60}。此外，多数场合下该打击效率可用摩擦效率（e_1）与撞击效率（e_2）的积（$e_1 \cdot e_2$）表示。

滕田提出的 N 值修正公式如下：

$$修正 N 值 = 测定 N 值 \times \left(\frac{测定打击效率 e_n}{基准打击效率 e_c} \right)^{1/2} \qquad (式 2.5.10)$$

采用 $\sqrt{e}$ 的理由可按式（2.5.8）理解。式（2.5.9）、式（2.5.10）得到的修正差如表 2.5.2 所示。

48

打击效率与 N 值的关系 表 2.5.2

打击效率		对应打击效率的 N	修正的 N 值	
e（%）	备注		国际式	滕田式
100	打击能量不损失的 N	N_{100}	18	18
85	最高类型	N_{85}	21	20
78	鹰嘴钩法	N_{78}	23	20
67	Kovacs 试验的平均值	N_{67}	27	22
60	国际基准试验法	N_{60}	30	23
45		N_{45}	40	27
35	最低类型	N_{35}	51	40

2. 地层起伏

因一个钻孔内的某一深度处的 SPT 的 N 值只限测定 1 次，所以 N 值的测量精度只能靠与附近几个钻孔的同一深度的 N 值对比确定。但是，保证地层无起伏也是做不到的。应该说锤下落方式和打击效率的关系的试验是在忽略地层起伏的条件下进行的。

图 2.5.10 是某一地点的 5 个钻孔中测定的 N 值的深度分布。试验发现，使用同一装置，同一操作员，水平地层也可以认为是相同的，但是，N 值的分布仍存在一定的波动。在另一地点采用完全相同的方法解析得到的结果如图 2.5.11 所示。由图可知，在 12m 的区间内 $\Delta\overline{N}$（N 值差的平均值）为 1.41，每 1m 距离的 $\Delta\overline{N}$ 的差大致为 0.12。对该地层而言，N 值随孔间距离的增大而增大，即起伏大。距离为零时的起伏为 0.68，该起伏可以认为是由 N 值测量误差或精度所致。

图 2.5.12 是吉见等人在塔轮法和鹰嘴钩法对比试验中测得的 N 值分布。表 2.5.3 示出的是 N 的平均值。像图 2.5.13 所示那样，钻孔按边长 1.4m 的正方形布设。采用相同的下落方法，因对应孔位位于对角线上，故孔间距离为 2m。

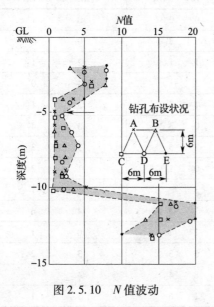

图 2.5.10 N 值波动

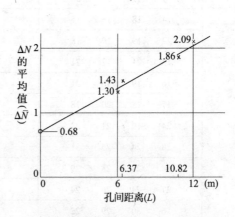

图 2.5.11 $\Delta\overline{N}$ 与 L 的关系

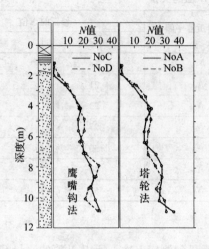

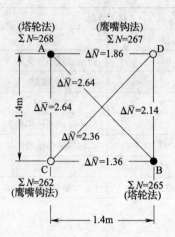

图 2.5.12　落下方法对比试验的 N 值分布　　　图 2.5.13　钻孔布设及 ΣN、$\Delta \bar{N}$

　　表2.5.3 中塔轮法钻孔 A 和 B 的各自的合计 N 值（ΣN）分别为 268 和 265，对应的鹰嘴钩法的钻孔 C 和 D 的各自的合计 N 值分别为 262 和 267，显然 4 个钻孔的 N 值的合计值基本一致。另外，表2.5.3 还示出了各孔同一深度处的 N 值的差的绝对值（$\Delta \bar{N}$）。观察（$\Delta \bar{N}$）发现，2m 孔距的同样落下方法的孔间的 $\Delta \bar{N} = 2.5$，与孔间距离 1.4m 的不同落下方法的孔间的 $\Delta \bar{N} = 2$ 相比要大一些。即地层造成的 N 值的差比落下方法造成的 N 值的差要大。

同一深度的孔间 N 值的波动　　　　　　　　　　　　表 2.5.3

项目 \ 条件	N 值（平均值）				ΔN 的绝对值					
	钻孔				$L = 1.4m$				$L = 2m$	
	A	B	C	D	AC	CB	BD	DA	AB	CD
N 值或 ΔN 值	1	1	2	1	1	1	0	0	0	1
	1	1	1	4	0	0	3	3	0	3
	9	11	9	10	0	2	1	1	2	1
	14	18	15	15	1	3	3	1	4	0
	22	19	19	18	3	0	1	4	3	1
	18	21	17	21	1	4	0	3	3	4
	16	19	18	21	2	1	2	5	3	3
	17	18	20	18	3	2	0	1	1	2
	24	19	21	22	3	2	3	2	5	1
	28	24	25	31	3	1	7	3	4	6
	28	28	28	29	0	0	1	1	0	1
	27	24	26	24	1	2	0	3	3	2
	26	30	29	22	3	1	8	4	4	7
	37	32	32	31	5	0	1	6	5	1

项目 条件	N 值（平均值）				ΔN 的绝对值					
	钻孔				$L=1.4\text{m}$				$L=2\text{m}$	
	A	B	C	D	AC	CB	BD	DA	AB	CD
合计	ΣN				$\Sigma \Delta N$				$\Sigma \Delta N$	
	268	265	262	267	26	19	30	37	37	33
平均	$\Sigma \overline{N}$				$\Sigma \Delta \overline{N}$				$\Sigma \Delta \overline{N}$	
	265.5				28				35	
平均	$\overline{N}$				$\Delta \overline{N}$				$\Delta \overline{N}$	
	18.96				2.00				2.50	

注：例如 AC 系指钻孔 A 和 C 的同一深度的 N 值差的绝对值（ΔN）。

图 2.5.14 示出的是孔间距离 L 与 N 值差的绝对值的平均值（$\Delta \overline{N}$）的关系。在距离为零时，$\Delta \overline{N}$ 为 0.83，与图 2.5.13 的 0.68 相近。

综上所述，得出以下几点结论：① 根据深度方向上 N 值的合计值，可以正确地判断落下方法的差异；② 地层起伏不大时，很难进行对比试验；③ 如果改变讨论方法，则结论不同（吉见等人的鹰嘴钩法的 N 值仅为塔轮法 N 值的 85%）。

3. 有效上载压

Terzaghi – Peck 把 N 值作为衡量地层软硬及密实程度的尺度。砂的相对密度大，则抗剪强度、N 值均大。但是，他们忽略了上载压增加时 N 值也增加的因素。

如果用 N 值表示砂层的抗剪阻力，则 N 值不仅是内摩擦角的函数也是有效应力的函数。福冈保整理了许多试验记录示于图 2.5.15 中，80% 的数据符合图 2.5.15（b）的规律。

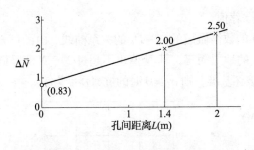

图 2.5.14 $\Delta \overline{N}$ 与 L 的关系

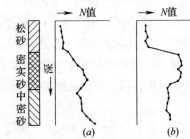

图 2.5.15 N 值分布形式

图 2.5.16 示出的是 N 值与相对密实度 D_r、有效上载压 σ'_r 的关系。由该图不难发现，N 值随 D_r 和 σ'_r 的增大而增大。此外，砂的密度、粒度、含水量等参数对 N 值也有一定的影响。

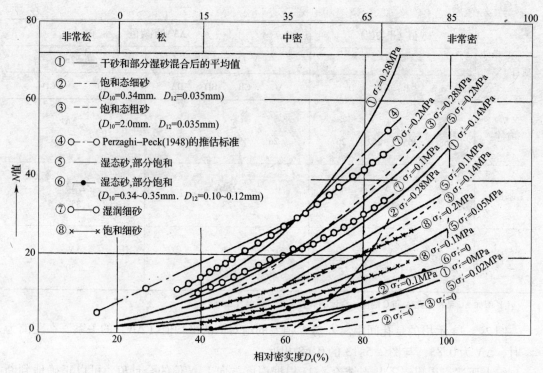

图 2.5.16　N 值与砂的相对密实度的关系

图 2.5.17 是图 2.5.16 中①的所有干砂的平均数据的集中。Meyerhof 给出的图 2.5.17 的近似公式如下：

$$D_r = 21\left(\frac{10N}{\sigma'_r + 7}\right)^{1/2} \qquad (式 2.5.11)$$

$$N = \left(\frac{D_r}{21}\right)^2 \cdot (0.1\sigma'_r + 0.7) \qquad (式 2.5.12)$$

式中　D_r——相对密实度（%）；

　　　σ'_r——有效上载压（MPa）。

另外，图中还给出了 Meyerhof 提出的推荐值。

图 2.5.18 是只集中图 2.5.16 中的 $\sigma'_r = 0$ 的数据做成的 $N - D_r$ 的关系曲线。由图可知，即使对于地表面相对密实度为 100% 的非常密实的地层而言，其 N 值也不超过 20。N 值是砂的抗剪强度的标度，砂的抗剪强度如果服从库仑破坏基准，则 $\sigma'_r = 0$ 时的抗剪强度为零。

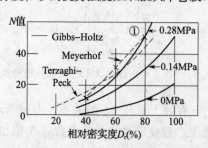

图 2.5.17　N 与 D_r 的关系（一）

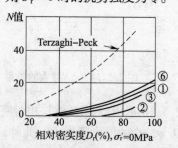

图 2.5.18　N 与 D_r 的关系（二）

图 2.5.19 是集中图 2.5.16 中的 Gibbs-Holtz 给出的有效上载压 $\sigma_r' = 0.28\text{MPa}$ 的数据做出的 $N-D_r$ 的关系曲线。其中，① 曲线指干燥砂；② 曲线指饱和砂；③ 曲线指饱和粗砂。液化的讨论中使用②的数据的近似式是幂函数。

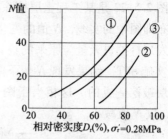

图 2.5.19 N 与 D_r 的关系（三）

图 2.5.20 示出的是多位专家提出的有效上载压与 N 值修正系数的多条关系曲线。式（2.5.13）是用得最多的基本修正系数公式，即

$$N = C_N \cdot N', \quad C_N = \frac{N}{N'} = \xi \cdot (\sigma_r')^{-1/2} \qquad (式 2.5.13)$$

式中　N——修正 N 值；

C_N——修正系数；

N'——实测值；

ξ——系数，10 $(\text{kPa})^{1/2}$；

σ_r'——有效上载压（kPa）。

吉中提出的修正公式如下：

$$N = [5/(0.014 \times \sigma_r' + 1)]N' \qquad (式 2.5.14)$$

式中　N——修正 N 值；

N'——实测 N 值；

σ_r'——有效上载压（kPa）。

式（2.5.14）适用的条件是 $\sigma_r' \leq 280\text{kPa}$。

图 2.5.21 是利用图 2.5.16 中②和③的数据做成的 N 值与深度的关系曲线。如果观察饱和粗砂的相对密实度为 90% 的曲线，可以发现深 24m 附近 $N=50$；深 12m 附近 $N=30$；地表附近的 N 值为 11。设计时应把深 24m 处 $N=50$ 的层段定为持力层，显然把 $N=11$ 的地表作为持力层是不合适的。

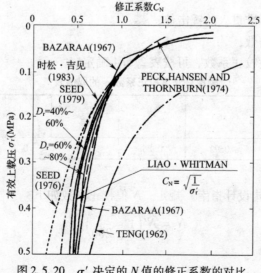

图 2.5.20 σ_r' 决定的 N 值的修正系数的对比

图 2.5.22 是某工程土层挖除前后 N 值发生变化的实例。开工前 SPT 测得的 N 值的深度分布即图中的实线，N 值的变化范围为 12～50。挖除地表至 -11m 深的覆盖土层后，打桩时发现打桩贯入量与原来的设计值不吻合。随后又在现场（即挖除 11m 厚覆盖土的场地）实施 SPT，结果发现 N 值下降了 10～20。研究结果发现 N 值减小的原因是 11m 厚的覆盖层被挖造成的。这相当于图 2.5.21 中饱和粗砂的相对密实度 80% 的曲线向上移动 11m，故 N 值减小。

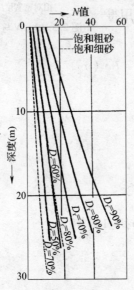

图 2.5.21　同一相对密实度（D_r）
中的 N 值与深度的关系

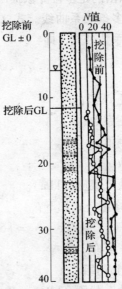

图 2.5.22　挖除前后的
N 值变化

4．杆长

我国《建筑地基基础设计规范》中有如下规定：当钻杆长度大于 3m 时，锤击数应按下式进行钻杆长度修正：

$$N = \alpha N' \qquad (式 2.5.15)$$

式中　N——修正后的标准贯入的锤击数；

　　　N'——实测的锤击数；

　　　α——触探杆长度校正系数，可按表 2.5.4 确定。

触探杆长度校正系数 α 的取值表　　　　　表 2.5.4

触探杆长度（m）	≤3	6	9	12	15	18	21
α	1.00	0.92	0.86	0.81	0.77	0.73	0.70

日本《道路地下结构设计指南》规定，N 值校正系数如下：

$$N = N'\left(1 - \frac{x}{200}\right) \qquad (式 2.5.16)$$

式中　N'——实测锤击数；

　　　x——钻杆长度（m）。

5．钻孔方法和器具

这里介绍在现场实施的不同试验器具和钻孔方法等试验条件时的各种对比试验，以此确认试验器具和钻孔方法影响 N 值精度的原因和程度。

（1）不同钻孔方法对 N 值的影响

试验现场为均质海滨性砂地层，在同一现场由5名操作人员按下列3种钻孔方法实施15个钻孔，在此基础上讨论钻孔方法对 N 值精度的影响。3种钻孔方法是：

① A 法：循环泥水无芯钻进；

② B 法：无水取芯钻进；

③ C 法：按 B 法快速上提取土样管的作业。

就 B 法和 C 法而言，事前可以预想孔底会沉积淤泥，在沉积淤泥比预定深度浅一个取土器高度的场合下，实施静探试验到预定深度测定淤泥厚度。锤的落下方法统一采用鹰嘴钩法。

比较试验的现场地层为均匀地层。这一点已被事前在5个地点实施的双重管静力圆锥触探试验和取土器取出的土样粒度试验的结果所证实。

图 2.5.23 示出是15个钻孔中的标准贯入试验的结果和事前5个地点的静力触探试验结果的对比。由图不难发现，静力触探试验的 q_c 值随操作者的不同而异，但波动较小；而标准贯入试验的 N 值相对于平均值而言，波动幅度约为±50%。

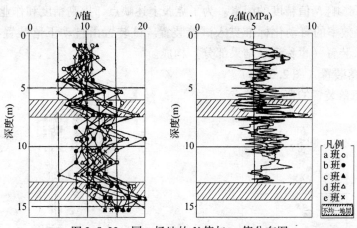

图 2.5.23　同一场地的 N 值与 q_c 值分布图

A 法是一种不出现沉积淤泥的方法；B 法的沉积淤泥厚度为 10～30cm；C 法的沉积淤泥厚度为 10～50cm。显然孔底沉积淤泥对 N 值的影响较大。以无沉积淤泥的 A 法的 N 值为基准，图 2.5.24 示出的是 B 法和 C 法的 N 值的差分与淤泥厚度的关系。

就淤泥较少的情形而言，N 值最大可减小40%，这可以认为是无水钻进孔底地层发生散乱的原因所致。淤泥量多的情形是取土器尖头的挤压作用致使 N 值最大可增加50%。

钻孔方法的对比结果表明，无水取芯时产生的孔底地层散乱和淤泥沉积对 N 值的影响较大。为了提高

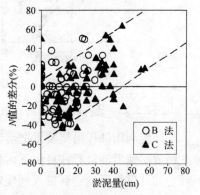

图 2.5.24　淤泥量与 N 值的差分
相关图

标准贯入试验的精度，有必要把钻孔方法统一定为循环泥水无芯钻进。

（2）取土器的影响

以往有人开展了在同一现场的同一地点，统一采用无芯钻进法，即使用同一规格的自动落下装置的两组 N 值测定试验，得出的结果如下：

① 若两组试验中分别使用表 2.5.5 示出的两种取土器时，N 值存在 15% 的差异。

取土器的规格 表 2.5.5

取土器	螺旋瓣	螺旋体长	刃尖厚度	水孔
1 组使用	8 瓣	25.2mm	0.68mm	2 孔
2 组使用	6 瓣	40.0mm	0.40mm	4 孔

② 若两组试验中使用的取土器也相同时，测得的 N 值如图 2.5.25 所示。由图可知，差异较小，可以说操作人员引进的误差也基本被消除。

2.5.4 SPT 自动化装置

前面给出了影响 N 值精度的因素。为了克服上述缺点，提高精度和作业效率，人们开发了高精度、高效率的自动化标准贯入试验装置。该装置由自动下落装置（也称试验部分）和自动记录装置（也称记录结果部分）构成。

1. 自动下落装置（图 2.5.26）

（1）自动下落装置的概况和特点

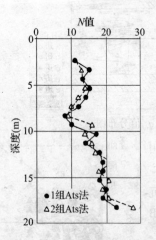

图 2.5.25　统一取土器时的 N 值分布图

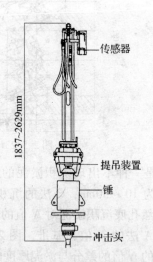

图 2.5.26　自动下落装置

本装置利用油压吊架装置把落锤提吊到 75cm 高的位置，随后靠机械信号自动释放落锤。释放落锤沿油缸管柱自由下落打击贯入头。释放落锤的吊架装置，由电信号控制释放下降。如此反复运动直到贯入到规定深度为止。

本装置动力源使用钻孔机的液压源。但是，不能选用手动进钻机种的液压源，必须选用液压单元可任选的机型。

无液压源的场合下，油缸管柱和吊架装置分离，吊架装置也可按原来的方式使用（利用钻孔的塔轮）。

（2）自动下落装置的规格

SPT 自动下落装置的规格如下：

形式：AK-1（Ⅱ）型。

方式：自动上吊，自动下落。

上吊动力：液压油缸。

打击高度：75cm（自由下落）。

打击次数：10~15 次/min（油量 =30L/min）。

尺寸：高度约 1490mm（缩态）、2375mm（张态），宽 260mm，厚度 200mm。

质量：约 100kg（包括落锤）。

2. 自动记录装置

（1）自动记录装置概况

SPT 自动记录装置是与自动下落装置配套的小型坚固的数据记录器。

贯入量即电压表测定的每次打击时的安装在贯入器下面的转换接头的移动量。当累计贯入量达到规定值时，自动记录装置对下落装置发出终止测量的信号，此后落锤停止工作。测量结果不仅可由内藏打印机立即输出，而且还可以存储数据，利用小型计算机迅速地处理数据。另外，由于有内藏电池，故可随时使用。

图 2.5.27 示出的是自动记录装置系统的方框图。

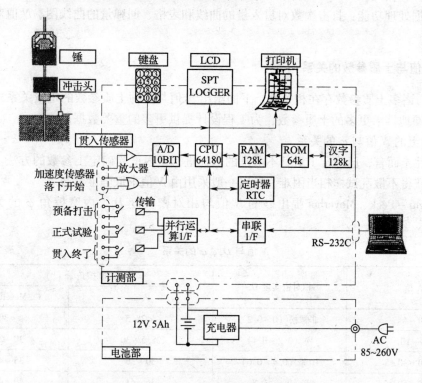

图 2.5.27　自动记录装置系统的方框图

（2）自动记录装置的特点

自动记录装置的特点如下：

① 无论是自动下落装置，还是以往的手动式下落装置，本自动记录装置均可适用。

② 测量数据既可由存储器储存，也可由打印机记录，还可经过串联转换器传输给小型计算机。

③ 可以同步测定本装置与自动下落装置间的正式试验与预备试验的识别信号、开始下落的信号、达到规定贯入量的信号3个信号。

④ 除使用内藏电池外，还可以外接12V电池。另外，充电器附有防止过充电的功能。充电器工作电压的范围是交流85～260V。

⑤ 控制清单画面、汉字打印机等装置的操纵均较简单。

⑥ 除测定贯入量之外，还可以通过选择键测定回弹量。

⑦ 打印机、电池等部件均可收容在铝制小箱内。

（3）自动记录装置的规格

自动记录装置的规格如下：

① 贯入量测定范围：999mm，分辨率1mm。

② 回弹量测定范围：196mm，分辨率0.1mm。

③ 存储容量：128kB。

④ 打印机：热敏记录纸（宽80mm）。

⑤ 电源：内藏2V、5Ah，外接12V。

⑥ 数据处理功能：打击次数对贯入量的曲线和表格、回弹量的曲线图、N 值对深度的曲线图。

2.5.5 N 值与土质参数的关系

N 值与诸多土质参数存在相关性。下面给出 N 值与多种土质参数的定量关系式，以便从 N 值方便地推求更多的土质参数，为工程设计提供更多的重要数据。

1. 砂土的 N 值与 φ 的关系

就黏性土而言，已确定了对其不散乱的取样进行室内试验确定土参数的方法。但是在砂地层中获得不散乱试样相当困难，所以一般采用由 N 值求取强度参数。

Terzaghi–Peck、Meyerhof 提出砂的 N 值与相对密实度 D_r、内摩擦角 φ 的关系如表 2.5.6 所示。

N 值与 D_r、φ 的关系　　　　　　　　表2.5.6

N 值	相对密实度 D_r	内摩擦角 φ（°）	
		Peck	Meyerhof
0～4	非常松（0～0.2）	<28.5	<30
4～10	松（0.2～0.4）	28.5～30	30～35
10～30	中等（0.4～0.6）	30～36	35～40
30～50	密（0.6～0.8）	36～41	40～45
>50	非常密（0.8～1）	>41	>45

Peck 等人在讨论地基承载力公式的各种因素时，提出如图 2.5.28 所示的 N 与 φ 的关系。由这个曲线可以归纳出如下的近似式：

$$\varphi = 0.3N + 27(°) \quad （式 2.5.17）$$

Dunham 整理了 Terzaghi–Peck 的想法，提出了如下的近似公式：

$$\varphi = \sqrt{12N} + 15(°)$$
$$（圆颗粒粒组均匀）（式 2.5.18）$$

$$\varphi = \sqrt{12N} + 20(°)$$
$$（圆颗粒粒组不均匀，角颗粒粒组均匀）（式 2.5.19）$$

$$\varphi = \sqrt{12N} + 25(°)$$
$$（角颗粒粒组不均匀）（式 2.5.20）$$

大崎在制作地层图时提出在砂质土中，N 值与 φ 的关系（图 2.5.29）可用下式表示：

$$\varphi = \sqrt{20N} + 15(°) \quad （式 2.5.21）$$

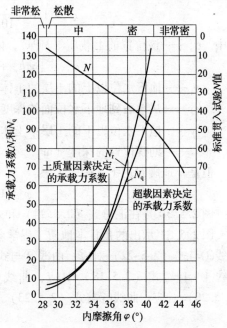

图 2.5.28　N 值、N_r、N_q 与 φ 的关系

目前一些规范说明书中由 N 值求 φ 的方法可以说均以上述方法为基础演变而来。在日本《建筑基础构造设计规范》中规定，就可以假定 $c = 0$ 的土质而言，可以利用大崎的公式推算 φ。在日本《道桥规范》说明书中，采用下式由 N 求 φ：

$$\varphi = 15 + \sqrt{15N} \leqslant 45°,\text{其中 } N > 5 \qquad （式 2.5.22）$$

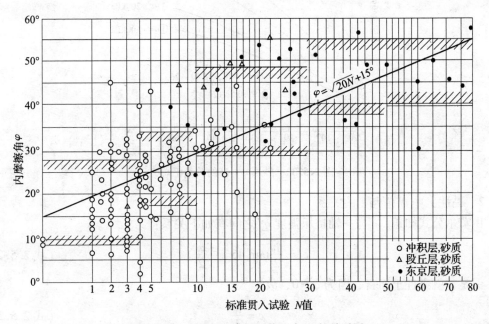

图 2.5.29　大崎提出的砂层中 φ 与 N 的关系图

日本《铁道构造物设计标准》中，还考虑了上载压的影响，采用下式求 φ：

$$\varphi = 1.85\left(\frac{N}{10\sigma_r' + 0.7}\right)^{0.6} + 26(°) \qquad (式2.5.23)$$

式中 σ_r'——该位置的上载压（MPa），以 0.05MPa 为最小值；σ_r' 可按下式估算：

$$\sigma_r' = \left[\gamma_t h_w + \gamma(z - h_w)\right] \geqslant 50\text{kPa} \qquad (式2.5.24)$$

γ_t——地下水位以上的土层的土体重度（kN/m^3）；

h_w——从地表到地下水位面的深度（m）；

γ——地下水位以下的土层中土体的浮重度（kN/m^3）；

z——勘察位置的深度（m）。

但是，地震时用下式确定上限：

$$\varphi = 0.5N + 24(°) \qquad (式2.5.25)$$

图 2.5.30 是在汇总式（2.5.24）和式（2.5.25）后绘出的 N 与 φ 的关系图。

图 2.5.31 示出的是日本地质工程学会汇总的砂层内摩擦角 φ 与 N 值的关系图。图中曲线①与式（2.5.22）对应；曲线②与式（2.5.21）对应；曲线③与式（2.5.17）对应；曲线④-1 与式（2.5.18）对应，曲线④-2 与式（2.5.19）对应曲线，④-3 与式（2.5.20）对应；曲线⑤与式（2.5.23）、式（2.5.25）对应。

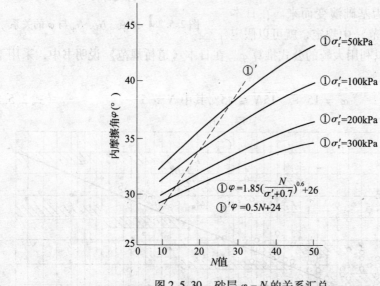

图 2.5.30 砂层 $\varphi - N$ 的关系汇总

2. 黏性土中 N 值与 c 的关系

由莫尔公式知道，c 与一轴抗压强度 q_u 之间有如下关系：

$$c = \frac{q_u}{2}\tan\left(45° - \frac{\varphi}{2}\right) \qquad (式2.5.26)$$

但是，就黏性土而言，因为 $\varphi \approx 0$，故

$$c = \frac{q_u}{2} \qquad (式2.5.27)$$

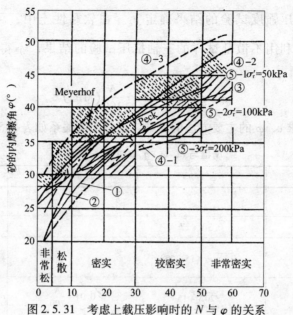

图 2.5.31 考虑上载压影响时的 N 与 φ 的关系

关于 N 值与 q_u 的关系存在下列多种提案。Terzaghi – Peck 指出黏土的软硬程度、N 值和 q_u 之间有表 2.5.7 所示的关系。如果与这个关系的中心值联系起来，则可得出如下的关系：

$$q_u = \frac{N}{80}(\text{MPa}) \qquad (\text{式} 2.5.28)$$

但是必须注意，这个关系是由标准贯入试验取样获得的土样（散乱土）的试验结果。

黏性土的软硬程度、N 值和 q_u 的关系　　　　　　表 2.5.7

软硬程度	非常软	软	从软变硬过渡段	硬	较　硬	坚　硬
N	<2	2 ~ 4	4 ~ 8	8 ~ 15	15 ~ 30	>30
q_u（MPa）	<0.025	0.025 ~ 0.05	0.05 ~ 0.1	0.1 ~ 0.2	0.2 ~ 0.4	>0.4

在我国《建筑地基基础设计规范》中规定，黏性土的软硬程度按液性指数（I_L）来划分。原冶金工业部武汉勘察公司通过对 149 组数据进行统计处理后，得出的黏性土的稠度状态、N 值及 I_L 的关系如表 2.5.8 所示。

黏性土的稠度状态、N 值及 I_L 的关系　　　　　　表 2.5.8

稠度状态	流　动	软　塑	软可塑	硬可塑	硬　塑	坚　硬
N 值（人力拉锤）	<2	2 ~ 4	4 ~ 7	7 ~ 18	18 ~ 35	>35
I_L	>1	1 ~ 0.75	0.75 ~ 0.5	0.5 ~ 0.25	0.25 ~ 0	<0

大崎在制作地层图时，利用最小二乘法导出的 N 值与 q_u 之间的关系式如下：

$$q_u = 0.04 + \frac{N}{200}(\text{MPa}) \qquad (\text{式} 2.5.29)$$

但是在实际使用中发现上式计算结果的离差较大，即可靠性不高。

因为 N 值与 q_u 的相关关系不好，所以日本《道桥规范》中规定必须采用由不散乱试样的一轴抗压强度试验的结果确定 q_u。在软黏性土中，可以认为 $c = \dfrac{q_u}{2}$。在硬的黏性土中必须利用不散乱试样的三轴抗压试验的结果，不得已的情形下也可以由下式推算：

$$c = (0.6 \sim 1.0)\frac{N}{100}(\text{MPa}) \qquad\qquad (\text{式}2.5.30)$$

以上是由 N 值求 c、φ 的主要方法的回顾，汇总上述关系如表2.5.9所示。

N 值与 c、φ、q_u 的关系一览表　　　　　　　　表2.5.9

方法来源	φ（°）	q_u（MPa）	c（MPa）
Terzaghi – Peck		$\dfrac{N}{80}$	
Peck	$0.3N + 27$		
Dunham	$\sqrt{12N} + (15 \sim 25)$		
大崎	$\sqrt{20N} + 15$	$0.04 + \dfrac{N}{200}$	
日本《建筑基础构造设计指南》	$\sqrt{20N} + 15$		
日本《道桥规范》	$15 + \sqrt{15N}$		$(0.6 \sim 1) \times \dfrac{N}{100}$
日本《铁道构造物设计标准》	$1.85\left(\dfrac{N}{10\sigma'_r + 0.7}\right)^{0.6} + 26$ σ'_r 的单位为 MPa		

3. 粉土中 N 值与 c、φ 的关系

采用上述方法，如果是砂土，则把 c 认为是 0，可求 φ；如果是黏性土，则把 φ 认为是 0，可求 c。但是，实际上纯砂土或者纯黏土是不多见的，几乎所有土的 c、φ 均不为零，所以上述假定多数情况下与实际不太相符。对于这种 c、φ 均不为零的土的强度的求取方法，这里介绍根据 N 值和黏性土组分含有率取 c、φ 的方法（$N - \mu_c$ 法）。

如果把某深度处的土的潜在强度定义成地层强度 τ_0，则有下式：

$$\tau_0 = c + \overline{\sigma_v}\tan\varphi \qquad\qquad (\text{式}2.5.31)$$

式中　$\overline{\sigma_v}$——有效覆盖土的压力（MPa）。

τ_0、c 的单位均为 MPa。

有人归纳某地内冲层和洪积层的土的试验结果发现，N 值与 τ_0 有如下的关系：

$$\tau_0 = 0.02 + 0.009N'(\text{MPa}) \qquad\qquad (\text{式}2.5.32)$$

式中　N'——N 的修正值，是把测定 N 值作如下修正的值：

$$N' = 15 + \frac{1}{2}(N - 15) \qquad\qquad (\text{式}2.5.33)$$

如果从另一种观点看待这个问题，则可以认为 τ_0 系由黏性土颗粒负担强度 τ_c 和砂颗粒负担强度 τ_s 构成的：

$$\tau_0 = \tau_c + \tau_s \qquad\qquad (\text{式}2.5.34)$$

前面已指出，纯砂土时，$c = 0$，$\varphi \neq 0$；纯黏土时 $\varphi = 0$，$c \neq 0$。对比式（2.5.31）和式（2.5.34），显而易见：

$$\begin{cases} \tau_c = c \\ \tau_s = \overline{\sigma}_v \tan\varphi \end{cases} \qquad （式 2.5.35）$$

如果用强度负担率表示式（2.5.34），则有：

$$1 = \frac{\tau_c}{\tau_0} + \frac{\tau_s}{\tau_0} \qquad （式 2.5.36）$$

试验发现砂颗粒的强度负担率 $m = \dfrac{\tau_s}{\tau_0}$ 与黏性土组分（粒径 74μm 以下）含有率 μ_c（%）有关。

当 $\mu_c \leqslant 20\%$ 时： $\qquad\qquad m = 1 \qquad\qquad$（式 2.5.37）

当 $\mu_c \geqslant 53.3\%$ 时： $\qquad\qquad m = 0 \qquad\qquad$（式 2.5.38）

当 $20\% < \mu_c < 53.3\%$ 时，m 可按下式计算：

$$m = 1.6 - 3\mu_c \qquad （式 2.5.39）$$

由式（2.5.32）、式（2.5.35）、式（2.5.36）可以导出 c、$\tan\varphi$、φ 的计算公式如下：

$$c = (1 - m)(0.02 + 0.009N') \qquad （式 2.5.40）$$

$$\tan\varphi = \frac{m}{\sigma_v}(0.02 + 0.009N') \qquad （式 2.5.41）$$

$$\varphi = \arctan\left[\frac{m}{\sigma_v}(0.02 + 0.009N')\right] \qquad （式 2.5.42）$$

以上所述是由 $N - \mu_c$ 法求 c、$\tan\varphi$、φ 的方法。为了确认这个方法的精度及适用性，特对用 $N - \mu_c$ 法求得的值与三轴抗压试验（非压密排水法）求得的值进行了对比。

表 2.5.10 和表 2.5.11 示出的数据是根据某一地区的调查资料整理的结果，表中的 N' 值、μ_c、c、$\overline{\sigma}_v$、$\tan\varphi$ 为试验实测值，m、c'、$\tan\varphi'$ 是用式（2.5.37）～式（2.5.41）计算得到的值。图 2.5.32 示出的是利用表中的数据绘制的 $c - c'$ 曲线，图 2.5.33 是 $\tan\varphi - \tan\varphi'$ 曲线。

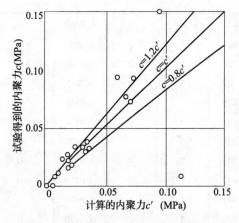

图 2.5.32 $N - \mu_c$ 法（计算）和试验的内聚力的比较

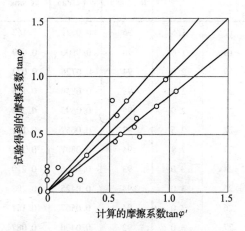

图 2.5.33 $N - \mu_c$ 法（计算）和试验的摩擦系数的比较

三轴抗压试验结果和 $N-\mu_c$ 法的计算结果（冲积层）　　表 2.5.10

试样编号	深度（m）	黏性土组分含有率 μ_c（%）	试验得到的内聚力 c（MPa）	试验决定的摩擦系数 $\tan\varphi$	上覆盖土的压力 $\overline{\sigma}_v$（MPa）	修正 N 值 N'	砂颗粒的强度负担率（m）	计算的内聚力 c'（MPa）	计算得到的摩擦系数 $\tan\varphi'$
1	1.6	87	0.0127	0.032	0.029	2	0	0.0380	0
2	2.0	96	0.0159	0.039	0.024	2	0	0.0380	0
3	2.8	26	0.0050	0.087	0.051	1	0.82	0.0052	0.466
4	4.0	52	0.0196	0.014	0.056	1	0.04	0.0278	0.021
5	4.0	98	0.0272	0.332	0.042	4	0	0.0560	0
6	4.0	62	0.0400	0.054	0.028	1	0	0.0290	0
7	5.0	78	0.0224	0.024	0.036	1	0	0.0290	0
8	6.0	80	0.0190	0.055	0.043	1	0	0.0290	0
9	6.0	88	0.0206	0.008	0.040	1	0	0.0290	0
10	7.5	83	0.0509	0.022	0.052	1	0	0.0290	0
11	12.0	66	0.0436	0.079	0.090	1	0	0.0290	0
12	14.4	78	0.0300	0.125	0.098	5	0	0.0900	0
13	16.0	97	0.0634	0.040	0.116	2	0	0.0380	0
14	16.0	45	0.0307	0.236	0.125	8	0.25	0.0690	0.184
15	21.0	98	0.0440	0.043	0.127	2	0	0.0380	0
16	30.0	100	0.0560	0.043	0.145	1	0	0.0290	0

三轴压缩试验结果和 $N-\mu_c$ 法的计算结果（洪积层）　　表 2.5.11

试样编号	深度（m）	黏性土组分含有率 μ_c（%）	试验得到的内聚力 c（MPa）	试验决定的摩擦系数 $\tan\varphi$	上覆盖土的压力 $\overline{\sigma}_v$（MPa）	修正 N 值 N'	砂颗粒的强度负担率（m）	计算的内聚力 c'（MPa）	计算得到的摩擦系数 $\tan\varphi'$
17	1.6	96	0.0522	0.162	0.021	4	0	0.0560	0
18	1.8	96	0.0500	0.059	0.025	5	0	0.0650	0
19	2.0	94	0.0725	0.072	0.028	2	0	0.0380	0
20	2.0	95	0.0898	0.105	0.027	3	0	0.047	0
21	2.0	95	0.0695	0.273	0.026	5	0	0.0650	0
22	2.5	92	0.0657	0.131	0.032	3	0	0.0470	0
23	2.9	94	0.0807	0.131	0.038	3	0	0.0470	0
24	3.0	93	0.0486	0.219	0.041	2	0	0.0380	0
25	3.0	94	0.0425	0.208	0.042	3	0	0.0470	0
26	3.0	94	0.0567	0.161	0.041	3	0	0.0470	0
27	3.0	92	0.0406	0.087	0.039	3	0	0.0470	0
28	3.6	94	0.0895	0.204	0.047	4	0	0.0560	0
29	4.4	92	0.1117	0.075	0.060	6	0	0.0740	0

续表

试样编号	深度（m）	黏性土组分含有率 μ_c（%）	试验得到的内聚力 c（MPa）	试验决定的摩擦系数 $\tan\varphi$	上覆盖土的压力 $\bar{\sigma}_v$（MPa）	修正 N 值 N'	砂颗粒的强度负担率（m）	计算的内聚力 c'（MPa）	计算得到的摩擦系数 $\tan\varphi'$
30	5.0	96	0.0492	0.181	0.063	3	0	0.0470	0
31	3.6	78	0.0207	0.045	0.057	3	0	0.0470	0
32	4.5	52	0.0361	0.084	0.081	3	0.04	0.0451	0.023
33	5.0	97	0.0954	0.088	0.067	4	0	0.0560	0
34	5.0	67	0.0489	0.077	0.085	2	0	0.0880	0
35	5.7	92	0.0320	0.020	0.086	1	0	0.0290	0
36	5.7	96	0.0336	0.005	0.086	1	0	0.0290	0
37	5.8	82	0.1771	0.162	0.089	4	0	0.0560	0
38	6.0	96	0.0385	0.075	0.094	3	0	0.0470	0
39	6.0	48	0.0223	0.0155	0.084	2	0.16	0.0319	0.072
40	6.9	100	0.0280	0.032	0.099	1	0	0.0290	0
41	7.0	96	0.0275	0.032	0.106	1	0	0.0290	0
42	7.1	98	0.0400	0.064	0.128	2	0	0.0380	0
43	7.9	99	0.0399	0.074	0.111	2	0	0.0380	0
44	8.0	95	0.0348	0.016	0.114	1	0	0.0299	0
45	11.0	60	0.0709	0.021	0.185	6	0	0.0740	0
46	4.0	66	0.0110	0.234	0.073	3	0	0.0470	0
47	5.5	100	0.1602	0.154	0.0916	15.5	0	0.1595	0
48	5.6	89	0.0796	0.110	0.099	6	0	0.0740	0
49	5.6	20	0.0650	0.141	0.099	4	1	0	0.566
50	9.0	36	0.1233	0.192	0.153	10	0.52	0.0528	0.374
51	8.5	99	0.0550	0.043	0.128	4	0	0.0560	0
52	9.0	24	0.0550	0.158	0.162	10	0.88	0.0132	0.598
53	12.0	46	0.1439	0.149	0.216	13	0.22	0.1069	0.140
54	12.1	100	0.0664	0.04	0.189	10	0	0.1100	0
55	13.0	41	0.0509	0.046	0.230	3	0.37	0.0296	0.076
56	14.0	89	0.0661	0	0.244	12	0	0.1280	0
57	15.0	99	0.0500	0.231	0.252	4	0	0.0560	0
58	17.2	23	0.0570	0.335	0.400	7	0.91	0.0075	0.189
59	17.6	89	0.1700	0.087	0.295	9	0	0.1010	0
60	18.5	96	0.1154	0.324	0.351	9	0	0.1010	0
61	19.5	44	0.0116	0.601	0.371	16.5	0.28	0.1213	0.127
62	20.0	54	0.0633	0.186	0.400	7	0	0.0830	0

续表

试样编号	深度（m）	黏性土组分含有率 μ_c（%）	试验得到的内聚力 c（MPa）	试验决定的摩擦系数 $\tan\varphi$	上覆盖土的压力 $\overline{\sigma}_v$（MPa）	修正 N 值 N'	砂颗粒的强度负担率（m）	计算的内聚力 c'（MPa）	计算得到的摩擦系数 $\tan\varphi'$
63	20.0	56	0.0850	0.052	0.336	8	0	0.09120	0
64	21.0	88	0.1050	0.276	0.351	8	0	0.0920	0
65	23.0	97	0.1300	0.163	0.375	11	0	0.1190	0
66	23.4	100	0.3200	0.130	0.367	7	0	0.0830	0
67	28.0	70	0.2424	0.102	0.498	10	0	0.1100	0
68	34.5	56	0.2550	0.270	0.604	14	0	0.1460	0
69	36.8	89	0.1166	0.266	0.662	8	0	0.0920	0
70	37.0	88	0.1250	0.040	0.647	17	0	0.1010	0
71	53.9	99	0.0750	0.161	0.949	22	0	0.2180	0

图 2.5.34（$c - c'$ 曲线）、图 2.5.35（$\tan\varphi - \tan\varphi'$ 曲线）示出的是另一地区的对比结果。

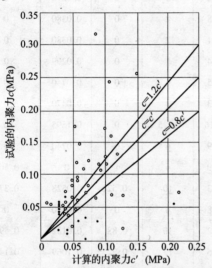

图 2.5.34 $N - \mu_c$ 法（计算）与试验得到的内聚力的比较

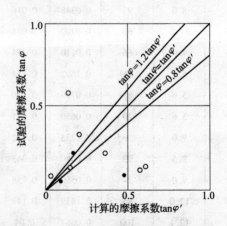

图 2.5.35 $N - \mu_c$ 法（计算）和试验得到的摩擦系数的比较

上述对比结果表明，70% 左右的试样的误差不超过 ±20%，但也发现有 30% 的试样的误差超过 ±20%，也就是说两者的相关性不好，离散度大。这可以认为是含砂组分的取样试验发生散乱造成的。不过，总地来说用 $N - \mu_c$ 法求取的 c、$\tan\varphi$、φ 是有效的。

4. N 与重度（γ_t）的关系

土的重度即单位体积土的重力，单位为 kN/m^3。土的重度是地层承载力、覆盖土的重力计算、斜面稳定计算、土压力计算等方面的重要参数。

土的重度因土的级配、粒度和构成物质的变换而变化，不能一概而论。

通常工程设计中用到的重度多为饱和重度 γ_t 和浮重度（水中的重度）γ'_t。因为黏土可以获得不散乱的取芯试样，进而可以求出重度。但在砂和砂卵情形下，获得不散乱的取芯试样极难，此时，可由表 2.5.12 的 N 值与重度的关系确定重度。例如：测定地下某砂层的 $N = 25$，深度 $-8m$，地下水位 $-2m$，显然由表 2.5.12 可得该砂层的 $\gamma'_t = 9kN/m^3$。

基础设计中采用的土的重度与 N 值的关系　　　　　　表 2.5.12

土　类	N 值	γ_t（饱和重度）（kN/m^3）	γ'_t（浮重度）（kN/m^3）
砂土	> 50	20	10
	30 ~ 50	19	9
	10 ~ 30	18	8
	< 10	17	7
黏性土	> 30	19	9
	20 ~ 30	17	7
	10 ~ 20	15 ~ 17	5 ~ 7
	< 10	14 ~ 16	4 ~ 6

5. N 值与相对密实度（D_r）的关系

通常用相对密实度 D_r 表征砂土的密实程度。相对密实度 D_r 的定义如下：

$$D_r = \frac{e_{max} - e}{e_{max} - e_{min}} \qquad （式 2.5.43）$$

式中　e_{max}——最大孔隙比，即土处在最松散状态时的孔隙比；

　　　e_{min}——最小孔隙比，即土处在最密实状态时的孔隙比；

　　　e——天然状态时的孔隙比。

当 $D_r = 0$ 时，表明土处于最松散状态；当 $D_r = 1$ 时，表明土处于最密实状态。相对密实度 D_r 因构成级配、粒度、矿物质的组成的不同而异，因此相对密实度 D_r 与孔隙比 e 相比，能更全面地反映上述各种因素的影响。

虽然相对密实度能反应更多的问题，但是测定 e_{max} 和 e_{min} 的试验方法目前尚不理想，试验结果的误差较大。加上砂卵层的现场取样困难，因而所得到的砂土的天然孔隙比数值的置信度极低。也就是说，使用式（2.5.43）求得的 D_r 极不可靠。故很少使用式（2.5.43）确定 D_r。

由表 2.5.6 不难看出，D_r 还与 N 值有关；此外，D_r 也与上载压有关。

图 2.5.16 示出了以级配、粒度、含水状态以及上载压为参数得到的 N 与 D_r 的关系曲线。由图不难看出，N 值随上载压 σ'_r 的增大而增大。因此，人们自然会有用 N 值表征 D_r 的想法。

Meyerhof Gibbs – Holtz 的试验结果导出了如下用 N、σ'_r 表征 D_r 的公式，即

$$D_r = 21 \sqrt{\frac{10N}{\sigma'_r + 7}}(\%) \qquad （式 2.5.44）$$

式中，σ'_r 的单位为 MPa。σ'_r 可以估算，N 值可以测量。显然式（2.5.44）给 D_r 的估算带来了方便（见图 2.5.16）。

6. N 值与变形模量（E）的关系

无侧限条件下，土层承受单轴力时土的应力与应变的比定义为土层的变形模量。变形模量是个表征土层弹性特性的量，在土力学的弹性理论公式中出现较多，是个常用的重要参数。求取变形模量的试验方法有以下几种：

（1）刚体圆板的平板载荷试验（E_r）；

（2）孔内水平载荷试验（E_B）；

（3）试样的一轴或三轴抗压试验（E_c）；

（4）由标准贯入试验的 N 值，用公式 $E_N = 2.8N$ 求取变形模量（E_N）。

如果地层是等向的弹性体，则用上述方法求得的变形模量的数值必定相同。但是，实际的地层并不是理想的弹性体，也不存在等向性。所以不同的试验方法得到的变形模量也不相同。

标准贯入试验的 N 值与孔内水平载荷试验测定的变形模量 E_B 的相关关系图如图 2.5.36、图 2.5.37 所示。

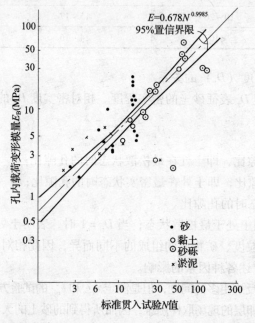

图 2.5.36　标准贯入试验 N 值与孔内载荷变形模量的相关关系

这种关系通常可以用下式表示：

$$E_B = 0.7N(\text{MPa}) \tag{式 2.5.45}$$

必须指出，这个关系式是孔内水平载荷试验得到的 E_B 与 N 值的关系。

另一方面，由砂地层上的原型基础或者平板载荷试验测定值 E_r 的数值和由载荷面下 B（原型基础或者平板载荷试验中使用的承载板的宽度）深度止的 N 值的平均值（记作 $\overline{N}$），有如图 2.5.38 所示的关系。

（1）对于超压实并加有荷载的砂

$$E_r = 5.6\overline{N}(\text{MPa}) \tag{式 2.5.46}$$

（2）对于超压实的砂

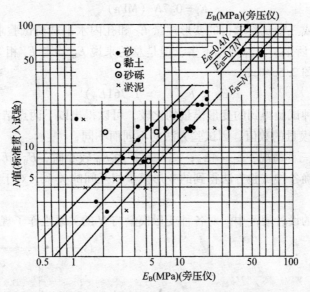

图 2.5.37 N 值与旁压仪得到的变形模量 E_B 的关系

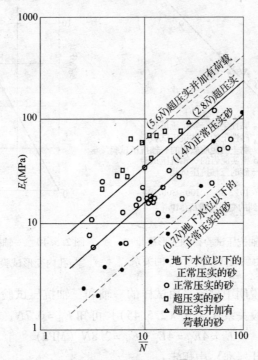

图 2.5.38 砂地层的 E_r 与 $\overline{N}$ 的关系

$$E_r = 2.8\overline{N} \ (\text{MPa}) \qquad\qquad (\text{式 2.5.47})$$

（3）正常压实砂

$$E_r = 14\overline{N} \ (\text{MPa}) \qquad\qquad (\text{式 2.5.48})$$

（4）地下水位以下的正常压实的砂

$$E_r = 0.7\overline{N}\,(\text{MPa}) \hspace{3cm} (式\,2.5.49)$$

由试样的一轴或三轴试验求得的变形模量 E_c 和孔内水平载荷试验求得的变形模量 E_B 的关系如图 2.5.39 所示。虽然数据不多，但是总的来说 E_B 均与 E_c 相等。另外，E_B 较小时，存在的关系见图 2.5.40。

$$E_B < E_c\,(E_c = 1.761E_B) \hspace{3cm} (式\,2.5.50)$$

通过以上对各种试验得到的变形模量的比较，可以得出以下两点结论：

（1）土的变形模量的数值，因试验方法的不同而不同；

（2）通常存在三种情况：$E_c = 4E_B$；$E_B = E_c$；当 E_B 较小时，$E_B < E_c$。

综上所述，明确各种试验方法得到的变形模量相互间的关系，对于工程设计来说极为重要。

此外，各行业的设计规范中，对各种变形模量与 N 的关系也作了规定。

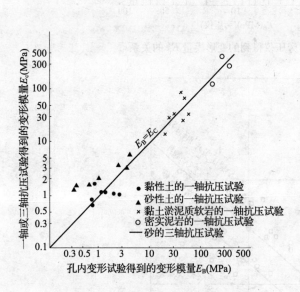

图 2.5.39　一、三轴抗压试验得到变形模量 E_c 与孔内变形试验得到的变形模量 E_B 的关系

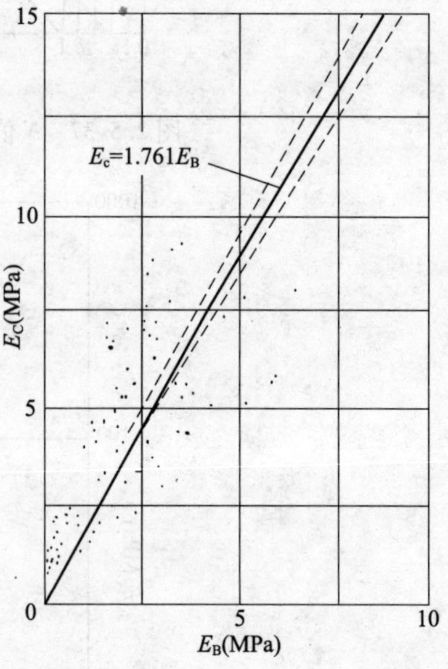

图 2.5.40　一轴抗压试验的变形模量 E_c 与孔内变形试验的变形模量 E_B 的关系

日本《道桥规范》说明中规定，由试样的一轴和三轴抗压试验求得的变形模量 E_c 与 E_B 相等。由 E_B 与 N 一般关系式 [式 (2.5.45)] 可知 $E_B = 0.7N$，故得：

$$E_r = 4E_B = 4E_c = E_N = 2.8N\,(\text{MPa}) \hspace{2cm} (式\,2.5.51)$$

日本《铁道建筑设计标准》中规定：

$$E_r = 4E_B = 4E_c = E_N = 2.5\text{N}(MPa) \hspace{2cm} (式\,2.5.52)$$

7. N 值与 s 波速度（v_s）的关系

由弹性波的性质知道，在软土层中，p 波的速度取决于土颗粒和间隙水的体积弹性率，而 s 波的速度取决于颗粒大小和形状等结构特性。这意味着用 s 波评估软土层的力学性质更为直接。

另有人据考证结果指出，N 值与 v_s 的相关性较好；而 N 值与 v_p（p 波速度）的相关性差，波动较大。

日本《道桥规范》中，给出的 N 值与 v_s 的关系如下：

黏土的场合下（$1 \leqslant N \leqslant 25$）

$$v_s = 100N^{\frac{1}{3}}(\text{m/s}) \tag{式2.5.53}$$

砂土的场合下（$1 \leqslant N \leqslant 25$）

$$v_s = 80N^{\frac{1}{3}}(\text{m/s}) \tag{式2.5.54}$$

日本《铁道构造物设计标准》中，给出的 N 值与 V_s 的关系式如下：

黏性土（$N \geqslant 2$）

$$v_s = 30N^{0.5}(\text{m/s}) \tag{式2.5.55}$$

砂土（$N \geqslant 2$）

$$v_s = 20N^{0.5}(\text{m/s}) \tag{式2.5.56}$$

另有人指出：

就淤泥而言，$N = 1 \sim 10$ 时

$$v_s = 100N^{0.5}(\text{m/s}) \tag{式2.5.57}$$

黏土的场合下，$N = 5 \sim 30$ 时

$$v_s = 50N^{0.75}(\text{m/s}) \tag{式2.5.58}$$

砂的场合下，$N = 10 \sim 50$ 时

$$v_s = 50N^{0.55}(\text{m/s}) \tag{式2.5.59}$$

卵石的场合下，$N = 15 \sim 50$ 时

$$v_s = 60N^{0.45}(\text{m/s}) \tag{式2.5.60}$$

8. 用 N 值判定地层的承载力

（1）软地层的判定

用 N 值判定软地层的标准如表 2.5.13 所示。

用 N 值判定软地层的标准　　　　　　　　　　　　　　　　表 2.5.13

地层种类	高速道路	一般道路	宅　地
有机质地层	层厚小于 10m，$N \leqslant 4$	泥炭、黑泥 $N \leqslant 1$	有机质土 高有机质土
黏土地层	层厚大于 10m，$N \leqslant 6$	包括有机质土层在内， $N \leqslant 4$	$N \leqslant 2$
砂质地层	$N \leqslant 10$	$N \leqslant 10 \sim 15$	$N \leqslant 10$

（2）地层液化判定

就砂地层而言，在 $N < 10$ 的情形下，地震时该地层存在液化的可能性。判定标准如图 2.5.41 所示。

（3）判定地层承载力

用 N 值判定持力层及允许承载力的标准如表 2.5.14 和表 2.5.15 所示。

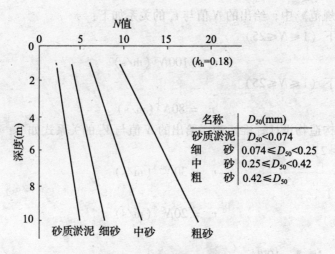

图 2.5.41 N 值液化判定图

用 N 值判定持力层的标准表   表 2.5.14

持力层 地层种类	良 质 层	坚 固 层
砂质土	$30 \leqslant N \leqslant 50$	$50 < N$
黏性土	$20 \leqslant N \leqslant 30$	$30 < N$

N 值决定的允许承载力的标准   表 2.5.15

地 层		允许承载力（kPa）	N 值	一轴抗压强度 q_u（kPa）
岩石		1000	100 以上	
砂层		500	50 以上	
泥岩		30	30 以上	
砾层	密实	600		
	不密实	300		
砂质地层	极密	300	30~50	
	密实	200	20~30	
	中密	100	10~20	
	松散	50	5~10	
	非常松	0	5 以下	
黏性地层	非常硬	200	15~30	250 以上
	硬	100	8~15	100~250
	中等硬	50	4~8	50~100
	软	20	2~4	25~50
	非常软	0	0~2	25 以下

（4）确认持力层的标准

表 2.5.16 示出的是确认高架道路构造物持力层时要求的 N 值与层厚的标准。

持力层要求的 N 值与层厚的标准 表 2.5.16

土质	N 值	层厚（m）	土质	N 值	层厚（m）
黏性土	≥20	5	风化岩、软岩	≥50	3
砂质土	≥30	3	硬岩	—	2
砂、砾石、巨卵石土砂	≥50	3			

（5）确认建筑物基础形式

根据 N 值确认建筑物基础形式的标准如表 2.5.17 所示。

用 N 值确认建筑物基础形式的标准 表 2.5.17

N 值	建筑物规模		
	低层（2 层）	中层（5 层）	高层（6 层以上）
$N≥10$	直接	直接	直接
$10>N≥5$	直接	直接	直接、桩
$5>N≥2$	直接	直接、桩	直接、桩
$2>N$	直接、桩	桩	桩

上面给出了由 N 值求取土体内聚力、内摩擦角、相对密实度、重度、弹性模量、弹性波速度，判断地层承载力及地层可否液化等的内容。此外，还可以推估工程设计中用到的极其重要的另一些参数，如桩的承载力（桩端承载力、侧面摩擦力），以及区分冲积层和洪积层等等。这些土质参数是工程设计中的必不可少的参数，表2.5.18 示出了计划设计阶段利用 N 值的一些例子。但是，若想直接通过试验测定这些参数也很棘手，有的根本无法测定，这就给工程设计带来不少麻烦，有时甚使设计无法进行。可是利用前面给出的公式可以由 N 值估算出工程设计需要的参数，虽属估算，但它总比不估算或者完全凭经验进行设计要科学得多，可靠得多。所以说由标准贯入试验得到的 N 值在工程设计中占有极其重要的位置；加上标准贯入试验简单易行，既经济，又易于与国际接轨，所以多年来国内外有关这方面的科技工作者从未停止过对 N 值与土质参数的关系的研究。多年来人们已积累了许多宝贵的试验数据和资料，归纳出了许许多多的实用的估算公式，并形成规范，在各行业中发挥了极大的作用。当然这方面的研究工作目前还在继续进行，特别是标准贯入试验的自动化问题、提高 N 的测量精度问题等等，近年来均有喜人的长足的进步。今后的前沿课题是高精度、自动化的 N 值试验系统的开发与完善，N 值国际统一标准规范的建立推广及 N 值应用领域的继续拓宽。

典型的工种工法与计划设计阶段的 *N* 值利用例　　　　表 2.5.18

工种和工程		利用 *N* 值的项目
基础设计	直接基础	持力层的选定 允许竖直承载力的计算 允许拉剪力的计算 地层反力强度的计算 掘削工法的选定
	桩基础	持力层的选定 地层反力系数的计算 桩轴向弹性系数的计算 允许承载力的计算 允许水平承载力的计算 周面负摩擦力的计算 桩的种类、施工方法的选定
	沉箱基础	持力层的选定 地层反力系数的计算 允许水平承载力的计算 允许竖直承载力的计算 允许抗剪阻力的计算 工法的选定
土构造物的设计	回填	回填土的沉降讨论 回填土的稳定讨论
	挖土	挖土法面坡度的选定
抗震设计	抗震讨论	地层的种类、基础设定
	液化	液化预测、判定 液化范围的预测
地层加固设计	固结砂桩工法	固结深度的设定 固结直径和间距的设计
	高压喷射工法	加固深度的设定 加固直径和加固强度的设计
	化注工法	注入范围、注入时间的设计
锚杆注浆设计	锚杆注浆工法	周面摩阻力的设定
隧道设计	盾构隧道工法	推力设计 衬砌设计 掘削面稳定设计
	顶管工法	推力设计 管环设计 掘削面稳定设计

2.6 静力触探

2.6.1 概述

标准贯入试验的缺点是测量缺乏连续性，易漏掉薄层；当工程要求获得土层的层向连续信息时，标准贯入法则无能为力。这种情况下，可以使用静力触探（CPT）法进行测量。测量概况如图 2.6.1 所示。

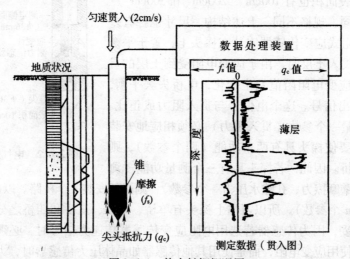

图 2.6.1　静力触探概况图

静力触探是将金属制作的圆锥形的探头以静力方式按一定的速度均匀压入土中，借以量测贯入阻力等参数值，间接评估土的物理力学性质的试验。这种方法对那些不易钻孔取样的饱和砂土、高灵敏度的软土，以及土层竖向变化复杂、不易密集取样查明土层变化状况的情形而言，可在现场连续、快速地测得土层对触探头的贯入阻力 q_c、探头侧壁与土体的摩擦力 f_s、土体对侧壁的压力 p_n 及土层孔隙水压力 u 等参数。以上述参数为试验成果，进而可以得出土层的各种特性参数，如：土层的承载力（R）、侧限压缩模量 E_s、变形模量 E_c、区分土层、土层液化的液化势等。下面对试验中使用的仪器设备、技术要求、试验方法、影响测量结果的误差因素等事项逐一介绍。

2.6.2 静力触探试验

1. 静力触探仪

通常静力触探仪由主机、反力装置、测量仪表、触探头构成。

（1）触探主机

触探主机能自身产生压力将装有触探头的探杆压入土层。据加压装置动力的不同，静力触探仪分为电动机械式、液压式及手摇轻型链式三种。

（2）反力装置

反力装置可由单叶片螺旋状地锚或压重来获得。目前大多数将仪器设备固定在卡车上，利用车身自重或载重来平衡反力。

（3）量测仪表

量测仪表包括静态电阻应变仪、数字测力仪（或自动记力仪）、深度记录仪及传输信号的电缆等。

（4）触探头

触探头是触探仪的关键性部件。图 2.6.2 中示出的是一个两功能探头结构、尺寸的例子。探头的顶端是一个锥形尖头，其锥角为 60°；锥底面积有 10cm²、15cm²、20cm² 三种；摩擦筒的表面积也有 100cm²、200cm² 和 300cm² 三种类型。厂家不同、规格不同，上述结构、尺寸也各有差异。通常是将电阻式应变传感器安装在探头上，置于平衡电路中，当探头贯入土层时，由于应变电阻受到土层的贯入阻力作用，故应变电阻阻值发生变化，电桥失去平衡，即产生电桥的输出信号。这个电信号与贯入阻力成正比。也就是说，要测量一个参数（贯入阻力）必须相应地安装一个电桥。如果要使探头具有两个功能（两个参数），则必须配备两个电桥。因此，若探头具有三个测量功能（测量贯入阻力、侧壁摩擦力、孔隙水压力三个参数），则必须安装 3 个桥路。以此类推，n 桥有 n 个功能（可测 n 个参数）。所以习惯上探头有单桥、双桥、三桥和四桥之分。实际上这种习惯分法有些欠妥，因为传感器若选用电阻应变传感器传递力信号时，必须使用电桥。然而，若传感器不使用应变电阻，而是使用其他传感器如晶体压力传感器时，力的变化引起晶体的谐振频率变化，而检测这一频率变化就不再使用电桥来检测。所以，按桥路个数定义探头有一定的局限性。这里按单功能（或单参数）探头、两功能（双参数）探头、多功能探头对探头进行分类。

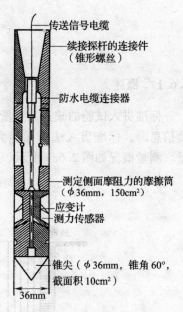

传送信号电缆

续接探杆的连接件（锥形螺丝）

防水电缆连接器

测定侧面摩阻力的摩擦筒（ϕ36mm，150cm²）

应变计
测力传感器

锥尖（ϕ36mm，锥角 60°，截面积 10cm²）

36mm

图 2.6.2　电气式锥体探头

① 单功能探头：系指只能测定一个参数的探头。通常指可测定比贯入阻力 p_s 的探头。

② 两功能探头：系指能测定两个参数的探头。通常指装有摩擦筒，可同时测定锥尖阻力 q_c 和侧壁摩阻力 f_s 的探头。

③ 三功能探头：系指能测定三个参数的探头。通常指可测定 q_c、f_s 及 u（孔隙水压力）的探头及可测定 q_c、u 及 θ_x（x 方向倾角）、θ_y（y 方向倾角）的三参数探头。

④ 四功能探头：系指能测定四个参数的探头。通常可测定 q_c、f_s、u 及 p_h（侧面土压力）的探头。

2. 试验条件的记录及试验方法的技术要求

静力触探试验结果的评估与试验条件和试验方法密切相关，整理成果资料时必须注意这一点。

（1）试验条件

① 锥尖的断面积、尖角、测力传感器的容量、材质。

② 摩擦筒的表面积、直径、位置、表面粗糙程度，上下端面的缝隙处理。

③ 间隙水压计、过滤器的材质、安装位置、封入液体、脱体方法、测量系统的刚性。

值得指出的是测定摩阻力的摩擦筒的表面积，前面曾指出有 100cm²、200cm² 和 300cm² 三种。但是现在多选用 100cm²，这是因为表面积越小得到的地层的信息越详细。

但是，表面积小电信号也小。若电测仪的灵敏度低，则信号无法满足电测仪的灵敏度需求。但是现在由于集成电路制作技术的进步，低噪声、低漂移前置放大器的噪声和漂移可做得很低。也就是说电测仪的接收灵敏度大为提高，因此尽管100cm²表面积对应的电信号小，但仍能清晰地接收显示。此外，土谷等人在东京湾冲积地层的现场试验中，对同一地层的摩阻力作了直接对比，其结果如图2.6.3所示。由图可知，虽然摩擦筒的表面积不同，但摩擦阻力却大致相同。

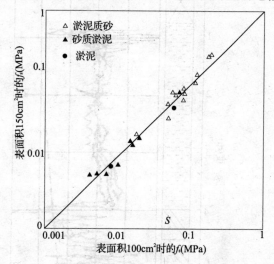

图2.6.3 摩擦筒表面积100cm²和150cm²
场合的摩擦阻力值的比较

（2）试验方法及要求

① 平整场地，设置反力装置，安装触探机，必须保证探杆垂直贯入。

② 触探孔离开钻孔至少2m或25倍钻孔孔径。

③ 试验之前应先对探头进行率定，应保证室内率定的重复性误差、线性误差、归零误差和温度漂移等不超过0.5%～1.0%，现场归零误差小于3%。

④ 试验中探头垂直压入土中的速度必须均匀。贯入速度，黏土中为0.6～1.2m/s；砂土中以0.6m/min为好。

⑤ 贯入测量间隔因仪器性能优劣而异。对备有自动测量装置的仪器而言，可密到1个数据/（0.5～1）cm；对性能差的设备而言，可稀到1个数据/（10～20）cm。总之，要根据仪器性能优劣的具体情况而定。

⑥ 当贯入深度超过50m或经软层入硬层时，应特别注意钻杆倾斜对深度记录误差的影响。总之，深度记录误差要控制在1%以内。

⑦ 要求电测仪的读数误差小于读数的5%或最大读数的1%。

关于贯入速度对触探参数测定值，特别是q_c和u的影响，土谷等人特地进行了贯入速度从0.03cm/s变到10cm/s的现场试验。现场试验在回填地层中的5个点位进行。测定结果如图2.6.4所示。由图2.6.4不难看出，贯入速度对q_c的影响较小，可不考虑；而对u来说，存在一定的影响。为了更清楚地表现影响的程度，特地将以$v=1$cm/s为基准贯入速度对u的影响示于图2.6.5。由图2.6.5不难看出，对黏性土而言，贯入速度对间隙水压力的影响小；对砂性土而言，贯入速度对间隙水压力的影响大。砂土中贯入速度在1～2cm/s时，间隙水压的差异为5%～30%。由图2.6.5还可以看出，砂质土中的贯入速度以不大于1cm/s为好。

2.6.3 记忆式三功能静力触探仪

1. 构成

以往的静力触探仪基本上存在一个共同的缺点，那就是传送探头测得的三个参数的电信号的电缆线必须穿过探杆中心才能输送到设在地表的处理装置中，然后再按需要进行各

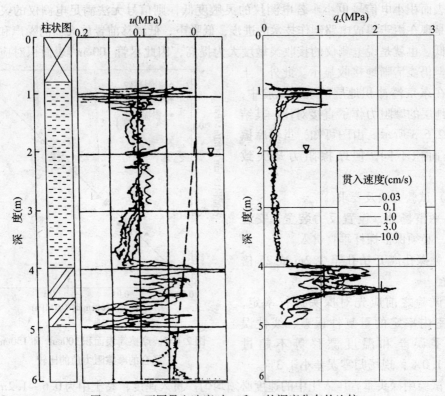

图 2.6.4 不同贯入速度时 q_c 和 u 的深度分布的比较

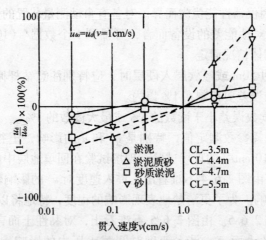

图 2.6.5 以 1cm/s 基准的贯入速度与间隙水压的影响率的关系

种处理。这种传输电缆穿过探杆中心的操作极为繁琐，特别是探查深度较深的情形下，工作效率极低。另外，使用时间一长，易出现电缆接头接触不良，或者损坏电缆线的现象。

为了克服上述弊病，日本堀江等人按无绳传输的思路开发了一种利用设置在静锥底座上的集成电路储存器，同时记忆锥体探头测定的贯入阻力、间隙水压力、探杆倾斜等三参数对应的电信号的数值的无绳记忆式三功能静力触探仪。该装置的特点是可以得到锥体贯入土体时的上述三个参数的瞬时值，并储存在储存器内。待贯入达到预定位置时，停止贯入提出探头取出该储存器，再将其放在带有打印机的数据处理器上，按需要处理；则在现场即可得到三个参数的测量值。

记忆式静力触探仪由锥体探头、深度测量器、电池和充电器、数据处理器及锥体压入装置液压钻孔机等部件构成。图2.6.6示出了该装置的方框图。

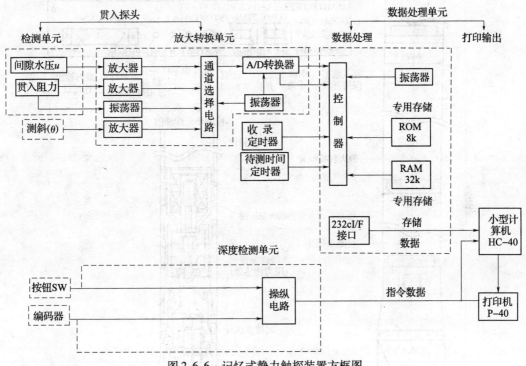

图2.6.6　记忆式静力触探装置方框图

2. 锥形探头

锥形探头的结构及尺寸如图2.6.7所示，大致可分为检测和放大转换电路两个单元。

检测单元的作用是同时把贯入阻力、间隙水压、探杆倾斜程度三传感器检测到的那些非电参数的数值转换成模拟电信号，并输入给放大转换单元。

贯入阻力的测量，由安装在检测单元上的特殊弹簧结构的荷重计完成。荷重计容量有50kN和10kN两种，可据地层强度的具体情况选用。

间隙水压的检测使用半导体压力传感器及上述两种荷重计共同承担，可测的最大的水压为1MPa。过滤器通常使用合成树脂制的过滤器，也可以使用完全脱气的金属制的过滤器。

倾斜计是为了监测探杆的倾斜程度而设置的。该倾斜计系磁电转换式2维（$x-y$两个方向）倾斜计，测量范围的最大值为5°。

因为检测单元和放大转换单元中装有差动变压器、半导体压力传感器、集成电路贮存器等精密电气部件，所以这两个单元的防水性能必须绝对良好，其耐压能力为1MPa，测量深度可到100m。

各参数检测部件的性能如下：

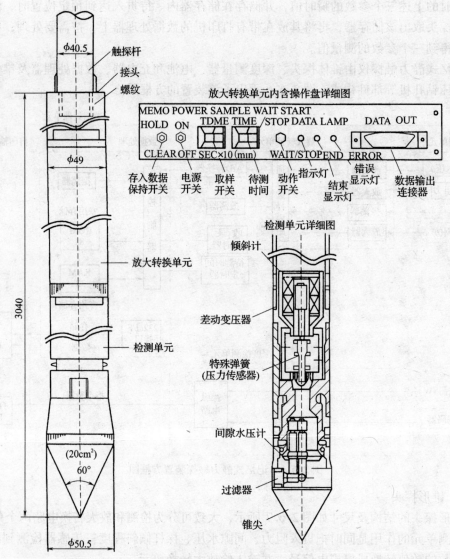

图 2.6.7　锥形探头结构及尺寸（尺寸单位：mm）

① 贯入阻力的检测

1 号探头的荷重容量为 10kN，阻力为 5MPa。

2 号探头的荷重容量为 5kN，阻力为 2.5MPa。

锥体的截面积为 20cm^2（ϕ50.46cm），锥角为 60°。

② 间隙水压的检测

压力测量范围为 0～1MPa，检测方式为半导体传感器。

③ 倾斜检测

测量范围：$x \sim y$ 两个方向，±5°，检测方式为磁电转换。

放大转换单元设置于检测单元的上方，且紧靠检测单元。放大转换单元的上方与 ϕ40.5mm 的钻杆连接。放大转换单元由可以充电的 Ni－Cd 电池供电，可连续工作 7h。放大转换单元的工作由单元内含的操作板上的各开关控制。操作板上主要有决定数据收录时间（1～99s）的开关、探头进入钻孔孔底但未开始触探的待测态的开关和把收录的数据输送给处理器的插接器等。上述数据测量是瞬时记录。

放大转换单元的构成如下：

① 放大转换单元的功能

测定方式：A/D 转换方式（荷重计的容量最大值为 2000A/D 变换器）。

分辨率：1/2000。

收录周期：1～99s 任意设定。

待测时间：0～120min 任意选择，间隔为 10min。

测量时间：5h。

收录数据的最大值为 5000 个。

② 电源

电池：Ni－Cd 电池 8.4V、4400mAh。

3. 深度检测器

本装置的数据采集采用一定时间内（1～99s）取样的方式。这种方式对应的深度检测方式是由钻孔机给压探头贯入起，深度检测器即开始工作，到达预定深度时深度检测器即停止工作。

工作方式有按钮式、编码式两种。实际上深度检测单元的操作，如果取样时间为 1 次/5s，则深度检测按 1 次/5cm 的速度进行采集是不成问题的。

4. 数据处理单元

该单元具有经接口读取测量数据，再与另一系统输入的深度指令合并，经手控计算机处理，由打印机打印输出的功能。

构成数据处理单元的主要部件的规格如下：

（1）手控计算机

机种：HC－40。

主贮存器：Z80 可逆 COM，CPU，时钟 3.68MHz，1RAM64kB，ROM32kB。

键盘：JIS 型，键数 72，模拟表示至使用 3 个 LED。

接口：RS－232cI/F。

（2）微型启动盒

管理范围：256 字节。

误差检测：CRC 奇偶。

（3）打印机

打字功能：速度为 45CPS；方式单向；位数 40；记录纸为专用纸。

5. 倾斜测量结果的整理

按表 2.6.1 整理倾角测定值与深度的关系。

倾角测定值与深度的关系

表 2.6.1

测量序号	测量深度	变位深度	x 方向倾角	y 方向倾角	x 方向位移	y 方向位移
$(n-1)$ 次	Z_{n-1}		$\theta_{x,n-1}$	$\theta_{y,n-1}$		
		Z'_{n-1}			$\delta_{x,n-1}$	$\delta_{y,n-1}$
n 次	Z_n		$\theta_{x,n}$	$\theta_{y,n}$		

续表

测量序号	测量深度	变位深度	x 方向倾角	y 方向倾角	x 方向位移	y 方向位移
		Z'_n			$\delta_{x,n}$	$\delta_{y,n}$
$(n+1)$ 次	Z_{n+1}		$\theta_{x,n+1}$	$\theta_{y,n+1}$		
		Z'_{n+1}			$\delta_{x,n+1}$	$\delta_{y,n+1}$

表中：Z_{n-1}，Z_n，Z_{n+1}——第 $n-1$ 次、第 n 次、第 $n+1$ 次测量深度；

$\theta_{x,n-1}$，$\theta_{x,n}$，$\theta_{x,n+1}$——x 方向倾角；

$\theta_{y,n-1}$，$\theta_{y,n}$，$\theta_{y,n+1}$——y 方向倾角；

$\delta_{x,n-1}$，$\delta_{x,n}$，$\delta_{x,n+1}$——x 方向位移；

$\delta_{y,n-1}$，$\delta_{y,n}$，$\delta_{y,n+1}$——y 方向位移；

Z'_{n-1}——Z_n 和 Z_{n-1} 两个相邻深度的中间值；

Z'_n——Z_{n+1}、Z_n 两个相邻深度的中间值。

当 $\theta_{x,n}$、$\theta_{y,n}$ 相互独立，且为直线倾斜时，下列关系式成立：

$$\left.\begin{array}{l} Z'_{n-1} = Z_{n-1} + \dfrac{1}{2}\,(Z_n - Z_{n-1}) \\[2mm] Z'_n = Z_n + \dfrac{1}{2}\,(Z_{n+1} - Z_n) \end{array}\right\} \qquad (式\,2.6.1)$$

$$\left.\begin{array}{l} \delta_{x,n} = \delta_{x,n-1} + (Z'_n - Z'_{n-1})\,\sin\theta_{x,n} \\[2mm] \delta_{y,n} = \delta_{y,n-1} + (Z'_n - Z_{n-1})\,\sin\theta_{y,n} \end{array}\right\} \qquad (式\,2.6.2)$$

由式（2.6.1）和式（2.6.2）得出位移 $\delta_{x,n}$、$\delta_{y,n}$ 的计算方法如图 2.6.8 所示。

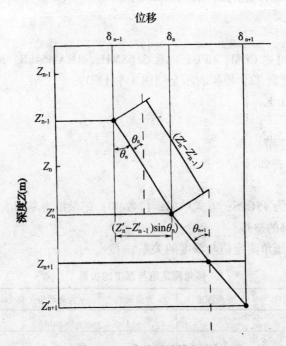

图 2.6.8 位移的计算方法

2.6.4　孔内静力触探贯入试验装置

多数情况下，采用静力触探要想贯入阻力大的硬质地层较为困难。为此开发了在钻孔内可以水平方向贯入的孔内静力触探装置。这种装置的优点是操作比较简单，能有效地对软岩实施间隔较密的触探。

图 2.6.9 示出了触探头的构造，也可以按三个锥头同时贯入的形式进行变动。试验中首先推出获得贯入反力的钢片固定触探头。然后用液压的方法贯入锥体探头（锥角 90°、截面积 $1cm^2$）。测量贯入过程中加在锥底上的贯入压力，记作贯入阻力 q_{c0}。最大的行程为 13mm，即使锥体不完全贯入，也可以以其贯入压力修正面积推算出大致的 q_{c0}。图 2.6.10 中示出了在密实黏土和火山喷出白砂堆积地层上的实测结果。

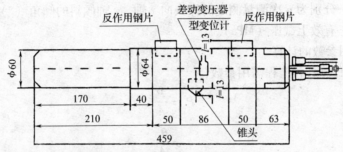

图 2.6.9　孔内锥探仪（单位：mm）

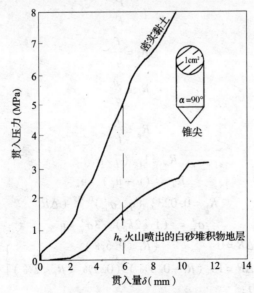

图 2.6.10　孔内锥探的测量例

2.6.5　触探结果的资料整理

所谓的静力触探结果的资料整理，就是对每一个触探孔测定的各种参数的记录结果进行整理，并换算出符合工程实用要求的有关参数及参数曲线。

1. 原始数据的整理

原始数据的整理系指整理静力触探仪测得的原始参数（即 P、A、θ_c、P_f、F_s、u、u_w、

P_h、Z_n、$\theta_{x,n}$、$\theta_{y,n}$、σ_v'等有关参数），并列表。

其中　P——总贯入阻力（kN）；

　　　A——锥底面积（cm^2）；

　　　θ_c——锥尖总阻力（kN）；

　　　P_f——侧壁总摩阻力（kN）；

　　　F_s——摩擦筒的表面积（cm）；

　　　u——间隙水压力（MPa）；

　　　u_w——静水压（MPa）；

　　　P_h——侧壁土压（MPa）；

　　　Z_n——n 次测量的深度（m）；

$\theta_{x,n}$、$\theta_{y,n}$——分别为 n 次测量测定的探头向 x 轴、y 轴倾斜的倾角（°）；

　　　σ_v'——有效上载压（MPa）。

2. 工程需用参数的计算

按下列公式计算各种工程需用参数：

$$P_s = \frac{P}{A} \qquad\qquad\text{（式 2.6.3）}$$

$$q_c = \frac{\theta_c}{A} \qquad\qquad\text{（式 2.6.4）}$$

$$f_s = \frac{P_f}{F_s} \qquad\qquad\text{（式 2.6.5）}$$

$$R_f = \frac{f_s}{q_c} \qquad\qquad\text{（式 2.6.6）}$$

$$R_q = \frac{u}{q_c} \qquad\qquad\text{（式 2.6.7）}$$

$$R_p = \frac{f_s}{P_h} \qquad\qquad\text{（式 2.6.8）}$$

$$R_\sigma = 1g\ (q_c/\sigma_v') \qquad\qquad\text{（式 2.6.9）}$$

$$R_u = (u - u_w)\ /u_w \qquad\qquad\text{（式 2.6.10）}$$

$$R_L = 0.0233\ (q_c/\sigma_m')^{0.525} + \Delta R \qquad\qquad\text{（式 2.6.11）}$$

$$\sigma_m' = (1 + 2k_0)\ /3\sigma_v' - u' \qquad\qquad\text{（式 2.6.12）}$$

$$\left.\begin{array}{l}\Delta R = 0 \qquad (R_f \leqslant 0.5\%) \\ \Delta R = 15\ (R_f - 0.5\%)\ (0.5\% < R_f < 2\%)\end{array}\right\} \quad\text{（式 2.6.13）}$$

式中　P_s——比贯入阻力；

　　　q_c——锥尖摩阻力；

　　　f_s——侧壁摩阻力；

　　　R_f——摩阻比；

　　　R_q——间隙水压力与锥尖摩阻力的比；

　　　R_p——侧壁摩阻力与侧壁土压力之比；

　　　R_L——液化强度；

σ'_m——平均有效主应力；

ΔR——液化强度的修正值；

k_0——静止土压系数（通常为0.5）；

u'——锥体贯入的过剩间隙水压（$u' = u - u_w$）；

R_σ——锥尖摩阻力与有效上载压之比的常用对数值；

R_u——过剩间隙水压与静水压之比。

3. 绘制参数曲线

即绘制 $P_s - Z$、$q_c - Z$、$f_s - Z$、$R_f - Z$ 和 $R_p - Z$ 等关系曲线。图2.6.11及图2.6.12示出了上述曲线的例子。此外还应绘制位移（$\delta_{x,n}$、$\delta_{y,n}$）、倾角（$\theta_{x,n}$、$\theta_{y,n}$）与深度 Z 的关系曲线。图2.6.13示出的是上述关系曲线的一例。由图可以清楚地知道探头在各个深度处的倾斜状况。通常锥体探头的倾斜状况（倾角和位移）与探头贯入土层的难易程度有关，越难贯入，倾角越大，位移量越大。

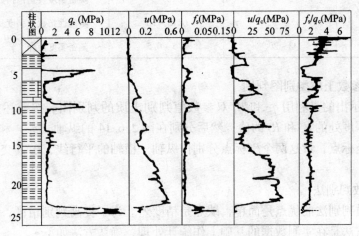

图2.6.11 三功能触探的测定结果实例

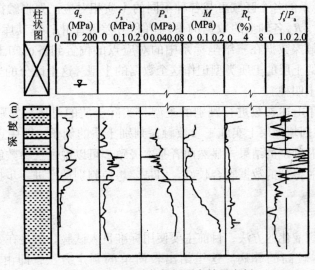

图2.6.12 四功能触探测定结果实例

2.6.6　成果应用

1. 判别土质类别

（1）双参数土质判别

① 利用双参数土质判别表判别

表 2.6.2 示出的是国内一些单位用于区分土质的 q_c 与 R_f 的参考值。因采用这种方法确定土的类别系间接性判定，所以通常需借助钻孔取样加以验证。

用于区分土质的 q_c 和 R_f 的参考值　　　　　　　　　表 2.6.2

土质名称	q_c（MPa）	R_f（%）	备　注
黏　土	1 ~ 1.5	4 ~ 6	
粉质黏土	1.5 ~ 3	2 ~ 4	
黏质粉土、粉土	3 ~ 10	0.8 ~ 2	随密实度及塑性指数而异
淤泥质黏性土	<1	0.15 ~ 15	随塑性指数、稠度及灵敏度而异
粉细砂	3 ~ 20	1.5 ~ 0.5	随密实度而异

② 利用双参数土质类别图判别

图 2.6.14 示出的是利用 q_c 和 R_f 双参数值判别土质的判别图。按前述资料整理的步骤，先求出各深度处的 q_c 和 R_f 的值；然后分别在图 2.6.14 的纵轴（q_c）和横轴（R_f 轴）上找到对应的坐标点，过这两个坐标点分别作纵轴、横轴的平行线，由其交点所处的区域确定土质。

（2）三参数判别法

双参数土质判别法的优点是简单，缺点是精度差。为了提高判别精度，故开发了三参数判别法。该方法是在实测数据的基础上作统计处理，确认方法如下：

以三参数静力触探得到的 R_σ、R_f、R_u 三个分量分别为轴构成三维坐标（见图 2.6.15），则该坐标系的各个区域可与各种不同的土质相对应。先将触探试验得到的已知各类土质的 R_σ、R_f、R_u 各轴上的数据的平均值和方差等库化，在其库化数据的基础上，计算出待定土质的触探数据在三维坐标系中的对应点的位置到各已知土层中心的三维距离；然后再把接近的土层的土质类型记作这个数据的土型。这里区分的土型是砂、淤泥质砂、砂质淤泥和黏土四种。

表 2.6.3 是利用上述参数进行判别的土型与实际土质的对比。判别精度可以说比较好。图 2.6.16 是在回填地层上实施三参数触探判别土质的例子。图中还示出了在三参数触探孔附近钻孔取芯判别的结果，显然两者基本一致。可以说由三参数触探得到的土型判别的结果与钻孔取芯得到的数据吻合较好。但是要想使判别精度进一步提高还需做许多艰苦的工作。

2. 液化判定

用原位试验判别液化的方法，目前主要使用标准贯入试验。但是在大多数回填地和路线调查中存在成本较高的弊病。这里给出较简单的判定方法，即由式（2.6.11）、式（2.6.12）和式（2.6.13）估算液化强度的方法。该法仅限于冲积砂质地层适用。

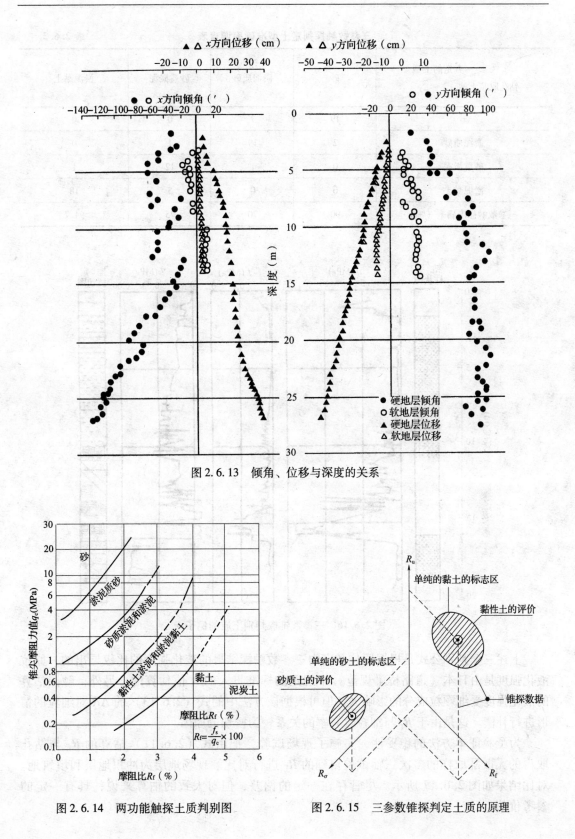

图 2.6.13 倾角、位移与深度的关系

图 2.6.14 两功能触探土质判别图

图 2.6.15 三参数锥探判定土质的原理

三参数触探判定土型准确率调查表　　　　　　　　　　　　表 2.6.3

判定的土型 / 钻孔取芯土型	砂	淤泥质砂	砂质淤泥	淤泥黏土
砂	19	7	0	0
淤泥质砂	2	19	1	0
砂质淤泥	0	1	12	1
淤泥黏土	0	0	3	18
三参数触探准确率（%）	90	70	75	94.7

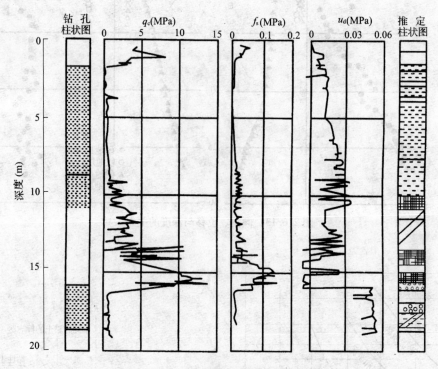

图 2.6.16　三参数锥探判别土质的例子

　　上述三个判别公式是根据原位和室内三参数触探结果的液化强度的比较导出的，原位液化强度是由日本《道路桥梁规范》中规定的标准贯入的 N 值估算的。另外，触探估算的液化强度受细颗粒成分的影响大，但可根据该方法中的式（2.6.13）的 ΔR 对细粒的情形进行补偿。这是由于 R_f 与细粒含有率的关系较为密切的原因。

　　为了验证本方法的稳妥性，实施了现场试验，把由式（2.6.11）估算的 R_L 与钻孔取得的无散乱取样的多次三轴试验得到的 R_L 进行对比。现场地层为冲积地层和填筑地。对比结果如图 2.6.17 所示。尽管存在一定的偏差，但对大致的估算来说，具有一定的参考价值。

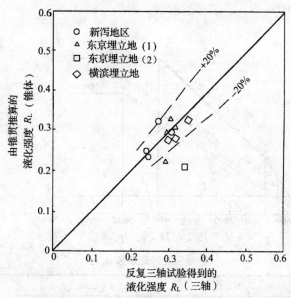

图2.6.17 三参数锥贯推算的液化强度与反复三轴试验得到的液化强度的比较

3. 用静力触探试验数据估算桩的承载力

桩的承载力多由静载试验法确定。这种方法的优点是直观、准确、可靠性好；缺点是设备笨重、麻烦、试验周期过长（几十天），有些工程不允许这样长的试验时间。而静力触探试验确认桩承载力方法的特点就是迅速、简便，精度同样也较高。目前国内外提出的估算桩承载力的方法较多，这里给出用单功能探头及双功能探头触探资料成果确定单桩承载力的方法，供读者参考。

（1）用单功能探头资料成果确定单桩承载力

《建筑桩基技术规范》中指出：

$$R_{uk} = Q_{sk} + Q_{pk} = u_p \sum q_{ski} l_{si} + \alpha_b p_{sb} A_p \qquad \text{（式2.6.14）}$$

式中　R_{uk}——混凝土预制桩单桩竖向极限承载力标准值（kN）；

　　　A_p——桩身横截面积（m²）；

　　　u_p——桩身周长（m）；

　　　q_{ski}——静力触探比贯入阻力估算的桩周第 i 层土的极限侧阻力（kPa），按图2.6.18确定；

　　　l_{si}——桩穿越第 i 层土的厚度（m）；

　　　α_b——桩端阻力修正系数（无量纲），由表2.6.4确定；

　　　p_{sb}——桩端附近的用静力触探测得的比贯入阻力（kPa），由式（2.6.15）和式（2.6.16）确定。

图中，直线 A（线段 gh）适用于地表下6m范围内的土层；折线 B（线段 $oabc$）适用于粉土及砂土土层以上（或无粉土及砂土土层地区）的黏性土；折线 C（线段 $odef$）适用于粉土及砂土土层以下的黏性土；折线 D（线段 oef）适用于粉土、粉砂、细砂及中砂。

q_{ski} 的值应通过土工试验资料，土的类型、深度、排列次序，由图2.6.18的折线取值。当桩端穿越粉土、粉砂、细砂及中砂层底面时，折线 D 估算的 q_{ski} 值需乘以表2.6.5中示出的 ξ_s 值。

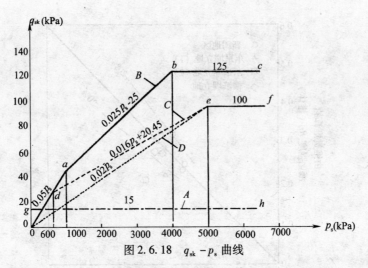

图 2.6.18 $q_{sk} - p_s$ 曲线

桩端阻力修正系数 α_b 值　　　　　　　　　　表 2.6.4

桩入土深度（m）	$H < 15$	$15 \leqslant H \leqslant 30$	$30 < H \leqslant 60$
α_b	0.75	0.75 ~ 0.90	0.90

注：桩入土深度 $15 \leqslant H \leqslant 30$ m 时，α_b 值按 H 值直线内插，H 为基底至桩端全断面的距离（不包括桩尖高度）。

ξ_s 数值　　　　　　　　　　表 2.6.5

p_s / p_{s1}	$\leqslant 5$	7.5	$\geqslant 10$
ξ_s	1.00	0.50	0.33

注：1. p_s 为桩端穿越的中密、密实砂土、粉土的比贯入阻力平均值；p_{s1} 为砂土、粉土的下卧软土层的比贯入阻力平均值。

2. 采用的单功能探头，圆锥底面积为 15cm^2，底部带 7cm 高的滑套，锥角 60°。

桩端附近的比贯入阻力 p_{sb} 可按以下两式计算。

当 $p_{sb1} \leqslant p_{sb2}$ 时，有

$$p_{sb} = \frac{1}{2}(p_{sb1} + \beta p_{sb2}) \qquad （式 2.6.15）$$

当 $p_{sb1} > p_{sb2}$ 时，有

$$p_{sb} = p_{sb2} \qquad （式 2.6.16）$$

式中　p_{sb1}——桩端全截面以上 8 倍桩径范围内的比贯入阻力平均值；

　　　p_{sb2}——桩端全截面以下 4 倍桩径范围内的比贯入阻力平均值；如桩端持力层为密实的砂土层，其比贯入阻力平均值 p_s 超过 20MPa 时，则需乘以表 2.6.6 中示出的系数 C 予以折减后，再计算 p_{sb1} 及 p_{sb2}；

　　　β——折减系数，按 p_{sb2}/p_{sb1} 的值从表 2.6.7 选取。

系数 C　　　　　　　　　　表 2.6.6

p_s（MPa）	20 ~ 30	35	>40
系数 C	5/6	2/3	1/2

注：可取插值。

折减系数 β

表 2.6.7

p_{sb2}/p_{sb1}	<5	7.5	12.5	>15
β	1	5/6	2/3	1/2

注：可取插值。

（2）用双功能探头资料成果确定单桩承载力

就一般粘性土、粉土和砂类土而言，当需要确认混凝土预制桩单桩竖向极限承载力 R_{uk}，且又无当地经验数据的情形下，可用双功能静力触探探头的资料成果按下式估算承载力：

$$R_{uk} = u_p \sum l_{si}\beta_i f_{si} + \alpha q_c A_p \qquad （式 2.6.17）$$

式中 f_{si}——第 i 层土的探头的侧壁摩阻力（kPa）；

$\quad q_c$——用双功能探头资料成果求得的桩尖承载力（kPa）；$q_c = (q_{c1} + q_{c2})/2$；

$\quad q_{c1}$——桩端下方 $1d$（桩的直径或边长）范围内的平均锥尖阻力（kPa）；

$\quad q_{c2}$——桩端上方 $4d$ 范围内的平均锥尖阻力（kPa）；

$\quad \alpha$——桩端阻力修正系数，对黏性土、粉土取 2/3，饱和砂土取 1/2；

$\quad \beta_i$——第 i 层土桩侧壁摩阻力综合修正系数，对黏性土 $\beta_i = 10.04(f_{si})^{-0.55}$，对砂类土 $\beta_i = 5.05(f_{si})^{-0.45}$。

双功能探头的圆锥底面积为 150cm²、锥角 60°，摩擦套筒高度 21.85cm，侧面积 300cm²。

此外，村中等人发表的研究结果与式（2.6.17）基本相同。略有不同的是式中的 α 对各种土型而言均取 0.35。β_i 对冲积黏性土而言，取 2.5；对砂质土和洪积黏性土而言，β_i 取 0.6。还把用式（2.6.17）估算得到的承载力与静载试验的结果作了比较，其结果示于图 2.6.19。由图不难看出，静载试验结果（y）与用式（2.6.17）计算得出的承载力（x）之间存在 $y = 0.96x$ 的关系，同时可以确认其相关系数 r 高达 0.77。这些足以说明用静力触探资料成果估算单桩承载力的准确性和实用性。

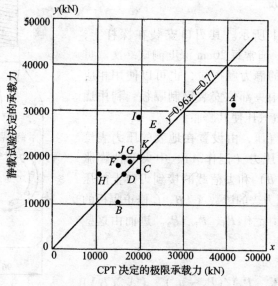

图 2.6.19 极限承载力的比较

4. 静力触探资料成果在其他方面的应用

静力触探资料成果除了用于上述判定土质、砂层液化及单桩承载力的估算之外，我国的勘察规范（TJ 21—77）给出了用来确定地基土承载力的规范公式——式（2.6.18），土的变形性质的规范公式——式（2.6.19）和式（2.6.20）。

$$R = 0.104p_{\text{s}} + 0.269 \qquad (0.3\text{MPa} \leqslant p_{\text{s}} \leqslant 6\text{MPa}) \qquad （式2.6.18）$$

$$E_{\text{s}} = 3.72p_{\text{s}} + 12.62 \qquad (0.3\text{MPa} \leqslant p_{\text{s}} \leqslant 5\text{MPa}) \qquad （式2.6.19）$$

$$E_0 = 11.77p_{\text{s}} - 46.87 \qquad (3\text{MPa} \leqslant p_{\text{s}} \leqslant 6\text{MPa}) \qquad （式2.6.20）$$

式中　R——地基土的承载力；

　　　E_{s}——侧限压缩模量；

　　　E_0——变形模量。

此外，静力触探资料成果还可用来计算地基沉降，确定砂土内摩擦角，压密中的黏土层的压密度的估算，冲积黏土层的非排水强度的推定等等。

5. 静力触探试验在注浆效果检查上的应用

通常根据注浆目的要求的土的力学性质参数（如 q_{c}、R_{L}、R_{uk}、R、E_{s}、E_0），在注浆前后各做一次静力触探试验，并与资料成果求出的上述参数值进行对比，找出提高精确度的办法。如达到了事先甲方提出的指标要求，即说明注浆效果良好。否则需进行二次补注。

为了保证检测数据的可靠性，静力触探试验的孔数不应少于注入孔的 5%～10%。

2.7　膨　胀　计

膨胀计试验（DMT）是同时触探三参数的新型原位试验，以欧美为中心近年得以迅速发展。这种试验具有方法简便、装置简单、结果再现性好等优点，可以评估各类土的参数。下面叙述 DMT 的概况及适用性。

2.7.1　装置和试验概况

膨胀计如图 2.7.1 所示。其刃口安装在探杆上，以 2cm/s 的速度贯入，通常每 20cm 深度测试一次。贯入装置可以使用一般的静力触探机，也可以使用相应的钻孔机。在刃口的中央部位安装钢制隔板，利用通到地表的钻杆内的空气气压使其膨胀。

试验中缓慢增加气压，由设置在地表的压力表读取隔板离开刃口时的压力（记作 A）、中央部位膨胀 1mm 时的压力（记作 B）和去荷载的接到刃口上的压力（记作 C）。使用压力表的读数 A、B、C 修正隔板的刚性，并把各自的压力记作 P_0、P_1、P_2。进而由这些值得出下列 DMT 指数。

材料指数：

$$I_{\text{D}} = (P_1 - P_0)/(P_0 - u_{\text{w}}) \qquad （式2.7.1）$$

水平应力指数：

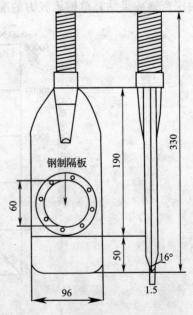

图 2.7.1　膨胀计（单位：mm）

$$K_D = (P_0 - u_w)/\sigma'_v \qquad (式\ 2.7.2)$$

式中　u_w——静水压；

　　　σ'_v——有效上载压。

膨胀系数：

$$E_D = 34.7(P_1 - P_0) \qquad (式\ 2.7.3)$$

2.7.2　原位变形特性的评述

1. 室内试验变形系数（E_1、E_{25}）与 E_D 的关系

表 2.7.1 示出的是以往提出的几种用 E_D 估算变形系数的方法。其中变形系数是三轴抗压试验的初始切线斜率 E_1 或割线斜率 E_{25}。可据土质和应力履历建立多种关系。但是，目前的状况是这些关系式的实例数据极为有限，且对应的室内试验的试样又是干燥砂地层的取样，目前尚未建立适于现场的统一的关系式。

室内试验变形系数（E_1、E_{25}）与 E_D 的关系　　　　表 2.7.1

E_1（E_{25}）与 E_D 的关系	土质	E_1（E_{25}）与 E_D 的关系	土质
$E_1 = 1.06E_D$	固结黏土	$E_{25} = 0.7E_D$	未固结砂
$E_{25} = E_D$	未固结砂	$E_{25} = 3.5E_D$	固结砂
$E_{25} = 0.88E_D$	未固结砂	$E_1 = 0.4 - 1.1E_D$	压密土
$E_{25} = 2.49 - 4.29E_D$	固结砂	$E_1 = 10E_D$	黏性土
		$E_1 = E_D$	砂

鉴于这种状况，岩崎等人利用 DMT 测得的 E_D 值与 DMT 试验钻孔附近的无扰动取样的一轴、三轴抗压试验得到的变形系数 E_{50} 值进行了对比。由于变形系数因应变的不同而异，故这里以 E_{50} 为讨论对象；另外，等向压密试样的三轴抗压试验的 E_{50} 值依赖于侧压（常数），即与原位平均有效上载压的值相当。

图 2.7.2 和图 2.7.3 分别示出的是黏性土和砂质土对应的 E_{50} 和 E_D 的关系。使用的数据是正常压密及稍有超压密状态的冲积砂层的数据。由图可以看出，随着 E_D 值的增加，E_{50} 值也增加。但是存在起伏，对应土质和试验条件存在如下的关系：

$$E_{50} = 3.55E_D \qquad （黏性土：压密不排水） \qquad (式\ 2.7.4)$$

$$E_{50} = 1.98E_D \qquad （黏性土：不排水，不压密不排水） \qquad (式\ 2.7.5)$$

$$E_{50} = 0.51E_D \qquad （砂质土：压密排水） \qquad (式\ 2.7.6)$$

显而易见，上述公式中的系数，因排水条件的不同而不同。黏性土不排水条件下的 E_D 比 E_{50} 小，这有可能是伴随 DMT 刃具贯入黏性土层时周围土体受到扰动，致使 E_D 值减小造成的。另外，因为压密不排水条件（CU）与不压密不排水条件（U、UU：其中 U 为一轴抗压试验；UU 为三轴抗压试验）相比，试样受到压密，所以比同样地层得到的 E_{50} 大。砂质土（排水、压密，CD）的场合下，$E_D > E_{50}$。这可以认为是刃具贯入周围土体被压密致使 E_D 变大。再有，因为砂质土试样是扰动试样，故 E_{50} 值减小，所以系数也小。

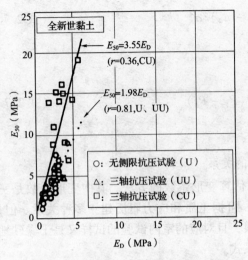

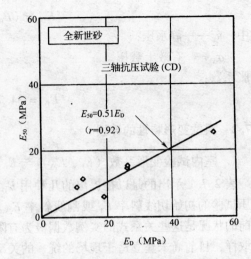

图 2.7.2　黏性土对应的 $E_{50} - E_D$ 的关系　　图 2.7.3　砂质土对应的 $E_{50} - E_D$ 的关系

为了进一步明确土质差异的影响，图 2.7.4 示出了 E_{50}/E_D 与 I_D 的关系。其中，I_D 是粒径指数。如果细粒成分含有率高，则 I_D 小。$I_D < 0.6$ 为黏土；$I_D < 1.8$ 为砂，见下面的叙述。由图可知，I_D 值增大，E_{50}/E_D 减小，且数据存在一定程度的起伏，E_{50}/E_D 与 I_D 值的相关性较好。如果对这种相关关系进行线性回归，则可得出下式：

$$E_{50}/E_D = 1.52 I_D^{-0.81} \qquad\qquad （式 2.7.7）$$

由该式可知，E_{50}/E_D 因土质的不同而不同。显然，反映不同土质的 E_{50} 的值，可由式 (2.7.7) 推估。

综上所述，如果知道 E_D 值，则可推估各种地层的 E_{50} 值。

2. N 值与 E_D 值的关系

如前所述，N 值在确定地层参数（强度、变形系数等）方面的应用最为广泛。如果能把膨胀计的测量结果与 N 值联系起来，即找出 N 与 E_D 的定量关系，那么就可大大扩展膨胀计的应用领域。其工程意义极大。

图 2.7.5 是岩崎等人在归纳诸多冲击地层工程数据的基础上得出的 N 值与 E_D 的关系。由图可知，N 值随 E_D 的增加而呈线性增加（相关系数 $r = 0.75$）。若把这些数据按黏性土和砂质土分离，随后作出的 N 与 E_D 的关系分别如图 2.7.6 和图 2.7.7 所示。由这两图不难发现，其相关系数均比图 2.7.5 的相关系数大。综上所述，归纳后的各种相关公式如下：

$$N = 0.39 E_D \qquad （全体） \qquad\qquad （式 2.7.8）$$
$$N = 0.65 E_D \qquad （黏性土） \qquad\qquad （式 2.7.9）$$
$$N = 0.33 E_D \qquad （砂质土） \qquad\qquad （式 2.7.10）$$

变换 N 值后对应的打击效率为 65%。

尽管各图中的数据存在一定程度的起伏，但总的来说相关性尚好。特别是黏性土的场合下，相关性更好。由此可知，对各种土质均可推出 N 值，即使土质不明的场合下，也可利用式 (2.7.8) 根据 E_D 值求出对应的 N 值。如 2.6 节叙述的那样，知道了 N 值进而可以确定很多工程设计中的关键量。

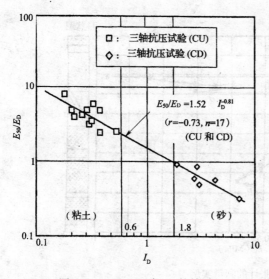

图 2.7.4 E_{50}/E_D 与 I_D 的关系

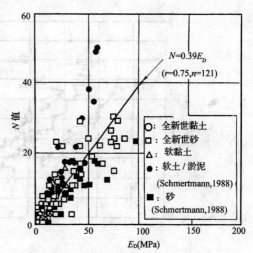

图 2.7.5 岩崎归纳的 N 值与 E_D 的关系

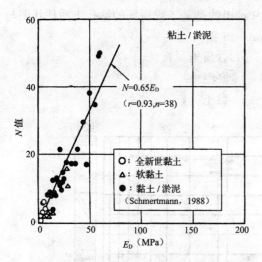

图 2.7.6 黏土场合下的 N 值与 E_D 的关系

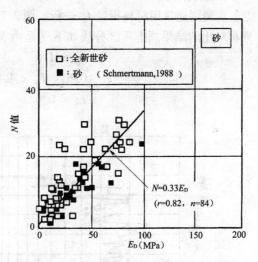

图 2.7.7 砂土场合下的 N 值与 E_D 的关系

2.7.3 膨胀计的应用

由膨胀计测得的 P_0、P_1、P_2 可以求出 I_D、K_D、E_D 等参数，进而利用 Marchetti 等人提出的各种相关图，可以评估土质及确定有关的土质参数。膨胀计的操作无需特殊培训，通过短时间的练习，即可掌握操作方法，且能得到稳定的结果。与静力触探试验相比，速度稍慢一些。

1. 土质判别和非排水剪切强度的评估

这里给出利用膨胀计判别土质方法的实例。

（1）绘制深度 $-P_0$、P_1、P_2 曲线

图 2.7.8 示出的是深度 $-P_0$、P_1、P_2 关系曲线一例。图中每个测点的试验时间是 $1\min$。

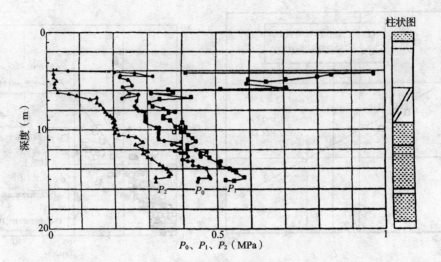

图 2.7.8　膨胀计的测量实例

（2）土质判别

土质判别通常用材料指数 I_D 进行。图 2.7.9 示出的是某工程现场的钻孔土质柱状图与 I_D 分布对比的结果。土质区分线如下（是由 Marchetti 提出的）：

$$I_D > 1.8 \qquad 砂质土$$
$$0.6 < I_D < 1.8 \qquad 淤泥土$$
$$I_D < 0.6 \qquad 黏土$$

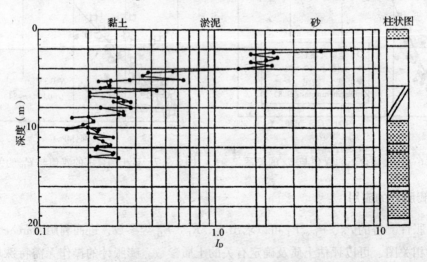

图 2.7.9　I_D 的深度分布与土质判别

由图 2.7.9 可知，从砂土到黏土 I_D 值的变化较大，但两者的界线明显。另外，上述淤泥土可以认为是介于砂土和黏土中间的土质。

图 2.7.10 给出了细粒含有率 F_C 和 I_D 的关系。I_D 与 F_C 的对应关系极为明显，故可认定用 I_D 判别土质是稳妥的。区分砂质土和黏土的 $I_D = 1.8$，对应的 $F_C = 50\%$。

2. 剪切强度的估算

黏性土的非排水剪切强度 C_u 的估算公式如下：

$$C_u = 0.22\sigma'_v(0.5K_D)^{1.25} \quad (\text{式} 2.7.11)$$

但是，该式仅在 $I_D \leqslant 0.6$ 时成立，也就是说仅对黏土有效。

式（2.7.11）中 K_D 与超压密比有关。另式（2.7.11）是在正常压密强度增加率 $C_u/\sigma'_v = 0.22$ 的条件下，由 Marchetti 于 1980 年首先推出的经验公式。这里应指出的是该公式对没有硬化的软黏土现场的十字剪切力试验结果的吻合程度较好。但是，由图 2.7.11 中示出的由膨胀计得出的 3 个指数 I_D、K_D 及 E_D 值随深度变化的曲线例子知道，K_D 值与深度无关，基本上为一定值。因 K_D 值仅与 C_u/σ'_v 有关，与深度无关，故 K_D 值无法反映 C_u 与深度的关系。1993 年 Finno 也给出过同样的报告。另外，对于不同的土质由式（2.7.11）估算的 C_u 值与其他试验得到的 C_u 结果也不吻合。

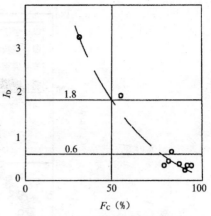

图 2.7.10　细颗粒成分的含有率 F_C 和 I_D 的关系

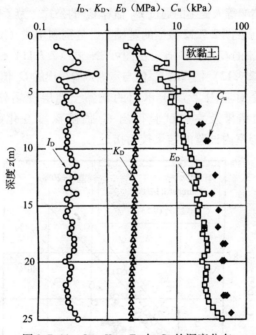

图 2.7.11　I_D、K_D、E_D 与 C_u 的深度分布

观察图 2.7.11 示出的 I_D、K_D 及 E_D 及 C_u 的深度分布，其中 C_u 值是在同一现场由无扰动取样测出的一轴抗压强度 q_u 的 1/2。由图可以看出 E_D 的深度变化倾向与 C_u 的深度变化倾向基本一致。因此，岩崎等人提出研究 C_u 和 E_D 的对应性。图 2.7.12 示出的是对应冲积黏土的 C_u 和 E_D 的关系。其中，C_u 值是由一轴抗压试验和三轴抗压试验得出的值。由图可知，C_u 值随 E_D 值的增加呈线性增加，两者之间存在如下的良好相关关系：

$$C_u = 0.018E_D \quad (r = 0.83) \tag{式 2.7.12}$$

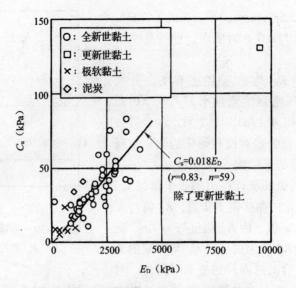

图 2.7.12　冲积黏土的 C_u 与 E_D 的关系

　　式（2.7.12）就是岩崎等人提出的通过 E_D 估算 C_u 的公式。为了确认式（2.7.12）的估算精度，图 2.7.13 中示出了在图 2.7.12 数据的基础上，分别利用式（2.7.11）、式（2.7.12）确定的 C_u 值和室内试验得出的 C_u 值的对比。由图可知，式（2.7.11）估算的 C_u 值比室内试验得出的 C_u 值低，但是式（2.7.12）估算的 C_u 值与室内试验得出的 C_u 值基本吻合。

　　图 2.7.14 示出的是对应图 2.7.11 示出的软黏土地层现场分别用式（2.7.11）、式（2.7.12）估算的 C_u 的结果及室内试验得出 C_u 值随深度变化的曲线。由图可知，式（2.7.12）的估算结果与室内试验的结果较为接近。

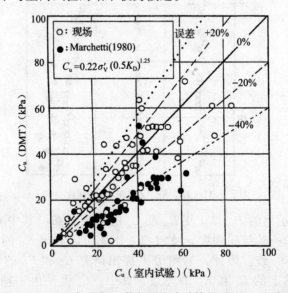

图 2.7.13　室内试验 C_u 值与用公式计算得到的 C_u 的对比

　　以上介绍了由 E_D 值推求 C_u 值的方法。目前的实况是式（2.7.11）和式（2.7.12）两种估算方法并用，以综合判定为好。

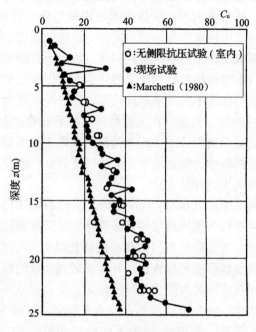

图 2.7.14 C_u 随深度 z 的变化曲线

2.8 旋转触探法

2.8.1 概述

确认地层强度的方法，以往大致上分为原位测试法和室内强度试验法两种。这些方法是在长期实践中确立的且已规范化，可根据不同的调查目的和状况灵活选用。

原位试验法中有各种贯入试验法和荷载试验法，前者试验方法简便，操作时间也短，故通常使用较多。尤其是标准贯入试验，不仅可以得出多种土质的强度（N 值），还可以对试验区间内的土质进行取样，是目前利用率最高的调查方法。但是原位试验方法的试验对象均为土质地层，在固结强度高的泥岩、软岩或者固化处理后的地层中使用时，有些地层的强度超出了设备的上限。因此，对于这些高强度的地层，应使用室内强度试验确认其强度。

室内强度试验是把钻孔取芯（或者块状取样）的采样运回试验室对其整形做成试块，然后再进行抗压和剪切试验，求出地层的强度和参数。因为试验值是地层强度的绝对尺度，所以利用价值非常大。然而，在强度低的地层中使用这些试验方法时，又因钻孔取芯过程中或者把样芯运回试验室的途中，由于振动致使样芯折断或者产生细小裂纹的情形较多，故这样得到的强度与原位强度的相关性与连续性均会出现问题。另外，对难以取芯和整形的地层而言，司钻人员和试验者的水平等人为因素对结果的影响也较大。再有，由于花费时间长，费用高，故试验的数量受到限制。

由于水泥等固化地层的强度往往超过原位试验设备的适用范围，同时设计中预定的加固强度的目标也用一轴抗压强度表示，所以作为加固地层质量管理方法的地层强度试验，一般是把钻孔取芯的一轴抗压强度作为加固地层的一轴抗压强度。显然这种确定加固强度的方法存在着上述室内强度试验中产生的各种问题，再加上有限的部分取样评估加固工程总体质量的自身误差，所以很难由芯样的状况得到连续加固地层的强度特性。另外，近来注浆工法在砂层的加固中的作用不再是简单的抗渗，以提高强度为目的的加固也屡见不鲜（如防止竖井基底隆起的加固）。但是，在未固结砂层甚至有的加固地层中，要想通过钻孔采样得到不散乱的芯样也是相当困难的，在所讨论的多数工程中均存在这个问题。对此也有使用贯入试验进行评估的情形，但是由于加固的强度目标一般定为一轴抗压强度，所以这种贯入试验始终是一种间接的评估方法。

本部分将介绍的旋转触探法（Rotary Penetration Test 简称 RPT，有人称之为 RS 法）是针对上述各种问题，特别是作为加固地层的质量管理方法，补充以往的探查方法的不足而开发的一种新方法。这种探查方法是根据钻孔时的钻孔阻力（钻头贯入推力、钻头扭矩）等参数，直接定量地评估地层强度的探查法。几年来通过大量的现场试验证实 RPT 法是一种较为实用的方法，它不仅适用各种固化处理的地层，可以说从一般的土层到软岩，此法均可胜任，可见其用途之广。该探查法的另一特点是简便、连续测定、迅速及可靠性高。下面叙述 RPT 法的基本原理、多刃钻头 RPT 试验（包括室内试验、试验结果的解析等）、RPT 实用机的构成介绍、RPT 实用机的适用性试验、RPT 实用机现场实用的例子等。

2.8.2　RPT 法的基本原理

RPT 法是由钻孔运转参数、推演从属钻孔参数、确定地层强度的方法，由以前的石油钻井钻进管理中的钻孔公式演变而来。在石油钻井的钻进中提高钻头的寿命已成为降低钻探成本的关键，所以以往提出过多种用钻孔参数（见表 2.8.1）表征钻孔速度的钻进公式。其具体形式如表 2.8.2 所示。这些公式的特点是钻孔速度均可用钻孔参数的指数函数的相关积型表示。显然可将表 2.8.2 的公式改写成以 K、r、n、F、a、v 表征 q_u 的公式。不过得出的这些公式只适用于大深度岩层中的大直径采样钻进中的情形。而对于强度较低的土质地层（包括加固地层）及钻头直径较小的 RPT 法的场合而言，当钻头的形状已知和直径一定，钻孔水的压力变化不大，钻削的排土量一定的状况下，地层强度 q_u 可用下式表示：

$$q_u = Kv^a \cdot n^b \cdot w^c \cdot T^d \qquad\qquad (式 2.8.1)$$

式中　a，b，c，d——常数。

钻孔参数　　　　　　　　　　　　　　　　　　　表 2.8.1

附加参数	钻孔参数	附加参数	钻孔参数
钻孔旋转速度 n	钻进速度 v	钻头形状	钻孔水压 P
钻头贯入推力 F	钻孔扭矩 T	地下水压	
钻头直径 r	地层强度 q_u		

钻孔公式 表2.8.2

提 出 人	钻 孔 公 式	摘 要
Somerton W. H.	$v = K \cdot r \cdot n\ (Fr^{-2}q_u^{-1})_\alpha$	K 为可钻性常数, $\alpha = 2$
VanLingen N. H.	$v = K \cdot n^{-0.2}\ (Fq_u^{-1} - F_0)_\beta$	$\beta = 1 \sim 1.25$
Maurer W. C.	$v = K \cdot n \cdot F^2 \cdot r^{-2} q_u^{-2}$	

因为钻孔速度和钻头的旋转速度受钻孔贯入推力（荷载）和钻孔扭矩支配。也就是说，地层强度 q_u 可用钻孔阻力定量地表征，所以提高测量精度的关键是高精度地控制运转条件及测定作用于钻头上的纯荷载和钻孔扭矩。

不过，RPT法有多种表征形式。具体地说，不同的固化处理地层，采用的钻头的形状和尺寸（直径大小）也不同，因而描述地层强度的相关参数也不同。

下面给出使用多刃鱼尾钻头、多齿钻头旋转贯入固化加固地层，连续测量旋转贯入时的贯入推力、旋转扭矩和贯入速度，及据此参数数据评估固化加固地层强度特性的几个试验。

2.8.3 多刃钻头 RPT 试验

RPT的测量对象是地层作用于钻头刀片上的切削阻力。其主要测量内容为贯入阻力（作用于切削刀片上的力的垂直分力）、贯入速度、旋转扭矩（切削刃上的水平分力）和转数（切削速度）。切削模式如图2.8.1所示。图（a）为剪切型切削。剪切型切削的场合下，刀刃上的剪切应力超过被切削土体（加固地层）的剪切阻力时，产生切削。切削的水平分力和垂直分力均正比于切削土层的剪切阻力。实际切削时，不一定只局限于图（a）的剪切切削和图（b）的裂缝切削，但是在测定加固地层切削中可以认为能反映加固地层的破坏阻力（剪切阻力）。

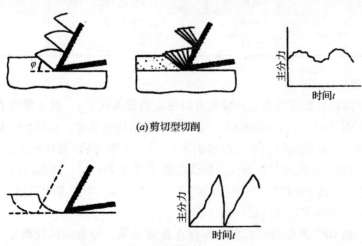

(a)剪切型切削

(b)裂缝型切削

图2.8.1 切削模式

为了调查RPT在深层搅拌处理工法质量确认中的适用性，所以事先进行了室内模拟试验和使用RPT实用机进行的现场试验。

1. 试验方法

试验中使用的装置如图2.8.2所示。由气缸加压使贯入杆下降，利用电动机带动贯入杆旋转。贯入杆的尖头上安装有图2.8.3所示的切削钻头。由尖头部位的刀刃切削试件，由位移计测定贯入速度，由荷载变换器测定贯入推力，由扭矩变换器测定旋转扭矩。

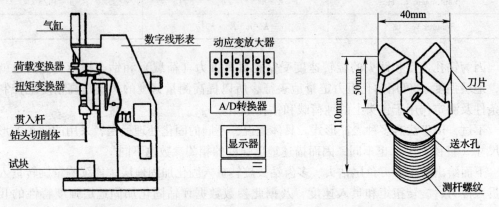

图2.8.2　试验装置　　　　　　　　　　　图2.8.3　多刃钻头

试件以细砂作试料，而且把一定量的普通波特兰水泥和自来水投入拌合，按要求的时间搅拌后投入模型中。固结后于水中养护直到试验日期止。表2.8.3中示出了试件的种类和7d养护的平均一轴抗压强度（$\bar{q}_{u7}$）。再有试验时，调整气缸的压力保证一定的贯入推力，贯入轴的转速固定在80r/min，由切削钻头的送水孔注水，相当于旋转贯入。

试体的一轴抗压强度　　　　　　　　　　　　表2.8.3

配　比	$\bar{q}_{u7}$（MPa）	配　比	$\bar{q}_{u7}$（MPa）
砂＋水泥2%	0.33	砂＋水泥8%	1.90
砂＋水泥3%	0.40	砂＋水泥13%（1）	5.08
砂＋水泥5%（1）	1.19	砂＋水泥13%（2）	3.72
砂＋水泥5%（2）	1.61		

2. 试验结果

图2.8.4中用双对数曲线表示旋转贯入时测定的贯入速度v、贯入推力F、旋转扭矩T的相互关系。由图（a）可以大致看出v与F的关系呈线性规律，试块的一轴抗压强度$\bar{q}_{u7}$增大直线向左移动；从直线的斜率可以得出$F \propto v^{1.7}$。从图（b）可以看出v与F呈线性关系，试块q_{u7}增大时，直线向左移动；由直线的斜率可得$T \propto v^{1.2}$。由图（c）可以看出F与T大致为直线关系，且$T \propto F^{0.8}$。另外，在图（a）、图（b）中用虚线示出了无加固情形的试块的测定值，显然与水泥加固试块的区别较大。

由此可知，由RPT测得的参数相互间存在指数关系，分布的位置取决于$\bar{q}_{u7}$。当用这些测量参数构成试块的q_{u7}估算公式时，它是v、F、T的积型，即$v^a F^b T^c$。这里为了确定系数a、b、c，分别对q_{u7}和$v^a F^b T^c$取对数。根据线性回归分析求出，使相关系数大时的各系数分别为$a = -1.1$，$b = 0.65$，$c = -0.05$，故得式（2.8.2）。此时I（$v^{-1.1} F^{0.65} T^{-0.05}$）与$q_{u7}$的相关系数$r$是0.88。

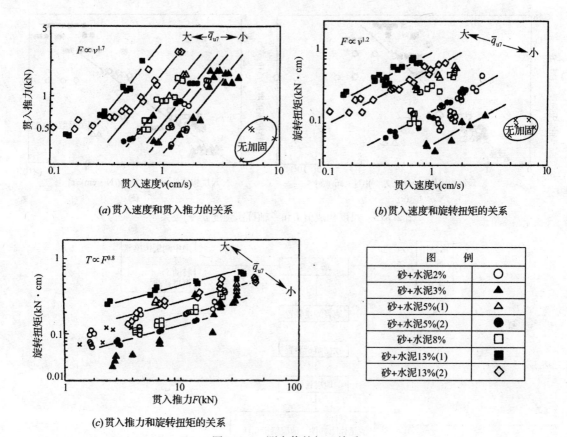

(a)贯入速度和贯入推力的关系

(b)贯入速度和旋转扭矩的关系

(c)贯入推力和旋转扭矩的关系

图 例	
砂+水泥2%	○
砂+水泥3%	▲
砂+水泥5%(1)	△
砂+水泥5%(2)	●
砂+水泥8%	□
砂+水泥13%(1)	■
砂+水泥13%(2)	◇

图 2.8.4 测定值的相互关系

$$q_{u7} = 0.16(v^{-1.1}F^{0.65}T^{-0.05}) - 0.79 \qquad (式 2.8.2)$$

其次，考虑 q_{u7} 与 $v^{a}F^{b}T^{c}$ 的一次式，如果按相关系数 r 最大的条件求出各个系数，则 $a = -1$，$b = 0.5$，$c = 0.25$，得出式 (2.8.3)。此时 q_{u7} 与 I ($v^{-1}F^{0.5}T^{0.25}$) 的相关系数 r 为 0.93。

$$q_{u7} = 0.12(v^{-1}F^{0.5}T^{0.25}) - 0.43 \qquad (式 2.8.3)$$

比较式 (2.8.2) 和式 (2.8.3)，可知旋转扭矩 T 的指数的符号和数值均存在差异，这可推测为 T 受 I 的影响程度小的原因。

图 2.8.5 示出了式 (2.8.2) 和式 (2.8.3) 用到的尺度构成值 I ($v^{a}F^{b}T^{c}$) 与试块的一轴抗压强度 q_{u7} 的关系。由图可知有些数据偏离回归直线，从低强度到高强度大致分布均匀。由此可知，式 (2.8.2) 和式 (2.8.3) 作为 q_{u7} 的估算公式适用性高。

2.8.4 RPT 实用机介绍

RPT 实用机的总体构成系统如图 2.8.6 所示，实用机外貌如图 2.8.7 所示，钻头结构如图 2.8.8 所示，遥感杆如图 2.8.9 所示。PRT 实用机以专用遥感机（安装在钻机上的测量装置）为中心，由测量地层钻孔阻力的遥感杆、数据记录器和地层解析系统构成。

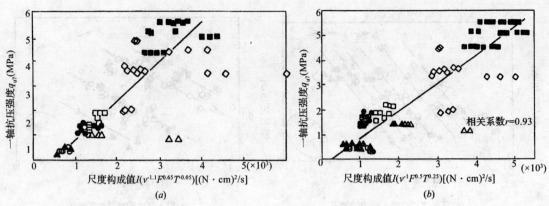

图 2.8.5　尺度构成值 I 和一轴抗压强度 q_{u7} 的关系

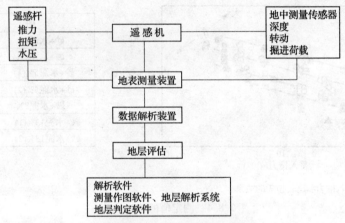

图 2.8.6　RPT 机的构成系统图

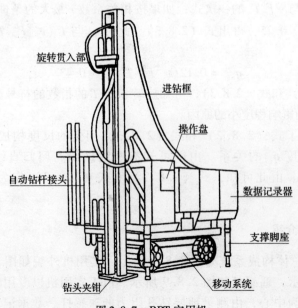

图 2.8.7　RPT 实用机

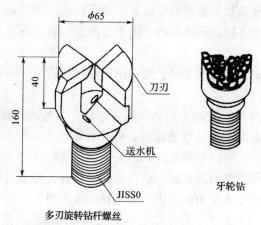

图2.8.8 钻头结构（尺寸单位：mm）

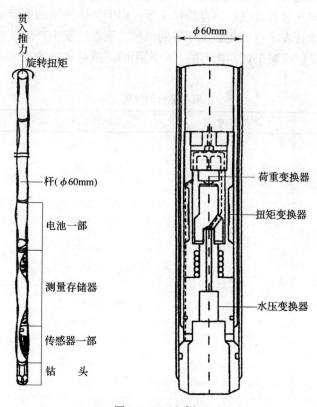

图2.8.9 遥感杆

在一定条件下，可从钻孔参数得出地层强度，而这个地层强度受上述钻头荷载和钻孔扭矩的支配。当这些测量工作在地表的钻机上进行时，随着钻孔深度的增大，钻杆与孔壁的摩擦增大，致使钻杆自身变形等，使地层强度推算值的误差大增。

在主要目的为定量推算地层强度的RPT法中，测量各种钻孔参数的传感器的布设分地上与地下两种是其一大特征。测量中最重要的参数是钻头的荷载和钻孔扭矩。为了避免深度因素的影响，把这两种参数测量传感器设置在遥感杆的内部、钻头的正上方。另外，钻孔速度和钻头的旋转速度等钻孔条件参数，因不受深度影响，故可在地表的遥感机中设置检测机构。

这些数据，由数据记录器采集存储，用专用的软件解析地层的强度特性。

1. 遥感钻机

遥感钻机是专为 RPT 法开发的专用钻孔机，它具有测量钻进速度（钻孔深度）、杆的旋转速度、钻孔机械产生的推力（推进荷载）和钻孔扭矩等功能。

对遥感钻机的要求是，可以准确地控制钻孔条件及具有强的钻孔能力。钻孔条件控制采用伺服自动控制和倒相控制两种方式。就钻孔能力而言，要求对高强度的地层应有定速钻孔的能力。但是，由于要求反力的原因，故机械的规模稍大一些。

因为 RPT 法是测量钻孔阻力，即不取芯的钻孔作业的自身调查，故希望这种钻孔作业实现自动化。钻机的自动化应包括夹盘和夹具的开闭，钻杆旋转离合器的操作，钻进、拔出、续接钻杆和套螺丝装拆及供给、存放作业等。RPT 法中使用的遥感钻机应具备上述作业功能，故根据要求开发了自动化程度不等的机械。现在已能生产从装在牵引车上的全自动化型（见图 2.8.7）到刹车自动化型的三种实用的遥感钻机。表 2.8.4 中示出了各种遥感钻机的性能。

遥感钻机的性能 表 2.8.4

项　　目	RS2500 型	RS2000 型	RS1000 型
旋转性能：			
旋转数（r/min）	65～130	65～130	60～125
旋转扭矩（kN·m）	1～2	1～2	4.27
钻进性能：			
钻进力（kN）	98	65	59
拔出力（kN）	98	65	79
钻进速度（m/min）	1.95	1.95	4.71
拔出速度（m/min）	1.95	1.95	3.53
无荷钻进速度（m/min）	11.4	11.4	—
钻进冲程（mm）	2600	2400	1100
液压伺服：			
钻进控制	有	无	无
旋转控制	有	无	无
掘进、拔出、操作	完全自动	按钮控制	按钮控制
液压动力源	牵引车内燃机	牵引车内燃机	电动
尺寸、质量：			
高度（mm）	4300（2400）	4300（2400）	4500（2400）
宽度（mm）	2700（2200）	2700（4200）	2000（1600）
长度（mm）	4500（4200）	4500（4200）	3290（3100）
质量（kg）	7500	7500	2500

2. 遥感杆

当在杆的尖头处设置传感器，测量作用于钻头上的钻孔阻力时，若采用以往的有线形式提取测量信号，则给钻杆的安装、拆卸及操纵带来很多麻烦。故本系统不准备采用有线方式，而是采用如下两种方案：其一是把记忆装置收藏于钻杆最下端的内部存储器，作业结束后将钻杆提到地表取出记忆装置，再将数据调出的存储式；其二是通过整个钻杆以磁路的形式把数据向地表作实时传送的实时式。这个测量传送系统总称为遥感杆，现在已进入实用阶段。

存储式遥感杆像图 2.8.9 所示那样为双层杆结构，在内管的内部装有测量系统，外侧为钻孔水的通路。测量系统从钻头一侧起往上依次为传感器、数据存储器和电池。内管和钻头直接连接，不受深度影响使钻孔阻力的测量成为可能。表 2.8.5 示出了遥感杆的规格。

遥感杆的规格 表 2.8.5

项　　目		规　　格
外形尺寸		$\phi = 60mm$，$l > 2000mm$
质量		15kg（包括外管和安装电池）
钻头	尺寸 质量	$\phi = 65mm$，$l > 160mm$ 约 2kg
传感器	贯入力 旋转扭矩 水压	$0 \sim 20kN$，表式测力盒 $0 \sim 320N \cdot m$，表式扭矩传感器 $0 \sim 3MPa$，表式水压计
测量存储	测量控制 条件设定 取样间隔 RAM 记录容量 记录次数 使用电池 数据传输	CPU（Z80），按钮控制式 测量开始时间的设定 3s、4s、5s、10s 选择设定 64kB 4000 次/4h 直流 6V（电池） PS232c，用电缆 PC9601 传送

钻孔刀头迄今为止可实用的有两种：一种是鱼尾型多刃旋转钻头；另一种为牙轮钻头（见图 2.8.8），可按地层种类的差异按需选用。

3. 数据记录器和解析软件

测量时，遥感杆的地中钻进阻力和地表的运转状态必须匹配，使其在时间轴上一一对应。因此，必须在钻孔开始前设定测量条件，遥感杆和数据记录器一旦连接，应立即指定开始测量的时刻和测量间隙，其后断开开始钻孔。

地上数据是遥感机的数据，测量中按测量条件逐次送入数据记录器，同时还可以监控。另一方面，遥感杆的数据，在调查结束后收回钻杆，接上导线与地上的时间协调后原封不动地送入数据记录器。

把测量数据收录到软盘上，再用解析系统解析地层强度，并作各种输出。该解析系统由小型计算机（PC 系列）和软件系统构成。

2.8.5 RPT 实用机的适用性试验

作为由钻孔参数确定地层强度的解析方法，业已在 2.8.2 中作了叙述。归纳起来有两种解析方法：① 用各种钻孔参数的测量数据确定表征钻孔效率指标的单位钻孔能量，进而将这个单位能量与地层强度对比，有关这些基础试验的验证工作已用 RPT 实用机进行过多次，多次试验的结果均表明其适用性较好；② 由钻孔参数的相关系数钻孔公式直接推算地层强度的方法，下面具体介绍有关这种方法的实用机的适用性试验。

1. 试验方法

试验体是事先在土槽内铺放的高强度无纺布袋，把水泥或石灰类稳定材与软黏土混合，再把试验体埋设于砂地层中。试验装置概况如图 2.8.10 所示。

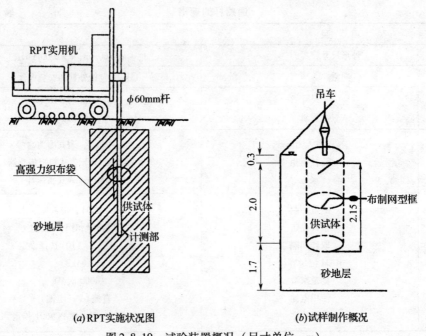

(a)RPT实施状况图 (b)试样制作概况

图 2.8.10 试验装置概况（尺寸单位：m）

RPT 的实施日期选择在试体制作后大约经过 4 周的护养后进行，试验条件如表 2.8.6 所示。刀头的形状与图 2.8.8 所示的形状相同，但钻进外径为 65mm。控制贯入速度使旋转数固定，从钻头送水孔注水的同时，将其旋转贯入试体进行试验。另外，表 2.8.7 示出了水泥类加固体和石灰类加固体 28d 养护后取芯的一轴抗压强度 q_{u28}。

<table>
<tr><td colspan="4" align="center">试验条件　　　　　　　　　　　　　　　　表 2.8.6</td></tr>
<tr><th>测量参数</th><th>设定条件</th><th>测量参数</th><th>设定条件</th></tr>
<tr><td>贯入速度</td><td>2.5 ~ 15mm/s</td><td>转数（r/min）</td><td>40、60、80</td></tr>
<tr><td>贯入推力</td><td>0.25 ~ 3kN</td><td>试体一轴抗压强度的目标
（MPa）</td><td>0.1、1.3、2.5</td></tr>
</table>

采样取芯的一轴抗压强度 q_{u28} 表2.8.7

柱体（号）	部位	目标强度（MPa）	取芯一轴抗压强度 q_{u28}（MPa）		备注
			水泥类固化材	石灰类固化材	
1	上部 下部	0.5 0.1	0.28 0.23 0.05* 0.05*	0.08 0.04	添加量150kg/m³ 添加量50kg/m³
2	上部 下部	0.5 0.1	0.49 0.43 0.09* 0.09*	0.05 0.05	
3	上部 下部	3 1	2.84 3.66 1.77 0.07	0.91 0.61 0.18 0.16	添加量450kg/m³ 添加量250kg/m³
4	上部 下部	3 1	3.43 2.73 1.63 1.11	0.88 0.68 0.28 0.26	
5	上部 下部	1 0.1	1.35 1.17 0.15* 0.15*	0.30 0.14	
6	上部 下部	1 0.1	0.99 1.84 0.15* 0.15*	0.03 0.38	
7	上部 下部	3 0.5	3.31 3.93 0.57 0.40	0.71 0.52 0.06* 0.07*	
8	上部 下部	3 0.5	1.88 2.63 0.33 0.23	0.55 1.00 0.05 0.04	

注：带＊芯样的直径为 ϕ50mm，其他为 ϕ80mm。

2. 试验结果

图2.8.11中在两对数轴上示出了由试验得到测定值的相互关系。由图（a）可知，v

和 F 之间像模试验那样存在着线性倾向。另外，试体的一轴抗压强度 q_{u28} 增大，直线向左移动。由直线的斜率可以得出水泥类固化材的 $F \propto v^{2.5}$，石灰类固化材的 $F \propto v^{1.5}$。图（b）中示出了 v 与 T 的关系。由图可知，两者不相关。图（c）中示出 F 与 T 的关系。不论水泥固化材还是石灰固化材的测定值均分布于图中直线的附近，q_{u28} 大的分布于右侧。

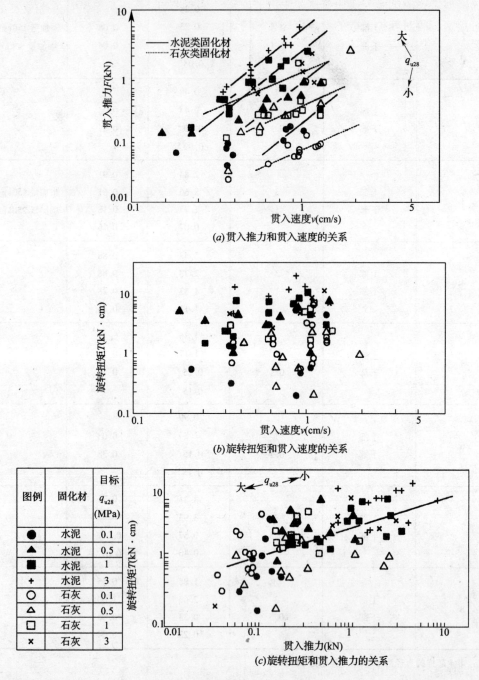

图 2.8.11　测定值的相互关系

110

图 2.8.12 中示出了把测量值代入由室内试验得到的式（2.8.3）的尺度构成值 I（$v^{-1}F^{0.5}T^{0.25}$）与添加水泥类或者石灰类固化材的试体的一轴抗压强度 q_{u28} 的关系。图中还示出了用虚线表示的模型试验结果。从图 2.8.12 可以看出，I 与 q_{u28} 相关性高，但对同一个 q_{u28} 的试验体进行比较，发现使用实用机试验得到的 I 比室内试验的 I 值大。另外，使用室内模型装置的试验与实用机试验中试件的护养天数不同。为了实施 RPT 在护养终结时即进行测定，故对养护天数的差异未做特殊考虑。

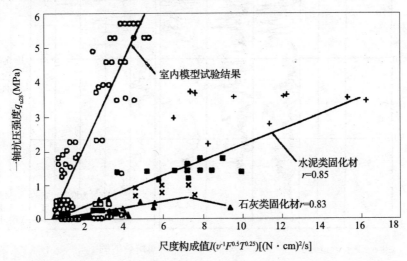

图 2.8.12　尺度值 I 和一轴抗压强度 q_u 的关系 ［使用式（2.8.3）的情形］

3. 适用性试验的结论

由两个适用性试验的结果可知，由测量参数（v，F，T）构成的尺度构成值 I 与评价地层加固指标的一轴抗压强度 q_u 的相关性较高。由此可以看出，RPT 就作为用水泥与石灰作深层搅拌工法的质量管理的方法而言，其适用性较好。另外，像图 2.8.12 所示那样，两个适用试验中的 I（$v^{-1}F^{0.5}t^{0.25}$）与 q_u 的关系存在着差异。两者的主要不同点是试件中使用的材料（室内模型试验为细砂，实用机试验为软黏土）和安装于贯入刀头中的切削体的尺寸不同。因此，可由土层特性调查的结果和切削体的尺寸的差异，找出尺度构成值 I（$v^{-1}F^{0.5}T^{0.25}$）的变化倾向。所以在实施 RPT 时。事先必须掌握使用的切削钻头与被调查的土层特性的 I 与 q_u 变化关系的曲线。

2.8.6　现场适用的举例

以往的地层强度调查法和试验法，据目的不同可分别用特有的尺度表征。

作为利用 RPT 法解析地层强度的例子，这里示出的是 RPT 法在典型的室内强度试验的一轴抗压强度和典型原位试验标准贯入试验值上适用的例子。结果表明由 RPT 法解析得到的结果与以往试验法的相关性极高。

1. 固化处理地层的适用实例

如前所述固化处理地层的加固强度，通常用一轴抗压强度 q_u 管理，因此 RPT 法的解析就是从测量结果推算一轴抗压强度。图 2.8.13 是对应深层搅拌处理工法加固地层的 RPT 法的试验结果，图中示出的是测量参数及地层强度解析结果的例子；同时还示出了实测的一轴抗压强度。就解析地层的强度而言，因为钻孔参数的测量数据是连续的，故可以连续地掌握加固柱体的强度特性。另外，此时实测的一轴抗压强度与换算得出的一轴抗压强度的相关系数 $r=0.82$，显而易见相关性较高。

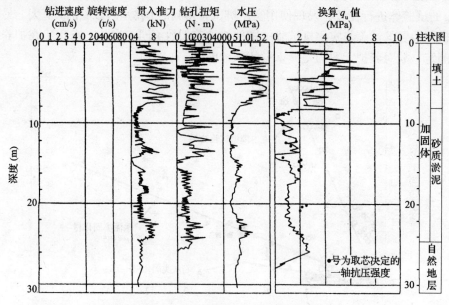

图 2.8.13　固化处理地层中的测量解析的例子

2. 自然地层上的适用例子

自然地层的各种原位试验中，最普通的试验应属标准贯入试验（得到 N 值，见图 2.8.14）。因此，有关自然地层强度 RPT 法的解析，目前除了可以推算一轴抗压强度 q_u 值外，还可以推测 N 值。图 2.8.15 是实测自然地层钻孔参数和推算 N 值的例子。现场钻孔调查结果，7m 以上是埋土，再下面是未固结的细砂和淤泥。此时的实测 N 值和换算 N 值的相关系数 $r=0.92$。可见，原位 N 值相关系数比前面叙述的取芯的一轴抗压强度的相关系数还高。另外，图中还示出了深度 19m 附近水压变化状况，今后可望开展由地下水压信息表征地层物理性质的研究工作。

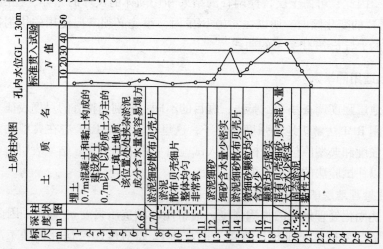

图 2.8.14　土质柱状图

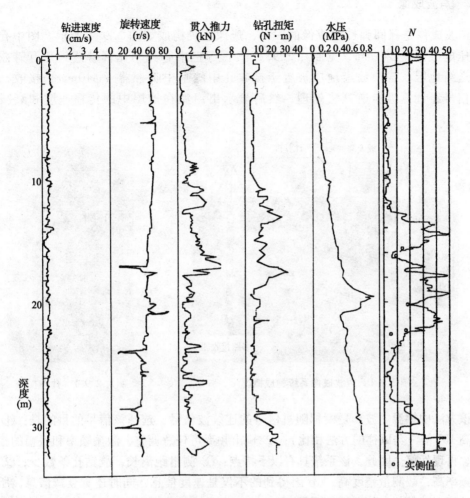

图 2.8.15 旋转触探解析结果与一般土质调查的比较

2.9 声波成像地层评价技术

2.9.1 推出声波成像评价地层特性的意义

弹性波和电磁波等物理探查地层断面可视化技术，与钻孔取样相比，其优点是：①非破坏性；②调查范围宽。其缺点是：①测定精度低；②得到信息与实际地层参数的关联不多；③成本高。故上述物理探查技术向评价地层领域的渗透较难。美国迈阿密大学与日本 JEF 公司共同开发的声波成像技术是期待解决上述问题的一种新技术。该声波成像技术的特点是使用所谓的模拟随机信号作激振信号的声波测量技术，即可从声波速度、衰减率的频率特性求取渗水系数。近年，声波成像在地层调查、环境、资源探查等领域中有着较多的应用实例。

2.9.2 声波成像

声波成像是孔间弹性波成像的一种，成像系统构成如图2.9.1所示。图中孔内振源为压电振源（ϕ43mm，见照片2.9.1）。振源把中心频率几百赫兹~几万赫兹的声波传送给地层，该声波经地层被置于接收孔中的水中听音器（ϕ40mm）接收，接收到的信号经计算机作逆算法处理，然后显示出声波在地层中的传播速度和衰减率的公布。

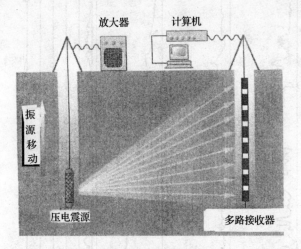

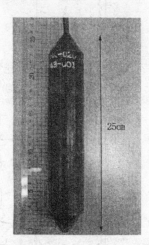

图2.9.1 声波成像系统构成概况　　照片2.9.1 孔内振源

该方法中振源的波形是模拟随机信号的连续波信号，选择该信号的目的是：① 信噪比提高 10^4 倍（与以往的方法相比）；② 输出频率可任意调整，激振频率和振幅的控制精度高、再现性好。因此，该系统具有以下特点：① 测量距离长，故钻孔条数少；② 因为激振频率高，故测量精度高；③ 因得到的不仅是速度信息，同时还有衰减信息，所以掌握的地层间隙的状态信息精确可靠。

模拟信号像图2.9.2（a）示出的那样，是随机反转的正弦信号。经接收信号与激振信号的相关计算后得出的接收信号的波形如图2.9.2（b）所示。在这个计算例子中，振幅为 ±1 的信号被放大了 6×10^4 倍。另外，与脉冲波不同，读取的不是波的上升起始值而是波形的顶点值（峰值），故误差从大变小［（见图2.9.2（b））中的○号］。表2.9.1示出的是测量距离与测量精度的关系。测量距离与精度，受地层状态的影响较大，不能一概而论。通常，激振频率为1kHz~2kHz，测量距离可达100m，测量精度可在1m以内。

2.9.3 现场实用结果的讨论

1. 基础承载层的调查例

测量东京湾沿岸回填层声波的速度和衰减率公布结果例（测量距离66m、55m，测深65m），与钻孔结果及 N 值的对比示于图2.9.3中。从速度分布可以判定地层的种类；

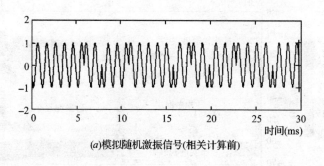

(a)模拟随机激振信号(相关计算前)

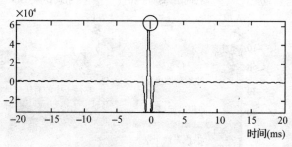

(b)接收信号(相关计算后)

图 2.9.2　激振接收信号

测量距离和测量精度　　　　　　　　　　　　　　　　　表 2.9.1

地层类别	测量距离	测量频率	测量精度（波长 1/2 左右）
冲积层	100m	~2kHz	1m
回填层	50m	~4kHz	0.5m 以下
堆积岩	100m	~2kHz	2m
石灰岩	400m	0.5kHz	nm

从衰减率分布可以判断地中气体的有无。速度与衰减率值的对比如图 2.9.4 所示。图中虚线呈现高速高衰减及低速低衰减的倾向。该倾向恰好反映了砂和黏性土的特性；图中实线呈现高速低衰减及低速高衰减的倾向，该倾向正好反映饱和土与不饱和土的特性。另外，声速测量中出现存在有机气体和黏土时两者均呈低速特性，但两者的衰减不同，有机气体的衰减大〔见图 2.9.4 中（A）圈〕，而黏土的衰减小〔见图 2.9.4 中的（B）圈〕。

2. 掌握渗水系数分布的例子

Biot 于 1956 年最先用多孔介质内的波动理论分析了渗透系数的分布。Yamamoto 等人对美国佛罗里达州某地石灰岩层进行了井孔间的声波测量（见图 2.9.5），对 Yamamoto 发现的激振频率 250Hz 和 1kHz 的差分大的石灰岩而言，Biot 的分散频率应发生在 200Hz 附近。对应水温 20℃ 的渗水系数约为 2×10^{-1} cm/s。抽水实验的结果渗水系数为 3×10^{-1} cm/s。显然，两者差别不大。

115

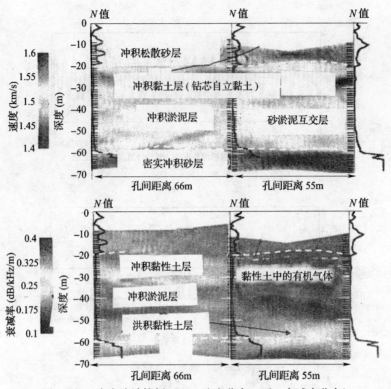

图 2.9.3　东京湾计算例（上：速度分布、下：衰减率分布）

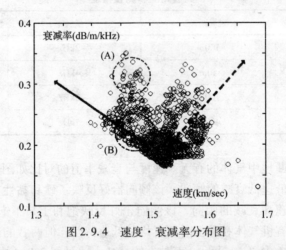

图 2.9.4　速度·衰减率分布图

为了证实 Boit 理论，日本学者毛利荣征、榊原淳一等人对砂地层（砂层的平均粒径为 1mm，松散层）声波的速度和衰减率的频率特性进行了测量。图 2.9.6 中示出的是相对 1 条激振孔的 3 条接收孔（距激振孔的水平距离分别为 50cm、100cm、200cm）的测量结果，由此求出的速度和衰减率的频率特性。激振器与接收器的设置深度为 1.5m。因试验砂层是平均粒径为 1mm 的松散层，故可按渗水系数 8×10^{-2} cm/s，间隙率 44% 进行理论计算。由图 2.9.6 不难看出，实测值与计算值较为吻合。

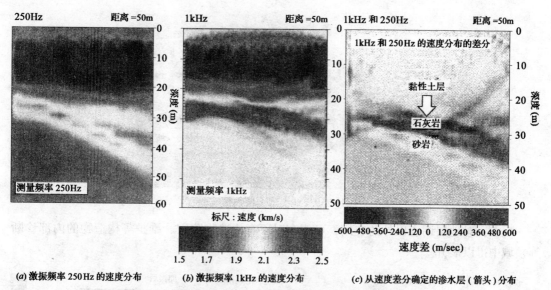

(a) 激振频率 250Hz 的速度分布　　(b) 激振频率 1kHz 的速度分布　　(c) 从速度差分确定的渗水层 (箭头) 分布

图 2.9.5　美国佛罗里达州某地地层声波速度分布测量结果

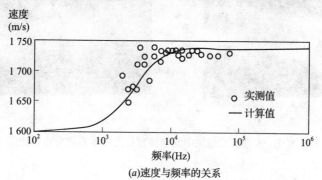

(a)速度与频率的关系

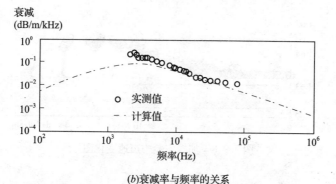

(b)衰减率与频率的关系

图 2.9.6　砂地层中速度与衰减率的频率特性

　　毛利等人同时还利用大型土槽（长 6m×宽 3m×高 2m，见照片 2.9.2）进行了加振实验前后和加振中的测量。图 2.9.7 示出的是加振前后的渗水系数分布状态。由图可知，加振前的渗水系数为 10^{-1}cm/s，加振后的渗水系数变成 10^{-2}cm/s。图 2.9.8 是土槽内部连续监视实验中加振时的连续测量（测量间隔 1min）的结果。在原有的方法（使用脉冲激振波）中，因为受振动噪声的影响，加振过程中很难进行测量，但使用模拟随机信号时，因没有加振噪声的影响，故测量容易实施。

117

照片 2.9.2　大型土槽加振实验

现在，对地层调查以外的应用，可望在对原有构造物防灾、维护等构造物的内部诊断等领域中得以展开。

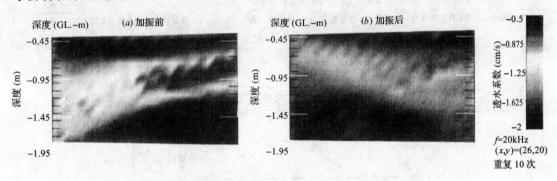

图 2.9.7　大型模型地层中的加振前后的渗水系数分布对比图

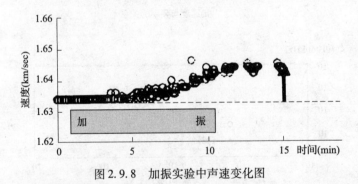

图 2.9.8　加振实验中声速变化图

2.10　地下水调查

当前，随着大深度地下工程数量的增加，对地下水调查的社会呼声也越来越高。图 2.10.1 示出的是地下工程与地下水的关系。由图可知，从岩层（山地）→软岩、硬质土层（丘陵）→软土层（平原），地下水问题处理不当均会出现渗水，进而造成图中示出的诸多的地下工程出现各式各样的渗水问题。为了解决上述渗水问题必须对地下水进行切实的调查，从而制定最佳的抑制措施，确保地下工程的质量及避免、减少施工对周围环境的影响。所以地下水特性的调查特别是大都市的地下水调查极为重要。有关室内的地下水调查已在2.3节中作过叙述。本节主要介绍现场地下水位的测定、钻孔渗水试验、抽水试验及注意事项。

2.10.1 地下水位的测定

当计划在地下设置线状构造物时，为了讨论构造物设置对地下水的影响，必须掌握以计划设置地点为中心区域的地下水位情况。为此，有必要设置地下水位观测井并对地下水位进行监视。另外，在地下工程开挖的有关规范中，都规定必须明示地下水位状况（见图2.10.2）。

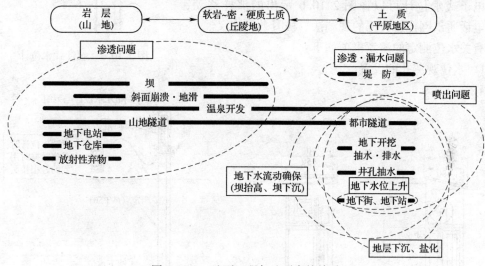

图2.10.1 地下工程与地下水的关系

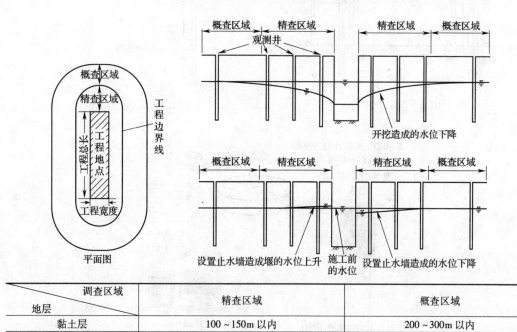

调查区域 地层	精查区域	概查区域
黏土层	100~150m 以内	200~300m 以内
砂砾层	150~300m 以内	300~500m 以内

图2.10.2 地下水位测定范围的考虑

用于测量地下水位的水位计有：触针式水位计（见图2.10.3）、浮标式水位计（见图2.10.4）及水压式水位计（也称电子水位计，见图2.10.5）等几种，可依据测量目的、测量频率（次数）、观测数量、费用等条件选用。

浮标式水位计和电子式水位计，可定期采集数据，整理数据，触针式水位计的数据可由其记录结果整理获得。

电子式水位计可以像图2.10.6示出的那样移动，利用电话通讯网传递数据的观测法，极具普及意义。

有关水位测定的注意事项如下：

1. 水位观测孔的设置

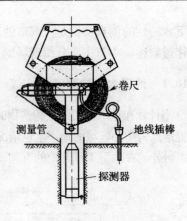

图2.10.3 触针式水位计

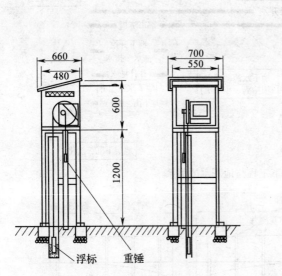

图2.10.4 浮标式水位计

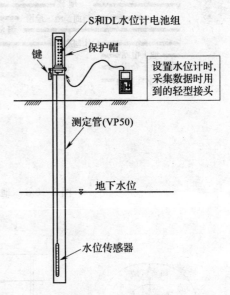

图2.10.5 电子水位计

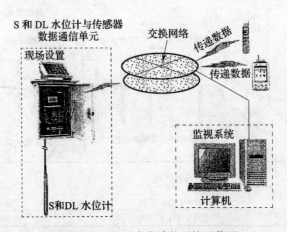

图2.10.6 电子水位计的遥控通信图

在考虑将来规划的前提下决定观测孔的设置位置。如设置在开挖地域内，则开挖前的大量记录工作即报废了，造成极大浪费。开挖时，由于埋设管子和工况等原因，可能造成观测孔沿挡墙壁出现部分上隆，对此多采用化学注浆进行止水加固，但由于注浆工法和浆材的不同，其影响程度也不同。

2. 钻孔泥水

通常钻孔时使用膨润土泥水，但是，设置观测井时，伴随经历时间的增长，泥水的黏性减退，故应添加有机稳定剂（水杨酸苯海拉明或玻璃纤维粉末等）。此外，还应实施清孔洗井。

3. 测量区间

在存在几个含水层的情况下，为防止对象含水层以外其他含水层的漏水，故封闭必须可靠。

4. 浮标水位计

因浮标和钢丝绳会贴附在孔壁上，所以观测井的内径必须存在一定的余裕。另外，因为测定值存在漂移，所以有必要在更换用纸时，用触针式水位计进行校验。

5. 水压式水位计

该类水位计故障小，但存在淹水和电池断开的可能性，故应定期保养，采集数据时必须用触针式水位计校验。

6. 多层水位测定

考虑到用地关系，如图2.10.7示出的那样，在一个孔中观测不同深度多个层段的水位的方法称为多层水位观测法。该观测法的关键应像图2.10.8示出的那样，确保测定管的良好封装。

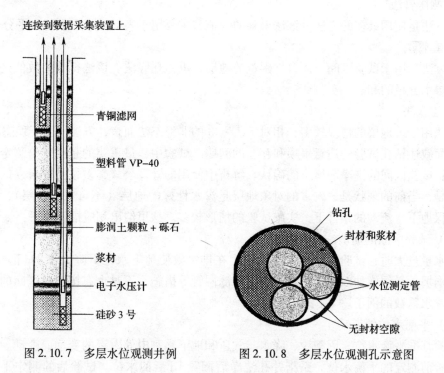

图2.10.7 多层水位观测井例　　　图2.10.8 多层水位观测孔示意图

7. 数据整理

水位计测得的记录多为曲线图，与此同时还希望记录降水量。另外，海岸附近的观测应注意潮位的影响。

2.10.2 钻孔渗水试验

进行钻孔渗水试验的目的是确定对象层的地下水位（该水位多称为平衡水位）和渗水系数，多以砂质～砾质地层为实施对象。关于试验方法和得到的渗水系数的方法多种多样。

几种典型的钻孔渗水试验方法如图2.10.9所示。

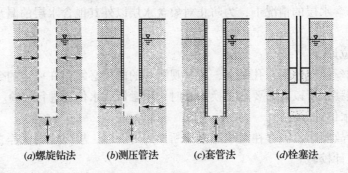

(a)螺旋钻法　　(b)测压管法　　(c)套管法　　(d)栓塞法

图2.10.9　钻孔渗水试验概况图

① 螺旋钻法

该方法适用于试验深度较浅、孔壁可以自立的地层。

② 测压管法

该方法是使用最多的方法。该法得到的数值，主要用于表征渗水系数的水平分量。

③ 套管法

该方法适用于试验区间土体自立困难的地层，也称孔底法。该法得到的数值是水平和竖直两渗水分量的和。

④ 栓塞法

该法用于硬地层的情况较多，相对于①～③的非稳态法而言，方法④属于稳态法。

下面叙述钻孔试验的注意事项和存在的问题。试验中，最重要的是孔壁与测定管间有无空隙；试验区间的洗净和堵水的确认。解析中使用的计算公式，多按孔壁自立的条件设定。但是，当前的现状是，较多的对象地层是渗水性好的地层（不自立的砂层），且在降水和确保地下水流动的条件下，实施试验的情形较多。这里给出相应措施如下：

（1）试验区间的崩坍

排水量过大时，试验区间易发生崩坍。在排水致使地下水位下降大于1m的情况下，为防止崩坍，必须施加双重管护壁、设置过滤网管等措施。不过也有按渗水区间的崩坍原样计算渗水系数的例子。

（2）平衡水位的变动

试验基准平衡水位，因潮汐、降水、气压和地下水利用等因素的变动而变动。规范中规定试验前测定的平衡水位，系指井孔洗净后搁置1d后的水位。试验后的测定平衡水位系指孔内水位没有变化时，1d后时点的水位。

（3）渗水性高的地层的渗水试验

高渗水性地层情况下，靠抽水筒抽水较为困难，即水位恢复快无法用手测水位计测定。对这种地层而言，应选用铁芯棒试验（见图2.10.10）。铁棒试验即向试验孔的水中插入铁棒（柱状锤），另外，上提（回复法）铁棒锤时可得初期水位差，该水位变化可用电气水位计测定。近年，随着计算机和高性能传感器（可跟踪水位高速变化的传感器）技术的普及，该方法将在渗水试验中占主导地位。在孔壁自立的情况下，图2.10.10中示出的孔口填料和过滤网可略去。相对初期水位，水位回复比达到90%以上的时点止，取值点应大于10。

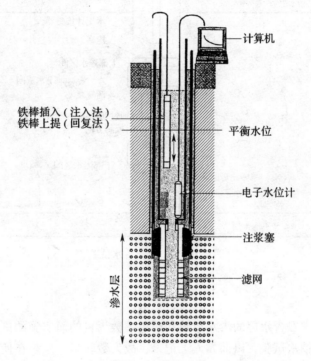

铁棒插入（注入法）
铁棒上提（回复法）
计算机
平衡水位
电子水位计
注浆塞
滤网
渗水层

图2.10.10 铁棒试验法

（4）其他

在分布有水溶性天然气体的地区，渗水试验中会喷出天然气体，控制不当时会发生火灾。在存在天然气体和喷出隐患的情况下，渗水试验有必要在钻孔管口处设置控制装置。尽管渗水试验的钻孔精度不高，但渗水区间的封闭可靠，故可正确地评价平衡水位。再有，因水位在平衡水位±1m的范围内变动，故求出的渗水系数的精度较高。

2.10.3 对流渗水试验

近年确定渗水系数异向性的要求大增，为此，先后提出过几种试验方法。

通常靠部分抽水试验确定异向性。这里介绍值得关注的测定渗水异向性的一种新方法，即对流渗水试验。

该试验概况如图2.10.11示出的那样，在一个孔内设置同样长度的两个试验区间，以定流量从下部渗水区间注水，在上部渗水区间抽水。因是定流量的注水抽水，故地层中形成二极势场，此时的水流称为对称水流。渗水区间的水压，在下部渗水区间随经历时间的增长而增大，上部渗水区间随经历时间的增长而减小，两者的水压差最终收敛于某一定值。可由试验中测定水压变化量求出水平渗水系数，竖向渗水系数及相对贮留系数。该法现阶段的水平渗水系数以 $10^{-9} \sim 10^{-6}$ m/s 的地层为对象，随着泵的改进和新型泵的推出，测定范围也在不断地扩展。

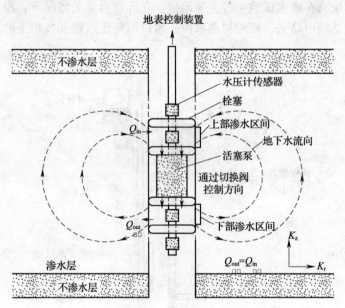

图 2.10.11　对流渗水试验

2.10.4　抽水试验

抽水试验是以求取含水层的渗水系数和贮留系数为目的而实施的试验。主要在大规模抽水工法时使用。抽水试验，以前靠人工记录，故人数较多。但是在使用电气水位计和计算机控制以后，仅一名工作人员即可实施该试验（不包括设置作业）。抽水试验的水井配置构成如图2.10.12所示。抽水试验实际操作中的重点注意事项和存在问题如下：

1. 试验用具

抽水泵多使用水中电动泵，在保持容量和扬程余度的前提下，还必须设置逆止阀，以防止抽水停止时，水流从抽水管向井内逆灌，避免对回复法的影响。流量计和控制阀多选用电磁流量计和电磁控制阀。

2. 抽水井和观测井的设置

抽水井的开挖以往使用冲击式钻探机较多，但是在都市内因开挖的噪声、振动和安全方面的限制，目前选用旋转式钻机的例子大增。另外，在大口径井孔的情况下，可以选用全套管护壁钻孔工法。

开挖时通常使用膨润土泥浆护壁。但是，地下水调查中不使用膨润土而是使用有机稳定剂（水杨酸苯海拉明和玻璃纤维粉末），或者使用黏土泥浆。

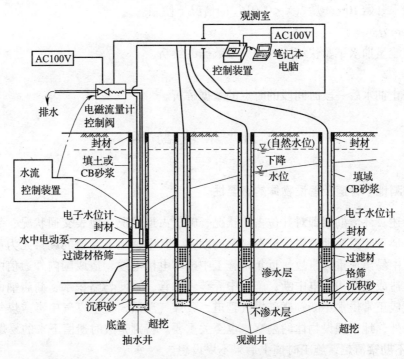

图 2.10.12 抽水试验概况

滤网开孔率仅从水头损失小的观点考虑，推荐使用绕线型滤网（1.5% ~ 25%）。再有，观测井的开口率在 5% 以上。为防止地下水从试验对象层的上部渗入，止水施工应使用胀性颗粒膨润土、膨胀橡胶或 CB 砂浆等止水材料。

3. 洗净

洗净工序对试验结果的影响极大，所以该工序的施工质量必须确保。洗净方法有剥除法、抽吸法、压气升液排土法和泵抽法，单独或组合使用均可，但应注意滤网破损、堵塞状况。

4. 试验方法

抽水试验规范中规定有阶段抽水试验（从预备抽水的结果，开展的六个阶段，每个阶段 1h 抽水试验），定流量抽水试验［即抽水量控制在极限抽水量（由阶段抽水试验得出）70% 以下的一定时间的抽水试验］及回复试验（即定流量抽水试验中，泵停止工作后测量水位回复过程的试验）。在这些试验实施之前，为了确认抽水井的洗净效果，观测井的反应、含水层常数的概略值，应实施预备抽水试验。

5. 结果整理

抽水试验结果的解析，多用曲线重合法（Theis 法）。$S - \log (t/r^2)$ 曲线图的直线斜率法（Jacob 法），$S - \log (r)$ 曲线图的直线斜率法（Thiem 法）和回复法等整理，并把这些结果平均化。上述各种解析法的注意事项如下：

① Theis 法

适于从试验初期到中期的数据对比。

② Jacob 法

适于抽水开始 10min 后（λ < 0.01）的情况下使用。

③ Thiem 法

适于定流量抽水试验快结束时的一段数据的解析。

④ 回复法

适于停止抽水后一段时间段的时点的数据解析。

2.11 环 境 勘 察

2.11.1 探测地下管道及埋设物体的必要性

如前所述，环境勘察即对井位占地状况、施工占地状况、地表交通状况、邻近建筑物分布状况、地下管道及埋设物体分布状况的勘察。其中，地下管道的勘察尤为重要，如不认真，施工中易出现重大事故。近年来施工中破坏电信电缆，造成国内外通信中断；弄断电力电缆，造成大面积供电中断；施工中弄破供水管，致使马路积水、商店铺面和居民家中淹水，造成正常供水中断；碰破煤气管道，致煤气泄漏，发生煤气中毒或煤气爆炸伤人等事故。另外，地下埋设物体的勘察，也至关重要。特别是战时遗留下来的易爆物体（如炸弹），若不勘察清楚，施工时撞上后果不堪设想。

事故的发生不仅会给人民生活工作带来诸多不便，同时也会造成大的经济损失，严重时造成物毁人亡，严重影响国家声誉。

综上所述，施工前勘察是一项避免事故的根本措施，是一项必不可少的环节。该项勘察以往不被人们重视，多年实践证明极为重要，应予加倍重视。

2.11.2 无损探测法

地下管道和埋设物体的无损探测方法与探测对象的关系如表 2.11.1 所示。

探测方法与探测对象的关系 表 2.11.1

序 号	方 法	深度 （m）	精度 （%）	对 象	优 点	缺 点
1	电磁感应 { 间接法 直接法	0~3	10~20	煤气、自来水、电力、电讯电缆等金属管线	简单、使用方便、价格低	不能探测非金属物体，不能区分形状、大小
2	磁场探测法	0~30	20	铁磁性金属物体	适用于水底探测	不能探测非金属物，不能区分形状
3	声波探查法	几米至几十米	20	原则上各种物体均可探测，但不能区分	适用于水中	精度差、距离短

序　号	方　法		深度 (m)	精度 (%)	对　象	优　点	缺　点
4	电阻率探测法		<100	20	原则上各种物体均可探测，但不能区分	简单、便宜	受地形地貌限制，精度差，测量结果不好识别
5	弹性波法	弹性波速度测定	几米至几十米	20	适用于探测各种不同材质的埋设物体	适用于埋设物体	精度差、不能区分材质
		反射波法	<100	20	探测埋设物体土层结构	适用于空洞、土层分层	凭识图经验，不能区分材质
		表面波法	<100	20	原则上各种物体均可探测，已用于注浆效果、空洞、桩基等多种探测	自动化，探测深度深	精度差、价格过高

由表 2.11.1 可以看出以下几点：（1）探测方法的选择因探测对象的材质、形状和埋设深度的不同而异；（2）表中所列出的方法是互相交叉的，目前尚无一种完善的方法能胜任不同深度、不同介质、不同材质和不同形状的探测；（3）从精度上看有粗、细之分；（4）能区分材质的方法、不能区分形状，能区分形状的方法不能区分材质；（5）表中给出的各种方法各有所长，不可偏废。

2.11.3　电磁感应法

当探测对象为金属管线时，可以考虑使用电磁感应探测法。该方法可分为两种：

$$
电磁感应探测法\begin{cases} 间接法 \\ 直接法 \begin{cases} 1点法 \begin{cases} 双1点法 \\ 纯1点法 \end{cases} \\ 2点法 \\ 3点法 \end{cases} \end{cases}
$$

由于电磁感应法的构成设备简单、价格便宜、携带方便，所以该方法的设备是目前所有探测设备中数量最多的一种。其工作原理是在地表面设置一个交变电磁场辐射源，使埋在地下的金属管道上流过感应电流（间接法），或者把发射机的输出端直接接到管线的地面露出端上，使管道上流过传导电流（直接法）。在地表面上设一检测点测量感应电流（或者传导电流）产生的磁场，以磁场的分布情况来确定埋设管道的位置、深度和走向。间接法和直接法的工作原理图分别如图 2.11.1 和图 2.11.2 所示。由于间接法易受外界干扰，测量精度差、探测距离短（仅 20m 左右）、可靠性差，故近年来趋于被淘汰；而直接法的探测精度高、探测距离长（达 100m）、可靠性高。目前国内外这类商品化的电磁感应式探测装置极多（近 20 种产品）。表 2.11.2 和表 2.11.3 给出的是典型的电缆探测器和金属管道探测器的规格表。尽管这类商品化的产品繁多，但在探测精度、探测时间、置信度等方面均不同程度地存在着一些问题。目前国外朝着高精度、深度显示数字化、抗干扰性强、测量结果置信高、智能化、图像化和多功能等方向发展。

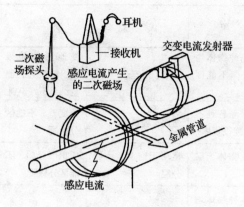

图 2.11.1　电磁感应法

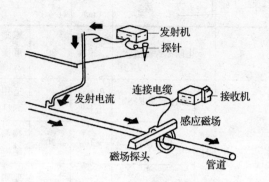

图 2.11.2　1 点法原理图

QTQ-02C 型电缆探测仪主要技术指标　　　　　　　表 2.11.2

	电源电压	18V（1 号电池 12 节）		电源电压	9V（5 号电池 6 节）
发射机	电源消耗	最大信号（600mA，静态 20mA）	接收机	电源消耗	静态 16mA
	输出功率	5W		信号频率	512Hz±1Hz
	输出阻抗	8Ω、16Ω、50Ω、150Ω、600Ω		灵敏度	40μV
	信号频率	512Hz±0.5Hz		选择性	±10Hz（35dB 衰减）
	稳定度	电源电压降到 13V；环境 0~400℃频率不变		噪声	<3mV
	断续时间	约 0.5s		信/噪	40dB

某金属管道探测器的主要技术指标　　　　　　　表 2.11.3

方式	输出电流自动控制式	电源	发射机 1 号电池 8 节，接收机 5 号电池 8 节
显示	表头、扬声器并用		发射机　191mm×158mm×77mm
测量方法	（1）双一点法；（2）1 点法；（3）2 点法；（4）3 点法	外形尺寸	探测器长　850mm
质量	发射机 2.2kg；接收机 1kg；探测器 0.5kg		接收机　191mm×138mm×69mm
发射频率	33kHz		

具体的探测操作方法：图 2.11.3 示出的把发射机的 1 个输出端直接夹到地下电缆上，另 1 端接到电缆地表露出头的芯线上的钳夹电缆探测法；图 2.11.4 示出的向人孔内非金属管道中插入小型发射器的直接发射探测法；图 2.11.5 示出的发射器直接连接金属管道露出部位的直接金属管道探测法。

2.11.4　地下雷达法

雷达探查法在地下埋设物、混凝土构造物、地层调查等土木领域中，有着广泛地应用详见表 2.11.4。

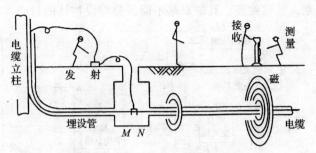

图 2.11.3 钳夹电缆探测法

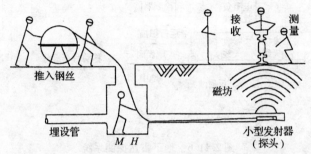

图 2.11.4 直接发射探测法

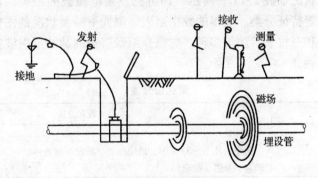

图 2.11.5 金属管道探测法

地下雷达适应的探查范围的例子 表 2.11.4

调查对象	调查项目
地中埋设物	埋设管道、基础形状、隧道衬砌背面空洞、路面下空洞、金属废弃物等
混凝土构造物	钢筋混凝土的配筋、构件厚度、混凝土内部空洞等
地层	地层松弛、地层边界、岩层开裂等

1. 原理

地下雷达探测系统由发射机、接收机构成，见图 2.11.6。工作原理，即发射天线从地表向地下发射几百至几千兆赫的脉冲电波，当该电波向地下传播中碰到埋设物体时，电波即产生反射和折射，反射波信号返回地表面被设置于地表的接收天线接收。若雷达系统沿横断管道的方向连续运动，则接收到的信号经过计算处理后，显示器上可显示出埋设物体

129

的横断图像，并可标出埋设深度。这种探测方法的优点是不论探测对象的材质如何，金属、非金属均可探测，且精度高；其缺点是不能区分埋设物体的材质。

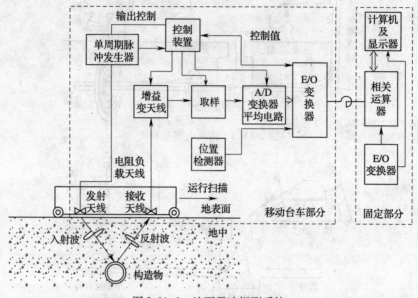

图 2.11.6　地下雷达探测系统

雷达法的分类状况如表 2.11.5 所示，即可据发射电磁波的种类，发射、接收信号的方法、天线的形状等特征分类。测得的数据是表征测线下断面状况的图像。近年来推出的显示方法有成像法和三维表示法等多种。这里介绍最普通的脉冲反射波雷达法探查地下构造物的适用性及实例。

雷达法分类　　　　　　　　　　　　　　　　　表 2.11.5

分　类	参数和方法
发射电磁波	脉冲波 频率：几十~600MHz，地层探查、埋设物探查 400~1500MHz，混凝土构造物调查　步进、扫频
发射、接收方法	反射法（探头剖面测定，宽角测量），穿透法，多道阵列法
天线种类	地表型（扫描型）天线，深井天线（有方向性、无方向性）

2. 适用性

把雷达用于地下构造物调查时，使用的雷达天线的发射频率的选择必须恰当。图 2.11.7 示出的是雷达天线发射频率与探查深度，发射频率与测量数据分辨能力的关系。使用发射频率低的天线时，探查深度大、波形分辨能力低，深度精度与埋设物间隔的读取精度低；使用发射频率高的天线时，探查深度小、波形分辨能力高，深度精度与埋设物间隔的读取精度高。

在雷达法中，地层的状态对探查深度和精度的影响较大。特别是在海岸附近含盐的地层中，因电磁波传播中的衰减大，故探查深度小。另外，因电磁波不能穿过金属，所以金属成为探查的障碍物。在存在埋设铁板等金属的情况下，无法探查铁板下方的埋设物体。但是，由于电磁波在金属界面处的反射大，故地中的金属比较容易探查。

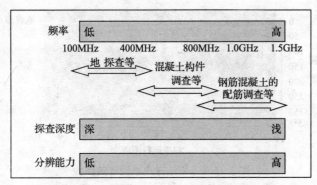

图2.11.7　频率与探查深度分辨能力的关系

选用雷达探查法时，应注意以下内容的讨论。

① 调查前应查阅以往该地域的有关探查文献，以便更好地掌握探查对象物体的位置、形状及周围地层的状况。

② 确认地层条件（地中有无盐的成分，有无金属埋设物体），判定雷达法是否适用。

③ 可以适用雷达法时，考虑各种条件后选定匹配的天线发射频率。如果可以适用则应在现场选择2～3种天线频率进行试验。

④ 考虑对象物体的位置，选用的雷达机的探查性能，天线的扫描性能等条件后，确定测线。

⑤ 与其他调查方法（部分试挖等）的结果对比，确认雷达法的结果和精度。

总之，选用雷达法调查时，必须根据地质状况、对象物体的埋设深度、材质等条件，正确地选择适当的机型、天线的频率、扫描方法及对数据进行正确的判读。

目前雷达法期待进一步提高的课题如下：

① 进一步提高测量信息的处理技术，缩短探查时间、解析时间。

② 进一步提高探查深度。

③ 建立反应相对介电常数随深度变化的信息。

④ 提高解析技术能力，以便提高探查能力，提高解析结果的表征能力。

3. 适用实例

（1）地中埋设管道的调查

用雷达机探查原有埋设管的位置及埋设深度。选用可在地表面和道路表面扫描运行的天线。

① 探查方法

按与埋设管交叉的形式设定测线。在测线上使雷达天线按照片2.11.1的样子进行测定。

② 探查结果例

雷达探查图像如图2.11.8所示。图2.11.9示出的是判读结果。图2.11.8中的抛物线是埋设管的反射波形，抛物线的顶点即埋设管的上顶位置。由此可以判断埋设管的位置和深度。

照片2.11.1　埋设管调查

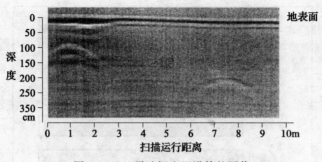

图 2.11.8　雷达探查埋设管的图像

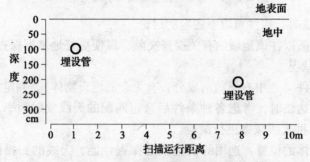

图 2.11.9　雷达探查埋设管图像判定图

（2）桥基探查

用雷达法可以探查底脚基础形状、桩的条数、间隔、长度等桥基参数。此时应选用井孔雷达法。

① 探查方法

在基础的近旁位置井孔。孔径应与使用的天线吻合。探查底脚形状和桩长的场合下，应设置竖直钻孔。确认桩条数时，应斜向设置钻孔。钻孔内插入井孔天线进行测量。

② 探查例

使用指向性井孔雷达探查桩的条数的结果如图 2.11.10、图 2.11.11 所示。天线插入斜钻孔中，但天线发射的电磁波是朝着桩的方向入射。测量结果（图像）如图 2.11.11 示出的样子在桩的位置上可以记录出抛物线。抛物线的顶点就是桩的位置。由图可知，天线的扫描距离是 2.5m，探查出来的桩有 3 条。

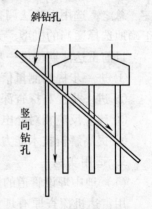

图 2.11.10　基础与钻孔的位置关系

2.11.5　电磁感应与地下雷达的并用法

上面几节业已对电磁感应法和地下雷达法的优缺点分别作了叙述，显然若将上述两种方法并用探查，则可优势互补。也就是说，既可区分材质，又可提高探查精度及可靠性。

（1）作业流程

探查作业流程如图 2.11.12 所示。可分为准备工序、现场探查工序、成果报告三个程序。

132

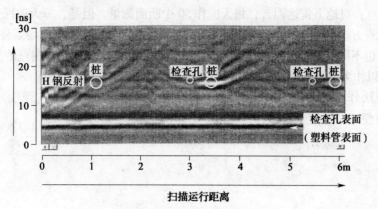

图 2.11.11 测量结果

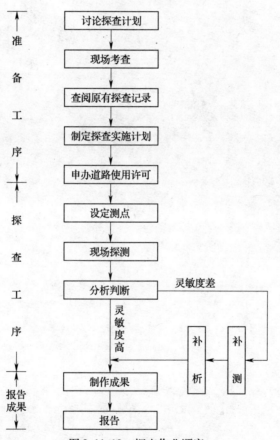

图 2.11.12 探查作业顺序

　　探查工序包括：现场设定计划的测量路线和测量、探测、分析、判定等几项作业。探测作业系指电磁感应法的发射作业和接收探测作业，地下雷达在测线横断面上的扫描作业。根据上述探测作业得到的灵敏度的状况，判定埋设管道的位置。对于无法判定的测点，可用地下雷达进行补充探测，然后作综合判定。

　　（2）勘察作业的标准

　　一个作业组的人员通常为 3~6 人。对电磁感应法而言，每天可探查距离为 200~300m，

40~60m 个测点；对地下雷达而言，每天应作 50 个断面测量。但是，每天的探查距离及测点的数量，因探查方法、设备自动化的程度、测点规模、测点的疏密及现场条件不同而不同，解析难易程度也不同。解析后有时一些测点需要进行复测或补测（这些测点的数量约占总数的 30%），所以作为最终的探测成果的标准一般约为每天 30 个测点。

除上述方法外，表 2.11.1 中示出的磁场探测法、电阻率探测法、弹性波法、电磁波法等方法均有使用，这里不再赘述。

第3章 抗震设计计算

所谓的设计计算就是依据环境条件、技术条件、施工条件设计一个满足客户技术指标要求的沉箱（或沉井）的理论计算。

本章第一节介绍地震及抗震设计的技术用语，第二节为抗震设计计算的基本要求和程序，及设计条件的确认，第三节为震度法设计，第四节为确保地震水平最大承载力法设计，第五节、第六节介绍设计实例。

3.1 地震及抗震设计的技术用语

3.1.1 地震基本知识介绍

地震即地面发生振动的物理现象。

（1）构造地震

地球由地壳、地幔及地核三部分构成。地壳即地球最外面的一层厚度较薄（5~20km）的，主要为花岗岩等岩石组成的地层；地幔即地壳下面的一层，厚度约为2900km，由橄榄岩构成；地核即地幔下面的地球的核心部分，半径约为3500km，由镍铁岩构成。

地壳在原动力的作用下，发生运动，地壳运动的结果致使地壳岩层产生累积应力和变形，当该累积应力超过岩石极限强度时，岩层的薄弱部位发生突然破裂释放蓄积于岩层中的巨大应变能量，以弹性波的形式向四周释放，即造成地壳振动，最后又回到新的平衡态。这就是所谓的构造地震。世界上90%以上的地震属于构造地震。

上述岩层发生突然破坏，大量释放能量的位置，即为震源（振动的源发处）。震源可位于地壳中，也可位于地幔中。震源正上方的地面位置称为震中（或震中区）。震中到震源的距离为震源深度。某一个观测点到震中的距离称为震中距。震源深度 <60km 的地震称为浅源地震，60km <震源深度 <300km 的地震称为中源地震，震源深度 >300km 的地震为深源地震。有人作过统计全世界有记录的地震中浅源地震占75% ~95%。

（2）地震的震级与烈度

地震振动强烈程度的表征，有两种即震级及烈度。

① 震级

震级是表征震源释放能量大小的量，通常以 M（称为 Richter 震级）表示。

$$M = \lg A = \lg(2800L) \qquad \text{（式 3.1.1）}$$

式中 A——震中距100km 处用标准地震仪（周期0.8s、阻尼系数0.8、放大倍数2800 的地震仪）记录到的最大水平位移（μm）；

L——与 A 对应的实际最大水平位移（μm）。

例如，某次地震中在震中距100km 处的实际的最大水平位移 $L = 1.2\text{cm} = 1.2 \times 10^4 \mu$m，代入式（3.1.1）得 $M = 7.5$。

震级 M 与地震释放的能量 E（J）的经验关系如下：

$$E = 10^{4.8+1.5M}(\mathrm{J}) \qquad\qquad (式3.1.2)$$

将 $M = 7.5$ 代入式（3.1.2），得 $E = 1.0 \times 10^{16}\mathrm{J}$。

由式（3.1.2）可知，M 愈大，E 愈大，地震的破坏力愈大。通常，把 $M > 8$ 的地震称为特大地震，把 $7 \leqslant M < 8$ 的地震称为大地震，把 $5 \leqslant M < 7$ 称为中地震，把 $3 \leqslant M < 5$ 称为小地震，把 $1 \leqslant M < 3$ 称为微小地震。

地震的持续时间愈长，说明释放的能量愈多，震级愈大。震级为 6 的地震的持续时间约为 $10 \sim 15\mathrm{s}$，8 级地震的持续时间约为 $30 \sim 40\mathrm{s}$。

② 烈度

烈度系表征震区内某一具体地点的振动对地面造成的破坏强烈程度的量。烈度与震级、震源深度、震中距、地形、地质条件等因素有关。距震中愈近，烈度愈大，震中的烈度最大。烈度以地面上的宏观标志为确认基准，通常烈度划分为 12 度。表 3.1.1 示出的是我国的地震烈度表。

中国地震烈度表（1980）　　　　　　　　　　　　　　　表 3.1.1

烈度	人的感觉	一般房屋		其他现象	参考物理指标	
		大多数房屋震害程度	平均震害指数		加速度 cm/s² （水平向）	速度 cm/s （水平向）
I	无感					
II	室内个别静止中的人感觉					
III	室内少数静止中的人感觉	门、窗轻微作响		悬挂物微动		
IV	室内多数人感觉，室外少数人感觉，多数人梦中惊醒	门、窗作响		悬挂物明显摆动，器皿作响		
V	室内普遍感觉，室外多数人感觉，多数人梦中惊醒	门窗、屋顶、屋架颤动作响，灰土掉落，抹灰出现微细裂缝		不稳定器物翻倒	31 （22～44）	3 （2～4）
VI	惊慌失措，仓皇逃出	损坏——个别砖瓦掉落、墙体微细裂缝	0～0.1	河岸和松软土上出现裂缝，饱和砂层出现喷砂冒水，地面上有的砖烟囱轻度裂缝，掉头	62 （45～89）	5 （5～9）
VII	大多数人仓皇逃出	轻度破坏——局部破坏、开裂，但不妨碍使用	0.11～0.30	河岸出现坍方。饱和砂层常见喷砂冒水，松软土地表裂缝较多。大多数砖烟囱中等破坏	125 （90～177）	13 （10～18）

续表

烈度	人的感觉	一般房屋		其他现象	参考物理指标	
		大多数房屋震害程度	平均震害指数		加速度 cm/s² （水平向）	速度 cm/s （水平向）
VIII	摇晃颠簸，行走困难	中等破坏——结构受损，需要修理	0.31~0.50	干硬土亦有裂缝。大多数砖烟囱严重破坏	250 （178~353）	25 （19~35）
IX	坐立不稳，行动的人可能摔跤	严重破坏——墙体龟裂，局部倒塌，复修困难	0.51~0.70	干硬土有许多地方出现裂缝，基岩上可能出现裂缝，滑坡，坍方常见。砖烟囱出现倒塌	500 （345~707）	50 （36~71）
X	骑自行车的人会摔倒，处不稳状态的人会摔出几尺远，有抛起感	倒塌——大部倒塌，不堪修复	0.71~0.90	山崩和地震断裂出现。基岩上的拱桥破坏。大多数砖烟囱从根部破坏或倒毁	1000 （708~1414）	100 （72~141）
XI		毁灭	0.91~1.00	地震断裂延续很长。山崩常见。基岩上拱桥毁坏		
XII				地面剧烈变化，山河改观		

烈度有基本烈度和设防烈度之分。

基本烈度是指某个地区在今后 50 年内发生概率为 10% 的地震所对应的烈度。该烈度由国家地震局规定，并已绘制成全国地震烈度区域图，并以之为设计依据。

设防烈度是指在地区基本烈度的基础上，考虑建筑物的重要性或场地条件而将基本烈度进行调整的烈度。设防烈度可与基本烈度相等，也可与基本烈度不等（大于、小于均有可能）。通常选择两者相等。

我国《建筑抗震设计规范》中规定，烈度小于 5 度时建筑物可不设防震措施；烈度为 6~9 度时，建筑物应设置防震措施；烈度≥10 度时，建筑物应采取特殊的防震措施。

应当指出，震级与烈度虽然都是表征地震振动强度的量，但是两者不同。震级是表征地震释放能量大小的量，一次地震只有一个震级；而烈度是具体表征地面某一地点的振动宏观破坏程度的量。一次地震的发生，震区内的各个观测点的烈度均不相同。但是，在震中区两者存在着表 3.1.2 示出的关系。由该表不难看出，两者之间与震源深度有关。

震中烈度与震级的关系　　　　　　　　　　　　表 3.1.2

震级 M	震 中 烈 度	
	震源深度 10km	震源深度 20km
5	7.0	6.0
6	8.5	7.5
7	10.0	9.0
8	11.5	10.5

（3）地震波

地震波即地震时震源释放的能量产生的向四周各个方向辐射的振动波。实际上它是 P 波、S 波、面波三种波及其多次反射、折射波的复杂的组合。

所谓的地震波曲线图，即加速度的实时变化曲线图。图 3.1.1 示出的是 1975 年 2 月 15 日我国辽南海城 5.4 级余震的地震波形图。

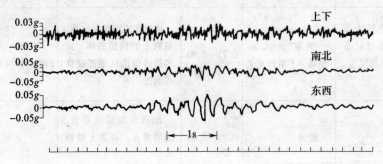

图 3.1.1　1975 年 2 月 15 日海城县 5.4 级余震的地面运动加速度记录

图 3.1.2 示出的是 1995 年日本兵库县南部大地震时，观测到的地层的加速度实时变化曲线及相应的加速度响应谱的曲线图。加速度响应谱图就是加速度实时曲线的频谱图，不过把横轴的频率改标成了固有周期。图 3.1.2 中图（a）是神户海洋气象台的观测结果（Ⅰ类地层），图（b）是 JR 鹰取站的观测结果（Ⅱ类地层），图（c）是东神户大桥的观测结果（Ⅲ类地层），图（d）是相应的加速度响应谱图。

通常可由加速度实时变化曲线及加速度响应谱图判定：

① 震区内的加速度的分布状况，最大加速度的值，加速度与地层土质、深度的关系。

② 振动的持续时间及反复的次数。

③ 大振幅响应谱的固有周期的范围，判定建筑物是否会发生共振破坏。

（4）震害

每次地震均会给震区内的各种建筑物造成不同程度的破坏，即所谓的震害。

地震致使的建筑物的破坏程度与震级、建筑物的所处位置，建筑物自身的结构特性（地基特性、强度特性、施工方法等）及物理特性（固有频率等）有关。

地基特性的影响系指地震时，① 地基发生失稳，即地层出现地裂、液化、地陷、地滑等现象，致使建筑物下沉、倾斜、倒塌或断裂；② 地层不同对地震波的周期、加速度的响应也不同，对建筑物的破坏程度也不同。

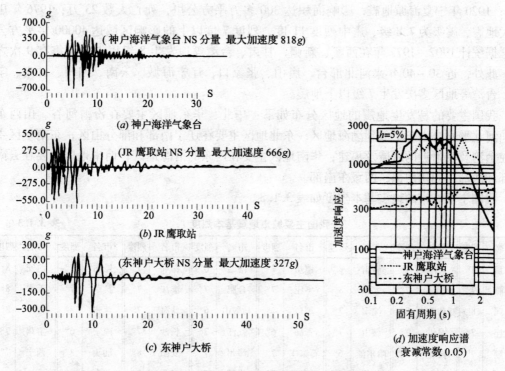

图 3.1.2 日本兵库县南部大地震的加速度记录

施工方法影响。施工方法不同、震害不同。如在砂地层采用压气法施工的沉箱基础，在地震时地层不发生液化。也就是说，压气沉箱工法具有防止液化的功能。而除沉箱外的其他任何形式的基础施工方法（在不采取特殊专门措施的状况下）均无防止液化的功能。

所以研究地层特性与施工方法、措施的关系至关重要，对不同的地层应采用不同的施工方法、措施，以达到把震害降低到最小的目的。

（5）地震的类型及影响

就深基础抗震设计中考虑的地震而言，有：① 在基础使用期间发生概率大，振动强度居中等的一般性地震，对应这种地震的抗震设计多采用震度法（详见 3.3 节）。② 另一种地震即发生概率小，但振幅大的大地震。大地震又分为Ⅰ型、Ⅱ型两种，Ⅰ型大地震系指振幅大、长时间反复作用的地震（板块边界型地震）；Ⅱ型大地震系指持续时间极短，但振幅极大的地震（震中型地震）。对Ⅰ、Ⅱ型大地震而言，其相应的抗震设计方法，多采用震度法和确保地震水平最大承载力法的两者结合。

大地震可对沉井、沉箱等深基础的下列特性及参数产生一定的影响，即致使作用于沉井、沉箱等深基础上的水平惯性力、土压、动水压发生变化，同时也可能使地层发生液化或流动。

（6）我国地震区域的分布及城市设防烈度概况

历史记载表明，我国是一个多地震的国家，且地震的分布区域较广，多次发生破坏性的大地震及特大地震。

据史料记载，1679 年三河平谷地震，破坏面纵长达 500 多 km，当时记载写道："城乡房屋塔庙荡然一空，遥望茫茫"，"地陷数尺"，"四面地裂，黑水涌出"，"生者止十之三四"；1920年宁夏海原地震，影响面积达300多万平方公里，死亡人数23万；1976年唐山大地震、震级为7.8级、震中烈度11度，烈度7度以上的影响区域达40000多平方公里。据统计1902～1972年在西藏、新疆、甘肃、台湾等地发生8级以上的地震有9次之多。此外，近30～40年来河北邢台、唐山、张家口，辽宁海城、云南、四川、甘肃、宁夏、台湾等地区多次发生7级以上地震。

我国主要的易发生地震的地区分布如下：华北、华东地区主要在汾渭河谷、山西东北、河北平原、山东中部到渤海地区；东北地区主要在辽宁南部和部分山区；东南地区主要在台湾及其附近的海域及福建；华南地区主要在广东的沿海地区；西南地区主要在云南中部和西部、四川西部、西藏东南部。

我国主要城市的地震基本烈度如表3.1.3。

我国主要城市地震基本烈度　　　　　　　　　　表3.1.3

市名	烈度	市名	烈度	市名	烈度	市名	烈度	市名	烈度	市名	烈度	市名	烈度	市名	烈度
北京	8°	天津	7°	唐山	8°	德州	7°	南通	6°	深圳	7°	昆明	7°	西安	8°
邯郸	7°	张家口	7°	太原	8°	枣庄	7°	合肥	7°	湛江	7°	拉萨	7°	天水	8°
大同	8°	呼和浩特	8°	沈阳	7°	烟台	7°	马鞍山	6°	珠海	7°	兰州	8°	银川	8°
大连	7°	锦州	7°	鞍山	7°	青岛	6°	九江	7°	长沙	7°	南宁	6°	宝鸡	7°
抚顺	7°	长春	7°	哈尔滨	6°	石家庄	7°	漳州	7°	安阳	8°	汕头	8°	西宁	7°
上海	6°	南京	7°	徐州	7°	秦皇岛	7°	成都	7°	洛阳	8°	北海	7°		
常州	<6°	连云港	7°	淮南	7°	包头	8°	重庆	6°	郑州	6°	嘉峪关	8°		
温州	6°	宁波	6°	淮北	6°	乌鲁木齐	7°	西昌	9°	三门峡	8°	石嘴山	8°		
蚌埠	7°	芜湖	6°	杭州	6°	丹东	7°	自贡	7°	下关	9°	海口	8°		
铜陵	6°	南昌	6°	福州	7°	吉林	6°	渡口	7°	咸阳	8°	武汉	6°		
厦门	7°	泉州	7°	济南	6°	无锡	6°	广州	7°	焦作	7°	东川	9°		

注：烈度>6°者均须考虑抗震设防。

3.1.2　技术用语

（1）抗震设计

即在地震力的破坏作用下沉箱不受损伤或者损伤较小（无关大局）的设计。抗震设计法包括：震度法和确保地震水平最大承载力法两种。

（2）震度法

考虑弹性振动特性的情况下，把地震力看成静惯性力作用的抗震设计法。

（3）确保地震水平最大承载力法

即在考虑构造物非线性变形和动承载力的场合下，把动地震力按静惯性力作用设计的抗震设计法。

（4）动解析法

把地震时的构造物的变形按动力学解析设计的抗震设计法。

（5）地震影响

指地震致使抗震设计中用到的惯性力、土压、水压、地层液化及流动性等特性变化，

140

进而影响沉箱及上部构造物性能的工程上的评价地震影响的总称。

（6）设计振动单元

地震时具有同一振动的构造系。

（7）固有周期

箱体自由振动时的一个周期。

（8）设计水平震度

抗震设计中常把地震水平惯性力按上部构造物重量乘以一个系数的方法确认，该系数称为设计水平震度。

（9）地域修正系数

以常发生大地震的地域为基准，确定其他地域的设计水平震度时用到的修正系数。

（10）抗震设计中的地层种类

工程上按地震时的地层振动特性对地层进行分类。

（11）抗震设计中的地面

抗震设计中假定为地表面的地层面。

（12）基面

对象地点较宽范围内可以观察到振动（抗震设计中设定的振动）的地面下非常坚固的地层面。

（13）加速度响应谱线

对于特定地震具有任意固有周期和衰减常数的一个自由振动系的加速度响应的最大值。

（14）液化

地震致使间隙水压急剧上升，超过饱和砂土层剪切强度时，致使土的构造发生破坏，即液化。

（15）流动化

伴随液化现象出现的地层的水平向移动，即流动化。

（16）确保地震水平最大承载力

反复承受地震力破坏的场合下，构件具有的水平最大承载力。

（17）等效水平震度

确保地震水平承载力法中用到的设计水平震度被因子 $(2\mu_{a-1})^{1/2}$ 除的商（不得小于 0.4），即等效水平震度。其中，μ_a 为允许塑性系数。

（18）塑性响应系数

上部构造物惯性力作用位置出现的响应变位与屈服变位的比。

（19）允许塑性系数

构件损伤和响应变位不超标时构件的允许塑性系数。

（20）塑性铰接

在保证构件性能稳定（即无损坏）的前提下，构件承受最大水平承载力时产生的反复正负交替变形，即塑性铰接变形。通常把这种可以承受正负交替塑性铰接变形的构件的构造称为铰接构造。塑性铰接部位称为塑性铰接领域，构件塑性铰接领域中的轴向长度称为塑性铰接长度。

3.1.3 惯性力

（1）概况

1）每个沉箱设计振动单元的惯性力，可根据固有周期来计算。

2）在抗震设计中，原则上应考虑水平向正交的两个惯性力。

3）在抗震设计中认定设计地面以下的沉箱部分受的惯性力、地震土压及地震动水压的作用微弱，可不予考虑。

4）上部构造物的惯性力的作用位置为上部构造物的重心。

（2）固有周期的计算方法

当设计单元仅由一座沉箱和该沉箱支承的上部构造物构成时，固有周期可由式（3.1.3）计算

$$T = 2.01 \sqrt{\delta} \qquad \text{（式 3.1.3）}$$

式中　T——设计振动单元的固有周期（s）；

　　　δ——上部构造物惯性力的作用点的变位（m），其中的惯性力系指与抗震设计地面以上的沉箱部分的自重力的 80% 和上部构造物全部自重力的和相当的力，其作用方向与水平惯性力的方向相同。

（3）惯性力的计算方法

当设计抗震单元系由一座沉箱及其该沉箱支承的上部构造物构成时，则在沉箱的抗震设计中应该考虑上部构造的惯性力，可由上部构造物的自重力乘上水平震度求出。在震度法的抗震设计中，该震度应为设计水平震度；在确保地震水平最大承载力法抗震设计中应为等效水平震度。但是在惯性力的作用方向上，当沉箱与上部构造物的连结部是可动的情形下，在震度法的抗震设计中用支承的静摩擦力替代上部构造物的惯性力；在确保地震水平承载力法的抗震设计中，应把静荷载反力乘上等效水平震度值的一半作为水平荷载。

（4）重要度划分

根据不同的设计要求，沉箱的重要度可分为 A、B 两类。A 类为一般性工程要求设计；B 类为特别重要的设计，如都市高架道路的基础及特别重要的桥梁基础等。

（5）地域修正系数

不同地域的修正系数值如表 3.1.4 所示。当施工现场位于地域分界线上时，应按系数大的地域处理。

（6）抗震设计中的地层种类的划分

抗震设计中的地层的种类，原则上按式（3.1.4）计算出的地层的特性值 T_G 划分，见表 3.1.5。当从地表面到基面为同一种地层时，可认定该地层为Ⅰ类地层。

地域修正系数			表 3.1.4
地域	A	B	C
修正系数	1.0	0.85	0.7

抗震设计中的地层分类	表 3.1.5
地层种类	地层特性值 T_G（s）
Ⅰ类	$T_G < 0.2$
Ⅱ类	$0.2 \leq T_G < 0.6$
Ⅲ类	$0.6 \leq T_G$

$$T_G = 4 \sum_{i=1}^{n} \frac{H_i}{V_{si}} \qquad\qquad (式 3.1.4)$$

其中 T_G——地层的特征值；

H_i——第 i 层的厚度（m）；

V_{si}——第 i 层的平均剪切弹性波速度（m/s）。

无实测值时，可由式（3.1.5）求得。

$$\left.\begin{array}{l} 黏土层, V_{si} = 100 N_i^{1/3}, (1 \leqslant N_i < 25) \\ 砂土层, V_{si} = 80 N_i^{1/3}, (1 \leqslant N_i \leqslant 50) \end{array}\right\} \qquad (式 3.1.5)$$

式中 N_i——标准贯入试验得到的 i 层的平均 N 值；

i——该地层从地表到基层共分 n 层情形下的，从地表向下数第 i 层的层号。

所谓的基面，系指 $N \geqslant 25$（黏土层），$N \geqslant 50$（砂层）或者剪切弹性波速度大于 300m/s 的地层面。

（7）抗震设计中的地面

抗震设计中的地面，通常认为是常态设计中的设计地层面。但是，当存在抗震设计中的土质常数为零的土层（即软黏土层和淤泥层）时，应把地面定在该层的下面。

3.2 设计计算的基本要求和程序

3.2.1 基本要求

这里的基本要求系指沉箱设计计算的结果，必须满足下列条件的要求。

（1）设计计算的结果必须满足力学稳定性的要求。即沉箱底面作用于地层上的竖向荷载应小于地层的允许承载力；沉箱作用给底面地层的水平荷载必须小于地层的水平允许抗剪力；箱体的变位必须小于允许变位值。

（2）箱体所有构件的应力均应小于允许值。

（3）根据稳定计算、构件设计分别确定的箱体的平面尺寸和构件尺寸，探讨下沉状况，确认下沉关系的合理性、可靠性。

（4）箱体的水平最大承载力必须大于地震的水平破坏力，即满足抗震设计条件。

3.2.2 设计程序

设计程序如图 3.2.1 所示。首先确认设计条件；设定平面尺寸及构件尺寸；按震度法核查其稳定性及构件断面，若发现设定的平面尺寸无法满足设计要求时，应修改设定的平面尺寸和构件的尺寸，并重新进行核查计算，直至符合上述设计要求为止；接下来核查井筒的水平承载力是否大于地震时的水平最大破坏力，即按确保地震水平最大承载力的要求核查其抗震性。此外，还应核查沉箱的变形性能是否满足设计要求。在稳定性核查及构件设计完结后，再进行沉降计算及其相应的系列设计计算。

3.2.3 设计条件的确认

设计条件的确认工作即明确设计计算的已知条件。大致包括以下几项。即箱体形状及

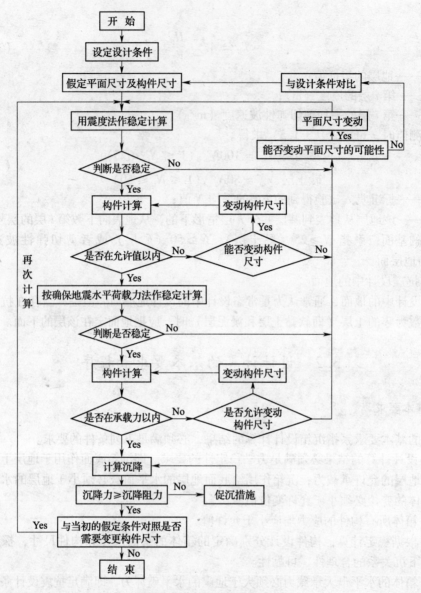

图 3.2.1　沉箱设计程序

尺寸的确定；地质条件的确认；设计荷载的确认；用料强度基准值的确认。

1. 沉井与沉箱形状及尺寸的确定

沉井与沉箱的形状及尺寸系指沉井与沉箱的水平断面、竖直断面的形状及尺寸。决定沉井与沉箱形状及尺寸的因素较多，有地层土质因素、使用目的因素、承受荷载的因素……。这里按水平断面、竖直断面的顺序叙述。

（1）水平断面形状、尺寸的确定

① 断面形状的确定

水平断面形状如图 1.2.1 所示。形状与用途、沉设深度、断面大小、施工时的挡土措施有关。几种不同形状的断面的优缺点的对比，如表 3.2.1 所示。从内空利用率方面看，圆形断面的利用率最差，矩形断面最好。从构造物刚性及内空稳定性方面考虑，圆形最好。

不同形状断面的优缺点对比 表3.2.1

水平断面形状	优 缺 点
圆形	刚性最好，适于大深度、大口径，内空利用率差
正多边形	刚性好，适于大深度、大口径，内空利用率差
矩形	内空利用率高，成本低，刚性差，适于浅井，小口径

对一般的建筑物基础来说，其水平断面的形状取决于上部构造物的水平断面形状及荷重力。对桥梁基础来说，水平断面的形状多为圆形、矩形、椭圆形（中间为矩形，两端为半圆形）等形状。

对地下构造物而言，在考虑断面形状时应考虑构造物内设置的各种设备的形状、布设状况、内空利用率、刚性等因素。设计时首先应考虑的就是，内空尺寸必须大于设置在构造物内的各种设备的外形尺寸，且必须留有余度，以保证具有安装设备、维修设备的操作人员的工作空间。

② 平面尺寸的确定

对基础沉井、沉箱而言，由于沉设过程中会出现少许偏斜，故通常在上部建筑物平面尺寸的基础上把平面尺寸作少许增大。该增量与沉井沉箱的高度（h）、倾角（ϕ）有关。

例如：就底面为矩形（边长为 a、宽度为 b）的上部建筑物而言，对应的基础沉井、沉箱的上顶尺寸（A、B），必须满足下式

$$\left.\begin{array}{l} A(长度) \geqslant a + 2h\tan\phi \\ B(宽度) \geqslant b + 2h\tan\phi \end{array}\right\}$$ （式3.2.1）

式中 h——沉井或沉箱的高度（m）；

ϕ——倾角（°）。

就底面为圆形（半径为 r）的上部构造物而言，基础沉井、沉箱的圆形上顶盖的半径 R（m），应满足下式，

$$R \geqslant r + 2h\tan\phi$$ （式3.2.2）

（2）竖直断面形状、尺寸的确定

竖直断面形状如图1.2.2所示。有柱形、阶梯形、锥形三种。柱形及内阶梯形竖直断面多用于摩阻力小的地层、深度较浅（h 小）的情形，外阶梯及锥形竖直断面多用于摩阻力大的地层及深度较深（h 大）的情形。

沉井、沉箱的高度 h 的选择原则应根据沉井沉箱的使用目的、技术要求、地层（承载力）的分层状况、施工技术水平的状况等综合考虑。

2. 地质条件的确认

地质条件的确认即用第二章介绍的勘察方法，将其勘察结果绘制成地质柱状图（与箱体竖向断面并列对应）及填写地层土质参数表。图、表中应标出每层的厚度、标高、分界面、土质名称、N 值、重度 γ、黏聚力 c、内摩擦角 φ、变形模量等参数。上述各种参数既可实测，也可由2.2节给出的 N 值推算法估算。图3.2.2及表3.2.2分别示出的是某沉箱的断面形状和地质柱状图及土质参数表的例子。

土质参数表 　表 3. 2. 2

层厚（m）	c（kPa）	φ（°）	γ（kN/m³）	γ'（kN/m³）	N	E_r（MPa）	土　质
12	11	0. 0	16	7	1	2. 8	黏性土
3	0	26. 0	17	8	8	22. 4	砂质土
6	0	42. 0	19	10	50	140	砂质土
底面	0	42. 0	19	10	50	400	岩层

　　此外，柱状图中还应分别示出震度法和抗震法设计中的地层面。就图 3.2.2 而言，上述两个地层面重合。

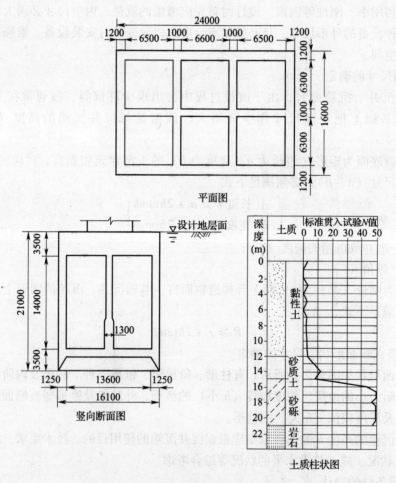

图 3.2.2　沉箱概况图（单位：mm）

3. 设计荷载的确认

　　列出作用在沉井（或沉箱）顶盖上的总荷载的明细表，表格的形式如表 3.2.3 所示。包括不同方向（竖直、水平）、各种状态（静态、地震态）下的静荷载、动荷载、作用高度、重心位置、浮力及土压等参数。

荷载明细表 表3.2.3

种类	荷载						荷载高度	荷载重心	作用在箱体上的浮力	作用在箱体上的土压力
	常态			地震态						
	竖直	水平		竖直	水平					
		轴向	垂直轴向		轴向	垂直轴向				
静载										
动载										
作用扭矩										

4. 用料强度基准值的确认

用料主要指混凝土和钢筋。设计计算前应确认两者的设计基准值。就混凝土而言，应明确其基准强度、抗弯抗压应力强度允许值、剪应力强度允许值、弹性模量等参数。就钢筋而言，应明确其拉伸应力强度（常态、施工态、地震态）允许值、屈服应力强度允许值及弹性模量等参数。待上述参数确认后即制成表格（见表3.2.4）以备设计计算时使用。

材料允许值 表3.2.4

材料	性能参数	允许值
混凝土	设计基准强度（MPa）	?
	抗弯抗压应力强度（MPa）	?
	剪应力强度（MPa）	
	常态	?
	地震态	?
	弹性模量	?
钢筋	型号	?
	拉伸应力强度（MPa）	
	常态	?
	施工态	?
	地震态	?
	屈服应力强度（MPa）	?
	弹性模量	?

3.3 震度法设计

3.3.1 稳定计算

稳定计算的基本内容如下：

（1）箱体底面作用在地层上的竖向压力强度不能超过地层的竖向允许承载力。

（2）底面作用在地层上的水平剪力不能超过地层的允许剪力。

（3）箱体变位不能超过允许变位。

3.3.2　设计程序

设计程序如图 3.3.1 所示。

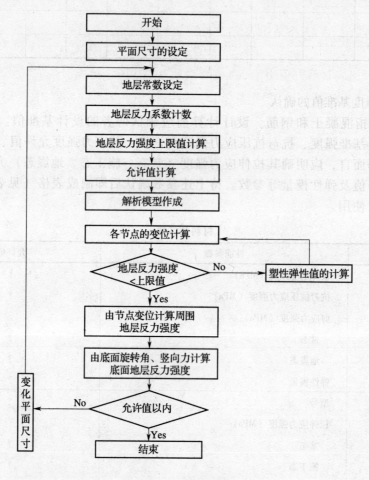

图 3.3.1　稳定计算顺序

3.3.3　震度法设计水平震度的设定

震度法的设计水平震度，与地层的种类、地域类别、沉箱的重要程度及地震的固有周期有关，可按式（3.3.1）计算。

$$K_h = C_z K_{ho} \qquad\qquad （式 3.3.1）$$

式中　K_h——设计水平震度（取小数点以下两位）；

　　　K_{ho}——设计水平震度的标准值，可按表 3.3.1 选取；

　　　C_z——地域修正系数，取值范围如前。

震度法设计水平震度的标准值 K_{ho} 　　　　表 3.3.1

地层种类	固有周期 T (s) 对应的 K_{ho} 值		
Ⅰ 类	$T < 0.1$ $K_{ho} = 0.431T^{1/3} \geqslant 0.16$	$0.1 \leqslant T \leqslant 1.1$ $K_{ho} = 0.2$	$1.1 < T$ $K_{ho} = 0.213T^{-2/3}$
Ⅱ 类	$T < 0.2$ $K_{ho} = 0.427T^{1/3} \geqslant 0.20$	$0.2 \leqslant T \leqslant 1.3$ $K_{ho} = 0.25$	$1.3 < T$ $K_{ho} = 0.298T^{-2/3}$
Ⅲ 类	$T < 0.34$ $K_{ho} = 0.43T^{1/3} \geqslant 0.24$	$0.34 \leqslant T \leqslant 1.5$ $K_{ho} = 0.3$	$1.5 < T$ $K_{ho} = 0.393T^{-2/3}$

当式（3.3.1）确认的值小于 0.1 时，应取 0.1。

另外，在计算土的重力产生的惯性力和地震土压时，与Ⅰ、Ⅱ、Ⅲ类地层对应的设计水平震度的标准值 K_{ho} 分别定义为 0.16、0.2、0.24。

3.3.4 地层的允许承载力强度

1. 底面地层的极限承载力强度 q_d

考虑到计算的简便性及可靠性，通常 q_d 用太沙基公式计算，即

$$q_d = \alpha c N_c + \frac{1}{2}\beta\gamma_1 B N_\gamma + \gamma_2 z N_q \qquad (式 3.3.2)$$

式中　　q_d——底面地层的极限承载力强度（kN/m^2）；

　　　　c——底面地层土体的粘聚力（kN/m^2）；

　　　　B——箱体底面积的等效宽度（m），对方形底面而言，$B=$ 边长（m）。对圆形底面而言，$B=D$（直径）（m）；

　　　　z——沉设深度（m）；

　　　　γ_1——底面持力层的土重度（地下水位以下取浮重度）（kN/m^3）；

　　　　γ_2——底面以上地层的土的加权平均重度（地下水位以下取浮重度）（kN/m^3）；

N_c、N_γ、N_q——承载力系数（无量纲）与 φ（土体的内摩擦角）（°）有关，见图 3.3.2；

　　　　α、β——与底面形状有关的系数。就正方形底面而言，取 $\alpha=1.3$、$\beta=0.8$。就圆形底面而言，取 $\alpha=1.3$、$\beta=1.2$。

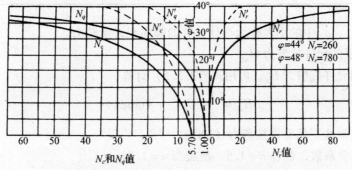

图 3.3.2　N_r、N_c、N_q 与 φ 的关系

2. 底面地层的竖向允许承载力 q_a

底面地层的竖向允许承载力 q_a，可按下面两种方法估算，然后把两者中的较小值定为允许值。

（1）由 q_d 得出的竖向允许承载力 q_{a1}

$$q_{a1} = \frac{1}{n}(q_d - \gamma_2 z) + \gamma_2 z \qquad （式3.3.3）$$

式中　q_{a1}——底面地层的竖向允许承载力（kN/m^2）；

　　　　n——安全系数，常态 $n=3$；地震态（烈度法）$n=2$。其他参数同前。

（2）由设计实践得出的竖向允许承载力强度的上限值 q_{a2}，q_{a2} 与沉设深度 z 有关，具体关系见图3.3.3及公式（3.3.4）。

$$q_{a2} = n(K \cdot z + q_0) \qquad （式3.3.4）$$

式中　K——系数 $=48kN/m^3$；

　　　　n——安全系数，常态 $n=1$；地震态 $n=1.5$；

　　　　q_0——常数（kN/m^2），选取原则见表3.3.2。

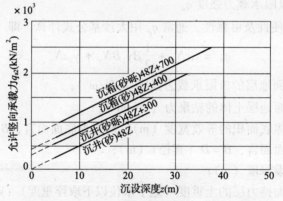

图3.3.3　竖向允许承载力上限值 q_{a2} 与 z 的关系

q_0 的选择原则　　　　　　　　　　　　　　　　表3.3.2

土质	q_0（kN/m^2）	
	沉箱	沉井
砂砾	700	300
砂	400	0

（3）选取 q_{a1}、q_{a2} 中的小者作为设计计算的竖向允许承载力。

3. 底面地层的允许抗剪力 H_a

底面地层的允许抗剪力 H_a，可用式（3.3.5）计算

$$H_a = \frac{1}{n}(C_B A_e + V \tan\varphi_B) \qquad （式3.3.5）$$

式中　H_a——底面地层的允许抗剪力（kN）；

　　　　n——安全系数，常态 $n=1.5$、地震态 $n=1.2$；

　　　　C_B——底面与地层间的粘聚力（kN/m^2）；

A_e——底面的有效载荷面积（m^2）；

    V——作用在底面上的竖向力（kN）；

    φ_B——底面与地层间的摩擦角（°），通常取 $\varphi_B = \dfrac{2}{3}\varphi$。

为了增加箱体底面与地层间的剪力，通常把基础底面设计成下凸形且底面粗糙，以此提高抗剪力。

4. 周面负摩擦力

（1）周面负摩擦力

当箱体下沉施工致使周面外侧土体沿外周面下沉时，即产生周面负摩擦力。负摩擦力的大小与下沉（压密）土层的特性、厚度、施工方法、下沉速度及其作用在外侧土层上的荷载有关。具体估算公式如下：

$$R_m = H \cdot f_m \cdot L \qquad\qquad (式3.3.6)$$

式中 R_m——负摩阴力（kN）；

    H——下沉土层的厚度（m）；

    f_m——负摩擦力强度，通常 $f_m = 20 \sim 30$（kN/m^2）；

    L——外周长（m）。

（2）安全性的判定

设其他长期荷载为 V（kN）；底面地层的极限承载力强度为 q_d（kN/m^2）；底面面积为 A_V（m^2），则当上述参数满足下列关系时，可确保安全。即

$$1.5(R_m + V) \leqslant q_d A_V \qquad\qquad (式3.3.7)$$

3.3.5 地层反力系数

箱体的设计解析模型如图3.3.4所示，是一个由6种地层反力弹簧支撑箱体的模型。考虑到箱体自身有时存在裂缝及竖向钢筋屈服致使其抗弯刚度下降等情形的存在，故把该模型中的箱体看成是弹性体。模型中的地层看成是弹塑体。

图3.3.4 中示出了以下6种地层反力系数（也可称作基床系数）。

下面介绍这6种地层反力系数的估算方法。

1. 底面地层的竖向抗压反力系数 k_V

$$k_V = k_{V0}(B_V/d)^{-\frac{3}{4}} \qquad (式3.3.8)$$

式中 k_V——箱体底面地层的竖向反力系数（kN/m^3）；

    k_{V0}——直径30cm刚体圆板平板荷载试验值相应的竖向地层反力系数（kN/m^3）；

    B_V——箱体的等效载荷宽度（m）；

    d——刚体圆板直径0.3m。

（1）k_{V0} 的确定方法

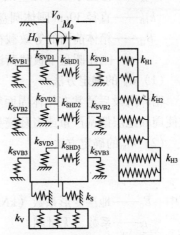

图3.3.4 沉箱的计算模型

k_V—底面地层的竖向抗压反力系数；

k_S—底面地层的水平抗剪反力系数；

k_H—前面地层的水平反力系数；

k_{SHD}—侧面地层的水平抗剪反力系数；

k_{SVB}—前面、背面地层的竖向抗剪反力系数；

k_{SVD}—侧面地层的竖向抗剪反力系数

① 由直径 30cm 的刚体圆板平板载荷试验直接测定 k_{v0}

② 通过土体变形模量 E_0 计算 k_{v0}

$$k_{v0} = \frac{1}{d}\alpha \cdot E_0 \qquad\qquad (式 3.3.9)$$

式中　E_0——变形模量，量纲为（kN/m^2）。E_0 可通过标准贯入试验得到的 N 值，由式（2.36.6）算出；

　　　α——状态系数（无量纲）。常态 $\alpha = 1$；地震态 $\alpha = 2$。

（2）B_V 的确定方法

$$B_V = (A_V)^{\frac{1}{2}} \qquad\qquad (式 3.3.10)$$

式中　A_V——箱体的竖向载荷面积（m^2）。对圆形底面而言，B_V 可用圆的直径直接替代。

2. 底面地层的水平抗剪反力系数 k_S

底面地层的水平抗剪反力系数可用式（3.3.11）计算。

$$k_S = 0.3\beta k_V \qquad\qquad (式 3.3.11)$$

式中　k_S——底面地层的水平抗剪反力系数（kN/m^3）；

　　　k_V——底面地层的竖向抗压反力系数；

　　　β——状态系数。常态 $\beta = 1$；地震态 $\beta = 2$。

3. 前面地层的水平抗压反力系数 k_H

$$k_H = \alpha_K k_{H0} \cdot (B_H/d)^{-\frac{3}{4}} \qquad\qquad (式 3.3.12)$$

式中　k_H——箱体前面地层的水平反力系数（kN/m^3）；

　　　α_K——修正系数（无量纲）；

　　　k_{H0}——直径 30cm 刚体圆盘平板载荷试验值相应的地层水平反力系数（kN/m^3）；

　　　B_H——箱体前面的等效载荷宽度（m）；

　　　d——刚体圆盘平板载荷试验时使用的刚体圆盘的直径等于 0.3m。

（1）α_K 的确定方法

箱体沉设后通常在箱体周面和地层之间作灌浆处理，此时 $\alpha_K = 1.5$；但是当箱体下沉致使周面地层散乱严重或者环境条件限制不能作灌浆处理的情形下，$\alpha_K = 1$。

（2）k_{H0} 的确定方法

$$k_{H0} = \frac{1}{d}\alpha E_0 \qquad\qquad (式 3.3.13)$$

式中　E_0——地层变形系数（kN/m^2）；

　　　α——系数，无量纲。

E_0、α 的确定原则与式（3.3.9）完全相同。

（3）B_H 的确定方法

B_H 的大小取决于箱体前面的形状和尺寸（大小）及箱体的埋沉深度 z。不同形状断面的等效载荷宽度 B_H（前面为短边）、D_H（前面为长边）的选取方法如图 3.3.5 所示。

① $z > B_H$（或 D_H）的情形

a. 就矩形断面而言

等效载荷宽度，就是矩形边长的实际尺寸，即

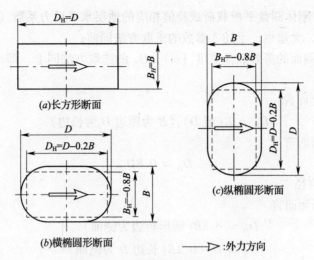

图 3.3.5 等效载荷宽度 B_H、D_H

$$B_H = B（矩形短边在前）\atop D_H = D（矩形长边在前）\Big\} \qquad （式 3.3.14）$$

　b. 对圆形断面而言

$$B_H = 0.8D \qquad （式 3.3.15）$$

式中　D——圆形断面的直径。

　c. 对椭圆形断面而言

$$B_H = 0.8B（短边在前）\atop D_H = D - 0.2B（长边在前）\Big\} \qquad （式 3.3.16）$$

式中　D、B——椭圆断面的长边和短边（见图 3.3.5）。

② $z < B_H$（或 D_H）的情形

　a. 对矩形断面而言

$$B_H = (B \cdot z)^{\frac{1}{2}} \atop D_H = (D \cdot z)^{\frac{1}{2}} \Big\} \qquad （式 3.3.17）$$

　b. 圆形断面面而言

$$B_H = (0.8D \cdot z)^{\frac{1}{2}} \qquad （式 3.3.18）$$

　c. 对椭圆断面而言

$$B_H = (0.8B \cdot z)^{\frac{1}{2}} \atop D_H = [(D - 0.2B)z]^{\frac{1}{2}} \Big\} \qquad （式 3.3.19）$$

4. 侧面地层的水平抗剪反力系数 k_{SHD}

$$k_{SHD} = 0.6k_{HD} \qquad （式 3.3.20）$$

式中　k_{SHD}——箱体侧面地层的水平抗剪反力系数（kN/m³）；

　　　k_{HD}——箱体侧面地层的水平抗压反力系数（kN/m³）。

$$k_{HD} = \alpha_K k_{H0}(D_H/d)^{-\frac{3}{4}} \qquad （式 3.3.21）$$

式中　α_K——修正系数无量纲；

k_{H0}——30cm 刚体圆盘平板载荷试验值相应的地层水平反力系数（kN/m³）；

α——系数，无量纲，上述 3 参数的求取方法同前；

D_H——箱体侧面的等效载荷宽度（m），D_H 的选取方法同上。即

① $z > D_H$ 时

a. 就矩形断面而言

$$D_H = B(\text{或} D)，(B \text{为短边} D \text{为长边}) \qquad (\text{式 3.3.22})$$

b. 对圆形断面而言

$$D_H = 0.8D \qquad (\text{式 3.3.23})$$

式中　D——圆的直径

c. 对椭圆形断面而言

$$\left.\begin{array}{l} D_H = 0.8B(\text{圆形短边为侧面}) \\ D_H = D - 0.2B(\text{长边} D \text{为侧面}) \end{array}\right\} \qquad (\text{式 3.3.24})$$

② $z < D_H$ 时

a. 对矩形断面而言

$$\begin{array}{l} D_H = (Bz)^{\frac{1}{2}}(\text{短边为侧面}) \\ D_H = (Dz)^{\frac{1}{2}}(\text{长边为侧面}) \end{array} \qquad (\text{式 3.3.25})$$

b. 对圆形断面而言

$$D_H = (0.8Dz)^{\frac{1}{2}} \qquad (\text{式 3.3.26})$$

c. 对椭圆断面而言

$$\left.\begin{array}{l} D_H = (0.8B \cdot z)^{\frac{1}{2}}(\text{圆形短边为侧面}) \\ D_H = [(D - 0.2B)z]^{\frac{1}{2}}(\text{长边为侧面}) \end{array}\right\} \qquad (\text{式 3.3.27})$$

5. 前面、背面地层的竖向抗剪反力系数 k_{SVB}

$$k_{SVB} = 0.3k_H \qquad (\text{式 3.3.28})$$

式中　k_{SVB}——箱体前面和背面地层的竖向抗剪反力系数（kN/m³）；

k_H——箱体前面和背面地层的水平反力系数（kN/m³）。

6. 侧面地层的竖向抗剪反力系数 k_{SVD}

$$k_{SVD} = 0.3k_{HD} \qquad (\text{式 3.3.29})$$

式中　k_{SVD}——箱体侧面地层的竖向抗剪反力系数（kN/m³）；

k_{HD}——箱体侧面地层的水平反力系数（kN/m³）。

7. 制作地层反力系数汇集表（填写表 3.3.3）

地层反力系数表　　　　　　　　　　　　表 3.3.3

地层序号	k_V（kN/m³）	k_S（kN/m³）	k_H（kN/m³）	k_{SHD}（kN/m³）	k_{SVB}（kN/m³）	k_{SVD}（kN/m³）
1 层 2 层 ⋮ 底层						

3.3.6 地层反力强度上限值

1. 前面地层的水平反力强度上限值

前面地层的水平反力强度的上限值与地层的被动土压强度有关，两者关系如下：

$$\left.\begin{array}{c} P_{Hu} = P_p/n \\ P_{EHu} = P_{Ep}/n \end{array}\right\} \qquad (式3.3.30)$$

式中 P_{Hu}、P_{EHu}——常态、地震态（震度法）的地层水平反力强度的上限值，量纲为 kPa；

        P_p、P_{Ep}——常态、地震态（震度法）的前面地层的被动土压强度（kPa）；

        n——修正系数，选取原则见表3.3.4。

n 值选取原则   **表3.3.4**

反力强度类别	n 值	
	常态	地震（震度）法
前面地层的水平反力强度	1.5	1.1
侧面地层的水平抗剪反力强度	1.5	1.1
侧面地层的竖向抗剪反力强度	3	1.1

（1）被动土压强度的计算公式

第 i 层上端的被动土压强度

$$\left.\begin{array}{l} P_{P_{i\pm}} = 2C_i(K_{P_i})^{\frac{1}{2}} + K_{P_i}\left(q + \sum_{j=1}^{i-1}\gamma_j h_j\right) \\ P_{Ep_{i\pm}} = 2C_i(K_{Epi})^{\frac{1}{2}} + K_{Epi}\left(q + \sum_{j=1}^{i-1}\gamma_j h_j\right) \end{array}\right\} \qquad (式3.3.31)$$

第 i 层下端的被动土压强度

$$\left.\begin{array}{l} P_{P_{i\mp}} = K_{P_i}\gamma_i h_i + 2C_i(K_{P_i})^{\frac{1}{2}} + K_{P_i}\left(q + \sum_{j=1}^{i-1}\gamma_j h_j\right) \\ P_{Ep_{i\mp}} = K_{Ep_i}\gamma_i h_i + 2C_i(K_{Epi})^{\frac{1}{2}} + K_{Ep_i}\left(q + \sum_{j=1}^{i-1}\gamma_j h_j\right) \end{array}\right\} \qquad (式3.3.32)$$

式中 C_i——第 i 层土体的黏聚力（kN/m^2）；

        γ_i——第 i 层土体的浮重度（kN/m^3）；

        h_i——第 i 层土层的厚度（m）；

K_{P_i}、K_{Ep_i}——第 i 层常态、地震态（静力法）的被动土压系数（无量纲）；

        q——地表面到箱体上顶区段的土体荷重，简称为预荷重。

$$q = \gamma_0 h_0 \qquad (式3.3.33)$$

式中 h_0——地表到箱顶的高度；

        γ_0——该区段内土体的重度。

（2）K_{P_i}、K_{Ep_i}的计算公式

$$K_{P_i} = \frac{\cos^2\varphi_i}{\cos\delta_i \left\{1 - \left[\dfrac{\sin(\varphi_i - \delta_i) \cdot \sin(\varphi_i + \alpha)}{\cos\delta_i\cos\alpha}\right]^{\frac{1}{2}}\right\}^2} \qquad (式3.3.34)$$

$$K_{Ep_i} = \frac{\cos^2\varphi_i}{\cos\delta_{Ei} \left\{1 - \left[\dfrac{\sin(\varphi_i - \delta_{Ei})\sin(\varphi_i + \alpha)}{\cos\delta_{Ei}\cos\alpha}\right]^{\frac{1}{2}}\right\}^2} \qquad (式3.3.35)$$

式中 φ_i——第 i 层地层中土体的内摩擦角（°）；

α——地表面与水平面的夹角（°）；

δ_i、δ_{Ei}——常态、地震态（震态法）第 i 层地层中土体与箱体壁面的摩擦角（°），通常认定

$$\left. \begin{aligned} \delta_i &= -\frac{\varphi_i}{3} \\ \delta_{Ei} &= -\frac{\varphi_i}{6} \end{aligned} \right\} \qquad (式3.3.36)$$

2. 周面地层的剪切反力强度的上限值

周面地层的剪切反力强度的上限值系指箱体侧面地层的水平剪切反力、箱体前面、背面地层的竖向抗剪反力及侧面地层的竖向抗剪反力等三种反力的强度的上限值。由于上述三种反力均为抗剪反力，所以三种反力强度的上限值的计算公式相同。即

$$(P_x)_u = f_{max}/n \qquad (式3.3.37)$$

式中 P——地层的抗剪反力强度（kN/m²）；角标 x 系指 P_{SHD}（侧面地层的水平抗剪反力强度），P_{SVD}（侧面地层的竖向抗剪反力强度），P_{SVB}（前面、背面地层竖向抗剪反力强度）中的一种；括号外的角标 u 表示为上限值；

f_{max}——周面摩擦力强度的最大值；

n——修正系数。

（1）最大摩擦力强度 f_{max}

f_{max} 与土质参数有关，可由下式计算。

黏性土

$$f_{max} = 0.5(C + P_0\tan\varphi) \leqslant 100(kN/m^2) \qquad (式3.3.38)$$

砂质土

$$f_{max} = \left. \begin{cases} N & \leqslant 50(kN/m^2) \\ 0.5(C + P_0\tan\varphi) \leqslant 50(kN/m^2) \end{cases} \right\} 取两者中的小值 \qquad (式3.3.39)$$

式中 C——土体的黏聚力（kN/m²）；

φ——土体的内摩擦角（°）；

P_0——作用在壁面上的静止土压强度（kPa）；

N——标准贯入的锤击数。

另外，因井壁光滑，故式中的系数取 0.5。

（2）修正系数，n 值的选取

n 值的选取原则如表 3.3.4 所示。

3.3.7 变位、断面力及地层反力强度的计算

沉箱的计算模型是6种地层弹簧支撑沉箱底面和周面的模型。故可像图3.3.6中示出的弹簧基床上的有限长梁那样，计算断面力、地层反力强度和变位。这里箱体自身应看成是具有一定弯曲刚度的线性弹性体，故还应给出弯曲刚度的计算值。最后给出稳定计算和核对的结果。

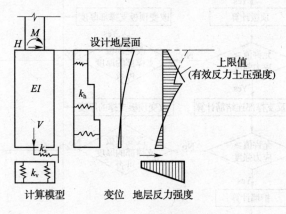

图3.3.6 计算模型

即填好表3.3.5和画出底面竖向地层反力强度分布图，沉箱变位－深度的关系图，前面地层反力强度－深度的关系图，弯矩－深度的关系图，周面地层竖向剪切反力强度－深度，侧面地层水平向剪切反力强度－深度的关系图。

稳定计算核对结果一览表   表3.3.5

参　数	常　态		地　震　态	
	计算值	允许值	计算值	允许值
设计的地层变位量（cm）				
竖向地层反力强度（kN/m²）				
底面地层的剪切反力（kN）				
判定				
弯曲刚度（kN·m²）				
B_z（适用范围）				

3.3.8 构件设计

1. 设计计算程序

构件设计计算的结果，应适应施工时态和竣工后的各种荷载的组合作用状态。计算程序如图3.3.7所示。构造设计先从沉箱构件尺寸开始，重点为侧壁和顶板的设计。

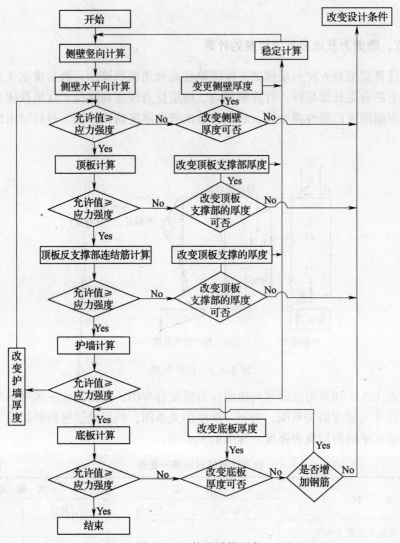

图 3.3.7　构造计算顺序

2. 侧壁竖向断面力的核对

重点核对作用在箱体上的竖向断面力的最大值是否小于允许值。

由弯矩分布找出最大弯矩点的断面应力强度，该应力强度必须小于允许值。

3. 顶板弯矩的核对

顶板的重点核查项目为弯矩核查，实际上即核查顶板单位厚度（m）内的钢筋用量。

顶板厚度大于跨距一半时，下侧、上侧每单位厚度内的钢筋需求量可用下式决定。

$$A_S = 10^4 F / \sigma_{sa} \qquad (式 3.3.40)$$

$$F = \frac{48}{27} \cdot \frac{M}{b \cdot d} \qquad (式 3.3.41)$$

式中　A_S——单位厚度（m）内的钢筋需求量（cm^2/m）；

　　　F——单位厚度（m）上的拉张合力强度（kN/m）；

　　　σ_{sa}——钢筋的允许拉张应力强度（kN/m^2）；

M——作用弯矩（kN·m）；

b——有效宽度（m）；

d——顶板厚度（m）。

3.3.9 下沉计算

1. 计算程序

下沉计算的计算程序如图3.3.8所示。

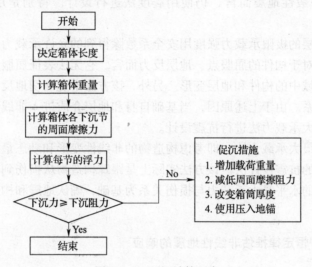

图3.3.8 下沉计算程序

2. 下沉力的计算

下沉力包括箱体自重力和外加下沉压力，就箱体自重力而言，应列表标出箱体各节长度和重力。如有外加下沉压力应指出其大小。

3. 下沉阻力的计算

（1）浮力

当沉箱是在地下水位的下面进行下沉施工时，则箱体上出现上浮力。此时地下水的重度按 $10kN/m^3$ 考虑。

（2）周面摩阻力

沉箱周面摩擦力与土质类别、参数及深度有关。箱体下沉时各节的周面摩擦力，可用下式估算

$$F = f \cdot L \cdot d \qquad （式3.3.42）$$

式中　F——各下沉节的周面摩擦力（kN）；

　　　f——摩阻力强度（kN/m²）；

　　　L——沉箱周长（m）；

　　　d——下沉节的长度（m）。

若箱体下沉过程中注入促沉膨润土泥浆，那么摩擦力将下降30%。列出沉箱周面摩擦系数与土质、深度的关系表。

4. 绘制下沉关系表和下沉关系图

3.4 确保地震水平最大承载力法的抗震设计

3.4.1 引入确保地震水平最大承载力法的必要性

上节介绍的震度法是一种把地震时上部构造物的响应置换成水平惯性力的设计方法。其特点应属于静力设计法，其优点是简单，故目前对于前面介绍过的发生概率较大、强度居中的一般性地震而言，仍使用震度法进行设计。特别是用震度法设计断面的情形更多。

震度法是以地层的极限承载力强度用安全系数除得到的允许承载力强度为基础进行各种设计的。该方法对于构件的屈服点、地层反力而言，它无法表征屈服点及允许承载力强度以外的非线性区域中的构件和地层变形。另外，该方法不能确切地反应沉箱基础总体的承载力与变形的关系。由于上述原因，当基础自身和地层介质进入非线性领域时，必须引入确保地震水平最大承载力法进行抗震设计。

确保地震水平最大承载力法，即考虑构造物的非线性变形和动态最大承载力，把地震荷载认为是静作用的抗震设计法。该方法实际上是跟踪构造物从损伤到破坏的过程的抗震设计法。以构造物的水平最大承载力与损伤关系为基础，确认地震和构造物允许损伤度的设计。

3.4.2 根据能量守恒定律推估非线性地震的响应

因为抗震设计中要考虑构造物的非线性，所以必须切实地确认非线性的地震响应。作为求取地震非线性响应的方法有动态解析法等多种方法。但是，确保地震水平最大承载力法是一种把动态的现象置换成静作用的抗震设计法。以单质点系的振动为基础，使用能量守恒定律，从弹性地震响应求取非线性地震响应的方法。

能量守恒定律，像图 3.4.1 示出的那样，当有弹塑性复原力特性的单质点系构造物承受地震动的场合下，可以认为弹塑性响应和弹性响应两者的输入能量大致相同的解析法。即上部构造物惯性力作用位置上作用有水平荷载的场合下，该位置的水平变位 δ 与水平力 P 的关系，可用图 3.4.1（b）的简化形式表征。当上部构造物底部进入塑性区域的场合下，采用三角形 ABC 与四边形 $OCDE$ 的面积相等的方法，即可求出所谓的弹塑性响应。

3.4.3 设计方针及内容

采用确保地震水平最大承载力法进行沉箱抗震设计的基本方针如下：因沉箱埋设于地下，故发现其受损状况困难，修复工作更困难。为此要求沉箱基础的水平最大承载力（震度法设计时的水平最大承载力）应大于或等于上部构造物自身的极限水平承载力。但是，当上部构造物自身的极限水平承载力较大时，为避免设计的不合理性，此时可使沉箱的最大水平承载力低于上部构造物的极限水平承载力。但是此时沉箱的塑性化，必须控制在沉箱自身不产生屈服的允许塑性区域内，详见 3.4.4 的叙述。另外，变形性能也必须符合抗震设计要求。

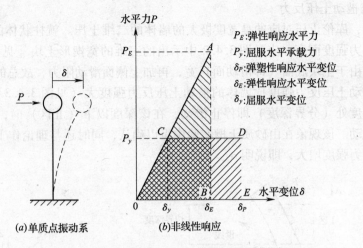

图3.4.1 单质点振动系及能量守恒基础上的非线性响应

确保地震水平最大承载力法的抗震设计的基本内容。即，建立承受地震水平最大承载力状态下的箱体与地层的解析模型；明确地层及箱体的各自的特性参数；确认作用在箱体上的荷载，算出箱体上的断面力、地层的反力强度及箱体的变位等参数值，并使其分别小于各自的上限值。

3.4.4 地层反力强度上限值

1. 底面地层竖向反力强度的上限值

箱体底面的地层竖向反力强度的上限值，即箱体底面的极限承载力强度。详见3.3.4的叙述，这里不再重复。

2. 底面地层的抗剪反力强度的上限值

底面地层的抗剪反力强度的上限值，可用下式计算。

$$\left. \begin{array}{c} p_{su} = H_u/A_e \\ H_u = C_B A_e + V\tan\varphi_B \end{array} \right\} \qquad （式3.4.1）$$

式中　p_{su}——箱体底面地层的抗剪反力强度的上限值（kN/m^2）；

　　　H_u——作用在箱体底面地层上的抗剪力（kN）；

　　　V——作用在箱体底面上的竖向反力（kN），浮力为差值范围；

　　　A_e——箱体底面的有效荷载面积（m^2）；

　　　C_B——箱体底面与地层间的单位面积上的黏聚力（kN/m^2）；

　　　φ_B——箱体底面与地层间的摩擦角（°）。

3. 箱体前面地层水平反力强度的上限值

（1）前面地层水平反力强度上限值的计算公式

$$p_{Hu} = \alpha_p \cdot p_{Ep} \qquad （式3.4.2）$$

式中　p_{Hu}——箱体前面地层的水平反力强度的上限值（kN/m^2）；

　　　p_{Ep}——该位置地层的被动土压（kN/m^2）；

　　　α_p——三维被动土压反力强度加成系数（无量纲）。

（2）三维被动土压反力

众所周知，库伦土压对应的是宽度极大的墙体的二维土压。就柱状体的上层（Ⅰ区）的被动土压反力强度而言，应是图 3.4.2 中示出的三维的宽楔形土块 [见图 3.4.2（a）]的滑动阻力。由于土块底面（即滑动面）宽，再加上侧面滑动阻力，故总的阻力增加，所以柱状体的被动土压反力强度比墙体的被动土压反力强度大（见图 3.4.3）。但是楔形土块滑到某一深度处（分界深度）即停止滑动，在该深度以下（Ⅱ区）时，可以认定土体受压作平面滑动。该现象在由砂质土槽实验中得以确认，同时还与理论作了比较。结果发现被动土压反力强度增大，即说明 $\alpha_p > 1$。

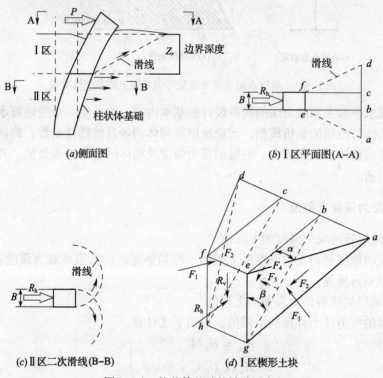

图 3.4.2　柱状体基础的被动反力

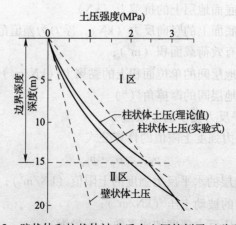

图 3.4.3　壁状体和柱状体被动反力土压的例子（砂质基础）

对上述结论而言，虽然没有进行黏性土实验。但从理论上讲，上层（Ⅰ区）的被动土压反力强度应与砂质土的倾向相同。但是区域Ⅱ的结果与砂质土有所不同，即黏土的被动土压反力强度比考虑砂土加成系数 α_p 时的理论土压反力强度的值稍大。这一点已被黏性土层的载荷实验与按砂质土的加成系数进行计算的计算值的对比结果所确认（见图3.4.4）。但是对稳定性来说，占主导地位的是上层土压，考虑到计算方便，这里认定黏性土的加成系数与砂质土相同。

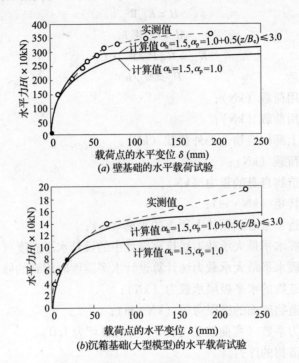

图3.4.4 水平载荷试验和计算值的比较

通常 α_p 可由式（3.4.3）、式（3.4.4）计算

① $N > 2$ 时

$$\alpha_p = 1.0 + 0.5\left(\frac{z}{B_e}\right) \leq 3.0 \qquad (式3.4.3)$$

② $N \leq 2$ 时

$$\alpha_p = 1 \qquad (式3.4.4)$$

式中　z——设计深度（m）；

B_e——箱体前面的有效宽度（m）；

N——地层的标准贯入试验的锤击数。

4. 周面地层剪切反力强度的上限值

确保地震水平最大荷载力法抗震设计中，考虑的周面地层剪切反力强度的上限值与3.3.6震度法周面地层剪切反力强度上限值的计算方法完全相同，唯一不同的地方即式（3.3.37）中的修正系数 n 取值为1。有关计算方法见3.3.6的叙述。

5. 地层反力系数

确保地震水平最大承载力法抗震设计中用到的地层反力系数，与震度法中地震态的地层反力系数完全相同，详见 3.3.5 的叙述，这里不再重复。

3.4.5　确保地震水平最大承载力法抗震设计的荷载计算

采用确保地震水平最大承载法进行抗震设计时的荷载的计算如下：

$$N = R_d + W_D + W_p - W_1 \qquad\qquad (式 3.4.5)$$

$$H = K_{hp} W_p \qquad\qquad (式 3.4.6)$$

$$M = K_{hp} W_p h_1 \qquad\qquad (式 3.4.7)$$

$$K_{hp} = C_{dF} P_u / W_p \cdot C_p \qquad\qquad (式 3.4.8)$$

$$P_u = M_u / h_1 \qquad\qquad (式 3.4.9)$$

式中　N——竖向作用荷载（kN）；

　　　H——水平作用荷载（kN）；

　　　R_d——作用在上部构造物上的外荷载（kN）；

　　　W_D——上土压荷载（kN）；

　　　W_p——上部构造物自身的重力（kN）；

　　　M——箱体的转矩（kN·m）；

　　　h_1——上部构造物重心到箱体上顶盖的距离（m）；

　　　K_{hp}——确保地震水平最大承载力法抗震设计中的设计水平震度（无量纲）；

　　　C_{dF}——确保地震水平最大承载力法计算设计水平震度时用到的修正系数 = 1.1；

　　　P_u——上部构造物的水平极限承载力（kN）；

　　　M_u——上部构造物底面的极限弯矩（kN·m）；

　　　C_p——等效重力系数（弯曲波型为 0.5，剪切破坏为 1.0）；

　　　W_1——上部构造物的浮力。

3.4.6　断面力、地层反力强度和变位的计算

与震度法一样计算时应把沉箱看作是弹性基床上的有限长梁。不过在确保地震水平最大承载力法抗震设计中，底面竖向地层抗力和水平剪切抗力均应按弹塑性考虑。另外，在允许基础自身非线性的设计中，因无法获得解析解，所以使用数值计算法。解析模型与图 3.3.4 的模型相同。

3.4.7　水平震度

1. 等效水平震度

等效水平震度，可由式（3.4.10）求取。

$$K_{he} = K_{hc} \cdot (2\mu_a - 1)^{-\frac{1}{2}} \geq 0.4 C_z \qquad\qquad (式 3.4.10)$$

式中　K_{he}——确保地震水平最大承载力法中用到的等效水平震度（取小数点以下 2 位）；

　　　K_{hc}——确保地震水平最大承载力法中用到的设计水平震度；

　　　C_z——地域修正系数；

　　　μ_a——上部构造物的塑性系数的允许值，可由式 3.4.11 计算。

$$\mu_a = 1 + \frac{\delta_u - \delta_y}{\alpha \cdot \delta_y} \qquad (式3.4.11)$$

式中　δ_y、δ_u——上部钢筋混凝土构造物的屈服变位和极限变位（cm）；

　　　　α——安全系数，取值见表3.4.1。

安全系数取值表　　　　　　　　　　　　　　　　　　　　　　表3.4.1

重要度类别	I型地震的 α 值	II型地震的 α 值
A	2.4	1.2
B	3	1.5

2. 设计水平震度

（1）I型设计水平震度

I型设计水平震度系指确保地震水平最大承载力法中用到的I型地震对应的设计水平震度，可由式（3.4.12）求取，但求出的值小于0.3时应取0.3。

$$K_{hc} = C_z K_{hc0} \geq 0.3 \qquad (式3.4.12)$$

式中　K_{hc}——确保地震水平最大承载力法中用到的I型设计水平震度（小数点后2位）；

　　　　K_{hc0}——确保地震水平承载力法中用到的I型设计水平震度的标准值，可据3.1.3节求出的固有周期 T（s）和地层类别，由表3.4.2查出 K_{hc0} 的值；

　　　　C_z——地域修正系数，见表3.1.1。

I型设计水平震度标准值 K_{hc0}　　　　　　　　　　　　　　　表3.4.2

地层类别	固有周期 T（s）对应的 K_{hc0} 值		
I	$T \leq 1.4$ $K_{hc0} = 0.7$		$T > 1.4$ $K_{hc0} = 0.876 T^{-\frac{2}{3}}$
II	$T < 0.18$ $K_{hc0} = 1.51 \cdot T^{-\frac{1}{3}}$ K_{hc0} 不得小于0.7	$0.18 \leq T \leq 1.6$ $K_{hc0} = 0.85$	$T > 1.6$ $K_{hc0} = 1.16 T^{-\frac{2}{3}}$
III	$T < 0.29$ $K_{hc0} = 1.51 \cdot T^{-\frac{1}{3}}$ K_{hc0} 不得小于0.7	$0.29 \leq T \leq 2.0$ $K_{hc0} = 1.0$	$T > 2.0$ $K_{hc0} = 1.59 T^{-\frac{2}{3}}$

但是，当地层被判定为液化时，把地层面处的设计水平震度 K_{hc} 记作设计水平震度。对应I、II、III类地层而言，计算 K_{hc} 时的设计水平震度的标准值 K_{hc0} 分别定为0.30、0.35、0.40，然后再用式（3.4.12）计算 K_{hc} 的值。

（2）II型设计水平震度

确保地震水平最大承载力法中用到的II类设计水平震度，可由式（3.4.13）计算。但是，当式（3.4.13）算出的值小于0.6时，应认定设计水平震度为0.6。

$$K_{hc} = C_z K_{hc0} \geq 0.6 \qquad (式3.4.13)$$

式中　K_{hc}——确保地震水平最大承载力法中用到的II类设计水平震度（取小数点后2位）；

K_{hc0}——确保地震水平最大承载力法中用到的 Ⅱ 类设计水平震度的标准值，可据 3.1.3 节求出的固有周期 T（S）和地层类别，由表 3.4.3 查出 K_{hc0} 的值；

C_z——地域修正系数，见表 3.1.4。

表 3.4.3

Ⅱ型设计水平震度标准值 K_{hc0}

地层类别	固有周期 T（s）对应的 K_{hc0} 值		
Ⅰ	$T < 0.3$ $K_{hc0} = 4.46 T^{2/3}$	$0.3 \leqslant T \leqslant 0.7$ $K_{hc0} = 2.0$	$0.7 < T$ $K_{hc0} = 1.24 T^{-\frac{4}{3}}$
Ⅱ	$T < 0.4$ $K_{hc0} = 3.22 T^{2/3}$	$0.4 \leqslant T \leqslant 1.2$ $K_{hc0} = 1.75$	$1.2 < T$ $K_{hc0} = 2.23 T^{-\frac{4}{3}}$
Ⅲ	$T < 0.5$ $K_{hc0} = 2.38 T^{2/3}$	$0.5 \leqslant T \leqslant 1.5$ $K_{hc0} = 1.50$	$1.5 < T$ $K_{hc0} = 2.57 T^{-\frac{4}{3}}$

但是，当地层被判定发生液化时，应使用地层面处的设计水平震度 K_{hg}。K_{hg} 是对应 Ⅰ、Ⅱ、Ⅲ 类不同地层，把设计水平震度的标准值 K_{hc0}。分别定为 0.8、0.7、0.6 时，由式（3.4.13）算出的值。

在计算沉箱基础的设计水平震度时，应在式（3.4.12）、式（3.4.13）的右边乘一个修正系数 $C_D = \dfrac{2}{3}$。

3.4.8 屈服判定

1. 屈服点

沉箱的屈服即当沉箱上作用有水平力（水平震度）的场合下，水平力与沉箱支承的上部构造物重心（即惯性力作用位置）的水平变位关系（见图 3.4.5）中的急剧上升点，即屈服点。

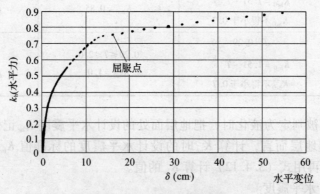

图 3.4.5 水平力 - 水平变位的关系

2. 判定屈服的准则

判定沉箱屈服的准则有以下三点：

（1）沉箱自身屈服。

沉箱自身屈服可由沉箱的弯矩～曲率特性关系曲线，即 $M \sim \phi$ 关系曲线来判定。通常

把 $M \sim \phi$ 曲线划分成裂缝、屈服、最终破坏三段折线，见图3.4.6。图中的 M_c 为裂缝弯矩、M_y 为屈服弯矩，M_u 为最终破坏弯矩。当作用在沉箱上的最大弯矩 $M_{max} \geq M_y$ 时，即发生屈服。

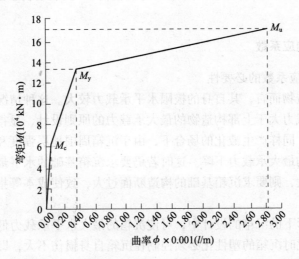

图3.4.6 $M \sim \phi$ 关系

（2）沉箱前面地层的塑性占有率 $\lambda_F \geq 60\%$ ，即发生屈服。

$$\lambda_F = \frac{L_p}{L_e} \times 100(\%) \qquad (式3.4.14)$$

式中 λ_F——箱体前面地层的塑性区域占有率（%）；

L_p——箱体前面地层的水平反力强度达到其上限值的区域深度的总合（m）；

L_e——沉箱的有效埋入深度（m）。

（3）底面上浮面积占有率 $\lambda_B \geq 60\%$ ，即发生屈服。

$$\lambda_B = \frac{A_R}{A} \times 100(\%) \qquad (式3.4.15)$$

式中 λ_B——沉箱底面面积的上浮率（%）；

A_R——沉箱底面上浮的面积（m^2）；

A——沉箱的底面积（m^2）。

3.4.9 沉箱水平最大承载力的核对

在确认地震水平最大承载力法的抗震设计中，像图3.4.7示出的那样，由于弯曲损伤上部构造物出现塑性铰接，此时沉箱基础变位位于屈服点以下，沉箱无大的损伤和破坏，即沉箱基础与地层系统中的非线性成分不占主导地位。为此沉箱的水平最大承载力必然大于上部构造物的水平最大承载力。

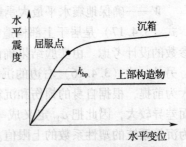

图3.4.7 水平变位与水平震度的关系

沉箱基础的水平最大承载力的核对，就是判定虽然沉箱上作用有静荷载和由式
（3.4.8）算出的设计水平震度相当的惯性力，但沉箱并未进入屈服状态。这里应指出，抗
震设计中的地层面上方的地中构造物上作用的惯性力，可以认为是地层面处的水平震度
K_{hG}相当的惯性力。

3.4.10 沉箱塑性响应系数

1. 引入塑性响应系数的必要性

就壁式上部构造物而言，其自身的极限水平承载力较大。这种情况下如仍坚持按沉箱
基础的水平极限承载力大于上部构造物的最大承载力的原则设计，显得有些不太必要，甚
至有时也不太合理。同样产生液化的场合下，由于沉箱周围地层强度和承载力下降，最后
导致整个沉箱基础的最大承载力下降。这时若仍要求沉箱基础的水平最大承载力比上部构
造物的极限承载力大，则要求沉箱基础的构造断面过大，致使成本等指标大增，显然这个
要求不尽合理。

因此，上述情形下的沉箱的设计中，可使沉箱的最大水平承载力低于上部构造物的极
限承载力。但是，此时沉箱的塑性化必须控制在沉箱自身损伤不大，即对应屈服以下的允
许塑性区域内。见图3.4.8。这种设计之所以合理是期待由沉箱吸收能量。就这种情形而
言，必须计算与设计水平震度相当的水平力对应的基础的塑性响应系数μ_{FR}，并核实μ_{FR}是
否满足式（3.4.16），即

$$\mu_{FR} \leqslant \mu_{FL} \qquad\qquad （式3.4.16）$$

式中　μ_{FR}——沉箱的塑性响应系数；

　　　μ_{FL}——沉箱塑性系数的上限值。

但是，当上部构造物的水平最大承载力大于设
计水平震度的相应水平力，且有较大的裕度的情
形，即可认为是对应式（3.4.17）的情形，或者看
成是上部构造物的破坏形态为剪切破坏型及转移破
坏型（从弯曲损伤移向剪切破坏）。

$$P_u \geqslant 1.5K_{he}W \qquad （式3.4.17）$$

式中　P_u——沉箱支承的上部构造物的极限水平承
　　　　　载力；

　　　K_{he}——确保地震水平最大承载力法中用到的
　　　　　等效水平震度；

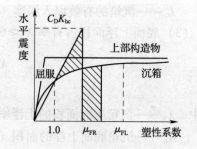

图3.4.8　水平震度与塑性系数的关系

　　　W——确保地震水平最大承载力法中用到的等效重力。

式（3.4.17）是居于上部构造物与沉箱基础的最大承载力相等，与震度法具有相同断
面参数的设计考虑。由实验结果确认的公式。

另外，式（3.4.16）右边的沉箱的塑性系数的上限值μ_{FL}是以防止沉箱构件发生损伤
过大为前提，根据自身的损伤和沉箱周围地层的塑性状况确定。但是，塑性化因地层的不
同而差异较大，因此把μ_{FL}定义成一个固定值极为困难，故通常以沉箱自身的塑性系数，
作为沉箱系统的塑性系数的上限值。

2. 塑性响应系数的计算方法

在忽略 2 次项的条件下，沉箱塑性响应系数 μ_{FR} 可用式（3.4.18）计算（参考图 3.4.1）。

$$\mu_{FR} = \frac{1}{2}\left\{1 + \left(\frac{K_{hcf}}{K_{hyF}}\right)^2\right\} \qquad (\text{式 }3.4.18)$$

式中 μ_{FR}——沉箱塑性响应系数；

K_{hcf}——确保地震水平最大承载力法中的设计水平震度；

K_{hyF}——屈服水平震度，可按式（3.4.19）确定。

$$K_{hyF} = \frac{P_a}{W} \qquad (\text{式 }3.4.19)$$

式中 P_a——上部构造物的极限水平承载力（kN）；

W——作用在沉箱上的等效重力（kN）。

3. 塑性响应系数上限值的计算

$$\mu_{FL} = 1 + \frac{\delta_u - \delta_{hyF}}{\alpha \cdot \delta_{hyF}} \qquad (\text{式 }3.4.20)$$

式中 δ_{hyF}——屈服时的上部构造物惯性力作用位置的水平变位（cm）；

δ_u——沉箱基础自身惯性力作用位置的极限水平变位（cm），通常取 $\delta_u = 200\text{cm}$；

α——安全系数，可据表 3.4.4 选取。

α 的取值原则

表 3.4.4

桥的类别	Ⅰ 型地震的 α	Ⅱ 型地震的 α
B 类	3.0	1.5
A 类	2.4	1.2

3.4.11 沉箱的水平变位及旋转角

沉箱在与水平震度相当的水平力的作用下，箱体必然产生位移和旋转。这里的水平变位和旋转角系指沉箱上顶盖的水平位移和旋转角。两者必须满足式（3.4.21）。

$$\left.\begin{array}{l}\delta_F < \delta_L \\ \phi_F < \phi_L\end{array}\right\} \qquad (\text{式 }3.4.21)$$

式中 δ_F（cm）、δ_L（cm）——水平变位和水平变位的上限值；

ϕ_F（rad）、ϕ_L（rad）——旋转角和旋转角的上限值。通常取 $\delta_L = 40\text{cm}$、$\phi_L = 0.025\text{rad}$。

3.4.12 构件计算

1. 顶板计算

顶板设计计算的结果，必须满足如下的条件，即

$$M_{max} < M_y \qquad (\text{式 }3.4.22)$$

式中 M_{max}——作用在顶板上的最大弯矩（kN·m）；

M_y——顶板的屈服弯矩（kN·m）。

计算 M_{max} 时，应把顶板看成是以上部构造物基部为固定端的悬臂梁，然后求取该悬臂

169

梁的断面力，进而求取断面上的作用弯矩。

$$M_{\max} = M_1 + M_2 + M_3 \qquad (式3.4.23)$$

式中　M_1——竖向最大作用反力矩；

　　　M_2——水平最大作用反力矩；

　　　M_3——自重力矩。

2. 侧壁

侧壁设计计算即针对图 3.4.9 中示出的水平断面上作用的荷重力，把水平断面看成是一个在侧壁及隔墙位置上设置支点的刚构架，然后作构架计算并求出其断面力。

（1）弯矩核对

计算结果必须满足式（3.4.24），即

$$M_{\max} < M_u \qquad (式3.4.24)$$

式中　$M_{\max}$——作用在侧壁上的最大弯矩（kN·m）；

　　　M_u——侧壁的极限弯矩（kN·m）。

极限弯矩可用式（3.4.25）求取

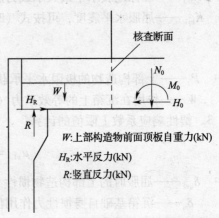

W:上部构造物前面顶板自重力(kN)
H_R:水平反力(kN)
R:竖直反力(kN)

图 3.4.9　估算作用扭矩时考虑的反力

$$M_u = A_s \sigma_{sy}\left(d - \frac{1}{2}\frac{A_s \sigma_{sy}}{0.85\sigma_{ck}b}\right) \qquad (式3.4.25)$$

式中　M_u——极限弯矩（kN·m）；

　　　A_s——拉伸钢材的总面积（m²）；

　　　σ_{sy}——拉伸钢材的屈服点的抗拉强度（kN/m²）；

　　　d——构件断面的有效厚度（m）；

　　　σ_{ck}——混凝土的设计基准强度（kN/m²）；

　　　b——构件的宽度（m）。

（2）抗剪力的核对

设计计算的结果必须满足式（3.4.26），即

$$S_{\max} < P_s \qquad (式3.4.26)$$

式中　$S_{\max}$——作用在核对断面侧壁上的剪切力（kN）；

　　　P_s——侧壁的极限抗剪力（kN）。

极限抗剪力 P_s 可由式（3.4.27）、式（3.4.28）、式（3.4.29）求取

$$P_s = S_c + S_s \qquad (式3.4.27)$$

$$S_c = c_c c_e c_{pt} c_N \tau_c b d \qquad (式3.4.28)$$

$$S_s = \frac{A_w \sigma_{sy} d(\sin\theta + \cos\theta)}{1.15a} \qquad (式3.4.29)$$

式中　P_s——极限抗剪力（kN）；

　　　S_c——混凝土负担的极限抗剪力（kN）；

　　　c_c——考虑荷载正负交替作用时的修正系数，通常 $c_c = 1.0$；

　　　c_e——构件断面有效厚度 d 决定的修正系数，可由表3.4.5查取；

c_{pt}——轴向拉伸钢筋比 p_t 的修正系数，可由表3.4.6查取。表中的 p_t 为轴向拉伸钢筋比（％），即从中心轴到拉伸侧的轴向钢筋断面积的总和被 bd 除的商值；

τ_c——混凝土可以承担的平均剪切应力强度（kN/m^2）。其值可由表3.4.7查取；

b——垂直于极限抗剪力方向上的构件断面的宽度（m）；

d——平行极限抗剪力方向上的构件断面的有效厚度（m）；

S_s——斜拉钢筋负担的极限抗剪力（kN）；

A_w——间隔 a 和角度 θ 的斜拉钢筋的断面积（m^2）；

σ_{sy}——斜拉钢筋屈服点的抗拉强度（kN/m^2）；

θ——斜拉钢筋与竖轴间的夹角；

a——斜拉钢筋的间隔（m）；

c_N——轴向压缩力决定的修正系数，可由下式求取。

构件断面有效厚度 d 决定的修正系数 c_e 表3.4.5

有效厚度（m）	<0.3	1	3	5	>10
c_e	1.4	1.0	0.7	0.6	0.5

与轴向拉伸钢筋比 p_t 有关的修正系数 c_{pt} 表3.4.6

轴向拉伸钢筋比 p_t（％）	0.1	0.2	0.3	0.5	>1
c_{pt}	0.7	0.9	1.0	1.2	1.5

混凝土可以负担的平均剪切应力强度 τ_c（kN/m^2） 表3.4.7

混凝土的设计基准强度	21000	24000	27000	30000	40000
混凝土负担的平均剪切应力强度	330	350	360	370	410

$$c_N = 1 + (M_v/M) \qquad \text{（式3.4.30）}$$

$$1 \leq c_N \leq 2 \qquad \text{（式3.4.31）}$$

式中 M_v——构件边缘处轴向压缩力决定的混凝土应力强度为零的弯矩，见式（3.4.32）；

$$M_v = \frac{N}{A_c} \cdot \frac{I_c}{y} \qquad \text{（式3.4.32）}$$

M——作用在构件断面上的弯矩（kN·m）；

N——作用在构件断面上的轴向压缩力（kN）；

I_c——与构件断面重心轴有关的断面的2次矩（m^4）；

A_c——构件的断面面积（m^2）；

y——从构件断面重心到构件拉伸缘的距离（m）。

3.5 沉井桥基设计计算实例

3.5.1 设计条件确认

(1) 桥墩条件

桥墩的横截面形状为矩形，下端面尺寸为 $4.5m \times 4.5m$，断面面积为 $20.25m^2$，总重力为 $5330kN$。

(2) 沉井的形状及尺寸

考虑到桥墩的形状、尺寸、施工空间、施工误差、用地约束因素及地层条件，确认下来的沉井尺寸如图 3.5.1 所示。

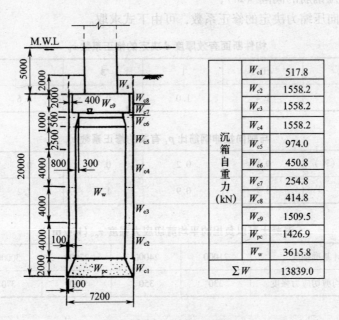

沉箱自重力 (kN)	W_{c1}	517.8
	W_{c2}	1558.2
	W_{c3}	1558.2
	W_{c4}	1558.2
	W_{c5}	974.0
	W_{c6}	450.8
	W_{c7}	254.8
	W_{c8}	414.8
	W_{c9}	1509.5
	W_{pc}	1426.9
	W_w	3615.8
$\sum W$		13839.0

图 3.5.1 沉井尺寸图

(3) 地层条件

沉井施工位置的地质柱状图如图 3.5.2 所示。沉井周围和底面地层的条件如表 3.5.1 所示。

沉井周围地层及底面地层的土质参数　　　　　　　表 3.5.1

层序	层厚 (m)	重度 γ (kN/m³)	黏聚 c (kN/m²)	内摩擦角 φ (°)	变形模量 E (kN/m²)	平均 N 值	土质
1层	9.0	16	30	12	22400	8	黏土
2层	6.0	18	0	30	36400	13	砂土
3层	5.0	19	0	35	84000	30	砂土
底面		20	0	35	140000	50	砂土

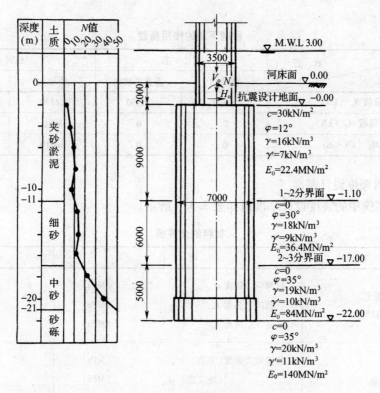

图3.5.2 土质柱状图

该例中的抗震设计地面与常态设计地面为同一地面。

（4）设计荷载

上部构造的重力、桥墩的重力、桥墩下端的作用荷载、沉井桥基的重力，分别如表3.5.2～表3.5.4所示。

荷载条件   表3.5.2

荷　　载	桥轴向	垂直桥轴向
静荷重（R_d）	8800（kN）	8800（kN）
动荷重（R_L）	2200（kN）	2200（kN）
上部构造物的重量（W_u）	9100（kN）	8800（kN）
桥墩重力（W_p）	5330（kN）	5330（kN）
上部构造惯性力作用高度（h_u）	10.2m	11.3m
桥墩重心高度（h_p）	5.7m	5.7m

桥墩及沉井重力   表3.5.3

项　　目	重　力
沉井自重力（kN）	13839
单位长度的重力（kN/m）	629
作用在沉井上的浮力（kN）	7740
作用在桥墩上的浮力（kN）	1012.5
上载土砂重力（kN）	255.3

桥墩下端的作用荷载 表 3.5.4

荷 载 \ 状 态	常 态		地震态	
	桥轴向	垂直桥轴向	桥轴向	垂直桥轴向
竖向荷载 N_0（kN）	16330	16330	14130	14130
水平向荷载 H_0（kN）	0	0	3610	3540
扭矩 M_0（kN·m）	0	0	30810	32640

（5）用料强度设计基准

该设计实例中的强度设计基准值如表 3.5.5 所示。

材料的允许值 表 3.5.5

材 料	项 目		允许值
混凝土 （$\sigma_{ck}=21$MPa）	抗弯应力强度 σ_{ca}	（MPa）	7
	抗剪应力强度 τ_c	（MPa）	0.33
	常态 τ_{aL}	（MPa）	0.23
钢筋 （SD295）	抗拉应力强度（常态）σ_{sa}	（MPa）	160
	（施工态）σ_{sa}	（MPa）	240
	（地震态）σ_{sa}	（MPa）	270
	屈服应力强度 σ_{sy}	（MPa）	300

3.5.2 震度法设计

震度法的稳定计算的基本内容及设计程序（见图 3.3.1）已在 3.3.1 节及 3.3.2 节中作过叙述，这里不再重复。

1. 震度法设计水平震度的确定

根据本例的地层种类、地域类别及沉井的重要程度，本例把设计水平震度定为 0.25。

2. 地层的允许承载力强度

（1）底面地层的允许竖向承载力强度

① 底面地层的极限承载力强度 q_d

因沉井断面为圆形，所以 $\alpha=1.3$、$\beta=0.6$。另因 $c=0$，$\gamma_1=11$kN/m³。

$$\gamma_2=\frac{\gamma_1' z_1+\gamma_2' z_2+\gamma_3' z_3}{z_f}=\frac{7\times 9+9\times 6+10\times 5}{20}=8.35\text{kN/m}^3,\ z_f=20\text{m},\ \varphi=35°,$$

$N_c=50$，$N_q=33.3$，$N_r=33.9$。将上述数据代入式（3.3.2），得 $q_d=6344$kN/m²。

② 安全系数 n

常态 $n=3$；地震态（震度法）$n=2$。

③ 沉井底面地层的竖向允许承载力强度 q_{al}

将上述参数值代入式（3.3.3），得常态 $q_{al}=2226$kN/m²，地震态 $q_{al}=3255$kN/m²。

④ 沉井底面地层竖向允许承载力强度上限值 q_{a2}

将上述数据值代入式（3.3.4），得砂砾地层的常态 $q_{a2} = 1260 \text{kN/m}^2$，地震态 $q_{a2} = 1890 \text{kN/m}^2$。

（2）底面地层的允许抗剪力

$V_{常态} = 16330.0 + 13839.0 + 255.3 - 7741.5 - 1012.5 = 21670.3 \text{kN}$，$V_{地震态} = 14130 + 13839 + 255.3 - 7741.5 - 1012.5 = 19470.3 \text{kN}$，$c_B = 0$，$\varphi_B = \left(\dfrac{2}{3}\right)\varphi = 23.3°$，常态 $n = 1.5$，地震态 $n = 1.2$。将上述数据代入式（3.3.5），得常态 $H_a = 6232.2 \text{kN}$，地震态 $H_a = 6999.8 \text{kN}$。

（3）负周面摩阻力的讨论

由于第一层较弱（$N = 8$），故存在压密沉降。

因为外周长 $L = 21.99 \text{m}$，层厚 $H = 11 \text{m}$，负摩阻力强度 $f_m = 30 \text{kN/m}^2$，$q_d = 6344 \text{ kN/m}^2$，$Av$（断面积）$= \pi\left(\dfrac{D}{2}\right)^2 = \dfrac{\pi}{4} \times 49 \text{m}^2$，将上述数据代入式（3.3.6）及式（3.3.7），得

$$R_m（负周面摩阻力）= 7256.7 \text{kN}$$
$$(R_m + V) \times 1.5 = (7256.7 + 20890.3) \times 1.5 = 422205 \text{kN}$$

$$q_d \times A_V = 6344 \times \dfrac{\pi}{4} \times 49 = 244138.5 \text{kN}$$

由上述计算结果，不难看出完全满足式（3.3.7）的安全性要求。

3. 地层反力系数的估算

（1）底面地层竖向抗压反力系数的 K_V 估算

因常态 $\alpha = 1$，$E_0 = 14 \times 10^4 \text{kN/m}^2$，所以 $K_{V0} = \dfrac{1}{0.3} \times 1 \times 14 \times 10^4 = 466700 \text{kN/m}^3$。

又沉井断面为圆形，故 $B_V = D = 7 \text{m}$，代入式（3.3.8）得 $K_V = 466700 \times (7/0.3)^{-\frac{3}{4}} = 43957 \text{kN/m}^3$。

因地震态 $\alpha = 2$，所以地震时的 $K_V = 87914 \text{kN/m}^3$。

（2）底面地层水平抗剪反力系数 K_S 的估算

由式（3.3.11）可知

常态 $K_S = 0.3 K_V = 13187 \text{kN/m}^3$，地震态 $K_S = 0.3 \times 2K_V = 26374 \text{kN/m}^3$。

（3）前面地层水平反力系数 K_H 的估算

$$K_H = \alpha_K K_{H0}(B_H/d)^{-\frac{3}{4}}$$

因本例中采用灌浆措施，故式中的 $\alpha_K = 1.5$。因断面为圆形，故 $B_e = 0.8D = 0.8 \times 7 = 5.6 \text{m}$，因 $(B_e Z)^{\frac{1}{2}} = (5.6 \times 20)^{\frac{1}{2}} = 10.58 \text{m}$，所以满足 $B_e < (B_e Z)^{\frac{1}{2}}$ 的条件，故 $B_H = B_e = 5.6 \text{m}$。α、d 同前，$E_0 = 22400 \text{kN/m}^2$（第一层，）故 $K_{H0} = 74666.6 \text{kN/m}^3$。

$$K_H = 74666.7 \times 1.5 \times (5.6/0.3)^{-\frac{3}{4}} = 12472 \text{kN/m}^3$$

（4）侧面水平剪切地层反力系数 K_{SHD} 的估算

因为 $(D_e E_f)^{\frac{1}{2}} = 10.58 \text{m}$，$D_H = D_e = 5.6 \text{m} < 10.58 \text{m}$，故

$$K_{HD} = 1.5 \times K_{HD} \times (5.6/0.3)^{-\frac{3}{4}} = 1.5 \times 74666.7 \times (5.6/0.3)^{-\frac{3}{4}} = 12472 \text{kN/m}^3$$

$$K_{SHD} = 0.6 K_{HD} = 0.6 \times 12472 = 7483 \text{kN/m}^3$$

（5）前、背面地层的竖向抗剪反力系数 K_{SVB} 的估算

$$K_{SVB} = 0.3K_H = 0.3 \times 12472 = 3741 \text{kN/m}^3$$

（6）侧面地层的竖向抗剪反力系数 K_{SVD} 的估算

$$K_{SVD} = 0.3K_{HD} = 0.3 \times 12472 = 3741 \text{kN/m}^3$$

（7）周面地层反力系数汇集表

本例的周面地层反力系数汇集如表 3.5.6 所示。

沉井周面地层反力系数（常态值）　　　　　　　　　表 3.5.6

层　别	K_H（kN/m³）	K_{SHD}（kN/m³）	K_{SVB}（kN/m³）	K_{SVD}（kN/m³）
1 层	12472	7483	3741	3741
2 层	20266	12160	6080	6080
3 层	46768	28061	14030	14030

注：桥轴向与垂直桥轴向的值相同，地震时的值是表中常态值的两倍。

4. 地层反力强度上限值的估算

（1）被动土压系数 K_P、K_{EP} 的计算

因为 $\varphi_1 = 12°$，$\varphi_2 = 30°$，$\varphi_3 = 35°$，$\delta_1 = -4°$、$\delta_2 = -10°$、$\delta_3 = -11.7°$，$\delta_{E1} = -2°$、$\delta_{E2} = -5°$、$\delta_{E3} = -5.8°$，$\alpha = 0°$，将上述数据代入式（3.3.34）、式（3.3.35），故得

$K_{P1} = 1.695$、$K_{P2} = 4.143$、$K_{P3} = 5.680$，$K_{EP1} = 1.591$、$K_{EP2} = 3.505$、$K_{EP3} = 4.527$。

（2）被动土压强度 P_P、P_{EP} 的计算

因为 $\nu_1 = 7 \text{kN/m}^3$、$\nu_2 = 9 \text{kN/m}^3$、$\nu_3 = 10 \text{kN/m}^3$、$\nu_0 = 7 \text{kN/m}^3$，$h_1 = 9\text{m}$、$h_2 = 6\text{m}$、$h_3 = 5\text{m}$、$h_0 = 2\text{m}$，$c_1 = 30 \text{kN/m}^2$、$c_2 = 0$、$c_3 = 0$、$q = 7 \times 2 = 14 \text{kN/m}^2$，将上述数据代入式（3.3.31）及式（3.3.32），求出的各土层的被动土压强度如表 3.5.7 所示。

被动土压强度　　　　　　　　　表 3.5.7

状态	计算点	被动土压强度计算式	计算值（kN/m²）
常态	1 层上端	$2c_1 \cdot \sqrt{k_{r1}} + k_{r1} \cdot q$	100.5
	1 层下端	$k_{r1} \cdot \gamma_1 \cdot h_1 + 2c_1 \cdot \sqrt{k_{r1}} + k_{r1} \cdot q$	205.0
	2 层上端	$2c_2 \cdot \sqrt{k_{P2}} + k_{P2} \cdot (q + \gamma_1 \cdot h_1)$	319.0
	2 层下端	$k_{P2} \cdot \gamma_2 \cdot h_2 + 2c_2 \cdot \sqrt{k_{P2}} + k_{P2} \cdot (q + \gamma_1 \cdot h_1)$	542.8
	3 层上端	$2c_3 \cdot \sqrt{k_{P3}} + k_{P3} \cdot (q + \gamma_1 \cdot h_1 + \gamma_2 \cdot h_2)$	744.1
	3 层下端	$k_{P3} \cdot \gamma_3 \cdot h_3 + 2c_3 \cdot \sqrt{k_{P3}} + k_{P3} \cdot (q + \gamma_1 \cdot h_1 + \gamma_2 \cdot h_2)$	1028.1
地震态	1 层上端	$2c_1 \cdot \sqrt{k_{EP1}} + k_{EP1} \cdot q$	98.0
	1 层下端	$k_{EP1} \cdot \gamma_1 \cdot h_1 + 2c_1 \cdot \sqrt{k_{EP1}} + k_{EP1} \cdot q$	198.0
	2 层上端	$2c_2 \cdot \sqrt{k_{EP2}} + k_{EP2} \cdot (q + \gamma_1 \cdot h_1)$	269.9
	2 层下端	$k_{EP2} \cdot \gamma_2 \cdot h_2 + 2c_2 \cdot \sqrt{k_{EP2}} + k_{EP2} \cdot (q + \gamma_1 \cdot h_1)$	459.2
	3 层上端	$2c_3 \cdot \sqrt{k_{EP3}} + k_{EP3} \cdot (q + \gamma_1 \cdot h_1 + \gamma_2 \cdot h_2)$	593.0
	3 层下端	$k_{EP3} \cdot \gamma_3 \cdot h_3 + 2c_3 \sqrt{k_{EP3}} + k_{EP3} \cdot (q + \gamma_1 \cdot h_1 + \gamma_2 \cdot h_2)$	819.4

（3）最大周面摩阻力强度 f_{max} 的估算

由前面给出的各层的土质参数（c、φ 等）及式（3.3.38）、式（3.3.39）计算 f_{max} 的结果，如表3.5.8所示。

最大周面摩阻力强度 f_{max} 的估算值 　　　　表3.5.8

层别	土质	N 值	$0.5\,(c+P_0\tan\varphi)$（kN/m²）	上限值（kN/m²）	f_{max}（kN/m²）	P_0（kN/m²）
1层上端	黏性土		15.7	100	15.7	6.585
1层下端	黏性土		19.1	100	19.1	38.5
2层上端	砂质土	13	11.1	50	11.1	38.5
2层下端	砂质土	13	18.9	50	13.0	65.45
3层上端	砂质土	30	22.9	50	22.9	65.45
3层下端	砂质土	30	31.6	50	30	90.2

（4）地层反力强度上限值的计算

把表3.5.7示出的 P_P 及 P_{EP}、表3.5.8示出的 f_{max}、表3.5.9示出的 n 值，分别代入式（3.3.30）及式（3.3.37），即可计算出前面地层的水平反力强度的上限值及周围地层的剪切反力强度的上限值，其结果如表3.5.10所示。

补偿系数 　　　　表3.5.9

补偿系数	常 态	地 震 态
沉井前面水平地层反力强度的补偿系数	1.5	1.1
沉井侧面水平向地层剪切反力强度的补偿系数	1.5	1.1
沉井周面的竖向地层剪切反力强度的补偿系数	3.0	1.1

地层反力强度上限值 　　　　表3.5.10

层 序		水平地层反力强度（kN/m²）				水平剪切地层反力强度（kN/m²）			竖向剪切地层反力强度（kN/m²）		
		被动土压		上限值		最大周面摩阻力强度 f_{max}	常态	地震态	最大周面摩阻力强度 f_{max}	常态	地震态
		常态	地震态	常态	地震态						
一层	上端	100.5	98.0	67.0	89.1	15.7	10.5	14.3	15.7	5.2	14.3
	下端	205.0	198.2	136.7	180.2	19.1	12.7	17.4	19.1	6.4	17.4
二层	上端	319.0	269.9	212.7	245.4	11.1	7.4	10.1	11.1	3.7	10.1
	下端	542.0	459.2	361.9	417.5	13.0	8.7	11.8	13.0	4.3	11.8
三层	上端	744.1	593.0	496.1	539.1	22.9	15.3	20.8	22.9	7.6	20.8
	下端	1028.1	819.4	685.4	744.9	30.0	20.0	27.3	30.0	10.0	27.3

5. 断面力、地层反力强度和变位的估算

根据图3.3.6的计算模型得出的结果如表3.5.11及图3.5.3所示。

变位、地层反力强度、断面力的计算结果　　　　表 3.5.11

参　数	常　态		地　震　态			
	桥轴向、垂直桥轴向		桥轴向		垂直桥轴向	
	计算值	允许值	计算值	允许值	计算值	允许值
设计地层的变位量（cm）	0.00	5.00	0.48	5.00	0.49	5.00
竖向地层反力强度最大值（kN/m²）	563.1	1260.0	559.5	1890.0	560.2	1890.0
底面剪切地层反力（kN）	0.0	5232.0	908.0	7000.0	932.0	7000.0
判　定	稳定		稳定		稳定	

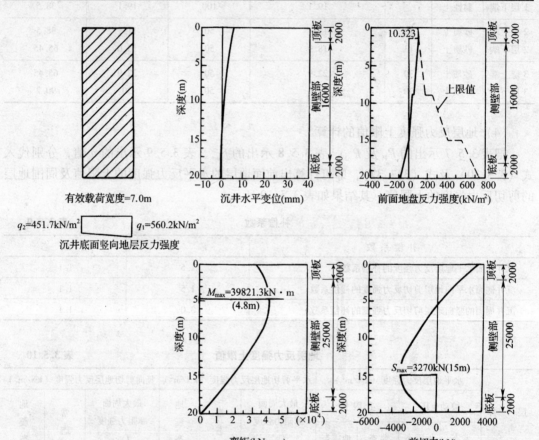

图 3.5.3　垂直桥轴向地震态（震度法）的稳定计算结果

6. 构件设计

顶盖竖向断面应力强度的核查结果如表 3.5.12 所示。

竖向断面应力强度核查　　　　表 3.5.12

断　面　力	弯矩 M	kN·m	39821.3
	轴力 N	kN	16694.4
半径		(m)	3.5
内空半径		(m)	2.7
钢筋量Φ25@150·2 股		(m²)	1418.8
应力强度	σ_c	MPa	2.82 < 10.5
	σ_{sa}	MPa	21.1 < 270

7．下沉计算

（1）下沉计算程序

本例的下沉计算程序如图3.3.8所示。

（2）下沉力的计算

本例中箱体各节的重力和长度的关系如图3.5.1所示。外加压沉力为零。

（3）下沉阻力的计算

① 浮力

地下水的重度按10kN/m^{3}计算

② 周面摩阻力

沉井周面摩阻力强度如表3.5.13所示，使用促沉泥浆时，摩阻力强度应乘一个系数0.7。周面摩阻力可用式（3.3.42）计算，计算结果示于表3.5.14中。

沉井周面摩阻力强度　　　　　　　　　　表3.5.13

黏 性 土		砂 质 土		砂 砾	
深度（m）	摩阻力强度（kN/m^2）	深度（m）	摩阻力强度（kN/m^2）	深度（m）	摩阻力强度（kN/m^2）
8	5	8	14	8	22
16	6	16	17	16	24
25	7	25	20	25	27
30	9	30	22	30	29
40	10	40	24	40	31

下沉关系表　　　　　　　　　　表3.5.14

节序	节长（m）	沉井自重力（kN）	浮力（kN）	周面摩阻力（kN）（※）	下沉阻力（kN）（※）	抵消阻力后的下沉力（kN）（※）
1	5.5	2076	597	605（423）	1202（1020）	874（105.6）
2	4.0	3634	1220	1078（754）	2298（1974）	1336（1660）
3	4.0	5193	1843	1726（1208）	3569（3051）	1624（2142）
4	2.5	6166	2223	2848（1993）	5071（4216）	1095（1950）
5	1.5	6872	2469	3507（2456）	5974（4923）	898（1949）
6	2.0	7287	2790	4387（3071）	7177（5861）	117（1426）
7	4.5	7997	3136	6366（4456）	9502（7592）	−1505（405）

注：（※）号内的数值是使用促沉泥浆后周面摩阻力下降到70%时的值。

（4）制作下沉关系图、表

表3.5.14和图3.5.4分别示出了下沉关系表和下沉关系图。图3.5.4明确地示出了沉井的下沉状况。由表3.5.14可知，下沉终了时沉降力出现负值。即无法下沉的情

形，为此事先应作好增加沉井井筒自重或增加外压沉荷载，及进一步减小周面摩阻力等促沉措施。

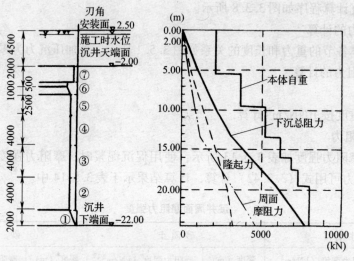

图 3.5.4 沉降关系图

3.5.3 确保地震水平最大承载力的抗震设计

1. 设计荷载的计算

因本例中垂直桥轴向的设计荷载最大，故这里只对垂直桥轴向进行设计计算。计算中桥墩的垂直桥轴向的极限承载力按 7470kN 考虑。另由表 3.5.2 知道，$W_u = 8800$kN、$W_P = 5330$kN，$R_d = 8800$kN，$h_u = 11.3$m、$h_p = 5.7$m，由表 3.5.3 知道 $W_D = 255.3$kN、$W_l = 1012.5$kN，$C_p = 0.5$、$C_{dF} = 1.1$。将上述数据分别代入式（3.4.5）、式（3.4.6）、式（3.4.7）、式（3.4.8），则得 $N = 13372.8$kN、$K_{np} = 0.72$、$H = 10173.6$kN、$M = 92172.9$kN·m。

2. 沉井前方地层水平反力强度 P_{Hu} 的计算

因为本例沉井前面的有效宽度 $B_e = 5.6$m，故将该值代入式（3.4.3）可以求出 α_p；再将表 3.5.10 中示出的地震态的被动土压值及 α_p 值，代入式（3.4.2）即可求出 P_{Hu} 的值。计算结果如表 3.5.15 所示。

前方地层反力强度上限值   表 3.5.15

层别		z（m）	B_e（m）	P_{EP}（kN/m²）	α_P	P_{Hu}（kN/m²）
1	上端	2.0	5.6	98.0	1.179	115.5
	下端	11.0	5.6	198.2	1.982	392.9
2	上端	11.0	5.6	269.9	1.982	535.0
	下端	17.0	5.6	459.2	2.518	1156.2
3	上端	17.0	5.6	593.0	2.518	1493.1
	下端	22.0	5.6	819.4	2.964	2428.9

3. 沉井屈服的判定

因本设计例子中的沉井的断面形状为圆形，所以沉井自身的屈服，可以认为是图3.5.5 示出的拉张侧90°圆弧内的全部轴向钢筋发生屈服的时刻。$M \sim \phi$ 的数值关系如表3.5.16 所示。

该范围钢筋处于屈服态

图3.5.5 沉井躯体屈服

$M \sim \phi$ 关系　　　　　　表 3.5.16

状　态	扭矩（kN·m）	曲率（1/m）
混凝土出现裂纹时	60073.0	0.0000311
钢筋屈服时	133550.0	0.0003789
混凝土最终破坏时	166284.0	0.0028696

4. 稳定核对

表3.5.17 示出的是稳定核对的结果，图3.5.6 示出的断面力、地层反力强度的分布。

确保地震水平最大承载力法稳定核查结果　　　　　　表 3.5.17

项　　目	计 算 值	允 许 值
顶板变位 δ（cm）	2.88	40.00
顶板旋转角 θ（rad）	0.0023	0.0250
前面地层的塑性率 H_x（%）	37.50	60.00
底面地层的上浮率 V_x（%）	0.00	60.00
沉井躯体断面扭矩最大值（kN·m）	129446	133550

5. 侧壁竖向剪切力的核对

由图 3.5.6 知道，作用在核对断面侧壁上的竖向剪切力 S_{max} = 12269.3kN、M = 57516.7kN·m、N = 24444kN。

因本例为圆形断面沉井，故式（3.4.28）、式（3.4.29）中的 b、d 的确认方法如图3.5.7 所示。其中，b 为圆形沉井侧壁的厚度、d 为圆形断面的等效正方形（圆环内圆的外接正方形）断面一个边即受压边到¼拉张部分的重心的距离，也就是图中标出的有效高度。$b = 0.8 \times 2 = 1.6$m，$d = 5.56$m，$c_c = 1.0$，$c_e = 0.59$。

拉伸钢筋比 p_t 可从断面图心轴到拉伸侧主钢筋的断面积的总和求取。主钢筋为φ25@150 时，若侧壁内外面的配筋数为140 条，则拉伸钢筋比如下：

$$p_t = \frac{5.067 \times 140}{160 \times 556} \times 100 = 0.80\%$$

所以，查取 c_{pe} = 1.38。

另因 I_c = 76.12m⁴、A_e = 15.58m²、y = 3.5m、N = 24444kN，将上述数据代入式（3.4.32）得 M_v = 34122kN·m。

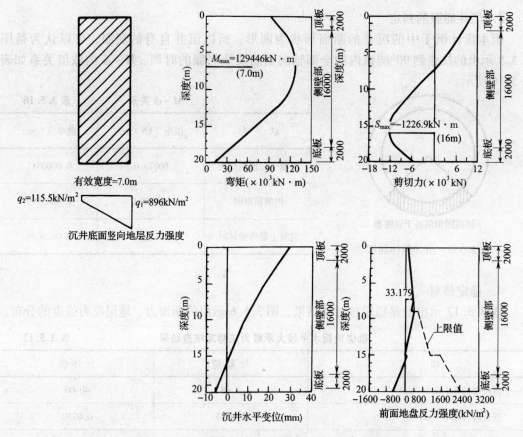

图 3.5.6　确保地震水平最大承载力法的稳定计算结果

将 M_v、M 代入式（3.4.30）得 c_N = 2.686。由（3.4.31）式可知，应取 $c_N = 2$。

若侧壁水平配筋选用 $\phi25@150$，则 A_w = 5.067 × 2 = 10.134cm^2 = 0.001034m^2、σ_{SY} = 300MPa、S_C = 4780.5kN、S_S = 9799.1kN，所以

$$P_S = 4780.5 + 9799.1$$
$$= 14579.6\text{kN} \geqslant 12269.3\text{kN}。$$

6. 沉井配筋

本沉井中的主要构件的一般配筋的标准如表 3.5.18 所示，图 3.5.8 中示出的是沉井侧壁水平断面的配筋图。

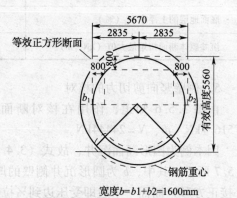

图 3.5.7　剪切核查断面（单位：mm）

主要部材钢筋的布设状况　　　　　　　　　　表 3.5.18

部位	筋材	使用钢筋直径		间距		备　注
		最小（mm）	最大（mm）	最小（mm）	最大（mm）	
刃脚	纵筋	16	32	100	200	与侧壁纵筋间距不同间距仅为其 $\frac{1}{2}$
	水平筋	16	25	200	300	配筋做为力筋

续表

部位	筋材	使用钢筋直径		间距		备 注
		最小（mm）	最大（mm）	最小（mm）	最大（mm）	
侧壁	纵筋	16	32	100	300	
	水平筋	16	32	100	300	水平钢筋量不得少于纵筋量的⅓
	中间箍筋	16	—	通常小于壁厚		兼作抗剪加强筋时，须增加配筋
隔墙	纵筋	16	32	100	300	与侧壁纵筋间距不同间距扩大2倍
	水平筋	16	32	100	300	间距与侧壁水平筋的间距相同
	中间箍筋	16	—	通常小于壁厚		间距与侧壁中间箍筋相同
顶板	上端筋	16	51	100	300	有时由桥脚、桥台的固定筋的配筋的间距决定
	下端筋	16	51	100	300	
支撑部	连结筋	16	32	100	300	间距与侧壁纵筋不同较其扩大2倍
	围护筋	16	32	100	300	
拦墙	拦墙筋	16	32	100	300	

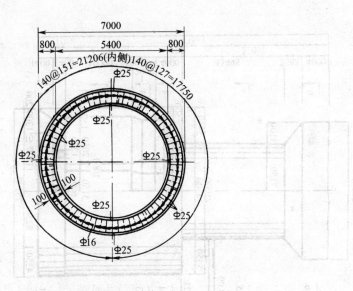

图3.5.8 配筋图（单位：mm）

3.6 沉箱桥基设计计算实例

3.6.1 设计条件确认

（1）桥墩和沉箱的形状尺寸

桥墩和沉箱的形状尺寸及水位、箱顶面、下端面等关系如图3.6.1所示。

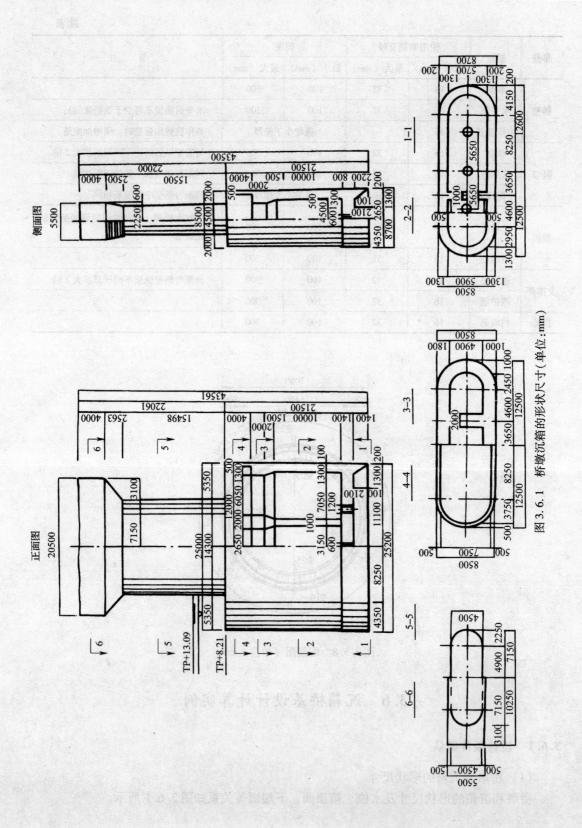

图 3.6.1 桥墩沉箱的形状尺寸（单位：mm）

（2）地层条件

地层柱状图如图3.6.2所示。共分4层，各层参数如表3.6.1所示。

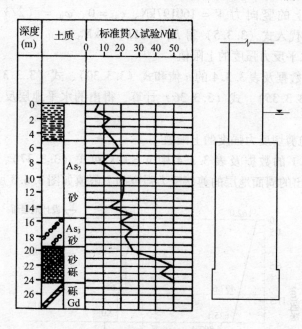

图3.6.2 土质柱状图

（3）荷载

上部构造、桥墩和沉箱的荷载如表3.6.2所示。

地层参数　　　表3.6.1

层别	土质	层厚 (m)	容重 γ' (kN/m³)	黏聚力 c (kN/m²)	内摩擦角 φ (°)	变形系数 E_0 (kN/m²)	N值
1	砂	10.5	19	0	30	9×10^3	15
2	砂	4.0	19	0	30	13.2×10^3	22
3	砂砾	5.0	21	0	35	19.8×10^3	33
4	砾	2.0	23	10	37	200×10^3	300
底面	砂砾	—	23	10	37	200×10^3	300

荷载　　　表3.6.2

部位	重力 （kN）
上部构造	67000
桥墩	39996
沉箱	40670

（4）水平震度的设计条件

重要度 B 种，地区等级 B、土质种类Ⅱ类。

震度法的设计水平震度 $K_h = 0.25$。

3.6.2 震度法设计

1. 地层允许承载力强度和地层反力强度上限值的计算

（1）底面地层竖向承载力强度的计算

因沉箱底面有效埋入深度 $z = 21.5$m，$q_0 = 700$kN/m²（砂砾层），将上述数据代入式

185

（3.3.4）得 $q_a = 2598 \text{kN/m}^2$。

（2）底面地层抗剪力的估算

因作用于底面上的竖向力 $V = 160197 \text{kN}$、$c_B = 0$、$\varphi_B = （2/3）\times 37 = 24.67°$、$n = 1.2$，将上述数据代入式（3.3.5）得 $H_a = 61317.3 \text{kN}$。

（3）前面地层水平反力强度的上限值

根据表 3.6.1 的数据及表 3.3.4 的 n 值和式（3.3.30）、式（3.3.31）、式（3.3.32）、式（3.3.34）、式（3.3.35）、式（3.3.36）计算，得出的水平地层反力强度的上限值如图 3.6.3 所示。

（4）周面地层的剪切反力强度的上限值

同样根据表 3.6.1 的数据及表 3.3.4 中 $n = 1.1$ 和式（3.3.37）、式（3.3.38）、式（3.3.39）计算，得出的周面地层的剪切反力强度的上限值如图 3.6.3 所示。

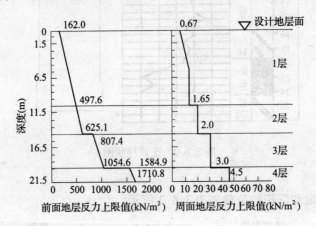

图 3.6.3　震度法地层反力上限值

2. 地层反力系数的计算

（1）底面地层竖向反力系数 K_V

因为 $d = 0.3 \text{m}$，$E_0 = 200 \text{MPa}$，$\alpha = 8$，$A_V = 197 \text{m}^2$，将上述代入式（3.3.10）、式（3.3.9）及式（3.3.8）得 $K_V = 2981.40 \text{kN/m}^3$。

（2）底面地层水平抗剪反力系数 K_S

将 $K_V = 2981.40 \text{kN/m}^3$，代入式（3.3.11）得 $K_S = 894.40 \text{kN/m}^3$。

（3）前面地层的水平反力系数 K_H

因下沉过程箱体周面与地层之间作灌浆处理，故 $\alpha_k = 1.5$。$E_0 = 9 \text{MPa}$（第一层的值）、$\alpha = 8$、$d = 0.3 \text{m}$。

由图 3.6.1 可知，箱体断面为椭圆形：长边 $= 25 \text{m}$、短边 $= 8.5 \text{m}$，箱体埋深 $E = 26.5 \text{m}$，故断定属于 $z > B_H$（或 D_H）的情形。另由图 3.6.1 还可知道，桥轴向即长边在前的情形；垂直桥轴向即短边在前的情形。

就桥轴向而言，$B_H = $ 长边长 $- 0.2$（短边长）$= 25 - 0.2 \times 8.5 = 23.3$（m）。

将上述数据代入式（3.3.12）得 $K_H = 13760 \text{kN/m}^3$。

就垂直桥轴向而言，$B_H = 0.8 \times$（短边长）$= 0.8 \times 8.5 = 6.8$（m）。

将上述数据代入式（3.3.12）得 $K_H = 34650\text{kN/m}^3$。

各层的 K_H 的计算结果，如表 3.6.3 所示。

（4）侧面地层水平抗剪反力系数 K_{SHD}

因侧面等效载荷宽度 $D_H = 0.8D = 0.8 \times 8.5\text{m} = 6.8\text{m}$。故由式（3.3.21）、式（3.3.20）得桥轴向 $K_{SHD} = 20790\text{kN/m}^3$。

同理得垂直桥轴向的等效载荷宽度 $D_H = D - 0.2B = 25 - 0.2 \times 8.5 = 23.3\text{m}$，代入式（3.3.21）、式（3.3.20）得垂直桥轴向 $K_{SHD} = 8260\text{kN/m}^3$。

各层的 K_{SHD} 的计算结果仍如表 3.6.3 所示。

（5）前面、背面地层竖向抗剪反力系数 K_{SVB}

因前面业已算得 $K_H = 13760\text{kN/m}^3$，将其代入式（3.3.28）得桥轴向的 $K_{SVB} = 4130\text{kN/m}^3$。各层的计算值如表 3.6.3 所示。

震度法中的地层反力系数（kN/m^3） 表 3.6.3

层序	桥 轴 向				垂直桥轴向			
	前面水平 K_H（kN/m^3）	前面垂直 K_{SVB}（kN/m^3）	侧面水平 K_{SHD}（kN/m^3）	侧面垂直 K_{SVD}（kN/m^3）	前面水平 K_H（kN/m^3）	前面垂直 K_{SVB}（kN/m^3）	侧面水平 K_{SHD}（kN/m^3）	侧面垂直 K_{SVB}（kN/m^3）
1	13760	4130	20790	10400	34650	10400	8260	4130
2	20180	6050	30490	15250	50830	15250	12110	6050
3	30270	9080	45740	22870	76240	22870	18160	9080
4	305780	91730	462060	231030	27010	231030	183470	91730

（6）侧面地层竖向抗剪反力系数 K_{SVD}

前面业已算得 $K_H = 34650\text{kN/m}^3$，将其代入式（3.3.29）得 $K_{SVD} = 10400\text{kN/m}^3$。各层的计算值如表 3.6.3 所示。

3. 稳定计算

（1）设计荷载

设计荷载如表 3.6.4 所示。

震度法设计荷载 表 3.6.4

作用在沉箱顶盖上的荷载	桥轴向	垂直桥轴向
竖向荷载 N（MN）	115.48	115.48
水平荷载 H（MN）	27	27
扭矩 M_0（MN·m）	508.6	590.8

（2）核对项目

地层的水平变位、底面地层竖向反力强度、底面抗剪力的核对结果如表 3.6.5 所示。

震度法的稳定计算结果 表 3.6.5

方向	沉箱顶盖旋转角 θ (rad)	设计地层变位量		底面地层反力强度（MN/m²）			底面抗剪力（MN）	
		δ (cm)	允许值 δ_a (cm)	最大 q_1	最小 q_2	允许值 q_a	H	允许值 H_a
桥轴向	0.00108	1.65	5	1.6	0.03	3	21.67	67.15
垂直桥轴向	0.00035	0.61	5	1.7	0	2.7	3.53	67.15

沉箱的抗弯刚度如下：

桥轴向 $EI = 1.98 \times 10^{10}$ （kN/m²），垂直桥轴向的 $EI = 1.11 \times 10^{11}$ （kN·m²）。

（3）顶板钢筋需求量的决定

因 $b = 1$m、$d = 4$m、上侧的 $M_上 = 5361.1$kN·m、下侧的 $M_下 = 2234.4$kN·m、$\sigma_{sa} = 300000$kN/m²，将上述数据代入式（3.3.41）、式（3.3.40）得

下侧：

$$F = \frac{48 \times 5361.1}{27 \times 1 \times 4} = 2382.7 \text{kN/m}$$

$$A_{s下} = 100^2 \times \frac{2382.7}{300000} = 79.42 \text{cm}^2/\text{m}$$

上侧：

$$F = \frac{48 \times 2234.4}{27 \times 1 \times 4} = 993.1 \text{kN/m}$$

$$A_{s上} = \frac{100^2 \times 993.1}{300000} = 33.10 \text{cm}^2/\text{m}$$

3.6.3 确保地震水平最大承载力法设计

1. 地层反力强度上限值的计算

（1）底面地层竖向反力强度上限值的计算

因为 $\gamma_1 = 14$kN/m³、$c = 100$kN/m²、$\gamma_2 = 10.7$kN/m³、$\varphi = 37°$、$N_r = 45$、$N_q = 40$、$N_c = 52.5$、$Z = 26.5$m，桥轴向的 $\alpha = 1.102$、$\beta = 0.864$、$B = 25$m，垂直桥轴向的 $\alpha = 1.3$、$\beta = 0.60$、$B = 8.5$m，将上述数据代入式（3.3.2），得桥轴向 $q_d = 23931$kN/m²，垂直桥轴向 $q_d = 197735$kN/m²。

（2）底面地层抗剪反力强度上限值 P_{su} 的计算

因为 $V = 160196.7$kN、$c_B = 0$、$\varphi_B = 24.67°$、桥轴向 $A_{e1} = 102.9$m²，垂直桥轴向 $A_{e2} = 79.1$m²，将上述数据代入式（3.4.1）得桥轴向 $P_{su} = 715$kN/m²；垂直桥轴向 $P_{su} = 930.2$kN/m²。

（3）前面地层水平反力强度的上限值的计算

按式（3.4.2）计算得出的计算结果如图 3.6.4 所示。

（4）周面地层反力强度上限值的计算

按式（3.3.37）（注意式中 $n = 1$）、式（3.3.38）、式（3.3.39）计算得出的结果如图 3.6.4 所示。

2. 稳定计算

（1）设计荷载

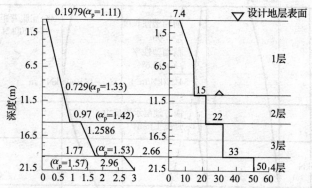

图3.6.4 确保地震水平承载力法的地层反力强度的上限值（桥轴向）

这里结合Ⅱ型地震进行核对

① 桥轴向荷载计算

因为 $R_d = 67000kN$、$W_P = 39996kN$、$W_D = 8489kN$、$W_u = 67000kN$、$h_u = 22m$、$h_p = 12.45m$、$W = 106996kN$、$K_{hp} = 0.59$、$c_{dF} = 1.1$、$c_P = 1$，将上述数据代入式（3.4.5）、式（3.4.6）、式（3.4.7）得 $N = 115485kN$，$H = 63127.6kN$，$M = 1163450kN \cdot m$。

② 垂直桥轴向荷载的计算

与桥轴向相同，$R_d = 67000kN$、$W_D = 39996kN$、$W_D = 8489kN$、$W_u = 67000kN$、$h_u = 26m$、$h_P = 12.45m$、$P_u = 112949kN$、$W = 10699kN$，所以作用于沉箱顶盖上的垂直桥轴向的外力 $K_{hp} = 1.16$，$N = 115485kN$，$H = 124115kN$，$M = 2598342kN \cdot m$。

（2）稳定计算结果

① 桥轴向

a. 箱体自身屈服的判定

稳定计算结果如图3.6.5所示。图中示出的 M_y 是图3.6.6中示出的椭圆形沿箱断面中阴影范围的轴向钢筋屈服时的弯矩。

$M_{max} = 1410499kN \cdot m < M_y = 1447200kN \cdot m$。这说明沉箱自身无屈服。

b. 箱体前面地层塑性占有率的计算

因为本例中的 $L_p = 7m$、$L_e = 26.5m$，将上述数据代入式（3.4.14）得 $\lambda_F = 26.4\%$ < 60%。这说明沉箱无屈服。

c. 底面上浮面积占有率

因为 $A_R = 94095m^2$（见图3.6.5）、$A = 196995m^2$，将上述数据代入式（3.4.15）得 $\lambda_B = 47.8\%$ < 60%。这说明沉箱无屈服。

② 垂直桥轴向

就垂直桥轴向而言，因为是壁式桥墩，故桥墩躯体有较大的水平抗力（参看图3.6.7）。因为存在基础的能量吸收，故应核对塑性响应系数。核对时还应考虑弯曲刚度的下降，并作计算（见图3.6.6及表3.6.6）。

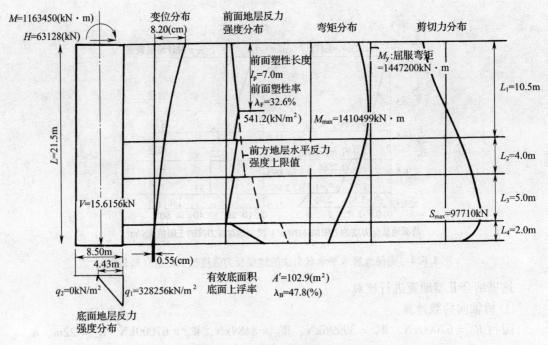

图 3.6.5　桥轴向稳定计算结果

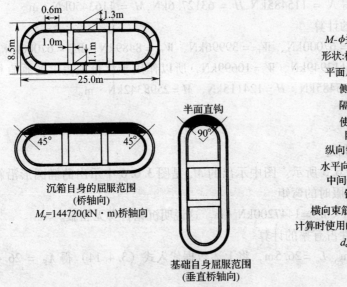

M-φ关系的计算条件
形状:椭圆形、隔墙2道
平面尺寸:8.5m×25m
侧墙厚度:1.3m
隔墙厚度:1.0m
使用钢筋状况:
隔墙无钢筋
纵向钢筋:Φ32@150
水平向钢筋:Φ29@150
中间钢筋:Φ19@600
钢筋被:10cm
横向束筋有效长度:d=1.1m
计算时使用的横向束筋的有效长度:
d_e=1.5d=1.65m

图 3.6.6　$M-\phi$ 的计算条件及屈服范围

a.　水平震度的计算

因本例为 B 类地域，故 $c_Z = 0.85$；由于 $T = 0.4 \sim 1.2\text{s}$，故 $K_{hco} = 1.75$；$c_D = \dfrac{2}{3}$。将上

述数据代入式（3.4.13）得 $K_{ncF} = \left(\dfrac{2}{3}\right) \times 0.85 \times 1.75 = 0.99$。

b.　塑性响应系数的计算

190

因为 $K_{hyF} = 0.58$（见图 3.6.8）、$K_{hcF} = 0.99$，将上述数据代入式（3.4.18）得 $\mu_{FR} = 1.957$。

垂直桥轴向的 $M - \phi$ 的关系　　　　　　　　　　　　表 3.6.6

	裂　纹	屈　服	极限（破坏态）
弯矩 M（kN/m^2）	1689520	2768800	3978900
曲率 ϕ（$1/m$）	1.4143×10^{-5}	8.3102×10^{-5}	9.5727×10^{-4}

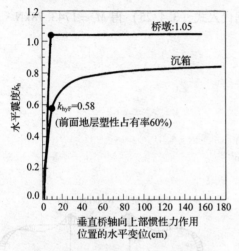

图 3.6.7　水平震度与水平变位的关系

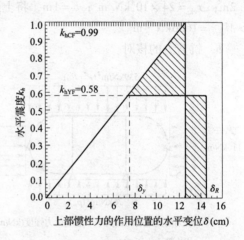

图 3.6.8　塑性响应系数核查

c. 响应变位的计算

本实例解出的 $\delta_F = 6.46\text{cm} < 40\text{cm}$、$\phi_F = 0.00342\text{rad} < 0.025\text{rad}$。

d. 塑性响应系数的上限值

本实例中的 $\delta_{hyF} = 7.33\text{cm}$、$\delta_u = 200\text{cm}$、$\alpha = 1.8$，将上述数据代入式（3.4.20）得 $\mu_{FL} = 15.6 > \mu_{FR} = 1.957$。

上述结果表明，沉箱基础在垂直桥轴向的塑性响应系数、变位、旋转角均小于上限值。

3. 构件计算

（1）顶板计算

顶板下端的荷载如图 3.4.9 所示。其中，$N_0 = 130820.3\text{kN}$、$H_0 = 63127.6\text{kN}$、$M_0 = 1226577.6\text{kN·m}$、有效长度为 22.5m、有效宽度为 4.5m、$A = 87.82\text{m}^2$、$I = 584.54\text{m}^4$，有效宽度如图 3.6.9 所示。

下拉作用弯矩（下拉向为正）

$M_1 = 177031\text{kN·m}$、$M_2 = -39510\text{kN·m}$、$M_3 = -2241\text{kN·m}$，所以 $M_L = 135281\text{kN·m}$。

就 $\Phi 41@150$ 对应的 $M_y = 219217\text{kN·m}$，$M_y > M_L$。

上拉作用弯矩

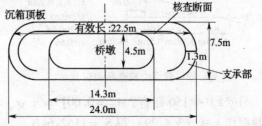

图 3.6.9　最大弯力的核对断面

$M_1 = -111071\text{kN} \cdot \text{m}$、$M_2 = -39510\text{kN} \cdot \text{m}$、$M_3 = 2241\text{kN} \cdot \text{m}$，$M_R = M_1 + M_2 + M_2 = -148340\text{kN} \cdot \text{m}$。

就 $\Phi35@150$ 对应的 $M_y = 158161\text{kN} \cdot \text{m}$，所以 $M_y > M_R$。

（2）侧壁

a. 弯矩核对

沉箱水平断面的荷载如图 3.6.10。作用在侧壁上的弯矩如图 3.6.11 所示，由该图可知，$M_{max} = 1666\text{kN} \cdot \text{m}$。因使用 $\Phi29@150$ 时，$A_s = 0.004283\text{m}^2$；$\sigma_{sy} = 35 \times 10^4 \text{kN/m}^2$；$d = 1.2\text{m}$；$\sigma_{ck} = 24 \times 10^3 \text{kN/m}^2$；$b = 1\text{m}$，将上述数据代入式（3.4.25）得 $M_u = 1743.78\text{kN} \cdot \text{m} > M_{max} = 1666\text{kN} \cdot \text{m}$。

b. 抗剪力的核对

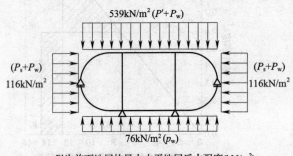

539kN/m² $(P' + P_w)$

$(P_s + P_w)$ 116kN/m²　　　　　　$(P_s + P_w)$ 116kN/m²

76kN/m² (p_w)

P'为前面地层的最大水平地层反力强度(kN/m²)

P_s为静止土压(kN/m²)

P_w为静水压(kN/m²)

图 3.6.10　荷载图

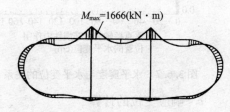

$M_{max} = 1666(\text{kN} \cdot \text{m})$

图 3.6.11　弯矩图

核对剪切力的断面位置如图 3.6.12 所示，核对位置离开隔墙 0.65m。作用剪切力 $S = 1471.3\text{kN}$（见图 3.6.13）；$c_c = 1.0$；$c_e = 0.97$；$c_{pt} = 1.06$；使用 $\Phi29@150$ 时，$p_t = 0.36\%$，对应的 $c_N = 1.0$；$\tau_c = 350\text{kN/m}^2$；$b = 1.0\text{m}$；$d = 1.2\text{m}$。将上述数据代入式（3.4.28）得 $S_c = 431.8\text{kN}$。

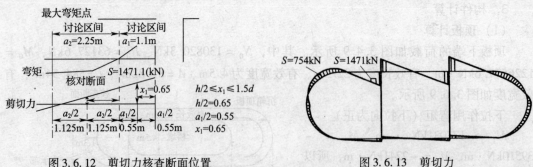

最大弯矩点

讨论区间　讨论区间

$a_2 = 2.25\text{m}$　$a_1 = 1.1\text{m}$

弯矩　　　　　　$S = 1471.1(\text{kN})$

核对断面

剪切力　　　　　　　$x_1 = 0.65$

$\dfrac{a_2}{2}$　$\dfrac{a_2}{2}$　$\dfrac{a_1}{2}$　$\dfrac{a_1}{2}$

1.125m　1.125m　0.55m　0.55m

$h/2 \leqslant x_1 \leqslant 1.5d$

$h/2 = 0.65$

$a_1/2 = 0.55$

$x_1 = 0.65$

图 3.6.12　剪切力核查断面位置

$S = 754\text{kN}$　$S = 1471\text{kN}$

图 3.6.13　剪切力

另就 $\Phi19@150$ 而言，$A_W = 0.0019\text{m}^2$；$\sigma_{sy} = 35 \times 10^4 \text{kN/m}^2$；$\theta = 90°$；$a = 0.6\text{m}$。将上述数据代入式（3.4.29）得 $S_s = 1162.6\text{kN}$。

$P_s = 431.8 + 1162.6 = 1594.4\text{kN} > 1471.3\text{kN}$。

第4章 沉井工法及实例

本章在详细介绍现浇混凝土筑井自沉工法的基础上，进而介绍近年国际上推出的刃脚改形卵砾自沉沉井工法（即 SS 沉井工法）、压沉沉井工法、反铲抓斗连动自动化沉井工法、自由扩缩系统自动化沉井工法。

4.1 自沉沉井工法

现浇混凝土筑井自沉工法（也简称自沉沉井工法），即在地表或基坑底面上现场浇筑混凝土制作井筒，待混凝土强度达到设计要求后，在井筒内挖土、排土，凭借井筒自身重力克服井筒与土层间的摩阻力，使其井筒下沉的沉井工法。该工法是沉井、沉箱的最基础的工法。后面章节介绍的各种工法均以此工法为基础，这里详细介绍该工法的各个工序。

4.1.1 施工工序

施工工序如图 4.1.1 所示。

4.1.2 施工准备

1. 土质环境勘查

施工前对沉井沉设现场场地进行土质状况（土的特性、成层状况）、地下水状况（水位、流向）、地下埋设物（电信、电力电缆、供水管道、下水道、各种气体管道的水平位置及深度）状况及场地周围近接构造物状况进行勘查。对沉井沉设位置上的各种地下埋设物应予搬迁拆除；对周围靠得很近的构造物应制订保护措施，并进行定期观测。

2. 选定具体施工方案、措施

根据上述土质、环境勘查结果及工况条件，确定正确的施工方案及技术措施。如是否采用排水沉设工法，若允许选定排水工法，还应确定是井点降水还是集水井抽水；是否采用压沉工法，选择符合要求的穿心千斤顶，设置地锚；此外，还准备选用哪些助沉措施，以备井筒制作、下沉阶段作相应的埋设和处理。

3. 井筒制作场地的地基处理

（1）对制作场地的要求

本书一开始即指出，沉井（沉箱）得名的原因，就是地面制作井筒，然后挖排土沉入地中，所以地表制作井筒是其一大特点。制作井筒时对场地地基的要求是：

① 地基要水平，确保井筒竖直，避免井筒倾斜。

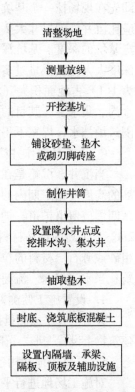

图 4.1.1 施工工序框图

清整场地

↓

测量放线

↓

开挖基坑

↓

铺设砂垫、垫木或砌刃脚砖座

↓

制作井筒

↓

设置降水井点或挖排水沟、集水井

↓

抽取垫木

↓

封底、浇筑底板混凝土

↓

设置内隔墙、承梁、隔板、顶板及辅助设施

地基的允许承载力 P 必须满足式（4.1.1），即

$$P \geqslant G/A \qquad \text{（式 4.1.1）}$$

式中　G——整个井筒或第一节井筒的自重力（kN）；

　　　A——井筒刃脚的触地面积（m^2）。

且刃脚踏面范围内的 P 应均匀一致。若地基允许承载 P 不满足式（4.1.1），则井筒制作过程中，刃脚会发生沉陷（不稳定），易导致井筒壁出现裂纹或井筒倾斜。

② 制作井筒的地基基面应在地下水位 0.5m 以上。

为使地基制作场地地基符合上述要求，必须对其进行地基处理。

（2）地基处理

归纳起来，井筒制作场地的地基处理有以下三种，即直接处理制作方式、基坑处理制作方式及人工岛制作处理方式。

① 直接处理制作方式

这种处理方式多用于地下水位较高、较平坦的天然地层。在 P 满足式（4.1.1）的条件下，可在清除地表杂物，平整场地后直接制作井筒。如地表高低不平或松软土的情况下，为防止发生不均匀沉降，致使下沉井筒发生倾斜和出现裂纹，可先铺一层砂（垫层），以便扩散刃脚踏面下的应力荷载。砂垫层的厚度不得大于 0.5m。

② 基坑处理制作方式

当井筒制作现场为软硬不均的地层，且地下水位较高时，为防止沉降不均致使井筒出现裂隙或井筒自重力不大（下沉系数较小）等状况发生，多采用基坑处理井筒制作方法。即先在现场挖一个基坑，然后在坑内制作井筒的工法。选用这种方式时，基坑的平面尺寸应比沉井外围尺寸大 2～3m；根据地层土质状况、地下水位、第一节井筒的高度等因素确定基坑的深度。基坑深度大，可减少沉井的下沉挖土深度，并对抑制井筒下沉倾斜有利。深度太大，出土量过多、排水负担重、井筒模板支设难度大、基坑开挖放坡（放坡坡度多为 1:1）占地面积大（场地规模大）。所以基坑深度不宜过深，多为 2～5m。周围须设排水沟、集水井，其目的是使地下水位降至比基坑底面低 0.5m 以上；用挖出的土方在四周围筑堤挡水，堤宽不得小于 2m。

③ 人工岛制作井筒方式

当沉井、沉箱是在水域区段施工时，应先筑人工岛，以备制作井筒（或箱体）。人工岛的高度应据工期内的最高水位及浪高等条件选定，通常应高出最高水位 1m 左右。人工岛四周应留出护道，护道的宽度应视有无围堰，施工机械的占地情况而定。通常不得小于 2m。人工岛的筑岛材料的选用，因水深、流速的不同而不同。通常选用压缩性小的中砂、粗砂或砾石。材料的粒径与水的流速有关，当水深浅、流速小时，可用上述材料直接填筑；当水深较深、流速较大时，须采用防止用料流失的措施，如边坡用草袋堆筑等。

4. 设置施工监测网

设置沉井平面测量控制网，抄平放线及布设水准基点和沉降观测点。在沉井周围的原有建筑物上设置变形、沉降观测点，并对其进行定期观测。汇总沉井沉设施工对其造成的影响。

5. 平整场地和构建临时设施

对施工场地进行平整处理，使其达到设计标高，按施工图纸进行现场平面布置，修建施工进出道路，铺设水电线路，构建临时施工用房及各种材料、机具的存放仓库、简易试

验室、办公室，安装施工设备等。

4.1.3 垫层计算制作

通常在结束上节的场地地基处理等一系列准备工作后，进行刃脚垫层铺设。

1. 铺设垫层的必要性

因刃脚踏面面积小，却集中了井筒的自重力，这对强度较低的地基而言，当刃脚踏面直接作用在地基上的时候，因自重荷载大，故刃脚会发生下沉，易引起新浇混凝土井筒出现裂纹和井筒倾斜。为避免刃脚下沉，通常在地基上铺一层砂（称砂垫），再在砂层上面间隔地铺上木板（称垫土），即垫木＋砂层构成的刃脚垫层（也称缓冲层）。缓冲层的作用是分散井筒刃脚荷载。砂层的另一个作用是便于垫木的抽取。同样道理还可以用混凝土垫＋砂垫作缓冲层。

2. 垫木参数计算

（1）垫木厚度 t 的计算

因为垫木与刃脚踏面的接触面积 A_0（m^2）与第一节井筒重力 G（kN）及木材横向允许抗压强度 P_1（kN/m^2）之间，存在如下关系：

$$\frac{G}{A_0} \le P_1 \qquad (式4.1.2)$$

$$A_0 = b \cdot n \cdot c \qquad (式4.1.3)$$

式中　b——刃脚踏面宽度（m）；

　　　n——软木的条数；

　　　c——一条垫木的宽度（m）（垫木尺寸一致）。

将式（4.1.3）代入式（4.1.2），整理后可得：

$$n \cdot c \ge G/P_1 \cdot b \qquad (式4.1.4)$$

式中　P_1——与木材种类有关，可查表得出，这里按标准值 $3000kN/m^2$ 考虑；

　　　$n \cdot c$——垫木的总宽度。

此外，G、b 均为已知值，故可由式（4.1.4）求出 $n \cdot c$ 值。

另外，垫木的横截面积 A_1（m^2）与垫木木材横向允许抗剪强度 τ_0（kN/m^2）间存在如下关系：

$$\frac{G}{2A_1} \le \tau_0 \qquad (式4.1.5)$$

$$A_1 = n \cdot t \cdot c \qquad (式4.1.6)$$

式中　t 为一条垫木的厚度。整理式（4.1.5）和式（4.1.6），可得：

$$t \ge \frac{G}{2\tau_0 \cdot n \cdot c} = \frac{G}{2\tau_0} \frac{P_1 b}{G} = \frac{P_1 b}{2\tau_0} \qquad (式4.1.7)$$

通常可取 $\tau_0 = 2000kN/m^2$。

（2）垫木长度 L、宽度 c 及条数的计算

设一条垫木长度为 L（m）、宽度为 c（m），垫木条数为 n，垫木间距为 M，垫木与砂层的接触面积为 A_2，则

$$A_2 = n \cdot L \cdot c \qquad (式4.1.8)$$

$$A_2 \cdot P_2 \geqslant G \qquad \text{（式 4.1.9）}$$

式中　P_2——砂层的允许承载力（kN/m²）。

将式（4.1.4）与式（4.1.9）代入式（4.1.8），整理后得：

$$L = \frac{P_1 b}{P_2} \qquad \text{（式 4.1.10）}$$

因为

$$n \, (M + c) = f \qquad \text{（式 4.1.11）}$$

式中　f——沉井截面井壁中心线周长（m）。

将式（4.1.4）代入式（4.1.11）则得：

$$n \geqslant \frac{fP_1 b - G}{MP_1 b} \qquad \text{（式 4.1.12）}$$

所以

$$c \geqslant \frac{MG}{fP_1 b - G} \qquad \text{（式 4.1.13）}$$

因式（4.1.11）、式（4.1.12）、式（4.1.13）中的 M 通常取值为 0.5～1m；当垫木木材选定后，P_1 即为已知量；P_2 取决于砂层材料、制作方法，可测量；b、f、G 均为已知量，所以可以求出 L、c、n。

　3. 砂层的厚度及宽度的计算

（1）砂层厚度计算

考虑砂层扩散作用的砂层计算简图如图 4.1.2 所示。由图可知，

$$P \geqslant \frac{G}{(L + 2h\tan\varphi) \, f} + \gamma_s h \qquad \text{（式 4.1.14）}$$

式中　P——地基承载力（kN/m²）；

　　　h——砂层厚度（m）；

　　　L——垫木的长度（m）；

　　　φ——砂层的压力扩散角（°），通常小于 45°，一般取 22.5°；

　　　γ_s——砂的重度，通常取 18kN/m³。

通常，h 取值为 200～500mm，所以 $\gamma_s h = 18\text{kN/m}^3 \times (0.2 \sim 0.5) = (3.6 \sim 9)$ kN/m²。而 P 通常在 100～300kN/m²，即 $P \gg \gamma_s h$，所以通常略去 $\gamma_s h$。故：

$$h = \frac{G - PLf}{2Pf\tan\phi} \qquad \text{（式 4.1.15）}$$

如果砂层较厚，即 $P \gg \gamma_s h$ 的条件不满足时，可解关于 h 的二次方程。结果如下：

$$h = \frac{2P\tan\varphi - \gamma_s L + \sqrt{(2P\tan\phi - \gamma_2 L)^2 - 8\gamma_2 \tan\varphi \cdot (g - PL)}}{4\gamma_2 \tan\varphi} \qquad \text{（式 4.1.16）}$$

式中　g——井筒周向单位长度的自重力（kN）。

（2）砂层宽度计算

① 如图 4.1.2 所示砂层的宽度，可由垫木边缘向下作 45°的直线延长法确定。

② 砂垫层的宽度应满足抽除垫木的需要，无论井筒内侧还是外侧均应留一根垫木长度的裕度。即

$$B > b + 2L \qquad \text{（式 4.1.17）}$$

式中 B——砂层宽度（m）；

　　　b——刃脚踏面宽度（m）；

　　　L——垫木长度（m）。

（3）砂层制作

砂层多采用中粗砂分层铺设，厚度以 200～300mm 为宜，用平板振捣器震实，洒水。质量标准可用砂的干密度来检验，检验标准是中砂 ≥15.6～16kN/m³，粗砂可适当提高。

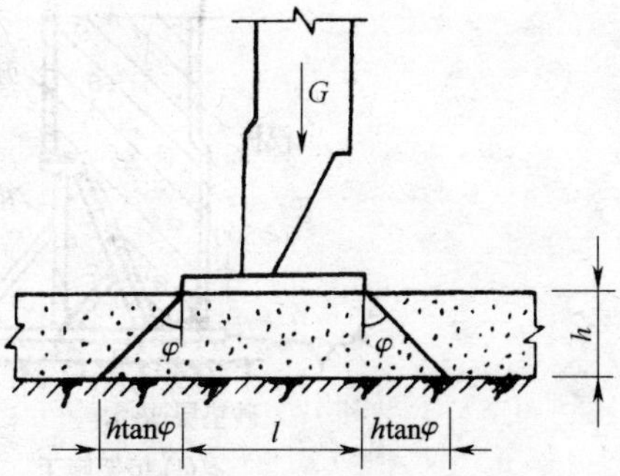

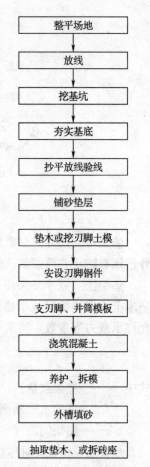

图 4.1.2　砂层计算简图

4. 混凝土垫层的厚度计算

为扩大刃脚的支承面积，减轻井筒重力对地基上的压力及略去刃脚下的底模板，可在砂垫层或地基土上铺设一层素混凝土垫层。这里给出该混凝土垫层厚度的计算方法。

与确定砂垫层厚度的原理基本相同，井筒重力经混凝土垫层扩散到砂层上的宽度为：

$$b + 2h\tan\varphi \qquad\qquad (式 4.1.18)$$

式中 φ——砂层压力扩散角，这里取 $\varphi = 45°$，因 $\tan45° = 1$，所以存在：

$$\frac{g}{b + 2h} \leqslant P_砂 \qquad\qquad (式 4.1.19)$$

将式（4.1.19）改写可得：

$$h \geqslant \frac{1}{2}\left(\frac{g}{P_砂} - b\right) \qquad (式 4.1.20)$$

式中 h——混凝土垫层厚度（m）；

　　　$P_砂$——砂垫层的允许承载力（kN/m²），通常 $P_砂$ 在 100kN/m² 左右；

　　　g，b——含义同前。

通常 h 不宜取值过大，以免影响井筒下沉。

4.1.4 现浇混凝土井筒构筑工法

沉井（沉箱）井筒构筑工法有现场浇筑混凝土构筑工法（以下简称现浇法）和现场组装预制管片构成井筒工法（以下简称拼装法）两种。本节至 4.1.7 节叙述现浇法；4.1.8 节叙述拼装法。

1. 现浇法井筒制作工序

井筒制作工序如图 4.1.3 所示。

2. 刃脚支设

刃脚的支设方法有垫架法、半垫架法、砖座法及土底模法等四种方法，如图 4.1.4 所示。刃脚的支设方法与沉井的大小、重量及土质（N 值）等因素有关。对位于软土层，较重、较大的沉井来说，多选用垫架法或半垫架法；对土质较好的地层来说，可采用砖座法；对土质条件好、小而轻的沉井来说，可选用砂垫、灰土垫或直接在地层中挖槽作成土模。

（1）垫架法

整平场地

放线

挖基坑

夯实基底

抄平放线验线

铺砂垫层

垫木或挖刃脚土模

安设刃脚钢件

支刃脚、井筒模板

浇筑混凝土

养护、拆模

外槽填砂

抽取垫木、或拆砖座

图 4.1.3　井筒制作工序框图

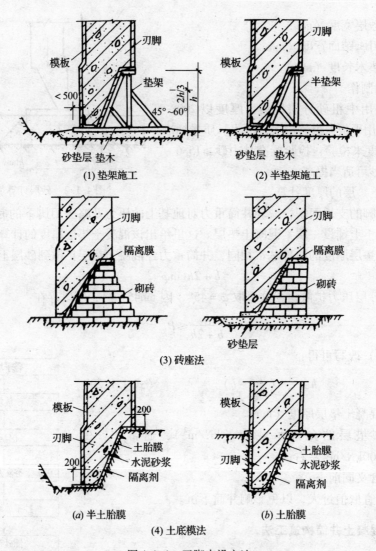

图 4.1.4　刃脚支设方法

　　垫架可使用井筒自重均匀地作用于地基上，可防止浇筑混凝土过程中出现裂缝。此外，还有防止井筒倾斜、便于支撑和拆除模板容易的优点。

　　垫架法（或半垫架法）是在刃脚下铺设砂垫层、垫木（或混凝土垫层）之后，再在垫木上支设垫架（或半垫架）。垫架的数量取决于第一节井筒浇注结束时的重力和地基的允许承载力等参数。通常可按下面的经验公式估算：

$$e = \frac{f}{a}$$

（式 4.1.21）

式中　　e——垫架数量；

　　　　f——井筒水平断面的周长（m）；

　　　　a——垫架间距（m），通常为 0.5~1m。

　　垫架支设位置应对称布设。就圆形断面而言，一般先设 8 组定位垫架（每组 2~3 个垫架），垫架指向刃脚圆心见图 4.1.5（a）；对矩形及正方形断面而言，常设 4 组定位垫架，具体支设位置定在分别距长边两端 0.15L（L 为长边边长）左右的两个点位上，四边边长中心位置支设一般垫架见图 4.1.5（b），垫架应垂直于井筒；其他断面的支设概况如图 4.1.5 所示。

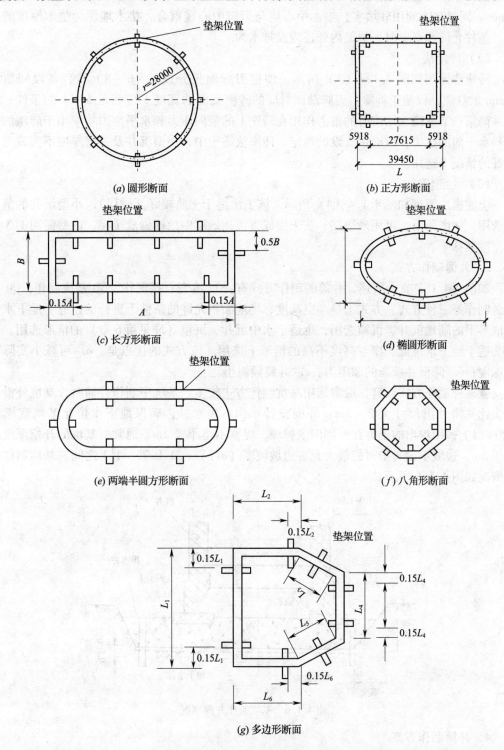

图 4.1.5　垫架支设位置的布设例

接下来是在垫木上支设刃脚，设置井壁模板。

铺设垫木时应注意，垫木顶面保持在同一水平面上，须用水准仪找平，高差不得超过 10mm。同时垫木间用砂填实，垫木中心应与刃脚中心线重合，垫木埋深为垫木厚度的一半。条件允许和必要时，垫架内外还应设排水沟。

（2）砖座法

砖座法原理如图 4.1.4（3）所示。即把刃脚周长分成 n（6~8）段，各段间留有 20mm 的空隙，以便于拆除。刃脚踏面对应的砖座底面的宽度 b' 应满足 $b' \geqslant b$ 的条件；浇注井筒第一节混凝土结束时的重力作用在砖座上的竖向压力和水平推力均应小于砖座的竖向和水平向的抗力，以确保支设的稳定。砖座法适于中、小型沉井及井壁厚度不大或土质较好的情况下选用。

（3）土底模法

土底模法原理如图 4.1.4（4）所示。该工法适于土质较好（硬层）、小型沉井的情况下选用。如图所示，可用砂垫层、灰土层或直接在地层中挖槽做成土模。内壁需用 1:3 的水泥砂浆抹平。

3. 井筒制作方式

如前（4.1.2 节）所述，井筒的制作方式有：① 地表直接制作，② 基坑制作，③ 人工岛制作等三种方式。方式①是净空高度、场地面积允许的条件下进行的，适于地下水位高情形下的陆地沉井、沉箱选用，也适于水中沉井、沉箱（详见第 6 章）的情形选用。方式②适于地下水位低、净空高度不高的情形下选用。该方式的优点是：$a.$ 可减小实际下沉深度；$b.$ 降低井壁总的摩阻力；$c.$ 井筒倾斜小。

就三种制作方式而言，通常选用基坑制作方式较多。基坑中制作井筒时，基坑外沿尺寸应比井筒外沿尺寸大 2~3m；外围设排水沟、集水井，确保地下水位比基坑底面低 0.5m 以上；用挖出的土方在外围围筑护堤，堤宽不得小于 2m。通常，基坑的开挖深度不大于 5m，边坡不设支护时的最大允许边坡坡度（$a:b$）在 1:0.75~1:1 之间。基坑制作井筒概况如图 4.1.6 所示。

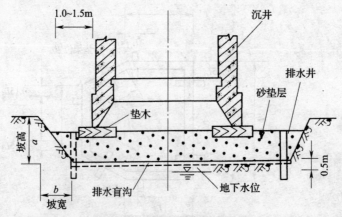

图 4.1.6　基坑制作井筒概况

4. 井筒制作方案

井筒制作方案有以下三种，如图 4.1.7 所示。

（1）一次制作，一次下沉

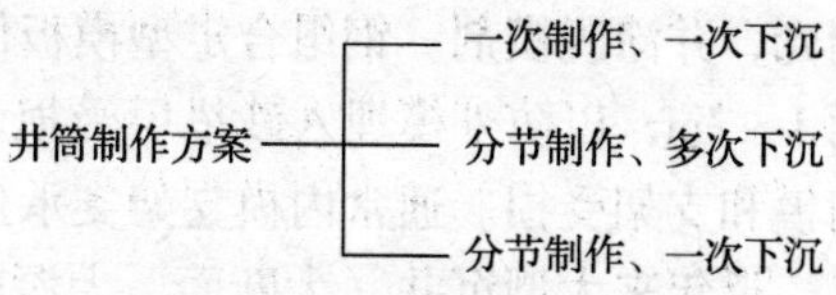

该方案即一次完结井筒制作，随后一次下沉到位的方案。该方案较适合于小型沉井（高度不超过12m）施工选用。其优点是施工简便、工期短、成本低；缺点是对大深度沉井，地基要求过高，受施工现场的净空（高度、面积）限制、施工操作难度大，故不宜作为大深度沉井选用。

井筒制作方案 ── 一次制作、一次下沉
　　　　　　 ── 分节制作、多次下沉
　　　　　　 ── 分节制作、一次下沉

图 4.1.7　井筒制作方案分类

（2）分节制作，多次下沉

该方案即把沉井井筒沿竖向（高度方向）分为几段，每段称为一节。地面制作一节，下沉一节，循序进行。其中第一节（含刃脚）的高度不宜过高，通常控制在 10m 以内，当在松软的土层和人工岛上施工时，井筒第一节的高度 $L_1 \leqslant 0.8B$（B 为沉井的等效宽度）。下沉须在第一节混凝土达到设计强度的 100% 后开始，以后各节可在达到设计强度的 70% 后开始下沉。该方案的优点是节高较小，重力小，对地基承载力要求小，施工便捷；缺点是工序多，工期长，易发生井筒倾斜和突沉。

（3）分节制作，一次下沉

该方案即在沉井下沉位置，分节制作井筒，待井筒全高浇筑、护养达到预定强度后，连续挖土下沉，直至设计标高的方案。该方案的优点如下：

① 工期短

该方案多选用滑模工法施工，故脚手架、模板可连续滑升使用。可避免浇筑混凝土的脚手架、模板、井筒下沉设备等设备的频繁安装、拆除作业，故工期大为缩短。

② 工序交接清楚，可消除多工序交叉作业拥挤混乱状况

井筒制作完结后，木工、钢筋工、混凝土、架子工等工种可撤离现场，仅留下沉工进行下沉工序，故可避免诸多事故的发生。

缺点：井筒自重大，故对地基承载力的要求高。高空作业多，起重设备大型化。此外，采用该方案时，必须事先对井筒接高时的地基稳定性进行验算，如存在不稳定因素，须制定防止措施（井内灌水、填砂）提高地基承载力。

5. 钢刃脚施工

对硬地层（砂砾层、岩层等）中沉设的沉井、沉箱或用爆破法清除刃脚下障碍物时，其刃脚多选用钢刃脚。

用钢板把梯形钢筋混凝土刃脚的外侧包裹起来，构成对刃脚起保护作用的钢靴、穿钢靴的刃脚称为钢靴刃脚，简称为钢刃脚。钢刃脚的钢结构由外侧钢板、内侧钢板（设置在刃尖处的加劲钢板）、锚筋、连接筋连接而成。该钢结构在浇筑混凝土后形成一个刚性体，即钢刃脚。

刃脚钢结构多为工厂分段下料、制作、分类、编号、标识，然后分段运至现场，再拼装、调整、焊接成整体。

讲到这里应说明一点：本来下面 3 节（4.1.5 节、4.1.6 节、4.1.7 节）的内容应在本节中叙述，但由于这些内容较长，故把它们独立开来。

4.1.5　模板支设

井筒模板有木定型模板和钢组合定型模板两种。选用木模板时，外侧（靠混凝土）应

刨光，并涂脱模剂。钢组合定型模板使用较多。井筒前一节下沉结束时应高出基坑砂垫层面 1~2m，以防外模埋入砂垫层受损。内模支架不宜支承在地基土上，以防沉降过大时，内模和支架受损。通常内模支架支承选定在井格内钢梁上。

近年来大型沉井（大断面、大深度）及沉井群的工程实例较多，对这种情形而言，多采用滑动模板（简称滑模）工法施工。滑模浇筑混凝土的优点是不用搭设脚手架，同时还可避免高空模板安装和拆除工序。此外，还可减小沉井接高过程中对下部结构的载荷增加，对沉井施工的稳定性有利。故滑模工法是一种简便、经济、稳定、安全、高效的工法。滑模工法是用液压装置，随混凝土浇筑工作的进行使部分模板缓慢连续滑升，直至一节井筒（或整个井筒）结构浇筑完结的工法。这里仅对滑模施工程序、设计、控制等内容作一简述。自动滑模沉箱工法将在 6.3 节中叙述。

1. 滑模施工程序

沉井、沉箱滑模与一般现浇混凝土结构的滑模大致相同，要求滑模具有足够的强度、刚度、整体稳定性及缝隙严密等性能。

滑模系统大体上由支撑杆、门架、内外模板、平台、吊架滑升动力系统（液压千斤顶系统）等部件构成。

滑模施工程序如图 4.1.8 所示。

2. 滑升总载荷及千斤顶数量的确定

（1）滑升总载荷（G）可用式（4.1.22）求取：

$$G = F + G_1 + G_2 + G_3 \qquad \text{（式 4.1.22）}$$

式中　G_1——包括模板围带、提升架等在内的所谓的模板系统自重力（kN）；

G_2——包括放射梁、环梁、挑梁在内的平台系统自重力（kN）；

G_3——施工载荷（kN）；

$$G_3 = P \cdot S_2 \qquad \text{（式 4.1.23）}$$

P——单位面积上施工载荷（kN/m²）；

S_2——为沉井水平截面面积（m²）；

F——模板摩阻力（kN）；

$$F = KS \qquad \text{（式 4.1.24）}$$

K——钢模板与混凝土面的摩擦阻力系数（kN/m²）；

S——钢模板与混凝土井壁接触总面积（m²）。

（2）千斤顶台数（n）的确定

$$n = mn_1 = 2mG/F_1 \qquad \text{（式 4.1.25）}$$

式中　F_1——千斤顶的额定推力（kN）；

m——取决于滑模机具构造、设置位置、间距的系数，无量纲，通常取 $m = 1.5 \sim 2$。

3. 滑模安装及注意事项

（1）滑模安装

① 按门架设计位置，测出立杆位置，定出中心线，埋

图 4.1.8　滑模施工程序图

加工制作滑模配件质量检验

安装钢筋确认质量合格

安装支撑杆、门架

安装模板、围圈并固定在门架上

安装平台斜架、平台

安装吊架

模板精确定位

安装千斤顶、机电设备

滑模系统检验合格

分3层浇筑混凝土(总浇高控制在1m以下)，滑升模板30cm左右

按式(4.1.26)确定的速度提升滑模直至浇筑、滑升结束

设中心线测量标志，搭设井架；

② 测出提升架中心线，安装提升架，测出提升架中心线处标高，用木板或砌砖将提升架垫平，而后安装内外围圈，并校正水平和垂直度；

③ 安装平台托架、中心环梁及放射梁；

④ 安装内模：要求内模向里倾斜（即内外模板应形成上口小，下口大的结构），内模单面倾斜距离，通常取模板高度的0.2%～0.5%。这样设置的目的是可以减小滑升时模板与混凝土间的摩阻力，利于混凝土脱模；

⑤ 认真检查各部位的尺寸及标高，并拧紧连接螺栓；

⑥ 铺设平台板；

⑦ 安装千斤顶，充油排气，液压系统试运转；

⑧ 插入承力杆；

⑨ 安装外模。

（2）注意事项

① 滑模上升与钢筋作业存在交叉工况，故须事先统筹安排，减小相互影响。

② 为保证滑模上升不受阻，有时应对门架处的局部竖向钢筋间距作适当调整，调整距离不得超过2cm。另不得先安装门架顶上部的沉井水平钢筋。

③ 钢筋绑扎时，不得压、碰液压油管，以免受损。

④ 安装液压系统主油路高压钢丝编织胶管时，应保证油管长度一致，以便千斤顶供油时间同步。

4. 滑升速度的确定

模板的滑升速度与混凝土出模强度有关，规范规定混凝土出模强度以控制在0.2～0.4MPa为佳，滑升前应按此要求在实验室内开展混凝土不同配比的凝结速度试验，找出符合要求的配比。同时，还应根据滑升时的气温、原材料的变化及时调整。滑升速度（V）可按式（4.1.26）确定：

$$V = (H - t - a) / T \qquad （式4.1.26）$$

式中 V——模板滑升速度（m/h）；

H——模板高度（m）；

t——混凝土浇筑层厚（m）；

a——浇筑完结后，混凝土离模板上口的距离（m）；

T——混凝土达到出模强度所需的时间（h）。

例如，$H = 1m$，$t = 0.3m$，$a = 0.1m$，$T = 2h$，代入式（4.1.26），得到 $V = (1 - 0.3 - 0.1) / 2 = 0.3m/h$。如绑扎钢筋、浇筑混凝土共耗时3.8h，滑升耗时1h，这就是说，每4.8h提升一次，提升高度0.3m，即24h共滑升1.5m。

5. 模板滑升

通常滑模施工多用于沉井刃脚以上各节井筒的构筑。模板滑升大致存在初升、正升（正常滑升）、末升及暂停等几个阶段。

初升，即在分层（每层200～300mm）连续浇筑混凝土2～3层（浇筑耗时在3h以内）后，通常低层混凝土凝结强度可达0.3～0.35MPa（室内试验证实的值）时，模板即可开始试升5cm。若试升出模的混凝土无坍落、变形，也不被模板带起，说明可以开始初升。初升阶段的升距多定为 20～30cm。

正升，即每浇筑一层混凝土，模板滑升一个浇筑层高，如此连续重复的滑升称为正升。常温下的正升时间在 1h 左右。当气温条件和施工条件变化较大时，可适当调整正升时间。

末升，接近井顶的滑升称为末升。因最后一层混凝土要求为一次浇筑完结，并要求必须在同一个水平面上，故末升时间、距离均与前者有所不同。在最后一层混凝土浇筑后的 3～4h 内，按每 0.5h 滑升一次的规律，直至模板与混凝土完全脱解，即停滑。

暂停滑升，即因客观因素（停水、停电、风力过大等）要求致使的停滑。停滑时必须把混凝土浇筑面作成 V 形，即施工缝为 V 形。

6. 滑模监控

（1）监测

① 水平监测

用水准仪对承力杆进行标高、标定。每次滑升后，用钢尺核查承力杆上的标高与平台的距离，并进行校平。模板每滑升一次应用水准仪在承力杆上进一次水平检查。

② 垂直监测

在矩形结构的四个角上各设一个垂球，并在与垂球对应的混凝土壁上标出标志。每滑升 1～2 次，测定一次垂球与标志之间的距离。

（2）偏扭纠正

① 平台纠偏

平台纠偏大致有以下几种方法：

a. 严格控制各千斤顶的升差，保持平台水平。

b. 尽量使平台上的载荷保持均匀分布。

c. 调整平台高差，当平台发生倾斜时，把平台偏低一侧的千斤顶升高一定高程，即人为的使平台向反方向倾斜滑升，从而纠正平台的倾斜。

d. 限位调平法。即在经水准仪校平的支撑杆刻痕上安装限位卡，在千斤顶上方安装筒套（也称限位调平器），筒套内筒伸入千斤顶内直接与活塞上端接触，外筒与千斤顶缸盖的行程调节螺丝连接。当筒套限位调平器随千斤顶上升到限位卡处时，筒套被限位卡顶住，并下压千斤顶活塞，使活塞不能排油复位而停止爬升，即实现自动限位调平。

e. 关闭千斤顶进油针阀法，即关闭滑升较快的千斤顶。纠偏结束后立即开启针阀，保持千斤顶正常进油。

上述纠偏方法可据实际工况分别或组合选用。

② 模板纠扭

滑模结构在滑升使用过程中有可能发生模板扭转，作为纠扭的方法，通常选用剪撑纠扭法。该方法是在提升架之间设置钢筋剪刀拉撑，每根拉撑上装一个紧线器，通过紧线器控制提升架的垂直度，实现纠扭。

7. 滑模系统拆除

当系统滑至顶部，停止混凝土浇筑和钢筋绑扎时，进行空滑和加固，拆除滑模系统。拆除程序如下：

液压系统→吊架平台→铺板平台→横梁分段拆除→门架→围圈→平头托架。

4.1.6 钢筋制作及安装

就大型沉井而言，井筒钢井施工多采用在钢筋加工车间集中下料、加工成半成品，随后运至现场。用塔吊吊入就位、绑扎。绑扎施工多借助模板安装时的井内操作平台和井外脚手架进行。施工中的几个关键步骤是：钢筋检验、钢筋制作、钢筋绑扎、钢筋接头处理。

1. 钢筋检验

钢筋进场后，应查看产品出厂合格证明及实验报告单，并抽样进行拉力、冷弯等性能试验。上述检验均合格后，方可确认使用。

2. 钢筋制作

（1）按设计要求，钢筋在加工厂内统一制作加工，制作好的各种钢筋分类堆放，并挂牌明示。

（2）对于较长的钢筋，制作时在平地上进行放样，确定钢筋制作时的延长量。

（3）为确保钢筋表面洁净无损，加工前采用除锈机或风砂枪将其表面的油渍、漆污、锈皮、鳞锈等清除干净。对局部弯折的钢筋进行冷拉调直。冷拉时伸长率不得大于1%。

（4）钢筋加工的尺寸严格按施工图纸的要求制作，钢筋弯钩弯折加工必须符合规范规定。同一根钢筋上的两个相邻焊接接头的间距不得小于 $35d$（d 为钢筋直径）。

（5）加工后的成品钢筋尺寸偏差必须符合表 4.1.1 的规定。

钢筋加工允许偏差   表 4.1.1

项 目	偏差允许值
受力钢筋全长偏差	±10mm
箍筋长度偏差	±5mm
钢筋弯点位置偏差	±20mm
钢筋转角偏差	3°

3. 钢筋安装

（1）为提高工效、保证质量，钢筋安装必须事先制定合理的施工顺序。

（2）钢筋由布置在沉井外的塔吊或汽车吊吊运至施工部位进行安装。吊装时应注意不能使钢筋变形。

（3）现场钢筋的安装位置、间距、保护层及各部位钢筋的大小尺寸，必须符合施工详图的规定。

（4）为保证质量、提高精度，可在脚手架上画出竖向和环向钢筋的位置，绑扎时严格按标示的位置进行安装。

（5）钢筋保护层须按施工详图要求控制，内墙壁保护层为70mm，外墙壁保护层为80mm，其余为50mm。

（6）钢筋与模板之间设置混凝土垫块（垫块强度按井筒强度考虑，龄期7d以上），垫块内插铁丝。垫块应与钢筋扎紧，且互相错开1m，梅花型布置。

（7）钢筋较长时，可采取搭设临时简易支架的方法固定钢筋骨架，同时提供一定的工作平台。

（8）先安装竖向钢筋，在滑模门架上设一定高度的导向架，以便竖向钢筋竖直，临时绑扎少量水平钢筋或钢管，作为固定竖向钢筋的水平固定件。待滑模升高至水平固定件处拆除临时水平构件，使滑模门架通过。

（9）从首节伸向第二节的竖向钢筋，至少高出首节混凝土顶面50cm，相邻钢筋高度差不得小于1m。

（10）根据滑模施工特点，采取边上滑、边绑扎水平钢筋的程序，一般按水平钢筋超出模板上口三排控制。

（11）混凝土垫块采用扎丝绑牢方法固定在钢筋上，有脱落时应在混凝土浇筑前补充安装，以保证钢筋保护层厚度。

（12）首节钢筋安装完毕后，还应按图纸要求预埋第二节钢筋，或其他用途的预埋件。其他各节以此类推。

4. 钢筋接头处理

沉井的钢筋接头尽可能采用滚轧直螺纹接头连接，以加快施工进度，对局部不能采用直螺纹接头的部位，则采用手工电弧焊连接。

（1）焊接接头

加工厂焊接接头采用双面搭接焊，焊接接头长度为5d；现场安装焊接采用单面搭接焊，焊接接头长10d。

钢筋焊接接头须按混凝土结构设计规范、施工规范的规定执行。

（2）滚轧直螺纹接头

① 在进行钢筋连接时，钢筋规格应与套筒规格一致，并保证丝头和连接套筒内螺纹干净、完好无损。

② 钢筋连接时应用工作扳手将丝头在套筒中央位置顶紧。

③ 钢筋接头拧紧后应用力矩扳手按表4.1.2中的力矩值检验，并加以标记。

拧力矩值表　　　　　　　　　　　　　表4.1.2

钢筋直径（mm）	≤16	18～20	22～25	28～32	36～40
拧力矩（N·m）	80	160	230	300	360

注：当不同直径的钢筋连接时，拧力矩按小直径钢筋的相应值选取。

4.1.7　混凝土浇筑施工

本节叙述沉井混凝土施工中的一些值得注意的事项。

1. 混凝土用材选择

沉井用途不同，混凝土选材也不同。目前，建造沉井的目的在于利用内空的工程项目（如作地下室、地下交通隧道、地下车库、地下油罐等）较多。对这类沉井而言，井筒浇筑混凝土应选用防水混凝土。当然，对无抗渗要求的沉井工程而言，也可根据强度要求，选用标准型号的混凝土。沉井混凝土的抗渗等级与井筒深入地下水位以下的深度（z）、井筒厚度（t）有关。$z/t \leqslant 10$时，混凝土的抗渗等级应在0.6MPa以上，$10 < z/t \leqslant 15$时，抗渗等级应在0.8MPa以上；$z/t > 15$时，抗渗等级应在1.2MPa以上。沉井防水混凝土多使用普通防水混凝土和掺外加剂的防水混凝土。这两种防水混凝土的抗渗能力及适用范围如表4.1.3所示。

(1) 防水混凝土用料要求如下：

① 水泥

水泥强度等级不应低于32.5MPa；在无侵蚀性介质和冻融作用时，普通硅酸盐水泥、硅酸盐水泥、火山灰质硅酸盐水泥、粉煤灰硅酸盐水泥、矿渣硅酸盐水泥等均可选用；存在冻融作用时，优先选用普通硅酸盐水泥，不宜选用火山灰硅酸盐水泥和粉煤灰硅酸盐水泥；存在侵蚀性介质作用时，可按介质性选用合适的水泥。严禁选用受潮结块、过期水泥或多种不同强度规格的混合水泥。

各种防水混凝土的适用范围 表4.1.3

种　类		最高抗渗压力（MPa）	特　点	适用范围
普通防水混凝土		>3.0	施工简便，材料来源广	适用于一般工业与民用建筑及公共建筑的地下防水工程
外加剂防水混凝土	三乙醇胺防水混凝土	>3.8	早期强度高，抗渗等级高	适用于工期紧迫，要求早强及抗渗性较高的防水工程及一般防水工程
	氯化铁防水混凝土	>3.8		适用于水中结构的无筋少筋厚大防水混凝土工程及一般地下防水工程，砂浆修补抹面工程。薄壁结构上不宜使用

② 骨料

对砂、石材的要求如表4.1.4所示。石材粒径≤40mm，泵送混凝土时，石材粒径不得大于输送管径的1/4，吸水率≤1.5%，禁止使用碱活性石材。砂材多选用中砂。石材、砂材必须符合《普通混凝土用砂、石质量及检验方法标准》（JGJ 52—2006）的规定。

防水混凝土对砂、石材质要求 表4.1.4

项目名称	砂						石		
筛孔尺寸（mm）	0.16	0.315	0.63	1.25	2.50	5.0	5.0	$\frac{1}{2}D_{max}$	$D_{max} \geqslant 40mm$
累计筛余	100	70~95	45~75	20~55	10~35	0~5	95~100	30~65	0~5
含泥量	≯3%，且泥土不得呈块状或包裹砂子表面						≯1%，不得呈块状或包裹石子表面		
材质要求	1. 宜选用洁净的中砂，内含一家的粉细料 2. 颗粒坚实的天然砂或由坚硬的岩石粉制成的人工砂						1. 坚硬的卵石、碎石（包括矿渣碎石）均可 2. 石子粒径宜为5~40mm		

③ 水

用水应符合规范《混凝土拌合用水标准》（JGJ 63—89）的规定。

④ 掺加剂

a. 三乙醇胺

防水混凝土中使用的三乙醇胺是橙黄色透明黏稠吸水性液体，无臭、不燃；呈碱性，相对密度为 1.12 ~ 1.13，pH 值为 8 ~ 9，工业纯度为 70% ~ 80%。

b. 氯化铁

氯化铁的生成方法：

（a）氯化铁皮（主要原料为轧钢过程中产生的氧化铁、四氧化铁等）＋盐酸（工业品，相对密度为 1.15 ~ 1.19）＋硫酸铝（工业品，含水硫酸铝 $[Al_2(SO_4)_3 \cdot 18H_2O]$）反应生成。

（b）硫铁矿渣＋铁屑（切削产生的废料）＋明矾（工业品）＋盐酸（工业品，相对密度 1.15 ~ 1.19）＋硫酸铝（工业品）反应生成。

c. 减水剂

用于防水混凝土中的几种减水剂概况如表 4.1.5 所示。

用于防水混凝土的减水剂　　　　　　　　　　　　　　表 4.1.5

种　类		优　点	缺　点	适用范围
木质素碳酸钙 M		有增塑及引气作用，提高抗渗性能最为显著 有缓解作用，可推迟水化热峰值出现 可减水 10% ~ 15% 或增强 10% ~ 20% 价格低廉，货源充足	分散作用不及 NNO、MF、JN 等高效减水剂 温度较低时，强度发展缓慢，须与早强剂复合使用	一般防水工程均可使用，更适用于大坝、大型设备基础等大体积混凝土工程和夏季施工
多环芳香族磺酸钠	NNO MF JN FON UNF	均可高效减水剂，减水 12% ~ 20%，增强 15% ~ 20% 可显著改善和易性提高抗渗性 MF、JN 有引气作用，抗冻性、抗渗性较 NNO 好 JN 减水剂在同类减水剂中价格最低，仅为 NNO 的 40% 左右	货源少，价格较贵 生成气泡较大，需要高频振捣器排除气泡以保证混凝土质量	防水混凝土工程均可使用，冬季气温低时，使用更加适宜
糖蜜		分散作用及其他性能均同木质素磺酸钠掺量少，经济效果显著 有缓凝作用	由于可从中提取酒精、丙酮等副产品，因而货源日趋减少	宜于就地取材，配制防水混凝土

（2）配制防水混凝土的技术要求

① 普通防水混凝土的配制技术要求如表 4.1.6 所示。

配制普通防水混凝土技术要求　　　　　　　　　　表 4.1.6

项　目	技术要求
水灰比	≥0.55
坍落度	≥50mm。防水混凝土采用预拌混凝土时，入泵坍落度宜控制在 120 ±20mm，入泵前坍落度每小时损失值不应大于 30mm，坍落度总损失值不应大于 60mm

续表

项 目	技 术 要 求
水泥量	≮320kg/m³；掺有活性掺合料时，≮280kg/m³
含砂率	35%～45%，泵送时可增至45%
灰砂比	1:1.5～1:2.5
骨料	粗骨料最大粒径≯40；采用中砂或细砂。级配 5～20:20～40=30:70～70:30 或自然级配

② 三乙醇胺防水混凝土的配制技术要求如表4.1.7所示。
③ 氯化铁防水混凝土的配制技术要求如表4.1.8所示。
④ 减水剂防水混凝土的配制技术要求如表4.1.9所示。
⑤ 标准混凝土的配比及抗渗等级如表4.1.10所示。
在参考上述表4.1.6～表4.1.10数据的基础上，最后由试块强度和抗渗试验确认。

配制三乙醇胺防水混凝土的技术要求 表4.1.7

项 目	技 术 要 求
水泥用量（kg/m³）	当设计抗渗压力为0.8～1.2MPa时，水泥用量以300kg/m³为宜
含砂率	当水泥用量为280～300kg/m³时，以40%左右为宜
水泥用量（kg/m³）	当设计抗渗压力为0.8～1.2MPa时，水泥用量以300kg/m³为宜
灰砂比	掺三乙醇胺早强防水剂后，可以小于防水混凝土1:2.5的限值
掺量	约50kg水泥加2kg溶液

配制氯化铁防水混凝土的技术要求 表4.1.8

项 目	技 术 要 求
水泥用量（kg/m³）	不小于310
水灰比	不大于0.55
坍落度（cm）	3～5
防水剂掺量	以水泥重量的3%为宜，掺量过多对钢筋锈蚀及混凝土干缩有不良影响。如果采用氯化铁砂浆抹面，掺量可增至3%～5%
防水剂指标	相对密度大于1.4，$FeCl_2 + FeCl_3$ 含量不小于400g/L，$FeCl_2:FeCl_3 = 1:1～1:1.3$，pH值为1～2，硫酸铝含量占氯化铁含量为5%

配制减水剂防水混凝土的技术要求 表4.1.9

项 目		技 术 要 求
水灰比		当工程需要混凝土坍落度8～10cm时，可不减少或稍减少拌合用水量；当要求坍落度3～5cm时，可大大减少拌合用水量
坍落度		坍落度可不受5cm的限制，但也不宜过大，以5～10cm为宜
掺量	木钙、糖蜜	0.2%～0.3%，不得大于0.3%，否则使混凝土强度降低
	NNO、MF	0.5%～1.0%，在其范围内只稍微增加混凝土造价，对性能无大影响
	JN	0.5%
	UFN-5	0.5%，外加紧0.5%三乙醇胺，抗渗性能好
泌水率		加入MF、木钙等品种减水剂

掺外加剂的防水混凝土配合比　　　　　　表4.1.10

| 混凝土强度等级（MPa） | 水泥强度等级 | 坍落度（cm） | 配合比（kg/m³） | | | | | | | 抗渗等级（MPa） |
			水	水泥	砂	石子	松香酸钠（三乙醇胺）（%）	氯化钙（氯化铁）（%）	木质素磺酸钙（氯化钠）（%）	
C15	32.5	3~5	160	300	540	1238	0.05	0.075	—	0.6
C20	32.5	3	170	340	640	1210	0.05	0.075	—	0.8
C30	42.5	—	195	350	665	1182		(3)		1.2
C40	42.5	—	201	437	830	1162		(2)		3.0
C25	32.5	—	180	300	879	1062	(0.05)			2.0
C25	32.5	—	200	334	731	1169	(0.05)			3.5
C30	42.5	1~3	190	400	640	1170	(0.05)		(0.5)	1.2
C30	32.5	3~5	168	330	744	1214			0.25	0.8

注：1. 石子规格均为5~40mm。

2. 外加剂掺量均按水泥重量百分比（%）计。

2. 公节浇筑及井壁预留孔口

（1）公节浇筑

4.1.4节叙述了井筒制作方式和制作方案的优缺点。至于选用哪种方式、方案，应据沉设现场的工程地质状况、沉井高度、沉井断面尺寸大小、沉井壁厚、沉井的用途、场地大小、周围环境等条件综合考虑确定。

通常筒高≤10m的井筒多采用一次浇完的方案。筒高较大的井筒须公节浇筑，节高多按5~10m考虑。井筒浇筑允许偏差如表4.1.11所示。

（2）井壁预留孔口

有些工程要求在井筒的壁上预留与其他地下洞道连接的接合孔口。为了便于打通孔口，这些孔口的作料往往与井筒主体的用料不同，为此两者的强度和抗渗性能也不同，故井筒下沉时应特别注意，严防地下水的涌入。此外，由于用料不同，故沉井每边的重量也会不均，有时也会致使整个井筒的重心偏移，严重时致使沉井发生倾斜。对此应在设计阶段及施工之前制定好避免措施。

井筒浇筑允许误差　　　　　　表4.1.11

项　目		允　许　误　差
断面尺寸	长、宽	±0.5%，最大不超过100mm
	曲线曲率半径	±0.5%，最大不超过50mm
	对角线长度	1%
井壁厚度		±15mm
井壁、隔墙竖直度		1%
预埋件、预留孔的位移		±20mm

3. 混凝土拌制、运输

（1）混凝土施工前必须认真检验标定称量系统。

（2）混凝土拌制前应测定料场存料的含水量，根据含水量算出施工配比，输入到搅拌站的电脑配料系统。

（3）检查水泥的生产日期、质量、有结块的水泥应弃之不用。

（4）配料的称量允许误差如表4.1.12所示。每班须进行两次称量检查。

表 4.1.12

配料称量允许误差

配料	水泥	砂	石块	水	外加剂
允许误差（%）	±2	±3	±3	±1	±1

（5）拌合时间按 $2\sim3\mathrm{min}$ 选取，拌合料应随拌随用。对各种外加剂应稀释成浓度较低的溶液后，再投入搅拌机。

（6）混凝土搅拌好后，应就地检查离析及坍落度（每班两次）。

（7）在运送距离较远或气温较高时，为防止运输过程中混凝土产生离析和坍落度变差，拌制时可掺入缓凝剂。运送过程中不应停止搅拌。到达浇筑地点后，还应检查离析及坍落度的情况。运送后出现离析的，必须进行二次搅拌。运送后坍落度下降不能满足施工要求时，应加入原水灰比的水泥浆或二次掺加减水剂进行搅拌，切忌直接加水。

4．混凝土浇筑

多数情况下，井筒混凝土采用运输搅拌车，把拌好的混凝土运送到现场，再由混凝土泵车沿沉井周围进行分层均匀浇筑。

浇筑时的注意事项如下：

（1）采用平浇法分层浇筑，层厚（H）可按如下两法估算。

① 使用插入式振捣棒时：

$$H \leqslant 1.25r \tag{式 4.1.27}$$

式中　H——层厚（m）；

　　　r——振捣半径（m）。

② 按每层浇筑时间不超过水泥初凝时间 t（h）的条件估算：

$$H \leqslant \theta \cdot t/A \tag{式 4.1.28}$$

式中　θ——混凝土的浇筑速度（$\mathrm{m^3/h}$）；

　　　A——浇筑面积（$\mathrm{m^2}$）。

通常 H 的实践数据为 $20\sim30\mathrm{cm}$。

（2）混凝土浇筑须均匀、对称，避免地基受力不均造成下沉不均，导致井筒倾斜。

（3）混凝土浇筑时，若入模自由高度超过 1.5m，则须使用串筒、溜槽或溜管等辅助工具送入混凝土，以防离析和石子滚落堆种影响浇筑质量。

（4）振捣棒的操作应快插慢拨，要求插入到下一层混凝土中 $5\sim10\mathrm{cm}$。棒头不得触及钢筋、模板及预埋件，棒的移动间距不应超过振捣半径的 1.25 倍。振捣时间控制在 $15\sim20\mathrm{s}$。严禁漏振、欠振和过振。关键部位操作员应下到模板内进行振捣。

振捣防水混凝土时，因对密实度要求高，故不宜人工振捣，应选用机械振捣，振捣时间可延长到30s，以混凝土开始泛浆和不冒泡为止。掺入减水剂时，应选用高频插入式振捣器。

（5）混凝土浇筑尽量做到一次连续浇完。若因故不能一次浇完，应设水平施工缝，缝间留有凹凸缝，并插入钢筋增加连接。浇筑新混凝土前必须将表面作吹、冲处理（水冲、吹气），剔除松动的石子和软弱的混凝土层并进行充气湿润，但不得存在积水。

（6）每节混凝土浇筑完毕后应在顶部及时压槽，待强度等级达到70%后，方可浇筑下一节。浇筑前仍须把接触面作凿毛、吹洗处理。

（7）对大断面、壁厚较厚大深度沉井，浇筑防水混凝土井筒应采取下列措施：

①在设计允许的条件下，把混凝土的设计强度按60d的强度考虑。

②采用低、中热水泥，并掺加粉煤灰、矿渣粉、减水剂、缓凝剂。

③在炎热条件下施工时，应设法采取降低原材料温度，及降低混凝土运送过程中吸收外界热量的措施。

④在混凝土内部预埋水冷散热管道。

⑤保温保湿养护时，混凝土的中心温度与表面温度的差值不得大于25℃，表面温度与大气温度的差值不得大于25℃，养护时间不得少于14d。

⑥模板固定不得使用螺栓拉杆或铁丝对穿。如螺栓必须对穿防水混凝土结构时，须采用工具螺栓或加堵头螺栓，螺栓上应加焊方形止水环。拆模后还应对凹槽封堵压实，且在迎水面上涂刷防水涂料。

5. 浇筑混凝土的养护及拆模

（1）养护

夏季浇筑混凝土时应尽量避开高温下浇筑。若在大风和烈日下浇筑时，在振捣完毕后应及时用湿麻袋覆盖，防止水分蒸发出现干裂，同时还应不断洒水，保持表面湿潮。冬季混凝土浇筑完毕后，应及时用保温被将混凝土进行覆盖，以防被冻裂。

混凝土初凝后采用洒水养护，养护期大多为7d。对防水混凝土而言，养护期不得少于14d，且不宜采用电热法养护。

（2）拆模

当混凝土强度达到设计强度的25%以上时，可拆除不承受混凝土重力的侧模。达到设计强度的70%以上时，可拆除刃脚斜面支撑和模板。对防水混凝土而言，拆模时的混凝土表面温度与环境温度的差值不得大于15℃，否则表面会出现裂缝。

4.1.8 抽垫

井筒制作完工后，接下来即井筒下沉施工。井筒下沉施工包括抽垫、挖土、排土、下沉、助沉及监测等几个步骤。这里叙述抽垫施工方法。

待井筒第一节的混凝土达到设计强度后，即可抽除垫架。不过应注意抽除顺序，要求对称、同步、分区及依次进行。

对圆形断面沉井而言，应按先一般垫架，后定位垫架的顺序抽除。对矩形沉井应按内隔墙下垫架→外墙短边下垫架→长边下垫架→定位垫架的顺序抽除。

具体的抽垫施工是将垫木下面的砂垫层掏挖干净，用机具抽除垫木。随即用砂、砂砾或碎石将空隙填实，抽一根填实一根。接下来对刃脚内外填土

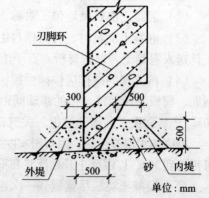

图 4.1.9　刃脚回填砂或砂卵石构堤实例

分层务实，构筑小堤（见图4.1.9）。

接下来的施工是挖除井内土体，使井筒下沉。4.1.9介绍挖土方法。

4.1.9 水挖法

沉井的挖方法有水挖法、干挖法及中心岛法。

水挖法即不排水开挖法。该方法的特点是沉井内外的水位基本一致，所以地下水位以下的开挖是水中的挖掘。水挖法因水中设备的不同，可分为射流抓斗法、水力机械法、钻吸法、SS工法、双联射流冲挖法、水中自动反铲抓法连动法、自动扩缩挖土自动化工法等。

1. 抓斗法

单用吊车吊住抓斗可抓挖井底中央部位地层，但无法抓挖刃脚下方土体，故井底成为下凹的锅底形状，当锅底比刃脚低某一高度（对粉质黏土、砂土等渗水性强度低的地层而言，通常该高度在1～1.5m）时，刃脚下部土体在井筒自重力的作用下极易崩坍，这种现象称为崩脚现象。也就是说这种方法对软土层有效。但是，若地层有一定的强度（如不易渗水的黏土层、密实砂层式砂砾层），则崩脚现容不易发生，致使井筒下沉困难或根本无法下沉。作为应对措施存在以下几种方法：

① 用带铲头的钢纤铲除刃脚下方土砂或用摇杆螺旋钻松动土体。

② 靠潜水员作射水挖除。

③ 用双联射水、射气水中硬地层挖掘系统挖除刃脚下方硬地层。

④ 水中自动反铲抓斗挖除法。

⑤ 自由扩缩挖土机抓斗挖除法。

就方法①而言，因作业直接目视困难，需反复多次，故作业艰苦；方法②存在潜水员在浊水中作业困难及易患潜水病的弊病；方法③是由吊车吊送双联射流挖掘装置到挖掘位置，靠地表压送设备压送的超高压水和气流冲挖刃脚下方地层，由此表计算机画面，用遥挖器控制射流的方向和位置，利用超声波探查装置掌握冲挖形状的摆脱艰苦作业环境、高效、安全、自动化的硬地层挖掘方法（详见4.1.10节）。

2. 水力机械法

采用高压水枪破土，用空气吸泥机（或泥浆泵）通过排泥管排泥。高压水枪破土顺序为先中央后四周，对称分层冲挖。与纯抓斗法相比，其优点是可以冲挖刃脚斜面下方土体，加上预设在井筒外侧的高压射水管的冲挖，可满意地完成刃脚斜面处的土体冲挖。该方法的缺点是冲挖范围不易控制，存在盲目性，效率不高。

3. 钻吸法

钻吸法即先钻松土体，然后向钻孔内射水冲挖，所以挖土范围易于控制，可避免盲目性、与水力机械法相比效率高，即使刃脚斜面部位也能挖掘到位；加之预埋在刃脚外侧和刃脚斜面上的射水孔的高压射水的冲挖作用，可使刃脚斜面及踏面处的土体被挖除。钻吸法的原理框图如图4.1.10所示。

4. 水中自动反铲抓斗法

即利用水中自动反铲铲挖机直接铲挖刃脚下方土体，再用抓斗抓走反铲铲下来的土砂的方法。自动反铲机是一种既可沿刃脚上方的井筒内侧圆形轨道周向自由运转，又能沿径向水平摆动铲挖的反铲。该机的进铲深度、平面铲挖宽度、平面铲挖顺序及水平摆幅等参

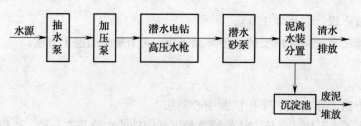

图 4.1.10　钻吸法原理框图

数，均可自由选择。施工时可先设定上述参数，由地表控制室内的计算机对其实施自动控制，即自动挖掘。该机既可铲挖软土，也可铲挖硬土。当沉井半径大于反铲最大水平摆幅时，反铲铲不到的中心部位的土体靠抓斗挖掘。详见 4.8 ~ 4.12 节的叙述。

5. 自由扩缩挖土机抓斗法

该工法系自由扩缩机挖土、抓斗排土工法，详见 4.13 节的叙述。

水挖法的特点是要求地表配置泥浆沉淀设备及泥水分离设备，同时水挖法还要求施工现场必须具备废泥、废水的排放条件。

4.1.10　双联射流水中挖掘系统

这里的双联射流水中挖掘系统系双联射流刃脚下方硬质地层水中挖掘装置（即双联射流装置也简称挖掘装置）及地表计算机遥控系统的总称。使用双联射流水中挖掘系统挖掘沉井刃脚下方硬质地层沉设沉井的施工方法称为双联射流硬地层挖掘法。

1. 双联射流硬地层挖掘法概况

压入沉井工法，在挖掘途中遇到硬质地层时会出现刃脚阻力增大，致使井筒下沉受阻。若把压入载荷调节到最大值，但井筒仍无法下沉，此时应考虑选用双联射流硬地层挖掘法以克服井筒无法下沉这一难题。

双联射流硬地层挖掘法是由吊车将双联射流挖掘装置下吊到挖掘位置；靠地表压送设备压送的超高压水和空气冲挖刃脚下部地层；根据地表观察到的计算机的画面，利用遥控器可以自由地控制高压射流（水和气）喷嘴的方向和位置；利用超声波探查装置掌握地层的冲挖形状；用气流高效地把冲挖土砂吸送到刃脚的后方，再由抓斗排出。工法示意图如图 4.1.11 所示。双联射流挖掘装置的另一个用途是还可以在浇注混凝土底板时用来有效地清除刃脚下方的杂质。

2. 开发双联射流装置的必要性

如前所述，就抓斗水挖法而言，对于软地层，虽然抓斗无法挖掘刃脚下方地层，但由于井筒自重和外加压力的作用，刃脚

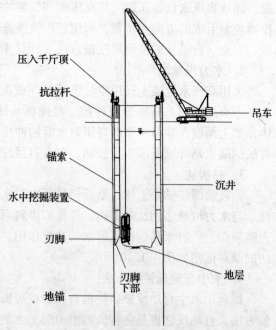

图 4.1.11　射流挖掘法示意图

部位会产生崩脚，故井筒会顺利下沉。然而对于硬质地层，由于刃脚下方硬质土体未被挖除，故地层对刃脚的下沉阻力极大，致使井筒下沉困难或根本无法下沉。即使下沉也极易出现沉偏等故障，故耗时多（工期增长）导致成本升高。

以往对此的应对措施通常采用以下两种方法：

① 在难沉的情况下，利用带铲头的钢纤铲除土砂。

② 靠潜水员作射水挖掘。

但是，就①的钢纤法而言，因为作业直接目视困难，所以想要一次把刃脚下方的土砂彻底铲除不太容易，必须返复铲除多次，故使工期拖长。就②的潜水员射水作业的情形而言，存在浊水中作业的困难和潜水员易患潜水病的弊病。为此开发摆脱艰苦作业环境、高效、安全可靠地挖掘刃脚下方硬质地层的装置是该行业的当务之急。双联射流装置就是在这种形势下问世的高效、安全、（无人）自动化的地表遥控挖掘装置。

3. 设计射流水中挖掘系统的考虑

（1）挖掘系统特别是挖掘刃脚下方硬地层的挖掘装置，应轻小型化，上提下吊、左右移动要方便容易。

按全部缩尺模型用 CAD 法讨论小型化；精选构造材料追求轻型化；为了经济方便，选用通用吊车实现挖掘装置的下吊、移动。

（2）因为挖掘装置的基本原理是靠高压水流和气流冲挖硬质地层（硬黏土层等），为了提高冲挖效率，特把射流管设计成双联结构（见图4.1.12）。喷嘴选用普通超高压的喷射注浆加固地层工法中使用的喷嘴（外购），压送泵也选用通用产品。

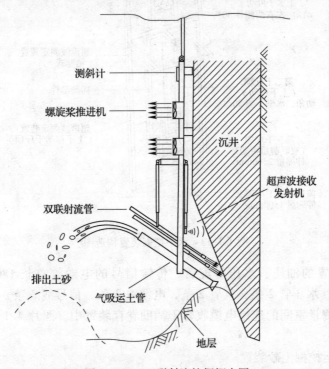

图 4.1.12　双联射流挖掘概念图

由力学原理知道，射流（高压水、气）喷出射向地层的同时，水中挖掘装置必然产生反冲力。为抵抗该反力挖掘装置上设置了推进机构。推进机构是通过连接到地表的电缆线向电动机供电，进而使螺旋桨旋转产生推压沉井内壁上的挖掘装置的推力，靠该推力抵抗反冲力，从而防止挖掘装置产生振动。

（3）为了探查双联射流冲挖地层的状况，特在挖掘装置上设计了一个靠超声波直接实时显示冲挖地层状况的设备，该设备同时还能显示测量数据和测量精度。这里选用市售超声波收发设备进行探查。因为是在混浊的泥水中探查下方的地层形状，所以超声波信号中存在很多底部地层的杂乱反射波的干扰信号（即伪反射信号）。这些伪信号对测量结果会造成较大误差，故在接收、发射设备上安装了伪信号滤除管，以滤除伪信号，从而提高真信号的分辨精度。超声波测量信号以数字信号的形式经电缆传输给地表计算机。

试验证实，超声波探查设备与地层间的可测距离为 1.8~30cm，在高压射流停止 3min 后探查有效。

图 4.1.13 示出的是水中挖掘装置的构造图，照片 4.1.1 示出的是水平挖掘装置的实物照片。

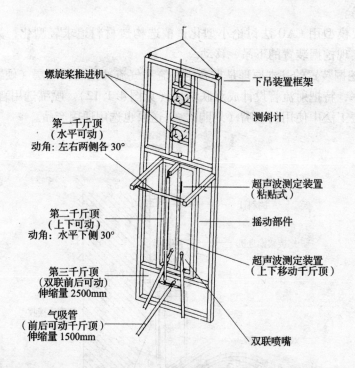

图 4.1.13　水中挖掘装置构造图

（4）挖掘装置的油压、水压等配管、传输信号的电缆等总长 1800m，22 条配管（油压配管 12 条，水压管 2 条，气管 2 条，电缆线 3 条，信号线 3 条）均收容于卷存装置中，控制室和测量室间的连结电缆收容于辅助卷存装置中。照片 4.1.3 示出的是辅助电缆卷存装置。

（5）气吸压运挖掘土砂装置

经作业现场实施的气吸压运挖掘土砂的确认试验完全证实了气吸压运挖掘土砂装置的

实用性。

（6）水中挖掘装置由地表计算机进行遥控。遥控信号包括喷嘴4路、气吸机1路、超声波测定1路、测斜计1路、油压机2路。计算机根据各种输入、输出信号的数据，按相应的软件实施控制（见照片4.1.4）。

4. 水中挖掘装置的运转

具体地讲，把水中挖掘装置用吊车钢绳下吊到沉井刃脚下方地层的挖掘位置上。使推进机工作，把挖掘装置固定在沉井内壁上。从地表压送的高压水和压缩空气经与射流管连结的管道，由喷嘴处同时射出冲掘刃脚下方地层。调整地表各个千斤顶的冲程控制经与地表连接的管道中的油压，进而调整喷嘴的方向和位置。喷嘴在允许范围内（每节

照片4.1.1 水中挖掘装置

照片4.1.2 电缆卷存装置

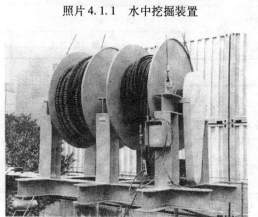

照片4.1.3 辅助卷存装置

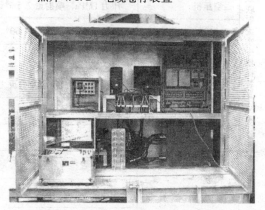

照片4.1.4 控制室

可以掘削3m），可以上下、左右、前后自由移动，同时喷出稳定的射流（水和气），实现稳定掘削。掘削结束后，再用吊车把挖掘装置移动到未挖掘区域进行挖掘，如此反复挖掘直至结束。

5. 水中挖掘系统的构成

上述挖掘控制是在地表的控制室内靠移动控制盘观察计算机显示屏画面实现的。计算机显示的画面可以实时地再现喷嘴的方向和位置。

该装置主要是靠高压射流冲掘地层，使刃脚下方的地层土体缓慢地发生崩坍（崩脚），即实现沉井的稳定下沉。崩坍残土用抓斗运出。

控制水中挖掘系统的构成见图4.1.14及表4.1.13。

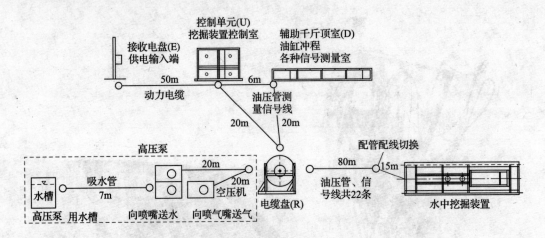

图 4.1.14　水中挖掘系统构成图

双联射流水中挖掘系统构件表　　　　　　　　　　表 4.1.13

构　　件		规　　格	备　　注
双联射流水中挖掘装置	喷嘴	Ma×20MPa×2个	气、水并列
	压射泵	常用压力20MPa，最大喷射量100L/min，2台	
	空压机	压力1MPa，喷射量2.5m³，2台	
	喷嘴转动范围	伸缩量2500mm，左右60°，上下30°	3轴遥控方式
	喷嘴工作方式	油缸	
	装置控制	螺旋桨推进机控制喷射反力	
	装置尺寸	2m（宽）×3.5m（长）×7m（高）	
	装置质量	4t	
控制室	主要设备	变压装置	
		油压单元	
		控制信号装置	

构 件		规 格	备 注
控制室	主要设备	超声波测量信号传感器	粘贴式
		计算机	装置控制用计算机
	尺寸	2.9m（宽）×1.6m（长）×2m（高）	
	质量	1.7t	
辅助油缸		装置控制用油缸，6台	
		伸缩量测量装置，6部	
	尺寸	6.1m（宽）×1.6m（长）×2.0m（高）	
	质量	3.3t	
电缆卷盘	主要管线	油压、水压、气压管、信号传输电缆	
	尺寸	3.4m（宽）×2.3m（长）×2.4m（高）	
	质量	2.9t	

① 水中挖掘装置：即双联射流挖掘装置。

② 控制室：控制挖掘装置的油压、电气设备和计算机房。

③ 辅助千斤顶室：油缸冲程测量室。

④ 电缆卷绕装置：22 条各种电缆（80m 长）卷绕装置。

系统的主要特点如下：

① 水中挖掘装置是 20MPa 的双联射流管，控制射流管的油缸的伸缩量为 2.5m，管头上装有喷嘴，喷嘴可以上下、左右 30°转动高效地挖掘，挖掘地层的形状由超声波测定装置探查，挖掘土砂由气吸泵排向后方。

② 从地表遥控观察计算机画面控制挖掘削装置。

③ 回避了在水中掘削机的油缸上直接安装测量装置的困难，把挖掘装置的油缸设置在地表，可由测量室中的辅助千斤顶稳定的测量冲程。

④ 总长 1800m 配线收容与操作的便利性是以说明该装置的现代化。

4.1.11 干挖法

水挖法的优点是不排水，故对环境污染小、地层沉降小，对周围构造物的影响也小，效率高。但在下列情况下，不宜采用：

① 对卵石、孤石、密实黏土泥岩、岩层等地层而言，由于是水中挖掘，故很难辨别刃脚下方的挖掘状况。特别是在含有巨砾石的沙砾层中挖掘时，常出现难以确认爆破钻孔位置等弊病，由此引发沉井下沉受阻。尽管可以采取一些措施解决，但会延误工期、增加工程开支。

② 不易发生隆胀、涌砂，涌水量不多，即使排水也对环境污染不大，地层沉降不大的地层。

③ 其他不适合水中开挖的情形。

对上述情形可选用干挖法。所谓干挖法即排水开挖法。为了确保干挖法的施工安全，发挥其工期短、成本低等优点，控制好地下水位是其关键。必须依据施工地点以往的土质资料和现行调进的结果，邻近构筑物、水井的状况及施工条件，制定出切合实际的排水措施。不过在考虑排水措施时，必须严禁抽取地下水带来的周围地层的沉降、井水干枯等现象的发生。

对于控制地下水的技术来说，存在抽取地下水的排水工法和防止地下水渗入的防渗工法两大类。具体方法多种多样，可据地层的渗水性能及其层厚、要求的水位下降量、施工现场、工程规模等条件采用其中一种方法，或者两方法并用。

1. 排水工法

排水工法有集水井排水法和外围排水法，对沉井工程来说上述工法均有较多的应用。

（1）集水井排水法

① 方法

这种方法是在开口沉箱内部底面上设置集水井，使渗向底面的地下水集中在集水井中，然后用泵压送到箱外（图 4.1.15）。

② 注意事项

如果水位下降量大，则开挖底面时的动水坡度增大，有可能产生流砂现象。另外，由于排水致使周围土体充填压实，给箱体下沉带来困难。

（2）外围排水法

① 方法

这种方法是在开口沉箱的外侧设置几条深井，在各深井中插入水泵一齐向外抽取地下水（图 4.1.16）。

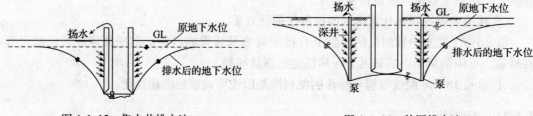

图 4.1.15　集水井排水法　　　　　图 4.1.16　外围排水法

② 注意事项

地下水位下降后的水位分布形状因地层渗透系数的不同而异。渗透系数越小，水位的下降量和范围越小。因此，渗透系数越大，层厚越厚，排水效果越好。该工法与集水井排水法相比，排水量越大，影响范围也越大。

流入过滤管的地下水中夹有周围地层中的土砂，致使过滤管堵塞，同时也可造成外围地层的沉降。

作为防止排水工法造成周围地层沉降的防止措施，还可并用设置防渗墙和抽取地下水再回灌地层的恢复水位工法（图 4.1.17）。

2. 防渗工法

防渗工法有注浆工法、冻结工法、防渗墙工法、压气工法等。在开口沉箱工程中防渗墙工法使用较多，这是由于注浆工法和冻结工法提高了地层的强度，这对开口沉箱的开挖不利，故这两种工法使用不多。

（1）防渗墙工法

① 方法

为了防止开口沉箱外侧地下水的涌入，可采用在开口沉箱外侧设置防渗墙的方法（图4.1.18）。

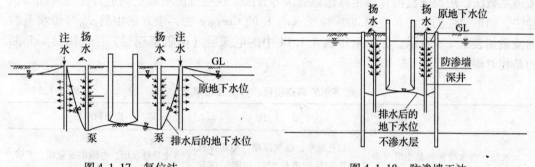

图4.1.17 复位法　　　　图4.1.18 防渗墙工法

这种方法有把防渗墙墙脚设置到不渗水层上的完全防渗的方法和把防渗墙墙脚设置在中途，使其地下水从墙脚下方渗入排水井，进而用泵抽到地表排放的方法两种。防渗墙不仅在施工时有防渗作用，同时还起挡土的作用。

防渗墙的种类有钢板桩法、地下连续墙法及排柱桩等方法。

② 注意事项

应注意从排水深井和防渗墙下端的相互位置，讨论影响范围、井底的涌砂现象。

（2）变形压气工法

① 方法

当开口沉箱在水中开挖有困难时，采用干涸开挖工法。但干涸开挖有的会出现井底隆起、涌砂、周围地层松散等现象。这种情况下可采用在开口沉箱箱体内部的中间位置设置一层隔板的变形的压气沉箱工法（图4.1.19）。

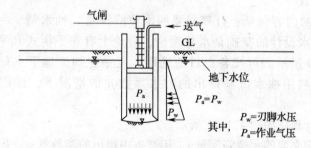

图4.1.19 变型的压气沉箱工法

② 注意事项

由于中间隔板下方为作业室，外墙上的作用内压为作业气压。因此，为了抑制外墙内侧的扩张力，所以希望隔板偏下设置为好。

4.1.12 井点降水

1. 地下水调查

开展地下水调查的目的是为了确定含水层的位置、地下水位（水头）、渗水性，具体调查项目如表 4.1.14 所示。在这些调查结果的基础上综合判断地层的水文特性。就求取地层渗水系数的方法而言，有抽水试验法、粒径估算法、单孔渗水试验法、从涌水量估算渗透系数法、用流速流向计测定渗透系数法等方法。这些方法中最正确的方法当属抽水试验法，而最简便的方法是使用 20% 粒径（d_{20}）的 Creager 法。该方法中的 d_{20} 与渗水系数的关系如表 2.3.4 所示。如果采用表 4.1.14 中的电探层（电阻率探层）法，则结果判断的是相对渗水性。

地下水的调查项目、方法及结果   表 4.1.14

项　　目	方　　法	得出的结果
含水层（渗水层）与黏土层（渗水性差的土层）的深度	钻孔观察、电气探层（电阻率探层法包括标准探层法和薄层探层法）、标准贯入试验（粒度试验）	土质柱状图、电阻率变化图、N 值分布图
地下水位、承压水头、间隙水压	孔内地下水位测定、观测井、单孔渗水试验	地下水位（含水层）、间隙水压（黏土层）
粗略的渗水性试验	粒度试验、单孔渗水试验、电气探层	粗略渗水系数，不同深度处的相对渗水性
渗水系数等含水层的参数试验	多孔抽水试验	渗水量系数 T，渗水系数 k，相对贮水系数 μ
水质	从观测井采集水样、分析水质	水温、电导率、pH 值、溶存成分、水质浓度

2. 井点降水设计

井点降水设计的内容包括：计算必要的水位降深量、抽水量、井孔条数及排水处理设备的设计。排水设计的基础是水井理论，理论上有非平衡式和平衡式两种，各自的特点如图 4.1.20 所示。可按各自目的选用，但是想知道地下水位降深随经历时间的变化状况及直接利用抽水试验得出的贮水系数 μ 的情况下，选用非平衡方式更为便利。

深井工法的设计程序如图 4.1.21 所示。

首先设定井深和必要的水位降深量 s，用调查中得出的参数（γ_t，k，T，s）求出开挖所必须的总抽水量 Q。接下来计算每条深井可能的涌水量 Q_w，从 Q_w 与必要抽水量 Q 的关系决定深井条数 n 及其布设状况。由上述讨论确定深井的规格和泵的容量等地下水处理设备的详细参数，以便及早实施抽水试验。

设计程序③~⑥中使用的深井计算理论如表 4.1.15 所示。式中各参数的说明见表 4.1.16 及图 4.1.22~图 4.1.25。这里给出上述两表的注解说明如下。

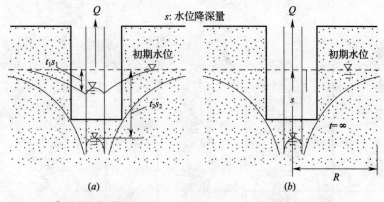

① 必须考虑时间项t ① 不考虑时间项
② 必须考虑贮水系数μ ② 必须考虑影响半径
③ 适用Theis公式 ③ 适用Thiem公式
④ 非稳态方式 ④ 稳态方式

图 4.1.20　非平衡式与平衡式

（a）非平衡式；（b）平衡式

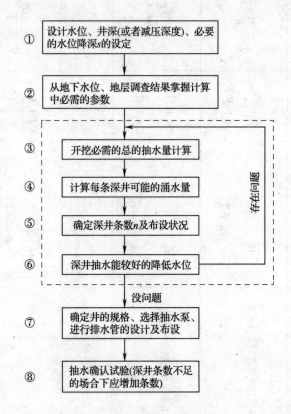

图 4.1.21　深井工法设计程序

排水计算方法例　表4.1.15

计算目的	非平衡式（Theis 公式）	平衡式（Thiem 公式）	无承压地下水
适用范围	承压地下水相对含水层厚度水位降深小的场合下，即使无承压地下水也可适用	承压地下水相对含水层厚度水位降深小的场合下，即使无承压地下水也可适用	无承压地下水
③基坑开挖必需的总抽水量 Q	$u=\dfrac{r^2\mu}{4Tt}$　（式4.1.29） $Q=\dfrac{Ts}{0.0796W(u)}$　（式4.1.30）	$Q=\dfrac{2.73Ts}{\lg R/r}$　（式4.1.36）	$Q=\dfrac{1.36k(H^2-h^2)}{\lg R/r}$　（式4.1.40）
④1条深井可能的涌水量 Q_w	$u=\dfrac{r_w^2\mu}{4Tt}$　（式4.1.31） $Q_w=\dfrac{Ts_w}{0.0796W(u)}\alpha$　（式4.1.32）	$Q_w=\dfrac{2.73Ts_w}{\lg R/r_w}\cdot\alpha$　（式4.1.37）	$Q_w=\dfrac{1.36k(H^2-h_w^2)}{\lg R/r_w}\alpha$　（式4.1.41）
⑤必需的深井的条数 n	$n=\dfrac{Q}{Q_u}$　（式4.1.33）		
⑥深井抽水的致使水位降深 S_x,S_p　（1条）	$u=\dfrac{x^2\mu}{4Tt}$　（式4.1.34） $s_x=\dfrac{0.0796W(u)Q_w}{T}$　（式4.1.35）	$s_x=\dfrac{0.366Q_w}{T}\lg\dfrac{R}{x}$　（式4.1.38）	$s_x=H-\sqrt{H^2-\dfrac{0.733Q_w}{k}\lg\dfrac{R}{x}}$　（式4.1.42）
⑥深井抽水的致使水位降深 S_x,S_p　（多条）	利用式（4.1.34）、式（4.1.35）求出每条井的各个 s_x，再对求出的各个 s_x 求和	$s_p=\dfrac{0.366}{T}\sum_{i=1}^{n}Q_{wi}\cdot\lg\dfrac{R_i}{r_i}$　（式4.1.39）	$s_p=H-\sqrt{H^2-\dfrac{0.733}{k}\sum_{i=1}^{n}Q_{wi}\lg\dfrac{R_i}{r_i}}$　（式4.1.43）

参数说明　　　　　　　　　　　　　　　表 4.1.16

抽水试验等地下水调查得出的参数	T 为渗水量系数（m^2/min），$T = H \cdot k$，H 为含水层厚（m） μ 为贮水系数（见表 4.1.17） k 为渗水系数（m/min） t 为抽水持续时间（min）
设计条件决定的参数	R 为影响半径（m），见注③ S 为必要的水位降深（m），其中，H、h 见注①、图 4.1.22。 S_w 为井内水位降深（m），h_w 见注①。 r 为等效深井半径（m），见注② r_w 为深井半径（m）
计算水位降深时用到的参数	s_x 为离开井的距离 x（m）处的水位降深（m） s_p 为 P 点的水位降深（m） r_i 为 P 点到 i 号井的距离（m） Q_{wi} 为 i 号井的涌水量（m^3/min） R_i 为 i 号井的 R（均记作 R 时误差也不大）
其他	u 为土质因数 $W(u)$ 为井函数，参考注④ α 为深井效率，参考注⑤

含水层贮水系数　　　　　　　　　　　　　表 4.1.17

土 质	贮水系数（$\times 10^{-2}$）	土 质	贮水系数（$\times 10^{-2}$）
黏土	1~2	粉砂	7~11
粉质黏土	2~4	细砂	12~16
粉质亚砂土	4~6	中砂	18~22
砂质粉土	5~17	粗砂	22~26

注① 参数

参数意义说明如图 4.1.22 所示

注② 等效深井半径

图 4.1.23 所示的是等效深井半径的确定方法。当把深井设置在开挖基坑区内时，开挖长度、宽度分别记作 a、b。建议选用式（4.1.44）、式（4.1.45）确定的 r 中的大者。

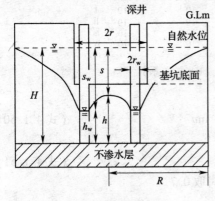

图 4.1.22　符号说明

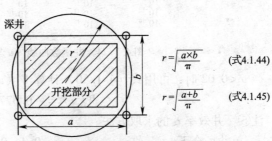

$$r = \sqrt{\frac{a \times b}{\pi}} \qquad \text{（式4.1.44）}$$

$$r = \sqrt{\frac{a + b}{\pi}} \qquad \text{（式4.1.45）}$$

把井设置在开挖区内的场合下，开挖长度、宽度分别记作 a、b，r 选择式(4.1.44)、式(4.4.45)中的大者。

图 4.1.23　等效深井半径的求取方法

注③　影响半径 R 的求取方法

a. Shichart 公式

$$R = 3000s\sqrt{k}(\mathrm{m}) \qquad (式4.1.46)$$

式中，s 的单位为 m，k 的单位为 m/s。

b. Theis 公式的变形

$$W(u) = \frac{Ts}{0.0796Q} \qquad (式4.1.47)$$

$$R = \sqrt{\frac{4Tu}{\mu}}(\mathrm{m}) \qquad (式4.1.48)$$

注④　井函数曲线

$$W(u) = -0.5772 - \ln u + u - \frac{u^2}{2 \cdot 2!} + \frac{u^3}{3 \cdot 3!} -$$

$$\frac{u^4}{4 \cdot 4!} + \cdots + \frac{u^{13}}{13 \cdot 13!} \qquad (式4.1.49)$$

据式（4.1.49）作出的 $W(u)-u$ 的关系曲线如图 4.1.24 所示。

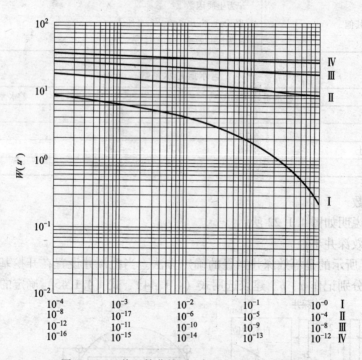

图 4.1.24　井函数曲线〔u 与 $W(u)$ 的关系〕

当 $u < 0.02$ 时，可用式（4.1.50）计算 $W(u)$。

$$W(u) = -0.5772 - \ln u \qquad (式4.1.50)$$

注⑤　井效率 α 的求取方法

a. 单井场合下　　　　　$\alpha_1 = 0.4 \sim 0.7$　　　　　（式4.1.51）

式中 α_1 为单井效率。通常 $\alpha_1 = 0.4 \sim 0.7$，深井施工时取 0.7。

b. 群井（n 条）场合下的 α_n

（ⅰ） 经验值 $\qquad \alpha_n = 0.365$ （式4.1.52）

（ⅱ） $\qquad \alpha_n = \alpha_1 \dfrac{Q_{wn}}{Q_1}$ （式4.1.53）

$$\frac{Q_{wn}}{Q_1} = \lg\left(\frac{R}{r_w}\right)\Big/\lg\left(\frac{R^n}{n r_w l^{n-1}}\right) \quad （式4.1.54）$$

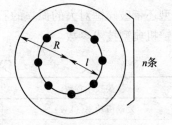

图4.1.25 深井设置半径与影响半径

式中 $\dfrac{Q_{wn}}{Q_1}$——n 条深井产生相干时的井效率；

$\qquad Q_{wn}$——n 条深井时的 1 条井的涌水量；

$\qquad Q_1$——单井时的涌水量；

$\qquad l$——井的设置半径（图4.1.25）。

4.1.13 挖排土设备及开挖方法

1. 挖土设备

干挖法的挖土设备大致有以下四种：地表抓斗，小型反铲，刃脚自动反铲+地表抓斗，自由扩缩挖掘机。

（1）地表抓斗

多适用于较软地层，靠井筒自重力即可产生崩脚现象的地层。选用抓斗的规格取决于沉井断面尺寸、场地大小等因素。表4.1.18 及表4.1.19 分别示出双瓣抓土斗和四瓣抓土斗的规格。

双瓣抓土斗规格　　　　　　　　表4.1.18

抓土斗容量 （m³）	起重能力 （kN）	高度（mm）		长度（mm）		宽度 （mm）	质量 （kg）
		闭合时	张开时	闭合时	张开时		
0.75	30	2100	2600	1950	2380	1060	1160
1.00	40	2300	2800	2070	2650	1270	2100
1.50	55	2400	3025	2380	2840	1370	2400
2.00	70	2800	3550	2680	3200	1470	3800
2.50	90	3100	3850	2900	3450	1570	4500
3.00	110	3300	4150	3150	3680	1680	5000
3.50	120	3400	4250	3250	3880	1780	5700
4.00	140	3700	4575	3360	4100	1960	6500

四瓣抓土斗主要规格　　　　　　　表4.1.19

抓斗容量（m³）	高度（mm）		长度（mm）		质量（kg）
	闭合时	张开时	闭合时	张开时	
0.6	1920	2420	1520	2520	1900
1.0	2300	2780	1710	2730	3000

（2）小型反铲

多适用于一般地层情况下的井内挖掘，铲斗容量规格多选用0.25～0.6m³的小型履带式无尾反铲。这种机型可以贴着井壁进行挖掘，上部车体可在履带宽度内自由回转。有的机型还带破碎锤对大的孤立的石块进行破碎的机构。表4.1.20示出的是履带、无尾小型反铲机典型技术参数。

CX系列小型挖掘机主要技术参数表　　　　　表4.1.20

主要技术参数	CX36B	CX55B
发动机功率（kW）	22.2	31.5
操作重量（kg）	3730	5300
总宽度（mm）	1700	1960
总高度（mm）	2570	2600
最大挖掘深度（mm）	3080	3590
铲斗宽度（mm）	700	750
标准斗容（m³）	0.12	0.20
可选斗容（m³）	0.06～0.18	0.08～0.28
发动机型号	YANMAR 3TNV88	YANMAR 4TNV88
发动机类型	水冷，4冲程，3缸直喷柴油式	水冷，4冲程，4缸直喷柴油式
功率输出（kW）	22.2@2.400	31.5@2.400
最大扭矩（N·m）	98.4	139.3
斗杆长度（m）	1.32	1，56
铲斗挖掘力（kN）	27.4	35.3
斗杆挖掘力（kN）	18.7	26.3
最大挖掘半径（mm）	5240	5890
最大挖掘深度（mm）	3080	3590
最大挖掘高度（mm）	4370	5210
最大卸载高度（mm）	3040	3680
最小卸载高度（mm）	1140	1310
最大垂直挖掘深度（mm）	2390	2810

（3）自动反铲＋地表抓斗

详见第4.7～4.12节的有关叙述。

（4）自由扩缩挖掘机

详见第4.13节的叙述。

2．出土设备

对单一中小型沉井而言，多用小型反铲挖土装斗，然后由安装于沉井顶部的龙门吊吊运装渣（土）的吊斗平移至沉井一侧，将渣土倒入溜槽，进而滑到井外再用装载机把井外渣土装车运出场外。对于大型沉井或沉井群，因场地受限，多采用接力出渣方式，即用龙门吊从井中将土提到设置在沉井顶部的大型集料斗中，然后用履带吊或塔吊吊运装车。

经比较发现，塔吊和履带吊各有优缺点。履带吊适应现场场地不平的能力强，无需进行地基处理，行走较灵活。缺点是沉井深度大时，起吊视线差，且扒杆长度×辐射范围可能受限。选用塔吊因需安装轨道，对地基沉降变形要求高，故需进行地基处理。另外，塔基须离开沉井一定距离，因此需要选用起重能力大和辐射范围宽的塔吊，故成本高。塔吊的优点是高处操作、视线好，起吊方便、安全。再有，因辐射范围大，故在沉井群工程中，可以几个沉井共用一台塔吊，即设备数量得以减少，相互干扰少。表4.1.21 及表4.1.22 分别示出的是履带吊 QUY50、QUY35 和塔吊 QTZ125 的技术参数。

履带吊主要技术参数　　　　　　　　　　　　　　　　　表 4.1.21

项　　目	单　　位	QUY50	QUY35
最大起重力	kN	500	350
最大起升力矩	kN·m	1815	294.92
主臂	m	13～52	10～40
主臂架工作仰角	(°)	30～80	30～80
主起升机构（单绳）	m/min	0～65	0～110
副起升机构（单绳）	m/min	0～65	0～110
变幅机构（单绳）	m/min	0～52	0～55
最大爬坡度	(°)	20	20
回转速度	r/min	0～1.5	0～1.5
行驶速度	km/h	0～1.1	0～1.34
接地比压	MPa	0.069	0.058
发动机功率	kW	117.6	117.6
副臂	m	9.15～15.25	9.15～15.25
副臂安装角度	(°)	10/30	30

QTZ125（6313）塔式起重机技术参数　　　　　　表 4.1.22

	倍率	独立固定式	底架压重式	轨道行走式	固定附着式
起升高度	α=2	46.3m	46.3m	50m	161m
	α=4	46.3m	46.3m	50m	100m
最大起重力	100kN				
幅度	最大	63m			
	最小	2.5m			
起升机构	倍率	α=2		α=4	
	起重力	50kN	27kN	12kN	100kN	54kN	24kN
	速度	25m/min	50m/min	100m/min	12.5m/min	25m/min	50m/min
	功率	30kW			
回转机构	速度	0.6r/min			
	功率	2×5.5kW			

续表

牵引机构	速度	7.5m/min	25m/min	50m/min
	功率	0.8kW	2.5kW	5kW
顶升机构	速度	0.6m/min		
	工作压力	20MPa		
	功率	7.5kW		
工作温度		−20 ~ +40℃		
自重（固定式）		520kN		

出渣吊斗容量多为 $1 \sim 3 m^3$，斗底设置底开活门。

3. 开挖方法

对一般的软土层而言，开挖前先在井筒内侧离刃脚踏面内沿边界线约 1m 的位置上，画一条所围形状与井筒平面形状相似的闭合线。该闭合线与踏面内沿边界线间所夹的环状区域称为支撑带，闭合线包围的内域称为中央内区。开挖按先中央内区后支撑带的原则进行。内区分层挖土层厚不得大于 0.5m；开挖支撑带之前，先对支撑带分区，即把环状支撑带按 $2 \sim 3m$ 的间隔作均匀、对称的分区。然后对支撑带作同时、对称的分层（层厚 20cm 左右）铲挖，直至井筒发生崩脚下沉。整个过程见图 4.1.26。

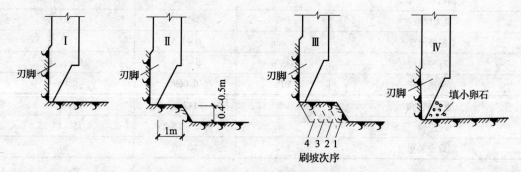

图 4.1.26　一般软土层的开挖方法

对硬土层或夹卵石层而言，因不易出现崩脚现象，所以采取逐次对称掏空刃脚甚至超挖外壁以外 $5 \sim 10cm$，掏空后立即填塞小卵石，待全部掏空填塞结束后，再分层刮掉卵石层直至发生崩脚下沉。见图 4.1.27。对硬土层、岩层可使用自由扩缩挖掘机挖掘，详见 4.13 节。

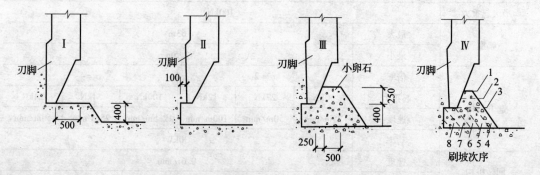

图 4.1.27　硬土层或卵石层的开挖方法（单位：mm）

对易液化的涌砂层而言，应采用先铲挖支撑带后内区的顺序开挖，见图4.1.28。

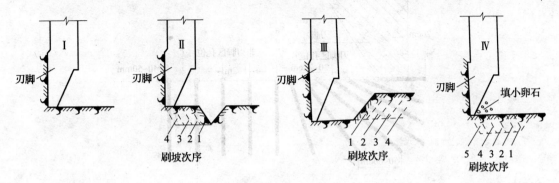

图4.1.28　涌沙层的开挖方法

4.1.14　孤石岩层爆破开挖

1. 大块孤石爆破

在开挖砂砾层时有时会遇到大块孤石，光靠小型反铲和人工都不能正常处理，此时可采用手风钻钻孔、装药进行爆破解石。为防止爆破损伤沉井井筒构造，须严格控制药量，必要时可采用静压爆破。

2. 岩层爆破开挖

有些工程设计要求沉井深入岩层几米，此时应据岩层的性质确定开挖方法。对普通岩石层采用风镐破碎法开挖；对坚硬岩石层采用爆破法开挖。此外，如果岩层硬度位于中硬以下，在沉井断面为圆形、尺寸与自由扩缩机直径吻合的条件下可采用自由扩缩工法开挖。但实际工况多数还须选用爆挖法开挖。

（1）爆破控制标准

爆破按近距离标准，即浅孔、小药量、分层（层厚0.2~0.5m）、毫秒微爆破。用塔吊或龙门吊出渣。

（2）施工程序

爆破施工程序如图4.1.29所示。爆挖有刃脚区和非刃脚区之分，见图4.1.30。先爆挖非刃脚区，后爆挖刃脚区（刃脚下方岩层）。先爆挖非刃脚区的目的是，为接下来爆挖刃脚区开创一个好的临空面和施工环境，避免破坏刃脚。

① 爆挖孔位布设及施工

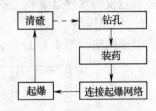

图4.1.29　爆挖施工程序图

爆挖钻孔多用手风钻机钻孔，孔径为40~50mm。如图4.1.30所示，非刃脚区为垂直钻孔，孔距通常为1~2m，排距为1~1.5m，孔深为0.5m，孔位平面排列呈梅花形（见图4.1.31）；刃脚区为斜钻孔，孔口间距30cm，孔底间距50~60cm，孔底深度应超过井壁20cm（见图4.1.30）。排距略小于非刃脚区的排距，多在1m左右。上述尺寸数据仅为参数数据。具体数据应据实际工程的岩层强度（硬度），沉井大小、井壁厚度等条件确定。

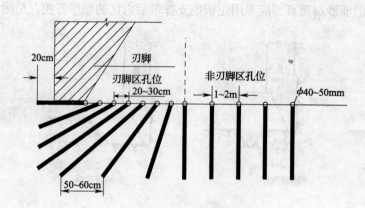

图 4.1.30　刃脚岩层爆破钻孔图

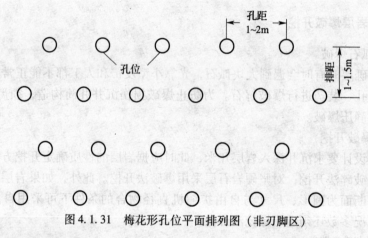

图 4.1.31　梅花形孔位平面排列图（非刃脚区）

② 药量及引爆网络设计

a. 炸药

炸药多选用防水乳胶炸药，装药长度为孔深的 3/4，用药量为 $2kg/m^3$ 左右，爆破网络由塑料包皮防水导爆索和工业电雷管构成。

b. 引爆网络

引爆网络如图 4.1.32 所示，引爆线路为串联线路，引爆方式为毫秒微差引爆。

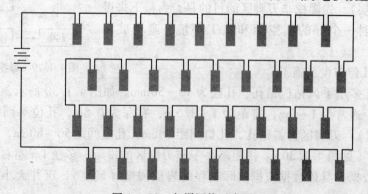

图 4.1.32　起爆网络示意图

4.1.15 中心岛法

有些沉井工程要求沉设沉井施工对周围构筑物无影响，即要求周围的地层沉降极小。这种场合下水挖法已不能满足要求，此时可以考虑采用中心岛法。中心岛法即保留井筒内侧土岛，用吸泥机挖槽，注入护壁泥浆，使井筒在槽中下沉。一边挖槽一边向槽内补充泥浆，泥浆有保证槽壁土体稳定的作用。当井筒达到终沉标高后，把井壁外侧的泥浆置换并固化，同时把刃脚斜面附近的地基适当加固，以便支承井筒自重荷载。若沉井底板下面的支承地层是渗水砂层时，则须对该地层进行注浆加固。以便保证开挖到井底时不出现液化隆起、涌砂、涌水等现象。

由于该方法系保留中心土岛挖槽下沉井筒，故整个井筒下沉阶段对井筒周围的地下水位、土体的扰动状况均远小于干挖法和水挖法。正因如此，该工法又得名微沉降沉井法。概况如图4.1.33所示。

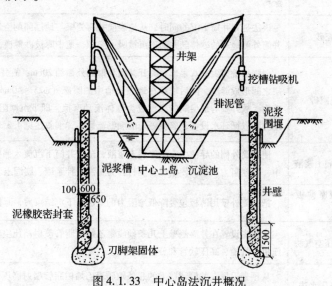

图4.1.33 中心岛法沉井概况

4.1.16 井筒下沉

井筒下沉大致有表4.1.23示出的几种工法。

下沉工法分类表 表4.1.23

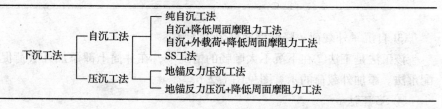

① 纯自沉工法

即仅靠井筒自身重力下沉井筒的工法。该工法的缺点是下沉速度慢、工期长；开挖排土时周围土体移向井筒，易造成周围地表沉降。另外，井筒易发生倾斜。故近年来该工法

233

在都市内构造物密集区施工实例锐减，现已基本不用。

② 自沉 + 降低周面摩阻力工法

即纯自沉法加上降低周面摩阻力措施的工法。该工法对一般的砂、砂砾层尚属满意的工法。降低周面摩阻力的方法较多（见表4.1.24）。

降低沉井周面摩阻力的方法   表4.1.24

方　法			施工要领、设备、材料
1	设置减摩环法		即在刃脚部位设置减摩环，降低周面摩阻力。根据刃脚环的尺寸和地层条件，为确保周面地层的强度恢复和井筒与周面地层的密实性，所以在地层和井壁间的空隙中，应注入水泥浆或水泥膨润土浆等填充材。对普通沉井来说，该填充空隙宽度通常取50mm。
2	特殊表面活性剂涂层法		在井筒外侧面上喷涂表面活性剂形成减摩层。涂料多使用聚氨基甲酸乙酯树脂类涂料。
3	外侧空隙填充法	a 填充砂	该法是在井筒下沉的同时，从地表向井筒侧壁与地层间的空隙中填充砂。配置在井筒外侧地表的砂伴随井筒下沉被吸入空隙，地中砾被砂置换，故摩阻力减小。
		b 填充圆砾	刃脚钢靴刃尖呈八字形，离开井筒外壁面外撒约20cm，故井筒下沉时，外壁与地层之间形成缝隙，随后堆积在地表导槽中的圆砾（φ25～40mm河砾）自动落入缝隙中，故外壁与地层间的摩擦成为球体滚动摩擦，即下沉摩阻力大幅下降。此外，还应配以循环水设备，确保砾石的顺畅流通。详细叙述见4.3节。
		c 填充膨润土浆液	使井筒外侧的导槽中充满膨润土浆液，随着井筒下沉流入侧壁与地层中间的缝隙中，故摩阻力减小。使用设备及材料为膨润土拌浆罐、膨润土。
4	井筒外侧用减摩薄板包裹法		把井筒外壁用薄板包裹降低摩阻力的工法。下沉结束后，薄板残留在地中。
5	喷射法	d 喷射高压空气法	从预先设置在井筒侧壁上几条硬质聚乙烯树脂管喷射高压空气。使用的设备有空压机、气槽、高压软管和分岔装置。
		e 喷射高压水法	从预先设置在井筒侧壁上的几条硬质聚乙烯树脂管喷射高压水。使用的设备有发电机、水中泵、送水聚乙烯树脂软管、水槽、叶轮泵、高压软管、分岔装置。
		f 注入滑材法	从预先设置在井筒侧壁上的几条硬质聚乙烯树脂管喷射膨润土浆液。使用的设备除高压水压送设备外，还有拌浆桶、注浆泵、膨润土。
6	外侧转石、巨砾去除和破碎法		用全套管钻孔法或螺旋钻法使触及井筒外壁，致使摩阻力大增的转石、巨砾松开或破碎。使用的设备是硬地层全套管钻孔机或螺旋钻机设备。

③ 自沉 + 外载荷 + 降低周面摩阻力工法

该工法是工法②在下沉不太顺畅的情况下，在井筒上部添加外载荷促沉的工法，也称配重法。添加外载荷的示意图见图1.2.6。

④ SS工法

该工法是利用外撒八字形刃脚在井壁与地层之间造成空隙，并用球形河卵石（河砾）填充该空隙，形成球摩擦，降低周面摩阻力，使井筒得以顺利下沉的工法。该工法实际上属于工法②的一个特例。

⑤ 压沉工法

这里的压沉工法系指利用地锚千斤顶反力压沉沉井的工法。

施工顺序：*a*. 沿沉井侧壁外围设置地锚，设置刃脚环，构筑井筒；*b*. 在井筒顶端设置几条反力梁，使安装在反力梁上的油压穿心千斤顶与地锚连结固定，千斤顶加压的同时挖掘刃脚底部土砂使其发生下沉。提升压入系统构筑下一节井筒，挖土排土。如此重复直至井筒沉设到位。压入沉井构成示意图例如图 4.1.34 所示。

虽然地锚千斤顶反力压力法和以往的井顶直接加载法（配重法）均属压沉法，但地锚千斤顶压沉工法简单、安全性好。当前采用压沉工法＋降低周面摩阻力措施的工法施工的实例极多，在沉井、沉箱的下沉施工中占绝对的统治地位。推广价值极大。详见 4.4 节的叙述。

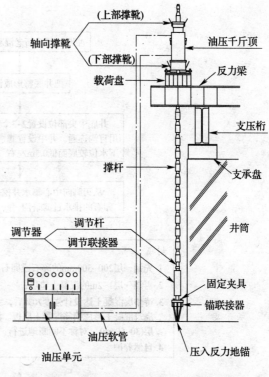

图 4.1.34 压沉沉井压入设备构成图

4.1.17 封底

当沉井下沉到比设计标高高 0.1m 左右时（视土层状况而定），停止挖土使其自然下沉接近标高，并稳定几天（3～5d）。随后立即封底，封底方法有干封法（即排水法）和水封法（不排水法）两种。干封法和水封法的选择原则与干挖法和水挖法的选择原则完全一样。

（1）干封底工序

干封底施工顺序如图 4.1.35 所示。

（2）水封底工序

水封底施工顺序如图 4.1.36 所示。

4.1.18 填芯

有些沉井工程（如堤坝、挡墙、深大基础等工程）需对沉井内空进行填充以提高其稳定性。这里对填芯用材及施工程序作一简单介绍。

填芯用材多种多样（土、砂砾、块石、混凝土等），应据工程用途要求恰当选取。但选用一级配 C10 自密实混凝土和块石的情形较多。C10 自密实混凝土配比、性能要求见混凝土规范。块石选择粒径 30mm 以上的洗净湿润新鲜块石或卵石。

施工程序如图 4.1.37 所示。大致有以下几步：

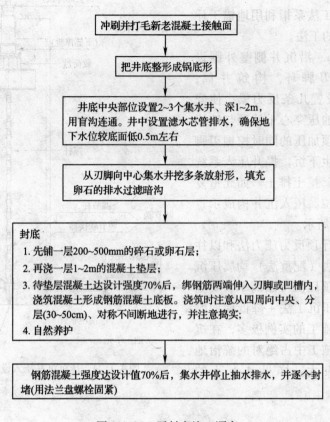

图 4.1.35　干封底施工顺序

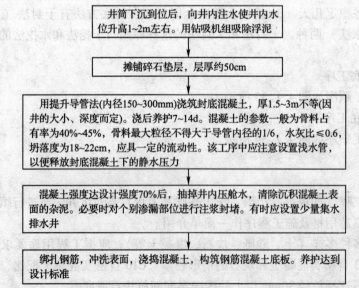

图 4.1.36　水封底施工顺序

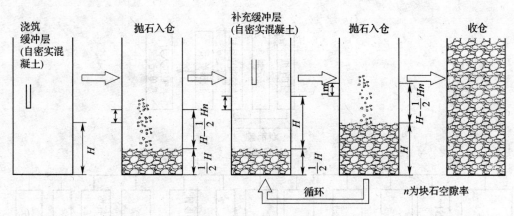

图4.1.37 施工程序图

① 在沉井底板钢筋混凝土（C20）浇注后，立即在底板表面撒一层卵石以替代凿毛施工。养护3d后即可填筑填芯混凝土。

② 把搅拌好的自密实混凝土向井内对称的浇注一定高度（H），该层流动态自密实混凝土对后继倒入的块石有缓冲作用，可防止倒入块石对井底混凝土面的损伤。

③ 把冲净的一定量（$\frac{1}{2} \cdot H \cdot A$，$A$为沉井的内断面面积）的块石倒入并摊平，随后再注入自密实混凝土，使其混凝土上顶面到块石顶面的高度恢复到H。再倒入$\frac{1}{2} \cdot H \cdot A$量的块石，使混凝土的厚度再次恢复到$H$高度，如此重复循环直至预定的填芯高度。填芯材的浇注速度，通常按（1～2m）/h考虑（参考数据）。

④ 填芯混凝土浇完后按常态混凝土养护办法浇水养护。

4.1.19 施工监测管理

1. 施工监测目的及监测项目

（1）沉井施工监测目的

① 向预定位置准确沉设（深度、偏心、倾斜、旋转等）。

② 确保躯体质量，防止施工时产生的过大应力对躯体的影响。

③ 确保施工安全（防止产生不按预定时期下沉及过沉）。

④ 防止对周围环境产生影响（周围地层、近接构造物等）。

⑤ 提高作业效率及省力化。

从上述观点出发，归纳的沉井施工监测目的及监测项目如图4.1.38所示。图中示出的监测（系统）项目较多，但总的来说监测系统包括沉井自身状态监测系统，及施工对周围环境影响的监测系统两大部分。

（2）沉井施工监测项目

沉井自身状态监测系统包括：井筒自身位置（深度、中心偏离）监测系统，姿态（倾斜）监测系统及井筒受力状况的监测系统。

对周围环境影响的监测系统包括：地层沉降的监测系统；周围建筑物倾斜监测系统；施工振动对人体及周围建筑物的影响，噪声对周围居民的影响。

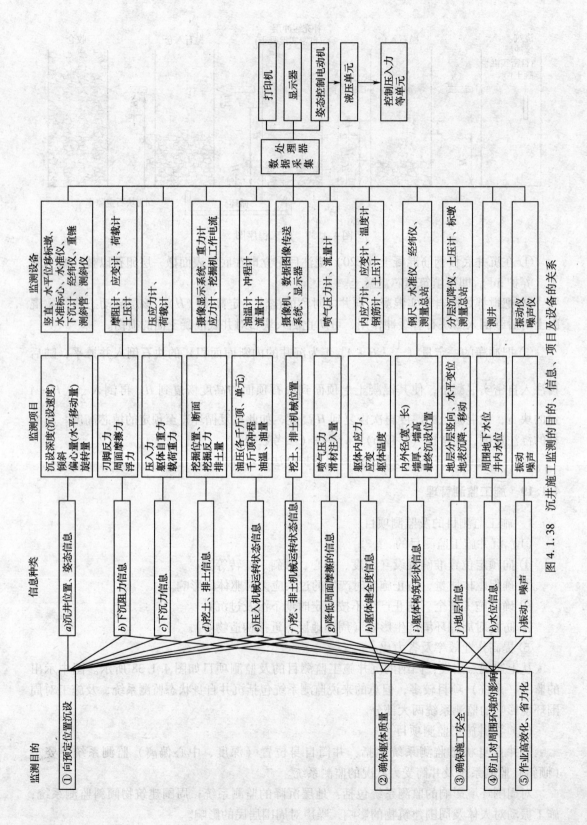

图 4.1.38　沉井施工监测的目的、信息、项目及设备的关系

本节仅就沉井自身状态监测系统进行叙述，各工法的特色监测将在各工法介绍时分别叙述，有关对周围环境的影响将在第9章中作详细叙述。

2. 井筒自身位置监测

（1）平面位置监测

① 圆形井筒几何中心偏离的测定

该项监测系指井筒几何中心偏离预定设计点的水平距离 X、Y 的值（该偏离可用经纬仪、水准仪测定）监测。

② 非圆形井筒平面几何形状定位偏差的测定

该项监测系指井筒平面几何形状偏离预定位置的偏差的监测。

（2）下沉深度的监测

监测沉井的下沉深度，可用下沉计、水准仪监测。

3. 姿态监测

井筒姿态主要指井筒的倾斜状况。井筒的倾斜系井筒外周面与地层间的摩阻力不均匀，刃脚下方土体抗力存在差异及挖掘方式不当等多种原因所致。

通常井筒倾斜是用中心轴线与理想竖直线间的夹角 θ（即倾角）定义的。通常 θ 很小，故有 $\theta \approx \tan\theta$。当 $\theta \neq 0$ 时，井筒断面上的土压力 $\neq 0$，即井筒的内等效应力也不为 0，当该等效应力大于井筒材料的长期允许应力时，井筒即会出现裂纹，进而漏水。特别是井筒上无钢筋的预留开口处最容易出现上述现象。所以施工中倾角的监测极为重要。现场测定多用固定测斜仪测定，井筒下沉初期，因地层阻力小，故易产生倾斜，不过纠正也容易。随着下沉深度的加深，倾斜变化减小，但倾斜的纠正较为困难。所以控制好初期倾斜极为关键。通常 $\theta \leqslant 0.01$。

4. 井筒上各种作用力的监测

① 刃脚下方土体对刃脚形成的抗力，多用荷载计（或在刃脚混凝土内设置应变计）测定。开展该项测量的目的是掌握刃脚下方土体的软硬程度，分布状况，进而为调整千斤顶的压入力和挖掘顺序提供信息依据。

② 用摩擦计测定周面摩阻力的大小及均匀状况，为调整各个千斤顶的压入力；判断是否出现倾斜（倾向哪一侧，哪一侧的摩阻力大）；判断润滑护壁泥浆的老化程度（摩阻力大、老化程度大）。

③ 用土压力盒测定侧面作用土压，判断井筒的内等效应力的分布状况。为防止井筒的破裂提供依据。

④ 用钢筋计测定钢筋应力，掌握井筒的安全状况。

⑤ 用应变计测定混凝土的变形和内应力的状况。

⑥ 用液压计测定千斤顶的压入力。

关于各种测量传感器及测量仪器设备的详细介绍见第7章。

另外，考虑到施工中出现的问题及解决方法等内容与后面的沉箱工法有共性，加上篇幅较长，故把这些内容移至第8章中叙。

4.2 自沉沉井工法施工实例

4.2.1 直径64m天然液化气贮罐沉井施工实例

1. 沉井工法构筑LNG贮罐的特点

日本从1983年起至今，一直购买马来西亚沙捞越产LNG（天然液化气）。东京瓦斯公司袖浦厂是贮藏该购入LNG的基地。目前，该厂是世界上是大的LNG接收基地。本节介绍鹿岛建设在袖浦厂用沉井工法建设贮藏容量6万kL级地下贮罐A-5T_L、A-6T_L、B-8T_L及容量13万kL的C-2T_L沉井的设计、施工概况（见图4.2.1）。

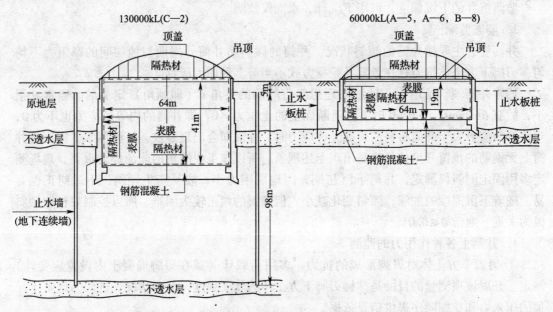

图 4.2.1 沉井LNG地下贮罐

就贮藏-162℃LNG的贮罐而言，有双层金属壳构造的地上方式和钢筋混凝土构造的地下方式两种。袖浦厂从地域环境的和谐、防灾、高效利用土地等方面考虑，贮藏采用地下方式。

袖浦厂的地质状况如图4.2.2所示。总体上讲为砂层，地下水位较高，其渗水系数k大致为10^{-3}cm/s。但是DL-30cm附近和DL-85m以下为洪积淤泥层，k为10^{-6}cm/s。显然在这种地层中，建造大深度地下构造物时，怎样处理DS2、DS3层的承压地下水，实现顺利开挖是问题的关键。因此，考虑工期，成本、施工安全性等因素的可供选择的一些工法如图4.2.3所示。首先一条就是应在不渗水层上构筑止水墙，然后在其内部建造井筒。就井筒构筑工法而言有①开挖顺作法；②地下连续墙逆作法；③沉井工法；④利用空气压排除地下水构筑井筒的沉箱法；⑤人工冻结周围地层挖除冻土内土体构筑井筒的冻结法。经综合考虑，本工程选用沉井和地下连续墙逆作工法构筑贮罐。

沉井工法具有以下几个特点：

① 因为沉井工法是在地表按顺作法施工侧墙的工法，所以质量管理容易、可靠，钢筋混凝土构件的可靠性和止水性好，即高质量性可以得到保证。

② 止水墙离开地下贮罐主体有一定距离为包围性结构，即使工程结束后运转状态下仍可调节地下水位。

③ 对 $\phi 64m$ 沉井施工而言，以往没有实例，所以对施工技术和施工管理的要求高。

2. 设计

（1）贮罐沉井构造设计

因为 LNG 的温度为 $-162℃$，尽管没有保温层，但 30 年后井筒混凝土的温度仍在 $-100℃$，故井筒附近的地层会出现冻结。因此，考虑设计条件时，必须考虑温度应力和地层冻结压。另外，井筒下沉时，必须考虑偏土压。

按上述设计条件设计的 6 万 kL 和 13 万 kL 贮罐如图 4.2.1 所示。顶盖是密封构造，底板为钢筋混凝土构造，因需对抗地下水压、冻结压决定的排水压，故 6 万 kL 和 13 万 kL 的底板厚度分别为 6m 和 8m。

侧壁是钢筋混凝土制圆筒，6 万 kL 贮罐的壁厚为 $2.5 \sim 2m$，13 万 kL 贮罐的为 $4 \sim 2m$，可按两端自由圆筒薄壳解析。侧壁混凝土的强度，对 6 万 kL 而言，$\sigma_{CK} = 24MPa$；对 13 万 kL 而言，$\sigma_{CK} = 30MPa$，钢筋选用 SD-35。

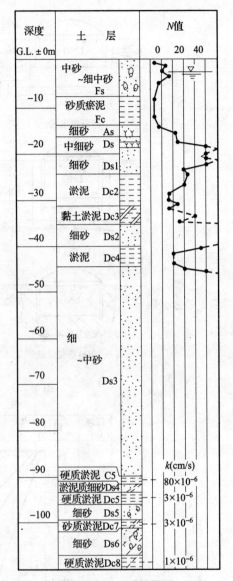

图 4.2.2 土质柱状图

下面以 13 万 kL 地下贮罐工程为例，介绍井筒下沉、地层支承力、井筒上产生的应力等几个问题的讨论结果。

（2）周面摩阻力

沉井下沉力与深度的关系如图 4.2.4 所示。图中示出了周面摩阻力分别为 20kN/m²、40kN/m²、60kN/m² 的三种情形。6 万 kL 级贮罐的施工实绩，也基本与图 4.2.4 推断的大直径、大深度沉井的摩阻力一致。

（3）地层支承力

下沉作业，在设定的土质条件下挖掘刃脚下土体时，发生下沉的支承地层的宽度由 Ritter 的支承力公式计算（按圆弧滑动算法也可得出同样的结果）。线化计算结果的一例如图 4.2.5 所示。

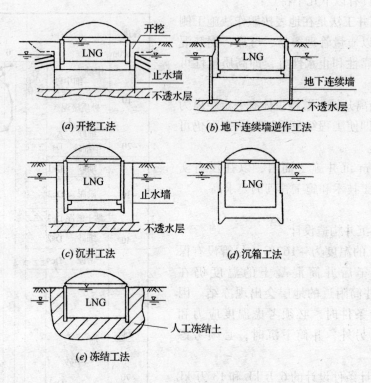

(a) 开挖工法   *(b)* 地下连续墙逆作工法

(c) 沉井工法   *(d)* 沉箱工法

(e) 冻结工法

图 4.2.3 贮罐躯体构筑工法

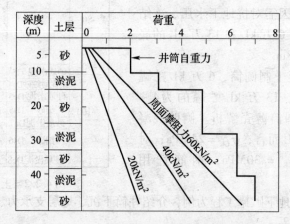

图 4.2.4 下沉力与深度的关系

（4）井筒上产生的应力

沉井下沉时，支承地层的土参数值是不一样的，由于挖掘顺序等因素的影响，刃脚下的支承状态也不可避免地出现不均匀，在这种现象极端的状态下，由井筒自重的原因井筒躯体内可产生大于混凝土拉张强度的应力。图 4.2.6 示出的是支持地层不均匀出现最危险的单侧支承状态时的应力模拟图。在施工时要特别注意避免这种不利状态的发生。

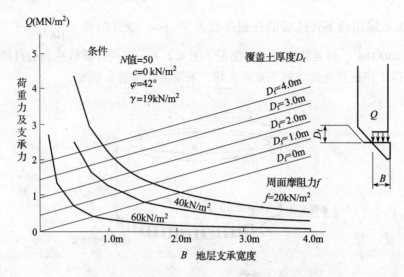

图4.2.5 下沉时荷重力与支承宽度的关系

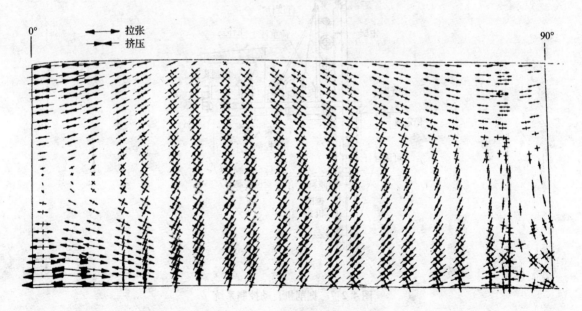

图4.2.6 井筒躯体内应力分布图

3. 施工概况

（1）止水墙

如图4.2.1示出的那样，止水墙是为了确保井筒下沉时的止水而设置的。对6万kL贮罐而言，止水墙采用在离贮罐中心45m半径的圆周上，打入ⅣA型 $L=23$m 的钢板桩直到原地层的洪积黏性土层 DC2 上；对13万kL贮罐而言，是在离贮罐中心45.65m半径的圆周位置上，构筑墙厚900mm的圆筒形地下连续墙（从 DL＋5.1m 到 DL−90～−93m）作止水墙，墙的下端伸入洪积黏性土层 DC6 中。

止水墙施工后，利用深井排水法降低地下水位，以备井筒下沉施工时，实现干挖施工。

13 万 kL 贮罐用地下连续墙的挖掘深度为 98.1m，竖直精度 $< \dfrac{1}{1000}$（平均为 $\dfrac{1}{2000}$），施工面积为 28000m²。该连续墙施工中使用了图 4.2.7 示出的计算机控制的自动挖掘系统。开挖下沉井筒工序证实连续墙施工效果良好，未发生一起漏水事故。

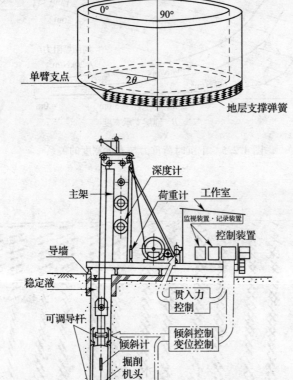

图 4.2.7　掘削机自动控制系统

（2）刃脚

刃脚为安装钢靴（见照片 4.2.1）的钢筋混凝土构造。刃脚制作场地的地基处理采用地层表面作碎石置换，并进行压实的处理方法。以此避免产生非均匀沉降。

对 13 万 kL 贮罐而言，刃脚形状是向外缓倾 150mm，到内侧的距离为 3.9m，高 3.5m 倾斜体。考虑到存在止水墙、支承地层的状况，下沉时要求躯体稳定等条件，决定刃脚设置基坑底面的地层高度，对 B－8T_L 而言，为 GL－5m；对 C－2T_L 而言为 GL－3.5m。

照片 4.2.1 刃脚设置状况

（3）井筒制作（以 13 万 kL 贮罐 C－2T$_L$ 为例）

C－2T$_L$ 沉井各节工期状况如图 4.2.8 所示。

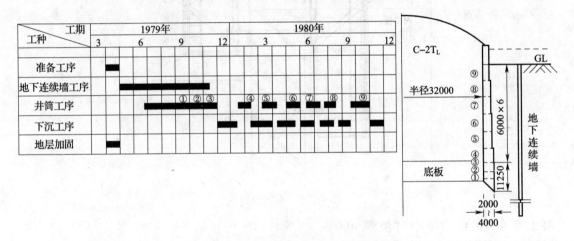

图 4.2.8 工程进度图（单位：mm）

① 钢筋工序

钢筋在指定的加工厂加工成预制品，考虑到接头的搭接长度，预制品做成 8m×8m 的网格状，依次用吊车吊入组装。钢筋轧弯为冷轧加工。

② 模板工序

模板主要使用钢模板，支承等特殊部位使用胶合板。如图 4.2.9 所示，因第 4 节～第 9 节每次的混凝土浇筑高度为 6m，所以模板为 5m（宽）×6m（高）。因贮罐直径固定（64.4m），所以贮罐内模板做成滑动式；外模板因各节的直径有所变化，故外模板应做适当的调整。因为模板为曲面，所以内模板选用槽钢，外模板为桁架构造，横撑为曲率可任意改变的柔性梁。纵撑为 H 型钢。模板使用螺栓拉紧，脚手架安装在模板上（见照片4.2.2）。

③ 混凝土

混凝土配比如表 4.2.1 所示。各节的混凝土用量为 3000～4500m^3。用带吊臂的混

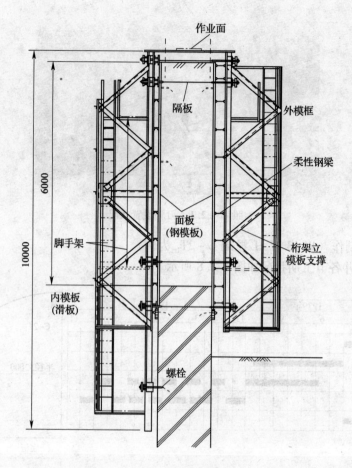

图 4.2.9　模板简图

凝土泵车 10 台，每小时浇筑 400 ~ 500m³。浇筑节高 6m 的节段时按每层 35cm 的层厚，反复加高浇筑。在各节的接头部位插入止水板，浇筑 4 ~ 6h 后，清除混凝土乳浆皮。另外，为了确保止水的万无一失，在侧壁外侧沿水平接头扎紧玻璃丝布，并涂上环氧树脂。

照片 4.2.2　钢筋笼吊入

混凝土配比表　　　　　　　　　　　　　　　　　　　　表 4.2.1

粗集料的最大粒径（mm）	坍落度范围（cm）	充气量范围（%）	水灰比（W/C）（%）	细集料（S）（%）	每立方每 m³ 配比（kg）				
					水（W）	水泥（C）	细集料（S）	粗集料（G）5 ~ 25mm	混合剂扩散剂
25	12 ± 2	4 ± 1	48	41.8	156	325	776	1105	1.14

（4）沉设工序

就 C – 2T$_L$ 而言，在刃脚设置之前，先将深约 15m 的软地层进行加固，使刃脚下的承载力均等化，同时还能提高贮罐内重机的运行性。

① 挤密砂桩法

设置 ϕ400、间距 1.8m、L = 15m 的砂桩，其结果软地层被加固，重机作业功效得以提高。

② 开挖、排土、下沉

井内开挖选用推土机 D60 – P2 台，液压铲斗（0.75m³）2 台，对 6 万 kL 贮罐排土而言，由装配 0.8 ~ 1.0m³ 抓斗的 400kN 履带吊车完成；对 13 万 kL 贮罐而言，从大深度和安全方面考虑，使用 2 台竖直斗式输送机（见图 4.2.10）排土。

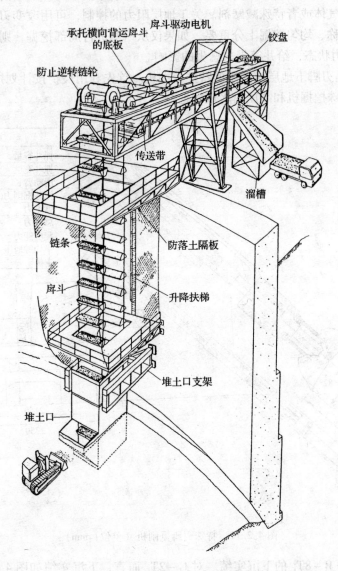

图 4.2.10 竖直斗式输送机

该输送机单独设置，不受沉井下沉的影响。另外，全部戽斗环均由绞车挖制，深度变化大时，续接戽斗跟踪开挖深度的变化。在输送机上部的水平架台上，设置固定皮带传送机，所以渣土可以运送到预定位置。每台输送机的能力为 150m³/h。

从图 4.2.4 可以看出，沉井下沉时，井筒自重力超过周面摩阻力和刃脚阻力的和。特殊情况下，还应考虑在井筒上施加振动、添加地锚压入力、载荷等作用力。但是，对直径 64m，下沉深度 42m 的大规模沉井而言，寻找一些有效的特殊方法很难。该例中仅靠变化开挖方式实现周面摩阻力减小控制地层反力很难。但是，不管怎样，都不能使井筒上产生过大的应力，所以在制订的工期内，为实现井筒的平衡沉没，必须在施工方面下一番苦功。

要想减小周面摩阻力，须在井筒内设置配管，分别在图 4.2.1 示出的断面变化部位设置喷射口，喷射气体或者特殊减摩剂。关于地层阻力的控制，可用改变刃脚下挖掘形状的方法控制，即对称、均匀挖掘十分重要。如果仅从一侧进行局部挖掘，则井筒上会出现图 4.2.6 示出的应力状态，给井筒带来恶劣的影响。

图 4.2.11 是刃脚下地层挖掘用的特殊挖掘机。首先利用反铲按计划挖掘大致的形状。然后，利用该特殊挖掘机和高压射水依次挖掘。

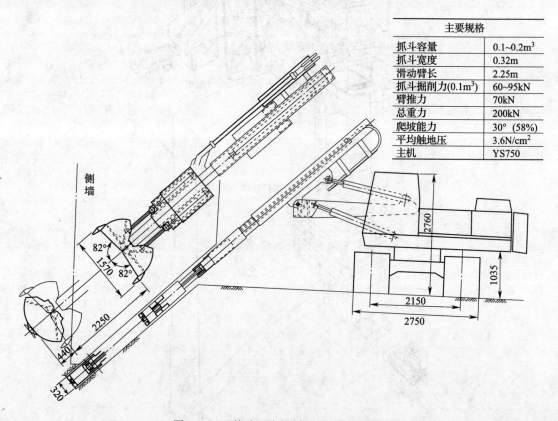

主要规格	
抓斗容量	0.1~0.2m³
抓斗宽度	0.32m
滑动臂长	2.25m
抓斗掘削力(0.1m³)	60~95kN
臂推力	70kN
总重力	200kN
爬坡能力	30°（58%）
平均触地压	3.6N/cm²
主机	YS750

图 4.2.11　特殊刃脚掘削机（单位：mm）

图 4.2.12 是 B-8T$_L$ 的下沉实绩。对 C-2T$_L$ 而言，下沉实绩如图 4.2.8 所示，显然工期大为缩短。另外 6 万 kL 的三座贮罐的下沉结果如表 4.2.2 所示。

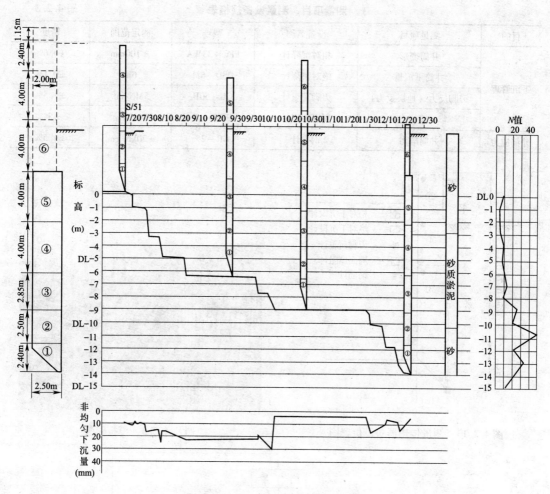

图 4.2.12　B－8T$_L$ 沉井沉设实绩例

下沉结果（mm）　　　　　　　　　　　　　　　　表 4.2.2

环号	设计沉设量	施工沉设量	非均匀下沉量	环芯变位量	
				X 轴	Y 轴
A—5	15700	15657	53	－79	＋26
A—6	15700	15710	55	＋15	－44
B—8	14000	14099	48	＋14	－6

4. 施工管理测量

对图 4.2.1 所示的大断面沉井（特别是 ϕ（直径）/H（高度）＞1 的情形）而言，下沉中易出现刃脚下方地层反力和周面摩阻力的不均匀，致使井筒倾斜，进而导致自重力造成的井筒变形，故井筒上产生大的应力。因此在刃脚下方地层的挖掘过程中，应长时间连续监视井筒姿态，尽量把井筒受压变形的应力降到最小，这也是竣工后沉井保持健全的主要管理项目。本工程开展的测量项目、测量设备的种类规格如表 4.2.3 所示。本工程测量传感器的布设位置和管理程序分别如图 4.2.13 和图 4.2.14 所示。

249

测量项目、测量设备规格表　　　　表 4.2.3

目的	测量项目	设备名称	型号	测定范围	精度
下沉管理	井筒变形	相对沉降计	FFC-33WA	±100mm	±0.6%
	井筒下沉量	绝对沉降计	CSD-6M	6m	±0.1%
	刃脚反力（地层反力）	刃脚荷重计	CU-50B	5MN/m²	±1.5%
	摩阻力	周面摩阻计	GFM-10	100kN/m²	±5%
井筒应力	井筒应力	钢筋计	CR-25	±20kN/cm²	±1.5%

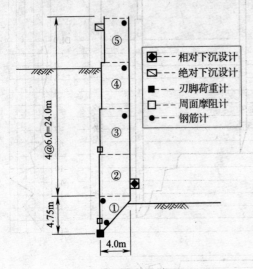

⬥--- 相对下沉设计
◪--- 绝对下沉设计
■--- 刃脚荷重计
□--- 周面摩阻计
●--- 钢筋计

图 4.2.13　测量传感器布设位置图

照片 4.2.3　模板安装

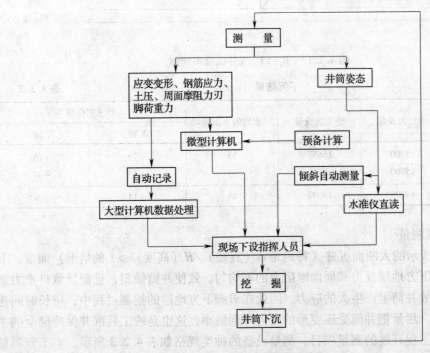

图 4.2.14　下沉管理系统

图 4.2.15 是管理程序中的倾斜测量系统,即把 16 组差压式倾斜计依次设置在井筒内侧,用计算机处理测量数据,测量误差在 ±1mm 以下。

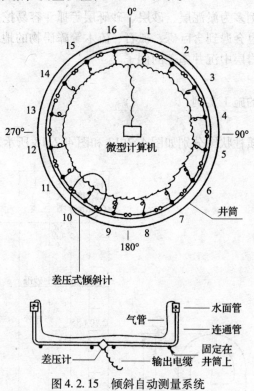

图 4.2.15 倾斜自动测量系统

图 4.2.16 示出的是用土压计实测井筒下沉时的侧压的结果。经计算表明,侧压均未超过主动土压。另外,从实测混凝土的应变和钢筋压力求出的周向弯矩小于规范中偏土压决定的弯矩的 $\frac{1}{2}$。

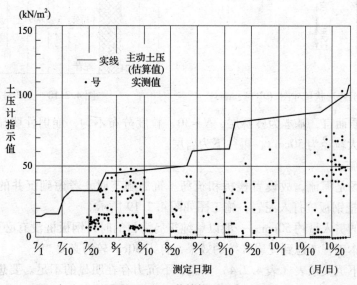

图 4.2.16 井筒侧面压力

4.2.2 高水位巨砾岩层中沉井施工实例

沉井工法适应的实例多为淤泥层、砂层、砂砾层等抓斗容易挖掘的地层。

但是实际施工中，也会遇到含巨砾、孤石、流木等障碍物的地层，或岩层等其他一些地层。本节介绍巨砾、岩层中沉井施工的例子。

1. 施工实例1

周围用钢板桩止水的施工实例。

(1) 概况

沉井形状尺寸及土质柱状图分别如图4.2.17和图4.2.18所示。

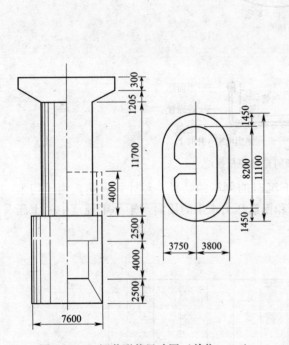

图4.2.17 沉井形状尺寸图（单位：mm）

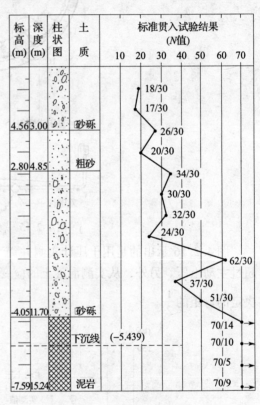

图4.2.18 土质柱状图

就井位土质而言，基本为砂砾层，$N \approx 30$，粒度分布不匀，崩坍性明显。砂砾层下部混有巨砾（最大粒径为50cm），再往下为岩层。

(2) 沉井施工

因施工现场是河流，故设置栈桥和筑岛。筑岛施工时，考虑到沉井的最终开挖地层（泥岩），决定把钢板桩打入泥岩，施工图如图4.2.19所示。

贯入泥岩的贯入量约50cm。一般以单纯筑岛为目的时，钢板桩没有必要打入50cm的深度。但是，本工程考虑到泥岩开挖的效果，打入50cm较为必要。

另外，从下沉关系表（表4.2.4）知道，下沉力存在明显的不足。要想顺利下沉不光是设法降低砂砾层的摩阻力，更关键的是解决泥岩层的下沉挖掘问题。所以采用注入膨润

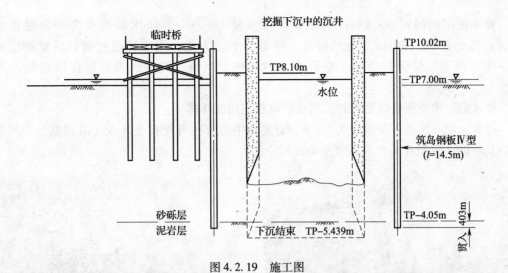

图 4.2.19 施工图

土泥浆降低摩阻力。排水后刃脚落在凹凸不平的密实的泥岩层上，用带铲头钢钎（见照片4.2.4）铲挖，把刃脚附近岩层的高出部分铲除（见图4.2.20）。

下沉关系表　　　　　　　　　　　　　　　　　　表 4.2.4

井环节号	下沉力（kN）		下沉阻力（kN）				下沉平衡力（kN）
	自重力	累计下沉力	周面摩阻力	刃脚阻力	浮力	累计下沉阻力	
①	1360	1360	1750	60	570	2380	-1020
②	1370	2730	910	—	570	3860	-1130
③	2050	4780	1460	—	850	6170	-1390
④	840	5620	1690	—	350	8210	-2590
⑤	1350	6970	2890	—	560	11660	-4690
计	6970	—	8700	60	2900	11660	-4690

照片 4.2.4　铲头钢钎

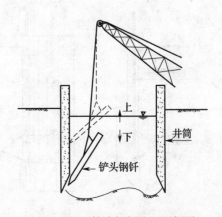

图 4.2.20　铲头钢钎施工要领图

排水使用高扬程 $\phi 5.24\mathrm{cm}$ 的水泵。排水量 $1\mathrm{m}^3/\mathrm{min}$。排水后的刃脚并未触到岩层，而是处在 $20\sim30\mathrm{cm}$ 厚度的砂砾、巨砾层上。为此，用带铲头的钢钎反复铲挖刃脚下方并排土，但泥岩边界上仍存在一些砂砾、巨砾，此时，刃脚踏在该粗糙的界面上。

排水后，用油压轧碎机破碎，用反铲堆积，用抓斗排土。

这里，把一次的下沉量定为 $50\mathrm{cm}$，首先从中心部位开挖排土，人工清理整形刃脚部位使其下沉（见照片4.2.5和照片4.2.6）。

照片4.2.5　油压轧碎机岩层挖掘　　　　　　照片4.2.6　刃脚人工挖掘

2. 施工实例2

刃脚触及岩基面排水施工实例

（1）概况

沉井形状与土质条件与例1相同。

（2）沉井施工

因施工现场为河滩，故无需筑岛，也无需打入钢板桩。

采用一般的水中挖掘，刃脚到达泥岩层后进行排水。

作为砂砾层下沉挖掘的辅助工法，采用注入膨润土（膨润土 $200\sim250$，少量增黏剂），见图4.2.21及照片4.2.7。

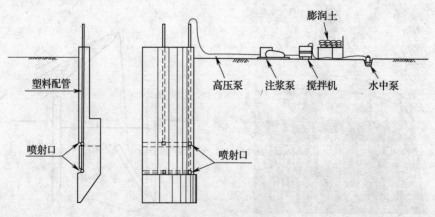

图4.2.21　膨润土注入概况

排水使用 ϕ15.2cm 高程水泵 1～2 台，长时间排水。

观察排水后的刃脚状况发现，泥岩层凸凹不平，一部分（占总体的20%）距岩基面 40cm（见照片4.2.8）。如在该状态下进行射气挖掘，则因水多必造成膨润土流出，周围地层发生水力冲填显著。起初排水后第一天的下沉目标是63cm，此后下沉缓慢，第四天目标为7cm，随后出现首次悬吊，见图4.2.22。

照片4.2.7　膨润土注入设备

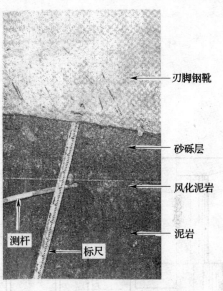

照片4.2.8　排水后刃脚状况

然后，清理剩下的75cm岩层，进行先期挖掘，随后的下沉方法采用向沉井内充水，不论周围是否被夹紧都会发生松弛，进而注入膨润土。

这样一来，由于充水致使下沉力减小，故可避开水力冲填，同时还可期望膨润土的润滑效果。但是一次注入后只发生部分松动，二次注入时并用喷气，尽管部分地层发生崩坍，但在充水状态下加载4200kN（见照片4.2.9）时沉井得以顺利下沉。

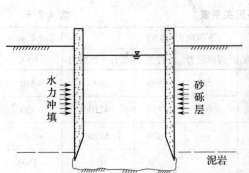

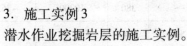

图4.2.22　井筒吊挂状态图

照片4.2.9　井筒顶部加载状况

3. 施工实例3

潜水作业挖掘岩层的施工实例。

（1）概况

沉井形状尺寸如图4.2.23所示。现场土质柱状图如图4.2.24所示。下沉关系表如表4.2.5所示。

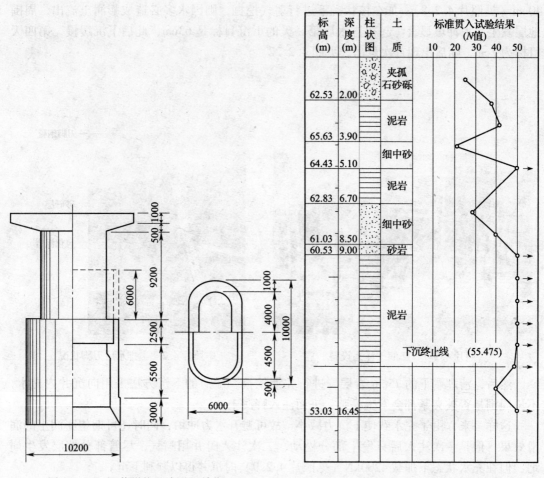

图4.2.23　沉井形状尺寸图（单位：mm）　　　　图4.2.24　土质柱状图

下沉关系表　　　　　　　　　　　　　　　　　　　表4.2.5

井筒序号	下沉力（kN）		下沉阻力（kN）				下沉平衡力（kN）
	自重力	累计下沉力	周面摩阻力	刃脚阻力	浮力	累计下沉阻力	
①	1440	1440	1400	50	580	2030	−590
②	1780	3220	1370	—	710	4110	−890
③	1670	4890	1140	—	670	5920	−1030
④	790	5680	940	—	320	7180	−1500
⑤	950	6620	1130	—	380	8690	−2070
⑥	950	7570	1130	—	380	10200	−2630
计	7570	—	7110	50	3040	—	—

在沉井最终下沉地层附近，存在承压未固结的细砂层。河流的水位受上游电站坝不定时放流的影响，长时间变动。另外，与旧桥的最短距离为7m。

（2）施工

沉井施工到承压层（细中砂层）止，利用注入膨润土和外加载荷的措施，下沉顺利。另外，因靠水中挖掘下沉，在通过承压层的初期，应充分留意沉井内的水位。然而下沉进行到承压层和岩层的边界线处时，正赶上水坝放流河水水位上涨，井内水位补充不及时，致使土砂流入沉井内部（见图4.2.25）。因此，作业被迫中断，再开始下沉作业时，改为潜水员水中作业。

施工前，首先为了避免从旧桥墩方向流入土砂，特把沉井内的水位提高，以便

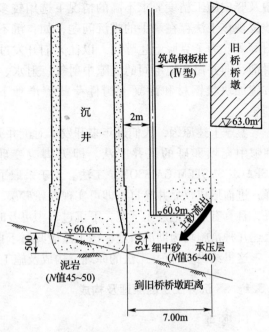

图4.2.25 土砂流出状况

完全切断土砂流入途径。随后，潜水员用破碎机破碎刃脚附近的泥岩，再由其他潜水员用升液排土管把挖掘土上吸堆积在沉井中央。然后用抓斗排出（见图4.2.26）。

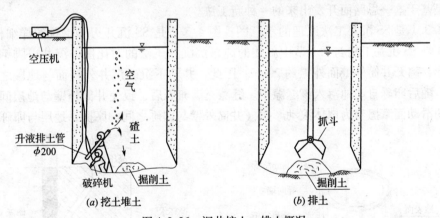

(a) 挖土堆土   (b) 排土

图4.2.26 沉井挖土、排土概况

待沉井刃脚全部着实落入泥岩层后排水。然后，干挖岩层，最终使其沉设在预定位置上。

4.3 SS沉井工法

上节叙述的自沉工法系完全依靠井筒自重力克服井筒外壁面与土层间的摩阻力及刃脚下方土体抗力而下沉。故该工法也可以称为纯自沉工法。纯自沉工法的优点是施工设备简单、操作容易、成本低，在一些软地层（如淤泥层、粉砂层、砂层、砂砾层等）

中及竖向施工精度要求不高的情况下选用较多。但对硬黏土层、硬砂砾层来说，施工实践发现该工法存在棘手的难沉问题，如：沉不下去、下沉速度极其缓慢或者发生严重倾斜等等。为了克服上述弊病，以往人们开发过多种措施。如：采用在井筒外周面上涂润滑剂，向井筒和地层间的缝隙中射气、射水、注入泥浆等方式减小摩阻力，或在井筒上方施加块状钢材和混凝土构件荷载等增加下沉力的措施。尽管如此，有时效果仍不理想。

鉴于上述原因，人们近年来开发了对沉井刃脚钢靴改形及在井筒外壁面和地层之间的间隙中充填卵砾的沉井工法。即刃脚改变卵砾填缝的自沉沉井工法，又称 SS 沉井（SPACE SYSTEM CAISSON）工法。由于采取了上述措施，故井筒壁面摩阻系数大幅度下降，进而形成仅靠井筒自重即可实现在粉砂层、砂层、砂卵层及巨砾层等多种地层中的下沉，且具有周围地层无下沉，下沉过程中可及时修正井筒倾斜的特点。不过严格来说，因上述几种措施均为助沉措施，该工法应归属于自沉工法范畴。

这里给出 SS 沉井工法的原理、构成及施工方法。

4.3.1　SS 沉井工法的原理及构成

1. 原理

前面业已指出，纯自沉工法施工中易出现难沉及倾斜问题。究其原因可归结为减小井壁与地层间的摩阻力及防止井筒倾斜的措施的效果不理想所致。也就是说，要想克服这两个棘手的问题，必须开发新的减小井壁与地层间的摩阻力及防止井筒倾斜的措施。SS 沉井工法是基于这一思路而开发出来的一种新工法。

图 4.3.1 是 SS 沉井工法原理的示意图，图 4.3.2 是 SS 沉井刃脚钢靴的详细构造图，图 4.3.3 是 SS 沉井工法与 4.1 节中叙述的纯自沉沉井工法的对比图。沉井刃脚钢靴刃尖呈八字形，离开井筒外壁面外撇约 20cm。因此，井筒下沉时沉井外壁面与地层之间会出现缝隙，随后卵砾自动地落入该缝隙中。缝隙充满卵砾后，致使井筒外壁与地层间的摩擦由原来的滑动面摩擦变为球体滚动摩擦（井筒外壁与卵砾之间的摩擦，地层与卵砾间的摩

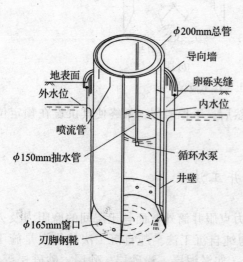

图 4.3.1　SS 沉井工法示意图

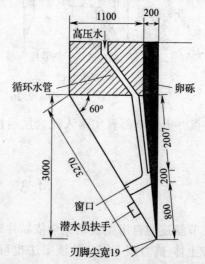

图 4.3.2　SS 沉井刃脚钢靴构造（单位：mm）

擦，卵砾群内部卵砾石间的相互摩擦均为滚动摩擦），故井筒下沉时的摩阻力大幅度下降，形成仅靠井筒自重即可顺利下沉的局面。摩阻力与卵砾粒径的大小，均匀程度有关，与卵砾近似球体的程度有关，与地层土质及下沉深度的关系不大。在粒径 40mm 近似球形河卵石的状况下，该摩阻力为 $7 \times 10^3 N/m^2$ 左右。另外，因缝隙中填充了卵砾，使井筒与地层之间保持有一定的距离，所以井筒位置稳定（即倾斜小）。再有，由于刃尖上长时间的作用有井筒自重的压入力，故保证井筒缓慢地贯入地层。调整刃尖下方土体的阻力可以及时地修正沉降过程中出现的倾斜。下沉施工完结后向充满卵砾的缝隙中注入固结浆液，使井筒和地层固结在一起。

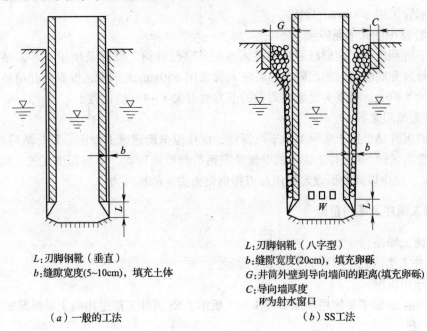

L：刃脚钢靴（垂直）
b：缝隙宽度（5~10cm），填充土体

L：刃脚钢靴（八字型）
b：缝隙宽度（20cm），填充卵砾
G：井筒外壁到导向墙间的距离（填充卵砾）
C：导向墙厚度
W 为射水窗口

（*a*）一般的工法　　　　　　（*b*）SS工法

图 4.3.3　工法对比图

2. 系统构成

（1）导向墙

导向墙是观测沉井下沉状态的定位墙，同时还兼作卵砾贮藏槽的保护墙。导向墙与沉井外壁之间的间隔，因地层与井筒外壁间的缝隙的大小和卵砾贮藏量的不同而不同，一般定为 0.7~1.0m。

（2）刃脚钢靴

刃脚钢靴在构筑井筒时是底座，井筒下沉时是贯入地层的贯入头，刃尖的作用是剪切地层，所以应为刃形。另外，刃脚钢靴的刃尖应向外撇成八字形，刃脚外侧钢板外撇约 15~20cm（从沉井外壁算起），使井壁与地层之间形成 15~20cm 的缝隙。内侧钢板的角度为 60°。钢板厚度为 6~9mm。在刃脚钢靴的中部离钢靴上顶 1.5~2.0m 的部位开设窗口，由于窗口的存在故井筒内外两侧的地下水可以流通，从而消除井筒内外的水位差，进而防止刃脚下方的土砂上涌，必要时该窗口还可把井壁与地层间的缝隙中的卵砾排放到沉井内侧，以此纠正沉井的倾斜，即起控制沉井姿态的作用。

（3）卵砾

伴随沉井的下沉，卵砾自动下落到井外壁与地层之间的缝隙中，即可保持沉井的垂直性，还有降低井壁与地层间的摩阻力的作用。粒径均匀的球形卵砾的效果最好，使用时必须选用硬质卵砾。实验发现对于20cm的缝隙来说使用粒径40mm的非扁平的河卵砾最佳。

（4）循环水设备

循环水设备，即用循环水泵抽取井内积水，再经过设置在井壁上的循环水管从上至下的射向卵砾，由于高压射流水的冲击作用，使缝隙中卵砾具有良好的流动性。最后循环水从设置在刃脚钢靴窗口正上方的循环水管的放水口流出，把窗口周围的卵砾排向沉井内侧。循环水管采用 ϕ50mm 的钢管。

（5）缝隙中注入水泥砂浆

沉井下沉到位后，向卵砾缝隙中注入水泥砂浆使井筒、卵砾及地层三者固结在一起。以此防止处理井底废泥时的沉降。砂浆注入管选用 ϕ50mm 的钢管，设置在井筒的外壁上，设置间隔为 5~6m。喷浆头设置在刃尖的上方离刃尖 3~4m 的位置上。

3. 壁面摩阻系数

以往的沉井是根据土质种类及下沉深度，由规范书确定壁面摩阻系数，然后确定必要的下沉荷重力。而 SS 沉井工法中的壁面摩阻系数与土质种类、下沉深度无关，均为 $F = 7 \times 10^3 N/m^2$，故应以此数据设定作用在刃脚钢靴刃尖上的压入力。

4.3.2 施工顺序及适用范围

（1）施工顺序

SS 沉井工法的施工顺序如图 4.3.4 所示。

（2）适用范围

SS 沉井工法的主要应用领域如表 4.3.1 所示。SS 沉井工法适用的土质概况如表 4.3.2 所示。

4.3.3 施工实例

1. 工程概况

（1）原子反应堆防辐安全规模试验工程

形状：圆形沉井

外径：ϕ12.5m

内径：ϕ10.9m

深度：39.45m

壁厚：0.8m

地质：表土下方为黏土厚 0.8m，到 GL-10.6m 止是 $N = 15~32$ 的细砂层，再往下是 $N > 50$ 的砂质泥岩层。砂质泥岩层中，最厚的砂层是 3m，最薄的砂层厚 20~30cm。但是 GL-31.8m 附近是层厚 15cm 含花岗石块的硬层，该层下面是层厚 2m 的砂层。地下水位为 GL-6.5m。

（2）某下水道管渠工程

形状：矩形沉井

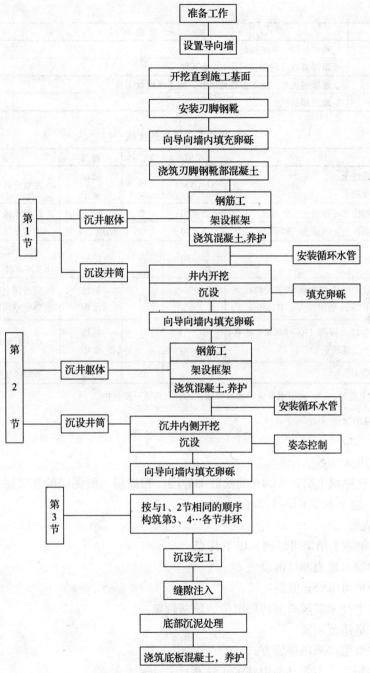

图 4.3.4 SS 沉井工法的施工顺序

SS 沉井工法的主要应用领域 表 4.3.1

种　类	工　程　领　域
桥梁基础沉井	陆地、河流、海岸等桥梁基础工程
竖井沉井	盾构、顶管等工作竖井
建筑物沉井	建筑物基础（建筑，基础设施），大厦沉井（地下室，地下停车场），壁式沉井（兼作基础和挡土墙）

种　　类	工　程　领　域
工业基础沉井	高炉基础，机械基础
堤坝基础沉井	岸堤基础（海岸，河岸）、地下坝
隧道沉井	地铁通风井，地下道路通风井，地下水路观测井
深层基础沉井	地滑抑制桩

SS 沉井工法适用的土质　　　　　　　　　　　　表 4.3.2

土　　质		N 值	适用	掘削	备　　注
软土	黏性土 砂质土	$0 \leqslant N < 4$	◎	陆地 水中	注意土体坍塌问题
普通土	黏性土、砂质土、砂砾土	$N \leqslant 30$	◎	陆地　水中	注意土体坍塌问题
硬质土	黏性土、砂质土、砂砾土	$N < 50$	◎	陆地　水中	注意土体坍塌问题
软岩	软岩	$N \geqslant 50$	△	陆地	讨论干挖问题；软岩层中地下水丰富时，应考虑设置深井
砾质土	最大砾径 150mm 以下，粒径大于 100mm 的粗砾占有率 <30%		◎	陆地 水中	应考虑对大于 150mm 砾的破碎处理问题
夹巨砾的土	含最大巨砾 150～300mm 的普通土、硬质土		○	陆地 水中	水中掘削时，由潜水员掘削
	砾质土		△	陆地	砾经含有率调查、刃脚管理

注：◎：原则上适用；○：由潜水员进行掘削管理；△：有待进一步讨论。

尺寸：3.4m × 3.4m

深度：12.35m

壁厚：0.70m

地质：是软冲积土层，$N < 16$ 的松散细砂层、粗砂层、淤泥层的互交层。淤泥层极软层厚约 5.5m，地下水位 GL − 1.5m。

2. 施工结果

由上述两例施工结果可以确认以下几点：

（1）仅井筒自重力即可沉设。

（2）沉设中可以修正倾斜。

（3）施工中尚未发现周围地层沉降、陷落现象。

（4）施工适用范围宽。

（5）沉井壁可以采用拼装方式。

（6）工期短、成本低（与以往的工法相比）。

小结

SS 沉井工法是一种把沉井周面摩阻力抑制到极小，适于多种土质的无需外加压入荷载，仅靠井筒自重即可安全可靠地下沉的沉井工法。该工法已在几十项工程中得到成功的应用。今后可望在桥梁基础、竖井、人孔、地下室等地下构造物的构筑中推广应用。

4.4 压沉沉井工法

4.4.1 压沉工法的优点及适用条件

（1）优点

上节介绍的 SS 沉井工法虽然克服了纯自沉工法的一些弊病，但是从目前的施工实例看，该工法适用的沉井的口径较小，缺少大深度、大口径的施工实例报告。这里介绍另一种可以克服纯自沉工法弊病的压沉沉井工法，即借助地锚反力装置强行（即压入力远大于自重力）把井筒压入地中的措施。采用这种压入措施的沉井工法称为压沉沉井工法。

除地锚反力压入设备外，压沉沉井工法的其他施工与纯自沉工法完全相同。与纯自沉工法相比，压沉工法的优点是：

① 促沉。可以克服井筒沉不下去或下沉速度慢的弊病。

② 控制井筒姿态。因为在挖土排土的起始阶段，井筒下沉入土深度浅，所以作用在井筒上的水平约束力小，井筒容易产生倾斜。对纯自沉工法来说，若想校正该倾斜不太容易。而对地锚反力压沉工法来说，因可及时的通过调节地锚的条数及个自作用在井筒上的荷载的大小（即地锚反力），及时修正井筒的下沉姿态。

③ 适于近接施工。与纯自沉工法相比，使用地锚反力压沉工法把井筒贯入地层的施工，对周围地层的影响（水平位移、垂直位移）小，显然对近接构造物的影响也小。

④ 工期短、成本低。因下沉速度快、姿态易于控制、不存在不必要的弯路，故工期短；井壁薄、成本低。

⑤ 适于市区施工。由于使用油压千斤顶压入，故无振动、噪声，最适于市区施工。

⑥ 调整压入荷重力容易，无论井筒尺寸大小均可选用。

（2）适用条件

上面介绍了压沉工法的优点，但读者必须清楚选用压沉工法的前提条件，即地层可以设置地锚、且有效可靠。

4.4.2 沉井上作用力的分析

沉井上的作用力如图 4.4.1 所示。

① 下沉力 P_d：

$$P_d = W + P \qquad \text{（式 4.4.1）}$$

式中　W——井筒自重力；

　　　P——压入力。

② 下沉阻力 P_u：

$$P_u = R + F + U \qquad \text{（式 4.4.2）}$$

式中　R——刃脚阻力；

　　　F——沉井周面摩阻力；

　　　U——浮力。

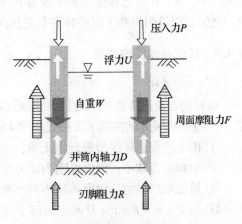

图 4.4.1　沉井上的作用力

③ 沉井处于静止状态（$P_u \geq P_d$）时，存在如下关系：

$$R + F + U \geq W + P \qquad\qquad (式4.4.3)$$

$$R \geq W + P - F - U \qquad\qquad (式4.4.4)$$

此时井筒内产生的断面力 D（内轴力）可由式（4.4.5）确定。

$$D = W + P - F - U \qquad\qquad (式4.4.5)$$

由式（4.4.4）、式（4.4.5）知道，沉井静止状态的刃脚阻力与井筒内轴力的关系如下：

$$R \geq D \qquad\qquad (式4.4.6)$$

在沉井下沉的瞬间式（4.4.6）成为下式：

$$R = D \qquad\qquad (式4.4.7)$$

显然，如果能够测出沉井下沉瞬间的井筒内阻力 D，即可推定刃脚阻力 R（R 就是地层的极限承载力）。

4.4.3 稳定压沉态的建立

所谓的稳定压沉态，即由压入力控制沉井下沉的可控状态。为了说明这个问题，这里先分析挖掘态和压沉态力的关系。

1. 挖掘态

① 下沉力 $P_d = W$

② 下沉阻力 $P_u = R + F + U$

2. 压沉态

① 下沉力 $P_d = W + P$

② 下沉阻力 $P_u = R + F + U$

显然压沉时的下沉力比挖掘时的下沉力多了一个压入力 P，P 实际是一个从 O 到 P_{max} 可调的力。此时下沉力和下沉阻力的关系如式（4.4.8）：

$$W < R + F + U \leq W + P \qquad\qquad (式4.4.8)$$

如果把式（4.4.8）中的 W 移项到右边，则有：

$$O < R + F + U - W < P \qquad\qquad (式4.4.9)$$

式中 U、W、P 是已知量。如果能够预测 $R + F$ 的理论值与实测值差的绝对值位于 $O \sim P_{max}$ 之间，则说明沉井下沉的状态是受压入力控制的，即为稳定压沉态。

4.4.4 压沉与地层的关系

1. 一般地层

指可用普通抓斗抓挖的地层。该地层容易实现式（4.4.9）的条件，即可实现稳定压沉。该地层的压沉沉井的下沉模式如图4.4.2所示。即

① 由于挖掘土体缓慢逼近休止角；

② 刃脚阻力减小，周面摩阻力成为最大；

③ 周面摩擦阻力从静摩擦减小到动摩擦，刃脚阻力又成为最大；

④ 当 $P + W > F + R + U$ 时，刃脚下方土体发生圆弧形滑动，直到土体接近休止角时，即发生崩脚［见图4.4.2（a）］；

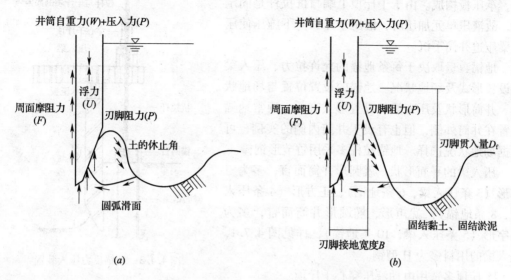

图 4.4.2 下沉模式

⑤ 沉井下沉。

2. 硬地层

指用普通抓斗无法抓挖的地层。如固结黏土、固结淤泥等黏力大的地层，硬的砂砾层等地层。因抓斗无法挖除刃脚下方的土体，即 R 值极大。即使 P 增加到 P_{max}，式（4.4.9）也无法得以满足，故刃脚下方土体很难产生圆弧滑动，进而刃脚接地宽度（B）、刃脚贯入量（D_f）增大，致使 R 值更大，所以沉井沉不下去［见图 4.4.2（b）］。

另外，刃脚下方的地层因压入力的作用，出现压密结固，从而进一步增加了下沉的难度。为此，硬地层情况下必须采取措施将刃脚下方土体挖除。目前作为挖除刃脚下方硬质土体的方法，有水中自动反铲铲挖法和双联射流冲挖法及自由扩缩机挖法。自动反铲法和自由扩缩机法将分别在 4.8 节和 4.13 节中介绍，双联射流冲挖法已在 4.1.10 节中作了详细介绍。

3. 软地层

指满足式（4.4.10）的地层（如淤泥层等），即

$$W > F + R + U \qquad\qquad （式4.4.10）$$

对这种地层必须进行改良（指提高地层强度），改良方法可采用深层混合搅拌水泥土法、高压喷射水泥土法、注浆法。改良后的地层必须满足式（4.4.10）、式（4.4.9）的条件。具体地设计路线是先由 W、U 等参数算出改良后的地层的单轴抗压强度 $q_u = 2C$，C 为土体黏力。然后开展室内水泥土拌合实验，确定水泥添加量。具体实例见 4.13 节。

4.4.5 地锚反力压入装置

1. 构造

地锚反力压入装置如图 4.4.3 所示。由地锚、拉杆、穿心千斤顶及支承千斤顶的压入

梁、承压板构成。由于千斤顶上端与抗拉杆是固定的，故液压单元加压时，液压千斤顶向下施压使压入梁压迫井筒下沉。

地锚数量取决于每条地锚的允许拉力、压入梁的设置形式及场地状况。地锚的设置位置与场地状况、井筒形状及压入梁的设置形式有关。通常地锚设置在井筒外侧，但也有设于井筒内侧的实例，可根据场地状况选择。地锚拉杆多采用竹节形钢棒。

压入梁的平面形状。就圆形井筒而言，多为三角形（3条压入梁，6条地锚）、正方形（4条压入梁，8条地锚）；就矩形、椭圆形井筒而言，多为日字形（5条压入梁，10条地锚），详见图4.7.1。压入梁的用料多为H型钢。

千斤顶多选用电动液压穿心千斤顶。

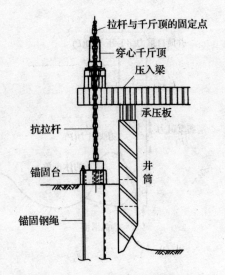

图4.4.3　地锚反力压入装置

2. 设计内容

压沉工法的设计内容有以下几点：

（1）估算压入力。

（2）根据压入力确定穿心千斤顶的性能规格和台数。

（3）设计确保预定安全系数的压入梁、承压板及地锚。

3. 设定压入力

压入力应按式（4.4.9）设定。计算中用到的 R、F 的理论值及实测值的计算方法及实测方法，将在4.4.8节叙述。

4.4.6　反力地锚杆拆除系统

4.4.1节已介绍了压入沉井工法的优点，这里仅对压入沉井用反力地锚杆的拆除工法作一介绍。

压入箱体用反力地锚杆是在地层中钻孔到预定深度，随后把钢丝绳插入钻孔内同时填充浆液，浆液固化后得到一定承载力的临时性压入反力地锚杆，沉箱沉设结束后，该地锚杆被弃之。这样一来，该压入反力地锚杆，即成为其他大深度工程（如桥基工程、隧道工程等等）的障碍物，故必须拆除。

本节介绍几种拆除地锚杆的方法，即熔化法、U形转向法、环刀法、柔性环刀法。

1. 地锚杆

地锚杆是由地中锚杆传递拉拔荷载的杆件。由注浆形成的锚固体、拉杆、锚头构成（见图4.4.4）。

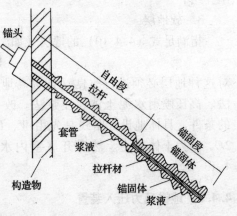

图4.4.4　临时锚杆例

其中，锚固体是为了把拉拔力传到地层中而设计的部件，通常用水泥浆固化体构成，由靠抗拉材与固化体间的粘结力传递拉力。拉杆是锚头上的拉力传递给锚固体的部件，通常选用钢绞线或钢棒。当把作用构造物上的力看成拉力时，锚头是把该拉力传递给拉杆的部件。

地锚杆有开挖、挡土、临时加固支撑等都市土木工程中使用的临时地锚杆，和稳定坡面、防止地滑、挡土墙及稳定其他构造物的承久地锚杆两种。

2. 地锚杆拆除技术

近年来随着大都市地下工程数量的增多，临时地锚杆已对新开工的地下工程构成障碍，所以必须拆除。

因为地锚杆要起到锚固作用，必须尽量结合牢靠；但是从易拆除的角度看，希望地层与锚杆分离容易，且确实可靠，即使地中留有残留物也不应构成障碍。就同时满足上述两个要求这一点来说，地锚杆拆除有一定难度。针对这个问题，以往开发了多种方法，但均存在一定的不如意的缺点。这里介绍几种拆除方法。特别重点介绍近年提出的柔性环刀拆除法。

（1）熔切拆除法

早在20世纪70年代初，就有人推出了一种拆除方法，即在锚固体段与自由段的连接处设置装有环状高热燃烧剂的容器，该容器上引出两根伸延到地表的引燃点火导线，拆除时通过点火线点火，燃烧剂燃烧使锚杆熔化切断，然后从锚头顶端拉出钢拉杆拆除地锚杆，该方法称为熔切法。该工法的缺点是设置燃烧剂有一定的危险性，点火导线易断，故近年使用不多。

（2）U转向拆除法

U转向地锚杆是把外包塑料管（非粘结管）的钢绳（钢丝或钢绞绳）作U形绕转在多个开槽的钢制承载块体上，注浆固结构成的锚固体（见图4.4.5）。当需要拆除该地锚杆时，可用千斤顶牵拉钢绳一端，由于钢绳与塑料外皮是非粘结性接触的，故钢绳的另一端可从最下端一个承载体处作U形绕转拔出，承载块体残留在地中。

U转向地锚杆作为可拆除锚杆在挡土墙构造物等方面应用实绩较多。为了满足地层的承载力要求，有时需要设置多个承载块后注浆与地层固定，故地锚承载力的设计范围较宽。拆除时可从一端把钢绳从塑料管内拉出，所以拆除钢绳较为容易。该拆除法的缺点是钢绳拉出后承载块残留地中；另外由于钢绳线径不能太粗，承载块的数量不能太多，故一条地锚杆的最大抗拉力只能在1MN左右，所以作沉井压入反力地锚杆时，要增加地锚杆的数量，故成本大增。

（3）环刀法

拆除钢绳时，使用与锚杆钻孔施工时的相同孔径或大于钻孔直径的套筒钻孔，并在其套筒的头部装上环形钻头，以下称为环刀，进行把锚固体包容在套筒内超钻，钻孔长度即锚固体的全长。

拆除时，因用环刀把锚固体外侧的注浆固结体切成粉末，钻孔机的压送水离开切削面的同时，也把粉末排向地表。所以环刀钻孔结束后，可较容易地用吊车把钢绳拔出，拆除结束后地层中无残留物（见图4.4.6）。

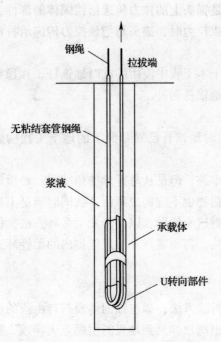

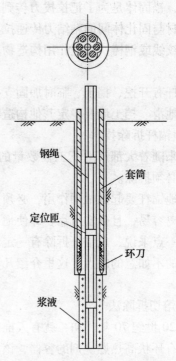

图 4.4.5　U 转向拆除锚杆示意图　　　图 4.4.6　环刀钻孔拆除法

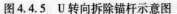

由于构筑锚固体的钻孔时，套筒与地层之间形成间隙可能致使套筒发生弯曲；另外当地层中存在巨石、砂砾时，环刀容易发生横向偏移，使钻孔变得弯曲。拆除时若在该弯曲点超钻，环刀容易与钢绳发生碰撞，有时会把钢绳切断。即使在钻孔的直线段，由于钢绳松弛和膨胀也存在环刀切断钢绳的危险性，这些都说明该方法的可靠性存在一定的问题。

（4）柔性环刀拆除法

① 原理

柔性环刀拆除法，即用直径略大于锚固体直径的柔性（折曲性）环刀套筒沿锚杆长度方向，始终以钢绳为轴心在钢绳外侧钻孔（切除锚固体与地层边界处的浆液固结体）拆除地锚杆的方法。所谓的柔性环刀套筒即圆筒状可折曲性环形钻头，该套筒靠转动和压入钻进。其结构特点是圆形套筒分为两节，第 1 节圆筒的下端与第 2 节圆筒的上端作卡位折曲连接（见图 4.4.7）。这样一对与转动无关的卡位折曲连接圆筒的作用是，可以强制性地实现环刀套筒的几何中心与钢绳几何中心重合，即环刀可沿钢绳的弯曲方向钻进。由于套筒的直径大于钢绳的直径，所以钻孔切除的是钢绳外侧的土体。即使钢绳在地中存在弯曲，利用这种柔性环刀仍可实

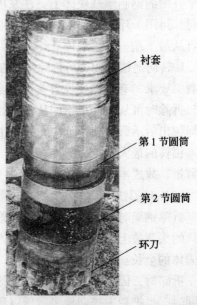

图 4.4.7　柔性环刀构造

现跟踪钢绳的钻孔切削，而不破损钢绳。

综上所述，采用柔性环刀完全可以拆除地锚杆，且地中不留任何残留物。锚杆拔出后，用现场产生土回填锚孔使地层复原。显然该工法的可靠性大为提高。

② 工法特点

a. 由于该工法采用柔性环刀套筒钻孔，即使钢绳在地中存在弯曲，也可安全可靠地实现跟踪钢绳的钻孔拆除。即稳定性好，可靠性好。

b. 地锚杆拆除后地中不留残留物。

c. 地锚杆设置施工使用通用机械。

d. 可以拆除设计承载力大的地锚杆（＞3MN）。

③ 实证试验

a. 试验概况

钢绳：ϕ21.8mm，长50.5m，7条。

锚固体施工深度：50m。

锚固体钻孔孔径：ϕ185mm。

拆除锚杆钻孔孔径：ϕ180mm。

衬筒直径：ϕ165mm。

钻机：MCD10

b. 钢绳加工

作为压入反力地锚杆，使用普通钢丝（ϕ21.8mm／条）7条，用隔离物（硬木）固定。为了防止钢绳松弛，把钢绳作拉直加工处理。但由于场地的限制，在宽5m、长15m的钢丝加工场地中作折曲加工。拆除锚杆时隔离物被粉碎，排到地表的是零星硬质木屑，钢绳每隔1m设一个抗拉性捆绑带。

c. 锚固体钻孔

锚固体钻孔，钻机上的环形钻头外径ϕ185mm、衬筒外径ϕ165mm，深度50m，竖向钻孔1°精度，所以最深点的竖直偏移对应的水平距离为90cm。

d. 钢绳插入

钻孔到预定深度后，衬筒被弃置在地中，用吊车吊起钢绳，插入钻孔内。如果把卷曲的钢绳竖直插入易产生松弛。若钢绳松弛，则在拆除时存在易发生钢绳触及钻头被切断的危险。另外，即使用吊车吊装也同样会发生钢绳的松弛。为此，落合统一等人开发了既能防止钢绳插入松弛又能确保钢绳插入的所谓的"钢绳调整装置"，外貌见照片4.4.1。

e. 钢绳拆除钻孔

钢绳插入后填充注浆，养护28d后，从安装在套筒尖端的柔性环刀内侧插入露在地表的钢绳开始拆除钻孔。钻头切削的碎屑大部分是水泥浆固结物粉末及被粉碎的几毫米薄片，同时被钻孔压送水排到地表。钻孔到钢绳浇注深度后停止钻孔，清点确认地表套筒内全部钢绳数量（见照片4.4.2）。

f. 钢绳引拔

钢绳拆除钻孔后，钢绳与注浆固结体完全分离，即套筒内仅存在钢绳，随后用吊车可以容易地将钢绳拔出。试验发现利用该地锚拆除系统对水平偏离90cm的强制变化跟踪柔性环刀钻孔完全可以去除全长 50m 的锚杆。拔出的钢绳仍保留浇注水泥浆前的外貌，隔离物和捆绑带均被切削成碎末随钻孔水排在地表。通常拔出的钢绳状态良好，可以再利用。

照片 4.4.1 钢绳调整装置

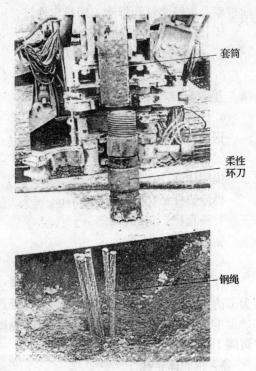

照片 4.4.2 钢绳拆除钻孔机

4.4.7 自动压沉施工监测系统

自动压沉施工监测系统的概况如图 4.4.8 所示。该系统是通过自动采集、处理设置在沉井井筒上的各种传感器测得的数据，自动调整压入力的布局，高精度控制沉井下沉姿态的施工管理系统。它由测量系统和控制系统构成。

测量系统由下沉计、周面摩擦计、测斜计、水压计、刃脚荷载计等测量传感器及其数据信号传送电缆、显示器构成。可实时自动地把上述传感器测得的下沉量、倾斜量及下沉阻力等原始数据送给控制系统，并在 CRT 上以图表及曲线的形式显示出来，必要时还可自动发出警告信号。

控制系统由计算机、操作键盘及显示器等构成。该系统可把测量系统送入的原始数据进行处理、运算，然后与施工规定的基准值进行对比，找出纠正姿态所必须的压入力、压入力矩，进而实时调节各千斤顶的压入力，使其处于最佳状态。确保高精度的自动控制沉井的下沉姿态。

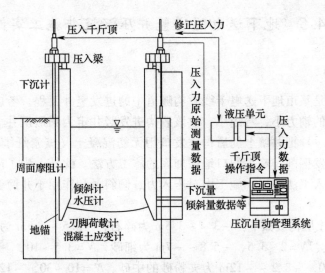

图 4.4.8 自动压沉施工监测系统概况

4.4.8 下沉阻力的测量

4.4.2 节指出，下沉阻力 $P_u = R + F + U$，因式中 U 是已知量，如能较准确地测定 R、F，则可正确地选定压入力 P 的范围，使其满足（4.4.9）式的稳定压沉的条件。进而可调整挖掘幅度，控制下沉时期，从而避免突沉、沉不去等事故，实现沉井安全、可靠、稳定的下沉。

通常，R、F 的测量多靠在刃脚下方设置反力计（荷载计）和在周面上设置摩擦计的方法进行测量。但是，由于这些测量传感器与地层土体的接触问题，致使测量通常比实际值大的事例较多。另外，这些测量传感器的测量值仅反映传感器设置位置的数据，要想提高测量精度要求设置数量越多越好。为克服上述弊病，松田等人提出了在刃脚部躯体内设置混凝土应变计的方法。该方法可由躯体内产生的应力实时地估算刃脚阻力。

在沉井下沉的瞬间可以认为刃脚部混凝土中应变计测得的井筒内轴力，与实际地层对刃脚的阻力（极限承载力）大致相等。所以下沉瞬间测得的内轴力可以看成是实际地层的极限承载力。为此，对测量值与利用太沙基极限承载力公式求出的理论值进行了比较，并求出修正系数（实测值/理论值）。以该修正系数为依据，由极限承载力的理论值，可以估算出下一阶段的挖掘地层的实际极限承载力，进而决定挖掘幅度。由此控制刃脚阻力，使其不会过小，即防止沉井突沉。另一个未知量即周面摩擦力 F，因为下沉瞬间测得的刃脚阻力 R 成为已知量，所以 F 可由式（4.4.11）算出：

$$F = W + P - R - U \qquad \text{（式 4.4.11）}$$

上述测量 R、F 的新方法，目前已有应用实例报道，同时还讨论了 R、F 实测值与理论值的关系。详见 4.4.3 节。

4.5 地下送电隧道竖井压沉沉井施工实例

4.5.1 工程概况

本沉井工程是某市地下送电干线盾构隧道中的进发竖井工程。考虑到圆柱形地中构造物的水平断面的轴力小、弯矩小，故该盾构进发竖井定为圆形沉井。为缩短工期、降低成本，设计了一种把井壁上的盾构进发口用无筋混凝土（碳素纤维格板加固）制作，盾构机可直接进发掘削，略去洞口地层加固的施工方法。此外，为了防止井筒倾斜，特选定地锚反力压入工法施工。施工中对压入力、倾斜量和作用于井筒上的土压力进行了监测管理。

施工现场的土层构成如下：$-3 \sim -3.5m$ 为碎石，$-3.5 \sim -5m$ 为壤土、$N \leqslant 1$，$-5 \sim -5.8m$ 为黏土、$N = 2 \sim 3.5$，$-5.8 \sim -7m$ 为细砂、$N = 3.5 \sim 10$，$-7 \sim -8.2m$ 为夹小砾的中砂、$N = 10$，$-8.2 \sim -12m$ 为夹粉砂的中砂、$N = 10 \sim 30$，$-12 \sim -14m$ 为固结粉砂、$N = 12$，$-14 \sim -16m$ 为粗砂、$N = 10 \sim 25$，$-16 \sim -17m$ 为混有粉砂的中砂、$N = 25 \sim 50$，$-17 \sim -22m$ 为细砂、$N > 50$。地下水位为 GL $-2.6m$。

沉井构造图如图 4.5.1 所示。外径 11.8m、内径 10m、深 22m，包括刃脚在内，井筒共分 6 节。盾构的进发开口位于第 3 节上，该部位是盾构可以直接掘削的碳纤维格板替代钢筋混凝土的构件。

因沉井的压入力不能小于（刃脚阻力 + 周面摩阻力 - 沉井自重）7650kN，所以下沉千斤顶定为 3000kN × 4（安全系数 = 1.75）。压入力即地锚反力由千斤顶确保，地锚反力压入装置的详细构造如图 4.5.1 所示。

4.5.2 监测管理系统

沉井下沉施工完结后，即成为一个位于地中的完整的构造物。当盾构进发掘削开口时，开口部位周围的应力必然增大，随着经历时间的增长，存在井筒易出现裂纹，进而导致漏水的可能。

为杜绝上述不利因素的影响，施工中特采用了与图 4.4.9 完全一致的监测系统，对沉井的姿态、井筒上的应力状况，下沉压入施工和盾构掘进时对周围地层的影响等事项进行了现场监测。在对上述测量数据进行实时处理后，及时与各种设定的基准管理值进行比较，以便及时纠偏，保证施工质量。

4.5.3 施工结果

（1）倾角

上述一级倾角管理基准值与实测的最大倾角的对比结果如图 4.5.2 所示。

下沉的初期周围土压小，加上掘削的是软黏土，所以各点的下沉量的相对差异较大，倾角的最大值达 1/30，刃脚达到 GL $-8m$ 时，实际倾角已超过一级管理值。但是由于处于下沉的初期，周围地层的阻力小，所以倾斜可通过调整千斤顶的压入力来纠正。即深度 $-8m$ 以内沉井的倾角容易被调整到一级管理值以内，实现平稳下沉。

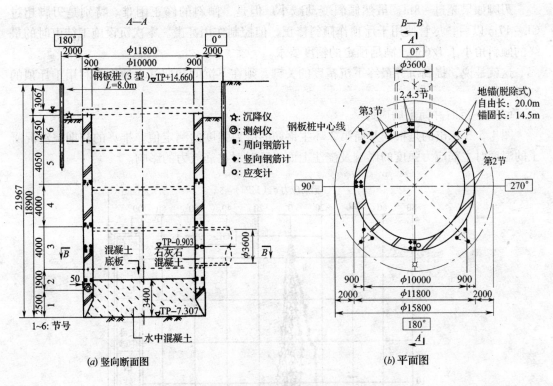

图 4.5.1 沉井构造和测量装置布设状况图（单位：mm）

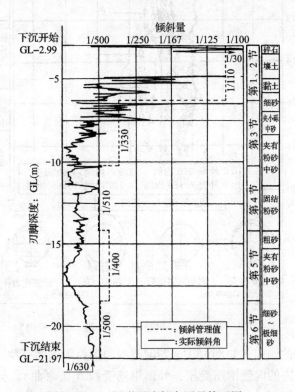

图 4.5.2 沉井最大倾角测量管理图

刃脚如果超过 −8m，虽然倾斜变动减小。但是，倾斜的修正困难。特别是刃脚超过 GL −17m 以后，尽管使用千斤顶作倾斜修正，但控制作用甚微。本次沉设施工结束时的最终的倾斜角小于 1/630，满足预定的精度要求。

这就是说，提高沉井最终下沉精度的关键，须在下沉的初期认真地作好利用千斤顶的纠偏工作。

（2）下沉时井筒上的应力

图 4.5.3 示出的是根据井筒第 2 环主钢筋的应力强度的测定值，推算的初期浇注混凝土的温度对主筋应力强度的影响及浇注上面一环时对主筋应力的影响。

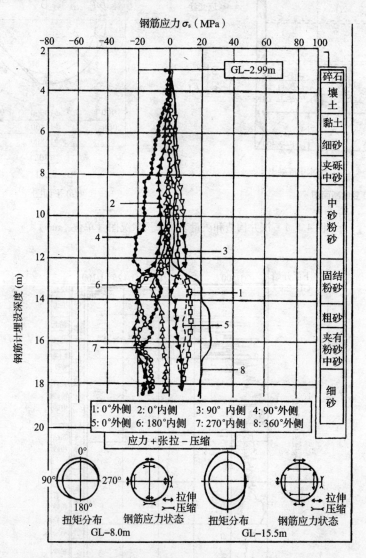

图 4.5.3　井筒下沉时钢筋的应力（第 2 节水平向）

图中示出的应力的倾向是初期 180°～270°范围内的内侧钢筋受拉，外侧钢筋受压（正弯曲），0°～90°范围内的内侧钢筋受压，外侧钢筋受拉（负弯曲）。另外，测量点的深度超过 12m（刃脚 16m）时，180°方向上的钢筋也受拉，同时应力值急剧增大。

图 4.5.4 示出的是第 2 环～第 5 环的 180°内侧主钢筋的应力随刃脚深度变化的曲线。由图可知，每一环应力增大的位置都发生在刃脚深度 16m 附近的，对应 N 值大于 50 的夹有粉砂的细中砂层。由于各环上测点所处的深度不同，故下沉过程中测得的应力变化急剧，这可以认为是土层变化造成的。

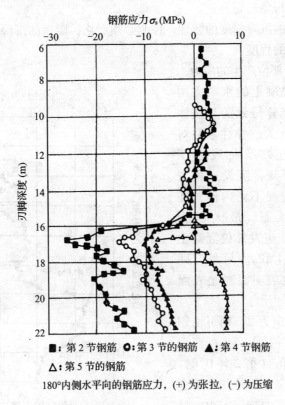

图 4.5.4 刃脚深度与各节水平向钢筋应力曲线

图 4.5.5（a）示出的是刃脚深度 16.0～16.8m 范围内的第 2 环 180°内侧钢筋应力的变化曲线，与此对应的倾斜量和倾斜方向与经历时间的关系如图 4.5.5（b）所示。

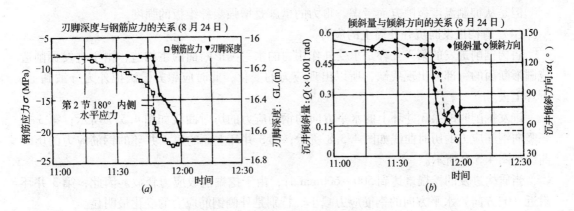

图 4.5.5 钢筋应力与沉井倾斜量的关系

由图可知，该深度处的钢筋应力上升特别急剧。倾斜量由 0.55×10^{-3} rad 上升到 0.15×10^{-3} rad，倾斜方向由 $130°$ 变到 $50°$。

由此可知，在压入沉井的沉降过程中墙体上的应力增大，这是地层变化影响侧向土压的结果。特别是刃脚处的地层的约束力增大的区段，必须对掘削、压入施工过程中出现的倾斜方向变化过大的现象进行修正。

因此，沉设初期的沉降精度的管理、控制必须严格，随后的沉降作业中仍须严格管理倾斜造成的应力增加的程度。

（3）沉设时进发部位产生的应力

由进发部位的混凝土的水平方向应变的测量结果，推算得到的与浇注经历时间（天数）有关的弹性系数对应的应力与深度的关系曲线如图4.5.6所示。由图可知，沉设过程中的各个阶段测得的应变不论内侧，还是外侧均呈抗压状态。最大值为 3.4MPa，该值远小于进发部位混凝土的抗压强度 $\sigma'_{28} = 24$MPa。另外，即使排水调查的结果也表明混凝土表面无裂缝。

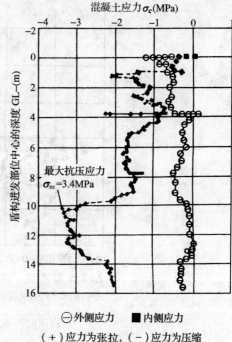

图 4.5.6　盾构进发部位混凝土的应力

把弹性系数比认定为 8，则可由钢筋应力的测量值算出井体上产生的断面力，该断面力的最大值（第2环0°侧）为 0.95MPa，可以认定它就是作用于进发部位的混凝土上的弯曲抗拉应力，显然该值小于构造混凝土（$\sigma_{28} = 24$MPa）的抗拉强度（$f_{tk} = 2$MPa）。由此可知，即使临时进发部位的断面力出现上述最大值，仍不影响该部位部材的健全性。

但是从抑制温度裂隙方面考虑，得力的措施是增强炭纤维板的强度。

（4）盾构进发时沉井井筒上的应力

盾构掘削进发的第3井环是承受外作用力的水平圆形断面的主构造，由于进发掘削造成圆形断面的一部分出现残缺，所以出现应力的变化，此时应想方设法把外力分散到上、下环上去。

进发掘削时的第3井环上的水平方向的钢筋应力的历时曲线如图4.5.7所示；第3井环竖向钢筋应力的历时曲线如图4.5.8所示；第3井环上面的第4井环的钢筋应力的历时曲线如图4.5.9所示。

当盾构进发的挖掘量达到 $500 \sim 600$mm 时，由于挖掘造成应力释放。因此，第3井环附近（0°方向）水平方向的钢筋应力减小。特别是外侧钢筋应力的变化最明显。

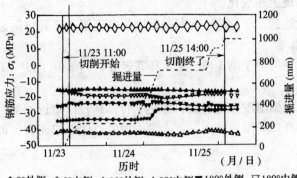

◆0°外侧 ◇0°内侧 ▲90°外侧 △90°内侧 ▼180°外侧 ▽180°内侧
钢筋应力 (+) 号表示为张拉,(−) 号表示压缩

图 4.5.7 盾构挖掘钢筋应力的经时变化（第 3 环水平向）

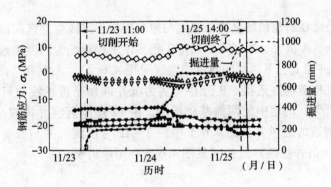

图 4.5.8 盾构挖掘时钢筋应力经时变化（第 3 环水平向）

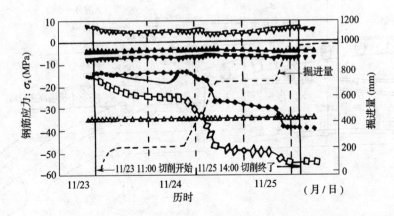

图 4.5.9 盾构挖掘时钢筋应力经时变化（第 4 环水平向）

　　另外，不难发现此时开口上部的第4井环上的水平方向的钢筋的轴力和力矩均增大，挖掘结束时也同样出现上述变化。

　　另外，当挖掘量达到500～600mm时，可以观察到第3环开口附近的竖向钢筋出现向内侧弯曲的应力变化。

　　但是应力的变化只局限于第3环、第4环靠近开口的部位，90°、180°方向的钢筋的应力不发生变化。

　　由此可知，伴随挖掘出现应力释放，并集中转移到开口附近的部材上，所以在设计井环躯体时，必须考虑开口周围的加固，就水平方向的总体框架而言，可以不考虑开口造成的断面破损。

4.6　道路立交压沉沉井施工实例

4.6.1　工程概况

　　某沉井工程是夹在新建机场高速公路线与原有高架铁路线立交区间段内的两个用压沉沉井法构筑的沉井（A沉井、B沉井）通道工程。该工程现场为河滩填地。场地简图如图4.6.1所示。A沉井为上、下两层的隧道构造（见图4.6.2），A沉井与高架铁道线的P52号桥墩（直接基础构造物）近接。B沉井（实为沉井群）是机场线与另一道路的地中分岔构造物（刚性框架）的地中的两侧基础挡墙，由12座压沉沉井构成，见图4.6.1。其上部是复杂框架构造的通风井。图4.6.1中的7～12号压沉沉井与原有的高架铁道线的P46～P48号桥墩（沉井基础）近接（见图4.6.3和照片4.6.1）。

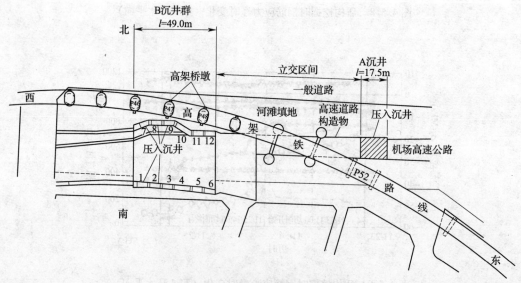

图4.6.1　立交通道工程沉井平面图

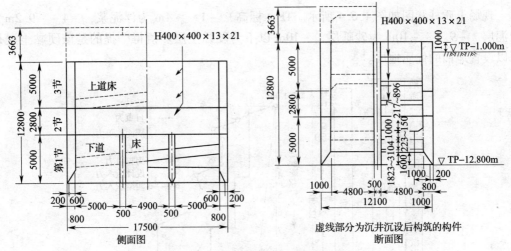

图 4.6.2 A 沉井构造图（单位：mm）

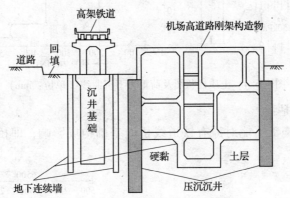

图 4.6.3 B 沉井挡墙刚架构造物断面图

照片 4.6.1 B 工程完成预想图

现场土质柱状图如图4.6.4所示。TP（标高）-1~-4m为浮泥浆，-4~-9.2m为淤泥层，-9.2~-10m为砂砾层，-10m以下为硬黏土层。值得一提的是该硬黏土层是可以设置地锚的优质地层。

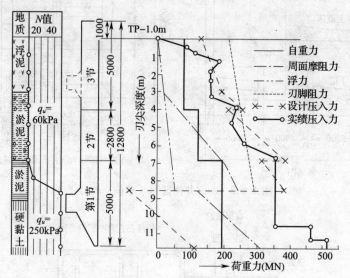

图4.6.4 土质柱状图及荷重力下沉曲线（单位：mm）

工程的施工要求是：

（1）A、B沉井施工不能对原有铁道线桥墩基础构成影响，即桥墩变形不能超过规范值。

（2）成本低。

（3）工期短。

鉴于上述要求，通过对比，综合考虑，最后决定选用压沉沉井工法沉设A、B工程的沉井。具体的设计是：A工程（二层隧道构造的地下通道）作为一个整体沉井压沉；B工程是一个刚框架构造物构筑工程，其侧墙（见图4.6.5）采用压沉沉井法施工。为了确保铁道线高架桥墩的安全，事先进行保护桥墩的地下连续墙施工。压入作业中长时间对桥墩、周围地层进行监测，确保施工安全。

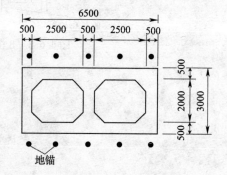

图4.6.5 B工程沉井平面图（单位：mm）

4.6.2 A沉井的施工

A沉井如图4.6.2所示。12.1m（宽）×17.5m（长）×12.8m（高），分为三节。施工顺序如图4.6.6所示。大致分为准备工序、地锚设置、沉井沉设三步。

（1）地层加固

因硬黏土层以约10°的坡度向北侧倾斜，所以在沉井触及硬黏土层时存在发生倾斜和水平移动的隐患。另外，硬黏土层上面的砾石层中具有承压水，所以对TP-8.6m到硬黏土层一段砾石层进行搅喷加固，柱桩间隔1.5m。

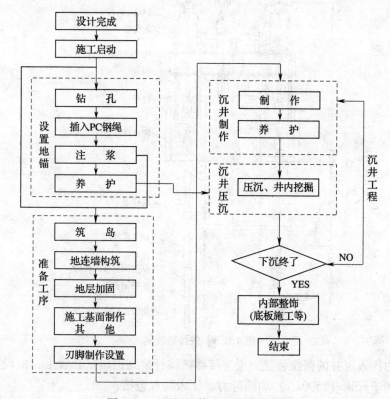

图 4.6.6 压沉沉井工法的施工顺序

（2）地锚施工

地锚和锚紧装置分别如图 4.6.7 和图 4.6.8 所示。事先用试验确认锚的承载力。考虑到压入时的安全性，把锚杆长定为 18.8m，其中 5m 锚定在硬黏土层中。锚杆使用钢绞线（32 股）。

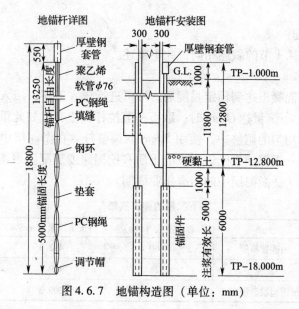

图 4.6.7 地锚构造图（单位：mm）

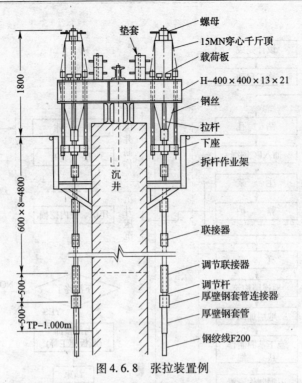

图 4.6.8　张拉装置例

地锚反力压入沉井的张拉装置，用连接器把锚杆接到钢厚壁套管上，由设置在沉井上顶反力梁上的千斤顶（1500kN）加载荷力。压入装置包括：

张拉装置	16 套
油压千斤顶（1500kN　穿心复动式冲程 350mm）	32 台
动力单元（内含 11kW 分流器）	1 台
动力单元（22kW 分流器，高压切换式）	1 台
其他附件	1 套
履带吊车	1 台

（3）沉井沉设工序

沉井主体施工与 4.1 节的叙述相同，此不赘述。

（4）压入工序

在确认沉井井筒混凝土达到预定强度后，即可进行压入工序，压入千斤顶有效冲程每 20cm 插入一个垫套。下沉量达 60cm 时，取下一节拉杆和垫套，如此重复作业。在锚顶不齐和钢丝绳伸长量不均匀的调整中，使用 50cm 的调整杆。在淤泥层中压入沉井时，井内可以看到淤泥的上涌。下沉速度受刃脚下的土质和挖掘速度支配。表 4.6.1 示出的是平均下沉量的值。图 4.6.9 是淤泥层中的标准作业周期。

下沉量的施工实绩　　　　　　　　　　　　　　　　　　　　　　表 4.6.1

井筒节数	土质	总下沉量（mm）	每天下沉量（mm/d）	备注
第 1 节	山砂置换层	3860	482.3	部分挖掘
第 2 节	淤泥	2728	909.3	挖掘、压入同时进行
第 3 节	加固地层、硬黏	5233	209.3	挖掘后压入

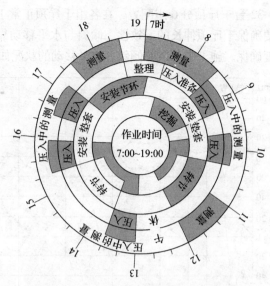

图 4.6.9 下沉时的标准作业周期

（5）挖掘

为防止周围地层的下沉，沉井自身不安装减摩环。另外，刃脚到达加固地层止，挖掘沉井内部地层时，土体包留宽度为 4m（到刃脚尖的距离）。进入加固地层起应一直挖掘到刃尖近旁，只保留 5cm 的宽度。随后压入沉井可以顺利发生崩脚现象。

但是，如图 4.6.4 示出的那样，荷重力须比预想的下沉力大得多。从刃脚贯入硬黏土层 50cm 起，应将刃脚下的硬黏土全部挖除。

（6）压入荷重力

压入操作由油压单元操作盘集中控制。第 1、2 节井环按 100kN/条阶跃方式加载，并在各个载荷阶段进行测量。第 3 节井环时，已加载到 500kN/条，增加方式按 100kN/（条·次）的规格递增。到第 2 节井环止压入荷重力如图 4.6.4 示出的那样，大致与设计值吻合。

置换砂层，最大荷重力为 19200kN（600kN/条）发生在 GL-1.2m 附近，挖除置换砂层中的一部分。

第 1 节，最大荷重力 24000kN（750kN/条），发生在 GL-4m 附近，井内地层宽度保留 4m。

第 2 节，最大荷重力 35200kN（1100kN/条），发生在 GL-6.8m 附近，井内地层宽度保留 4m。

压入第 3 节时，刃尖在 GL-10.5m 附近，产生荷重力 35000kN 也不能压入，直到加压至 46400kN（1450kN/条）方可下沉。再有，下沉到井底面时，荷重力已增加到51200kN（1600kN/条）

（7）压入管理

压入荷重力用动力单元中的压力计和插在油压千斤顶下面的荷重计测定管理。摩阻力用周面摩阻计自动测量并确认下沉是否存在异常。

（8）倾斜、水平移动

井筒倾斜由井筒四角的水准测量值和埋设在井筒中的倾斜计进行测量管理。压入作业中还需用水准管进行校准。32 台千斤顶分 6 组配置，在各组千斤顶正常工作的同时，各千斤顶上还设置有调整阀，以便确保千斤顶伸长的一致性。倾斜与水平移动靠控制各组的荷重力和调整井内地层的挖掘宽度确保。施工中，沉井倾斜、水平移动的状况如图 4.6.10 所示。

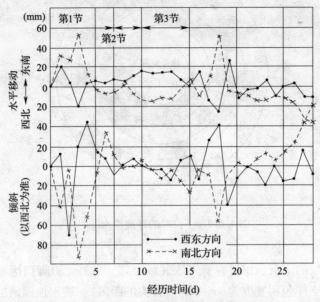

图 4.6.10 沉井上顶的水平移动和倾斜

（9）对原有桥墩的影响

在原有桥墩上安装倾斜计，作自动记录。此外，还用经纬仪和水准仪进行监测。压入作业中长时间连续监测结果表明，整个沉井施工期内均未见原有桥墩发生任何变化。

4.6.3 B 沉井的施工

B 沉井是照片 4.6.1 和图 4.6.3 中示出的刚构架地下构造物躯体的外墙，该外墙在整个构造物建造中起挡墙作用，也是构造物的基础。B 沉井由 12 座图 4.6.5 示出的压入沉井构成。压入沉井分割为 5~6 节，长（深）大致在 27m 左右（见图 4.6.11）。压入沉井使用的混凝土强度为 30MPa、24MPa 两种，钢筋 550t，地锚 122 条，钢丝绳长 24~33m。B 沉井的施工程序与 A 沉井的相同。B 沉井工程参考 A 沉井工程的经验，刃脚上设有 5cm 的减摩环。

（1）筑岛

施工现场的地层，离旧河床约 4m 为超软淤泥，为了沉井第 1 节的稳定，用钢板桩（Ⅲ型 L=12m）做成围堰，挖除 4m 超软淤泥，用山砂置换造成护堤。

（2）地层加固

由地质调查结果知道，硬黏土层从东向西倾斜；从南向北缓慢倾斜。沉井沉设时的施工精度要求严格，沉井刃脚触及硬黏土层时，先触及部分与未触及部分产生反力差，故存在发生倾斜和水平移动的可能。另外，因为硬黏土层上面的砂砾层是承压层，所以把刃脚部分像图 4.6.12 所示那样使用柱喷法加固以便修正硬黏土层的倾斜和止水。加固强度应与硬黏土层相同。表 4.6.2、表 4.6.3 分别示出地层加固法的浆液配比和试验结果。

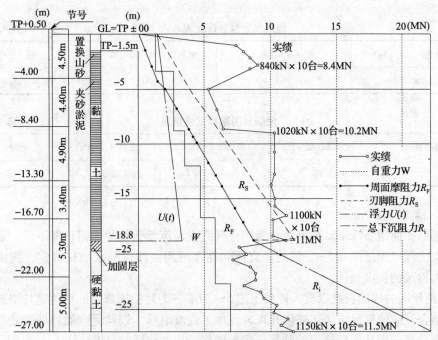

图 4.6.11　1 号沉井理论下沉关系及实绩

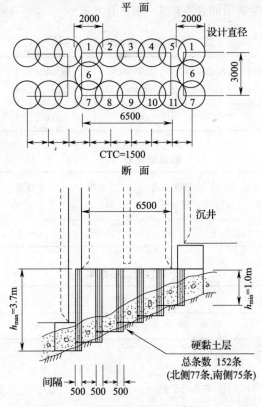

图 4.6.12　地层加固概况（单位：mm）

285

地层加固浆液配比表（m³）　　　　　　　　　　表 4.6.2

普通水泥（C）（kg）	水（W）（kg）	水灰比（W/C）（%）	相对密度
760	760	100	1.52

地层加固取样试验结果　　　　　　　　　　表 4.6.3

试样 1（MPa）	试样 2（MPa）	试样 3（MPa）	试样 4（MPa）	平均（MPa）
3	3.78	3.52	2.51	3.2

（3）地锚设置

地锚钻孔使用 φ135mm 的套管，为防止孔底淤泥沉淀致使的锚固长度不足，通常的钻孔深度应比预定深度深 0.5m。锚的竖直性和高度可用经纬仪和水准仪确定，深度可由插入套管内检尺的长度确认。

PC 钢丝绳的锚固长度以贯入硬黏土层 5m 为准。为使锚固部位的钢丝绳与浇筑的砂浆牢固地结合，应使钢丝绳头部松散开来，且加工成波浪形，钢丝绳应插到钻孔底部，随后注入水泥砂浆。当从孔口排出的砂浆与注入砂浆的浓度相同时，停止注入。

另外，应在确保 PC 钢丝绳不动的条件下，缓慢上提套管。使用钢绞线套管时的注入水泥砂浆的配比及其试验结果如表 4.6.4 ~ 表 4.6.6 所示。

钢绞线规格　　　　　　　　　　表 4.6.4

型号	屈服荷重力（kN/条）	抗拉荷重力（kN/条）	标称值直径（mm）	断面积（mm²）	构成	单位重力（kg/m）
F200	$P_y = 1680$	$P_u = 1976$	47.6	1042	$\phi 9.5 \times 19$	8.77

砂浆配比表（1m³）　　　　　　　　　　表 4.6.5

早强水泥（C）（kg）	砂（S）（kg）	水（W）（kg）	塑化剂 P 木质磺酸钙（kg）	铝粉（Al）（kg）	坍落度（s）	水泥砂比 C/S（%）	水灰比 W/C（%）
1077	269	549	2.69	0.054	15 ± 2	400	51

砂浆强度试验结果　　　　　　　　　　表 4.6.6

σ_3（MPa）	σ_7（MPa）	设计强度（MPa）
24.9	33.1	21

（4）沉井压入

沉井一节的标准周期如图 4.6.13 所示。12 座压入沉井（总共 68 节）的工期约为一年。

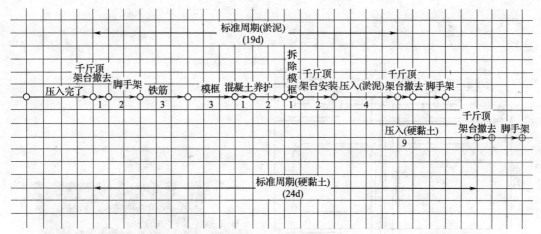

图4.6.13　标准周期工程表

① 压入、挖掘

第1节的压入、挖掘，首先抽除刃脚外侧的垫板，接下来填土（填充减摩环留下的空隙，稳定井筒），在沉井外侧碾压薄层山砂，回填高度1m。继而部分抽除井内垫板，在各千斤顶上加入初始荷重力（约300kN），挖掘井内土体，进行压入下沉。在确认无自沉且比表面填土高1m的位置上停止下沉。

第2节以后的压入，为防止隆起等不利因素给周围构造物带来的不良影响，特作先期压入。即把井内土砂的挖掘宽度保留在离刃脚尖3m的位置上，以提高井内阻力，此时应选用抓斗挖掘。这样压入和挖掘交替进行，一直沉设到加固地层止。从进入加固地层和硬黏土层起，采用20～40cm的风镐进行人工挖掘，促使沉井下沉。

压入方法，与A沉井工程一样，利用设置的加压承材、拉杆、可调式联结器等调节锚长，并安装到穿心千斤顶上，开始压入。每下沉20～35cm，插入垫套（20cm/只），下沉量达60cm时，拆下一条60cm的拉杆和垫套。重复上述作业的同时，井筒被压入。另外，可以见到PC钢丝绳伸长5～10cm，压入力除荷大致发生在第3节沉设完结时段，随后可以看到3～5cm的井筒上浮。

② 压入管理

压入荷重力，在A沉井工程的实绩基础上，确定周面摩阻力，压入阻力，决定理论下沉曲线。该曲线与压入实绩曲线的比较示例如图4.6.11所示。

为了使沉井准确压入到预定位置，且对周围构造物的影响最小，所以要求压入系统必须可对井筒的倾斜和水平移动有调整作用。压入操作如图4.6.14示出的那样，把10台千斤顶分成5～6组，按每组均可加压、除荷的形式压入。另外，实际加载时用油压单元集中控制。按100kN/（条·次）阶跃加载方式进行压入管理。

本次沉井下沉施工中存在两侧约束条件不同，故在压入到11～13m附近时，出现平移的倾向。对此如仅靠调节压入力把井筒纠正到允许范围（1.5cm）以内，实属困难，所以施工中采取了施加横向荷重力（千斤顶800kN×2）的强制措施，实现了在控制水平变位条件下的压入操作。照片4.6.2示出的是产生横向力的千斤顶的实物照片。压入中产生的倾斜由设置在沉井四个角上的水准管测定，与此同时作校正压入。另外，对水平移动设置参考桩点，在校正其距离的同时压入。

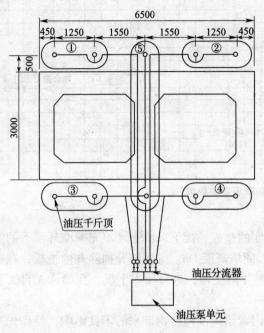

图 4.6.14　油压配管及分割控制块（单位：mm）

照片 4.6.2　横向千斤顶

最终的测量结果如表 4.6.7 和表 4.6.8 所示。B 沉井工程下沉结束后的状态如照片 4.6.3 所示。

水平移动一览表　　　　　　　　　　　　表 4.6.7

变位（mm）　沉井号	X_1	X_2	Y_1	Y_2
1	+45	+76	−26	−64
2	+107	+83	+53	+43
3	+124	+41	+85	+42
4	+22	−45	−44	−14
5	+83	+37	−90	−52
6	−58	+36	−32	+50

注：变位即离开施工位置的值，东、南两方向为正。

沉井号	X		Y
	δ（mm）	精度	精度
1	48	1/430	1/650
2	108	1/190	1/1080
3	114	1/180	1/650
4	46	1/450	1/730
5	137	1/150	1/1630
6	48	1/430	1/1390

照片4.6.3　B沉井工程沉设结束后

③ 压入装置及使用的机械器具

压入作业中必备的机械器具如下：

加压承材　　　　　　　　　　　　　　　　　　　　　　　　　　103t

张拉杆　　　　　　　　　　　　　　　　　　　　　　　　　　32条

油压千斤顶（复动式1500kN穿心千斤顶，冲程350mm）　　　32台

油压单元（内藏分流器型11kW）　　　　　　　　　　　　　　3台

油压配管器具［φ9mm耐压胶皮软管（70MPa）］

履带式吊车（350kN，用于更换加压承材和挖、排土）　　　　1台

油压吊车（160kN，备用）　　　　　　　　　　　　　　　　1台

水泵（高扬程）　　　　　　　　　　　　　　　　　　　　　3台

送、排气设备（每井2套）　　　　　　　　　　　　　　　　6套

（5）测量结果

周围地层地表沉降的测定结果如下：离沉井7m测点的下沉量为116mm；离沉井17m测点的下沉量为30mm。最大水平变位110mm，测量范围为前后30m。

地中变位的测定结果如下：图4.6.15示出的是伴随8号沉井下沉地中变位的一个测定例。就离开沉井3.3m的D-2测点而言，到第3节止呈现向北侧移动（最大30mm）。

第4节以后相反，减摩空隙和沉井向南移动（最大25mm）。另外，离沉井13m测点（图中D-1点）处的测定结果表明，土体没有大的变化。

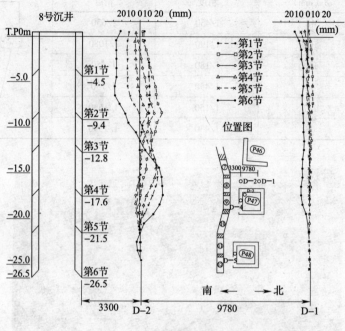

图4.6.15　地中变位测量结果

4.7　椭圆形桥墩压沉沉井施工实例

某桥基沉井的平面形状为椭圆形（13m×11m）见图4.7.1用压沉法把井筒沉入GL-27m处。

土质柱状图如图4.7.2所示。土质从上向下依次为回填层、冲击层、洪积层。刃脚持力层的 N 值大于60。

共设10条地锚，每条地锚的最大设计拉张荷载为2400kN，故地锚的总的最大荷载为 24×10^3 kN。地锚的钻孔直径为135mm，孔深48m。地锚布设的平面图如图4.7.1所示。地锚耐力确认试验的结果表明，每条地锚的荷重均在 3×10^3 kN 以上，该值已超过原设计值 2.4×10^3 kN。

压入设备使用 3.5×10^3 kN 的穿心千斤顶10台，6组动力单元。可以通过调节各个千斤顶的荷重对井筒施加非均匀荷重，修正井筒的倾斜；若井筒不存在倾斜，亦可使各千斤顶对井筒施加均匀荷载。

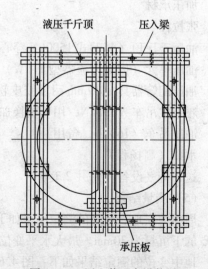

图4.7.1　压入装置布设状况

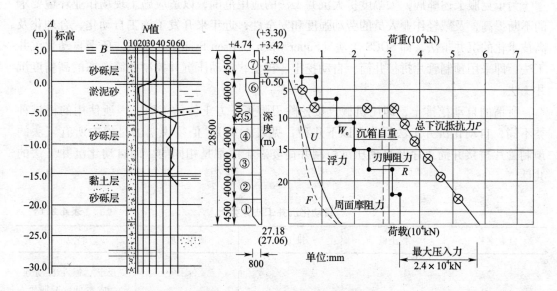

图4.7.2 土质柱状图与压沉关系图

井筒实际下沉过程中发现，在井筒贯入上部砂砾层、软淤泥层时，由于下沉力大于下沉阻力，所以即使不挖掘刃脚附近的土体，只靠下沉力即可把刃脚贯入地层。但因入土深度浅，地层的持力小，故沉井易倾斜，此时须通过调节各个千斤顶的荷载来修正其倾斜，即控制姿态。在压沉第6节、第7节井筒时，由于刃脚是贯入 N 值大于60的砂砾层，即作用于刃脚上的抗力大增，故下沉变得缓慢。特别是最后的2m，对井筒连续施加了最大压入荷载。与此同时观察到下沉力不足的预兆，所以下沉过程中采用了带铲头的钢纤及向刃脚处射水的措施。再有为了降低外周面的摩阻力，在沉井的外侧注入了膨润土泥水，随后喷气直到下沉结束。

上述施工竣工后测得沉井天顶中心偏离桥轴35mm，垂直桥轴向的偏差16mm，相对误差分别为1/370，1/688。井筒压沉结束后，从26个点进行铅锤测深，确认刃脚踏板的深度，掘削底面的形状。深度测量结果，误差均小于管理基准。随后，清理掘削底板上的残土，在水中浇筑混凝土底板，同时向沉井外侧面刃脚环通过的部位进行注浆。

4.8 自动化沉井工法

4.8.1 概述

由于沉井工法的施工设备简单、成本低、无需压气和使用稳定液等优点，故在桥梁基础和竖井构筑中用得最多。但是，在下列场合下施工也会出现一些棘手的问题。如：大深度、硬地层时很难确保高的施工精度；当刃脚下方地层反力较大时，易出现难沉甚至干脆沉不下去，为解决难沉问题有时要超挖，因此又带来周围地层的沉降增大等问题。

为了克服上述弊病，大幅度扩大沉井工法的适用范围，以适应施工现场作业环境要求的不断提高，及减轻作业人员的劳动强度和安全性，近年来开发了施工自动化，合理化及高技术化的沉井工法，即 SOCS 工法（Super Open Caisson System）工法。所谓自动化沉井工法，即采用预制管片拼接井筒，自动挖土、排土，自动压沉并控制井筒姿态的高精度沉井工法。

所谓的自动挖排土，即用机械直接挖除刃脚正下方土体的工序。因所使用的机械种类不同，自动化沉井工法目前有以下几种，见表 4.8.1。值得说明的是表中所有工法的预制管片拼接井筒工序及自动压沉控制井筒姿态工序都是相同的。即自动化沉井工法的共性。

自动化沉井工法分类　　　　　　　　　　　　　　表 4.8.1

工法名称	挖土机	排土机	适用土质	特点
反铲、抓斗连动法（简称连动工法）	反铲机	抓斗机、门吊	软土～硬质土层（5MPa）	反铲、抓斗自动连动，成本低，工期短，适于大深度（目前最深实例达 73.5m），场地大
反铲、哈斗分离法（简称分离工法）	反铲机	抓斗机（或挖泥斗）履带吊	软土～中硬地层（哈斗所能挖掘的上限地层）	反铲、抓斗分开，不连动，工期较连动法长，场地小
自由扩缩机法	自由扩缩机	套筒、冲击抓斗	软土～硬质土层（5MPa）	自动化程度高，适于大深度，成本低，工期最短，场地小；严格控制扩缩幅度控制井筒下沉

反铲、抓斗连动工法，系指挖土反铲与排土抓斗一起连动，避免碰撞，提高作业效率的工法。该工法作业场地占地面积大。

反铲、抓斗分离工法，系指反铲、抓斗两者分开不连动，各行其职，作业场地占地面积小，多在场地用地无法满足连动工法要求的情况下选用。但该工法的工期长，成本高。

自由扩缩机工法，由自由扩缩机旋转挖土，由扩缩机机翼、套筒集土，由抓斗排土。该工法适用地层范围宽、适用深度大、工期短、成本低、井筒下沉稳定。但自由扩缩机购价高。

下面分别介绍反铲抓斗连动工法、反铲抓斗分离工法及自由扩缩机工法的系统构成、设计、施工管理及实例。因连动工法、自由扩缩机工法内容较长，故分别安排在 4.9 节 ~ 4.12 节及 4.13 节中介绍。分离工法在 4.8.3 节中介绍。

4.8.2　自动化沉井工法的特点

① 对外径 $\phi \geqslant 8m$，深度 $\leqslant 100m$ 的圆形断面沉井均适用。

② 从一般土质到 q_u（一轴抗压强度）$\leqslant 5MPa$ 的软岩均可适用。

③ 噪声小、振动小。

④ 由于井筒是靠地锚反力装置压沉，且刃脚下方土层系自动化挖掘施工，故对周围地层的扰动影响小。

⑤ 自动化施工，省人、省力、工期短。

⑥ 与其他工法相比对大深度工程来说，成本低。

⑦ 无论是水平方向，还是深度方向刃脚掘削模式均可任意选定。

⑧ 可通过调整刃脚挖掘模式，控制刃脚反力，避免突沉，实现稳定下沉。

4.8.3　反铲抓斗分离自动化沉井工法

当沉井施工现场狭小，采用桥型排土系统无法满足沉井外围圆形排土运行轨道的情况下，可以考虑把排土机和水中自动反铲分离，使其各行其职，其目的是避免在沉井外围设置运行轨道，节省用地。不过这种排土方式的机械应选用重型履带式抓斗（或挖泥斗），并作手动操作。该系统虽然不全自动化，但也设计了显示抓斗平面位置、深度及上吊荷重力等参数状态的图像画面装置及防止抓斗与反铲发生碰撞的装置。分离型挖排土系统构成及施工状况分别如图4.8.1及照片4.8.1所示。井筒拼装系统、自动挖土系统、下沉管理系统与连动法相同。

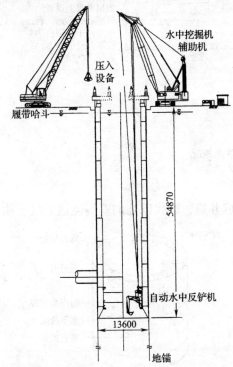

图 4.8.1　分离排土系统构成（单位：mm）

照片 4.8.1　分离排土施工状况

293

4.9　连动自动化沉井工法

所谓的反铲抓斗连动自动化沉井工法，即用自动反铲挖除刃脚下方土体，由门吊抓斗排土，反铲、抓斗由自动控制系统控制，两者不会发生碰撞的自动化沉井工法。

4.9.1　系统构成

自动化沉井工法（SOCS）的自动化施工系统，由井筒预制管片拼装系统、自动挖土排土系统、自动下沉管理系统三部分构成。系统概况如图4.9.1所示。

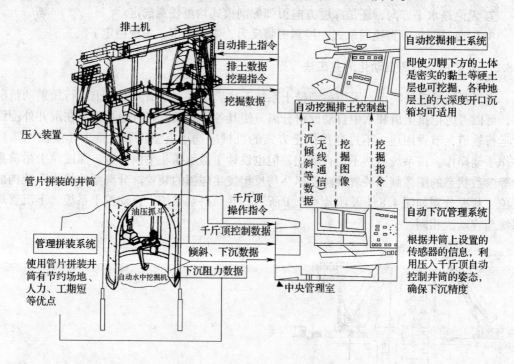

图4.9.1　SOCS工法系统概况

1. 预制管片拼装系统

预制管片拼装系统是一种现场组装预制管片构成井筒，取代以往的现场浇注混凝土构筑沉井井筒的系统。该系统拼装井筒的工期短、质量好、省力。

（1）井筒构造

井筒为预制管片交错布设构造，管片之间靠水平接头、竖向接头连接（见图4.9.2）。水平接头与以往的 PC 竖井工法相同靠 PC 钢棒拉紧。竖向靠钢楔接头连接，或者混凝土接头连接。

在同时组合使用挖、排土系统和自动沉降管

图4.9.2　竖向接头作用力

理系统施工的场合下，井筒上设有运行轨道和各种监测传感器。

（2）设计方法的讨论及研究课题

井筒系统系现场拼接管片构筑井筒的系统。从井筒构筑方法方面看，与以往的方法不同。因接头构造的刚性、承载力，对变形（井筒弯曲和水平力对应的变形）及断面力的影响较大。由于各行业设计规范中的沉井均规定以现场浇注钢筋混凝土的整体井筒参数为标准，所以要求管片拼接型井筒接头处的刚性、长期可靠性均应与整体井筒相同。为了确认各种接头的各种性能，还应实施与实际沉井的井壁厚度一致的试体的荷载实验。

竖向接头上作用的外力如图4.9.2所示，用楔形接头抵抗这些外力，抵抗弯矩的是钢楔，抵抗面外剪切力的是方形管钢（见图4.9.3），靠上下管环的交错连接的特点抵抗面内剪切力。另外，在混凝土接头处，靠套管连接的钢筋抵抗弯矩和面外剪切力（见图4.9.4）。竖向接头的实验结果如图4.9.5所示。由图中曲线不难看出，无论是弯曲实验的结果，还是面外剪切力的实验结果，均小于现行设计规范中规定的允许值。与整体化混凝土接头构造的刚性、承载力大致相同。

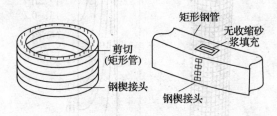

图4.9.3　钢楔接头的构造

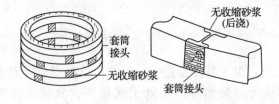

图4.9.4　混凝土接头的构造

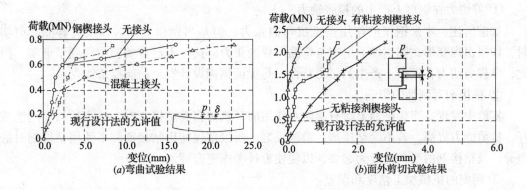

图4.9.5　竖向接头荷载实验结果

就水平接头而言，可通过载荷试验掌握接头的变形特性及承载力。除了荷载试验之外，还可用 FEM 解析法讨论断面力对变形的影响，图 4.9.6 是其解析模型和解析结果的一个例子。该模型是忽略管片接头拉力的刚性模型。

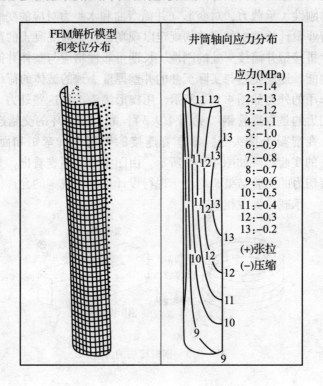

图 4.9.6　FEM 解析结果的例子

以往的 PC 竖井工法，由于井环是连在一起的，故抗弯极限力大。对稳态轴力来说，可规定一个最小的预应力。显然井筒不处于张拉态，故接头几乎对变形、断面力无影响。

此外，从实验的解析结果还发现如下一些规律。

① 剪切力在钢楔上产生的拉张轴力

如前所述，本来钢楔的作用是抵抗弯曲张力，但是当钢楔上同时作用有弯曲。剪切时，如果出现变形，则钢楔上出现与弯曲一样的张力，这一点已在实验中得到了证实。因此，掌握剪切力在钢楔上产生的张力特性，是保证钢楔设计安全的前提条件。

② 粘接剂对刚性的影响

实验中发现，当接触面上涂有起防水作用的环氧树脂类粘接剂时，接头的初期刚性变好，抗剪能力提高。若不涂粘接剂，情况反之。所以掌握使用粘接剂和不使用粘接剂时的差异，及粘接剂的耐久性极为必要，以便使设计考虑更合理。

③ 钢楔的机械加工精度和误差

虽然钢楔是铸造件，但仍有必要测定其尺寸和强度的离差。

④ 现行设计基准及适用范围

本工法多以直径6～10m的圆形沉井为对象，显然此时的 BL 在2附近。但日本现行沉井设计规范中规定 $BL \leq 2$，显然 $BL > 2$ 的设计方法也很有研究的必要。

2. 自动挖土排土系统

该系统由挖土系统和排土系统构成。

（1）挖土系统

挖土系统即水中自动铲挖机（照片4.9.1）。该机是沿设置于井筒内侧下端刃脚正上方的圆形钢轨道上转动运行的自动挖掘装置。该装置的功能是铲挖刃脚正下方的地层，它由反铲、附件密封箱、电缆及运行控制系统构成。

反铲每次竖向进铲深度一般为200～300mm；反铲的平面铲挖宽度，通常根据需要而定，一般为0.5～1m；反铲的最大摆动范围（离开沉井外壁的水平最大铲挖距离），一般为3～4m。图4.9.7、图4.9.8示出的是铲挖深度和平面铲挖范围的典型实例。图4.9.7中的①～⑨为依次铲挖的顺序。图4.9.8的左边为连挖方

照片4.9.1 自动水中反铲机

式、右边为跳挖方式，图中的格形圆环领域（分为48个铲挖区）为铲挖范围（反铲的活动范围），中央领域为反铲铲挖不到堆放铲挖土的范围，该范围的堆放铲挖土及地层土均由排土电动液压抓斗抓出井外。自动反铲即可铲挖软土层和松散土，也可铲挖硬地层（最大单轴抗压强度 $q_{umax} = 5\text{MPa}$）。

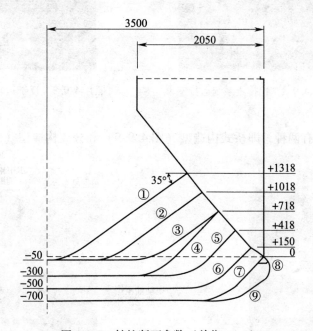

图4.9.7 铲挖断面参数（单位：mm）

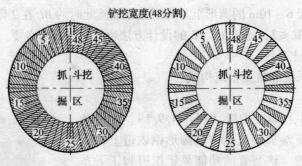

连挖方式:1→3→2→5→4→···   跳挖方式:1→3→5→7→9→···

图 4.9.8 铲挖宽度及铲挖顺序的关系

附件密封箱中密封有液压缸（内含防水冲程传感器）、连接器、电缆、电动机及其他器械，该箱适应的水深可达 100m。自动水中铲挖机利用各驱动油缸内的冲程传感器检测铲尖离开铲挖机主体的相对位置。铲挖机主体在圆周上的位置，可由检测到的铲挖机在圆形钢轨上的确定位置。铲挖时可利用各油缸的油压算出铲挖反力，进而找出对应的事先设定的轨迹目标，选择高效的铲挖方法。

控制系统即控制监视反铲运行的装置。通常由摄像机、计算机、键盘、电缆及 CR 显示器等部件构成，设置在排土门吊上的运行操作室内，由操作员操作。运行室及反铲的运转画面分别如照片 4.9.2 及照片 4.9.3 所示。

照片 4.9.2 挖排土系统运行室

照片 4.9.3 反铲运转画面

（2）排土系统

自动排土系统有两种，即桥式构造型（图 4.9.9）和分离构造型（图 4.9.10）。

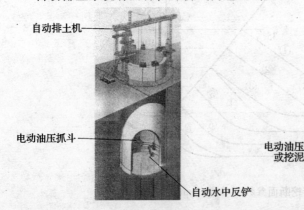

图 4.9.9 桥式构造排土系统

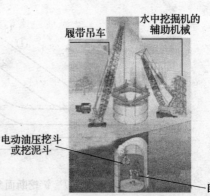

图 4.9.10 分离构造排土系统

① 桥型自动排土系统

桥型自动排土系统由门吊、电动液压抓斗及带式运料器构成。系统全貌如照片 4.9.4 所示。

门吊可沿沉井外侧的圆形轨道与水中自动反铲同步连动。

电动液压抓斗的功能，不仅可把自动反铲铲挖下来的土砂抓起倒入带式运料器排放到井外的翻斗卡车上，而且还可把反铲铲不到的沉井中央部位（见图 4.9.8）的土砂抓起倒入带式运料器排放到井外翻斗卡车上。电动液压抓斗通常采用重力容积比大的［重力（150kN）/容积（3m³）］抓斗（见照片 4.9.5）。

照片 4.9.4　自动排土机（桥型）全貌　　　　照片 4.9.5　电动液压抓斗

检测门吊自身的平面转角，电动液压抓斗沿横梁运行的位置和离梁的深度，由下沉管理系统按无线方式发送绝对下沉量等数据，进而可以判断井内所有部位的挖排土深度。

挖掘时按不发生过载的原则，长时间监视控制抓斗的挖掘力、水中重力。

自动水中挖掘反铲与自动排土抓斗在交换相互位置信息的同时分别进行作业，即使在沉井直径较小的情况下，也不会发生相互碰撞。也就是说，抓斗与反铲的碰撞概率为零。

排土系统的运行控制装置（采集排土状况的数据及发出排土指令），也设在运转操作室内，由操作员操作。

② 分离构造排土系统

分离构造排土系统如图 4.9.10 所示。电动油压抓斗的功能是把自动反铲铲挖下来的土砂直接运出井外倒入翻斗卡车上。另外，抓斗、自动反铲等井内设备上均装有防碰撞装置。其他均与桥型系统相同。

（3）自动下沉管理系统

自动下沉管理系统与 4.1.18 节的叙述相同，这里不再赘述。

4.9.2　施工

1. 施工程序

该工法的施工程序如图 4.9.11 所示。

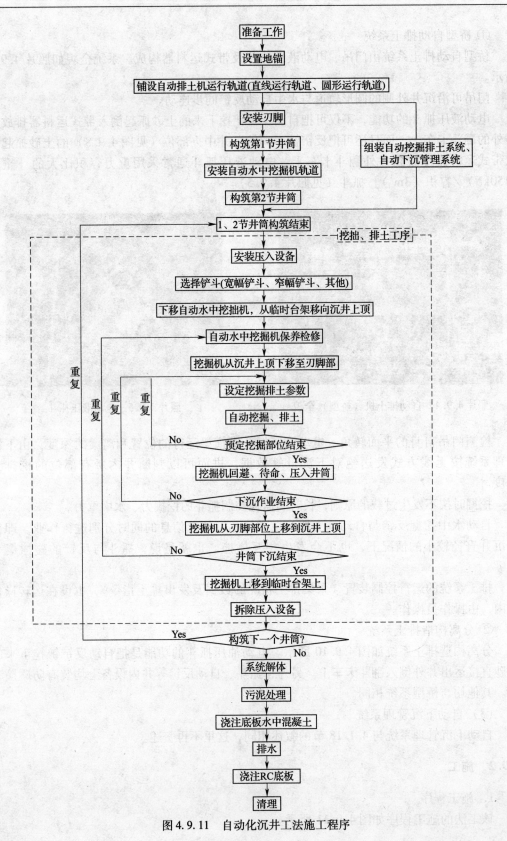

图 4.9.11　自动化沉井工法施工程序

2. 几点值得注意的事项

（1）管片制作及井筒拼接

不仅管片的重量对接头的性能影响较大，而且与水平接头的接合面不平或存在缝隙时，则管片上作用有预应力，管片易出裂缝。所以说该工法对管片的制作精度要求极高。为使拼接面平整，又无缝隙，故采用匹配浇筑法制作管片。即把已经浇筑好的混凝土管片的端面作为浇筑邻接管片的框模，所以拼接面上不会出现缝隙。

井筒的构筑，在管片插入前先插入 PC 钢棒，涂上粘接剂后再插入管片，进而进行接头的各种工序。

（2）铲挖刃脚下方地层的操作

首先根据土质状况及井筒倾斜的规定值等参数，确定水中自动反铲铲挖机的铲挖参数（分层的层数，每层的进铲深度，水平宽度，反铲的最大摆幅）及编挖程序。详见图4.9.7、图4.9.8。

4.10 供水盾构竖井连动自动化沉井施工实例

4.10.1 工程概况

该沉井是某供水盾构隧道工程中的到达、进发竖井，其构造如图 4.10.1 所示。沉井的有关参数如表 4.10.1 所示。

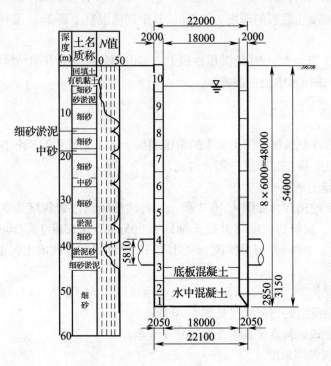

图 4.10.1 沉井构造图（单位：mm）

沉 井 参 数　　　　　　　　　　　　表 4.10.1

构造形式	圆形、钢筋混凝土
井筒尺寸	外径 ϕ22.0m（减摩台阶部位 22.1m） 内径 ϕ18.0m 井筒长度 54.0m（沉设深度 53.5m）
施工方法	自动沉井工法（SOCS） 压入千斤顶 2940kN×8 台 进发、到达洞口部位 NOMSTI 法
施工参数	地锚、PC 钢丝绳 ϕ21.8×8 条，L=74.5m、8 点 挖土量 20500m³ 主筒混凝土　7168m³ 水中混凝土 1789m³ 模框 6680m² 钢筋 535t

沉井开挖外径为 22.1m、内径 18m，下沉深度 53.5m，圆形。如图 4.10.1 所示混凝土井筒分 10 节，第 1 节刃脚的高度为 2.85m，第 2 节高度为 3.15m，第 3～10 节高度均为 6m。水中浇注的混凝土底板的厚度为 6.5m，其中钢筋混凝土高 2m。盾构进、出口部位使用 NOMST 新材料。

开挖地层为 N 值均大于 50 的洪积砂质土，其中部分层段夹有固结淤泥。地下水位 GL −6.0～−7.0m。采用水中挖掘法施工。

4.10.2　系统概况

该实例中的自动化系统与图 4.9.1 的系统相同。施工系统由自动铲挖、排土系统，自动下沉管理系统及井筒拼装系统三部分构成。

（1）铲挖、排土系统

自动反铲的铲挖模式，如图 4.10.2 所示。每次的竖向进铲深度为 300mm，水平最大摆动范围为 3.5m。反铲的宽度（及挖土量）有 965mm（0.55m³）、750mm（0.36m³）及 500mm（0.23m³）三种，并与操作键一一对应。反铲即可铲挖硬质土，也可铲挖软土或松散土。

排土门吊横梁长 28.0m，高 25.17m。电动液压抓斗的容量为 3m³，自重 150kN。液压抓斗与反铲的挖掘范围的划分状况见图 4.10.3。

铲挖土砂经带式运料器排放给井外的翻斗卡车。

（2）自动下沉管理系统

自动下沉管理系统与图 4.4.8 中示出的自动压沉施工管理系统完全一致，这里不再赘述。该沉井下沉施工中的测量传感器的配置状况如图 4.10.4 所示。

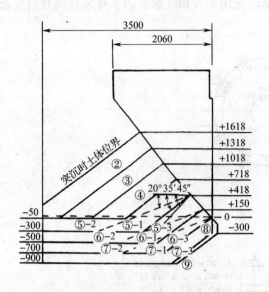

图4.10.2 刃脚部位挖掘模式（单位：mm）

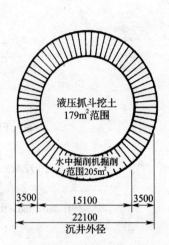

图4.10.3 排土机与挖掘机的挖掘
范围的划分（单位：mm）

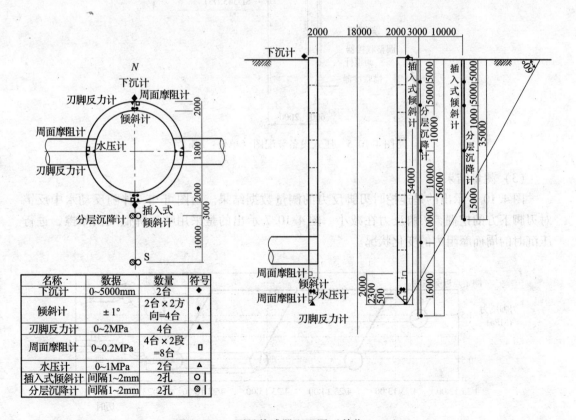

名称	数据	数量	符号
下沉计	0~5000mm	2台	◆
倾斜计	±1°	2台×2方向=4台	•
刃脚反力计	0~2MPa	4台	▲
周面摩阻计	0~0.2MPa	4台×2段=8台	□
水压计	0~1MPa	2台	▲
插入式倾斜计	间隔1~2mm	2孔	○∣
分层沉降计	间隔1~2mm	2孔	◎∣

图4.10.4 测量传感器配置图（单位：mm）

压入设备的详细装配图如图4.10.5所示。使用8台相互独立的千斤顶控制井筒姿态，反力地锚紧固杆为竹节式加固钢筋（D51）。

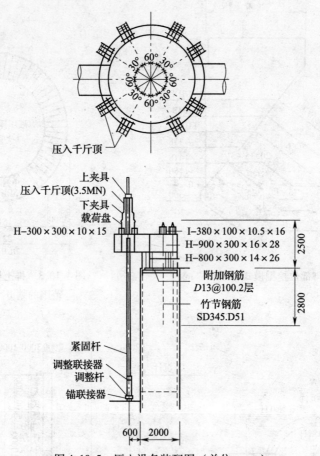

图4.10.5 压入设备装配图（单位：mm）

（3）测量结果

图4.10.6示出的是连挖时刃脚反力的测量数据结果。由图可知，伴随反动水中反铲对刃脚下方的挖掘，刃脚反力在减小。图4.10.7示出的是采用喷气降低周面摩擦，进行压沉时的周面摩阻力的变化状况。

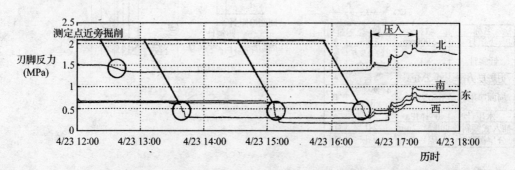

图4.10.6 刃脚反力测量数据

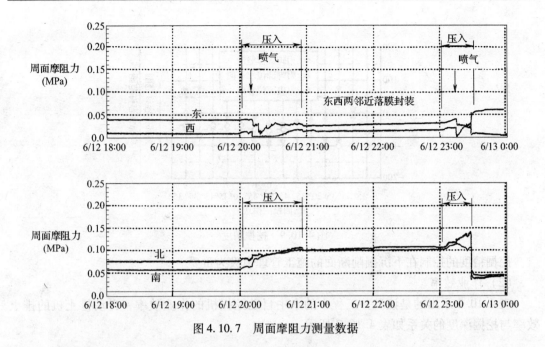

图4.10.7 周面摩阻力测量数据

图4.10.8（a）、（b）分别示出的是理论、实际下沉力、下沉阻力与深度的关系曲线。由图可以看出，实际浮力值比预定的理论值小，但周面摩阻力比预定的理论值大。同时还证实了随着水中自动反铲挖掘的推移，刃脚反力在减小。

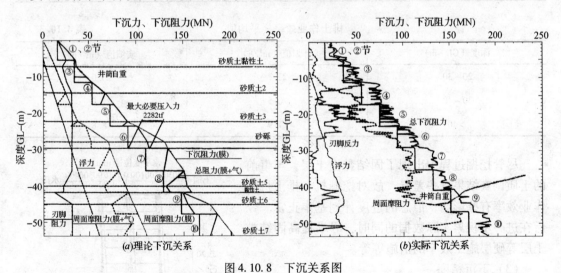

图4.10.8 下沉关系图

4.10.3 施工结果

（1）挖掘精度

图4.10.9示出的是水中自动反铲机铲挖精度的确认结果。由图可知，铲挖精度均小于井筒下沉施工管理中要求的铲挖精度基准值，即刃脚部位竖向±100mm；刃脚部位水平向±100mm；中央部位竖向±200mm。

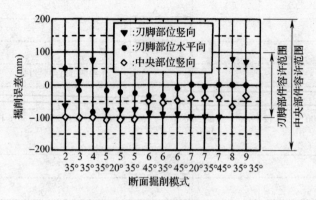

图 4.10.9　挖掘精度

挖掘精度的控制在下沉掘削断面的施工管理中极为重要。

（2）作业效率

表 4.10.2 示出的是该沉井工程中的水中自动挖掘机的作业效率，自动排土机的排土效率与挖掘深度的关系如表 4.10.3 所示。

掘削作业效率　　　　　　　　　　　　　　　　　表 4.10.2

土　质	计划值（m³/h）	实绩值（m³/h）
硬质砂质土（未固结）	7.9 ~ 14.99	8.91 ~ 12.12

排土作业效率（平均值）　　　　　　　　　　表 4.10.3

深度（GL - m）	计划值（m³/h）	实绩值（m³/h）
20 ~ 30	23.7	25.0
30 ~ 40	20.5	21.0
>40	17.9	18.8

尽管挖掘过程中出现了固结黏性土层，与事前的土质调查结果有些差异，故对挖掘机、排土机的作业效率有些影响，但总的进度计划基本正常。今后在进一步积累实际数据的同时，寻求提高固结黏土层等硬层施工效率的措施等等。

（3）下沉精度

下沉精度的管理结果如图 4.10.10 所示。由于采用自动挖掘、排土系统，所以刃脚部位挖掘的可靠性提高。由于采用自动下沉管理系统控制井筒的压入姿态及下沉的施工管理，故尽管本工程是大深度施工，但下沉精度仍不超过管理基准值。这个满意的结果说明，本工程中使用的自动下沉管理系

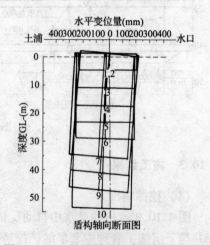

图 4.10.10　沉设精度（各节沉设终了）

306

统,完全可以满足大深度沉井高精度下沉的施工需求。此外,刃脚部位采用的水中自动挖掘机的竖向与水平向的分层组合挖掘(见图4.10.2),也是沉井下沉成功的一个关键。

(4)水中刃脚斜面清扫

井筒下沉到位后浇注底板混凝土之前,为了保证浇注质量防止刃脚部位漏水,常把水中挖掘机的铲斗从铲土状态变换到清扫刃脚斜面的刷子状态,用它来清刷刃脚部位,从而确保浇注质量,以防底板漏水。

如何确保刃脚的止水性能,以前是沉井工法中的一个棘手课题,而本工程中得以从地表遥控解决。这一难题的解决也为沉井工法向大深度领域扩大打下了一个坚实的基础。

(5)施工状况及工期

该沉井的总体施工状况如照片4.10.1所示,施工进度如图4.10.11所示。总工期2年,下沉工期1年。

照片4.10.1 沉井施工状况

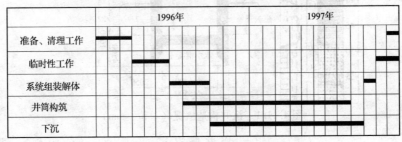

图4.10.11 各项工作的工期

小结

本沉井工程是自动化工法大深度、大尺寸沉井的首例施工,历时两年,以无任何事故而告竣工,得到结论如下:

① 自动挖掘、排土系统的挖掘精度,完全可以满足沉设沉井时的挖掘管理精度的要求。

② 本工法不仅可以在硬质砂地层中施工,且能获得满意的下沉精度。

③ 刃脚下方的高精度挖掘管理(竖向、水平向组合挖掘模式)及水中刃脚斜面清刷,是大深度沉井高精度下沉中有实用价值的管理措施。

4.11 地下铁盾构竖井连动自动化沉井施工实例

本节介绍采用自动化沉井工法施工的某大深度隧道到达竖井的施工概况，其他有关内容与 4.10.1 节的叙述完全相同，这里不再重复。

4.11.1 沉井概况

该沉井断面为圆形，开挖外径 $\phi15.4\text{m}$、内径 $\phi11.4\text{m}$，沉设深度 52.35m；井筒共分 10 节，第 1 节标高 2.85m、第 2 节标高 1.5m、第 3~10 节标高均为 6m；底板厚度 6.1m（其中，水中混凝土 4.5m、普通钢筋混凝土 1.6m）；盾构进洞洞口采用 NOMST 材料构筑。具体沉井构造及有关参数分别如图 4.11.1 及表 4.11.1 所示。

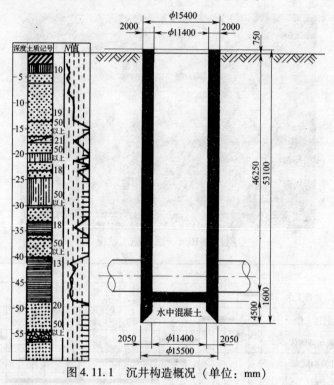

图 4.11.1 沉井构造概况（单位：mm）

竖 井 概 况 表 4.11.1

竖 井 概 况		施工用料状况	
构造形式	钢筋混凝土	地锚	PC 钢丝绳 $\phi21.8\text{mm}\times6$
形状尺寸	外径 $\phi15.4\text{m}$、内径 11.4m、高 53.1m		
施工方法	自动化沉井工法：自动排土、自动水中挖掘压入设备（液压千斤顶 3MN×8 台）盾构到达洞口（NOMST）	挖掘土方	10500m³
		混凝土	4191m³
		水中混凝土	533m³
		模框用量	4550m³
		钢筋	345t

308

4.11.2 系统概况

（1）排土系统

排土门吊横梁长 23m、高 29.4m。液压抓斗的容量为 $3m^3$，自重 150kN。液压抓斗与水中反铲的挖掘范围的平面状况如图 4.11.2 所示。与图 4.10.3 形式完全相同，但尺寸不同。

（2）挖掘系统

无论是铲挖模式（图 4.11.2），还是反铲的规格均与 4.10.1 节的情形完全一致。

（3）自动下沉管理系统

自动下沉管理系统与图 4.4.8 中示出的系统完全相同。压入设备与图 4.10.5 完全相同。

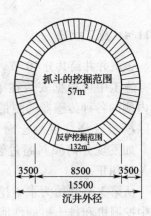

图 4.11.2　抓斗与反铲挖掘范围的划分状况（单位：mm）

4.11.3 施工程序

施工程序如图 4.11.3 所示。

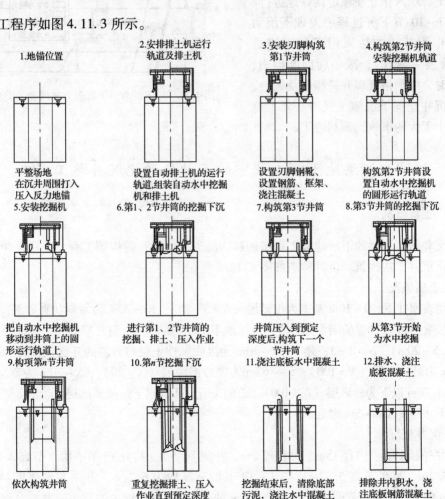

图 4.11.3　自动化沉井施工顺序图解

4.11.4 施工状况

该沉井井筒共分10节。水中挖掘机的运行轨道设置在第2节的内侧。

施工中可根据安装在第1～2节井筒内侧的各种传感器的测量数据，监视拆除模板及浇注混凝土时的井筒的姿态。如发现井筒倾斜超过管理基准时，应及时纠正。

从第3节开始为水中挖掘，故强调水中挖掘机和排土机的性能和工作状况的确认工作，直到达到原定标准。

第4～6节的下沉关系与计划的下沉关系（见图4.11.4）相符，这说明挖掘、排土、压入作业在稳定良好地进行。

第7～10节下沉过程中发现下沉力不够。作为补救方法采用了促沉措施（阶梯薄层＋射气），减小周面摩擦力，与此同时，应严格管理井筒倾斜及偏心。

该沉井挖掘下沉施工耗时一年，施工过程中无大的事故，顺利竣工。

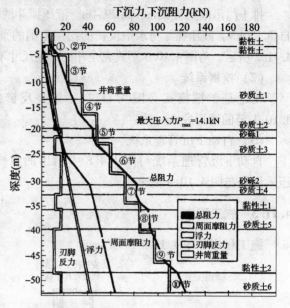

图4.11.4 下沉力、下沉阻力与深度的关系

4.12 泄洪地下河工程中的连动自动化沉井施工实例

4.12.1 工程概况

该沉井是某泄洪地下河建设工程中的盾构隧道工作竖井的构筑工程，采用反铲抓斗连动自动化沉井工法构筑。沉井构造如图4.12.1所示。

1. 土质概况

从地表面往下，0～10m基本为细砂层（$N=5～20$）；10～20m为倾斜状夹砂淤泥层，沉井左侧井壁经过区对应的淤泥层厚为7m（地下13～20m），右侧井壁对应的层厚为13.5m（地下6.5～20m），$N=0～3$；地下20～40m为洪积黏性土层与砂层的互交层（$N=8～50$）；40～58m为砂质土层（$N=100$）；58～65m为夹砂淤泥层（$N=20$）；65～70m为砂层（$N=20～50$）；70m以下为砂砾层（$N \geqslant 100$）。总的来说，40m以下是硬质地层。

地下水位为GL－5m附近。

2. 沉井概况

沉井外径19m、内径15m、井筒厚2m、井深74.5m，共分13节、第1节高2.8m、第2节高3.2m、第3节高5.83m、第4～13节的节高均为6.27m。井筒左侧侧壁44.463～50.963m的6.5m宽的范围内设有直径6.5m的NOMST材料构成的盾构机井口。沉井侧壁穿过的倾斜淤泥区域（层段）进行了深层混合处理改良（见图4.12.1）。

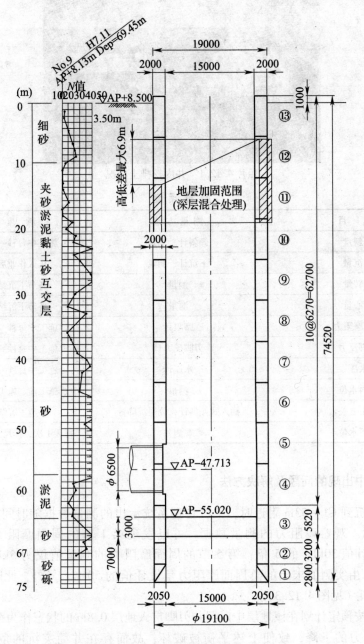

图 4.12.1 沉井构造图（单位：mm）

　　沉井施工中的预制管片拼装系统，反铲、抓斗连动自动化挖排土系统（见照片 4.12.1）、自动下沉管理系统与图 4.4.8 相同。测量频度如表 4.12.1 所示。施工工序图与图 4.9.11 相同。这里重点介绍利用下沉管理系统的测量数据，调整压沉、挖掘参数实现沉井高精度、高质量稳定沉设的施工状况。

照片 4.12.1　井内挖排土状况

测 量 频 度　　　　　　　　　　　　　表 4.12.1

项　　目	测量方法	频　度　（例）
倾斜量	倾斜计、测量	施工中每秒一次自动测量
下沉量	下沉计、测量	压入作业后实施测量
旋转量	测量	各节下沉结束后实施
偏心量	测量	各节下沉结束后实施
周面摩阻力	摩阻计	施工中每秒一次自动测量
刃脚反力	刃脚反力计	施工中每秒一次自动测量
水压	水压计	施工中每秒一次自动测量
井内水位	测量	施工前、施工后实施测量
地中变位	插入式倾斜计　分层沉降计	各节下沉结束后实施
地下水位	观测井	每天1次，标尺测量，自动测量

4.12.2　施工中出现的问题及解决方法

当沉井下沉到 GL-53m 附近时，下沉管理系统示出的测量数据随时间的变化状况如图 4.12.2 所示。观察摩阻力的测量数据，可以发现第 1 节的周面摩阻力的测量值为 150kPa，是设计值 30kPa 的 5 倍；第 5 节的周面摩阻力的测量值仅为 5kPa，是设计值 24kPa 的 1/5。由实测值求出的总周面摩阻力是设计值的 50%。另外，此时沉井已产生 37.8mm 的倾斜（见图 4.12.3）。

此时如仍按预定计划在该地层中以沉井刃脚贯入地层 0.8m 的状态作为荷重力平衡点，则因周面摩阻力的下降，致使上述平衡被破坏，故而存在井筒突沉的危险性。另外，37.8mm 的倾斜也无法纠正。

作为解决问题的措施，本工程采用了图 4.12.3 示出的刃脚下方地层的掘削模式。即顶高高的一侧（图 4.12.3 的左侧）的刃脚正下方的挖掘按跳挖到⑥、⑦层的模式挖掘；顶高低的一侧（图 4.12.3 的右侧）刃脚正下方的挖掘按连挖到②层的模式挖掘。施工结果表明，不仅做到了每天确保下沉 56cm 的稳定下沉，同时每天还能纠正 5mm 的倾斜，取得了满意的结果。

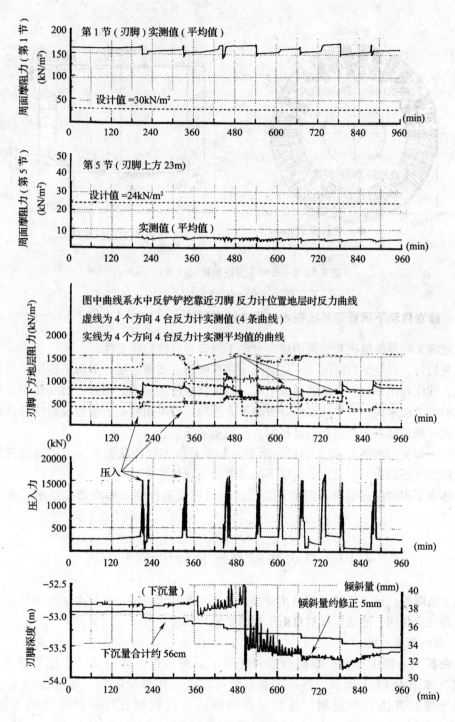

图 4.12.2 测量数据

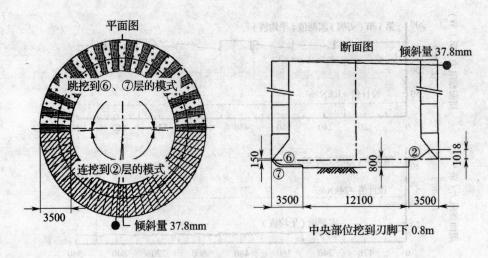

图 4.12.3　刃脚下方挖掘模式（单位：mm）

4.12.3　建立自动下沉管理系统在本工程中的重要性

上述施工问题的解决充分说明建立自动下沉管理系统的重要性。

众所周知，以往的自沉沉井工法对地层存在倾斜、硬质地层等刃脚下地层不均匀的情形来说，即使并用多种大规模的辅助工法，施工仍会极为困难。但是，对于使用自动水中挖掘机的本工法来说，只要认真作好刃脚反力管理，即可用自动下沉管理系统在进行压入作业的同时修正倾斜。从而现实高精度、高质量的施工。

此外，即使出现图 4.12.2 的周面摩阻力与设计值不同的状况下，也可通过刃脚反力调整来补偿下沉阻力的不足，进而使下沉总阻力与设计值大致相等，实现平稳下沉。这一点充分体现了刃脚挖掘管理系统的重要性，同时还说明控制刃脚反力也是本工法的一个优点。

4.13　自由扩缩系统自动化沉井工法

该工法除挖、排土机械（即自由扩缩系统）与反铲抓斗自动化沉井工法不同外，其他系统设备完全相同，故这里仅对自由扩缩系统进行讨论。

1. 自由扩缩系统

自由扩缩系统由自由扩缩挖掘机、套筒、总旋转机、冲击抓斗、压入设备构成。系统概况如图 4.13.1 所示。自由扩缩系统不仅可以在自动沉井工法（把混凝土井筒作为挡土墙的方法）中应用，还可以在钢环法（以钢环管片作挡土墙的方法）中应用。

照片 4.13.1、照片 4.13.2 分别示出的是自由扩缩机全貌及侧面。自由扩缩机由可动翼片、固定翼片、尖端开放套筒、装有扩缩翼片的套筒及进土口构成。

314

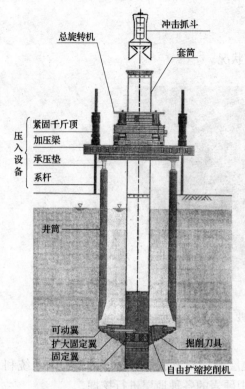

图 4.13.1　自由扩缩系统施工概况

照片 4.13.1　自由扩缩机全貌

照片 4.13.2　自由扩缩机侧面

2. 施工程序

自由扩缩系统的挖掘及压沉的施工程序如下:

① 挖掘。由总旋转机使套筒和自由扩缩挖掘机旋转,挖掘沉井底端和刃脚下部地层。

② 挖掘土。利用自由扩缩机机翼的旋转,把挖掘土砂赶入取土口,集积于套筒内。

③ 排土。用在套筒内上下运动的冲击抓斗排出集积挖掘土。

④ 预定挖掘结束后,自由扩缩挖掘机退到刃脚的上方。

⑤ 施加压沉力使沉井下沉。

⑥ 重复①~⑤的作业。

照片4.13.3示出的是自由扩缩挖掘机的插入状况。

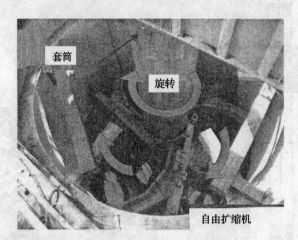

照片4.13.3　自由扩缩机（插入状况）

3．对应不同地层的挖掘方法

图4.13.2示出的是自由扩缩系统对应各种地层的挖掘方法的例子。自由扩缩系统利用扩大、缩小扩缩机的可动翼片可对从普通土到中硬岩的各种地层进行挖掘。

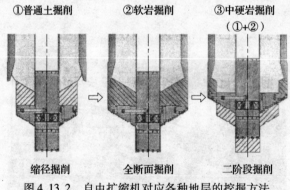

图4.13.2　自由扩缩机对应各种地层的挖掘方法

4.14　自由扩缩自动化沉井工法在供水工程中的应用实例

这里介绍深度60.1m大深度竖井，采用自由扩缩系统自动化沉井工法施工实例。沉井外径11.4m。

本工程的挖掘地层为软地层和硬地层。对于地层来说，利用CDM（深层混合处理）工法加固地层防止突沉，而后按压沉法施工。对硬地层采用自由扩缩系统施工。

4.14.1　工程概况

（1）沉井工程

　　该沉井是某供水干线工程的盾构进发到达竖井工程，沉井构造和地层状况如图4.14.1所示，外径 ϕ11.4m、内径 ϕ9.0m、深度60.1m，采用自由扩缩自动化沉井工法构筑。

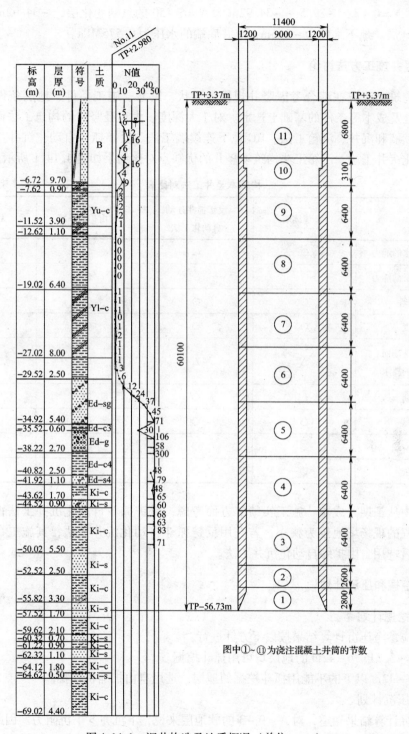

图4.14.1　沉井构造及地质概况（单位：·mm）

图中①~⑪为浇注混凝土井筒的节数

（2）地层概况

本工程的地层状况如下：$+3.37 \sim -6.72$m 为回填土层，$N=5$；$-6.72 \sim -29.52$m 为软地层，$N=0 \sim 3$；$-29.5 \sim -34.92$m 为 $N=6 \sim 50$ 的急剧变化层，-34.92m 以下为 $N>50$ 的硬地层。地下水位为 -2.6m，沉井底端的水压为 0.575MPa。

4.14.2 竖井施工方法讨论

竖井构筑工法应在综合考虑竖井规模、形状、尺寸、施工条件、地层条件、周围环境、施工性及成本等条件的基础上选定。对于大深度、大直径竖井的构筑工法而言，多选用地下连续墙和沉井、沉箱工法。RC 地下连续墙工法、反铲抓斗自动化沉井工法、自由扩缩自动化沉井工法、沉箱工法构筑本竖井的优缺点对比结果如表 4.14.1 所示。

构筑本竖井工法对比表　　　　　　　　　　表 4.14.1

工法	RC 连续墙	反铲抓斗连动自动化工法	自由扩缩系统	无人沉箱
适应地下水的能力	○	○	○	○
适应硬地层的能力	○	○	○	○
安全性	○	○	○	○
精度	○	○	○	○
对作业现场面积大小的要求	△	△	○	○
工期	△	○	○	○
成本	○	○	○	△
施工实绩	○	○	△	○
评价	○	○	◎	○

设计中从工期、成本、施工实绩等方面考虑，反铲抓斗自动化沉井工法占优势。但是，本工程的现场场地较为狭小，若选用反铲抓斗自动化沉井工法，其施工存在一定困难，故最后选用自由扩缩自动化沉井工法。

4.14.3 挖掘和压沉计划

（1）挖掘计划

挖掘应参考压沉计算结果按以下方针进行。

① 对 $+3.317 \sim -42$m 的地层均可用抓斗挖掘。

② 对 -42m 以下的不能用抓斗挖掘的地层，选用自由扩缩机挖掘。

（2）压沉计划

由压沉计算结果知道，对 $N=0 \sim 3$ 的软地层来说，下沉力 > 下沉阻力。因此，沉井会出现自沉，即无法对其下沉进行控制，易出现突沉和超沉，无法确保下沉精度。作为防止突沉、超沉的措施，即利用深层混合搅拌工法进行地层加固，加固范围如图 4.14.2 所示。

对软地层以外的地层，因下沉力＜下沉阻力，所以需在地中设置压入地锚，利用施加压入力的方法使沉井下沉到预定位置。

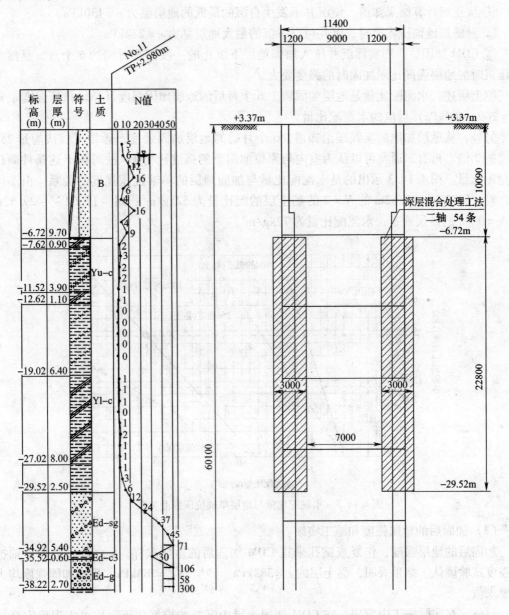

图 4.14.2　CDM 的加固范围（单位：mm）

4.14.4　深层混合搅拌（CDM）地层加固

（1）水泥配比与加固后地层强度

通常 CDM 地层加固的水泥配比量按满足要求的加固后的地层强度试验配比的结果设定。然而，加固后地层的强度应是沉井不发生自沉，同时也对沉井不构成大的下沉阻力的适当强度。

（2）水泥配比量的决定

决定水泥配比量时，应考虑的事项如下：

① 从压沉计算结果知道，使沉井不发生自沉的最低的地层黏力 $c = 130\text{kPa}$。

② 对施加地锚压入力时，沉井可以下沉的最大地层黏力 $c = 230\text{kPa}$。

③ CDM 加固后，到实际沉井压入加固地层下沉止的一段搁置时间约 6 个月，显然实际压沉时的地层强度比刚加固时的强度要大。

综上所述，水泥配比量是地层加固施工 6 个月后的地层加固强度（单轴抗压强度 $q_u = 2c = 260 \sim 460\text{kPa}$）对应的水泥配比量。

另外，从地层加固的实践理论知道，6 个月后的地层加固强度，通常可以认为是 28d 强度的 2 倍。再有，通常可以认为室内与原位加固土的强度比为 1。故可按上述条件确认水泥配比量。图 4.14.3 示出的是水泥配比量与加固地层的单轴抗压强度的关系。由图可知，对 $-6.72 \sim -12.62\text{m}$ 的 $N = 2$ 的黏土层的配比量为 52kg/m^3；对 $-12.62 \sim -29.52\text{m}$ 的 $N = 0 \sim 2$ 的砂层而言，水泥配比量为 72kg/m^3。

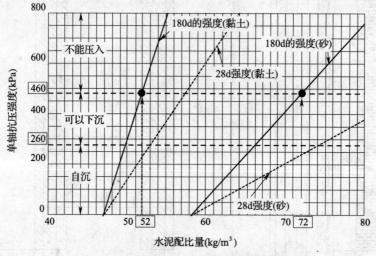

图 4.14.3　水泥配比量与地层单轴抗压强度关系

（3）加固后的地层强度和施工实绩。

加固后的地层强度，作复查钻孔采集 CDM 加固后的地层取样，6 个月后进行单轴抗压强度试验确认。结果表明，黏土层的 $c = 383\text{kPa}$、砂层的 $c = 283\text{kPa}$，显然加固强度均大于要求值。

另外，在实际施工中发现，在 CDM 加固地层中沉井的挖掘和压沉均可实现稳定高精度的施工。

本次的挖掘和压沉施工中没有出现问题，挖掘中发现砂砾层加固后出现 $0.5 \sim 1\text{m}$ 的凝结块，足以说明砂层中的加固范围在 1m 以上。

4.14.5　压入地锚

压沉计算结果表明，硬质地层中挖掘下沉时的压入力最大，最大压入力 24MN（3MN×8）。地锚的锚固长度不得小于 15m，设置总长为 75m。

4.14.6 施工

（1）施工中应注意的问题

因本工程中使用自重力大的沉井（混凝土井筒自重力52.83MN），存在下沉力过大的危险。为此，在用自由扩缩机挖掘的过程中应特别注意，若超挖刃脚下方地层，则刃脚阻力急剧减小，致使下沉力＞下沉阻力，即发生沉井突沉，自由扩缩机的机翼被挟在沉井刃脚和地层之间，致使机翼无法旋转工作，出现大的施工事故。

（2）避免事故的措施

作为防止上述机翼被挟事故的措施，本工程采用了4.3.8节指出的在刃脚部井筒内设置混凝土应变计，实时测定躯体内轴力，进而实时的估算刃脚阻力及摩阻力。进而决定自由扩缩机安全挖掘的幅度，防止沉井突沉，避免上述事故。本工程以此为依据建立了可以实测这些量的下沉管理系统，并进行施工管理。

（3）下沉测量管理系统

本次建立的下沉测量管理系统，由应力观测系统、沉井姿态监视系统、挖掘机监视系统构成。图4.14.4示出的是下沉测量管理系统的框图。

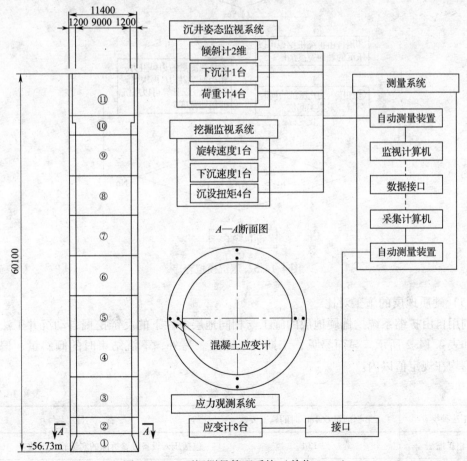

图4.14.4 下沉测量管理系统（单位：mm）

① 应力观测系统是在第 1 节和第 2 节接头部的 4 个方向共 8 个点设置了混凝土应变计，并进行测量。

② 沉井姿态监视系统，系由设置在沉井上的倾斜计、下沉计及荷重计构成。

③ 挖掘机监视系统，即在挖掘机上设置的转速计、下沉速度计、扭矩计和扩缩翼冲程计进行测量监视的系统。

④ 这些系统的测量数据可以实时地显示在下沉测量管理系统的监视画面上。

（4）压沉模拟

沉井压沉的模拟程序如图 4.14.5 所示。

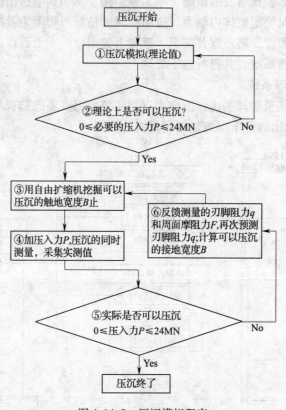

图 4.14.5　压沉模拟程序

（5）硬质地层的施工对比

利用自由扩缩系统挖掘硬地层的施工与相同地层条件下的反铲挖掘自动沉井工法的对比表如表 4.14.2 所示。显而易见，工期得以缩短。另外，下沉结束时的倾斜量、偏心量及顶高均在规定值以内。

施 工 实 绩　　　　　　　　　　　　　表 4.14.2

工法种类	1 节掘削量 664m³ 时的施工天数	备　注
自由扩缩法	13d	包括压入设备设置拆除的实绩施工天数
反铲抓斗法	17d	反铲抓斗自动化沉井工法手册标准施工天数

（6）下沉测量结果

实际测得压沉时的刃脚阻力和周面摩阻力的关系的一个例子如表4.14.3所示。

压沉时刃脚阻力和周面摩阻力的关系 表4.14.3

	实测值		理论值		修正系数（实测值/理论值）		刃脚阻力和周面摩阻力和值的理论值与实测值差的绝对值（kN）
	刃脚阻力（井筒内轴力）q（kN）	周面摩阻力F（kN）	刃脚阻力（极限承载力）q（kN）	周面摩阻力F（kN）	刃脚阻力q（kN）	周面摩阻力F（kN）	
测点1	25158	17997	20378	18696	123%	96%	4081
测点2	23828	15224	18618	18743	128%	81%	1691
测点3	26730	16334	21501	18793	124%	87%	2770

由表4.14.3可以归纳以下几点。

① 开始下沉瞬间的刃脚阻力的实测值与由太沙基极限承载力公式求出的理论值的修正系数为1.2~1.3。

② 周面摩阻力的实测值与理论值的修正系数为0.8~1。

③ 刃脚阻力和周面摩阻力两者之和的理论值与实测值的差的绝对值 < 压入力 P（24MN）。

综上所述，设置于刃脚部位的混凝土应变计确定的刃脚阻力（井筒内轴力）的实测值起伏小，且极为稳定。

利用自由扩缩系统施工，用下沉测量管理系统进行实时施工管理，不仅可以实现稳定的压沉施工，还可使测量精度大为提高。自由扩缩系统不仅适用于压入式沉井工法，同样也可以适用于沉箱工法。

第5章 沉箱工法

5.1 沉箱工法概述

5.1.1 沉箱构造及沉设原理

图 5.1.1 示出的是沉箱工法概况。沉箱的作业室由作业顶棚及支承顶棚的刃脚（楔形、2~3mm）构成，顶棚与挖掘地层面之间的空间，即作业室空间。顶棚上设有作业员进出的人闸、排土闸、料闸（运入施工设备等）。另外，箱筒侧壁上设有向作业室送入压缩空气的送气管。箱筒可用钢筋混凝材料构筑，也可用钢板或钢板与混凝土的混合材构筑。

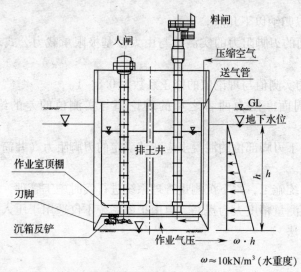

图 5.1.1 沉箱工法概况

起初在地表建立作业室，在作业室内挖掘表层土体。挖掘作业从作业室中间向刃脚伸延，当挖到刃脚附近时，作用在刃脚踏面上的箱体触地压力，大于刃脚正下方地层的土体支承力，故土体崩坍发生箱筒下沉。在作业室顶棚沉入地中之前续接箱筒，为增加箱体的下沉力，向箱筒（作业室顶棚上部的空间）内注水（称为荷重水）。继续挖掘、下沉、续接箱筒、注入荷重水，如此交替重复作业，使箱下沉到预定深度。接下来对作业室内空进行混凝土填充。随后根据用途需求对箱筒内空进行处理，包括是否排除荷重水；是否对箱筒内空作全部或部分混凝土填充；是否构筑内隔墙等处理。最后浇注沉箱的上顶板。

刃脚处于滞水砂层或砂砾层的情况下，如把相应于刃脚深度处的地下水压的压缩空气送入作业室，则作业室中地下水会被排除，故挖掘地层面上无地下水，为干涸态，形成良好的挖掘作业环境。故可高效地沉设沉箱。但随着沉箱下沉深度的增加，作业室内作业气压（也称箱内气压）升高。

在黏土层中挖掘时，使用与间隙水压相当的压力压送空气。挖掘土砂经设置在顶棚上面的排土井（钢圆筒）和料闸运到地表。

目前沉箱的挖掘，多采用设置在顶棚上的运行式挖掘机（容量 $0.1 \sim 0.3m^3$）完成。为了提高作业效率，通常在作业气压 0.18MPa 之前采用操作员坐在挖掘机上直接作业的有人挖掘。气压 >0.18MPa 后把顶棚挖掘机从手动切换成遥控操作，即从有人（箱内）挖掘转变为无人挖掘。

有关箱内挖掘机的详细叙述，请见 5.2.4 节。

在 $0 \leqslant P \leqslant 0.3$MPa 的范围内，箱内作业人员直接呼吸箱内压缩空气。$P > 0.3$MPa 时，箱内作业人员呼吸胸前面具中的 $He + O_2 + N_2$ 混合气体。

作业结束后的入闸（人闸）减压方法是：① $P \leqslant 0.2$MPa 时，出箱人员反复交替呼吸人闸内高压空气和其他管道供给的氧气，逐步降压直至还原到大气压，即按高压劳动保护法的规定减压。② $P \geqslant 0.2$MPa 时，应按黑布尔修正减压表减压。③ $P \geqslant 0.3$MPa（呼吸充 He 混合气体）时，应按三种混合气体减压表减压。

5.1.2 工法优点

（1）压缩空气防止地下水涌出的功能极为可靠，故施工安全性好。

（2）该工法与土质的关系不大。由前面几节的叙述可知，对于密实砂层、砂卵层、卵石层等涌水量大的地层及大深度的情形而言，再采用沉井工法，则施工效果不理想，显然对于这些情形非压气沉箱工法莫属。

（3）因对周围地下水位影响极小，故地表沉降极小，极适近接施工。

（4）该工法可把刚性大的箱筒确实地根入支持层上，可期待大的承载力，且可直接进行承载力试验。

（5）与桩基础相比，沉箱基础的断面面积小（见图 5.1.2）。

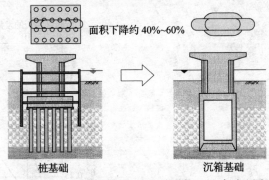

图 5.1.2 沉箱基础、桩基础形状、尺寸对比图

（6）抗震性好，特别是易液化地层更为明显，详见 5.23 节的叙述。

（7）箱筒构筑由地表进行，故构造物质量上乘。另外，可在直接目视地层状况的同时进行挖掘，故沉设精度高。

（8）施工程序固定，所以工程可靠性好，由于构筑、挖掘可同时作业，故工期缩短。

（9）无需临时挡土，下沉的箱筒可按原样成为地下构造物，故地下空间和现场场地可得以最大限度的利用。

5.1.3 高压危害及预防措施

1. 高压危害

5.1.1 节业已指出，箱内作业气压 < 0.18MPa 时，多为有人挖掘工法；气压 ≥ 0.18MPa 时，多选用无人挖掘工法。尽管，$P \geq 0.18$MPa 时采用无人化机械挖掘作业，但机械故障排除、挖掘结束后的机械解体、部件运出等作业仍须作业人员入箱作业。随着下沉深度的加大，作业室内气压加大，引起作业人员呼吸困难。气压加大还导致湿度加大，温度升高，时间一长，作业员倍感难受。为此，必须及时出箱减压，这样一来导致作业时间缩短，图 5.1.3 示出的是作业员入箱作业时间与作业气压的关系。如作业时间超过图 5.1.3 中的规定时间，则作业员易患高压病也称沉箱病（包括醉 N_2 病、O_2 中毒、CO_2 中毒等）。此外，出箱后的减压时间过短及减压措施、减压方法不当，也会引起上述病兆，即患上减压症。

所谓的醉 N_2 病，即当作业人员吸入 N_2 气的气压超过 0.3 ~ 0.4MPa 时，出现周身疼痛、感觉异常、麻痹、晕醉、出疹等现象。

所谓的 O_2 中毒，即当作业人员吸入的 O_2 气气压超过 0.16MPa 时，出现多种不适病兆，即 O_2 中毒。

所谓的 CO_2 中毒，即作业人员吸入气压值 > 0.03MPa 的 CO_2 气体时，则作业人员会出现昏眩、头痛等多种病兆。

说到这里读者不禁要问，那么作业气压超过哪一个具体气压值时，作业员易患沉箱病呢？为此人们对沉箱的作业气压 P 与作业人员患沉箱病的概率 η 的关系进行了研究，其典型结果的例子如图 5.1.4 所示。由图可知，η 随 P 的升高而升高，$P < 0.15$MPa 时，η 极小几乎为 0；当 $P > 0.18$MPa 时，η 大增。这就是说，有人挖掘工法的作业气压 P 不能超过 0.18MPa。

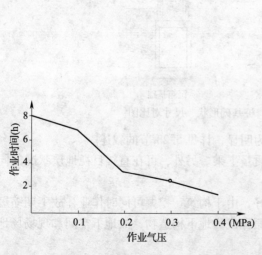

图 5.1.3　作业气压与作业员入箱作业时间关系

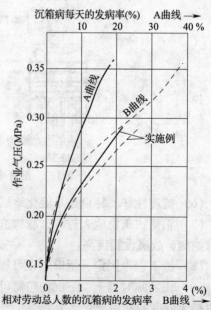

图 5.1.4　沉箱病发病率与作业气压的关系

2. 减压症的成因

众所周知，大气的主要成分为 O_2、N_2，高压下人体吸入压缩空气（大气），N_2、O_2两种气体经肺进入血液中，并溶存于体内。如果减压进行得过急（时间太短），则压缩 N_2分子处于过饱合状态，形成积存气泡，被闭塞于血管中，进而发生压迫筋肉、神经组织（图 5.1.5）及供血不足等现象。若急促减压，则压力释放时部分 N_2 释放，但仍有 N_2 气泡留在体内。该现象同打开啤酒瓶栓时，瓶中产生大量泡沫现象的机理相同。

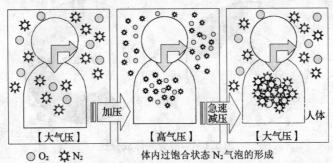

○ O_2　✿ N_2　　　　体内过饱合状态 N_2 气泡的形成

图 5.1.5　减压病的机理

3. 呼吸 $He + N_2 + O_2$ 混合气体措施

由上节分析可知，作业员患高压症、减压症的关键是吸入的压缩空气中的 N_2 过多，形成气泡积存于体内造成的。显然降低发病率的关键措施是：① 减少 N_2 气的吸入量；② 减压阶段设法扩大 N_2 气的排出量。就①的具体措施而言，是改变吸入压缩气体的成分，用惰性气体 He 取代吸入压缩空气中 N_2 气。研究发现，若用 He 气全部取代 N_2 气，对防止醉 N_2 和减轻呼吸阻力有利，但易出现语音变性的病兆。实践发现，用 He 取代部分 N_2，即降低 N_2 的配比，从而实现不降气压（$\geq 0.3MPa$）条件下，吸入 N_2 气的量大为下降，进而体内积存 N_2 气泡量大减或消除，故病兆得以去除或发病率大降。这就是所谓的呼吸 $He + O_2 + N_2$ 的三种混合气体降低沉箱发病率的沉箱工法。目前这项技术在沉箱作业中已实现了 0.7MPa（相当于地下水位下 70m）的突破。

对于沉箱基础而言，通常箱内的作业空间较大。若想使整个沉箱作业室内全部充满充 He 混合气体，其成本太高。因此多采用在作业人员身上设置供呼吸用的充 He 混合气体的面具，以便进箱作业。照片 5.1.1 示出的是作业员佩戴充 $He + N_2 + O_2$ 混合气体面具入箱检修挖土设备的实况。

照片 5.1.1　作业员佩戴面具入箱检修

三种气体的组成。最大作业压力下，为了不出现急性氧中毒，氧气浓度按氧气压力 ≤0.16MPa 的原则确定；因为要求最大作业压力下不发生醉氮，故可按氮气分压 0.3 ~ 0.4MPa 的原则确定氮气浓度；其余为 He 气。也可用混合气体的成分比表示（见图 5.1.6）。

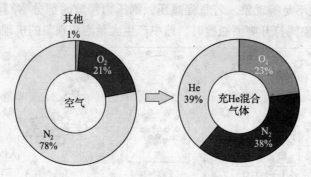

图 5.1.6　混合气体成分比

4. 呼吸纯 O_2 减压法措施

在作业气压 ≥0.25MPa 的减压过程中，如使其吸入纯 O_2，则肺中充满纯 O_2，该 O_2 气与早期溶存于肺中的 N_2 气混合，并按接近大气成分的比例排出体外。这就是说，吸入纯 O_2，促进溶存于体内的 N_2 排出，即清除减压症的发病根源。

吸 O_2 减压时的减压表应选用黑布尔减压表，近年日本真野喜洋博士提出了该表的修正表。

O_2 气减压在混合气体人闸内进行（实况见照片 5.1.2），闸内压力和呼吸纯 O_2 时间等减压程序，由中央管理室控制。这里应当指出，呼吸纯 O_2 减压时的压力必须在 0.12MPa 以下，否则存在 O_2 中毒的危险。减压时须呼吸一段时间 O_2，再呼吸一段时间的空气，如此重复几次直到减压结束。

照片 5.1.2　吸 O_2 减压（人闸内）

5. 自动减压措施

沉箱的沉设深度越深，作业气压越高，则减压时间越长，减压次数越多。以往的手动减压操作中错误减压顺序（减压速度、减压停止压力、减压时间等）的发生，及减压休止期内手动换气操作造成保持压力的变动，均会导致不正确地减压，这也是致使减压症发病率升高的一个因素。

为此人们开发了自动减压装置，该装置可以正确地进行减压过程中的压力管理，可有效地预防减压病的发生。

6. 混合气体减压人闸

混合气体减压人闸由混合气体闸室和通行井道构成。闸室分为上下两个闸室，每个闸室内又分为主仓和副仓（预备主仓），示意概况见图 5.12.6。仓内最多容纳人数为 6 名。加压减压在主仓（或副仓）内进行。上闸室中设有 CO_2 和 O_2 分析仪等仪器，下闸室中设有向箱内作业员佩戴的呼吸混合气体面具供气的总管。主仓、副仓内均设有 CCD 电视和对讲机、电话机，以备由中央管理室连续监视加压、减压的状况。另外，闸室上方通行井内设有作业员上下的螺旋阶梯。对 $P < 0.18$MPa 状态下，无任何减压症状的作业人员可沿阶梯自行至地表。$P \geqslant 0.18$MPa 状态下，为减轻作业员减压的负担，还设置了由升降机自动提升闸室的设备。

7. 应急措施

作为减压症发病时的急救设备，现场内还应设置急救闸室，它是治疗减压病进行二次加压时的二次加压室，是治疗减压症的先期应急措施，也适用于 O_2 气二次加压。

减压症发病时应在现场指导医生的指导下实施急救。图 5.1.7 示出的是减压病发病时的急救程序。

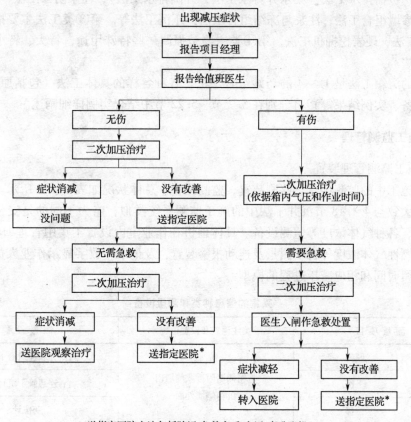

*: 送指定医院方法包括陆运(急救车)和空运(直升飞机)

图 5.1.7 减压症现场发病急救程序

8. 预防沉箱病措施小结

① 箱内作业时间必须遵循图5.1.3的关系规定。

② $P \leqslant 0.18$MPa时，出箱人员进人闸减压，必须符合有关法规，作阶梯式缓慢减压。

③ $P > 0.18$MPa时，应按黑布尔减压表（或修正表）及吸O_2法减压。

④ $P > 0.3$MPa时，呼吸$He + O_2 + N_2$混合气体，并按三种混合气体减压表减压。

⑤ 使用自动减压设备。

⑥ 设置应急救治闸室及相应的设施。

近年来多个施工实例证明，在采用上述措施的高气压、大深度沉箱施工中，沉箱病的发病率均已降至为零。

5.1.4 工法分类

沉箱工法的分类方法有如下几种：① 按有人挖掘、无人挖掘的特点分类；② 按施工中采用的措施分类；③ 按挖掘地层的软、硬分类；④ 按其他特点（如用途、大小、深度等）分类。

第①类分法的具体工法，包括有人挖掘工法、无人遥控自动挖掘工法。第②类分法的具体工法，包括排水工法（集水井排水工法，外围排水工法）；注浆防渗工法；冻结工法、深井和防渗墙组合工法；注浆与冻结组合工法；压沉工法等。第③类工法主要指软土挖掘（铲斗）工法；硬岩挖掘机工法。第④类主要是强调一些特殊用途，特大、特小、特深等特点的分法。

实际的沉箱工法是①～④的巧妙组合工法。各种各样的具体工法（包括原理、设计、施工、设备、实例结果等）将分别在5.2节～5.22节中结合实例详细阐述。

5.1.5 施工监测管理

1. 施工监测管理装置

沉箱施工中的监测项目、监测装置、监测位置、总体状况如表5.1.1所示。施工监测管理系统大致与4.1.18节沉井工法中的施工监测系统类似，略为不同的是安全管理增加了压气量、各种气体浓度等监测设备。具体地讲在作业室内设置了集中管理O_2浓度、H_2浓度、可燃性气体浓度等自动测量及连动报警装置，及记录、数字显示作业人员在高压作业室内滞留时间和相应减压过程的模型。

采集的信息种类和测量设备   表5.1.1

测量项目		关注地点及设置位置	测量设备
位置姿态	倾斜	沉箱侧墙附近或侧墙内 沉箱侧墙外面	测斜计和连通管下沉计
	下沉		连通管下沉计
	位移		变位计
形变		作业室顶棚、侧墙、刃脚等	连通管下沉计、变位计

续表

测量项目		关注地点及设置位置	测量设备
作用于箱筒的外力	作业气压	作业室内（顶棚下部）	间隙水压计
	荷重水重力	由吊梁和隔墙包围的沉箱内	间隙水压计
	刃脚反力	刃脚下端	土压计
	周面摩阻力	在沉箱侧墙外面上作竖直方向测量	周面摩阻计
	土压	与周面摩阻计同一位置	土压计
	水压	与周面摩阻计同一位置	间隙水压计
箱筒应力	钢筋应力强度	吊梁、隔墙、侧墙作业室顶棚刃脚等	钢筋计
	混凝土应力强度		混凝土应力计
	混凝土温度		温度计
送气量		送气设备喷出口等	流量计
各种气体浓度		作业室、气闸内等	各种气体浓度计

2. 沉箱下沉力关系的测定

沉箱的下沉力关系可用式（5.1.1）表示：

$$W_c + W_w > U + F + R \qquad\qquad （式5.1.1）$$

式中　W_c——沉箱自重力；

　　　W_w——荷重水等上载荷；

　　　U——作业气压（P）决定的下沉阻力 = P × 挖掘面积；

　　　F——周面摩阻力 = 摩阻力强度 f × 外壁地中面积；

　　　R——刃脚反力 = 刃脚反力强度 r × 刃脚触地面积，右边的 $U + F + R$ 总称为下沉阻力。

图 5.1.8 系 U、R、F 的概念图。W_c 为已知量，W_w 和 U 是可以测量的量，F、R 为未知数，U、R 可由施工结果进行反推。通常用逆解析法解析，并反馈给下一阶段的施工。

如果把刃脚下的土砂完全挖除，则 $R = 0$，可逆解析 F。如果沉箱外壁接触的地层土质是一致的，则把 F 用触地面积除可以反推土质特有的单位面积的周面摩阻力强度 f。或者，注意每次土质变

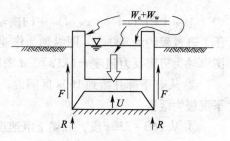

图 5.1.8　外力示意图

化对应的 F 的变化，逆推每种土质的周面摩阻力强度 f。F 可用（土压 × 地层与外壁的摩阻系数）评价。但是，在用周面摩阻计测量该数据时，必须注意壁面上点接触的巨砾的影响。同样在用荷重计（压力盒）构成的地层反力计，测量 R 的过程中也要注意巨砾的影响。

图 5.1.9 记录的是黏土层中沉箱下沉时连续测定 U、R、F 的一个例子。沉箱平面形状为矩形，22.6m × 48.1m，下沉荷重力 $W_c + W_w = 208MN$。另外，图中记录的数据是箱内气压下降时期的数据，现对该图作以下几点说明：

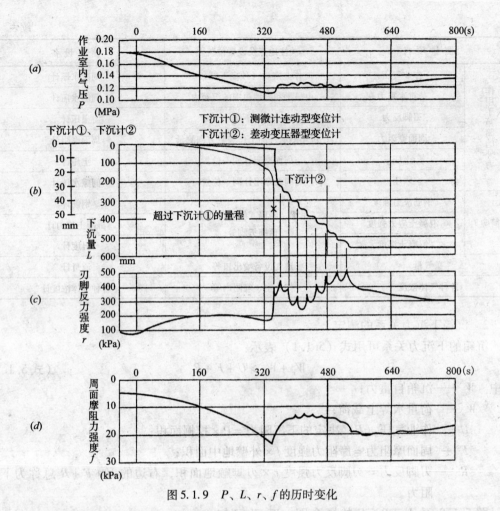

图 5.1.9　P、L、r、f 的历时变化

① 4 个图 (a、b、c、d) 中的横轴均为时间 (s)，从沉箱下沉开始到结束，作业室气压上升过程约为 800s。a 图纵轴为作业气压 P (MPa)，b 图纵轴为沉箱下沉量 L (mm)，c 图纵轴为刃脚反力强度 r (kPa)，d 图纵轴为周面摩阻强度 f (kPa) 的历时变化。

② 从 P 下降开始到 160s 区间内，f 缓慢增大，但刃脚反力强度 r 先增大后平稳恒定，下沉极为缓慢。

③ 从 160～330s 段，沉箱下沉速度急剧增大。故作业室体积减少空气被压缩，导致 P 的上升，致使下沉量停止在 200mm (见图 b)。该结果表明，刃脚反力强度增加，f 急剧减小。

④ 为了抑制 P 的上升，由气闸调压排气，故 P 减小再次开始下沉，随后重复上述现象。记录到的该区间的下沉量和刃脚反力强度呈锯齿状变化。

如果使用图 5.1.9 中的数值逆推下沉阻力，则可得出相应的下沉荷重，故可判断下沉关系式的良好再现精度。这也说明测量数据的可靠性较高。

测量数据 (U'、F'、R') 逆推下沉阻力时的值：

U' 按 $P = 0.11$ MPa 评价；

F' 按 f 的平均值 22.5kPa 及地下埋设深度 20m 评价；

R' 按刃脚正下方存在残剩淤泥的情形考虑，即 R' =（刃脚的触地宽度 b = 0.2m）×周长×测量平均值。

把连续测量得出的规律和 1min 间隔的常态测量值，按下面的方式反馈到施工中去。

① 设定喷水时间

在下沉计①读数达到 5mm 前后时，喷射高压水 60~120s，预测下沉时间。

② 射水修正沉箱倾斜

由限制在壁面上的高压射水使壁面上的摩阻力出现差异，改变刃脚下方残剩土砂量，改变地层反力，进而可对倾斜进行一定程度的修正。

3. 沉箱的倾斜管理

沉箱（作地中构造物）的用途不同，沉箱的沉设精度允许值也不同，通常应标明偏移量和倾斜量（角度）。另外，当在邻近原有构造物位置上沉设新的沉箱时，还要求抑制原有构造物的变动范围。当在深层土层存在倾斜和填土坡趾附近沉设沉箱时，还存在偏离基准位置的多种位移（转动和水平移动）。但是，通常施工中若不产生过大的倾斜，则上述位移量通常较小，所以沉箱作业时的施工管理重点是把倾斜量抑制到最小。

在挖掘开始的初期，因沉箱初期构筑重量大，地表附近土层软硬不均等原因相应容易发生倾斜，故必须在修正倾斜的同时进行沉设。为了修正倾斜，可能致使刃脚附近存在残剩土砂。极端的情况下，到作业室顶棚上均为残剩土砂，伴随沉箱的下沉土砂被压实，成为修正倾斜时的承台。另外，人为地在作业室内细心地堆积两面削平的圆木构成枕木垛也同样有修正倾斜的效果。

在确保顺利下沉的同时进行挖掘，为确保最终沉设时的预定沉设精度，特把沉箱倾斜作为施工管理的一项重要指标。表 5.1.2 示出的是倾斜管理标准的一个例子。

管理基准示例　　　　　　　　　　　　　　　　表 5.1.2

管 理 标 准	产生倾斜的程度	允许作业内容
A	允许精度的 30% 以下	修正倾斜容易可挖掘下沉连续进行
B	允许精度的 30%~50%	示出刃脚挖掘地点修正倾斜，虽然重点是修正倾斜，但仍可继续挖掘作业室的中央部位
C	允许精度的 50%~70%	挖掘全面中断，采用专门措施修正倾斜

4. 填充混凝土的信息化施工

沉箱沉设到位后应向作业室内浇注填充混凝土。混凝土经作业室与大气相通的输气管填充到作业室内，所以必须确认填充浇注状况。对作业室面积大的沉箱而言，用电混凝土传感器，确认填充状况。

5.2 有人及无人挖掘沉箱工法

5.2.1 有人挖掘工法

有人挖掘工法是一种早期的工法，作业人员从人孔进入沉箱作业室，作业员坐在履带式电动反铲上操纵反铲挖掘土砂，然后把挖掘下来的土砂倒在吊桶中，由箱内的专门作业员进行吊桶的交换作业，即交替提吊把土砂运出。

在挖掘深度不深、对应的作业气压不大的情形下，该工法确实也是一种较好的施工方法。但当挖掘深度较深对应的作业气压≥0.18MPa时，尽管可像5.1.3节指出的那样，采用多种措施预防高压减压病，确保安全，但作业员在箱内的作业时间大为缩短，故人均日作业量下降，即作业效率下降。作为补救的办法，即增加作业人数，但由于人闸容量有限，增加人数太多也不现实。另外，增加人数也会给减压工作带来极大的困难，由于作业员每人每天只能入箱一次，所以增加人数成本大增。

综上所述，不难发现 $P < 0.18$MPa 时，有人挖掘工法是一种切实可行的工法。$P \geqslant 0.18$MPa，有人挖掘工法的不利因素过多，受到了极大的限制。

克服上述弊病存在如下两种方法：

（1）降低沉箱周围的地下水位，使挖掘作业室内的 P 始终不超过0.18MPa，即采用排水、防渗措施控制地下水位，使之对应的 $P \leqslant 0.18$MPa。

（2）不降低 P，但全部挖掘、排土作业均靠自动化机械完成，即无人自动挖掘工法。

5.2.2 无人挖掘工法

无人挖掘工法是针对有人挖掘工法的缺点，而开发的一种避免有人作业的自动化机械挖掘工法，包括箱内大气吊仓无人遥控挖掘工法、地表遥控无人挖掘工法。其最大的特点是无人进箱，所有作业全部使用遥控机械完成，故作业人员得到彻底解放；作业时间不受限制，故挖掘效率大大提高，进而促使成本降低；施工安全可靠。

5.2.3 自动挖掘、排土系统

1. 系统

自动无人挖掘、排土系统由挖铲、自动装运土装置及排土吊筒构成。

挖铲系顶吊运行式铲斗（见图5.2.1），其功能是在作业室内挖土及把铲挖下来的土砂倒入自动装运土装置。挖铲运行全部自动化，并用实时显示系统显示。遥控操作人员可及时正确地掌握挖铲的位置、姿态（见图5.2.2）及场地状况等。有关自挖铲（即自动挖掘机）的详细叙述，请见5.2.4节。

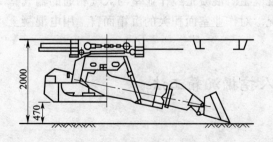

图5.2.1 挖铲（单位：mm）

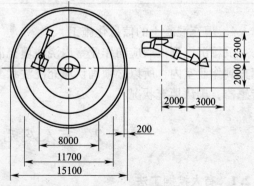

图5.2.2 挖铲运行状况（单位：mm）

排土装置是一个可以上升、下降及横向移动运行的专用吊桶，该吊桶装满运土装置倒入的土砂后由料闸出来（上吊）把土砂倒到设于地表的盛土装置中，然后从料闸返回下落再次装土，如此自动往返运行。

自动装运土装置系介于挖铲和排土装置之间的暂时存放土砂的装置。即当该装置装满由挖铲倒入的土砂后靠近排土吊筒，并把土砂转倒给吊筒，随后返回原位（见图5.2.3、图5.2.4），然后再次接装挖铲的土砂，再次靠近吊筒、倾倒土砂，再次返回，如此自动运行。该装置有带式和旋叶式两种，见图5.2.3及图5.2.4。

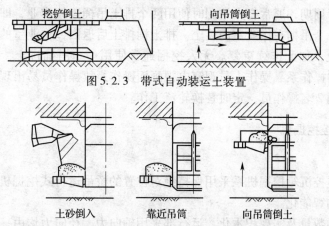

图5.2.3 带式自动装运土装置

图5.2.4 旋叶式自动装土装置

此外，为了使箱体下沉作业安全正确，系统中设有实时测量显示箱体下沉状况（下沉量、倾斜量、箱内作业气压、刃脚反力等）及对周围地层的影响的观测装置，见图5.2.5。

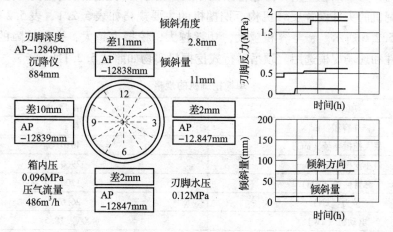

图5.2.5 下沉管理系统

2. 运行周期

运行周期 T 系指吊桶的运行周期，它的大小表征挖掘速度的快慢。

$$T = T_1 + T_2 \qquad\qquad （式5.2.1）$$

式中　T_1——挖掘时间；

　　　T_2——排土时间。

挖掘时间即挖铲的挖土时间。它取决于土质、使用设备、操作人员的水平及作业室的作业条件。特别是存在纠正倾斜的作业时，挖掘时间大增。

尽管使用机械、作业气压不同，但排土时间基本上正比于吊桶的上吊高度（即刃脚的深度）。

通常在沉箱的前几节的挖掘中多为有人挖掘，因吊车的升降高度较短，所以到排土吊桶返回时，挖掘及装土作业尚未结束，即排土时间短于挖掘装土时间。但随着节数的增加，排土时间也增加，到一定程度时，挖掘装土时间等于排土时间。最后排土时间也可能长于挖掘时间。

为了缩短运行周期，通常有人挖掘时使用两个排土吊桶连续作业，即一个吊桶在上提排土过程中，另一个吊桶在作业室内装土。排土桶排土后返回，作业室的装土吊桶已装满土砂，并上提排土，如此连续重复。无人挖掘通常使用一个吊桶排土，故周期长、效率低。无人挖掘时的操作系靠操作人员观察电视画面操作，故操作员易出现眼疲劳和精神疲劳，所以一般选用 2 名操作员，定时替换轮流工作。

5.2.4 单挖型遥控挖掘机

1. 构成

单挖型无人遥控沉箱挖掘机系采用保持绝对位置的桥吊运行式挖掘机。其特点是构成的积木化和功能的智能化。

为减少构件的数量及实现积木化，运行部采用轴向力、径向力均由一个绞丝型车轮承受的形式，及与钢轨钳一体化的构造。驱动方式有摩擦驱动和齿轮驱动两种形式。为了确保位置坐标的精度，设置钢齿轨，选取齿轮运行方式的目的在于提高精度。

挖掘机构：为了减轻重量，把悬臂断面作成六角形，为了提高挖掘机的挖土、集装土的性能，挖掘机的头部设置反转机构。挖掘机的主要规格如表 5.2.1、表 5.2.2 所示。尺寸概况如图 5.2.6 所示。铲斗容积越大，功耗越大，挖掘力越大，发生故障的概率越小。可按土质条件和现场规模选用。顶吊运行式挖掘机实物如照片 5.2.1 所示。

单挖挖掘机的规格　　　　　　　　　　　　　　　　表 5.2.1

项　　目	规格尺寸
铲斗容积（m³）	0.1
最大挖掘半径（mm）	4610
最小挖掘半径（mm）	2960
悬臂伸程（mm）	1200
铲力（kN）	26.6
电动机（kW）	400V；18.5
机重（kg）	3000

挖掘机的容量规格　　　　　　　　　　　　　　　　表 5.2.2

铲斗容积	功　率（kW）	质　量（t）
0.15m³	15	8.2
0.25m³	30	12.4
0.3m³	37	15.3

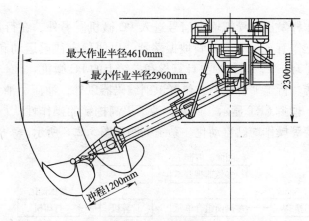

图 5.2.6　挖掘机概况

照片 5.2.1　顶吊挖掘机实物

2.操作系统

在沉箱挖土下沉的初期，为了防止箱筒倾斜和能及时进行修正管理，故须考虑有人机载挖掘，所以挖掘机上应设置操作席位及操作杆。

操作杆与地表遥控操作室内的操作盘的功能相同，该操作杆可供初学者作挖掘练习用。

操作杆系设在两条操作轨座的臂架上，用两手操作的 3 姿态杆。因为两操作轨座是统调的机构，所以杆不会离手，且使所有的操作项目成为现实，把操作性提高到一个新的阶段。操作杆的姿态概况如图 5.2.7 所示。

3.控制系统

地表遥控操作室内设置有小型计算机（32 位），通过 PC 微机处理操作、控制系统信号。另外，挖铲一侧也设置 PC

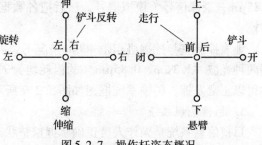

图 5.2.7　操作杆姿态概况

微机。

将操作室中操作杆发出的模拟输出信号送入 PC 微机。另外，在行走体系和旋转体系中安装有对应杆的操作有 0 ~ 2.5s 的斜坡振荡器，以便稳定往返运动和旋转运动。PC 微机的输出信号经过 T 环 I/F，送往中央计算机和挖铲上的 PC 微机。

除了挖铲的旋转、行走平台状态、位置识别编码器以外，油压、油量、油温等参数的信号经过计算机后，也由 CRT 显示。此外，为了提高挖铲的操作性，行走时轨钳的开关、反转产生的土砂集装等操作均已自动化。系统框图如图 5.2.8 所示。

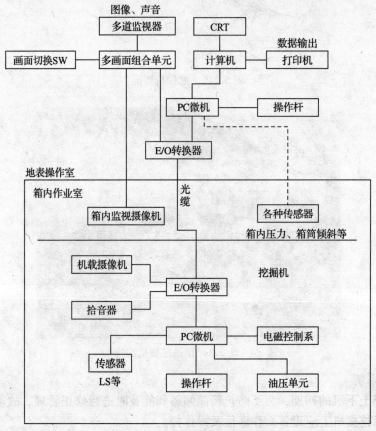

图 5.2.8　控制系统方框图

4. 信号传输

无人遥控压气沉箱挖掘机采用光缆传输信号。使用的光波波长分别为 1.3μm、0.85μm，录像信号为模拟信号，然后把各数据信号变换成数字信号，用单芯光缆作多路传输。

地表控制室与挖掘机相距 400m 情况下，测量传输损耗的结果表明，从发射端到接收端两种光波（1.3μm、0.85μm）的损耗均为 7 ~ 8dB。无论是图像还是操作系统，其功能均得以正常发挥。传输系统框图如图 5.2.9 所示。

5. 目视信息系统

目视信息系统是操作人员正确掌握挖铲状态及周围环境状况、掘削地层状况、箱内监视状况，发出操作指令的最重要的依据。

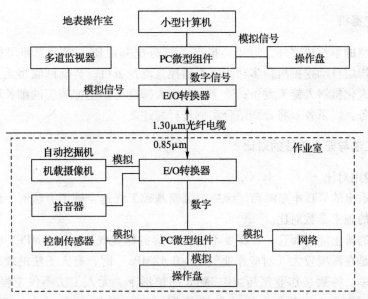

图5.2.9 信号传输系统框图

为了减轻操作人员的视觉神经的负担，目视信息系统采用平面画面。由一台多窗监视器摄制图像，随后经图像处理系统作图像处理。

此外，作为辅助信息，还可以直接在CRT上显示挖铲的位置、悬臂方向、沉箱的倾斜方位和高低差、负荷状态及油量等参数的监视。

6. 挖掘机电缆线的束带化

挖掘机动力线的橡套电缆沿顶棚运行轨道布设，挖掘机沿轨道运转工作时，动力电缆线不断伸缩跟踪挖掘机的位置变化，为此电缆线的检修作业较多。作为该方式的替代方式，即安装绝缘触轮供电系统（见照片5.2.2）。采用绝缘触轮供电方式可以实现柔性移动，因此移动电缆线的检修工作得以废除。另外，触轮供电时挖掘机回收时的电线处理也变得简单。此外，动力线以外的操作线、控制线也可束带化。当然采用卫星数据无线遥控操作系统传输信号，可实现抗干扰、高可靠性的传输信号。

照片5.2.2 电缆束带化挖掘机

5.2.5 其他挖掘机

除上节介绍的单挖机之外，近年还推出了具有挖掘硬质土层、漂卵层及岩层的挖掘机，即滚筒式岩层自动挖掘机；多功能无人遥控自动挖掘机；自动回收型无人遥控自动挖掘机；完全无人化机器人施工设备；适于小断面大深度沉箱挖掘施工的细长箱铲等更高技术化的挖掘设备。以下各节将分别结合实例进行叙述。

5.2.6 有人工法与无人工法的对比

1. 工程费用对比

表5.2.3示出的是日本东滩芦屋线海中沉箱基础工程选定施工方法时，给出的有人工法与无人工法的施工参数对比。

就每小时的排土能力而言，在深度不大（对应的作业气压≤0.18MPa）时，有人工法的效率高。但是在深度较大（对应作业气压>0.18MPa）时，有人工法的效率远不及无人工法的作业效率。特别是作业气压≥0.3MPa的情形下，无人工法不仅工程总费用下降，而且工期也会缩短。由表5.2.3示出的数据可知，工期可缩短4个月，成本可下降15%～16%。

工法参数对比表 表5.2.3

对 比 项 目		有 人 工 法	无 人 工 法
排土能力（>0.3MPa）		$50m^3/d$	$120m^3/d$
作业人员	箱内	13 名	0
	箱外	6 名	12 名
工期		19.5 个月	15 个月
工程费用相对比		1	0.84～0.85

图5.2.10示出的是归纳诸多工程实绩得出的有人工法与无人工法的工程费用与箱气压的关系。由图不难看出，当箱内气压≤0.25MPa时，有人工法的费用较无人工法的费用低。如箱内气压为0.1MPa时，有人工法的费用仅为无人工法费用的57%。然而，箱内气压位于0.25MPa～0.29MPa区间内时，出现两者费用持平的现象，此后两者关系出现逆转。箱内气压0.3MPa时，有人工法的费用较无人工法高出24%；箱内气压0.4MPa时，有人工法费用较无人工法高出92%。由此得出的结论，气压低于0.25～0.29MPa时，有人工法费用低；气压=0.25～0.29MPa时，两工法费用持平；气压高于0.25～0.29MPa时，无人工法费用低。

2. 挖掘能力对比

两种工法挖掘能力的对比如图5.2.11所示。由图可知，箱内气压=0.18MPa时，两工法的挖掘能力大致相同。箱内气压<0.18MPa时，有人工法的挖掘能力优于无人工法的挖掘能力；箱内气压>0.18MPa时，无人工法的挖掘能力优于有人工法的挖掘能力。如箱内气压0.4MPa时，无人工法挖掘能力是有人工法挖掘能力的3倍。可见高气压（大深度）时，无人工法有明显的优越性。

无人工法的另一个优点是安全性、对环境的影响程度均优于有人工法。

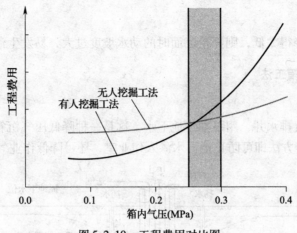

图 5.2.10 工程费用对比图

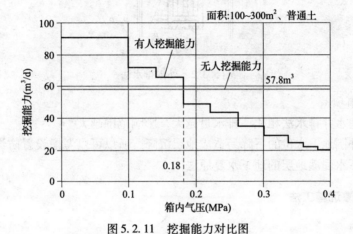

图 5.2.11 挖掘能力对比图

5.3 排水、防渗及组合沉箱工法

5.3.1 集水井排水沉箱工法

（1）方法

如果作业室内的气压比压气沉箱外围的地下水位低，则地下水会渗入作业室内。为此，可在作业室内设置集水井把渗向作业室的地下水，由集水井排出（见图5.3.1）。该工法的有效地下水位降低深度为6~7m。

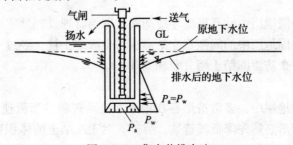

图 5.3.1 集水井排水法

341

（2）注意事项

如果地下水位降得太低，则开挖底面时的动水坡度过大，易发生涌砂现象。

5.3.2 外围排水沉箱工法

（1）方法

在沉箱外围设置排水井，用泵抽排地下水，这是一种降低压气沉箱外围地下水的方法（见图5.3.2）。这种方法即可防止地下水渗入作业室，还可降低作业气压。

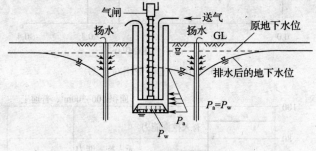

图5.3.2 外围排水法

（2）注意事项

该工法与集水井排水法相比，排水量越大，影响范围越大。

由于沉箱外围地下水位的下降易造成地层沉降，所以可以考虑设置防渗墙或者把排水井中抽出的地下水回灌地层的地下水复原法。

5.3.3 注浆防渗沉箱工法

（1）方法

在气压沉箱的外围和整个底面地层上进行注浆加固，形成不渗水层，以此隔绝地下水的渗入（见图5.3.3）。注浆的结果可使沉箱作业室内的气压下降。

（2）注意事项

随着作业气压的下降，箱底面地层上作用有上抬的土压和水压，所以必须注意加固底层的土体重量和抗剪强度，均应大于土压和水压。在期望砂质地层的防渗效果的场合下，通常从地层的渗透性方面考虑，选用凝胶时间容易调节的、固结效果好的水玻璃浆液。

5.3.4 冻结沉箱工法

（1）方法

在压气沉箱的外围地层中钻孔把循环冷却液的冻结管埋设到预定的深度。让冷却液通过冻结管中，使孔外围地层中的间隙水冻结形成一个冻结土柱，经过一定时间后，冻结土柱连结在一起形成一个防渗冻结土墙（见图5.3.4）。

（2）注意事项

在砂卵的渗水性地层中，多数情形存在地下水流动现象，当流速 $V_c \geqslant 1\mathrm{m/d}$ 时，该工法失效。对于这种情形必须先降低其流速。另外，对于冻结土的体积变化也必须事前制订好应急措施。

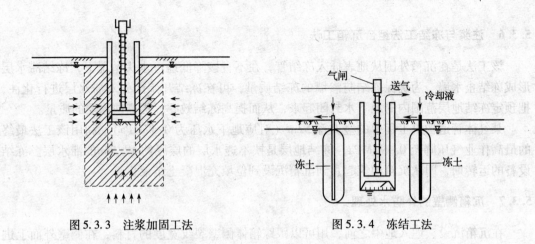

图 5.3.3 注浆加固工法   图 5.3.4 冻结工法

5.3.5 深井和防渗墙组合沉箱工法

该工法是在沉箱外围的滞水层中用地层加固工法筑造地下防渗墙，随后由深井排出地下水。该工法由于可以切断沉箱外围的地下水流，故可降低作业气压，减轻排水量，同时还可以减小施工对周围地层的影响。

图 5.3.5 示出的是某大桥主塔沉箱基础的施工实例。沉箱最终沉设深度 −52.5m 的地下水压对应值为 0.45MPa，用深井和防渗墙组合工法，使地下水头下降 15m，作业结束时的最高作业压力降到 0.3MPa。另外，防渗墙施工选用二层管双栓塞工法。使用水泥膨润土浆液（一次注入材）对地层进行粗间隙填充，用非碱性水玻璃溶液型（二次注入材）进行地层的均匀止水。

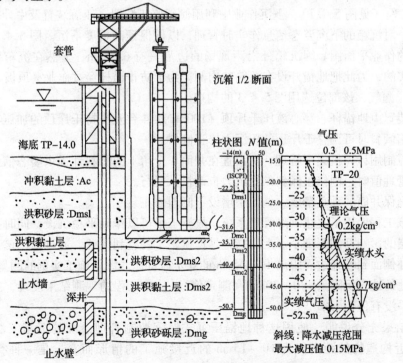

图 5.3.5 深井和防渗墙组合沉箱工法

5.3.6 注浆与冻结工法组合沉箱工法

该工法是在沉箱外围从地表插入冻结管，在不直接降低地下水头情况下，冻结滞水层形成冻结止水墙。为确保冻结防渗墙的冻结质量，可在冻结开始前先对滞水层进行化注，把预定冻结地层范围内的地下水封闭起来，从而提高冻结效率，提高防渗墙的质量。

某气体管道构筑工程中的竖井深52m（对应地下水压为0.47MPa），利用该工法最终的最高作业气压降至0.196MPa，冻结地层是挟不透水层的层厚约12.5m的滞水层。冻结设备的运转期，即从沉箱构筑起直到沉箱沉设到位填充混凝土结束止。

5.3.7 沉箱侧壁的外防水处理

在沉箱沉设、埋入地中之前，用可以跟踪箱体侧壁裂纹宽度的材料，在侧壁外面上进行涂刷，作防水处理。

通常，地下室侧壁混凝土因受柱和梁的约束，故伴随混凝土的硬化收缩产生裂纹。如果利用这种方法对沉箱地下室进行处理，则地下室内的漏水可大为减少。

按上述方法处理侧壁防水的实例：① 号泵站地下室尺寸21m（长）×44m（宽）×23.9m（深）；② 号泵站地下室尺寸21.45m（长）×39.35m（宽）×35.9m（深），均取得较好防水效果。

5.4 压沉沉箱施工实例

该工程是压沉压气沉箱工法构筑大厦地下立体停车场（平面尺寸9.78m×8.10m×26.2m）工程（见图5.4.1）。下沉作业中利用倾斜修正装置，压沉装置及由计算机构成的管理系统，对沉箱的下沉姿态信息作实时管理，以便保证高精度下沉。图5.4.2是该沉箱近接施工的作业平面图。因沉箱外沿距现场的边沿只有62.5cm，显然在沉箱外侧设置地锚是不现实的，为此把地锚杆设在沉箱的内侧。为了防止锚杆穿过作业室顶板（钢筋混凝土）的部位漏气，该部位选用图5.4.3的构造。

压入装置由地锚杆、穿心液压千斤顶（1000kN）4台及支持千斤顶的加压梁、支承梁构成。沉箱倾斜时可调整千斤顶的压沉力修正倾斜。

姿态控制用计算机集中管理，由设置在井筒4个角上的测斜计提供姿态信息，当沉箱倾斜超过管理值时，则修正倾斜的压沉力自动投入运行。

为了确保井筒的垂直精度，施工中增设了倾斜修正装置。

由于该工程使用了上述沉降管理系统，故施工中可以作到平稳沉设，同时把沉设施工对周围地层的影响抑制到最小。上述措施是近接施工的有利保证。通过采用该系统对以往的从沉箱外侧面到场地边界距离10~45cm的6个压沉压气沉箱施工实例的测量结果知道，场地边界处的地表沉降量为0~30mm（测定值）。从本工程的观测结果发现，施工对周围构造物几乎没有任何影响。

上述结果充分说明，使用这种地锚压沉式促沉控制管理系统的沉箱工法，对沉箱外沿到邻近构造物的距离仅为10~15cm的近接施工的情形而言，是一种行之有效的工法。

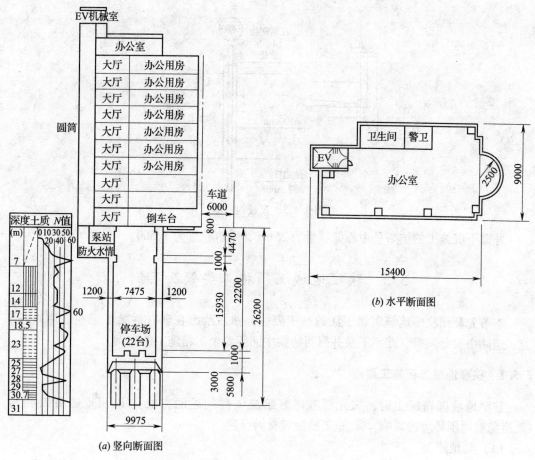

图 5.4.1 地下停车场的构造图（单位：mm）

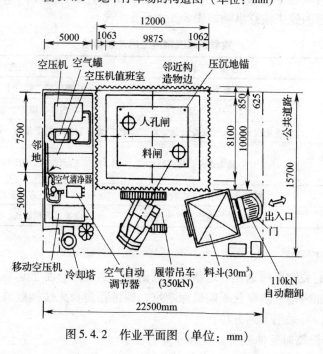

图 5.4.2 作业平面图（单位：mm）

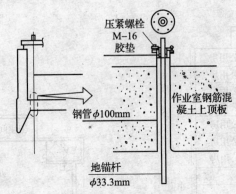

图 5.4.3　顶板构造图

井筒下沉施工的结果是中心偏移量为 25mm，垂直精度为 1/500。

5.5　狭窄地域沉箱施工要领及实例

本节先介绍狭窄地域沉箱工法的施工要领，然后给出在现有桥梁（正在使用）正下方、道路中央分离带、路面下及并列两桥梁中间等 8 个沉箱施工的实例。

5.5.1　狭窄地域沉箱施工要领

狭窄地域沉箱施工时，首先要考虑好解决下列问题的方法：① 用地的有效利用；② 避免对周围环境的影响；③ 施工机械及材料设置。

（1）陆地施工

在狭窄地域构筑地下构造物时，构造物的规模不同，施工顺序和临时设备的配置也不同。通常应预考虑的施工注意事项如表 5.5.1 所示。

狭窄地域沉箱施工的注意事项　　　　　　　　　　　　表 5.5.1

注 意 事 项	主要施工内容	可供选择的方式
狭窄地域	沉箱形状的设定	整体施工、分节施工、异形沉箱
	材料堆放场地选定	场内临时设置、场外加工运进场内
	送变电设备，送气设备设置位置的考虑	地面设置、路下设置、箱内设置搭设高台设置
公害防止条例要求邻近居民的要求	施工条件选定	白天施工、夜间施工、隔音构造等
空间高度受限	挖掘土砂运出方式的选定	单一方向支出、旋转运出
地下水位低	刃脚设置的地层高度的选定	地表设置，开挖设置，半路下设置，路下设置

（2）水上施工

水上施工时的关键事项是在陆地制作沉箱钢壳，然后进行水上运输。当现场不具备水上运输条件，例如因地域狭窄且不能确保吃水，即沉箱自身无法拖航或吊运沉箱的船吊无法靠岸的场合下，可采用下列方法：

① 由陆地搭设临时延伸栈桥，架设作业台面。

② 在台面上组装沉箱钢壳用千斤顶吊降。

③ 在钢壳内浇注混凝土构筑沉箱底座。

④ 压气挖掘。

⑤ 以后工序与通常的沉箱工法相同。

5.5.2 沉箱施工的主要内容

（1）临时设备的箱内存放

当地表面没有变电站和空压机的设置位置时，可将其设置于箱内。

（2）模板、钢筋加工场和临时堆放场的确保

当地面无法确保模板、钢筋加工场和临时堆放场地用地时，可在离开现场的地方进行上述作业，到施工前运入场内，也可以等到星期六、星期天搬入。

（3）排土作业的变动

为了有效利用狭窄的施工场地，可于白天构筑、夜间挖掘。在不能设置土砂漏斗的场合下，可直接向翻斗汽车倒土，或者在沉箱上设置存放挖掘土砂的临时场地。当在沉箱上设置存放挖掘土砂的临时场地时，由于对沉箱来说形成偏荷重载荷，所以这种情形须使用地锚控制姿态。另外，还应考虑防止地锚穿过作业室顶板造成的漏气的措施。

（4）抑制沉箱周围地层沉降的措施

在狭窄地域施工时，应特别注意对邻近构造物的影响，通常应设置钢板桩。图5.5.1示出的是有钢板桩和无钢板桩两种情形的，沉箱周围地层沉降的测量值，因施工条件不尽相同，所以该结果仅供参考。另还可看出有钢板桩时，抑制漏气的作用也较无钢板桩的情形好得多。

（5）防噪声措施

通常在排气管的头上设置减声器和选择减声空压机。特殊场合下，也可对整个现场用隔音墙隔音。

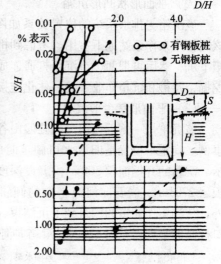

D：沉箱与测点的水平距离

H：沉箱的沉设深度

S：离开沉箱距离为D的点的地表沉降量

图5.5.1 沉箱下沉时伴随的地表沉降量的测量数据

5.5.3 施工实例

（1）平面形状L形沉箱

该工程由于建筑物地下室预定位置用地的平面形状为L形，所以沉箱的平面形状也为L形。基础的形式是桩基础，兼顾挡土墙和地下水的防渗措施，选用压气沉箱工法。沉箱与道路的间距为150mm，沉箱的水平误差管理值为100mm。沉箱下沉到预定深度时与桩端连结在一起。然后开始地面5层的构筑。图5.5.2示出的是沉箱及周围环境的位置关系，图5.5.3是断面图和平面图。

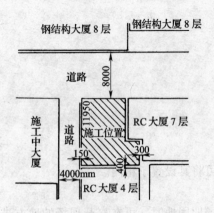

图 5.5.2 L 形沉箱施工用地状况（单位：mm）

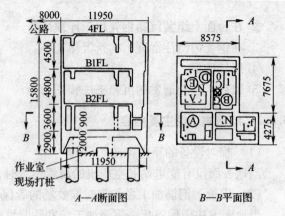

图 5.5.3 L 形沉箱断面图和平面图（单位：mm）

（2）平面形状凸形沉箱

该沉箱与排水系统的位置关系如图 5.5.4 所示。一侧是排水系统，一侧是堤和水闸，该沉箱用来作泵站地下室用。考虑到排水管道和护堤的形状，把整个沉箱先分成两个小沉箱下沉，然后再把两个小沉箱打通连成一个整体。基础桩用现场打桩法先期施工。沉箱的挖掘，及桩和沉箱作业室的一体化连接两个工序，采用压气工法。

（3）平面形状台形沉箱

该沉箱是一侧近接河流的陡峻山谷中狭窄地域处，建设水力发电站新的取水口的工程事例。其施工位置是旧取水口施工时的堆土场。施工时的平面图和断面图如图 5.5.5 所示。沉箱的开挖面积 308m²，沉设深度 20m，工程的挖土量为 6067m³（土砂 3364m³，泥板岩 2703m³，岩石向河流一侧的倾斜角为 20°），沉箱混凝土井筒的容积是 2569m³。另外，从沉箱作业室的构筑到下沉结束，总工期 212d。下沉结束时的施工精度是沉箱底面刃口标高的最大误差为 62mm，沉箱向河流一侧偏移 84mm。

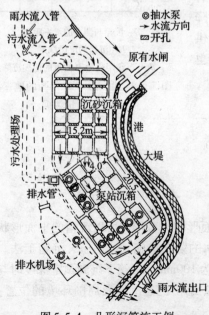

图 5.5.4 凸形沉箱施工例

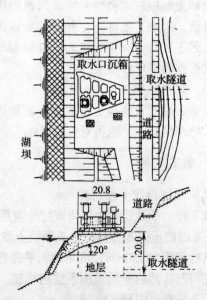

图 5.5.5 台形沉箱施工状况图（单位：mm）

（4）平面形状平行四边形沉箱

该沉箱是都市地下街地下5层构筑物的构筑工程，竣工时的地下室的面积为1067m²，沉箱上面的地表建筑为9层。

为确保临时设备的有效用地，特把整个场地分成两半（即两个平行四边形），一半作为第一个沉箱（平面尺寸：30m×14.5m，开挖面积423m²）的施工用地，另一半作为临时设备的存放场地。待第一个沉箱下沉结束后，将设备存放场地移至其顶盖上，再在另一半场地上下沉第二个沉箱（平面尺寸为30m×19m，开挖面积612m²）。第二个沉箱下沉结束后，再把两个沉箱打通成为一个整体。整个工程工期17个月（沉箱工程工期为7个月×2，其余为内装工程和从地下向地面的过渡工程）。

图5.5.6示出的是第二个平行四边形沉箱施工时的平面图。

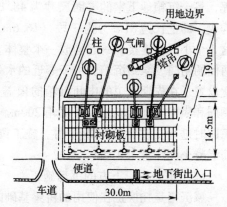

图5.5.6 平行四边形沉箱施工状况

（5）路下沉箱

该实例是在道路正下方进行沉箱施工，而不封路的施工例子。

沉箱筒身和施工必须的所有临时设备均存放于地下，地面只留有挖掘土砂运出口和钢筋等材料运入口。施工概况如图5.5.7所示。在离开道路一定距离的位置上设置管理控制室。对靠近地表的地下埋设物进行临时防护（提吊、支承），开挖空间定在埋设物的下面，并沉设沉箱。路下沉箱工法多用于狭窄地域且存在地下埋设物情形的地下容器的构筑。

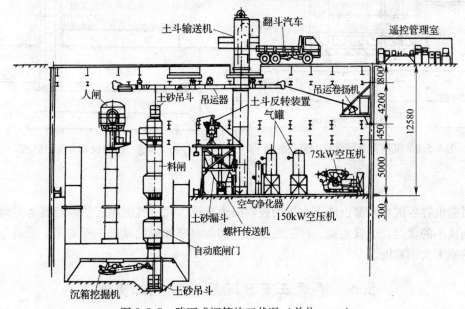

图5.5.7 路下式沉箱施工状况（单位：mm）

（6）半路下式沉箱施工例

这里介绍利用国道中央隔离带进行沉箱施工的例子，该例是把国道中央隔离带作为沉设沉箱的场地，把道路的一部分开挖作为设置衬砌及外脚手架的用地。因气闸等设备露出地面，故称为半路下式施工。

（7）利用沉箱顶盖板作临时道路的施工实例

该沉箱（地下室）是下水道终端处理场的地下污水流入闸门、沉砂池及泵站的构筑工程，整个沉箱地下室的平面尺寸为48.1m×81m，深27.1m。实际上该沉箱由3个小沉箱构成，即把长边81m分为3段（16.6m、37.2m、22.6m）每段沉设一个小沉箱，然后把这3个小沉箱连接到一起构成一个整体。施工顺序是先下沉中间的沉砂池沉箱，然后下沉两侧的闸门、泵站沉箱。由于邻近的水处理设施工程也同时施工，所以工程用地紧张。为此设置了在先期竣工的中间沉箱的顶盖上铺设衬砌板作为工程临时道路，以便缓解交通。钢筋和横框的加工场地离开沉箱200m。中间沉箱内部的装饰施工与两侧的沉箱的下沉施工同时进行。整个工期29个月，施工概况如图5.5.8所示。工程的挖土量为90280m³、钢筋混凝土浇注量35970m³。

（8）道路桥正下方的沉箱施工

该沉箱是托换正在使用的桥梁基础的新基础的构建工程。概况如图5.5.9所示。桥梁与气闸的最小距离为2m，架设在桥梁一侧的管线与气闸套管间的距离为1.8m。

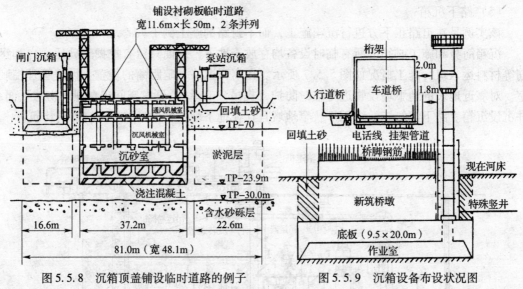

图5.5.8　沉箱顶盖铺设临时道路的例子　　　图5.5.9　沉箱设备布设状况图

小结

目前世界各国均对都市地下水位的控制极为重视，而压气沉箱工法恰恰具备对地下水位影响极小的优点。也就是说，该工法极适合都市狭窄地域的基础工程施工，故近年来该工法的施工实例猛增。

5.6　桥梁正下方沉箱基础施工实例

5.6.1　引言

1975年前建造的某6跨钢桁架桥，目前老化严重；加之通过车辆的大型化及交通量的增加，该桥已远不能满足使用要求。为此，决定在原位建造一座新桥。新桥概况（见图5.6.1）：桥长267.6m，桁架长268.35m，4跨连续钢板桥面箱梁，跨度67.4m＋62.5m＋70.9m＋66.75m，宽25.1m。

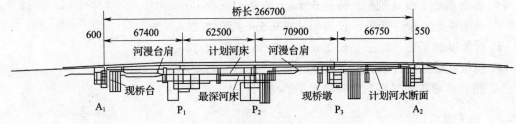

图5.6.1 新桥概况（单位：mm）

应该说建造新桥的最好的施工方法是先把现有桥拆掉，然后建造新桥。但是，该桥是交通大动脉，不允许封桥切断交通。另外，环境条件也不允许架设临时桥梁，所以制定了先在现有桥的正下方构筑新桥沉箱桥基，同时现有桥梁交通照常通行。然后一边拆除现桥桥面，一边构筑新桥桥面的施工方案，具体施工方法见图5.6.2。

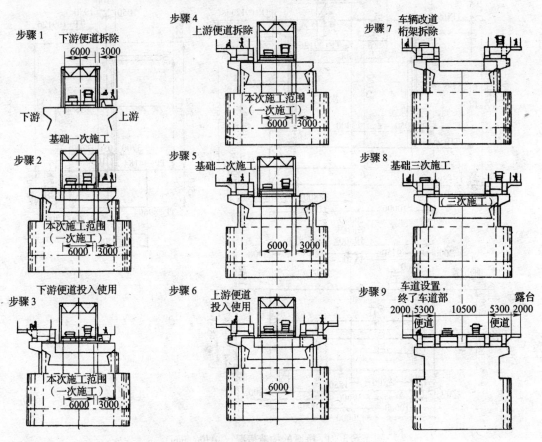

图5.6.2 替换现有桥梁的新桥的施工方法（单位：mm）

下面介绍在现有桥正下方构筑新桥沉箱桥基的概况及施工难点。

5.6.2 桥基工程概况

整个新桥桥基工程有如下 5 项：

A_1 桥台基础工程（圆形，外径 5.1m×高 9m）；

P_1 桥墩基础工程（矩形，长 20m×宽 9.5m×高 12.25m）；

P_2 桥墩基础工程（矩形，长 20m×宽 9.5m×高 12.24m）；

P_3 桥墩基础工程（椭圆形，长 20.1m×宽 8.1m×高 10m）；

A_2 桥台基础工程（圆形，外径 5.1m×高 11m）。

5.6.3 施工难点

这里以 P_1 桥墩为例介绍施工中的一些难点。P_1 桥墩的构造，如图 5.6.3 所示。

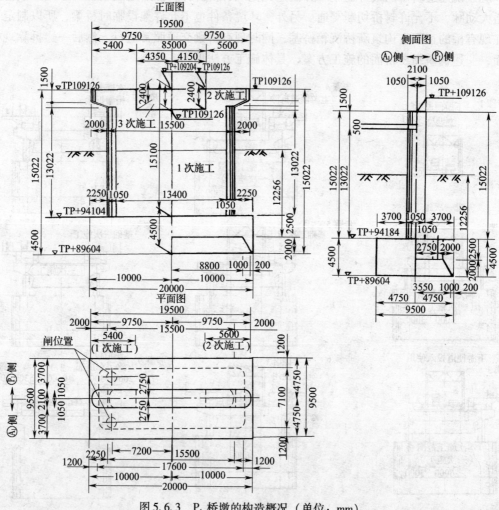

图 5.6.3　P_1 桥墩的构造概况（单位：mm）

（1）施工空间的限制

P_1 桥墩与现有桥梁桥墩的水平距离为 8.5m。P_2、P_3 桥墩与现有桥墩的水平距离也是 8.5m。这就是说，各种施工设备的水平移动范围不能超过 8.5m。

如图5.6.4所示，现桥桁架下面悬挂有供水、供电、供气（高压、中压）、通信等各种管线，这些管线与施工基面的间隔（空间高度）为6.02m。因此沉箱的每节的构筑高度及各种施工设备的高度均被限制在6.02m以内。

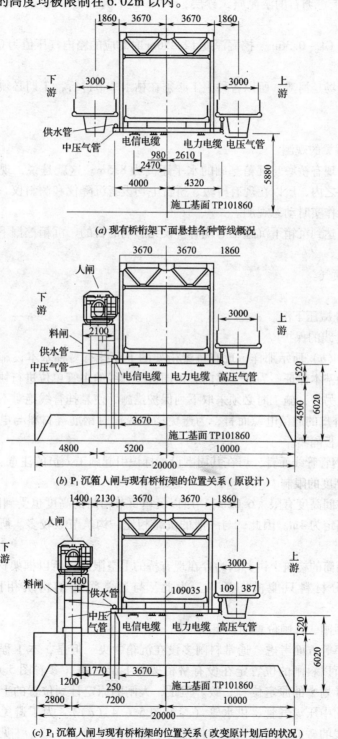

(a) 现有桥桁架下面悬挂各种管线概况

(b) P₁沉箱人闸与现有桥桁架的位置关系（原设计）

(c) P₁沉箱人闸与现有桥桁架的位置关系（改变原计划后的状况）

图5.6.4　P₁沉箱人闸与现有桥桁架的位置关系（单位：mm）

（2）土质状况

施工现场的土质概况如下：0 ～ -4m 多为含大漂卵石（$\phi > 1m$）的砂砾层，-4 ～ -9m 是混有漂卵石的淤泥质细砂层，-9m 以下为火山砂砾层，无论哪一层的 N 值均在 50 以上。

地下水位为 GL -0.36m，挖掘深度 12.256m 时对应的箱内气压值为 0.12MPa。

（3）工期

因为施工现场是河滩，所以各种施工必须在枯水季节进行，工期必须严格控制。

5.6.4　施工

（1）现有桥梁的观测

如前所述，现有桥墩与沉箱基础的水平距离为 8.5m。这就是说，现有桥墩落入沉箱施工的影响范围之内，所以在现有桥墩、桥台上均设有沉降仪和测斜仪，在沉箱施工的同时也对现有桥梁作实时动态观测。

另外，为了达到沉箱下沉施工对现有桥梁无影响的目的，沉箱挖掘下沉施工中必须特别注意以下几点。

① 不产生喷气。

② 不超挖。

③ 绝对禁止减压下沉。

（2）悬挂管线的保护

像图 5.6.4（a）所示那样，现有桥梁桁架的下面挂有多种基本设施管线。这些管线均系市民生活的基本保证。为此，事前必须同这些管线的主管单位进行协商，得到他们的同意后再施工。另外，施工时必须采取下列保护措施，使悬挂管线绝对不受损伤。

① 对塑料外皮的通信电缆而言，为避免构筑箱筒时钢筋等材料与电缆塑料管发生接触，应使用脚手板隔离。

② 对其他钢管管线而言，可在其周围设置标识引起施工人员的注意。

（3）箱筒高度的限制

因施工的空间高度有限（6.02m），所以沉箱每节箱筒的高度也受到限制。就 P_1 桥墩沉箱而言，节高定为 4m。因此，与一般的沉箱相比，构筑节数较多。所以井筒壁钢筋的接头也多。

另外，从箱筒的构筑上讲，因为存在现有桥的上空限制，所以框架材料、钢筋等均无法吊入，大部分材料只能横向运入。为此，与通常沉箱的构筑相比，工作量要增加25% ～30%。

（4）沉箱料闸、人闸位置的确定

从作业效率等方面考虑，通常料闸多设在沉箱中央。但是，本工程因沉箱的上方存在现有桥梁，所以料闸的位置定在设有桥桁架的下游一侧（参看图 5.6.4）。料闸的施工位置与施工计划中的原定位置一致。但是，人闸的原定计划位置的上方是悬挂在现有桥梁桁架下方的中压煤气管、供水管（参看图 5.6.4（a））。为了避免施工时发生施工设备与上述管线的碰撞，故把人闸的位置向下游一侧移动了 1.2m。[见图 5.6.4 的（b）和（c）]。

由计算知道，若料闸倾斜不超过料闸直径的1/15，则料闸绝对不会与现有桥梁发生接触。

因 P_1 沉箱底面积较大（190m²），故箱内配置2台挖铲。由于料闸偏向下游一侧，所以上游一侧的挖铲掘削的土砂不能直接倒入土斗，必经2次倒换方能装入土斗，故作业效率不高（见图5.6.5）。

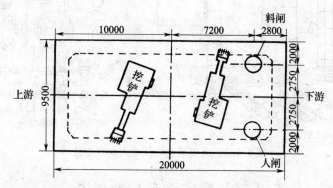

图5.6.5　沉箱挖铲布设平面图（单位：mm）

（5）工程管理

由于施工空间受限（高度＜6.02m、水平距离＜8.5m），土质条件差（含大漂卵石 $\phi>1m$ 的砂砾层，$N>50$）给挖掘带来极大的困难，且只能在枯水季节进行，所以采用边挖掘下沉、边构筑箱筒的施工方法。因此，施工管理比通常的方法严格得多。

（6）沉箱的倾斜管理

尽管人闸位置的变动，避免了人闸与现有桥梁的碰撞。但是，沉箱的倾斜过大，不仅可以引起沉箱位置的移动和偏心，而且还可能出现喷气现象。为此，在箱筒上安装了沉箱倾斜计，每隔几秒钟测定一次倾斜，以便及时采取措施控制箱筒的倾斜。观测结果表明，沉箱的倾斜大致被控制在±0.5%以内。

（7）环境措施

在沉箱施工中关键的设备之一，即向沉箱作业室提供压缩空气的空压机。但空压机的振动和噪声较大（特别是目前使用较多的往复式空压机更是如此）。本工程现场周围居民密集，试算结果表明：空压机运转时产生的噪声，在夜间超过50dB（管理基准）。所以须在空压机的四周设置隔音墙，以便降低振动、噪声对周围环境的影响。

5.7　箱内大气吊仓遥控无人挖掘工法

该工法是把一个具有普通大气压力（与地表大气层连通）的吊仓，通过气缸的作用使该吊仓可在沉箱内自由升降和旋转。吊仓壁上开有耐压透明窗口，操作人员可从窗口直接目视挖掘机的实际工作状况、土质状况及设置在沉箱内的电视摄像机摄制的图像，遥控挖土、排土作业的工法。该工法1981年首例于大桥基础工程中成功，箱内大气吊仓遥控无人挖掘工法的概况如图5.7.1所示。

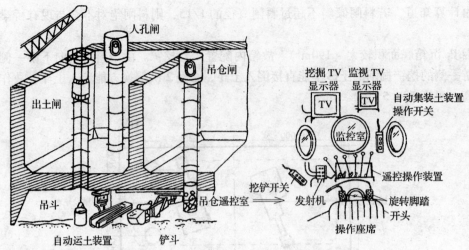

图 5.7.1　大气吊仓遥控无人挖掘工法

5.8　地表遥控无人挖掘工法

　　该工法是利用安装在挖掘机上的立体摄像机和设置于箱内天顶上的监视摄像机拍摄到的箱内的土质状况、挖掘机及排土系统工作状况的图像信息，经电缆传送给地表中央控制室内的监视器。操作人员佩戴偏光眼镜从监视器上可以清晰地观察到箱内的土质状况、挖掘机和排土装置的工作状况的 3 维立体图像，进而通过操作盘、电缆向箱内的挖掘机、排土装置发回工作控制令。整个箱内作业均系无人遥控作业。该工法作业概况如图 5.8.1 所示，遥控操作状况如照片 5.8.1 所示。

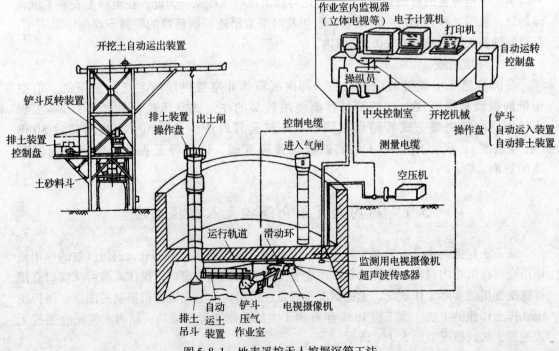

图 5.8.1　地表遥控无人挖掘沉箱工法

照片 5.8.1　遥控操作状况

多年来，无人遥控挖掘沉箱工法，在以保护作业环境、提高作业效率及省力为目的的土砂收集系统和挖掘机的运转系统的研究开发方面有着显著的技术进步。该工法不仅对一般土质可以实现箱内挖掘、排土及箱筒下沉施工作业均已全部无人化，且步入实用阶段。另外，箱筒下沉过程中的姿态控制状况，可由计算机实时显示，并可及时反馈控制挖沉。

就箱内大气吊仓遥控无人挖掘工法和地表遥控无人挖掘工法而言，施工中的下述作业：① 挖土机、排土装置的定期检修、保养作业；② 挖土机、排土机的故障修理作业；③ 挖土机、排土装置的解体拆除及运出作业；④ 地层承载力试验装置的设置、拆除、运出作业；⑤ 混凝土的浇筑作业的管理；⑥ 非常时期的作业等，仍须靠作业人员进入高气压的沉箱内作业完成。也就是说上述两种工法目前均未实现完全无人化。

5.9　地表遥控无人工法在污水工程中的施工实例

5.9.1　沉箱的形状及土质概况

（1）沉箱的形状

本工程系构筑污水干线的竖井工程，该竖井用沉箱工法施工。沉箱形状为圆形，外径 10.3m、内径 8m、深 37.25m、挖土量 $3102.9m^3$、最大作业气压 0.4MPa。

（2）土质状况

土质柱状图如图 5.9.1 所示，系砂土和黏土的互交层。到 GL-6.5m 止为 $N=0\sim3$ 的砂质淤泥；$-6.5\sim-12.7m$ 为 $N=1\sim15$ 的淤泥砂；$-12.7\sim-26.4m$ 为 $N=0\sim1$ 的软粘性淤泥；$-26.4\sim-41.5m$ 为 $N=5\sim50$ 的砂层；最终的持力层为 $N=40$ 的砂层。

5.9.2　自动化系统

1. 遥控操作设备

该遥控操作系统最大的特点是操作系统采用无线通信方式。所以电动挖铲对应的大量的连接电缆不复存在，故系统的可靠性大大提高。操作员在控制管理室内通过观察安装在挖铲上的 CCD 摄像机的挖掘位置的画面进行操作，见图 5.9.2。

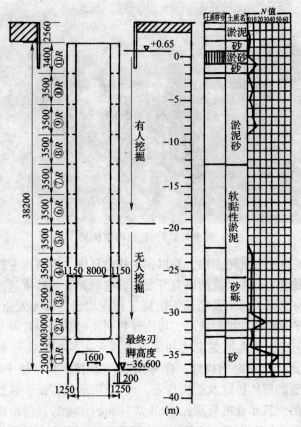

图 5.9.1　土质柱状图（单位：mm）

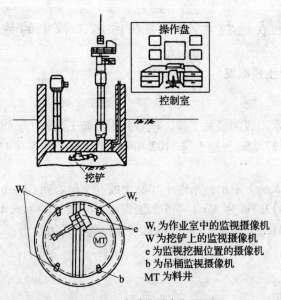

图 5.9.2　自动化设备概况图

　　如果操作操作盘的操作杆，则可把正比于其倾角的电压变换成无线信号并发送出去，经过安装在挖铲上的接收机接收后，控制 6 连电磁阀。

具体地讲，由操作盘选择激励，由其倾斜量调节速度。

2. 挖掘辅助设备

遥控操作时的施工效率和精度，取决于挖掘位置周围的信息量和操作员的技能水平。因此应把以下信息集中到中央控制室内并显示出来，操作员根据分析这些信息的结果，确定挖掘位置及挖掘量。

（1）TV 摄像机

① 监视挖掘位置的摄像机

挖掘位置附近的图像的好坏直接关系到挖掘效率。因此，挖铲的机体上并列安装 2 台 CCD 摄像机，4 分割监视器上得到左右扫描的宽域图像。该监视图像主要监视挖掘状况和土砂装入状况。

② 监视作业状况的摄像机

为监视作业室内的总体状况，作业室内顶板上设置有带遥控功能的 CCD 摄像机 1 台及固定摄像机 2 台。利用遥控摄像机左右旋转、上下起伏和改变焦距等操作，监视作业室的全部操作状况。另外，还可通过改变焦距的方法监视刃脚附近的状态、土质、涌水等信息。

③ 吊桶监视摄像机

利用固定在顶板上的 CCD 摄像机，监视吊桶着地状况及土砂装入状况。这些监视信息不仅要提供给担当排土作业的司闸员，同时还要提供给挖铲操作员，以便防止挖铲与吊桶发生碰撞。

（2）图示系统

图示系统即用计算机绘图法把沉箱自身和作业室中的设备的相对位置，映视在监视器中。由各种传感器的信息算出挖铲的相对位置、姿态，并实时的将其显示在同一画面上，见图5.9.3。由该图像掌握相对位置的同时，判定铲挖的部位及深度。另外，还可根据这些信息监视挖掘面上的土质状况。

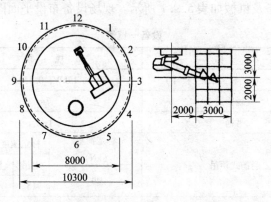

图 5.9.3 计算机的图示结果（单位：mm）

（3）测量管理系统

利用传感器测量沉箱的下沉量、倾斜量、作业气压等参数，并对其实时显示记录。另外，还可输出这些信息。

（4）挖铲自动运转

因本沉箱属小型沉箱，故挖铲与吊桶的相对距离短。所以挖铲平移、旋转、悬臂等动作的精度要求极高，应该说只有自动化系统才能满足要求。

为了避免挖铲与其他设备发生碰撞，故设计了挖铲具有停止运行的功能。另挖铲从离开吊桶到挖掘返回的时间应大于吊桶的装土时间。又因这些动作属单纯的重复动作，故操作员的疲劳程度小，作业安全。

为了避免挖铲反转，致使土砂大量洒落，造成排土效率下降，特把挖铲的动作分解为移动、装土两步。自动移动结束后，再自动装土，系统程序见图5.9.4。

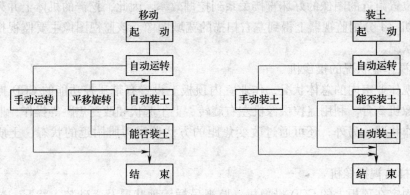

图5.9.4 自动运转程序图

5.9.3 施工

挖掘下沉时，为了降低施工噪声对周围居民的影响，施工中使用隔音墙（17.2m×30.2m×16.4m）覆盖全部施工设备。

为了防止地层坍塌及坍塌造成的施工设备的倾斜，在沉箱的周围打设钢板桩Ⅲ型（14.15m×14.15m×11.5m）挡土。

施工中使用的设备及机械如表5.9.1所示。现场设备布设平面图如图5.9.5所示。

设备一览表　　　　　　　　　　　　　　　　表5.9.1

类　别	名　称	规　格			数　量
挖掘设备	沉箱挖铲（长臂、黏性土铲斗）	15kW，0.15m³			1
	直线轨道	7m			
	吊桶	1m³			2
排土设备	卷扬式顶吊	标定荷重（kN）	标定速度（m/min）		1
			上吊	上吊	上吊	
		49	15	20	27	
	土砂漏斗	50m³			1.
送气设备	螺旋式空压机（DSP-9WHI）	输出（kW）	喷射压力（MPa）		2
		90	0.4		
	离心式空压机	输出（kW）	喷射压力（MPa）		1
			0.8		

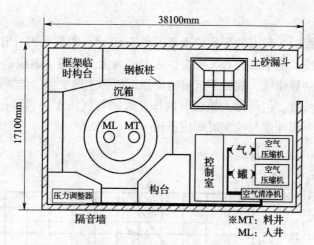

图 5.9.5 现场设备布设平面图

挖掘方法：考虑到作业效率前 5 节箱筒（刃脚深度到 16.7m）为有人挖掘，以后各节均为无人挖掘。

有人挖掘使用 2 个排土吊桶连续作业，无人挖掘使用 1 个吊桶排土，所以排土周期增长 1 倍，故效率下降。

上述作业由 2 名操作员操作，每隔一定时间一换，两人轮番交替工作。

（1）有人挖掘

沉箱的施工精度取决于初期的挖掘下沉状况，所以初期的挖掘下沉必须严格执行管理基准。

本沉箱在 -13.6m 处的箱筒的倾斜为 1/124。为了纠正该倾斜，特在作业室内组装了枕垛，但挖掘下沉的效果仍不理想。为此，从箱体偏高一侧的外壁处插入喷射管喷射膨润土泥浆，其目的是降低周面摩阻力促沉。结果在后继第 2 节时，倾斜已修正到 1/312。作业时间为 8h。

（2）无人挖掘

每天 2 班作业时间 7h。因其挖土、装土的时间较长故进度不快，故此可望缩短该项用时提高效率。因此选用在吊桶排土上吊过程中，挖铲把挖掘的土砂临时堆放在吊桶着地位置的周围，待吊桶返回后挖铲旋回对吊桶装土。

因本沉箱的直径较小（10m），所以吊桶排土过程中的水平移动的运行时间短，故采用临时堆积挖掘土砂的方法，很容易实现全断面挖掘，所以无须设置辅助设备，即可提高工作效率。

5.9.4 施工结果

（1）挖土排土周期

吊桶的运行周期如图 5.9.6 所示。

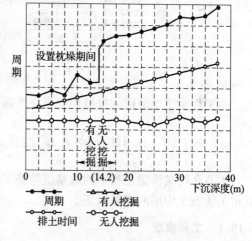

图 5.9.6 运行周期图

（2）挖掘结果

该沉箱无人挖掘时，每天的平均挖土量不小于 50m³。图 5.9.7 示出的是沉箱下沉量与挖掘时间关系的曲线，前半部为有人挖掘，后半部为无人挖掘。虚线是推估的第 6 节以后各节的有人挖掘的估算曲线。随着下沉量的增加，挖掘速度变慢，其原因是高气压下的作业时间变短的原因所致。但是无人挖掘时的作业时间与气压无关，即挖掘时间不受影响，可保持一定，所以下沉深度与挖掘时间成正比。

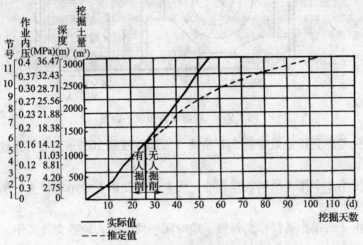

图 5.9.7　挖土量与挖掘时间的关系

由于初始阶段的施工中严格进行下沉挖掘管理，故最终的倾斜被控制在 1/320 以内，见图 5.9.8。

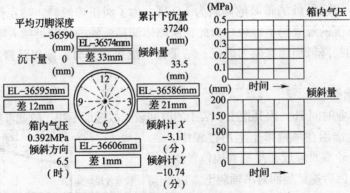

图 5.9.8　下沉观测结果

本工程施工中使用的机械均为可靠性高、无需护养的机械。

5.10　地表遥控无人工法桥基施工实例

本节介绍某桥梁工程中的墩基沉箱施工的概况。其中重点介绍地表遥控无人自动挖掘沉箱工法施工中用的机械设备。

5.10.1　工程概况

整个桥梁的示意图如图 5.10.1 所示，桥基构造如图 5.10.2 所示。桥墩直径 10m、高

42.8m，墩基沉箱圆形、直径24m。开挖深度34m、最大气压0.34MPa、挖掘面积456m²、出土量43314m³、混凝土用量33563m³、钢筋2166t、模板15094m³。

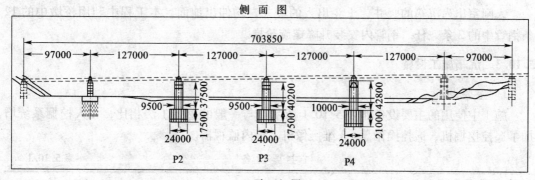

图5.10.1 某桥梁概况（单位：mm）

工程采用遥控无人挖掘工法，钢管混凝土复合构造，预应力带钢筋等新工法确保施工效率及工程质量的大幅度提高。

5.10.2 桥基系统构造特点

1. 桥墩

桥墩采用钢管混凝土复合构造工法构筑。即把混凝土中的主钢筋置换成钢管（共计12条钢管、其中5条兼作压气沉箱施工中的出土闸、人闸等竖井）。使钢筋用量大为减少。钢管外面设一层主钢筋，主钢筋的外面再用钢预制绞股线按螺旋状缠绕，以此提高钢筋和混凝土束力。每座桥墩的混凝土浇筑量为11200m³、约2240台次搅拌罐车。这种构造的优点是断面小，抗震性好。

2. 沉箱

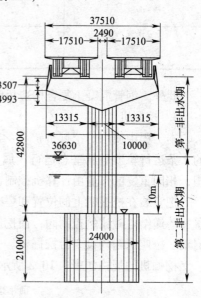

图5.10.2 桥基构造（单位：mm）

（1）出土闸

即挖掘土砂运出闸，闸门为双重结构。土斗入箱时，① 关好下闸门，土斗入闸，再关好上闸门；② 增加气压直到闸内气压与箱内气压相等；③ 两者气压相等后，打开下闸门，把土斗降到箱内。土斗出箱时操作顺序反之。

（2）土砂运出土斗

圆形土斗把挖掘机挖掘下来的土砂运到地面。

（3）人闸室

为工作人员出入沉箱而设置的加压、减压闸室。

（4）人井、料井

人闸室出入沉箱的竖井、土斗出入的竖井，均伸出地面。本工程中利用桥墩中的12条钢管中的2条兼任。钢管内安装升降螺旋阶梯。

5.10.3 沉箱施工设备

1. 主要设备

施工中使用的主要设备如表 5.10.1 所示。与一般的挖掘工法相比，无人挖掘系统增加了遥控挖掘机、遥控操作盘、3 维摄像机、箱内监视器。

主要设备 表 5.10.1

设备类别	品 名	数 量
装卸	履带吊车（450~600kN）	2 台
挖掘	遥控挖掘机（0.25m³）	3 台
	遥控杆	3 台
	三维摄像机	3 台
	监视摄像机	9 台
排土	履带吊车（450~600kN）	3 台
内装	料闸（1m³）	3 座
	人闸	3 座
送气	定置式空压机（150kW）	7 台
急救	调压闸室	1 台
下沉管理	下沉测量管理系统	1 套

此外，钢管混凝土复合构造桥墩是设计上的一个特色。

2. 挖掘机

本工程中使用的挖掘机铲斗的容量为 $0.25m^3$，挖掘机沿安装在沉箱作业室上顶板上的 2 条运行轨道呈悬垂态运行，属用液压阀控制的有线遥控方式。为了减轻操作员的负担，相同重复的作业由计算机控制，并自动重复运转。

把安装在挖掘机上的位置和姿态传感器的输出电信号经计算机处理后，确定最佳操作量并传递给电磁比例控制阀，使挖掘机的各种传动装置（液压缸、液压马达等）得以平稳启动。一座沉箱内设 3 台挖掘机。

挖掘机的规格如表 5.10.2 所示。

顶吊运行式挖掘机（0.75m³）规格 表 5.10.2

铲斗容量	0.25m³	电机类型	安全防爆
质量	6750kg	电机容量	30 kW 4P 440/440V、50/60 Hz
最大作业半径	5250mm	油泵类型	齿轮式×2
最大挖掘深度（离顶板）	3900mm	主安全阀设定压力	17.5、21MPa
铲斗贯入力	110kN	旋转液压电动机类型	定容活塞式×1
旋转速度	8r/min	铲斗液压电动机	定容辊动叶片式×1
运行速度	25m/min	运行液压电动机	定容辊动叶片式×2
驱动形式	齿条齿轮	工作油箱	220+130L
制动形式	液压式	操作方式	箱外遥控和机上操作

3．监视系统

遥控室内设置遥控装置和监视装置。此外，遥控室内还设有沉箱挖掘、下沉有关信息的采集、处理、显示装置，从而确保下沉管理精度的大幅度提高。

（1）监视电视

监视电视摄像机共有12台。其中，3台为三维电视摄像机（佩戴偏光眼镜可观察立体图像）装在挖掘机上；其余9台为平面图像摄像机，挖掘机上设置3台，作业室顶板上设置6台。这6台中有3台为可调式摄像机，即摄像距离和方向均可根据需要进行调节。这12台监视电视摄像机的作用是实现对作业室内挖掘机及各设备的全面的（无死角）监视。

（2）过程曲线图解监视器

尽管上述12台监视电视摄像机可以获得作业信息，但光靠这些信息进行遥控操作还不够，还必须获得挖掘机的详细位置和姿态，挖掘机与筒壁，挖掘机与土斗的位置的变化过程的关系曲线。为此，挖掘机上设置了测定位置和姿态的传感器，这些传感器的输出信号经计算机处理后，可在CRT画面上显示出多条过程曲线。

另外，为了掌握沉箱挖掘下沉时的姿态，下沉的精度及机械检修时的箱内气压等参数，所以还须把下沉管理中用测斜计与箱内环境测定传感器（气压、氧气浓度等传感器）的测定值实时地显示在CRT画面上。

5.10.4 遥控无人挖掘施工

1．施工顺序

桥基施工顺序如图5.10.3所示，从第5步的墩箱封顶起到挖掘下沉结束，均采用遥控无人挖掘工法施工。

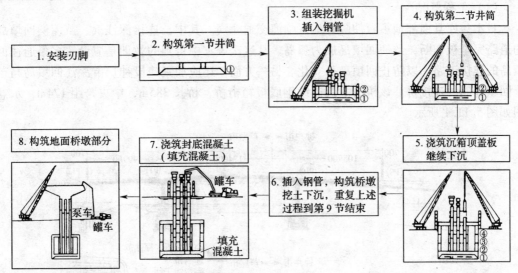

图5.10.3 施工顺序

第一节构筑工作结束后，安装挖掘机运行轨道、挖掘机、监视摄像机。第2节井筒构筑结束后，开始挖掘出土下沉。

2．遥控操作

操作员在遥控室内根据观察到的三维图像、平面图像及过程变化曲线，操纵操作盘上的 3 条操纵杆实现遥控。

3. 操作系统的功能

（1）学习功能

计算机记忆操作员的操作，其动作自动化，还可以进行同一作业的自动重复。减轻操作员的负担避免疲劳。

（2）限制挖掘深度的功能

先把预定的挖掘深度输入到计算机中，当挖铲超过限制深度时，发出报警声通知操作员，以此防止超挖事故。

（3）防止多台挖掘机的碰撞功能

当两台挖掘机之间的距离接近事先设定的输入计算机的距离时，则挖掘机上的传感器有信号输出给制动装置，使挖掘机停止运行。以此保证作业的安全。

（4）集中上油装置

由于挖掘机安装有集中上油装置，故每 2 周上油一次。

（5）自诊断系统

挖掘机上装有自诊断系统，该装置可随时把挖掘系统是否正常的信息送给遥控室，使操作员随时掌握挖掘系统的正常与否。保养人员每 2~3d 入箱查看一次。

（6）旋转功能

为了提高挖铲的装土效率，挖掘机增加了铲斗以臂为轴可以左右旋转的功能。

5.11 地表遥控无人工法海上桥梁基础施工实例

（1）工程概况

日本兵库县南部地震致使阪神地区临海交通瘫痪。其中，连接深江浜、芦屋浜回填岛的道路完全被切断，致使回填岛成为孤岛。从这次震灾中得到的教训是应设置多条通往回填岛的连接道路，以防止回填岛孤立化。另一方面，还应加紧建设神户市深江回填岛与芦屋回填岛间的连接桥。该桥为 3 跨连续钢底板箱桁桥，桥长 385m，中央跨距 174m，示意图如图 5.11.1 所示。

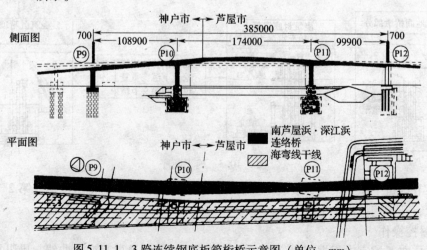

图 5.11.1 3 跨连续钢底板箱桁桥示意图（单位：mm）

本节只给出 P11 沉箱基础施工中选用无人挖掘工法的缘由。其他这里不再重复。

（2）沉箱基础

P11 沉箱基础与海湾干线桥墩的近接状况如图 5.11.2 所示。

P11 沉箱基础与阪神高速公路 5 号线海湾线桥墩靠的很近，其间距仅为 7.3m。工程总体设计要求沉箱挖掘下沉施工造成的阪神高速公路桥墩的沉降量、位移量均不得超过 3mm，倾角不得超过 0.05°。由于这个技术指标要求极高，为了满足其要求，故把基础定为安全性好、易于控制姿态的压气沉箱工法。

沉箱基础的构造如图 5.11.3 所示。

潜函沉箱：19m（长）×24m（宽）×21.3m（高）；RC 桥墩：14.5m（长）×9m（宽）×14.4m（高）；下挖深度：23.3m，底面积 456m²；沉箱钢壳重力 5.3MN。

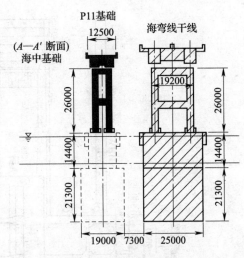

图 5.11.2 P11 基础总体构造
（单位：mm）

（3）无人挖掘工法的选定

在考虑基础形式及施工计划时，采用了 TC（Technical Cooperator）制度，特成立了"连接桥基础施工计划研讨监理委员会"，并就挖掘工法问题及信息化施工问题进行了研讨。

由图 5.11.3 不难看出，水面到沉箱刃脚的深度大致为 35m 左右，对应的最大作业气压已超过 0.3MPa。在确定具体工法之前，曾从作业人员的数量、作业效率、工期及成本等几个方面，对有人挖掘工法、无人挖掘工法作了对比，结果如表 5.2.3 所示。由该表中示出的数据不难算出，无人工法的作业人员的数量减少 37%、作业效率提高 140%、工期缩短 23%、成本下降 16%，故最后决定选用无人挖掘工法施工。关于有人工法、无人工法的优缺点的详细对比，见 5.2.6 节。

（4）信息化施工

如前所述，因为沉箱与阪神高速公路 5 号海湾线桥墩的距离仅为 7.3m，且要求沉箱挖掘下沉施工给海湾线桥墩造成的沉降量、位移量均不得超过 3mm，倾角不得超过 0.05°。为了确保这一技术指标的实现，沉箱挖掘下沉施工采用了信息化施工法。在施工前用有限元法解析了沉箱挖掘下沉施工对 5 号海湾线桥墩的影响，其影响程度均未超出阪神高速道路集团的上述管理规定值。另外，对下沉中的沉箱的姿态和刃脚荷载、周面摩擦力、5 号海湾线桥墩和周围地层的变位作了动态实时观测，并时刻与管理基准值对比。此外，还根据该动态观测数据的解析结果，对海湾桥墩的变位作了预测。上述信息化施工措施的采用是确保高精度施工的关键。

该无人工法沉箱的施工概况如图 5.11.4 所示。

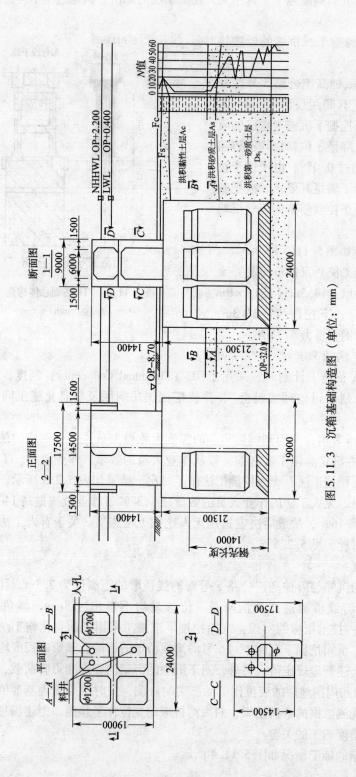

图 5.11.3 沉箱基础构造图（单位：mm）

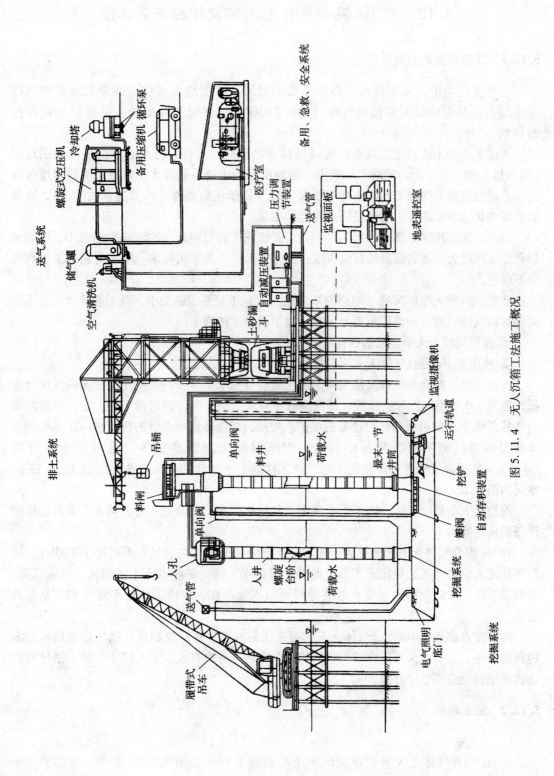

图 5.11.4 无人沉箱工法施工概况

5.12　充 He 混合气体无人遥控挖掘沉箱工法

5.12.1　工法问世的必然性

上节业已指出，采用排水、防渗工法的目的是降低地下水位，即降低地层中的孔隙水压力，从而降低沉箱箱内气压（<0.18MPa），进而实现操作人员可以入箱开挖的目的。

不过采用排水法首先要具备环境可以排水的条件。另外，排水必然会造成周围地层（持力层）的下沉。对防渗墙工法来说，当地层原始渗透系数过大，或沉箱沉设深度过深时，有时会出现对防渗墙的隔离性能要求过高（化学注浆处理后的渗透系数过小），致使防渗墙的化学注浆施工很难满足隔离性能的要求。

总之，施工现场不具备排水条件，或者要求施工对周围地层的沉降影响极小，或者地层孔隙水压过大，或者沉箱的沉设深度过深等情形下，再采用排水、防渗沉箱工法显然效果不理想。

此外，有些大深度沉箱（对应的箱内气压大）工程要求施工中，既不能排水，也不能降低箱内气压。就这种情形而言，可采用以下两种工法施工：

① 选用遥控无人全自动机械化工法。

② 选用充 He 混合气体无人遥控挖掘沉箱工法。

工法②是在综合考虑有人及无人工法优缺点（见8.2节）的基础上，把箱内气压分为低压段（<0.18MPa）和高压段。低压段选择有人工法；高压段选择无人工法；对箱内的一些特殊作业（如机械和照明设备的维护、检修，挖掘作业结束后的机械解体，基底地基承载力试验，支承地层状况的目视，中填混凝土浇筑准备等）选择作业员呼吸 $He + O_2 + N_2$ 混合气体进箱作业的工法。该工法属有人工法和无人工法的组合工法。工法概况如图 5.12.1 所示。

遥控无人全自动工法，施工不受深度（气压）限制，安全性极好。但无人全自动机械设备购价过高。

充 He 混合气体无人挖掘工法，施工深度有限（深度对应的气压不得高于1MPa）。但与遥控无人全自动工法相比成本低。此外，与排水工法、防渗墙等工法相比，地表沉降、承载层下沉、对防渗墙性能要求过高等问题均不复存在。故该工法近年施工实例呈上升趋势。

本节重点讲述充 He 混合气体无人挖掘工法的施工程序；控制高压减压症发病率为零的预防措施；高压沉箱减压症零发病率的两个实例。有关有人、无人挖土、排土系统的叙述将于挖掘设备一节中介绍。

5.12.2　施工程序

1. 工法施工程序

充 He 混合气体无人遥控挖掘沉箱工法的施工程序如图 5.12.2 所示。分以下三个阶段。

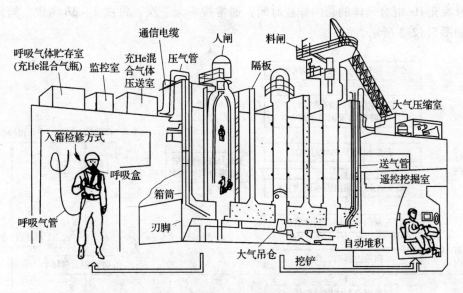

图 5.12.1　充 He 混合气体无人遥控挖掘沉箱工法

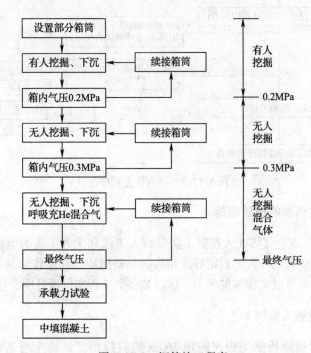

图 5.12.2　沉箱施工程序

（1）大气压力 ~0.18MPa 段为有人挖掘，该段必须严控箱筒姿态。

（2）0.18 ~0.3MPa 段为无人挖掘，但检修作业员呼吸箱内高压空气，出箱后按劳动保护法规减压。

（3）气压 ≥0.3MPa 段为呼吸充 He 气体，无人挖掘，采用 5.1.3 节给出的安全措施。

2. 充 He 混合气体的箱内作业程序

呼吸充 He 混合气体的箱内作业时间，通常按一天一次，每次 2～3h 考虑。箱内作业程序如图 5.12.3 所示。

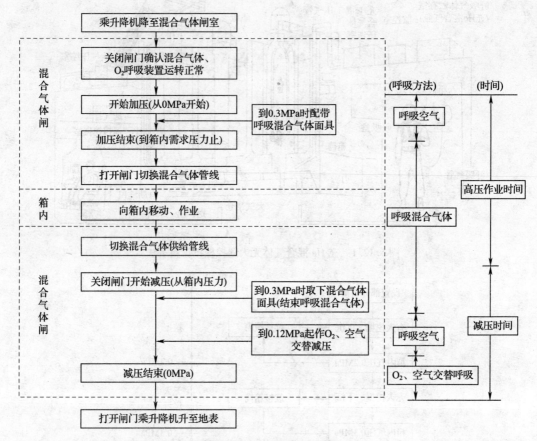

图 5.12.3　箱内作业程序

5.12.3　沉箱病零发病率的预防措施

严格说来，充 He 混合气体无人挖掘工法是有人工法和无人工法的组合工法。既然存在有人入箱作业，故必须万无一失的制定好沉箱病的预防措施。具体作法是 5.1.3 节中的小节的 6 点措施执行，完全可以实现零发病率，这已被多个工程实例所证明，这里不再重复。

5.12.4　零发病率的施工实例 1

某物流集散港口道路桥梁为中央跨距 360m 的斜拉桥，该桥主塔基础因承载层较深，故决定选用沉箱工法施工。沉箱断面为矩形，长 27.1m×宽 12.1m，箱筒分 10 节，作业室高 2.3m，作业室顶板厚 2m。沉箱构造如图 5.12.4 所示。沉箱沉设深度 −48m、对应最大作业气压 0.48MPa，采用无人挖掘工法施工。

施工中属于高气压作业法规定（＞0.1MPa 的高压室内作业）的总人数共计 507 人（见图 5.12.5）。作业中采用了作业员佩戴面具呼吸 $He + O_2 + N_2$ 混合气体（气体配比如图 5.1.6 所示）；按黑布尔减压修订表减压；减压时呼吸纯 O_2 及安装自动减压装置进行减压管等措施。工程结束后的检查结果表明，病发率为零。

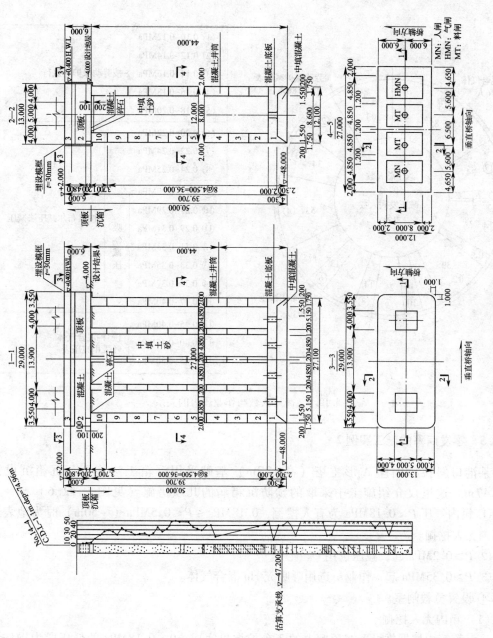

图 5.12.4　主塔沉箱基础构造图（单位：mm）

373

减压人数与作业压力的关系如图 5.12.5 所示。由图可知，最大压力时入箱作业人数较多，其原因是下沉挖掘结束后，挖掘机等解体作业靠潜水员完成，高压下的作业时间较短，故入箱的潜水员轮番交替作业。这也是为了极力抑制减压病而采取的必要措施。

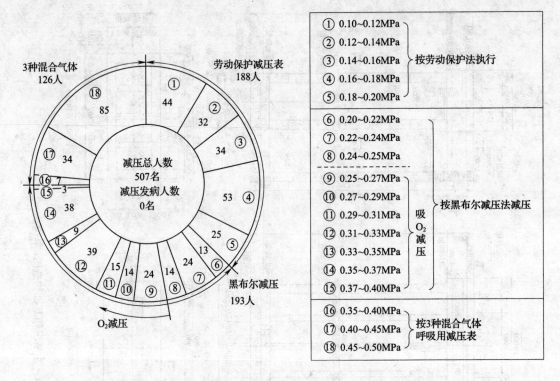

图 5.12.5　减压人数与作业压力的关系

5.12.5　零发病率的施工实例 2

某港口斜拉桥两座 A 形主塔（高 127m）基础采用沉箱工法施工，沉箱沉设深度 −47m。这里仅介绍施工中采取的预防沉箱病的几项措施（见图 5.12.6）。

① 箱内气压 $P < 0.18MPa$ 为有人挖掘，$0.18MPa \leqslant P \leqslant 0.5MPa$（−50m）时为地表遥控箱内无人挖掘。

② $P \geqslant 0.2MPa$ 起，减压选用 O_2 减压。

③ $P \geqslant 0.35MPa$ 起，作业员选用呼吸充 He 混合气体。

④ 设置急救闸室。

（1）箱内无人挖掘

该沉箱箱内挖掘靠设置在顶棚上的 3 台挖掘机完成。0～0.18MPa 的低压段为操作员坐在挖掘机操作室内的有人挖掘。$P \geqslant 0.18MPa$ 后把顶棚运行式挖掘机从手动切换成遥控操作。挖掘机性能如表 5.12.1 所示。

安全措施	作业压力 (MPa)		
	≥0.18 （深度 −17m）	≥0.20 （深度 −19m）	≥0.35 （深度 −35m）
无人挖掘	————————		
O₂ 气减压		– – – – – – – –	
He+O₂+N₂			————————

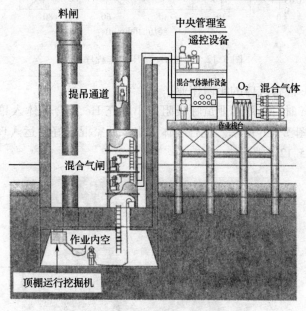

图 5.12.6　预防沉箱病措施设备概况图

挖掘机性能　　　　　　　　　　　　　　　　　　表 5.12.1

方　　式	电　铲
最大挖掘半径	5m
最大挖掘深度	3.5m
铲斗容量	0.25m³
电动机	30kW×4
运行速度	30~36m/min，50~60Hz
旋转速度	5~6r/min，50~60Hz
遥控操作方式	有线
自重	65kN

（2）O₂ 气减压

对 $P \geqslant 0.2$MPa 的出箱减压而言，可采用吸 O_2 减压法减压。O_2 气减压在混合气体人闸内进行，闸内压力和纯 O_2 呼吸时间等减压程序由中央管理室控制。呼吸纯 O_2 减压须在 0.12MPa 到减压结束的安静区间内，反复吸 O_2 25min、吸空气 5min 的规律递减。图 5.12.7 示出的是 O_2 减压的操作记录。

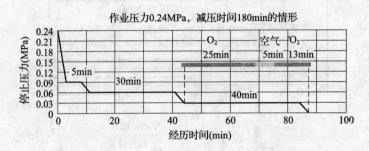

图 5.12.7　吸 O_2 减压操作程序记录

（3）呼吸充 He 混合气体的箱内作业

当 $P \geqslant 0.35$MPa 时，采用作业员呼吸阻力小的充 He 混合气体入箱进行特殊作业。混合气体成分配比如图 5.1.6 所示。混合气体由生产厂家混合好后运入现场。混合气体闸内送排气设备如照片 5.12.1 所示。

照片 5.12.1　混合气体闸内送排气设备

呼吸充 He 混合气体的箱内作业时间一天一次，每次 2 ~ 3h。作业程序如图 5.12.3 所示。混合气体人闸构造与 5.12.2 节的叙述完全相同。

（4）急救闸室

该工程现场内设置了急救闸室，最大定员人数为 6 人，也可用 O_2 气二次加压。减压病发病时的急救程序按图 5.1.7 执行。该沉箱工程高压入箱作业总人数为 525 人，直到工程结束未见患减压病，即发病率为零。

5.13　充 He 混合气体无人挖掘工法大深度沉箱近接施工实例

5.13.1　引言

日本名港西大桥（桥长 758m，中间支承段长 405m）、中央大桥（桥长 1170m，中间支承段长 590m）、东大桥（长 700m，中间支承段长 410m）三座大桥可称得上是世界级规模的长大斜拉桥。西大桥的 1 线于 1985 年提供使用。这里介绍的是在其南侧正在建设的，与其并列的 2 线斜拉桥。图 5.13.1 是西大桥的总体概况，图 5.13.2 是其近接状况。

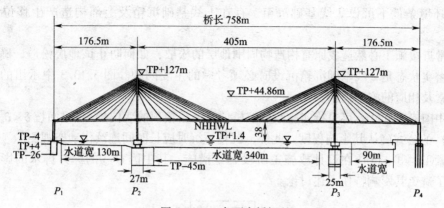

图 5.13.1 名西大桥概况

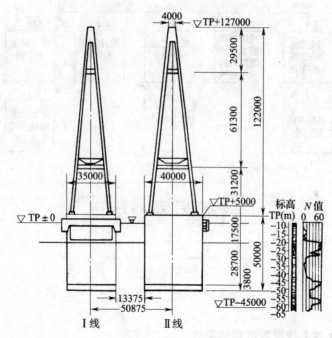

图 5.13.2 Ⅰ线桥与Ⅱ线桥的近接状况（单位：mm）

该桥的塔基础为压气沉箱，采用充 He 混合气体及无人挖掘工法施工。因 2 线沉箱基础与原有 1 线桥的沉箱基础间的距离很近（13.375m），即近接施工。故施工中应考虑沉箱基础下沉对原有 1 线桥的影响。

下面介绍选用工法的考虑及施工状况及结果。

5.13.2 近接施工中应预考虑的问题及其相应的措施

该桥塔基础附近的土质柱状图如图 5.13.2 所示。持力层选定在 TP−40m 附近的中间砂层上。该层下面是 N 值为 20 左右的黏土层。该黏土层的压密屈服应力是决定沉箱尺寸的关键因素。

因为桥基础是底面积为 $1080m^2$ 的大型沉箱；两桥基础沉箱壁面间的最小距离只有 13.375m；且沉箱的深度较深，P_2 沉箱为 $TP-45m$、P_3 沉箱的深度为 $TP-40m$。在这种环境条件下沉设 2 线基础沉箱，存在 1 线基础沉箱及上部构造产生移位、变形的悬念。

通常近接施工必然造成原有构造物周围地层的松散，如何防止该地层松散，确保地层土体的密实状态是 2 线基础沉箱沉设时必须考虑的主要问题。图 5.13.3 中示出的是主要影响因素及相应的施工措施。

其中因素②和④，可另行实施数值解析估算沉箱箱顶的变位量 δ，进而按 $\delta < \delta_a$（允许变位量）的公式确认其影响程度。此外，沉箱下沉时应长时间连续作动态观测。

因素①、③、⑤应在设计或施工阶段制定措施。其中因素⑤的深井排水的影响最关键，为了避免其影响特作下述讨论。

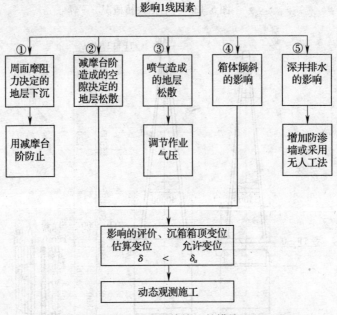

图 5.13.3　近接施工的措施

5.13.3　深井排水对 1 线原有沉箱的影响

因高压危害及工作效率等问题，人工箱内挖掘时箱内作业气压一般在 0.3MPa 以下。上面业已指出，本桥沉箱基础的深度，P_2 为 $TP-45m$、P_3 为 $TP-40m$。用钻孔法测定间隙水压的结果发现地下水位略有下降，但大致与理论水压值接近。如果不采取降低水压的措施，则 P_2 沉箱内的最大作业气压为 0.45MPa，P_3 沉箱内的最大作业气压为 0.4MPa。显然上述作业气压远大于 0.3MPa 的允许值。

若采用深井排水法使箱内作业气压降到 0.3MPa，则 P_2、P_3 的水位必须相应下降 15m、10m。但是，如前所述，本桥持力层选定在砂层上，并按砂层下面的黏土层的压密屈服应力决定沉箱的尺寸。显然因水位下降必然造成作用于 1 线原有沉箱上的浮力减小，则黏土层必产生压密下沉。另外，作为持力层的砂层也会因排水造成散乱，最后导致承载力下降。所以应采取措施防止原有沉箱附近的水位下降。作为措施可在原有沉箱和新设沉箱之间的地域内，靠近原有沉箱的某一位置上设一道化注防渗墙，阻止原有沉箱下部水位的降低。

这里通过饱合渗流解析法对砂层中进行化学注浆形成的化学注浆防渗墙，及无化学注浆防渗墙的两种模型进行解析，结果如图 5.13.4 所示。无防渗墙场合下，靠近 1 线沉箱位置上的间隙水压下降值 $\Delta P = 0.14 \sim 0.145 \mathrm{MPa}$。而设置防渗墙场合下，防渗墙的渗透系数（$k$）改进到 $1 \times 10^{-6} \mathrm{cm/s}$（地层自身的渗透系数 $= 4.4 \times 10^{-3} \mathrm{cm/s}$）时，$\Delta P = 0.007 \sim 0.008 \mathrm{MPa}$。综上所述，可得出如下的结论。

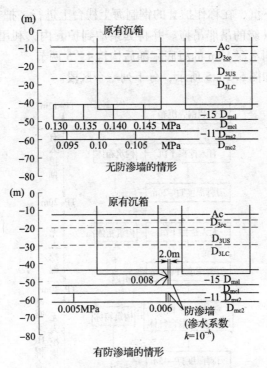

图 5.13.4　P_2 桥基沉箱间隙水压下降状况分布图

① 无防渗墙时，1 线沉箱存在沉降。

② 有防渗墙时，只要渗透系数改善到 1/1000，ΔP 即可很小，即可避免 2 线施工对 1 线沉箱的影响。

从上述解析结果知道，若在 1 线塔基础沉箱的周围构筑防渗墙，则可避免 2 线深井排水施工对 1 线塔基础沉箱的影响。但是避免该影响的前提是必须把地层渗透系数改善到原值的 1/1000，实际上这个改进值接近极限值，操作中必须给化注带来一定的难度，另成本也会大为提高。再有，由于实际地层的起伏变化大，故致使钻孔法的测量数据的起伏也大。

5.13.4　充 He 混合气体无人挖掘工法的确认

鉴于上述原因，这里选定不用深井排水，也不降低作业气压；而是让入箱检修挖掘机的作业人员呼吸充 He 混合气体，箱内无人挖掘的工法。

具体地讲，本桥的 P_2 沉箱定为地表遥控方式；P_3 沉箱定为箱内大气吊仓遥控方式。充 He 混合气体的混合比为：O_2 气压 ≤ 0.16MPa、N_2 气压 ≤ 0.3MPa、其余为 He。

5.13.5 挖土工序

因为本桥沉箱是海上沉箱施工，所以 P_2、P_3 沉箱都是在 TP-12m 的海底开始挖掘下沉，最终的下沉程度，就 P_2 来说为 TP-45m，就 P_3 来说为 TP-40m，致所以最终的下沉深度不同，是因为持力层深度不同所致，但挖掘工法一样。

箱体构筑和挖土下沉，在称作护套的钢制海上栈台上进行。把在岸上制作好的刃脚往上 16m 的钢壳用 30MN 级的吊船吊拖。并将其系泊到护套内，利用 1~3 节的混凝土和水的荷重力，将其沉设到水深 12m 的海底。随后构筑 4、5 两节。

挖土下沉的程序如图 5.13.5 所示，分下列三个区段。

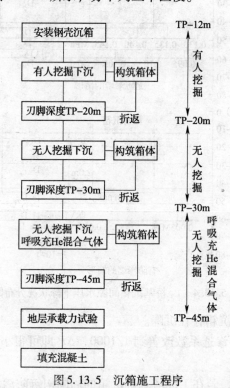

图 5.13.5　沉箱施工程序

（1）TP-12~-20m

钢壳沉箱触到海底后，开始挖掘。由于箱内气压低，且是箱体下沉的初期，故该阶段定为有人挖掘（操作人员坐在挖掘机内操纵挖掘机），并需严格的监控箱体的姿态。

（2）TP-20~-30m 无人挖掘

该区段是遥控挖掘机工作的无人挖掘区段。但检修等作业的作业员，仍呼吸箱内的高压空气。出箱减压过程中的减压表使用高气压安全作业规则中的减压表。同时在该区段还进行了呼吸充 He 混合气体的试验培训工作。

（3）TP － 30 ～ － 40m（ － 45m）

该区段系充 He 混合气体（He + O_2 + N_2）及无人挖掘的并用段。当深度深于 TP － 30m 时，呼吸气体选用充 He 混合气体。这是居于箱内气压 > 0.3MPa 时，高压病发病率急剧上升的考虑。进入箱内高压作业室时，呼吸充 He 混合气体。减压过程中应按充 He 混合气体减压表的要求减压。

5.13.6　设备

施工中使用的主要设备如表 5.13.1 所示，充 He 混合气体无人挖掘系统的概况如图 5.12.1 所示。与一般的挖掘工法所需的设备相比，增加了充 He 混合气体供应系统、供人呼吸用的混合气体闸、混合气体调压闸；无人挖掘用的遥控挖掘机、遥控装置、箱内监视摄像机、特殊的排土系统等设备。另外，P_2、P_3 沉箱中的竖管均为 11 条，大约是一般工法的 2 倍。

主 要 设 备　　　　　　　　　　　　表 5.13.1

设备	P_2 沉箱		P_3 沉箱	
装卸	6m※30m 级塔吊	1 台	1.2MN 履带吊	1 台
	450kN 支撑吊	1 台	500kN 履带吊	1 台
	250kN 支撑吊	4 台	450kN 履带吊	1 台
挖掘	※箱内遥控挖掘机（0.25m^3）	5 台	※桥吊挖掘机（0.15m^3）	6 台
	※遥控盘	5 个	※遥控箱内大气沉仓	4 座
	※箱内监视摄像机	22 台	※遥控盘	1 个
			※箱内监视摄像机	16 台
排土	※土砂堆积装置	4 套	※自动堆积装置	4 套
	安全管制系统	4 套	安全管制系统	4 套
舾装	料闸	4 座	料闸	4 座
	人孔	2 个	人孔	2 个
	▲混合气体人闸	1 座	▲混合气体人闸	1 座
竖井、人孔	土砂吊斗交换装置用竖井	4 座	※大气沉仓闸	4 座
送气	固定式空压机（150kW）	6 台	固定式空压机（180kW）	5 台
	▲充 He 混合气体系统	1 套	▲充 He 混合气体系统	1 套
急救	调压闸	1 座	调压闸	1 座
	▲混合气体用的调压闸	1 座	▲混合气体用的调压闸	1 座
下沉管理	下沉管理系统	1 套	下沉管理系统	1 套
动态观测	动态观测管理系统	1 套	动态观测管理系统	1 套

注：※系与无人挖掘有关；▲与充 He 混合气体有关。

5.13.7　施工实际

无人挖掘工法，对 P_2 沉箱而言，为地表遥控方式；对 P_3 沉箱而言，是以大气沉仓方式为主的个别部分使用地表遥控方式。充 He 混合气体系统存在一些差异，但对整个系统而言，大致相同。

（1）地表遥控系统（P_2 沉箱）

挖掘下沉直到 36.8m 时，作业室内的气压为 0.35MPa，进入第 3 挖掘区段，即无人挖掘入箱操作的操作员呼吸充 He 混合气体的区段。遥控，即根据安装在挖掘机上的立体摄像机和设置于作业室顶棚上的监视摄像机上映出的图像，操纵操作盘上的 3 条操作杆。佩戴偏光眼镜观察 3D 监视器上的立体图像，在转直角弯的地方、刃脚下方等部位，必须巧妙地控制铲斗，使其挖掘作业仍呈平滑状态。

箱内设置 12 台监视摄像机，其中 4 台的远近及方向可据操作人员的要求（图像要求）自由调整。把监视摄像机的情报映画在设置于中央控制室内的多道（4 道）监视器上，监视箱内挖土机和排土装置的工作状态及死角。

箱内有 5 台工作的挖掘机。除 3D 摄像机和监视摄像机得到信息之外，为了得到详细的挖掘机的位置和姿态、挖掘深度及挖掘机和排土装置的位置关系，把安装在挖掘机上的传感器的信号经计算机处理，可在 CRT 画面上显示出其图形（见图 5.13.6）。另外，为了防止相邻两挖掘机铲斗的相互碰撞，挖掘机上装有当铲斗靠近挖掘机超过某一限度（一定距离）时，工作台可以发出警报声，并自动停止运行。

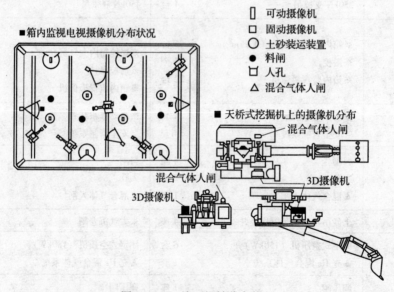

图 5.13.6　施工机械分布状况

操作系统有记忆功能，计算机可以记忆操作员的操作，且操作可自动化、亦可半自动化。因此，可以减少操作人员的疲劳。

该系统设计了省力化的箱内挖掘机的定期检修的装置。利用安装在挖掘机上的集中上油的装置，可每 2 周上油一次。利用自动诊断系统可把机器运转是否正常的信息送入中央控制室。保养人员可以每 2～3d 入箱一次。

土砂运出系统的作业概况如图 5.13.7 所示。

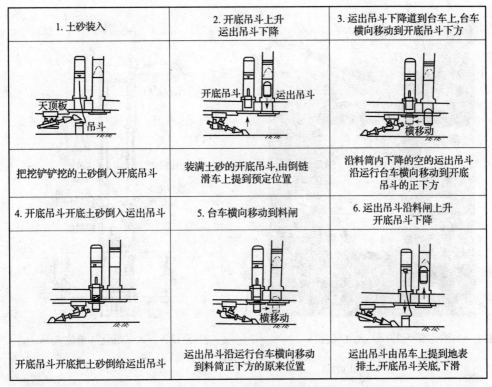

1. 土砂装入	2. 开底吊斗上升 运出吊斗下降	3. 运出吊斗下降道到台车上,台车 横向移动到开底吊斗下方
把挖铲铲挖的土砂倒入开底吊斗	装满土砂的开底吊斗,由倒链 滑车上提到预定位置	沿料筒内下降的空的运出吊斗 沿运行台车横向移动到开底 吊斗的正下方
4. 开底吊斗开底土砂倒入运出吊斗	5. 台车横向移动到料闸	6. 运出吊斗沿料闸上升 开底吊斗下降
开底吊斗开底把土砂倒给运出吊斗	运出吊斗沿运行台车横向移动 到料筒正下方的原来位置	运出吊斗由吊车上提到地表 排土,开底吊斗关底,下滑

图 5.13.7 土砂运出系统作业概况

（2）箱内大气沉仓（P_3 沉箱）

当沉箱下沉到 TP – 35m 时，箱内气压 0.33MPa，处于第 3 挖掘区段。P_3 是图 5.13.8 及图 5.13.9 示出的箱内大气沉仓为主的工法。该工法是靠气缸使大气沉仓在箱内实现上升下降。由大气沉仓内操作室中的操作人员遥控箱内天顶运行式挖铲（箱内挖掘机）。

大气沉仓内空气与地表大气是互通的，所以操作人员接触的气压是大气压。大气沉仓周围的仓壁上设有 3 个方向不同的耐压监视窗，利用电动机驱动旋转装置使仓旋转 335 度。此外还设有升降装置及无人挖掘操作盘，操作人员在大气沉仓内可直接目视作业状况及土质状况。如果某一部位存在死角，则可由设置在沉箱铲斗上的电视摄像机和死角辅助摄像机的图像显示器确认死角，然后挖掉该死角。这就是说，刃脚部位的挖掘或倾斜纠偏挖掘等操作均可顺利进行。

当沉箱出现突沉时，作用在大气沉仓底上的荷载必然也出现突然增大，则仓内安全阀工作，整个沉仓自动上升到混凝土箱板内，对大气沉仓起保护作用。另外，P_3 沉箱中还配置一台地表遥控操纵挖掘机，由它同时作无人挖掘。自动排土系统是图 5.13.10 中示出的传送机系统。

（3）充 He 混合气体系统

该系统由气体贮藏设备、供给控制设备、管道、混合气体人气闸及混合气体调压闸组成。气体贮藏设备和供给控制设备设置于护套上；混合气体人气闸设置在沉箱上；混合气调压闸设于地表。

气体成分是氧、氮、氦。P_2 中氧气瓶 30 个，P_3 中氧气瓶 25 个为一组搬入现场贮存。

图 5.13.8　大气沉仓

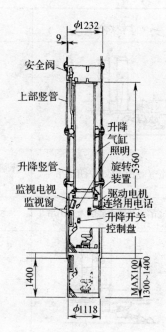

图 5.13.9　大气沉仓（单位：mm）

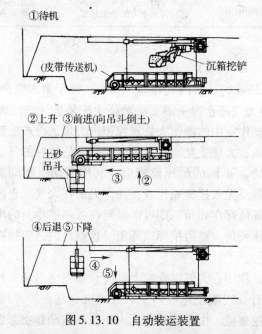

图 5.13.10　自动装运装置

对于控制设备来说，除控制混合气体供给外，还应控制混合气体人气闸（其中为普通的压缩空气）内压力的增减，及用闸内监视摄像机和通信设备，监控作业状况。作业人员可利用装在胸前的混合气体盒上的话筒和头顶上的喇叭进行通话。

混合气体人气闸由混合气体供给管和排气管，及连接这些管子和作业员胸前气盒的多支主室；具有相同设备的副室构成。

为防止外界空气混入气盒，特把气盒的内压设计得比外压略高 0.5kPa。

5.13.8 信息化施工监测管理

1. 管理值的设定及施工方针

新设Ⅱ线沉箱基础施工造成的原有Ⅰ线沉箱基础变位量的估算结果如下：

① 原有Ⅰ线基础的水平变位

向新设Ⅱ线基础侧的变位为 40mm，向Ⅱ线基础反方向的变位为 24mm。

② 原有Ⅰ线基础的竖直变位量

下沉 14mm，上浮 3mm。

③ 倾斜角

向新设Ⅱ线基础一侧倾斜 48×10^{-4}（rad）；向新设Ⅱ线基础反方向的倾斜 2×10^{-4}（rad）。

以这些数据为基础，设定的管理标准和施工方针如表 5.13.2 所示。

原有Ⅰ线沉箱基础变位的管理基准及施工方针　　　　　表 5.13.2

管理划分	发生现象的程度	允许的作业内容
第 1 次值	计算值的 50% 以内	注意回避对原有Ⅰ线沉箱的影响因素，同时继续新设Ⅱ线沉箱的沉设
第 2 次值	计算值的 50%～80%	限制刃脚周边的挖掘范围，同时继续下沉，到达 80% 值时，应对两沉箱间的地层进行加固
第 3 次值	达到计算值的 80% 后，应把该值作为管理极限值	下沉、挖掘中断，打入钢管桩作为抑制原有Ⅰ线沉箱基础变位的措施

2. 测量管理

（1）掌握新设Ⅱ线基础沉箱沉设状况的测量项目如下：

① 刃脚反力强度；

② 沉箱倾斜角；

③ 周面摩阻力强度；

④ 作用沉箱外壁上的水压；

⑤ 荷重水水头的水压换算值（用隔墙包围的面积乘以荷重水的重度）；

⑥ 沉箱下沉量；

⑦ 作业室内压力；

⑧ 作业室内温度；

⑨ 潮位；

⑩ 作业室内各种气体的浓度（O_2、可燃性气体、H_2S）。

（2）原有Ⅰ线基础及其周围地层的变位状况的测量项目和管理项目按图 5.13.11 示出的项目执行。

（3）观测新设Ⅱ线基础沉箱沉设状况、原有Ⅰ线基础沉箱及周围地层变位状况的各种测量传感器（见表 5.13.3）布设图如图 5.13.12 所示。

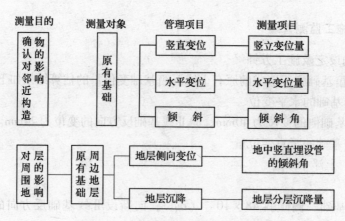

图 5.13.11 动态观测项目和管理项目

测量仪器一览表 表 5.13.3

	测量仪器	符号	设置地点	数量	备注
沉箱下沉测量	刃脚深度计	◇	套管下方	1	
	刃脚荷重计	⊗	刃脚	8	直角弯处4、边中央4
	周面摩阻计	□	侧壁	8	边中央、上下2段
	间隙水压计	⌒	侧壁	8	边中央上下2段
	测斜计	◉	箱体内部	2	桥轴、垂直桥轴各1
	水荷重计	◇	中隔板最下部	6	
	箱内压力计	◇	箱内顶	1	
	箱内温度计	φ	箱内顶	1	
	箱内气体检测器	图示	套管上	2	对排气管气体采样
	潮位计	○	套管下	1	
动态测量	测斜计	◉	原有 P_3 上	2	桥轴、垂直桥轴各1
	电子水准仪	●	原有 P_4 上	2	垂直、水平各1
	电子标尺	0	原有 P_3 上、作业编码	3	水平测量中的尾部标志
	埋设型测斜计	△	地层内	4段	每段22点
	分层沉降仪	○○	地层内	4段	每段14点

3. 施工结果及测量值对施工的反馈

(1) 新设Ⅱ线基础信息化施工结果

新设Ⅱ线基础沉箱沉设时的倾斜管理结果如图 5.13.13 所示。由图可以看出，在刃脚贯入置换碎石层下面的软地层（$N = 1 \sim 2$ 的淤泥）的挖掘开始阶段产生的倾斜，可在监视荷重水注水和倾斜计的变动状况的同时，调整刃脚近傍的挖掘范围，以此减小沉箱的倾斜量。

沉箱沉设终了时，两个方向的倾斜均在 0.3/1000 ~ 0.6/1000 的范围内，其偏移量就基础底面而言，向原有Ⅰ线基础一侧为 21mm，反方向为 24mm。

(2) 原有Ⅰ线基础顶部的水平变位和原有Ⅰ线基础的倾角

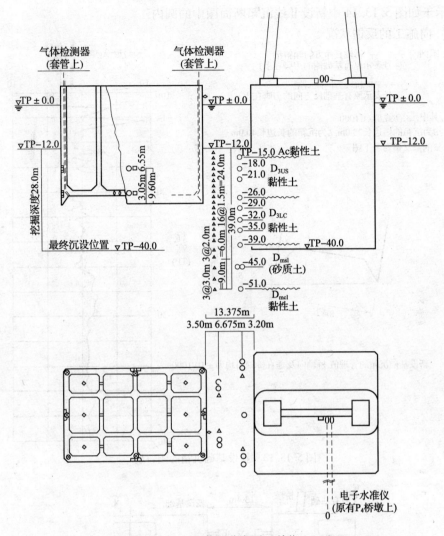

图 5.13.12　测量仪器分布图（单位：mm）

在新设Ⅱ线沉箱沉设中，原有Ⅰ线基础顶部的桥轴直角方向的最大水平变位量，北侧为 3.5mm，南侧为 4.8mm。另外，原有Ⅰ线基础的最大倾斜量向北倾斜 1.7×10^{-4}rad。新设沉箱沉设终了时的状况如图 5.13.14 所示。

（3）原有Ⅰ线基础中央的竖直变位量

原有Ⅰ线基础桥轴中心线上的沉降量和上浮量的最大测量值，前者在挖掘到 TP-34m 时为 4.6mm，后者在挖掘到 TP-19m 时为 1.7mm。直到竣工止下沉量的变动不超过 3.8mm。

（4）周围地层的表象

原有Ⅰ线基础和新设Ⅱ线基础间的土体，从工程开始前的测量开始到沉箱最终沉设终了为止的表象如图 5.13.14 所示。地中设置的两个测点离新设Ⅱ线沉箱外壁的距离分别为 3.5m 和 10.2m。图中示出的是深度方向上每隔 3m 的各个测点位置的数据。图中各点矢量是以图中测点位置为原点、在直角坐标系中分别划出测定点的水平变位量和竖直变位量，然后把水平和竖直两变位矢量合成，其合成矢量即图中各测点的变位矢量。变位量的

387

比例尺示于如图 5.13.14 中新设Ⅱ线沉箱断面图中的圆内。

（5）向施工的反馈状况

图例：————— 桥轴直角方向倾斜量
（+号表示原有基础侧的刃脚在上）

－－－－－ 桥轴方向倾斜量
（+号表示原有基础反方向的刃脚在上）

其中，$\delta/(B$ 或 $L)=X/1000$
B 为沉箱的短边长25.0m，L 为沉箱的长边长40.0m
δ 的意义请参考下图

倾斜量：X（单位：1/1000）

新设基础沉箱的管理值，桥轴向及垂直桥轴向均为 ±10/1000

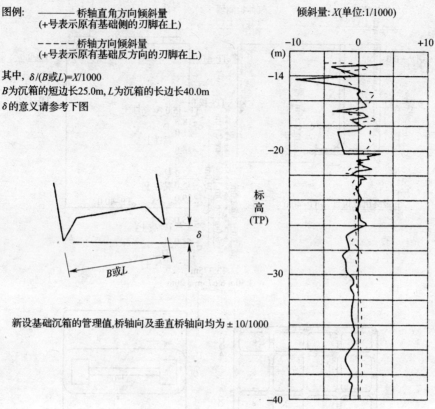

图 5.13.13 新设基础沉箱的倾斜量

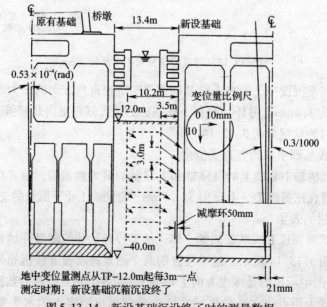

地中变位量测点从TP-12.0m起每3m一点
测定时期：新设基础沉箱沉设终了

图 5.13.14 新设基础沉设终了时的测量数据

测量结果,按周报、月报方式向发包单位报告。另外,设定施工方案的事后预测估算分别在六个施工阶段(构筑沉箱的六个浇注节)进行。测量值均未超过第一次的管理值,新设Ⅱ线沉箱也未中断过沉降、挖掘层连续施工。

5.14 混合气体0.42MPa桥基沉箱施工实例

5.14.1 三种混合气体的使用和无人系统的引入

该工程系用沉箱工法施工的跨越河口的桥梁中的3座桥墩基础。桥梁的侧面图如图5.14.1所示。沉箱概况如表5.14.1所示。

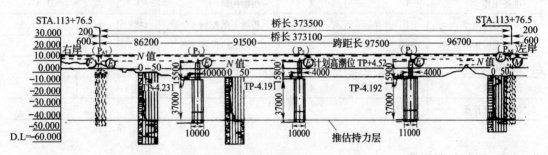

图 5.14.1 桥梁侧面图(单位:mm)

沉 箱 概 况   表 5.14.1

工序	类别	单位	P_1桥墩	P_2桥墩	P_3桥墩	合计
沉箱尺寸		m	26×11	26×10	26×10	
沉箱平面面积		m²	286	260	260	
下沉挖掘	实际挖土量	m³	11394.8	10449.7	10460.1	32304.6
填充	海水	m³	4234.4	3870.9	3820.3	11925.6
混凝土浇筑量	沉箱部	m³	6413.6	5882.7	5935.3	18231.6
	桥墩部	m³	852.5	837.2	814.6	2504.3
	填充混凝土	m³	500.6	445	445	1390.6
模框		m²	5328.2	5162.7	5189.5	15680.4
钢筋加工组装量		t	667.9	595.8	631.2	1894.9
钢壳制作		t	169.1	168.3	140.2	477.6
钢壳运输		t	169.0	168.3	140.2	477.5
钢壳架设		t	169.0	168.3	140.2	477.5
钢壳现场焊接		m	798	964.6	851.9	2614.5
充氦混合气体		m³	10745.0	10885	11410.0	33040.0
工程临时用桥		m²	2504.2	4476.9	4476.9	6981.1

沉箱的特点如下:

(1) 最终挖掘深度为42.2m,故最大作业气压为0.422MPa。

(2) 为防止高气压对作业人员构成危害,故让作业人员呼吸充He的三种混合气体。

(3) 为促使减压时排出溶入体内的 N_2 气,采用让作业人员搭配呼吸医用 O_2 气和普通空气的系统。

（4）箱内挖掘作业采用由地表遥控的无人挖掘系统。但作业气压小于 0.2MPa 时，仍采用作业人员在作业室内操纵挖掘机械的有人挖掘作业。

（5）由于沉箱的沉设地层非常软，为防止沉箱下沉的异常性，特在作业室的刃脚内侧设置钢制枕垛。

（6）因为是河中工程，故工程须赶在雨季之前完工。

工期进度表如表 5.14.2 所示。施工顺序如图 5.14.2 所示。

工期进度表

表 5.14.2

工种	数量	单位	时间（月）	工种	数量	单位	时间（月）
准备工作	1		3	桥墩构筑	3	座	1.5
左岸迂回道路	1		2	桥墩下沉挖掘	2483	m³	1
工程临时用桥设置	6967	m²	2	沉箱临时设备工作	1		6.5
钢壳组装	3	座	1	工程临时用桥的拆除	6967	m²	1.5
沉箱构筑	3	座	4	后片安装	1		1.3
沉箱下沉挖掘	29822	m³	3				

5.14.2　工程临时用桥

在压气沉箱开工前，先在枯水期内架设临时桥梁（见图 5.14.3）。

就栈桥而言，因作业半径大，所以架设、拆除均使用起吊能力 1MN 的履带式吊车和振动打桩机（90kN）。主梁钢板梁桥。因桥台部的作业半径小，故使用吊重 650kN 的履带式吊车和 60 kW 的振动打桩机。

5.14.3　沉箱钢壳

为了避免筑岛土砂污染河水的水质及缩短工期，使沉箱的大型刃脚钢壳在构台上进行焊接组装。由现场千斤顶将其回落，并设置在预定位置。钢壳的高度取决于设置地层的高度，施工水位及钢壳的下沉量等多种条件。

钢壳的上提、下吊使用 PC 钢绳，用 VSI 工法施工。

设备：台架使用 H 桩加固的管支柱系统；主梁使用 2 条 H 形钢（H800mm×300mm×26mm）；该梁上设置 8 台吊重 1MN 的穿心式升降千斤顶。

5.14.4　挖掘下沉

（1）有人挖掘

从箱内组装挖掘机开挖起，到沉箱刃脚深度达 TP－20m（对应的箱内作业气压达 0.2MPa）止，均采用有人挖掘。

如前所述，作业现场的地层是较厚极软的粉砂层。由图 5.14.4 的下沉阻力（周面摩阻力＋地下水压）与下沉力（箱体重力＋内部设备重力＋临时荷载）的关系可知，总的下沉

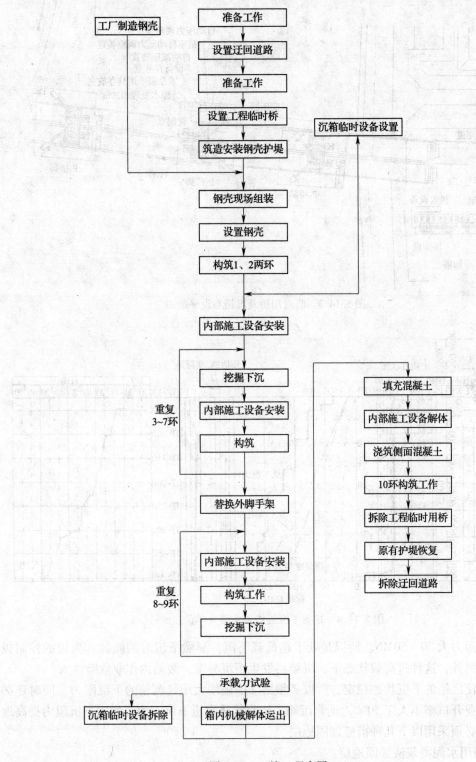

图 5.14.2 施工程序图

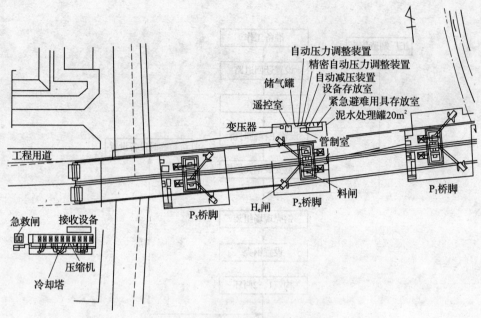

图 5.14.3 临时用桥及沉箱布设平面图

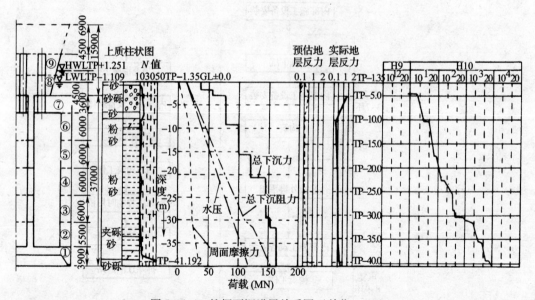

图 5.14.4 挖掘下沉进展关系图（单位：mm）

力比下沉阻力大 30 ~ 50MN。所以是处于超荷载下沉，显然下沉时的倾斜和变位的控制极为困难。另外，这种过荷载状态下，沉箱易发生下沉异常，故箱内作业危险性大。

为了使沉箱的下沉状态稳定，所以必须增加措施增大压气沉箱的下沉阻力，同时还必须确保作业开口率不大于 50%。通常沉箱工法靠箱体自重下沉，为了增大下沉阻力提高地层持力，必须采用以下几种措施加固地层。

① 利用水泥类浆液加固地层。

② 利用压实砂桩法加固地层。

③ 在作业室内设置钢制刃脚枕垛。

考虑到工期短、环境条件的严荷及水深浅、海上作业等施工条件的限制，及①、②两项措施对粉砂层的效果不理想等原因，故决定采用③的在作业室内设置钢制刃脚枕垛的方法。在作业室内长边方向的刃脚部位设置钢制刃脚枕垛，见图 5.14.5。

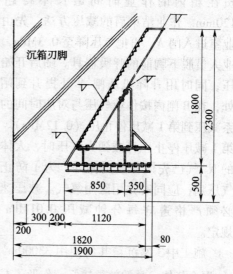

图 5.14.5　钢制刃脚枕垛（单位：mm）

采用上述措施，沉箱的开口率可以确保在 43%。刃脚钢垛的设置时期，在初期下沉的上层砂砾层中，地层的反力强度不低于 2MPa，故可在该层的下沉过程中的任意位置（时期）上设置刃脚钢垛。由于箱内禁止一切带火的作业，所以钢垛的所有组装均采用螺栓结合。

有人挖掘时的人员编组状况：操作挖掘机的 1 人，操作铲斗的 1 人，挖掘监督 1 人，闸门管理 1 人，共 4 人为一组。一座沉箱共分 4 组，每组工作时间为 6h，昼夜连续施工。

（2）无人挖掘系统

箱内作业气压达到 0.2MPa，且确认处于稳定状态后，即从有人挖掘切换到无人遥控系统作无人遥控挖掘。

无人挖掘系统的作业体制，每组作业时间为 8h、共两组，每天 16h 作业制。

当刃脚深度到达砂层，且由连续测量系统的数据判定为稳定及下沉无异常后，即可拆除刃脚钢垛。

5.14.5　充 He 混合气体系统

即使使用遥控无人挖掘系统进行箱内挖掘，箱内挖掘机的检修、摄像机的调整及挖掘状况的检查核实等工作，仍须作业员每天入箱一次。另外，在沉箱的下沉中刃脚钢垛的拆除、下沉到位后支持层的确认、承载力试验、浇注混凝土及箱内挖掘机的解体等工作，也必须由作业人员入箱（0.422MPa 气压）完成。

作业气压 >0.3MPa 时，若使用通常的压缩空气作为呼吸气体，进行箱内作业，则作业员患沉箱病的概率大增。因此，本工程中当作业气压 >0.3MPa 时，让作业人员呼吸氧气（20%）、氮气（43%）、氦气（35%）配比的混合气体，其目的是避免醉氮事故和高压事故。由于上述混合气体比通常的空气的价格贵，所以箱内仍由空气压缩机供给高压空气。

使用充 He 混合气体时的加压、减压方法，与呼吸通常的空气的情形不同。为了保证作业人员的安全，用设置在箱外氦管制室中的监视电视，实时地监视加压、减压的操作状况，同时专门的管理人员从外部控制加压、减压操作过程，沉箱内的作业人员必须按管理人员的指示行动。入箱时的加压方法，用升降机把大气压下的上闸（B 闸）降至设置在作业室顶盖上的下闸（A 闸）中（见图 5.14.6），在 A 闸中把气压升至作业室内的气压。当气压升至 0.3MPa 时，呼吸气体管理员会指示背在作业人员胸前的呼吸器打开，使其呼吸充 He 的三种气体的混合气体，同时气压继续上升，直到与作业室的气压相等止。作业人

员在箱内的作业时间最长不得超过
120min。作业结束后的减压方法，先由作
业室进入闸A，再把气压降至0.3MPa，作
业人员脱下胸前的呼吸器具。随后开始减
压，同时用升降机从闸A处提升到闸B
处，在B闸内按作业气压与对应时间的关
系减压到第1减压停止压（0.12MPa）。从
第1减压停止压再减到大气压时，人体内
的N_2气已先期释放到体外。为了防止高
气压病，应同时并用医用氧气。减压速度
必须严格遵守每分钟减压0.01MPa的
规定。

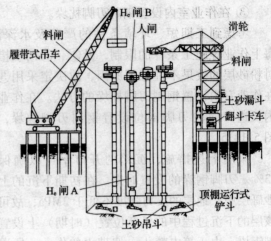

图5.14.6　沉箱设备断面图

　　施工中3座沉箱共约使用33000m³充
He混合气体，总的效果较好。作业人员无一人患高压病，直到工程结束医救闸一次也没
有使用。

5.14.6　沉箱构筑

　　因为1次浇筑1环沉箱躯体混凝土时，钢壳长边方向的强度不够，所以每环的混凝土
分2次浇筑。这样施工的结果未发现钢壳变形。

　　为缩短工期沉箱各节（环）的构筑高度标准定为$H=6m$。平均每节的构筑时间为
12d。舾装工1d、现场组装2d、钢筋组装3d、模框组装4d、混凝土1d、养护1d。

　　该工程现场位于河口处，故受潮位影响较大。为了抑制海水中盐成分致使的混凝土出
现裂缝，故曾考虑使用低热水泥、树脂钢筋及按海洋混凝土的规格选择配比等措施。但
是，这些措施要想在一个枯水期内完成相当困难。为此，综合考虑的结果最后决定沉箱躯
体部位使用早强水泥混凝土浇筑；3.5m厚的沉箱顶板使用高炉水泥混凝土浇筑。确认施
工结果表明，躯体混凝土上出现几条微细裂纹，但未出现裂缝。

5.14.7　承载力试验和填充混凝土工作

　　（1）承载力试验

　　因试验场地的气压极高为0.422MPa，这样高的气压条件下的工作时间极短，所以实
施遥控试验方案。具体做法是从试验机部件的组装到设置，均由呼吸充He三种混合气体
的作业人员入箱完成。随后从工程临时用桥上实施大气压下的遥控载荷试验。

　　（2）填充混凝土

　　使用预先埋设在经作业室顶盖通到沉箱躯体上的3条混凝土浇筑管（$\phi150mm$），
由混凝土泵车压送、浇筑混凝土。浇筑混凝土时应通过预先埋设在沉箱刃脚周围的排
气管，适当排气，以便维持适当的箱内气压。填充混凝土的确实性的确认，可利用混
凝土填充到排气管内时，排气管停止排气的现象来确认。人井、料井的填充状况可直
接目视确认。

5.15　多功能无人遥控沉箱挖掘机

前面介绍的无人遥控顶吊式沉箱挖掘机的适用土质范围局限于软土（软黏土层～粉砂砾层）。随着沉箱大深度化的发展趋势，不仅要求挖掘机可以挖掘软土层，还应具备可以挖掘硬质土层、漂卵层及岩层等硬地层的功能。这里介绍近年开发成功的适于大深度及上述硬地层掘削要求的多功能自动无人沉箱挖掘机。

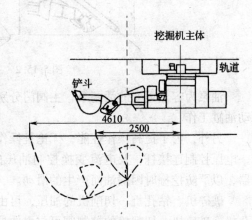

图 5.15.1　多功能挖掘机示意图（单位：mm）

5.15.1　构造

多功能型挖掘机是容易检测遥控位置的沿作业室顶棚轨道运行的桥吊式挖掘机。概况如图 5.15.1 所示，主要规格如表 5.15.1 所示。

多功能挖掘机规格　　　　　　　　　　　表 5.15.1

项目	规格		备注
铲斗容量	标准铲斗	0.2m³	平装
电动机	400V	37kW	
最大挖掘半径	4160mm		顶板高
最小挖掘半径	2500mm		2.3m
运行最小曲率半径	宽轨	R2900mm	轨道中心
	窄轨	R1700mm	
轨距	宽轨	2200mm	外宽
	窄轨	1300mm	外宽

（1）主机构成

挖掘机由载运体、旋转体及挖掘头构成。

载运体即载运挖掘机沿沉箱作业室顶棚轨道运行的载运单元。

旋转体上设有液压单元和操纵旋转体运转的操作员的坐席。

挖掘头有铲斗、钻孔机、破碎机及切削机四种安装、拆卸容易的机头（见图 5.15.2）。当挖掘软土层时使用铲斗；当挖掘硬土层、漂卵层、岩石层时使用钻孔机、破碎机、切削机。

滑动悬臂的头部设有可使旋转挖掘头旋转的旋转机构。该旋转机构的设置不仅扩展了集装掘削土砂的性能，同时可使用破碎机破碎刃脚下方的岩石；及用钻孔机以任意角度在刃脚下方钻孔等操作得以充分发挥。

（2）液压电路

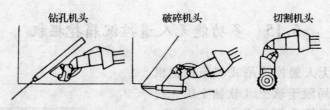

图 5.15.2　三种挖掘头示意图

油泵为容量可变的活塞泵，主阀门分别设有适于四种不同挖掘头工作的阀门，均可驱动油缸工作。

另外，为了提高操作性能，无论是操作员坐在座位上操作，还是遥控操作，均采用同一电压控制连接杆，及电流变换控制油压的电气油压比例阀。运行闸夹持器上设置贮能器，以严防挖掘时因漏油而产生的滑动。

破碎机、钻孔机、切削机的油压，可由手动切换阀的切换使其与主阀的油压一致。钻孔机、破碎机、切削机的控制阀可与主体控制单元分离，给维护管理带来方便。

（3）挖掘头

前面业已指出，挖掘头有铲斗、钻孔机、破碎机及切削机四种机头，可按需要随时更换。这里介绍钻孔机、破碎机的有关特性。

① 钻孔机

钻孔作业系在高气压的作业室内进行。钻孔直径 $\phi45\mathrm{mm}$、深度 900mm。另外，还可以像图 5.15.3 所示出的那样，在刃脚下方钻孔。

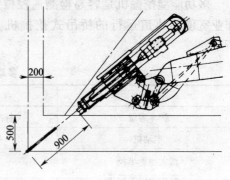

图 5.15.3　钻孔范围示意图（单位：mm）

一般作业室的高度为 2300mm，在该空间内为了满足导架竖直立行的条件，故必须选择液压式主机高度小的钻孔机。另外，考虑到钻孔排出的切削粉末会对摄像机的工作形成妨碍，故作业环境多为湿式。钻孔规格如表 5.12.2 所示。

钻孔规格　　　　　　　　　　　　　　　表 5.15.2

项目	规格	备注
方式	油压 35MPa 级	
动力	油压 21MPa	挖掘机
钻杆	22H，25H	
钻头	$\phi38\sim52$	
耗水量	40L/min	
钻进长度	900mm	
钻进控制	手动，自动压紧	遥控，搭载
操作方法	遥控搭载	

② 破碎机

当掘削岩石时，除了要进行刃脚下方的掘削作业之外，为了把爆破产生的铲斗装不下的大块石块打碎，故采用破碎机完成。由于该作业系遥控操作，加上还要考虑效率，所以在 $0.2m^3$ 铲斗的底边上安装一个油压破碎机。因为挖掘头具有旋转功能，所以破碎机可以出现往上的姿态，以便在刃脚下方清除掘削作业中发挥功效。破碎机的规格如表 5.15.3 所示。

破碎机规格 表 5.15.3

项目	规格	备注
方式	油压 30MPa	
油量	32~68L/min	
动力	油压 14MPa	挖掘机

③ 切削机

该切削机为滚筒式（见照片 5.15.1），自动切削的同时，把切削碴土由皮带传送机自动投入土砂铲斗。

照片 5.15.1 滚筒硬层挖掘机挖掘状况图

5.15.2 控制系统

（1）系统构成

多功能挖掘机的控制系统由挖掘控制系统、图像监视系统、钻孔管理系统构成。关于图像监视系统和下沉管理系统在前面已作过介绍，这里重点介绍挖掘控制系统、防碰撞系统及钻孔管理系统。

（2）挖掘控制系统

挖掘控制系统为 PC 控制。当多台挖掘机同时工作时，地表应考虑配备综合专用计算机和综合 PC，由 P 连接线进行各挖掘机的专用计算机及控制挖掘机的 PC 间的通信。

安装在挖掘机上的 PC，除了进行该机的控制计算软件外，还进行作业半径的演算，与地表的综合 PC 之间的通信由 T 连接线完成。系统构成图如图 5.15.4 所示。

另外，挖掘机的作业管理软件，包括控制软件、姿态软件、防碰撞软件三种软件。

① 控制软件

挖掘机主机控制软件，有遥控操作及搭载操作两个系统。主要是为了调整各种挖掘头的特征参数值，处理运算输入指令值，发出指令。另外，还可以根据主机设定的速度、减速范围对应的输出电压的异常显示故障。

② 姿态显示软件

姿态显示软件是挖掘管理的关键软件，可对设置于挖掘机上的检测表征铲斗位置、钻孔位置、方向、进钻深度、沉箱壁面与挖掘头的距离等参数的各种传感器送出的数据作基本运算。在CRT上实时的显示其姿态。钻孔时的CRT的显示状况如图5.15.5所示。

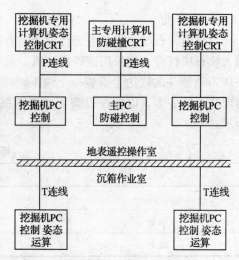

图 5.15.4　系统构成图

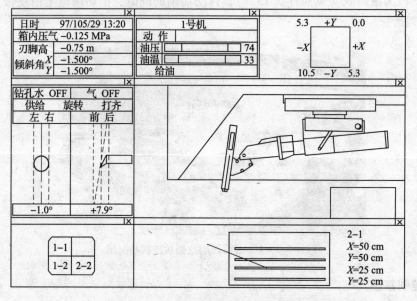

图 5.15.5　钻孔状态的 CRT 显示例

③ 防碰软件

就大断面沉箱而言，往往选定2台或多台挖掘机同时挖掘方式。这种场合下为了防止挖掘机彼此间的碰撞，故设置了防碰控制系统。防碰撞控制系统概况如图5.15.6及图5.15.7所示。

当两台挖掘机相互间的距离接近事先设定的设定值1时，防碰软件发出挖掘机彼此减速的指令；当接近设定值2时，进行停机运算并发出停机信号。这些运算、判定、报警等作业均由综合PC完成。

该软件的特点是在狭窄的作业室内，即不降低作业效率，又能防止碰撞，相当于给挖掘机设定了一个特定的活动范围。

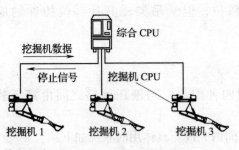

图5.15.6 防碰控制系统

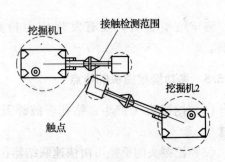

图5.15.7 两台挖掘机防碰系统

5.15.3 钻孔管理系统

钻孔管理系统是为了提高岩石钻孔的效率，实时显示钻孔机钻杆位置、角度、钻孔深度、钻孔距离、岩层界线的平面显示等信息的系统，见图5.15.5。

5.15.4 负荷试验

为了测定挖掘机的能力和构件应力，特对挖掘机的功能、应力等参数进行了试验。

（1）铲斗挖掘试验

使用铲斗对2.1MPa的低强度混凝土（14d强度）进行铲挖试验。由于混凝土试块的平面较窄及挖掘场所的限制等客观条件的限制，故铲挖速度为2.5m³/h。

（2）钻孔试验

钻孔试验的试样有安山岩和高强度混凝土两种。使用具有反转功能的钻孔机时，试验结果如表5.15.4所示。钻孔速度与岩层的种类、钻孔机的冲击压力、给水压力有关。本次的冲击压力为12.5MPa，给水压力11MPa。

挖掘、钻孔、破碎能力试验结果　　　　　　表5.15.4

项目		铲斗	钻孔机		破碎机
作业试验		标准规定作业			
能力	种类	低强度混凝土	安山岩		高强度混凝土
	强度	2.1MPa	160MPa		80MPa
	结果	2.5m³/h	垂直钻孔 mm/min	425	470	可以破碎
			斜70°钻孔 mm/min	400	485	

（3）破碎试验

破碎试验系把80MPa的混凝土试块置于梁下2.3m的位置上，破碎从上、下、横3个方向进行。

（4）应力测定

应力测定时的挖掘方法，系在试验台混凝土试样的下面，用铲斗向上钓挖，与实际挖掘刃脚部位的状态完全相同。

测定器使用可以同时取样20点的动态应变测定器。测定时间为20s/次，防碰取样速度为2ms，测定点数85个。同时还应检测各个油缸的油压。

测定结果表明，没有发现应力特高的部位，但是吊架比其他部位构件的应力要高。

5.15.5　多功能挖掘机的特点

（1）挖掘头（铲斗、钻孔、破碎及切割四种配件）与液压回路之间由液压软管连接。

（2）挖掘头的更换可由快速联结器在短时间内完成。具体用时状况如下：

挖掘铲斗安装拆卸：平均 4min；

钻孔机的安装拆卸：平均 8min；

破碎机的安装拆卸：平均 7min。

（3）因在旋转臂与挖掘头之间设有旋转机构，故挖掘头可自由旋转。由于具备这个功能，所以向刃脚下方的钻孔及岩石块的取出成为现实。

（4）由于 CRT 上可显示出挖掘头的姿态，故可实现挖掘、钻孔、破碎等作业的遥控管理。

（5）钻孔位置、深度可由专用计算机任意设定，网格上已钻孔点、未钻孔点的颜色不同，故管理极其方便。

（6）因各个油缸均设有速度调节机构，所以钻孔精度大为提高。

5.16　多功能无人遥控挖掘机高气压岩层沉箱施工实例

本节介绍利用多功能无人遥控挖掘机高气压下挖掘岩层沉设沉箱（桥墩基础）的施工实例。

5.16.1　工程概况

沉箱水平截面的形状为矩形，具体尺寸为 18.2m（长）×12.2m（宽）×28.5m（深不包括桥墩，包括桥墩为 48.5 m），见图 5.16.1。

岩层种类：火山灰凝砾岩层，一轴抗压强度 39.2MPa，岩层挖掘量约 3000m³。具体地质柱状图如图 5.16.2 所示。0.6～-2.45m 为 $N=2\sim10$ 的砂层；-2.45～-6.5m 为 $N=2\sim8$ 的砂质黏土层；-6.5～-10.3m 为 $N=8\sim20$ 的砂层；-10.3～-16m 为 $N=12\sim30$ 的夹砾砂层；-16～-23.5m 为 $N=16\sim50$ 的砂砾层；-23.5～-29.5m 为 $N=30\sim94$ 的火山灰质砾石；-29.5 m 以下为火山凝灰岩。

最大作业气压为 0.42MPa。

5.16.2　高气压下的岩层挖掘

为缩短工期、解除作业员的艰苦作业、改善作业环境本工程采用多功能无人遥控自动沉箱挖掘机挖掘岩层（见图 5.16.3）。因该机钻孔、切割、挖掘、积装出碴等作业均为地表遥控无人作业（靠机械自动运转完成），所以作业时间不受限制。因此，作业效率大为提高、工期缩短。

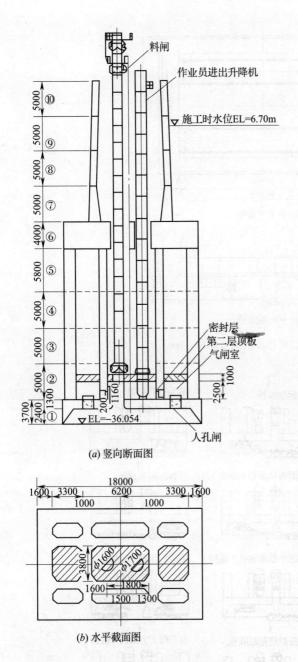

图5.16.1 沉箱形状及设备布设图（单位：mm）

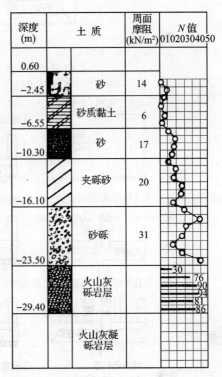

图5.16.2 土质柱状图

（1）多功能无人遥控自动挖掘机的概况

关于该工程中使用的无人遥控自动沉箱挖掘机的详细介绍，请见5.15节的叙述。

（2）多功能挖掘机的使用状况和结果

本工程中使用Ⅱ型多功能遥控无人自动沉箱挖掘机2台同时作业（见图5.16.4）。该挖掘机的组装用时为（5d/台）×2＝10d；解体用时为（4d/台）×2＝8d。岩层挖掘岩方数为355m³。初期操作员坐在挖掘机上操作，熟练后遥控操作。

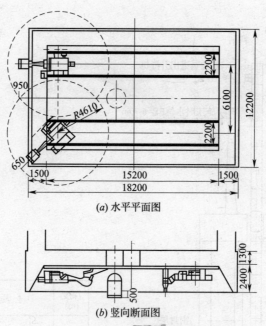

(a) 水平平面图

(b) 竖向断面图

图 5.16.3　挖掘机布设状况（单位：mm）

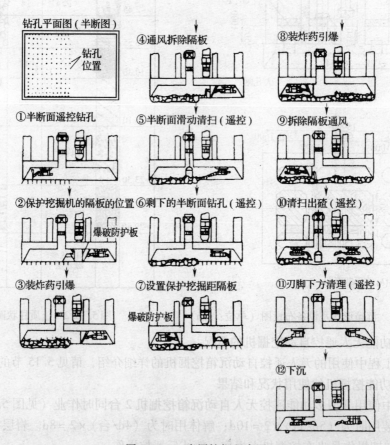

图 5.16.4　岩层挖掘程序图

但是，挖掘中的挖掘头的更换（见图 5.15.2）作业、钻孔后的护壁保护管的插入作业、机电设备的保养、维护作业仍为作业员入箱在高压下操作。保养维护作业每天一次。

5.16.3 气闸室设置方式的改进

（1）以往设置方法的缺点

以往的气闸室是设置在沉箱上顶的地表处，并只设一个闸门。本工程属大深度工程，若采用以往的设置方式，则会出现下列问题。

① 减压作业的痛苦

因作业气压高达 0.42MPa，故减压时间太长，给作业人员带来痛苦。

② 作业效率的下降

因以往的工法只设一个气闸室，故减压期间不能出土、下沉。而该工程最高气压高达 0.42MPa，故箱内作业时间不得超过 90min，而减压时间需 182min。这样一来，作业效率极低。另外，因气闸室设在地表，故升降距离近 50m 需要花费 10～20min，若加上该升降时间作业效率就更低了。

③ 安全性下降

当高压作业室内出现异常时，须紧急撤出。而以往的设置方式，应该说撤到顶部闸室内才算安全，但是这需要 10～20min，显然时间太长了。另外，对进入高压作业室急救来说，时间也太迟了；加上目前的空气呼吸器一般的使用时间为 40min，若兴奋状态下使用时间仅为 20min。这就是说，大深度沉箱的场合下，以往的方式的高压作业室内完成急救极为困难。

（2）气闸室设置方式的改进

鉴于上述弊病，本工程特对气闸室的设置方式作了改进。

① 减压作业的改进

为了改善减压作业的作业环境，把气闸室直接设置在作业室的上方（见图 5.16.1）。气闸室的容积取得较大，本例为 30m³，而以往的气闸室的容积仅为 8m³。因此，每位作业员的有效容积扩大了 3.7 倍，故可在闸内伸展手足、横卧等松展状态下进行减压。这就把以往的狭小强忍的减压空间变成了相对舒适的减压空间。

② 作业效率的提高

由于气闸室设置在作业室的上方，且设两个闸门。因此减压期间挖掘下沉作业仍在继续，故作业效率得以大幅度提高。

0.27～0.42MPa 气压下，实际挖掘岩层的速度为 2m³/h。若按该速度计算，一座闸门时的挖掘时间应为 118d。如再加上升降时间的损耗和工作效率差异的时差，挖掘时间需要 140d。而设两座气闸门时（避免了升降损耗）的用时仅为 80d。这就是说，改进后的挖掘时间可提前 60d。

显然，把气闸室设置在作业室上方，设两座闸门的改进措施可使作业效率得以明显提高。深度越深，效果越明显。

③ 安全性的改善

由于气闸室设在作业室的上方，所以即使作业室内出现异常，那么撤退的时间也大为缩短。空气呼吸器的使用时间也基本够用。显然安全性也有显著的改善。

5.17　完全无人化沉箱工法

　　尽管上节叙述的让作业人员呼吸充 He 混合气体的遥控沉箱工法，使作业人员的健康安全得到保证，但是由于充 He 混合气体供气系统的增加、供气量大，致使成本增加；另外，操作也相应变得复杂，作业时间受限，故作业效率不高。显然这一措施是一个补救措施，而非万全之策。解决问题的关键是尽量减少或者从根本上杜绝作业人员的入箱作业，即作业全部无人化、机械化、自动化。也就是说，必须把上节指出的挖土机械、排土装置的定期检修、保养、故障排除；装置的解体、拆除、运出；箱底地基承载力试验；混凝土浇筑作业的管理等作业人员必须入箱的特殊作业，用遥控机器人完成或者把其中一些作业拿到地表进行。

　　基于上述考虑，人们在无人遥控沉箱挖掘机的基础上开发了两种完全无人化的沉箱工法，即① 挖铲可自动回收型完全无人遥控沉箱工法（以下简称挖铲回收型无人工法）；② 箱内设置遥控机器人的完全无人化遥控沉箱工法（以下简称机器人无人工法）。挖铲回收型无人工法，即挖掘作业结束后挖掘机自动收缩进入回收架，然后整机从回收闸自动退回到地表。避免作业人员的入箱解体、拆除及运出作业。另外，机械检修和保养也可用此法将作业改在地表进行。显然该工法才是真正的无人工法。

　　机器人无人工法，即挖掘作业结束后，用设置于箱内的解体机器人和承运机器人分别对挖铲、轨道等设备进行遥控解体，并把解体构件运至料闸口，以备运出的真正无人工法。

　　完全无人化沉箱工法的特点：

　　① 因施工作业全部无人化，故作业绝对安全。

　　② 全部作业机械化、自动化，故施工效率高；因可连续作业，故工期大为缩短。

　　③ 因作业全部机械化，避免使用大量充 He 混合气体，故成本大降。

　　④ 因可高精度地控制箱内气压，故可防止对地下水的污染；使用降噪设备，故送、排气噪声大降，系环保工法。

5.18　自动回收挖掘机型无人沉箱工法及实例

5.18.1　自动回收型挖掘机

　　压气沉箱自动回收挖掘机系统，由自动挖掘系统和自动回收系统构成。

　　1. 自动挖掘系统

　　该系统由摄像、显像系统，测量系统，传输系统及挖掘机构成。

　　2. 摄像、显像系统

　　摄像系统由设置在挖掘机上的一台摄像机，作业室顶棚上的三台监视摄像机，料车门内侧的一台监视摄像机构成。

　　显像系统，即地表控制室内的直接显示沉箱内挖掘机挖掘状况的图像系统。该系统可直接显示沉箱内的多种作业状况的图像。此外，为了减轻操纵人员的视力疲劳操纵室内还设有多道平面图像显示器。

3. 测量系统

该测量系统是把安装在挖掘机躯体上的多种传感器测得的挖掘作业的多种信息，经计算机处理后作实时图像显示的系统。

显示的内容有挖掘位置、挖掘机臂杆的运动方向、箱体的倾斜方向、倾斜量、箱体的下沉量、箱内气压、挖掘机的负荷状况及供油量等参数。

4. 信息传输系统

信息传输系统为光纤电缆系统，该系统可以准确地、高速地传递大量的从地表控制室发出的操作控制信号及从沉箱内拍摄到的图像信号、控制信号、测量信号。概况与图5.2.9大致相同，这里不再重复。

5. 回收型挖掘机

挖掘机是沿着安装在作业室顶棚上的轨道运行的悬吊式挖掘机。该机具有如下几个特点。

（1）为了满足回收功能的需求，该机的挖掘臂具有即可缩短、伸长，也可旋转（即臂与竖直垂线的夹角可在一定范围内变化），及铲斗也可自由转动（指铲斗与臂之间的夹角可在一定范围内变化）等功能。

（2）为了便于操作和提高作业效率，挖掘机上增设了自动制动机构，高速运转机构、自动给油机构。

（3）为了适应不同的作业环境，机上安装了自动操作和机载操作两种操作系统。

6. 自动回收系统

该系统的功能是把作业室内的挖掘机自动回收到回收间内，并在回收间内解体后运至地表。

该系统除了回收型挖掘机以外，还包括可回收、容纳挖掘机的特色沉箱（图5.18.1），设置在沉箱作业室顶棚上的横向运行装置（包括轨道和横向运行架）及可从作业室顶棚处回收挖掘机并将其运至回收间内的回收架。横向运行装置和回收架的布设概况如图5.18.2所示。就图5.18.1的特色沉箱而言，其沉箱的料井就是回收挖掘机时的回收间和回收通道。具体构造如下：料井的上部设有进料锁定间，锁定间的上下两端分别设有闸门（即上闸门a及下闸门b）；锁定间的下方为过渡性料井筒；其下方是挖掘机的回收间，回收间的上端设有回收间上闸门c，回收间靠人井一侧设有可以横向移动的供作业人员安全进出的人行闸门，回收间内还设有作业人员工作的作业台，回收间的下端设有下闸门（也称料井下闸门d）。回收过程中挖掘机的运动轨迹如图5.18.3所示。

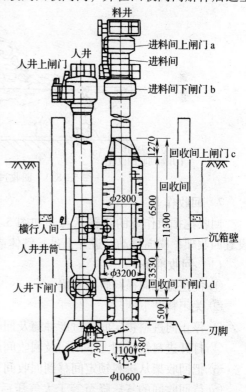

图5.18.1 回收闸内装图（单位：mm）

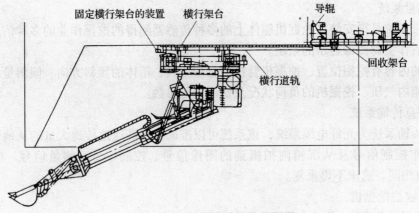

图 5.18.2　回收架台设置概况图

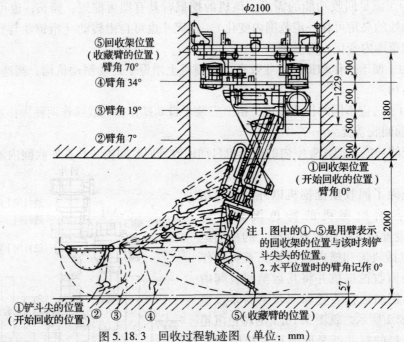

图 5.18.3　回收过程轨迹图（单位：mm）

7. 回收作业

回收挖掘机作业的步骤示意图如图 5.18.4 所示。大体上分为 5 个步骤：回收准备；设置回收架；横向移动；进井上吊；解体或整机吊出。

（1）回收准备

① 使挖掘机向横行轨道靠拢；

② 关闭料井下闸门；

③ 停止向进料锁定间、过度井筒及回收间供气；

④ 打开进料锁定间上下闸门及回收间的上闸门；

⑤ 把回收架从进料锁定间移到回收间；

⑥ 待回收间的气压降至等于大气压后，打开回收间靠人井一侧的人行横闸门，作业人员从人井、经人行横闸进入回收间，把回收架调整到水平位置，随后作业人员从人行横

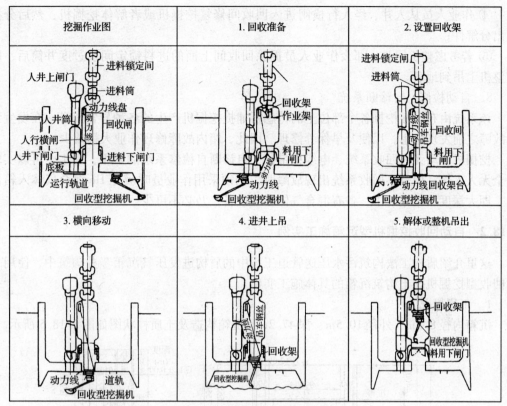

图 5.18.4 回收挖掘机的步骤图

闸退出，经人井回到地表，然后关闭人行横闸。

（2）设置回收架

① 关闭进料锁定间的上闸门；

② 向锁定间、过度井筒及回收间充气，使之气压与沉箱作业室内的气压相等；

③ 打开料井下闸门；

④ 降下回收架，将其设置到锚的预定位置上。

（3）横向移动

① 把挖掘机切换到横行轨道上；

② 使挖掘机沿横向轨道运行到回收架上的预定位置；

③ 用液压锁定栓把挖掘机锁在回收架上。

（4）进井上吊

① 用吊车上吊载有挖掘机的回收架，上吊过程中用电视摄像机监视上吊状态，直至到达回收间中的预定位置；

② 上吊回收架的同时，收缩挖掘机的臂杆、旋转铲斗（即铲斗与臂杆间的夹角增大）。

（5）解体或整机吊出

① 关闭料井下闸门；

② 打开锁定间上闸门；

③ 停止对锁定间、过度井筒及回收间的压气，使回收间的压气减至为大气压；

④ 作业人员从人井、经人行横闸进入回收间修复挖掘机或者解体挖掘机，然后分批吊出分解件；

⑤ 若考虑整机回收，那么作业人员拆除回收间上面的进料锁定间及过度井筒后，即可整机上吊到地表。

8．自动检修、自诊断系统

该系统由布设在挖掘各个部位上的传感器捕捉挖掘机产生的各种异常信息，在发生致命故障之前发现隐患，以便及早保养修理。因此，箱内故障修理作业大幅减少。

挖掘机自动无人回收系统、电缆束带化、自诊断自检修系统的采用，基本上可以实现完全无人入箱。但是，回收系统出现故障时，仍须采用作业员呼吸充 He 混合气体入箱作业。即大深度沉箱施工中，备有混合气体呼吸设备，乃必不可少。

5.18.2 自动回收挖掘机型沉箱施工实例

这里介绍盾构工法构筑污水压送管道工程中的盾构进发压气沉箱竖井构筑中，使用自动回收型挖掘机挖土构筑沉箱的具体施工实例。

1．工程概况

沉箱内径 8.5m、外径 10.5m、深 47.2m，沉箱构造及土质柱状图如图 5.18.5 所示。

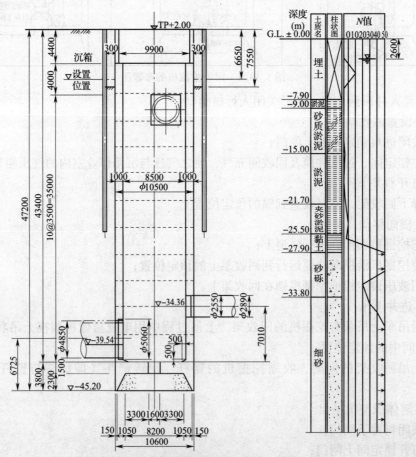

图 5.18.5　竖井构造图及土质柱状图（单位：mm）

2. 选择施工方法的考虑

本工程系近接某污水处理场（重要设施）的竖井构筑工程。为了防止竖井沉设施工对邻近污水处理场产生不良影响，为此选用压气沉箱工法，并在沉箱外围设置钢板桩（$L=26.5m$），其目的是为了防止周围地层的沉降。

由地下水压、挖掘深度及土质等条件，经计算得知最大深度对应的箱内作业气压为0.42MPa。出于作业安全（参考图 5.1.3）及作业效率的考虑，故把箱内有人挖掘作业向无人自动挖掘转换气压定在 0.15MPa。有关无人自动回收型挖掘机的概况，请参看 5.18.1 节的叙述。

3. 施工

（1）施工顺序

施工顺序如图 5.18.6 所示。

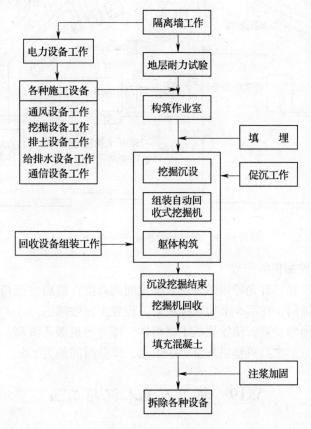

图 5.18.6 施工顺序图

（2）自动沉箱的挖掘工作

沉箱作业室构筑结束后，组装自动挖掘系统，初期为有人挖掘。因为挖掘是从 N 值近于零的软地层开始，为了防止箱体突沉，安全起见特在作业室内设置轨道木垛。另外，为严防挖掘初期产生倾斜，故箱外侧四周应及时回填。

在挖掘第 3 节时拆除木垛，第 4 节的挖掘中采用有人方式和无人自动方式的组合，进行自动操作训练，从第 5 节开始采用自动化施工。

在挖掘过程中自动沉箱挖掘系统几乎没出现过故障，挖掘沉设工作进展顺利，且沉降精度较高实现了当初的预定结果。这些都充分说明了地表控制室内集中管理测量数据，信息化施工的优点。

另外，本次自动化系统中采用的是悬垂式挖掘机，即使箱内积水仍可挖掘，由于随时压入空气，故可有效地防止缺氧空气的喷出。

图5.18.7示出的是布设的平面图。

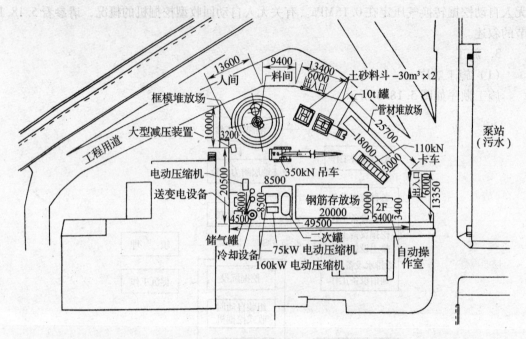

图5.18.7　现场临时平面图（单位：mm）

（3）自动沉箱挖掘机的回收

回收锁定间的设置，首先考虑的是回收锁定间的高度，然后在沉箱构筑完结后，设置横行装置和下回收闸门，在第5节构筑结束后，设置上回收闸门。

由于回收锁定间的设置，使挖掘机不必解体，即可整机搬入沉箱，同时在沉设挖掘完结后，可在大气压下把挖掘机整机从沉箱中取出，作业时间约为12h。

5.19　机器人无人沉箱工法

所谓的沉箱机器人是从地表遥控可以完成箱内挖铲、挖掘监视摄像机等箱内设备组装、解体、检修作业的装置。使用机器人的沉箱工法为机器人无人沉箱工法。该工法是集IT和机器人技术的完全无人化的沉箱工法。

5.19.1　机器人沉箱系统概述

1. 系统构成

机器人沉箱系统构成如图5.19.1所示。它由以下几部分构成：

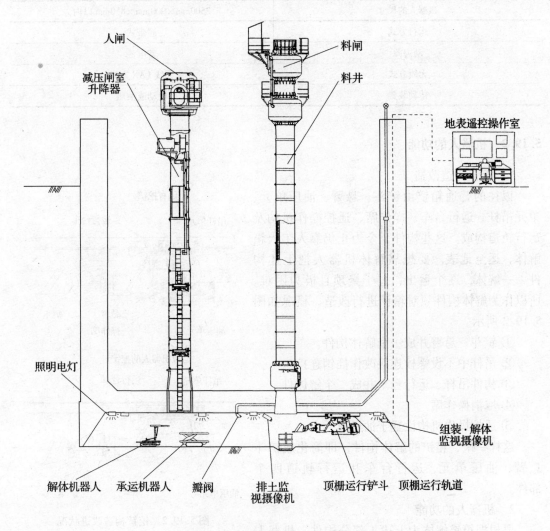

图 5.19.1 沉箱机器人沉箱系统概况

① 适应机器人操作的箱内无人挖掘铲斗（简称为挖铲或箱铲）及其运行轨道。
② 监视沉箱挖铲挖掘状况和排土状况的监视系统。
③ 监视挖铲组装、解体、保养作业的摄像设备。
④ 胜任①～③的机材组装、解体、保养作业的机器人。
2. 开发沉箱机器人的几点注意事项
① 机器人的尺寸应可以进出作业室，即可在料闸内通行。
② 遥控信息传输系统采用无线传输方式。
③ 机器人在箱内的移动与土质无关。
④ 在沉箱作业室高度 2～3m 的条件下，可以进出。
⑤ 按地表遥控操作方式设计。
综合上述要求的机器人规格的一个例子如表 5.19.1 所示。

411

沉箱机器人规格（例）   表 5.19.1

机器人的尺寸	2500mm×900mm×850mm 以内
运行方式	履带式
动力源	蓄电池
无线方式	无线 LAN 方式
传动装置	电动或油压

5.19.2 机器人的功能

1. 箱铲构造改造

以往的普通箱铲由铲斗、悬臂、油压单元、单元吊杆、运行台车、操作席、遥控操作机构及运行轨道构成。这些构件至今为止仍靠人工入箱解体，运至地表。要想靠解体机器人把上述构件一一解体，逐个运出，过于繁琐且极为困难。所以作为解体构件须对箱铲进行改造，概况如图 5.19.2 所示。

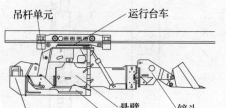

① 铲斗、悬臂并成一个解体构件。

② 吊杆中不设螺栓连接改作插销连接。

③ 构件吊杆、运行台车并成一个解体件。

④ 取消操作席。

⑤ 遥控操作机构设置于油压单元上。

这样一来，箱铲的解体构件，即简化成铲斗悬臂、油压单元、运行台车和运行轨道四个部件。

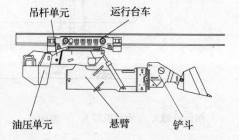

图 5.19.2 挖铲构造改进状况

2. 机器人的功能

要想把箱铲解体为上述 4 部分构件，机器人必须具备如下功能：

① 具备引拨铲斗、悬臂和运行台车连接插销的能力。

② 沉箱挖铲的动力源应具备可使连接各油压调节器和油压单元的软管接头脱解的功能。

③ 具备可使油压单元动力源（AC 200V）电源线脱解的功能。

④ 因油压单元与运行台车为插销结合，所以应具备临时承托油压单元的功能。

⑤ 因为运行轨道用锚栓固定，所以应具备拧下螺帽功能。

⑥ 机器人应具备运出解体构件的无人吊钩装置。

⑦ 机器人应具备运出解体构件时的移动功能。

综上所述，沉箱机器人由具有解体箱铲及运行轨道功能的遥控解体机器人和临时承托、运送解体构件的承运机器人构成。

5.19.3 解体机器人

所谓的解体机器人，即具有组装、解体、检修箱内设备功能的机器人。其主机是履带式可在挖掘面上运行移动的装置。因作业种类不同，装置上应分别设置作业悬臂、摄像悬臂、无线摄像机、无线发射机、润滑油泵和无人提吊装置。

作业臂应与作业目的吻合，在地表装好。机器人外观如照片 5.19.1 所示。

（1）作业臂 1

解体机器人中设有两条作业臂，作业臂1 的功能如下：

① 箱铲检修功能（润滑油注入功能）。

② 引拨铲臂连接插销功能。

③ 箱铲油压软管解脱功能。

④ 箱铲电源线拨脱功能。

照片 5.19.1 解体机器人

箱铲保养每天一次向铲斗有关机械部位注入润滑油。原有箱铲有 30 个润滑油注入点。改造后的箱铲只设 4 个注油点，再由这 4 个点经管道把油分散到各个注入点，机器人的作业时间得以大幅度缩减。

再有，还可利用设置在机器人上的无线摄像机和作业室内监控摄像机进行目视检查。

（2）作业臂 2

作业臂 2 具有解体运行轨道功能。运行轨道如图 5.19.3 所示，轨道靠锚栓和螺帽固定在作业室顶棚上。作业臂 2 上设有套筒扳手，靠该扳手取下螺帽，使轨道脱离作业室顶棚。

（3）箱铲解体顺序

箱铲解体顺序概况如图 5.19.4 和图 5.19.5 所示。

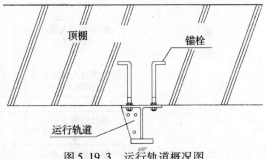

图 5.19.3 运行轨道概况图

① 首先解体箱铲运行轨道。用解体机器人拧下顶棚上固定运行轨道的螺栓螺帽，使运行轨道解体。

② 解体的运行轨道，用箱铲承接，运至料闸处，然后装入吊斗运到箱外。

③ 箱铲解体，用解体机器人取出固定插销和油管联结器，使箱铲分解为悬臂、油压单元及运行台车三个部件。先用解体机器人解体悬臂，用承运机器人承接悬臂，移到料闸下，用无人挂钩装置吊挂悬臂，运到地表。

④ 与⑤相同，用解体机器人把解体的油压单元和运行台车由承接机器人承接，沿运行轨道取下。然后移到料闸下，由无人挂钩吊挂运出箱外。

⑤ 最后把解体机器人和承运机器人，由无人挂钩吊挂，运到地表。

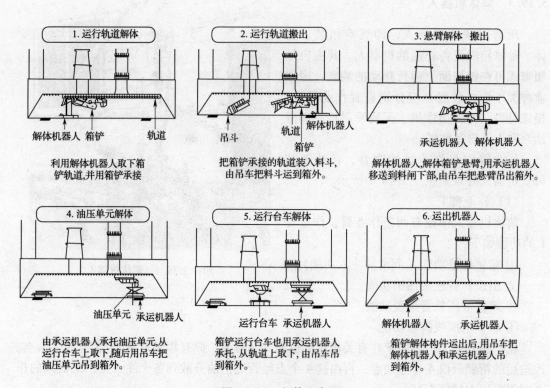

1. 运行轨道解体	2. 运行轨道搬出	3. 悬臂解体 搬出
解体机器人 箱铲 轨道	吊斗 轨道 解体机器人 箱铲	承运机器人 解体机器人
利用解体机器人取下箱铲轨道,并用箱铲承接	把箱铲承接的轨道装入料斗,由吊车把料斗运到箱外。	解体机器人,解体箱铲悬臂,用承运机器人移送到料闸下部,由吊车把悬臂吊出箱外。
4. 油压单元解体	5. 运行台车解体	6. 运出机器人
油压单元 承运机器人	运行台车 承运机器人	解体机器人 承运机器人
由承运机器人承托油压单元,从运行台车上取下,随后用吊车把油压单元吊到箱外。	箱铲运行台车也用承运机器人承托,从轨道上取下,由吊车吊到箱外。	箱铲解体构件运出后,用吊车把解体机器人和承运机器人吊到箱外。

图 5.19.4　解体程序图

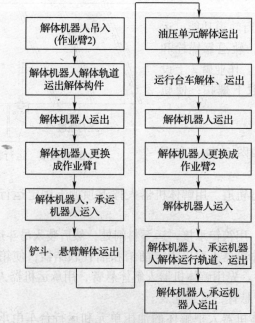

图 5.19.5　箱铲解体程序图

5.19.4 承运机器人及提吊装置

1. 承运机器人

所谓的承运机器人的主要功能是构件运出，以及临时承托箱铲、轨道等解体和组装时的构件。主机为履带式，可在挖掘面上运行移动。该机器人上设有升降台，无线无人钩吊装置。照片 5.19.2 中示出的是实物外貌。

2. 无人提吊装置

无人提吊装置是地表遥控操作的机器人，运出、搬入箱铲的位置。承运机器人承运箱铲构件时的无人提吊装置的外貌和概况如照片 5.19.3 和图 5.19.6 所示。

照片 5.19.2 承运机器人外貌

照片 5.19.3 无人提吊装置

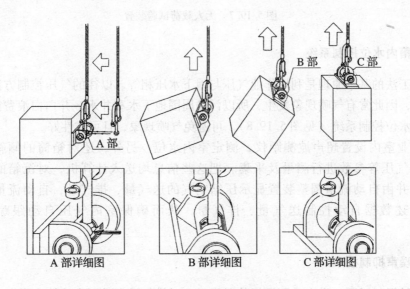

A 部详细图　　　B 部详细图　　　C 部详细图

图 5.19.6 无人提吊装置概况图

无人提吊装置为二层管构造，内外筒上开有 T 字形开口。开口上可插入专用吊钩，用钢丝绳卷提。由于提吊荷重力的作用，致使内筒旋转封堵开口，故可防止专用吊钩脱落。机材搬入时作业过程相反，故可实现无人化搬入。

5.19.5　无人载荷试验系统

载荷试验（地基承载力试验）是为了掌握地基承载力和地层反力系数等承载力特性而进行的试验。就直接由试验确认承载力这一点而言，可以说是沉箱工法的一个大的优点。以前试验装置的设置、拆除、测量是在高压下的有人作业。本系统可以实现无人试验（见图 5.19.7）。载荷试验机从料闸运入箱内。把试验机固定在闸下箱铲侧旁的连接部位上（见图），移向试验位置，进行设置试验。载荷试验机由地表遥控操作。试验数据通过设置在箱内的发射机送到地面，并作处理。

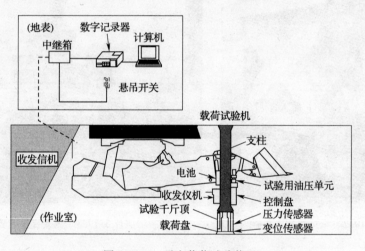

图 5.19.7　无人载荷试验装置

5.19.6　箱内水位控制系统

沉箱工法的基本原理是利用作业气压与地下水压相等。以往的气压控制方法存在人为调整误差，因此常有气喷现象发生，所以污染周围地下水和井水，并白白浪费能量。新开发的箱内水位控制系统（见图 5.19.8），可避免气喷现象，且可靠性好。

在作业室内设置超声波测距仪，测定室内水位。另外，还对箱筒的倾斜量、下沉量、室内气压等参数进行测量及采集。把这些信息均送入计算机，对沉箱的状态作瞬时判断，并由自动流量调整装置显示压缩空气的送气量、排气量，自动流量调整装置可根据上述数据自动控制送气量、排气量，从而确保室内气压自动跟踪作业室内水压。

5.19.7　噪声抑制技术

对钢丝绳封口漏气噪声采用滑板装置降噪，对排气噪声采用多重管法降噪。

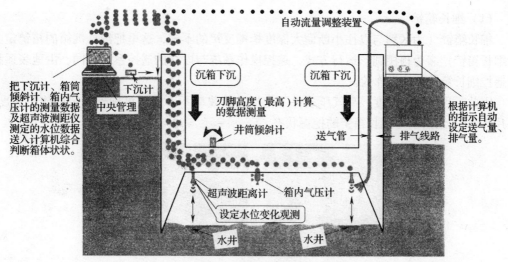

图 5.19.8 箱内水位控制系统

5.20 机械化、无人化小断面大深度沉箱工法及近接施工实例

5.20.1 机械化、无人化小断面大深度沉箱工法

1. 小断面大深度沉箱工法的技术课题

以往小断面大深度深箱（也称细长深箱）工法存在的问题如下：

① 通常沉箱工法中应设置作业员进出用人井人闸和料井料闸，但因断面面积小，故两者合并，只设一个井、闸，人员出入、机材运入、排土运出均由该井、闸承担，故作业效率极低。

② 由上述原因，升降只能靠竖直扶梯完成，存在安全隐患。

③ 作业内空间狭窄，箱内挖掘只能使用反铲，故现场存在安全隐患。

④ 全靠人工作业，故工期长、成本高。

2. 机械化、无人化小断面、大深度沉箱工法系统构成

新开发的小断面、大深度沉箱工法的构成如图 5.20.1 所示。

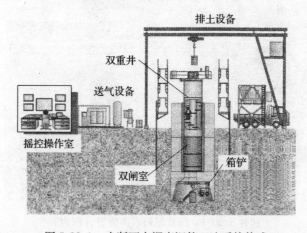

图 5.20.1 小断面大深度沉箱工法系统构成

（1）细长箱铲

细长箱铲（为区别与以往小断面大深度挖掘反铲的不同，这里把细长沉箱的箱铲定义为细长箱铲）多为顶棚圆形运行方式，遥控操作系统与以往的遥控系统相同，由地表遥控室遥控细长箱铲的挖掘作业。

因此，尽管在大深度、高气压条件下挖掘，其效率不下降，可确保一定的施工速度。照片5.20.1示出的是细长箱铲的挖掘状态。

照片5.20.1　细长箱铲挖掘状况

（2）双闸、双井

双闸、双井是钢制双重管构造的与高气压作业室的联络通道。双重管的内侧是土砂、机材运送通道，外侧是螺旋阶梯的人孔。与以往的竖井扶梯（见照片5.20.2）相比，安全性大为提高。另外，双闸、双井有$0.5m^3$和$1m^3$两种。

该设备把双重闸设置在最下部，其上部续接双重井，构造如图5.20.1所示。

照片5.20.2　竖井扶梯

（3）细长沉箱用的消声装置

如前所述，双重闸是把闸设置在最下端，各种气体噪声（送排气噪声、钢丝绳封口的漏气噪声）被集中到一个密封点，所以选择在井的最上部设置降噪装置（见照片5.20.3）。

照片5.20.3　细长沉箱消声装置（框内）

设置降噪装置与不设置降噪装置相比，噪声降低 30% 以上。

3. 新工法（设备）的优点

上述新开发的细长无人沉箱设备与以往的施工方法相比优点如下：

① 由于采用机械挖掘和遥控系统，故挖掘效率提高。

② 与以往的人力沉箱工法相比，高压作业省力化，设置螺旋阶梯安全性大为提高。

③ 初期下沉时的稳定性提高（重力大的闸设在下部，故重心低）。

④ 施工时的周围生活环境不受影响。

⑤ 可以大深度施工，适用范围宽。

4. 细长沉箱工法的适用范围

细长沉箱工法除保持无人沉箱工法的优点外，还克服了小断面的缺点，即安全性提高、工期缩减、成本降低，见表 5.20.1。

工法比较（工期·成本）   表 5.20.1

工法	压入沉井法（先期钻孔）	未改进前沉箱（人工挖掘）	细长沉箱
工期	1.00	0.98	0.92
成本	1.00	0.78	0.67

注：沉箱直径 $\phi 5.0$m，掘削深度 30m，砂质或夹砂砾黏土地层。

细长沉箱工法多适用于圆形断面 $\phi = 5 \sim 7$m 的情形，适用深度与普通沉箱工法相同，目前已有深 50m 的施工实例。对矩形断面、异形断面而言，施工多少有些变化。

5.20.2 近接铁道线的细长沉箱施工及动态观测实例

1. 工程概况

日本九州新干线与 JR 九州鹿儿岛营业主线在福冈、佐贺线境内存在 935m 的并行区间段，该区间为 10 连刚架构造的高架桥区间段，由五座桥墩区间段构成。桥墩基础形状为圆柱形 $\phi = 5$m，其中一座基础深 30.5m，另外四座基础深 38m。桥墩基础与营业主线间的最短距离为 4.1m，见图 5.20.2 及照片 5.20.4。本工程为了减少对原有营业主线的影响确保安全，决定采用细长沉箱工法施工。

这里仅介绍施工中测量管理的结果。

2. 近接原有营业铁道主线的保护

在施工之前，先讨论一下沉箱施工对原有营业主线的影响因素。

① 沉设沉箱时周面摩擦力致使的周围地层的沉降。

② 伴随沉箱倾斜和变位的修正致使的周围地层的变位及扰动。

③ 超控和减压致使的沉箱的急剧下沉。

④ 喷气致使的周围地层的扰动。

⑤ 异常减压致使的涌砂、隆起，造成的底部地层崩塌。

⑥ 刃脚减摩环上部空隙造成的地层扰动。

上述因素中的③、⑤在通常的施工管理状态下，发生的可能性不大。为了降低上述因素的影响，通常施工中采用下列措施。

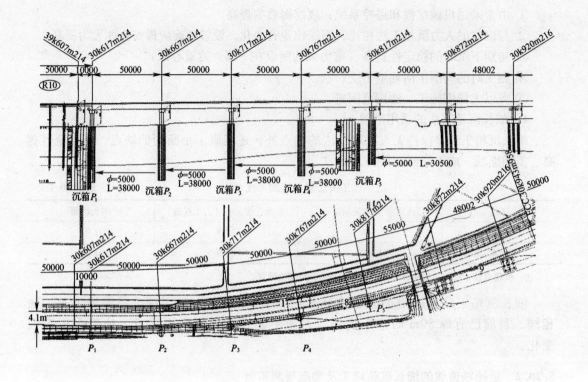

图 5.20.2　桥墩基础与营业主线的关系（单位：mm）

照片 5.20.4　桥墩基础沉箱与原有铁道的近接状况

① 利用测量管理信息进行信息化施工，管理倾斜、变位。

② 及时注入膨润土防止扰动地层和降低周面摩阻力。

③ 不设刃脚减摩环，减小地层变位。

尽管采取上述措施，但仍不能根除①、②因素的影响，所以只能通过二维FEM线性弹性解析分析其影响。

沉箱下沉时的周面摩阻力，按铁道构造物等设计规范中的基础构造物、抗土压构造物的基准执行。对应地层和深度的变化，按作用于FEM网节点上的竖向作用力进行模型化。另外，地层的扰动影响，可按刃脚外侧的补强钢板厚度 $t=25\text{mm}$ 的情形考虑箱筒与地层间的空隙。实际施工中由于注入膨润土浆液，所以可按25mm钢板产生的空隙的30%的变位量作为FEM网的强制变位进行模型化。

从图5.20.3示出的是解析结果决定的防护的平面、断面图。近接防护措施是向地层中插入Ⅳ型钢板桩，构成断面圆形挡墙。钢板桩的支持地层是为沉箱沉设地层中部的砂层，最大插入深度离地表面16.5m。

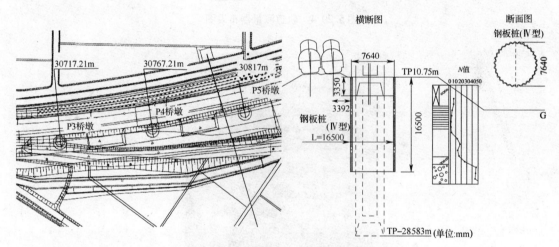

图5.20.3 保护钢板桩平面、断面图

3. 测量管理

以沉箱沉设，对营业铁道轨道无影响为目的，特对轨道和沉箱状况实施监测。

（1）轨道测量

因为平行近接区间内的轨道是石渣路床轨道，为确认轨道的变位，必须直接监视轨道。

在通常的铁道工程中实施人工轨道测量，但该工程的总长1km，因此要想在全工区内进行实时测量极为困难。另外，沉箱施工昼夜进行，所以沉设中实时掌握轨道变位存在一定的限度。因此开发了可在24h自动测量监视轨道变位的系统。

轨道变位自动测量系统是在轨道上用夹具，按5m间隔直接设置棱镜，在总长1km的区间设5台自动跟踪型总站，按60min的间隔测量轨道间隔、水平、高低、形变四项数据，测量数据由测量室内的计算机采集管理。图5.20.4示出的是轨道测量器的布设图，照片5.20.5是棱镜的设置状况。轨道测量中使用的跟踪总站要求必须设置在确保可以进行三维测量的具有一定高度的位置上。该工程总站设置在电车线杆上。

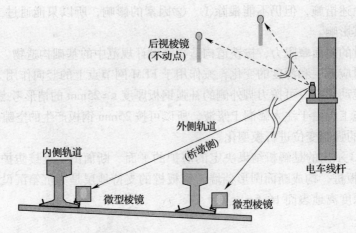

图 5.20.4 轨道测量器布设图

照片 5.20.5 棱镜设置状况

表 5.20.2 示出的是测量管理基准一览表。系统中还设置了轨道变位达到报警管理值时的自动报警的发信系统。

轨道测量管理基准值 表 5.20.2

测量项目	管理基准值		
	报警值	工程终结值	基准值
轨间	5mm	9mm	14mm
水平	6mm	11mm	16mm
高低	6mm	11mm	17mm
变形	6mm	11mm	17mm

（2）沉箱箱筒的测量

沉箱倾斜和变位的修正对周围地层的变位和扰动的影响较大。然而沉箱的姿态和下沉状况，可用沉箱箱筒监视系统进行实时监视。沉箱倾斜由布设在作业室顶棚上的倾斜计测量，沉箱的下沉用设置于地表的卷入型变位计测量，同时还测量了作业室内的压力。另外，该工程中按地表遥控操作方式进行箱内挖掘作业。刃脚附近的挖掘状况用监视器监视。

4. 测量结果分析

图5.20.5示出的是桥墩基础沉箱沉设和轨道变位量的历时变化。轨道测量项目中的轨距、水平、高低、形变均存在一定的数据起伏，报警值定为基准值的40%，在±6mm以内。从这些结果可以判定事前讨论中确定的，沉箱沉设时保护铁道运行线安全而设置的截断外力作用的钢板桩的稳妥性。另外，刃脚深度超过防护板桩支持层（沉设地层中间部位的砂砾层）后（3月24日后），轨道变位量变化较小。这说明沉箱沉设中箱体侧面注入的膨润土有效地防止了沉箱周围地层的扰动。另外，在事前讨论时，考虑到沉箱断面小，存在自重力不足及周面摩擦力等因素存在下沉力不足的悬念。然而，实际情况是沉箱直到下沉结束也未使用辅助工法，这说明不存在下沉力不足的状况。另外，为降低沉箱沉设时的周面摩阻力，采用了注入膨润土浆液的措施，结果表明对轨道的影响极其微弱。

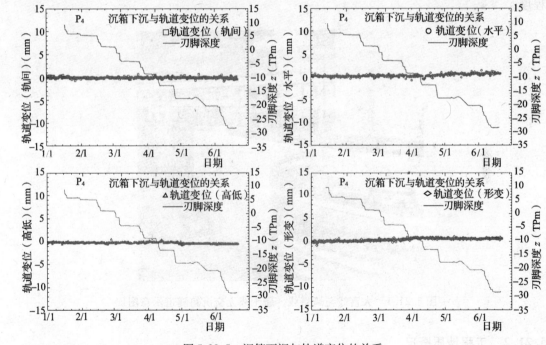

图5.20.5 沉箱下沉与轨道变位的关系

小结

本工程是近接一天有100趟以上的列车通过的JR九州鹿儿岛主线地点的沉箱施工，施工结果表明，直到沉箱沉设结束，也未发现对近接轨道有大的影响。这完全可以认为是采取实时轨道测量管理、设置钢板桩挡墙及严格控制沉箱下沉姿态等措施的结果。信息化施工的效果还带来下沉精度的极大提高。

5.21 沉箱工法在立体交通地下隧道中的应用实例

5.21.1 工程概况

新设东京高速公路大宫线在东京新中心城区附近的东北主线（区段）与埼京、东北新干线（双层高架路）的锐角交汇点的角顶位置上，发生与埼京、东北新干线交叉横穿现象。如果采用大宫线在埼京、东北新干线双层高架路上方通过的方案，则大宫线路的空间高度超高或过宽，所以选择大宫线从地下横穿埼京，东北新干线的方案，即以地下通道（隧道）方式构筑大宫线。该方案的示意图如图 5.21.1 所示。隧道的水平断面、纵断面的具体分布尺寸如图 5.21.2 所示。该隧道全长 221.5m，断面为矩形，宽 16～27m，高 26～38m，西行、东行上下二层箱形涵洞构造（见图 5.21.1）。因隧道要从埼京线的下方穿越，所以埼京线 P_1 桥墩（RC 构造灌注桩基础）必须改由隧道上顶承托。隧道与新干线桥墩基脚端部的最小距离仅为 1.8m。另外，隧道还邻接东北货运线、转运线、东京气体制冷供热中心大厦等重要构造物，所以施工中要求把施工对上述构造物的影响抑制到最小程度。

图 5.21.1 大宫线与埼京线、新干线立交沉箱隧道示意图

5.21.2 工程地质概况

施工现场的土质柱状图如图 5.21.3 所示。从地表到 GL－4m 为软冲积层～垆姆层，到－20m 为火山灰淤泥层，GL－20～－36m 为含贝化石多的淤泥层，GL－36m 以下为砂石层。地下水位在 GL－1m 附近，GL－20m 以下的洪积砂层和砾石层均为承压层。

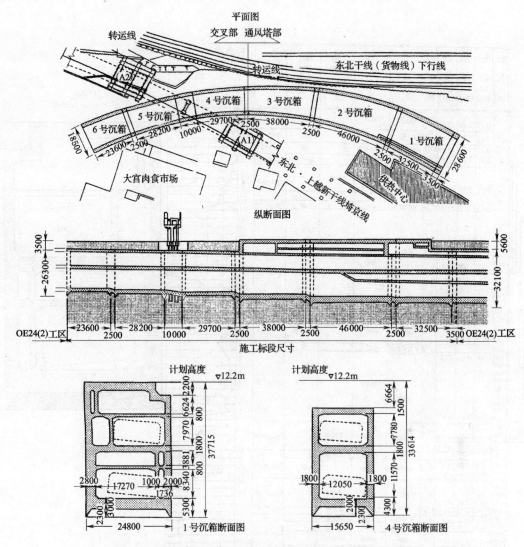

图 5.21.2　隧道水平断面、纵断面尺寸图（单位：mm）

5.21.3　施工条件和沉箱隧道工法的选定

（1）施工条件

本工程的施工条件如下：

① 从构造上确保各种邻接设施安全的同时，要绝对确保运营中的埼京线、东北新干线的运营安全。

② 保持地下水位不变，地层不能产生沉降，同时也不能对生活水井构成影响。

③ 隧道构造物正下方的砾石层中的地下水为承压水。

④ 埼京线桥墩不能发生变位，应作托换处理。

（2）沉箱隧道工法的选定

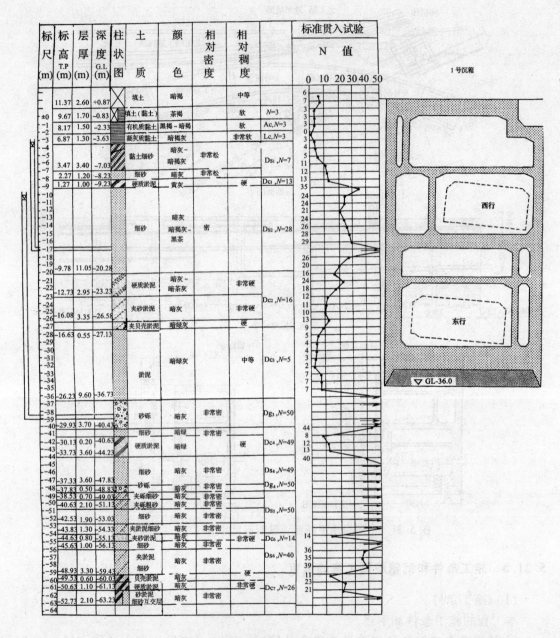

图 5.21.3　土质柱状图

为寻找满足以上施工条件的工法，特对开挖法和沉箱工法进行了对比讨论。从对邻接各种设施和营业线影响（变位）小、安全、可靠及不影响地下水位等条件考虑，决定选用沉箱工法。但采用沉箱工法在施工中也存在一些新的技术课题，即：

① 因本工程区间道路形状为曲线，非对称型（曲线）沉箱的沉设精度如何确保。

② 沉箱箱底附近的地质性状是洪积淤泥层（D_{s2}）层，$N = 2 \sim 7$。即如何确保软地层中的沉设精度。

③ 沉设挖掘时涵体间的承压砾层的处理措施。

④ 因是在淤泥层、砂层的互交层中沉设多座沉箱，故沉设时的贯流现象用何措施防止。

上述施工中的技术课题，必须采取合理措施妥善解决。

（3）沉箱布设考虑

沉箱布设计划考虑如下：

① 箱体间的隔离，考虑到挖掘机械的操作空间接头部位的长度定为 2.5m。

② 平面纵横比，根据以往的经验比值应控制在 3:1 以内。

③ 进行托换的 P_1 桥墩系施工中的重点保护对象，考虑到沉箱的形状，沉箱间隔定为 10m。

（4）主要工程量

沉箱箱体分割成 8 ~ 10 节；混凝土 62300m³；钢筋 11000t；模板 44600m²；场地面积 22000m²。

沉箱沉设工作量：

沉箱面积 3932m²；下沉挖掘土方量 140000m³。

沉箱间的接头工作量：

压气挖掘量 5900m³；敞开挖掘量 8900m³；地中连续墙 2700m²。

5.21.4 总体计划及施工程序

1. 总体计划

本工程作业场地狭小，沉箱规模大，故资材的运入、搬出，箱体构筑使用的起重设备作如下考虑。对断面积大的 1 ~ 3 号沉箱来说，因场地狭窄无法在沉箱外围设置起吊设备，所以把塔吊（1800kN·m）设置在沉箱作业室顶棚上，随着箱体的下沉而接高；4 ~ 6 号沉箱接近运行线的高架梁，故选择离沉箱远的移动式吊车。挖掘土砂的运出设备使用定置式（AB 轮换式搬运器），因此可把出土工序对箱体构筑的影响抑制到最小。挖掘设备采用顶棚运行式箱铲（0.15m³铲斗），上述设备的配置台数应根据沉箱尺寸的大小及周围地域状况决定。图 5.21.4 示出的是施工总体设备布置图，表 5.21.1 和表 5.21.2 示出的是主要设备的数量。

2. 施工程序

施工程序分以下四步：

① 沉箱施工地基层造成、邻近构造物的保护及标段端部处理三个工序，见图 5.21.5。

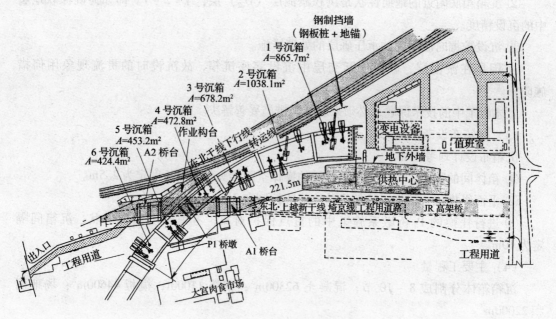

图 5.21.4　施工总体设备布置图

挖掘、吊重、压气设备沉箱挖掘、吊重设备　　表 5.21.1

	箱内挖铲 （台）	料闸 （座）	人闸 （座）	托架 （座）	塔吊 （座）	压入装置 （座）
1 号沉箱	6	3	2	3	1	8
2 号沉箱	6	3	2	3	1	10
3 号沉箱	5	2	2	2	1	8
4 号沉箱	4	2	2	2	—（注）	6
5 号沉箱	4	2	2	2	—（注）	6
6 号沉箱	4	2	2	2	—（注）	6
合计	29	14	12	14	3	44

注：因靠近高架桥不宜使用塔吊，故改用移动吊车。

压 气 设 备　　表 5.21.2

机械名称	规格	数 量		
		1~3 号沉箱	4~6 号沉箱	合计
空压机（作业压气用）	旋转式空压机低压 145kW	7	6	13
空压机（急救闸室压气用）	旋转式空压机高压 75kW	1	1	2
气罐	2.5m³	8	7	15

续表

机械名称	规格	数量		
		1~3号沉箱	4~6号沉箱	合计
冷却塔	圆型冷却塔 40t/h	4	3	7
压缩空气净化器	处理量 1100m³	3	3	6
压缩空气净化器	处理量 650m³	1	1	2
气压自动调节器		6	6	12
自动减压装置		6	6	12
急救闸室	可容纳 8 人	4	3	7
发动机式空压机（非常时期使用）	18.5m³/min	6	5	11
发电机（非常时期使用）	200kVA	1	1	2

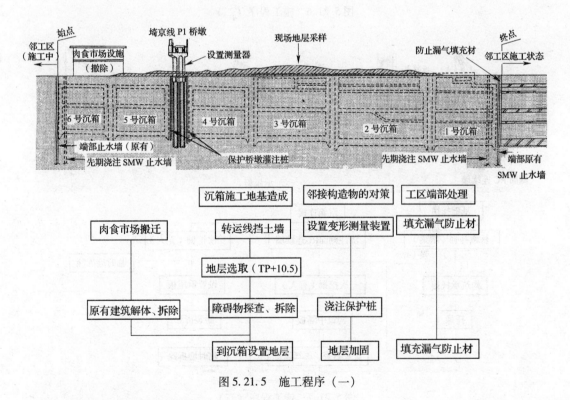

图 5.21.5 施工程序（一）

② 沉箱挖掘下沉，见图 5.21.6。

③ 基础托换及沉箱间隔接头的连接，见图 5.21.7。

④ 隧道整饰工序，见图 5.21.8。

429

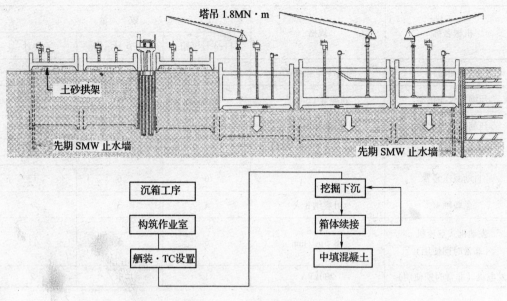

图 5.21.6　施工程序（二）

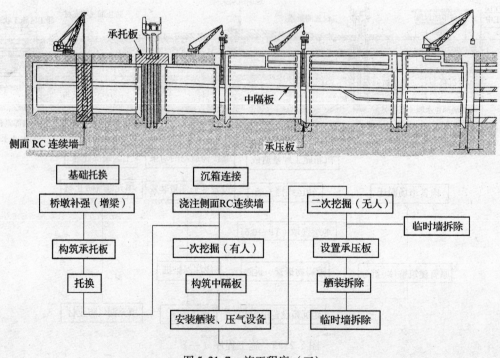

图 5.21.7　施工程序（三）

　　如图 5.21.5 所示，由于地表肉食市场设备搬迁拆除的关系，致 4～6 号沉箱与 1～3 号沉箱不能同时开工。4～6 较 1～3 号迟半年时间开工。沉箱挖土下沉工序像图 5.21.6 示出的那样，1～3 号先挖，4～6 号半年后开挖。施工状况如照片 5.21.1 及照片 5.21.2 所示。

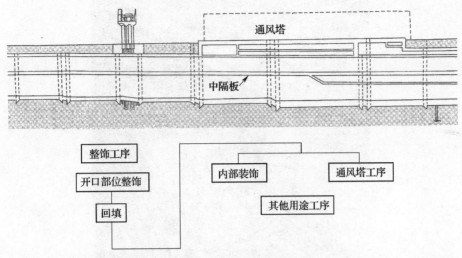

图 5.21.8 施工程序（四）

照片 5.21.1 作业室混凝土浇筑状况

挖土下沉顺序如下：从挖掘开始到 GL－20m（对应的作业气压为 0.18MPa）深止均为人工挖掘。其中，土砂拱架填土挖除后即作业空间形成，随后安装挖铲机械等设备，进行人控机械挖掘直到 GL－20m 深。作业气压≥0.18MPa 后采用无人工遥控挖掘（见照片 5.21.3）。

沉箱沉设后的接头部位的施工，像图 5.21.7 示出的那样，中隔板以下采用压气挖掘法抑制承压地下水。压气挖掘结束后，在压气状态下组装钢筋（采用机械接头与设备在前面的沉箱箱体上的预留件连接），浇注混凝土作成承压板。至于与终点原有隧道的接头部位，因为在原工区的边界上存在着止水挡墙（SMW），因压气条件下 SMW 的芯材拆除困难，加上已筑隧道上不存在进发挡墙等原因，所以采用把侧部 RC 连续墙浇注到 D_{C7} 层（GL－61m）的措施，按通常的挖掘工法处理。另外，始点侧的施工是紧靠邻接工区的施工。P_1 桥墩基础托换方法采用把承托板放在邻接的 4、5 号沉箱上，并使 P_1 桥墩的底脚嵌入承托板中（见图 5.21.7）。具体托换方法下节再予叙述。图 5.21.8 为装饰工序。

照片 5.21.2　施工总体状况

照片 5.21.3　遥控操作状况

5.21.5　施工措施

从本构造物的用途和确保施工质量的观点出发，施工中选用的措施如图 5.21.9 所示。具体措施如下：

1. 近接构造物的保护措施

本工程中，东北新干线桥台、埼京线桥墩和东京气体供热制冷中心大厦均为近接构造物。沉箱施工对邻近构造物的影响因素如下：

（1）沉箱沉设时的周面摩擦力造成的周围地层的沉降。

（2）沉箱倾斜和复位修正致使的周围地层的变位和扰动。

（3）压气造成的周围地层的扰动。

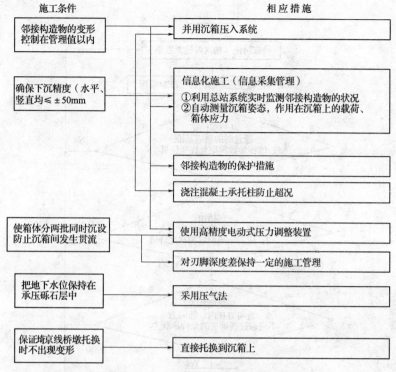

施工条件 | 相应措施

邻接构造物的变形控制在管理值以内 → 并用沉箱压入系统

确保下沉精度（水平、竖直均 ≤ ±50mm）→ 信息化施工（信息采集管理）①利用总站系统实时监测邻接构造物的状况 ②自动测量沉箱姿态，作用在沉箱上的载荷、箱体应力

→ 邻接构造物的保护措施

→ 浇注混凝土承托柱防止超沉

使箱体分两批同时沉设防止沉箱间发生贯流 → 使用高精度电动式压力调整装置

→ 对刃脚深度差保持一定的施工管理

把地下水位保持在承压砾石层中 → 采用压气法

保证埼京线桥墩托换时不出现变形 → 直接托换到沉箱上

图 5.21.9　施工条件及其防止措施

（4）减摩环上部空隙造成的地层扰动。

（5）超挖和减压造成沉箱急剧下沉致使的地层扰动。

（6）异常减压造成的隆起；涌砂致使的底面崩坏。

因素（5）、（6）在通常的施工状态下产生的概率极小。为降低其余因素的影响，施工中可采取如下措施：

① 严格执行测量管理，实现信息化施工，建立实时测定倾斜、变位的体制。

② 注入膨润土浆液防止地层扰动，减小周面摩阻力。

③ 并用压入下沉法，控制倾斜，确保竖直性。

④ 不设减摩环，地层中不产生空隙。

即使实施上述施工措施，沉箱沉设时周面摩擦力仍会致使地层中土体向沉箱侧移动；另外，伴随修正沉箱倾斜和变位，致使的周围地层变位和扰动也在所难免，所以应用二维 FEM 线性弹性解析法确认影响。

图 5.21.10 所示的是解析程序，把随土质、深度变化的沉箱沉设时的周面摩擦力看成是作用于 FEM 网节点上的竖直作用力。另外，倾斜决定的地层扰动的影响，可由沉箱产生最终沉设深度的 1/1000 的倾斜时的变位量作为 FEM 网节点强制变位的各个模型求取。图 5.21.11 示出的是由解析结果决定的防护工程的平面图。

邻近构造物的保护措施，是设置根入深度大于刃脚最终深度的排柱桩（芯材 H 300 × 300）或插入钢板桩的墙。另外，JR 东北货物线、转运线侧因可相应作轨道修正，故无需进行特别保护。再有，为抑制沉箱施工基面与 JR 原有铁道线填土路床间的高低差的变动，还设置了隔离挡墙（钢板桩根入 6m，并用地锚固定）。

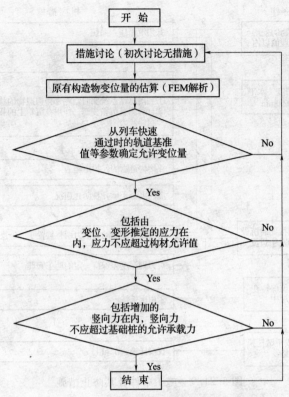

图 5.21.10 新干线、埼京线影响的讨论程序

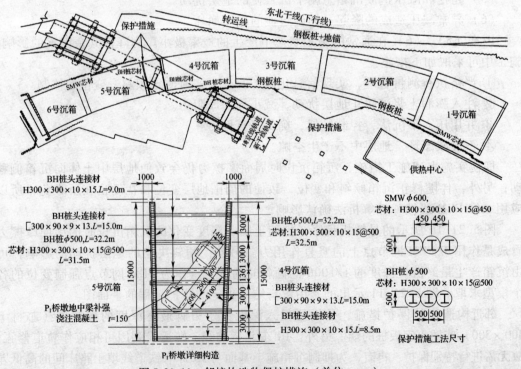

图 5.21.11 邻接构造物保护措施（单位：mm）

2. 压入系统

本工程的沉箱下沉主要靠压入系统完成。因压入系统可使沉箱下沉力瞬时变化，即下沉力可在短时间内按需变化，从而可高精度地控制沉箱的位置隔离。图5.21.12示出的是压入系统，由① 提供反力的设置于沉箱侧面的地锚；② 穿心液压千斤顶（2940kN）；③ 把压入力传递给沉箱上的钢梁（见照片5.21.4）等构件构成。各沉箱使用千斤顶的数量如表5.21.3所示。地锚的设置状况如图5.21.13所示。注浆锚固体长29.4m，锚杆长37.5m，总长66.9m，设置在刃脚下方的砂、砾和黏土的互交层中。

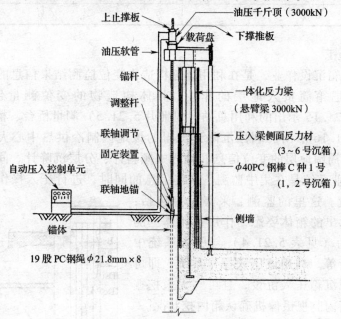

图 5.21.12　压入千斤顶的构造

照片 5.21.4　钢梁

<table>
<tr><td colspan="2" align="center">千斤顶设置数量</td><td align="right">表 5. 21. 3</td></tr>
</table>

沉箱序号	设 置 数 量
1号	8只
2号	10只
3号	8只
4号	6只
5号	6只
6号	6只

3. 信息化施工

本工程的沉箱沉设作业，是在利用邻近构造物变位监测结果信息的基础上修正箱筒倾斜，同时把箱筒贯入地层的作业。具体构造物的变位测量包括：① 按图 5. 21. 14、图 5. 21. 15 示出的利用总站（见照片 5. 21. 5）测量桥台、桥墩、高架桥的变位；②图 5. 21. 16 示出的利用沉降计测得的该地区制冷供热中心大厦的沉降；图 5. 21. 17 示出的周围地层的变位信息（插入式倾斜计、分层沉降计、间隙水压计的测量数据）。该作业系统是在集中监测、采集信息的同时，进行压入操作，实现信息采集、管理的系统。这里的监测、采集信息包括：测量画面中显示出的箱体姿态，作用在箱体上的外力，箱体应力（见表 5. 21. 4）与压入系统中的千斤顶的载荷等。利用该压入操作系统，即可在操作室内实现沉箱压入沉设，且可与无人挖掘系统连动，由箱内监视摄像机确认箱内挖状况。

4. 防止沉箱超沉承托块的设置

因各个沉箱均触底落位于洪积淤泥（D_{C3}层，$N=2\sim7$）层（软地层）上，故沉设终了时易出现超沉，致使沉箱深度精度无法确定。另外，因该工程施工中选用了压沉系统压沉箱筒，所以即使压入沉箱的千斤顶压力撤除，箱筒下沉也不会立即停止，即产生超沉。为此，当下沉量还剩 60cm 的阶段，在沉箱作业室内先浇注混凝土承托圆柱（作为填充混凝土的一部分），防止超沉。承托圆柱的参数（尺寸、数量），可由作业室内进行的载荷试验得出的地层强度，和下沉量还剩 60cm 之前的下沉施工中得出的超沉载荷的关系确定。按此法确定的最大面积、最大载荷的 2 号沉箱的混凝土承托圆柱的尺寸如下：底座直径为 5m、柱直径 3.5m、圆柱数量 7 条。超沉承托混凝土圆柱的实物，如照片 5. 21. 6 所示。

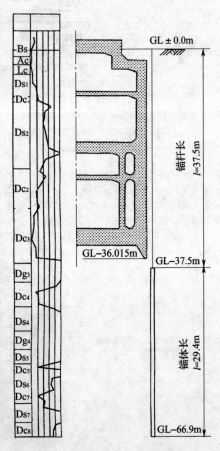

图 5. 21. 13　地锚设置长度

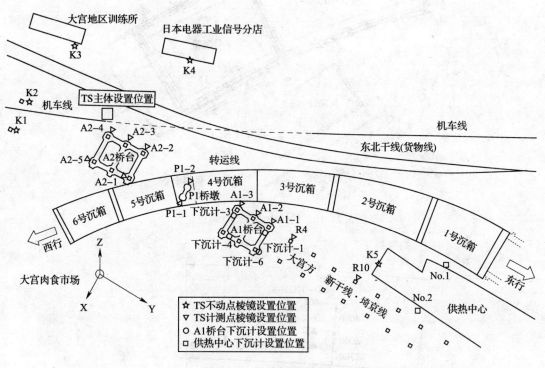

图 5.21.14 总站测量位置

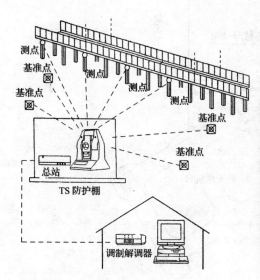

图 5.21.15 总站测量布置图

照片 5.21.5 总站设置状况

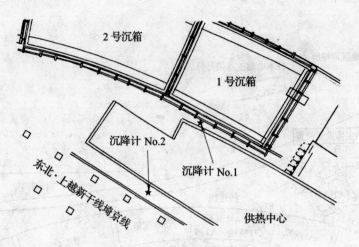

图 5.21.16 供热中心沉降计埋设位置

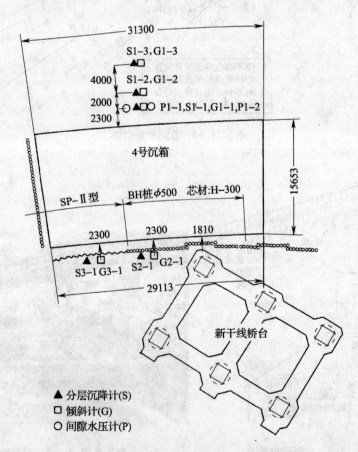

图 5.21.17 周边地层沉降计埋设位置（单位：mm）

沉箱箱体测量项目　　　　　　　　　表 5.21.4

测量项目	测量内容
刃脚反力计	刃脚反力分布的掌握（下沉阻力）
周面摩阻力	测量地层与箱体间的摩阻力（下沉阻力）
土压计	作用在沉箱侧壁上的土压分布状况
间隙水压计	掌握作用在沉箱侧壁上的间隙水压的状况
钢筋应力计	测量沉箱沉设时产生的底板应力
水荷重计	测量沉箱沉设时的箱内填充水的荷重（下沉力）
箱内压力计	测量作业室内作业气压（作业环境和下沉阻力）
沉降计	掌握沉箱下沉时的沉降量（下沉管理）
水平变位计	掌握沉箱下沉时的水平变位量（姿态控制）
倾斜计	掌握沉箱下沉时的倾斜量（姿态控制）

照片 5.21.6　防止超沉承托圆柱实物

5. 沉箱沉设施工管理

因为沉箱分两批（1~3 号、4~6 号）同时沉设，所以应进行所谓的贯流讨论。贯流现象，即在连续不透气层下方的砂、砾层中沉设多个沉箱时，从高气压（深度大）沉箱作业室中喷出的高压空气流入低气压（深度浅）沉箱作业室内的现象。贯流现象的发生，会导致深度大的沉箱作业室内的气压下降，深度浅的沉箱作业室内如气压升高，故给两者的气压调节带来障碍。同时透气层成为缺氧层，易出现缺氧事故。本工程因需清除障碍物，致使 4~6 号沉箱群的开工较迟，故 4~6 号沉箱的刃脚与先期施工的 1~3 号沉箱的刃脚不会同时出现在砂层（D_{s2} 层）中。这就是说，两沉箱群之间不会发生贯流。但每组沉箱内的三个沉箱之间存在贯流现象。故两组沉箱群（1~3 号及 4~6 号）的施工管理须以确保各组沉箱群的刃脚高度一致为重点。再有，使用高精度自动压力调整装置，把箱内水位始终控制在比刃脚高10cm 的高度上。与此同时，可选择靠压入力使刃脚贯入地层的做法，防止气喷，杜绝贯流。

6. P_1 桥墩桩托换

本工程 P_1 桥墩桩托换，采用把直径 2.2m 的原有 P_1 桥墩桩（现场灌注桩）截断改用加梁托板承托 P_1 桥墩的托换方式。因为要用 PC 钢绳把桥墩基脚紧固成为一个整体，所以还应限制加梁支承点的位置及拉紧 PC 钢绳的间隔，构成板状构造由两侧沉箱承担载荷。墩桩托换简图如图 5.21.18 所示。PC 钢绳按图 5.21.19 示出的形式布设，并构筑承托基板，养护后把 PC 钢绳拉紧（原有桥墩桩与基板是否结合成一个整体，由设置在基板端部的刻度应变计的示值，与先前拉紧基板时算出的变位值对比确认）。为避免切断桩时出现的载荷不平衡，需把作用在桩上部的静载荷确实且平稳地传递到基板四个角的支承点上，所以施加预压试验，使用偏千斤顶施加预压，其预载值按原有桩上不产生拉张力情形下的总设计静载荷的95% 考虑。偏千斤顶如图 5.21.20 所示的那样，设置在沉箱的四个角（设计支点）上，因支点载荷为 7000kN，所以设置为 5000kN 的千斤顶 2 台，为应对托换后的沉箱间开挖时桥墩的下沉，故增设了 3600kN 的千斤顶 2 台。实施预载后用钢丝锯把桩切断，整个托换无任何事故而竣工。图 5.21.21 所示的是墩桩托换的施工程序。该墩桩托换施工中还在图 5.21.22 所示的位置上进行了测量及实时监视。测量结果表明，托换前后桥墩无任何变化。

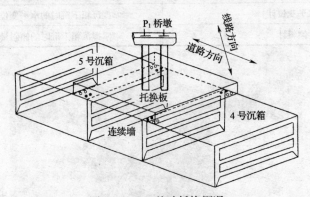

图 5.21.18　基础托换概况

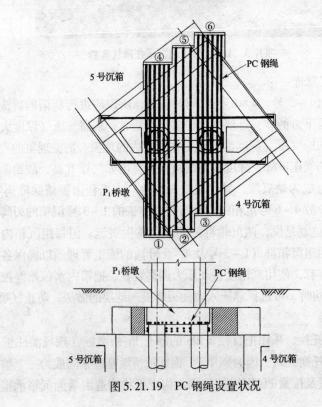

图 5.21.19　PC 钢绳设置状况

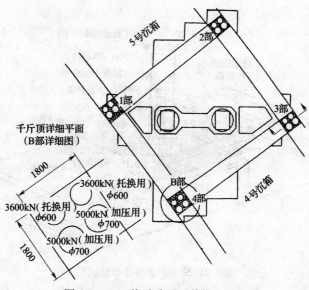

图 5.21.20 偏千斤顶(单位:mm)

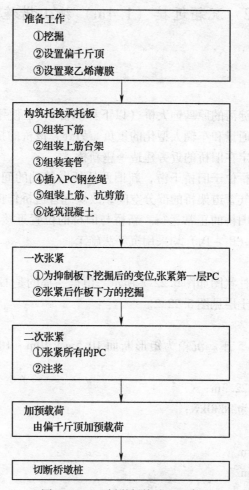

图 5.21.21 桥墩托换施工程序

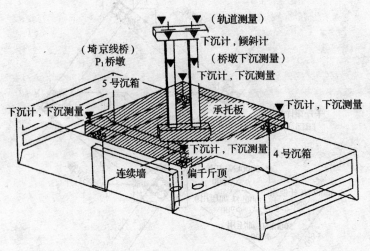

图 5.21.22　测量器具布设状况

5.22　沉箱近接（1.4m）施工措施实例

5.22.1　工程概况

1. 概况

大阪中央环线跨越淀河的原鸟饲大桥（以下称旧桥），已使用了半个多世纪，该桥老化已不堪急剧增加的交通量和车辆大型化的重负。另外，该桥的抗震性已远不符合现时抗震基准要求。为此，决定在旧桥的近旁建造一座新桥。

新桥设计要求：新桥位于旧桥下游，新旧两桥桥墩基础的间距仅为 1.4m。建造新桥需占据旧桥下游原有煤气管道架桥的部分空间，故煤气管道桥作拆除处理。设计要求新桥建造施工期间必须保证旧桥的正常运行。新桥与旧桥的位置近接关系见图 5.22.1 及照片 5.22.1。新桥桥墩基础（$P_3 \sim P_7$）均采用沉箱法施工。

2. 土质柱状图

新桥基础现场土质柱状图如图 5.22.2 所示。值得一提的是 GL - 12m 附近存在有 $N = 0 \sim 3$ 的软淤泥层，其他土层见图 5.22.2。

3. 沉箱概况

桥墩沉箱 $P_3 \sim P_7$ 共 5 座。沉箱为矩形断面 10.5m×10m～10.5m，墩柱为长椭圆形，7.5m×2.7m。

沉箱深度为 16.9～22.3m；

钢壳沉箱自身重力为 3830kN；

钢筋用量为 1082t；

混凝土用量为 7111m³；

挖掘土方量为 9745m³；

回填土方量为 2049m³。

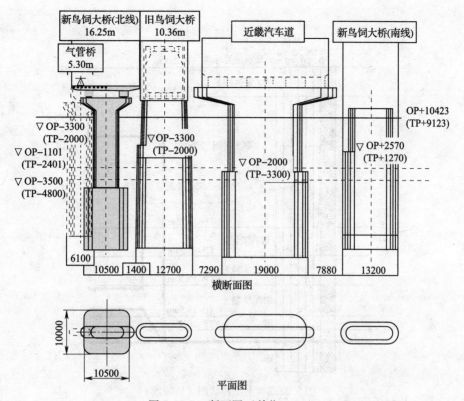

图 5.22.1 断面图（单位：mm）

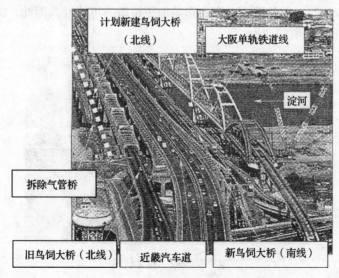

照片 5.22.1 工程开工前道路近接状况

5.22.2 施工中的重点课题

本节仅就该沉箱基础施工中的两个重点课题进行叙述，其他不再重复。

1. 近接旧桥基础的施工课题

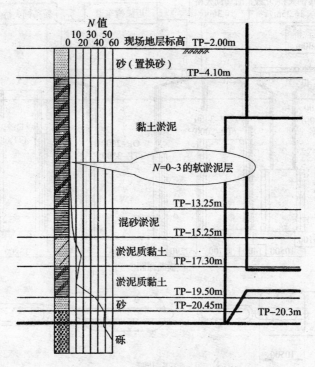

图 5.22.2　土质柱状图（P₃桥墩）

如前所述，新桥桥墩的施工位置与供用中的旧桥（道路桥）的距离为 1.4m（见图 5.22.1、照片 5.22.2），沉箱下沉时存在影响旧桥桥墩的可能性。因此，沉箱下沉施工时，须采取措施防止旧桥桥墩的变形。

照片 5.22.2　施工状况

2. 持力地层的非均匀性

沉箱位置的土质，如前所述是 $N = 0 \sim 3$ 的软淤泥层。另外，新桥下游原有煤气管桥墩拆除后用砂置换（见图 5.22.3），所以上、下游两侧地层承载力不同。为此，新桥基础沉箱下沉施工时存在沉箱向上游侧倾斜的可能性，所以必须选择有效的防止倾斜的措施。

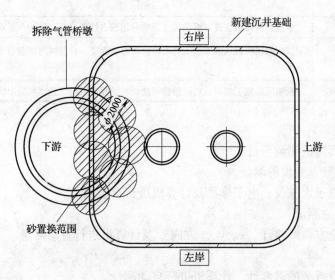

图 5.22.3　砂桩置换状况

5.22.3　措施

1. 抑制沉箱施工对旧桥桥墩影响的措施

抑制近接沉箱施工对旧桥桥墩影响的措施包括：影响程度的解析评估措施、测量管理措施和施工措施。

（1）影响程度的解析评估措施

设计时以以往近接施工实例中的下述几个影响因素，利用二维弹性 FEM 解析法对近接沉箱施工给旧桥基础带来的变位进行了评估。

① 伴随沉箱下沉周面摩阻力致使的下沉。

② 沉箱下沉时减摩刃环造成的地层松散。

③ 沉箱排土应力释放产生的地中失衡。

④ 因为沉箱与墩柱（长椭圆形）的断面积的差（见图 5.22.1）造成的地层松散。

解析结果及测量管理的允许值如表 5.22.1 所示。

解 析 结 果　　　　　　　　　　　　　　　表 5.22.1

	解析结果	允许变位量	备注
竖直变位（mm）	−0.70	−10～+10	（+）：隆起
倾斜变位（分）	−2.5	−3.0～+3.0	（+）：上流

（2）变形测量管理措施

① 测量阶段和目的

旧桥桥墩的变形测量阶段和测量目的如表 5.22.2 所示。

不同测量时段的目的　　　　　　　　　表 5. 22. 2

测量时段	目　的
事前测量	掌握旧桥桥墩在没有沉箱施工影响时期的自然变动量，作为今后对比的基本资料
沉箱施工过程中的测量	长时间连续确认沉箱施工对旧桥桥墩影响程度，并及时与测量管理值的比较判断其稳定性
沉箱沉设结束后的测量	观测沉箱施工结束后对旧桥桥墩的影响的收敛状况，进而判断旧桥桥墩的稳定性

② 测量项目

对旧桥桥墩实施的测量项目如下：

a. 旧桥桥墩竖直变位的测量

竖直变位由电子水准仪、电子标尺及计算机进行自动测量。

b. 旧桥倾斜的测量

倾斜测量由全方位倾斜计（x、y、z 方向）及计算机进行自动测量。

c. 温度测量

由设置在测点近旁的温度计、计算机进行自动测量。

③ 测量设备

变形测量中使用的测量设备的规格如表 5. 22. 3 所示。设置状况见照片 5. 22. 3 和照片 5. 22. 4。

测量设备规格　　　　　　　　　表 5. 22. 3

测量项目	使用的测量设备			
	名称	型号	测定范围	分辨率
竖直变位	电子水准仪	AL－50	3～150m	—
	电子标尺	EPS－02A	±84mm	0.1mm
倾斜测量	全方位倾斜计	CS－Ⅰ	±1°	7s
外界温度	温度计	TK－F	−20～80℃	0.007℃

照片 5. 22. 3　电子水准仪设置状况　　　照片 5. 22. 4　电子标尺全方位倾斜计、温度计设置状况

④ 测量管理

沉箱下沉时旧桥的变位，在允许管理值的基础上把管理分为两个阶段进行，即设定为一次管理基准值和二次管理基准值，见表5.22.4所示。所谓的一次管理基准值，即变位超过一次管理值时，施工并不直接停止，但此时必须开始强化测量管理的值。二次管理值，即变位超过二次管理值时，进一步强化测量管理值。当判定继续施工时，变位会继续增大的情况下，应立即停工，同时查明原因，制定好措施，再行开工。

测量管理值　　　　　　　　　　　　　　　　　表5.22.4

测量项目	一次管理值	二次管理值	允许管理值
竖直变位（mm）	±3.0	±5.0	±10.0
倾斜测量（分）	±1.2	±1.5	±3.0

（3）施工方法的措施

施工时采用的措施与设计时的措施相同，尽量减小、消除沉箱下沉产生的空隙，措施如下：

① 先对桥墩部位实施回填。

② 把新设沉箱的减摩台阶定为22mm，减缓周围地层的松动。

③ 沉箱触底后，立即对减摩台阶产生的空隙进行填充注浆。

（4）回填

伴随沉箱的下沉，随即生产箱筒断面积与墩柱断面积差异造成的空隙。因此，对此空隙及时回填，对沉箱进一步下沉造成的空隙可以及早进行填充（见图5.22.4）。

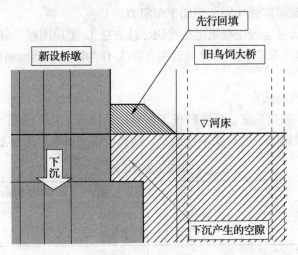

图5.22.4　回填概况

（5）减摩台阶

通常，沉箱减摩台阶厚10cm；对都市中周围存在近接构造物的情形而言，厚度为选为3~5cm。但是本工程，从减少超挖、减小对旧桥桥墩影响的观点出发，选定厚22mm的扁钢（50mm宽）作减摩环设置在刃脚钢壳的外侧（见图5.22.5）。

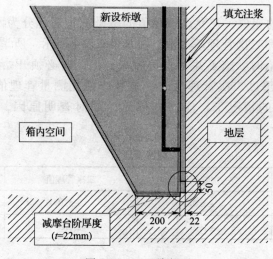

图 5.22.5　刃脚概况

（6）注浆

在沉箱箱筒内埋设配管，沉箱触底后立即用水泥和膨润土浆液填充减摩空隙（见图 5.22.4）。另外，浆液的喷出口设置在钢壳沉箱的外板（PL-9mm）上，同一断面上设置 24 个点×2（排）。

2. 承载力不均地层的改进措施

（1）增加上游侧软地层下沉阻力的措施

① 对上游侧软地层采取开口率小的挖掘方式。

② 对上游侧软地层使用拱架或半刃脚增加下沉阻力。

③ 对上游侧软地层实施加固，增加下沉阻力。

就① 而言，因天井运行挖掘机运行受限，故方法① 实现困难。就② 而言，从承载力的计算结果知道，也不易实现。为此，选用方法③ 作为防止沉箱倾斜的措施。

（2）地层加固

① 地层加固工法的选定

通过对单管高压喷射工法、压实砂桩工法及压密注入工法的分析对比（见表 5.22.5）知道，从对旧桥桥墩影响小的首要条件出发，选择单管高压喷射工法加固地层最为合理。

加固工法对比表　　　　　　　　　　　　　表 5.22.5

工法	工法概况	工法特点	在本工程现场的实用性			
			对旧桥桥墩的影响	环境影响	地层加固强度	总评价
单管高压喷射加固工法	用单钻孔机钻孔到预定深度，由几 mm 的喷嘴在钻杆旋转的同时喷出加固浆液，一段时间后按一定速度提升钻杆，可形成圆柱状桩	该机机型小，可在狭小场地施工加固强度较高	○小	△存在从河床漏浆的可能性	◎	○

工法	工法概况	工法特点	在本工程现场的实用性			
			对旧桥桥墩的影响	环境影响	地层加固强度	总评价
压实砂桩法	在软地层中压入砂,形成大直径压缩砂桩。因此,地层被压实密加固,强度提高	压入固结体可使周围地层被强化挤实,地层承载力大增。但操作机械大型化,在本工程的狭小现场不可能	×大	◎不存在从河床漏浆现象	○	×
压密注浆加固法	钻机钻孔到预定深度,向地层中注入流动性极差的注入材,生成加固体,同时挤密周围土体	机械小型化,可以狭小场地施工,固结体使周围地层被压密,故地层承载力增大	×大	◎不存在从河床漏浆现象	◎	△

注:◎号代表好,○号代表一般,△号代表较差,×号代表最差(不能使用)。

② 加固范围及目标强度

a. 加固范围

地层加固平面图如图5.22.6所示。

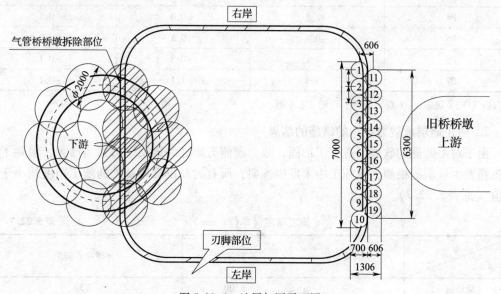

图5.22.6 地层加固平面图

沉箱上游侧壁刃脚部位的地层作单管高压喷射加固,6.3m(长)×1.3m(宽)。下游侧壁刃脚部位作砂桩置换加固,加固范围见图5.22.6。

由各桥墩的钻孔柱状图知道,加固对象地层为 $N=0\sim5$ 的黏土层,故加固深度分布在 $8\sim12m$ 的范围内。

b. 目标管理强度

因高压喷射加固部位的强调不应低于砂桩置换部位的强度，故这里把砂桩部位的单轴抗压强调（q_u）定义为高压喷射加固部位的目标强度。

由触探试验得出的砂桩部位的 $N=10$，所以对应的 q_u 可由 q_u 与 N 值的关系式：

$$q_u = 1.25N(\text{kN/m}^2) \qquad (式5.22.1)$$

求出。将 $N=10$ 代入式（5.22.1），则可得出砂桩部位的 $q_{u1010}=12.5\text{N}$（kN/m²），即高压喷射加固部位的目标强度为 12.5kN/m^2。

5.22.4 措施实施结果

1. 防止旧桥桥墩受损的措施的实施结果

由于采取及早回填、减小减摩台阶的厚度、对软地层实施高压喷射注浆加固等措施，直至新桥桥墩施工结束，未见旧桥桥墩发生有损的变形。

旧桥桥墩的最终变形测量值，竖直变位为 $-2.3 \sim +2.7\text{mm}$，倾斜变位为 $-0.5 \sim +0.3$ 分，均小于允许管理值（见表5.22.6）。

旧桥桥墩变形测量结果 表5.22.6

	竖直变位（mm）	倾斜变位（分）	
		X	Y
允许管理值	±10.0	±3.0	±3.0
P3	+2.7	±0.0	+0.1
P4	−2.3	±0.0	−0.5
P5	−0.4	−0.5	+0.3
P6	−1.1	−0.3	−0.1
P7	−1.8	−1.1	+0.1

注：（+）：隆起；（+）：上游侧；（+）：右岸侧。

2. 防止地层承载力不均的措施的结果

由于对上游侧的软地层进行了加固，故上游侧刃脚处的地层反力适当增大，消除了致使沉箱发生倾斜的根源，故施工中未发生倾斜，所有的新设沉箱基础的施工精度均小于规范值（见表5.22.7）。

施工精度（单位：mm） 表5.22.7

	平面偏心量	刃脚深度	桥墩中心间距	
规格值	50	±100	±30	
P3	37	−31	P2～P3	−2
P4	6	−14	P3～P4	+8
P5	14	−24	P4～P5	−4
P6	15	−10	P5～P6	±0
P7	7	−9	P6～P7	+6
			P7～P8	−2

5.23　岩层沉箱自动挖掘工法及实例

5.23.1　开发岩层挖掘机的必然性

尽管铲斗类遥控无人自动挖掘工法业已走向成熟阶段，但该工法目前多用于软地层的施工。对于岩层而言，靠铲挖机挖掘是不可能的。所以以往对岩层多采用作业人员入箱进行钻孔、装药、爆破、出碴的作业方法，其安全性和效率极差。为此人们迫切希望以岩层为对象的挖掘机问世。这里介绍滚筒式岩层挖掘机及相应的岩层沉箱自动挖掘工法的施工实例。

5.23.2　岩层自动挖掘系统

岩层自动挖掘系统，由自动岩层挖掘系统和信息化施工的挖掘形状识别系统构成。

1. 自动岩层挖掘系统

挖掘系统的基本规格和性能如表5.23.1所示。自动岩层挖掘机的功能和机构概况如下。

挖掘系统基本规格和性能　　　　　　　　　　表5.23.1

项　　目		规　　格
挖掘器	滚筒直径	$\phi 1200mm$
	滚筒长度	680mm
	刀头形式	锥形
	刀头数量	111 个
施工条件	挖掘深度	300mm（最大值）
	挖掘速度	$1 \sim 9.9 m/min$
驱动装置	挖掘油压泵	110kW
	操作油压泵	45kW
挖掘性能		$5m^3/n$（岩层）
运转方法		①任选挖掘参数的情形下，选择自动运转 ②地表切换遥控操作：半自动运转 ③地表切换遥控操作：手动运转

① 挖掘功能

外围装配挖掘刀头的滚筒式挖掘机构，具有连续挖掘岩层的功能。

② 挖掘岩碴的收集输送功能

挖掘碴由旋转滚筒侧面的刀片和刮入机构连续自动堆积到传输带上。

③ 箱内挖掘碴的移动功能

传输带上的挖掘碴沿挖掘机臂传送，途中通过两条传输带送给排土斗。

④ 挖掘碴排土斗的堆积功能

在压气条件下把挖掘碴排向地表，由于排土斗出入料闸的开关，故排碴是断续的。为此把第二传输带作为贮存传输带，在检测到排土斗中贮存的碴料为$1m^3$时，自动中止挖掘、堆积，直到排土斗到达之前为待机状态。当排土斗着落到作业室内预定位置后暂贮输送带移向排土斗，并把碴料自动倒入排土斗。

⑤ 挖掘参数与挖掘装置的移动机构

为使沉箱下沉顺畅平稳并符合预定的下沉精度，必须重视刃脚部位的挖掘参数和挖掘效率。也就是说，刃脚部位与中央部位的挖掘参数应有所不同，即应设置可以设定合理挖掘参数的挖掘系统。挖掘机主机沿设置在作业室天顶上的周向悬架进行公转，挖掘臂以主机为旋转中心进行自转，故挖掘机可进行多种挖掘参数的变换。

⑥ 控制机构

该挖掘系统可据挖掘部位（中央部位、刃脚部位）、挖掘地层的不同，调整挖掘深度、挖掘宽度、挖掘速度、滚筒转数、推进荷重等参数进行挖掘。另一方面，在挖掘刃脚周边时，除人为判断下沉状况外，还可以选用半自动挖掘模式。

⑦ 监视装置

设置多台挖掘机时，必须监视挖掘机间的位置信息，以防相互碰撞。为此设置了检测挖掘机间、挖掘机与箱壁间相互近接程度的自动报警及异常停止运转的装置。

地表监视室中，除设有手动、半自动的操纵挖掘机装置外，还可以显示挖掘机的挖掘轨迹、机械异常、箱壁与挖掘机的相对位置、挖掘机相互间的近接状况等信息。

⑧ 刃脚挖掘装置

刃脚正下方的挖掘，由设置在挖掘机头部的钻孔装置完成。该刃脚挖掘机构如图5.23.1所示。

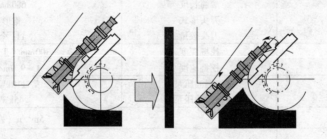

图 5.23.1　刃脚挖掘机构

2. 挖掘形状识别系统

利用机械装置的坐标运算处理系统，把挖掘机的挖掘位置和轨迹显示在地表的监视画面上，在地表即可确认挖掘的残留状况。但是，挖掘地层的形状不能用挖掘机的移动数据表示。为此，必须单独开发所谓挖掘机挖掘形状的识别系统。

① 形状检测系统

在刃脚肩部（作业室顶板下方）箱内设置周向单轨道，使用由扇形激光器和摄像机构成的传感器台车测量挖掘层的三维形状。该系统与光学传感器的测量方法相比，可以避免挖掘岩层产生的灰尘的影响。

② 显示系统

把①中形状检测测得的数据送至地表建造的挖掘形状模型，与由挖掘机的位置、姿态信息作成的挖掘机的三维模型进行合成显示。按该三维显示中的虚像位置、方向操作，可以分别实时确认各挖掘机与挖掘地层的相对位置及动作状况。

5.23.3 岩层沉箱自动挖掘工法实例

1. 工程概况

这里介绍长崎港女神大桥基础工程中，使用无人遥控自动岩层挖掘沉箱工法构筑大桥基础的事例。该桥下部基础工程如图5.23.2所示。其中，2P桥墩沉箱基础地点的地层条件如下，上部是填埋土层，往下出现安山岩（从山地侧起成60°角的坡度）。安山岩的一轴抗压强度约为40MPa。

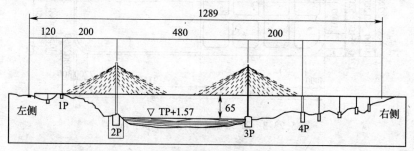

图5.23.2　大桥基础工程概况（单位：mm）

2P沉箱基础工程的主要工作量如表5.23.2所示。

总体工程数量　　　　　　　　　　　　　　　　表5.23.2

名　称	规　格	数　量
先期钻孔置换桩	$\phi2m \times 39.6m$	90条
刃脚钢靴	$51m \times 20m \times 2.8m$	86t
混凝土（躯体）	21N-12-20	15950m³
钢筋	SD345	1410t
掘削土量	岩石24070m³，填土、碎石16050m³	40120m³
总工期	26个月	

2. 工程特点

① 2P沉箱基础的平面图、断面图分别如图5.23.3、图5.23.4所示。沉箱长51.1m、宽20m、深42m。

② 沉箱沉设现场的地质状况如图5.23.5所示。沉设地点的上层为砂层，中间为碎石层，下面为坡形安山岩层。

③ 用遥控无人挖掘机挖掘岩层。

④ 理论作业气压为0.39MPa。

⑤ 先期施工刃脚正下方的钻孔置换桩。

3. 施工程序

施工程序如下：

① 先期钻孔置换桩；

② 刃脚钢靴安装；

③ 箱体构筑（第1、2节）；

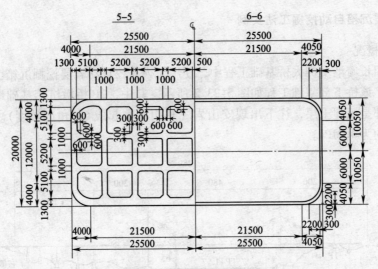

图 5.23.3　2P 基础平面图（单位：mm）

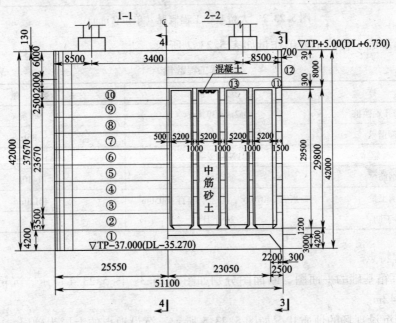

图 5.23.4　2P 基础横断面图（单位：mm）

④ 设置压气设备；

⑤ 挖掘下沉↔箱体构筑（第 3 节以后各节）；

⑥ 填充中填混凝土；

⑦ 浇筑顶板。

具体程序图如图 5.23.6、图 5.23.7 所示。

4. 施工实绩

① 挖掘系统

设置 3 台岩层挖掘机挖掘 51m×20m 的矩形断面，由地表操控室确认挖掘状况的同

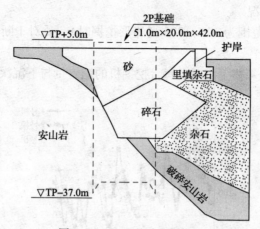

图 5.23.5　2P 基础地层概况

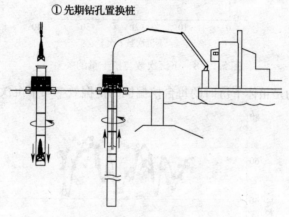

图 5.23.6　施工顺序（一）

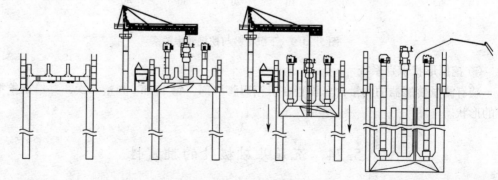

图 5.23.7　施工顺序（二）

时，进行自动、半自动及人工挖掘。

不影响下沉的中央部位的挖掘由滚筒挖掘器完成，最后的下沉挖掘因取决于下沉状况和地层决定的挖掘参数，故选用刃脚挖掘装置挖掘。

② 自动岩层挖掘状况

每台挖掘机的挖掘范围为 20m×20m（矩形挖掘时），故对于断面 20m×51m 的沉箱来说设置 3 台挖掘机。

图 5.23.8 示出的是箱体下沉时的每台挖掘机的挖土量与下沉次数的关系。

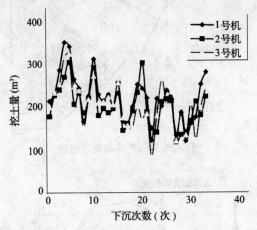

图 5.23.8　下沉次数与挖土量的关系

图 5.23.9 示出的是箱体下沉时的每台挖掘机的挖掘效率与下沉次数的关系。

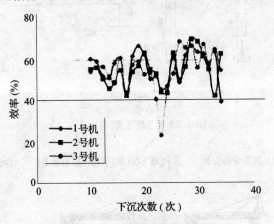

图 5.23.9　下沉次数与挖掘效率关系

③ 挖掘形状识别系统

装有测量传感器的测量台车设置在沉箱刃脚肩部，每 15min 测量一次，并给出挖掘地层的形状。

5.24　沉箱基础极佳的抗震性

5.24.1　概述

日本学者通过对 1964 年的新潟大地震（最大水平加速度达 $500cm/s^2$，相当于 7 级地震），及 1995 年的阪神大地震（最大水平加速度达 $818cm/s^2$，相当于 8 级地震）的观察、记录、归纳、总结发现，大多数桩和浅板形基础构造物均遭致命性损坏；而压气工法施工的沉箱基础构造物均未受到致命性损坏。即沉箱基础构造物的抗震性大大优于桩和平板基础构造物的抗震性，究其原因有以下3点：

（1）沉箱基础的抗震性远优于桩和平板基础抗震性的论点，不仅可由静力理论论证说明，同时还可由静荷载实验得以证实。

（2）大地震时沉箱基础构造物的动响应，比桩等基础构造物的动响应小得多。实物大型自由振动实验的结果表明，软地层中的沉箱基础构造物的衰减系数为0.3，比桩基础构造物的衰减系数大几倍。

（3）沉箱周围黏聚力小的地层，大地震时也不发生液化；沉箱以外的其他形式的基础（包括沉井基础在内）周围黏聚力小的地层，在大地震时均会发生液化。这也是最关键的原因。

大地震时压气沉箱周围地层不发生液化的根本原因是，沉箱基础施工时采用压气工法抑制地下水的涌入，实现干挖。由于压气工法的压入气压通常略高于刃脚踏面处的地下水压（确保作业室不涌水），故刃脚踏面内外两侧存在压差（内高外低），所以箱内高压气体必从刃脚踏面下方漏向周围（外侧）地层。进入周围地层中的高压气体，由于减压的原因故体积立刻膨胀、分裂成小气泡，又因地下水的浮力作用，这些小气泡中的尺寸小于土颗粒孔隙的气泡上浮释放到地表大气中，而尺寸大于土颗粒孔隙的气泡中的大部分，因无法冲破土颗粒孔隙的约束，而被永久性的留在土层中。最后导致地层中的地下水的饱合度下降。当饱合度低于84%时，原来地震时可以液化的地层，也可避免液化的发生。

下面针对高压空气从刃脚踏面下方的泄漏，气泡的表面张力，土颗粒间隙与气泡的上升运动，地下水位与地层液化的关系等问题一一叙述。

5.24.2 空气箱底漏出

由图5.24.1压气工法可知，为防止地下水涌入作业室，必须使沉箱底部作业室内的气压 p_1 及刃脚踏面处的地下水压 wh 满足式（5.24.1）。即

$$p_1 \geqslant wh \tag{式5.24.1}$$

式中　　w——地下水的重度，$w = 10\text{kN/m}^3$；

　　　　h——地下水面至刃脚踏面的距离（m）。

通常绝对做到 $p_1 = wh$ 不太可能。

从利于挖掘的角度出发，通常使

$$p_1 = wh + \Delta p \tag{式5.24.2}$$

式中的 Δp 通常取 $3 \sim 5\text{kN/m}^2$。满足上述条件时，可实现干挖作业，地下水位不下降、且周围地层不沉降。但是，由于 Δp 的存在，致使作业室内的压缩空气会从刃脚下方漏向外侧周围地层。有人作过估算，即使细砂层刃脚下每米宽度上的压缩空气的泄漏量也要在 $0.01 \sim 0.05\text{m}^3/\text{min}$（已折算到大气压下的容积）。

假定沉箱的总的挖掘时间为 x（min）（净累积时间）。设刃脚下每米宽度、每分钟从作业室漏向周围地层的压缩空气量换算到大气压下的容积为 ΔV（m^3/min），则刃脚每米宽度、x（min）时间内漏向周围地层中的空气量 V_1（m^3）为

$$V_1 = x \cdot \Delta V。 \tag{式5.24.3}$$

从作业室漏到周围地层中的压缩空气遇到地下水后生成气泡，由于气泡受上浮力的作用，故气泡上浮扩散。设扩散形状为抛物线形（见图 5.24.1）。由于抛物线形空气混入区内的平均地下水压为 $p_2 = \frac{1}{2}wh$，设进入该区域的空气（气泡）的总容积为 V_2，故有

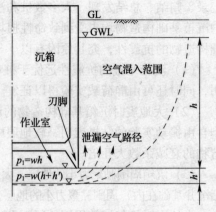

$$V_2 = V_1 \cdot (p_2/p_1)。 \quad （式 5.24.4）$$

将 $p_1 = wh$、$p_2 = \frac{1}{2}wh$ 代入式（5.24.4），得

$$V_2 = \frac{1}{2}V_1 = \frac{1}{2} \cdot x \cdot \Delta V \quad （式 5.24.5）$$

图 5.24.1　压气沉箱工法漏气示意图

V_2 中的部分气泡 mV_2（$1 > m > 0$，通常 $m \geqslant 0.2$），因内压高于与土颗粒的接触压，无法通过土颗粒孔隙，故被永久性的留在抛物线区内。而（$1 - m$）V_2 部分气泡经抛物线区，上浮至地下水面处，最后扩散到地表大气中。

假定某沉箱最终的沉设深度为 -20m，地下水位为 -3m，工期 2 个月，每月 20d，每天工作 4h，故 $x = 2 \times 20 \times 4 \times 60$（min）$= 9600\text{min}$。设 $\Delta V = 0.01\text{m}^3/\text{min}$，则得 $V_1 = 96\text{m}^3$，$V_2 = 48\text{m}^3$，$mV_2 = 9.6\text{m}^3$，（$1 - m$）$V_1 = 76.8\text{m}^3$。

5.24.3　微小气泡的表面张力

漏到刃脚外侧周围地层中的压缩空气遇到地下水后生成的气泡有球形小气泡和非球形大气泡两种，如图 5.24.3 所示。图（a）示出的是微小球形气泡，图（b）示出的是非球形大气泡。微小球形小气泡的特点是，由于表面张力有效的发挥作用，使包围气泡的内水面面积最小。

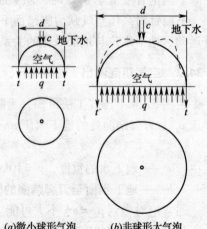

水面单位长度（1cm）的表面张力 t 随温度的变化而变化。但是，地中的温度一般为 15℃，故 $t = 7.5 \times 10^{-4}\text{N/cm}$。因表面张力 t 对应的合力 $T = 2\pi\left(\frac{d}{2}\right) \cdot t = \pi dt$，如图 5.24.2 所示为向下的力；

(a)微小球形气泡　　(b)非球形大气泡

图 5.24.2　浮力 Q 与表面张力 T 的值

而气泡的内气压 q 对应的合力 $Q = \pi q d^2/4$，如图所示为向上的力；因气泡处于平衡态即 $T = Q$，故可导出 $q = 4t/d$。

对于图 5.24.2（a）示出的球形微小气泡而言，q 高于包围气泡的地下水压。气泡由于受 B（浮力）$= \pi w d^3/6$ 的作用，故气泡上浮。其中，w 为地下水的重度，通常取 $w = 10^{-2}\text{N/cm}^3$。但是，当气泡与土颗粒间的接触压 c 比气泡的内气压 q 小时，微小气泡始终保持球形，浮力 B 致使的气泡上升被土颗粒阻止。故气泡长期被卡在狭窄的土颗粒孔隙中。

若土颗粒与气泡的接触面积 a 比 B/q 大，则土颗粒与气泡间的接触压力 c 比 q 小。

若把接触面积认为是以 d 为直径的圆的面积。在直径 $d = 1$mm，浮力 $B = 5.24 \times 10^{-6}$ N，$w = 10^{-2}$N/cm^3 的场合下，因 $q = 3 \times 10^{-2}$N/cm^2，$B/q = 1.75 \times 10^{-4}$cm^2。如果 $d \geqslant 0.15$mm，则接触压力 c 比 q 小。

相反，对非球形大气泡而言，气泡内的气压 q 若比土颗粒与气泡间的接触压力 c 小，则气泡像图 5.24.2（b）那样发生变形穿过土颗粒间的孔隙上升。

5.24.4 土颗粒孔隙与气泡的上升运动

从压气沉箱刃脚处漏出的空气，通过土颗粒孔隙上浮分裂成无数个小气泡。由于气泡上浮致使气泡周围的地下水压下降，导致气泡体积膨胀，致使部分气泡（如内压大的不易变形的球形气泡）的上升运动受阻；当然也有一些易于变形的气泡，变形后通过土颗粒孔隙而上升。

一旦气泡的上升运动被土颗粒阻止，则气泡周围的地下水也不流动，且永久性地卡留在该位置。

5.24.5 地下水饱和度的下降

由上节的叙述可知，由于一些气泡永久性地被卡在土颗粒的孔隙处，同时挤走了这里的地下水，这样一来导致地下水的饱和度（S_τ）下降。此时 S_τ 可用式（5.24.6）计算

$$S_\tau = \left(1 - \frac{mV_2}{nV_0}\right) \times 100\% \qquad (式 5.24.6)$$

式中 n——地层的孔隙率；

V_0——单位宽度（m）永久性卡留气泡的抛物线区的体积（m^3），V_0 可按式（5.24.7）估算

$$V_0 = 1\text{m} \times h(\text{m}) \times Kh(\text{m}) = Kh^2(\text{m}^3)。 \qquad (式 5.24.7)$$

式中 K——估算系数，通常取 $0.5 \sim 0.8$；Kh^2（m^2）为抛物线区的近似面积。

这里以 5.24.2 节的例子为例计算沉箱周围空气混入区的地下水的饱和度的下降状况。假定施工前的饱和度 $S_{\tau 1} = 100\%$，$n = 30\%$；由 5.24.2 节可知，$mV_2 = 9.6$m^3，$h = 20 - 3 = 17$（m）；取 $K = 0.6$。将上述数据分别代入式（5.24.6）、式（5.24.7），分别得

$$V_0 = 0.6 \times (17)^2 = 173.4\text{m}^3，$$

$$S_\tau(0.6) = (1 - 0.185) \times 100\% = 81.5\%。$$

这个例子说明，由于采用压气法沉设沉箱基础，故沉箱周围（离开十几米的范围内）地层中的地下水的饱和度已从 100% 降到了 81.5%。

5.24.6 地层液化的防止

地层液化现象是地下水饱和致使黏聚力极其微弱的砂地层，在地震激烈摇动时产生的一种特殊现象。

如果激烈摇动装有松散砂的容器，则容器中的砂的孔隙容积减小，这种体积减小的现象日常较为多见。

干的松散砂地层由于地震的激烈摇动会产生同样的现象，由于砂的孔隙容积的减小致使地层下降。但是，在摇动干松砂地层时，除产生一定程度的沉降外，不会产生重大的

破坏。

但是，当地层中的地下水处于饱合状态时，松散到中密的粉、细砂土的空隙容积减小，结果导致孔隙水压的急剧上升，砂颗粒间的接触压力消失，砂颗粒在地下水中处于浮游状态。这种现象称为液化。

如果地层发生液化，则地层中的某些轻的物体将上浮，重的物体将下沉。另外，即使在坡度极小的倾斜面上，也会看到液化地层的流动。1976年我国唐山地震时，唐山附近至沿海一带的液化面积达 24000km²，包括滦县、乐亭、宁河、丰润等县市和北京市与天津市部分地区，液化规模之大可称世界之最。液化和喷砂冒水造成河道和水渠淤塞、农田掩埋、公路、铁路和桥梁破坏、地面下沉、房屋裂缝、坝体失稳等事故多起。这些事故均为液化所致，可见液化危害之严重。

田中等人对液化与地下水饱和度关系的研究结果表明，当地下水的饱和度低于84%时，即使发生大地震，砂地层也不会发生液化。

从上面几节的叙述可知，采用压气法施工的沉箱基础，其周围地层的地下水的饱和度可下降到84%以下。这就是沉箱基础抗震性远优于其他基础的根本原因。

第6章 水中沉井工法

可以说前面两章（第4章、第5章）讲述的沉井沉箱的沉设工法多系陆地工法。本章介绍水中沉井、沉箱工法，也称设置沉井、沉箱工法。

6.1 水中沉井沉箱工法概述

所谓的江河湖海水中沉井、沉箱，即向水中沉设的沉井、沉箱。作为水中沉井、沉箱工法，最原始的方法是首先在水域沉设位置构筑人工岛，然后按陆地沉井、沉箱工法构筑。这种工法费工、费时，构筑成本高、工期长，目前已基本不用。取而代之的工法是在沉设沉井、沉箱的水域地点附近的陆地上制作沉井、沉箱的躯体（即整个井筒），然后把井筒用台船（或者拖船、吊船）运到沉设地点，设置到水中的工法。该工法的最大特点是在陆地（岸上）制作整个井筒，然后设置于水中，人们将该工法称为水中沉井沉箱工法。具体工序是水底地层的挖掘和平整（到持力层）→清底→井筒运入设置→护底→浇筑混凝土封底。目前水中沉井沉箱工法应用极广，下面作详细介绍。

水中沉井、沉箱工法与构筑人工岛等沉井、沉箱工法相比，构筑的基础不仅质量可靠，且工期大为缩短。故近年来该工法作为水中大型基础，在防波堤（见图6.1.1）、港湾集装箱码头、海底油田开发（见图6.1.2）、大水深江河及跨海大桥桥梁基础（见图6.1.3）等领域中有着极多的应用实例。

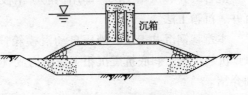

图 6.1.1 防堤沉箱

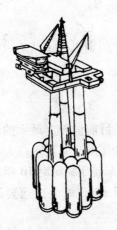

图 6.1.2 海中混凝土重力平台

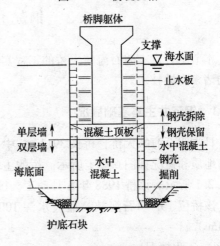

图 6.1.3 水中沉井基础构造图

水中沉井、沉箱工法的种类较多，就目前已有应用实例的状况来看，大致可用图6.1.4表述。

461

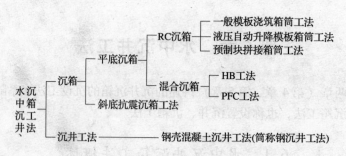

图 6.1.4　水中沉井、沉箱工法的分类

图 6.1.4 系按沉井、沉箱筒体构成材料的差异的分类方法。

钢筋混凝土工法，即用钢筋混凝土材料在陆地构筑井筒的水中沉井、沉箱工法。一般模板浇筑井筒法系指在陆地场地上设置模框模板，吊入钢筋笼或现场装备钢筋，浇筑混凝土制作井筒的工法。该工法费工、费时，成本高，安全性差；为克服上述缺点，人们开发了用液压技术自动滑升模板，可高效连续构筑井筒的工法；预制块拼接井筒工法是另一种提高作业安全、省力、缩短工期、降低工程造价的钢筋混凝土沉井、沉箱工法。

钢壳混凝土工法，即筒体内、外壁用钢板制作，中间填充混凝土的水中沉井、沉箱工法。该工法简称为钢沉井、沉箱工法。

混合沉井、沉箱工法。即用钢筋、钢板、工字钢、混凝土等多种材料制作井筒的水中沉井、沉箱工法。

本章将钢沉井工法、液压自动滑模箱筒工法、预制块拼接箱筒工法、HB 沉箱工法、PFC 沉箱工法、斜底抗震沉箱工法的构成（原理）、优点、设计、施工及施工实例，作详细介绍。

6.2　钢沉井工法及施工实例

本节结合日本明石海峡大桥的工程实例，全面系统地介绍钢沉井工法的设计、施工方面的诸多先进技术。

6.2.1　钢沉井主塔基础概况

日本明石海峡大桥，桥长 3911m，中央跨距 1991m，系目前世界上最大的吊桥。该大桥的地质和概况如图 6.2.1 所示。桥的主塔沉井基础概况如图 6.2.2 所示。大桥全貌如照片 6.2.1 所示。该桥 1988 年 5 月动工，1998 年 4 月正式通车使用，历时 10 年。

该桥位于的明石海峡，最大水深 100m，最大潮速 4.5m/s，海上交通要道，航道宽 1500m。

1. 工程概况

因为主塔基础位置的水深 40～50m，最大潮速 3.6～4.5m/s。承载层面设在海面下 55～70mm。

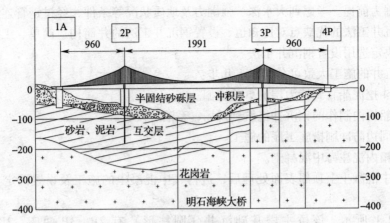

图 6.2.1 大桥概况及地质概况（单位：m）

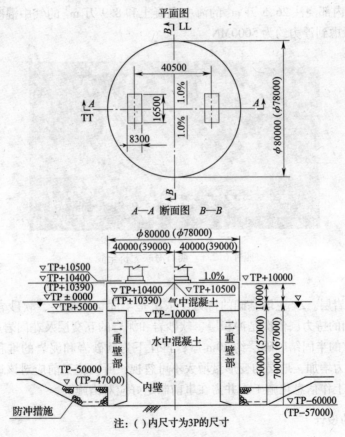

图 6.2.2 主塔基础图（单位：mm）

如此大水深、强潮力条件下，为寻求安全可靠迅速的主塔基础的施工方法，先后对并用支持框的沉井工法、纯沉井工法、钟形沉井工法等多种施工方法进行过讨论，结果发现这些工法在大水深、强潮力的环境下，在施工性和成本等方面均存在较大问题。

较为现实的工法是钢管连续墙沉井工法和设置钢沉井工法两种方案，但这两种方案均须以事前挖掘为前提。考虑到大水深、强潮力及地质状况等条件，经过钢管连续墙沉井工法与设置钢沉井工法的优缺点对比知道，设置钢沉井工法的井筒构造简单、工序少、工期短，故最后决定选用设置钢沉井工法。

设置钢沉井的施工大致可分为以下几步：

① 用抓斗挖泥船直到持力层的事前挖掘。

② 把在船坞内制作的钢沉井拖航到现场，系泊、设置。

③ 沉井周边防冲刷措施工序的施工。

④ 向沉箱内浇注海中混凝土。

⑤ 海水中混凝土上顶部表面处理后，进行气中混凝土的施工及设置固定主塔的锚固框架。

如图 6.2.1 所示，该桥主塔基础沉井（圆柱形）有 2P、3P 两座。2P 的尺寸是 $\phi80m \times 70m$（高）；3P 的尺寸是 $\phi78m \times 67m$（高）。沉井是双层壁的浮体构造。2P 施工中沉井沉设后，内部浇注 26.5 万 m^3 的海中混凝土和 8.9 万 m^3 的气中混凝土。此时的有效重量（2P）考虑到浮力约为 5000MN。

照片 6.2.1 明石海峡大桥全貌

2. 地质概况

基层为花岗岩层。2P 主塔基础的持力层依次是半固结砂砾层、软砂岩和泥岩的互交层；3P 主塔基础的持力层依次是冲积层、软砂岩和泥岩的互交层及花岗岩层。

2P 的正下方的半固结砂砾层约 30m 厚，再往下为软砂岩和泥岩的堆积层。随着主塔基础建成有效重力增加，地层的变形量增大不可忽视，所以施工前应对该地层变形量进行预测并在此基础上作信息化施工，并需在事前制定好应对措施。

6.2.2 钢沉井的设计

1. 钢沉井的主体设计

（1）钢沉井主体的构造概况

该桥主塔基础是 2P、3P 两座钢沉井。

2P 钢沉井的规模为 $\phi80m \times 65m$；3P 钢沉井的规模为 $\phi78m \times 62m$。图 6.2.3 示出的是 2P 钢沉井的构造图。

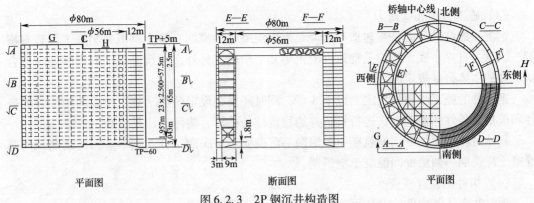

图 6.2.3 2P 钢沉井构造图

为了降低潮流力的影响，使钢沉井设置和海上作业简单容易，沉井形状多定为圆筒状。圆筒分内、外壁两层。内、外壁之间设置底板构成浮力区，以便利于用浮力进行拖航和沉设。

再有，整个双层壁井筒用隔墙分割成16个区，为确保钢沉井的总体强度和浮体的稳定性，双层钢板之间浇注海中混凝土。

钢沉井上面中心部位，考虑钢沉井总体刚性的提高和设置舾装架台，沉设后的底面清扫设备和海上作业方便性，作成格状骨架内支撑。考虑到成本，骨骼钢材主要使用 SM50Y 钢板，SS50 型钢，其他如 SS41。主要构件是竖直梁、水平加劲环、竖直肋和外板构成的加劲板。据成本因素决定钢材的断面形状。

另外，考虑设置后遇到的腐蚀因素，外壁加劲板选用 SS41 钢材（$t=20$mm）。

再有，钢沉井现场沉设后要浇注特殊水中混凝土，所以需考虑混凝土向四周的流动通畅性，还应考虑在构件和水平材上设置贯通孔。

（2）设计条件

钢沉井的设计基本条件如表 6.2.1 所示。应在此设计条件的基础上进行钢沉井的主体设计。

<table>
<tr><td colspan="2" align="center">钢沉井设计条件</td><td align="right">表 6.2.1</td></tr>
<tr><td align="center">项　目</td><td colspan="2" align="center">设 计 条 件</td></tr>
<tr><td align="center">基础尺寸</td><td colspan="2" align="center">2P：$\phi 80$m × h70m，3P：$\phi 78$m × h67m</td></tr>
<tr><td align="center">钢沉井尺寸</td><td colspan="2" align="center">2P：$\phi 80$m × h65m，3P：$\phi 78$m × h62m</td></tr>
<tr><td rowspan="2" align="center">钢沉井上顶</td><td colspan="2" align="center">外壁 TP + 5.0m</td></tr>
<tr><td colspan="2" align="center">内壁 TP + 2.5m</td></tr>
<tr><td align="center">双层壁间隔</td><td colspan="2" align="center">12m</td></tr>
<tr><td rowspan="2" align="center">钢沉井刃脚形状</td><td colspan="2" align="center">刃脚踏面宽度3m</td></tr>
<tr><td colspan="2" align="center">刃脚倾斜1:5</td></tr>
<tr><td align="center">双层壁的分割区域数</td><td colspan="2" align="center">16 区</td></tr>
<tr><td align="center">设置方法</td><td colspan="2" align="center">所有区域均为泵注水方法</td></tr>
<tr><td align="center">使用混凝土</td><td colspan="2" align="center">特殊水中混凝土</td></tr>
<tr><td rowspan="2" align="center">混凝土浇注方法</td><td colspan="2" align="center">内空部为层状浇注</td></tr>
<tr><td colspan="2" align="center">双层壁部：均为上部浇注</td></tr>
<tr><td align="center">混凝土侧压</td><td colspan="2" align="center">200kPa</td></tr>
<tr><td align="center">系泊</td><td colspan="2" align="center">8 点系泊（$T_{max}=4$MN）</td></tr>
</table>

（3）施工程序和荷重力

钢沉井最终的目的是在建造一个浇筑海中混凝土的模框，整个钢沉井的施工大致有拖航、沉设、自立、底面清扫及浇筑混凝土等几个阶段。另外，浇筑混凝土的程序还应符合钢沉井的主体强度规定。

钢沉井的施工步骤可设定为以下 8 步，同时还要在设定的各个施工阶段的构造边界条件和荷重力条件的基础上，进行钢沉井的稳定性的估算、构件设计及核查。

具体时段步骤如下：拖航期→系泊期→沉设期→触底期→自立期→清扫底面期→内部混凝土浇筑期→两层壁间混凝土浇筑期。

（4）构件的设计核查

钢沉井主体各构件的设计可按图 6.2.4 的设计程序实施。

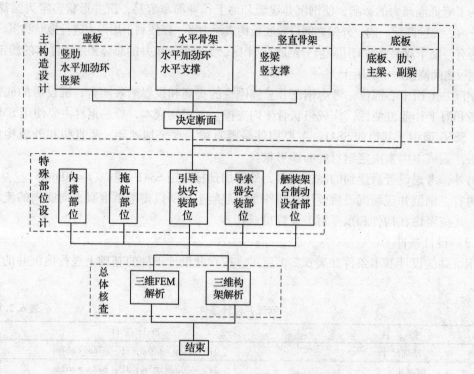

图 6.2.4　钢沉井主体构件的设计程序

构件设计分为壁板、骨架、特殊部位三种。

① 壁板设计

壁板的设计对象是外壁、内壁及隔板面板、竖直肋、水平加劲环及竖直梁。构造模型可看成四周固定板连续梁，关于壁板应力可按应力叠加和二轴应力实施核查。竖直梁可按骨架解析的匹配性核查。

② 骨架设计

为了使构造模型简单化，可把钢沉井总体分解为以下三个骨架：

a. 竖直骨架。

b. 水平骨架。

c. 上部水平构造。

各骨架模型即用薄层法把钢沉井作竖直或水平切片的图像。施工步骤按 8 步法考虑。

③ 底板设计

把触底时的冲击力、海底面不平致使的不均匀面压视为设计荷重力，法定底板厚度。

按考虑底板有效宽度的格状构造模型决定加劲板的断面。另外，也可以用向一般部位的骨架构造传递应力的渐变法分析。

④ 特殊部位设计

以下部位（特殊部位）可按局部荷重力条件进行构件的设计和核查：

a. 拖航部件的设置部位；

b. 引导块、安装导索器的部位；

c. 浇筑混凝土用的伸出脚手架部位；

d. 其他安装舾装品的部位。

⑤ 总体核查

最后，以核查设计法为目的，对钢沉井总体作三维 FEM 解析，或者部分三维构架解析。结果表明不存在应力超标部位，即十分安全。

2. 舾装架台、监视塔

各种舾装设备，均在 2P 钢沉井沉设后拆移到 3P 钢沉井上再利用。为此，各种舾装设备尽可能地集中设置在钢沉井顶部的舾装设备的架台上。2P 沉井沉设后，连舾装设备及架台一起拆移，这样做可以缩短工期。

舾装架台是 ϕ59m、高 2m 的圆盘形钢构造物，自重力 9000kN，加上舾装设备的重力达 25MN。舾装架台中央部位设有 4 层的构造物（称为监视塔）。监视塔的最上层为监视室，室内设有系泊系统、沉设系统、作业管理装置的遥控监视及控制装置，进行拖航、沉设作业的指挥。3 层以下是作业人员的休息室、电气室、燃料罐等。

6.2.3 钢沉井的制作

1. 拼装块的制作

整个沉井井筒系由若干拼装块拼装而成。钢沉井拼装块的分割数取决于海洋船坞中的吊车的提吊能力和块制作工厂的吊车的提吊能力。

对 2P 钢沉井来说，像图 6.2.5 示出的那样在高度方向上分割成 7 层，在平面范围内分割成 16 块，分割总数为 112 块。每块的最大重力为 1800kN。拼装块的制作程序如图 6.2.6 所示。

拼装块的制作精度取决于焊接方法和组装尺寸的允许值等因素。图 6.2.7 中作为一个例子示出了 2P 钢沉井的 2~7 层的拼装块的制作精度。

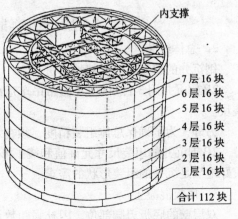

内支撑

7 层 16 块
6 层 16 块
5 层 16 块
4 层 16 块
3 层 16 块
2 层 16 块
1 层 16 块

合计 112 块

图 6.2.5　2P 钢沉井块分割图

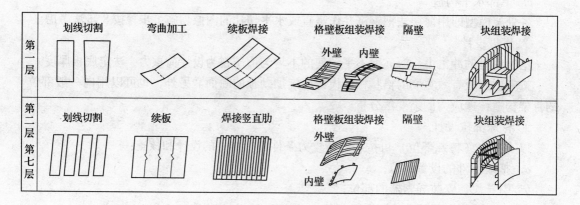

图 6.2.6　拼装块制作程序

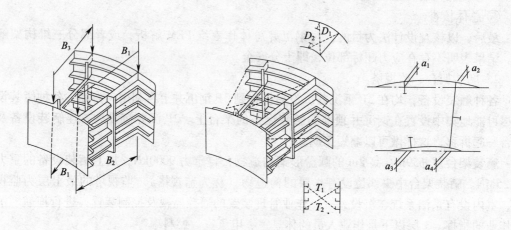

单位：mm

宽度（B）			曲率（a）		平面对角长度差（D）		竖直对角长度差（T）		水平度	
设计值	允许值	结果	允许值	结果	允许值	结果	允许值	结果	允许值	结果
11990	±8	−8 ~ +7	±20	−9 ~ +17	±15	±12	±15	−8 ~ +12	±25	−7 +6

图 6.2.7　2P 钢沉井拼装块制作精度（2~7 层）

2. 总体组装

钢沉井的组装在海洋船坞中进行。

2P 钢沉井用 3 台 6000kN 履带吊车运载拼装块。3P 钢沉井用船坞中的悬臂吊车运载拼装块。

另外，为了确保总体组装精度，须在水平向和竖向分别设置调整块和调整部位。

2P 钢沉井的组装尺寸允许值和竣工形状如表 6.2.2 所示。对组装允许尺寸而言，可以较好地满足沉井的组装形状的需求。

3. 底板混凝土

双层壁的底板刃脚部位，因补强肋数量多，存在混凝土填充不理想的可能。但是，该部位处于桥墩最下端，是应力最集中的位置，故应浇筑高 50cm 的底板混凝土。

2P钢沉井总组装误差状况 表 6.2.2

项 目	允 许 值	结 果	项 目	最大允许值	结 果
沉井上部外径 Ⓐ	±80mm	−8mm −25mm	外壁竖直误差 Ⓒ	65mm	37mm
沉井上部内径 Ⓑ	±56mm	+23mm −16mm	沉井上部平面误差 Ⓓ	65mm	23mm

底板混凝土的浇筑，应在船坞中拼装块运载结束后进行。

4．舾装架台的组装设置

在钢沉井制作工厂的岸墙上组装舾装架台。舾装架台组装结束后，进行舾装系统的安装。

舾装系统的性能确认检查分单体制作、舾装架台安装、舾装系统船坞内安装结束、综合试运转等四个阶段实施。舾装架台上的舾装设备安装检查结束后，用41MN的吊船吊运固定到沉井上。

舾装架台吊运固定后，设置系泊索滑轮、安装传感器、布线，注水泵的运载、电气布线等舾装工程的最终的施工。

随后在船坞内进行舾装系统的检查。照片6.2.2示出的是2P钢沉井的船坞内的完成状况。

照片6.2.2 船坞内2P钢沉井完成状况

6.2.4 操作培训

因钢沉井的沉设是在强潮流作用下，拖航、系泊及沉设的施工过程。若时段选择不当，则有可能引发大的事故。所以钢沉井的沉设作业（指沉井系泊到设置的一系列作业）须根据现场海域的潮流状况决定预期的沉设日程（时段）表，该沉设时段通常较短（几小时）。为此，要求沉设作业必须安全、迅速、准确到位。该作业是抢时间、抓季节，时机不容错过的施工。为实现上述目的，沉设前须把工厂船坞中制作的钢沉井运至靠近工厂的近海水域中系泊一段时间（1~2个月），以便在这段时间内对操作人员进行操作培训。具体培训内容如下：

    ① 系泊作业训练（使用与实际施工相同的作业船）；

    ② 机械设备操作训练（绞车、水泵、测量仪表等作业管理装置的熟悉）；

    ③ 定位训练（绞车操作和引导测量）；

    ④ 沉设训练（水泵注水下沉、排土上浮和绞车操作）；

    ⑤ 指挥命令系统和通信联络系统的确认（按作业流程在实机上训练）；

    ⑥ 最后的沉设程序确认。

利用该培训机会校对各种设备，明确各个作业的流程。与此同时，还应训练沉设作业中发生预想事故时，启用各种备用设备的操作方法、性能等应对措施。

本工程的操作培训实际状况是，先在2P上进行25d，再在3P上进行14d。照片6.2.3示出的是熟悉培训用的系泊钢沉井的实物；照片6.2.4示出的是配置在舾装架台上的舾装设备的实物。

照片6.2.3　培训系泊钢沉井实物

照片6.2.4　舾装设备实物外貌

6.2.5 钢沉井设置前的海底挖掘

6.2.1 节业已指出大桥主塔基础选定钢沉井工法施工，该工法的前提条件是必须事先对海底面进行挖掘，以便构成一个水平性、平坦性好的钢沉井设置基面。另因钢沉井设置区的水深深，潮力大，故存在基面挖掘受影响的可能。为此，特事前开展了室内水力模型实验和现场水力实验。

1. 事前挖掘研究

（1）室内水模型实验

① 挖掘稳定性实验

a. 稳定挖掘深度实验

因设置沉井时，要求设置面的水平性、平坦性必须较好。众所周知，在现场由于强潮力的作用会产生砂砾的回填和堆砂现象，要想避免在设置面（也称挖掘底面）上产生这种现象，其关键是降低设置面上的强潮带来的推移力，从而有效地抑制强潮回填现象的产生，即确保设置面的稳定。实验发现，在海底面的基础上下挖一定深度（该深度定为潮力挖掘深度，多在 10m 以上）的设置面上，其潮流决定的推移力被大幅衰减，变得极小。也就是说，强潮回填已基本消除，即设置面得以稳定。

b. 回填确认实验

挖掘结束后到沉井设置，尽管挖掘底面暴露到潮流中，但由于挖掘坡面对土砂侵入的缓解作用，故挖掘底面可以保持稳定，即土砂回填影响不到设置面的平坦性。

② 沉井设置时冲刷稳定性的研究

设置沉井作业在潮流作用下进行。特别在座底前，应考虑：a. 坡面土砂向座底面上卷入；b. 加速流产生的沉井刃脚下的冲刷；c. 潜入沉井下方的水流致使的座底面的变形等阻碍平坦性的因素。为此进行了这些因素是否会构成沉井设置障碍的实验研究，从坡面卷入土砂对应的底面深度来说，室内实验发现挖掘深度在大于 10m 时是安全的。但是，考虑到现场与室内条件的差异，底面深度定为 15m。

（2）现场水力实验（3P 挖掘实验）

为了确认存在现场潮流回填时事前挖掘的可行性，回填程度究竟多大时回填对沉井设置面的平坦性不构成障碍等问题，特在海峡南侧选定 500m×300m 的区域作为作业实验区，使用 2353.6kW 级大型挖泥船对冲积砂砾层进行挖掘，调查其挖掘的作业性和施工效率。

其结果明确了现场大型挖泥船决定的挖掘作业极限、挖掘精度、周期、施工效率等参数。另外，还证实了存在潮流回填的情况下，同样的挖泥船可实现很好的挖掘。坡面坡度对砂砾层而言，为 1:3；对软岩层而言，为 1:1。再有，对软岩层的挖掘来说，使用容重比（抓斗重力/容量）114kN/m³ 的铲斗可实现较好的挖掘。

（3）主塔基础施工调查

北侧 700m×400m 的 2P 作业区内使用 2353.6kW 大型挖泥船，对砂砾层和半固结砂砾层进行挖掘，调查其挖掘作业性和施工效率。南侧 700m×400m 的 3P 作业区内使用 3667.5kW 大型挖泥船，对砂砾层和软泥岩层进行挖掘，做同样调查。从而掌握了两现场挖掘极限、挖掘精度、周期、施工效率等参数。另外得出的结论是潮流回填对挖掘的影响不大。坡面坡度对砂砾层、软砂岩层均为 1:2。

2. 海底挖掘

（1）挖掘形状、尺寸

由以上的室内模型实验，到施工调查得到的 2P、3P 的海底挖掘概况见照片 6.2.5 及必要的参数见表 6.2.3。

照片 6.2.5 海底挖掘概况

海底挖掘必要形状参数 - 表 6.2.3

	2P	3P	
挖掘深度	15m	20m	砂砾层 11m
			软岩层 9m
基础底面深度	TP−60m	TP−57m	
底面埋入深度	15m		
底面尺寸	φ110m	φ108m	
坡面坡度	1:2	砂砾层 1:3	
		软岩层 1:1	

（2）挖掘船队的状况

挖掘船队状况如表 6.2.4 所示。

挖掘船队 表 6.2.4

规格 船名	2P		3P		
	规格	数量（只）	规格	砂砾层 数量（只）	软岩层 数量（只）
挖泥船	2353.6kW	1	3667kW	1	1
拖船	1467kW	1	1467~2200kW	2	1
运土船	1500m³	2	1500m³	3	2
替换引船	1467kW	1	1467kW	1	1

（3）挖泥船和运土船的系泊

针对现场的潮流条件，挖泥船的系泊用船上的 4 个锚（船头、船尾）与工程区域内事前设置的 2 个混凝土制 6000kN 沉块共 6 点构成。

因 3P 海域现场潮流方向偏北，若把运土船安排在挖泥船北侧（离开挖泥船一定距离），则存在因潮力集中致使部分系绳、钢索被拉断的危险性。所以运土船应安排在挖泥船的南侧。因运转席位于吊杆的右船舷侧，为使挖泥船操作员容易确认运土船，故挖泥船应朝东系泊。

2P 不像 3P 侧那样安全方面存在限制，运土船可以安排到挖泥船的两船舷处，但因西潮流比东潮流大，所以从挖泥抓斗的挖掘作业性等方面考虑，把挖泥船系泊到西向，即运土船安排到挖泥船的北侧。

另外，挖掘时靠移动锚链决定位置。强潮时利用沉块钢索系泊在现场。系泊极限取决于 6000kN 沉块的滑动，一台挖泥船在担负满载 85MN 运土船的状态下系泊极限为 55MN。

（4）挖掘位置的决定

以陆地已知点（3 点）为基准组成圆坐标，使用挖泥船上的两定点的六分仪，由船的位置决定挖掘位置。

此时，由抓斗开口宽度、吊杆角度、船头侧锚链、沉块钢丝索的位置决定挖掘范围。除去坡面横挖外，挖掘范围是离开船头左右 $\pm25° \sim 30°$ 的区域。

（5）挖掘作业

因强潮时的泥土会从抓斗中流出，所以挖掘作业只能在潮水流速较小的时间段进行，显然挖掘作业时间受限。由于白天作业时间过短，所以挖掘定为昼夜作业。为确保运土船的航运安全，运土作业只能在白天进行。另外，潮水流速大时，工区内运土船的操控，即向挖泥船的靠拢、离开船舷的作业困难，所以运土船的替换作业必须在潮速 0.77m/s 以下时实施。挖掘作业的程序如图 6.2.8 所示。

利用操作锚移动挖泥船，由六分仪确认挖泥船的位置，随后使其固定到预定位置。接下来利用设置在船头的超声波测深计确认挖掘前海底地层高度，决定挖掘深度及挖掘范围并进行挖掘。预定范围挖掘结束后，再次测深，直至确认到达预定深度后，再移向下一个挖掘范围。从调查工程的结果得出的挖掘作业使用的铲斗、作业内容等决定作业极限潮速，以便确保一定的挖掘精度、作业效率。另外，挖泥船的船舷上设置潮速计，掌握常态潮流状况的同时进行挖掘作业。使用铲斗作业时的不同挖掘作业的极限潮速如表 6.2.5 所示。

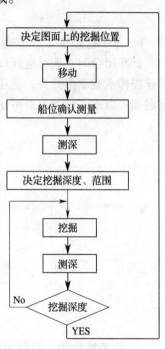

图 6.2.8　挖掘作业程序

不同挖掘作业时的潮速的极限值　　　　表 6.2.5

铲　斗		2P	25m³	13m³	平铲	18m³
		3P	32.5m³	17.5m³		6m³
潮速极限	粗挖掘（Ⅰ）、（Ⅱ）型		1.8m/s	2.159m/s		—
	表面挖掘		—	1.028m/s		—
	清理挖掘		—	—		1.028m/s
	坡面挖掘		1.028m/s	1.028m/s		—

473

① 挖掘方法

挖掘方法，从挖泥抓斗的操作方法方面看，可分为以下三种。

a. 沉抓法（通常挖掘法）

靠铲斗的全部重力压入地层，利用开关钢丝绳的操作闭合铲斗挖掘（见图 6.2.9），该法效率高，通常选用较多（一半以上）。

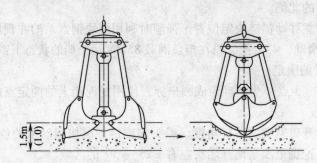

图 6.2.9　沉抓法示意图

b. 水平挖掘法（平推挖掘法）

铲斗闭合时，把对应开口率的每个预定量送入承载钢绳，使铲斗尖齿轨迹成水平状态那样操作承载钢绳开关，铲斗作闭合挖掘，故铲斗下方地层不会被掘削。所以这是一种掘削底面可以水平细加工而不伤承载层的挖掘方法（见图 6.2.10）。

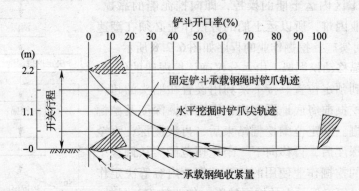

图 6.2.10　水平挖掘法

c. 放坡挖掘法（分段挖掘法）

挖掘坡面时，可使用放坡挖掘法。该法像图 6.2.11 示出的那样进行分段作阶梯式挖掘，这是铲斗自身不倾斜的挖掘方法。

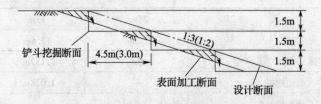

图 6.2.11　坡面挖掘

在砂砾层中，挖掘后由于潮流的作用会产生局部倒塌，所以出现一定的坡度。放坡挖掘中，原则上铲斗平行坡面。但在不平行坡面上，因铲斗的倾斜较大，致使挖掘效率下降。其原因是超挖大等缘故所致。放坡挖掘中的挖泥船的挖泥状况如图6.2.12所示。

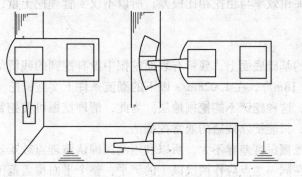

图6.2.12 坡面挖掘铲斗图

2P和3P中的挖掘种类、挖掘方法及使用铲斗的关系如表6.2.6所示。

挖掘种类、挖掘方法及使用的铲斗 表6.2.6

2P					3P				
挖掘种类	深度（m）	土质	使用铲斗	挖掘方法	挖掘种类	深度（m）	土质	使用铲斗	挖掘方法
粗挖（Ⅰ）	−16 −19 −51	冲积砂砾层 洪积砂砾层	轻型铲斗（34kN/m³）	沉抓法 坡面法	粗挖（Ⅰ）	−37 −48	冲积砂砾层	中型铲斗（46kN/m³）	沉抓法 坡面法
粗挖（Ⅱ） 表面挖掘	−55 −58 −59	半固结砂砾层	重型铲斗（96kN/m³）	水平挖掘法 坡面法	粗挖（Ⅱ） 表面挖掘	−50 −54 −56	软岩层	超重型铲斗（114kN/m³）	水平挖掘 坡面法
清理挖掘	−60	基础底面	平铲		清理挖掘	−57	基础底面	平铲	

② 挖掘种类

a. Ⅰ型粗挖

这里把从海底面到基础底面上方约2～3m的挖掘定义为Ⅰ型粗挖掘。因为不会扰乱基础底面，故多选用沉抓法挖掘。挖泥船每次的挖掘层厚标准为1.5m，挖深以2～3次为宜。

b. Ⅱ型粗挖

从基础底面上方约2～3m到底面上方1m止的挖掘定义为Ⅱ型粗挖。因铲斗的爪长通常为2m以上，所以存在爪尖伤及基础底面的可能，故多按水平挖掘法挖掘。

c. 表面挖掘

从基础底面上1m到基础底面的挖掘定义为表面型挖掘。表面挖掘的要求是不能扰乱基础底面，故要求施工精度高。表面挖掘是否良好是决定沉井设置精度的关键。挖掘按水平挖掘法进行。按对应铲斗开口率的管理承载钢绳的管理法进行挖掘管理。另外，还应极力避免潮速造成的铲斗变位、倾斜，通常把极限作业潮速定为1.028m/s。

由于挖掘面上残留有大量的渣块，所以在用超声波测深计管理深度时，把管理目标定在比预定深度高50cm的高度上。按铲斗爪尖均匀地掘到设计挖掘线的形式进行深度管理。

另外，铲斗的夹钳效率与粗挖相比极差，所以不仅要管理挖土量，还要管理铲挖次数和铲挖面积。

d. 清理挖掘

在表面挖掘后的基础底面上，残留有表面挖掘中没有挖到的残留的大量土砂，所以还应使用平铲（6m³、18m³），在1.028m/s以下的潮流条件下实施铲挖。

因为平铲无爪，这种挖铲不能挖掘地层。为此，清理挖掘可使挖铲触底铲挖，像在地层上可以预铲闭合，只能铲除残碴的通常挖掘法。

清理挖掘中因挖掘深度差异不大，所以利用测深确认清理点较难。为此，挖掘作业应考虑铲平施工，即在同一地点应作两次以上的铲平，整个平面覆盖范围均应作两次以上的铲平。

③ 砂砾层的挖掘

2P地点的上部是含黄灰色～黄褐色贝壳碎片的冲积砂砾层，下部是青灰～灰白色的夹有粒径为3～4cm砾的砂层（上部洪积层），起初使用轻型铲斗（34kN/m³），对上部洪积层中的硬层来说，轻型铲斗效率明显下降。为此，这一层段改用重型铲斗（96kN/m³，见照片6.2.6）挖掘。

3P地点是中心粒径为5cm，最大粒径为15cm的砂～夹有黏土的冲积砂砾层，故选用中型铲斗（46kN/m³）挖掘。

挖掘作业的极限潮速，对轻型、中型铲斗而言，应在1.8m/s以下；对重型铲斗而言，应在2.159m/s以下。标准挖掘层厚1.5m，挖深以2～3次为宜。

再有，对放坡挖掘法而言，潮速应在1.028m/s以下。

照片6.2.6 重型铲斗（96kN/m³）

④ 密实半固结砂砾层的挖掘（2P）

所谓的密实半固结砂砾层是中心粒径约2cm的中～小砾为主的、含有淤泥及黏土的青灰色较密实的半固结的砂砾层。使用重型铲斗挖掘，极限潮速在2.159m/s以下，标准挖掘层厚为1.5m，挖深以2～3次为宜。采用坡面挖掘法的潮速应在1.028m/s以下。

⑤ 软岩层的挖掘（3P）

软岩层是泥岩和砂层的互交层构成的软岩层，选用容重比114kN/m³的超重型铲斗挖掘，作业极限潮速应小于2.159m/s。挖掘层厚，在软岩条件下因铲斗爪尖的掘入量小，故可以1m为标准，挖深以2～3次为宜。

挖掘可分为上层的泥岩和下层的砂岩两层。调查中业已断定下层砂岩较硬，挖掘效率极低。故实际挖掘前对铲斗的爪刃尖进行了尖锐化的改造。坡面挖掘时，因坡向铲斗与潮流方向的夹角大，故潮速大时，铲斗的位置保持困难，所以潮速必须在1.028m/s

以下。

下挖到底层时，心须先粗挖坡面。如果先挖内侧，则在挖坡面时铲斗易向内侧倾斜，坡面坡度较预定坡度变缓。此时，1.028～2.056m/s 范围内的潮速适合于粗挖，这说明该潮速范围条件对挖掘效率没有影响。

3. 测深调查和挖掘底面的确认

为了掌握强潮对海底挖掘面的变形、回填等现象，及确认挖掘面的形状，与挖泥疏浚船的测深不同，在海底挖掘期间使用多探头（传感器）精度测深系统定期实施测深（台船测深）。该系统如图 6.2.13 所示，在 5000kN 的台船上设置 400kHz 的多探头精密测深机 8 台，从岸边（陆地）引导测量到预定范围的同时进行测深，把 2m 网的测量值作为得到的数据。台船的移动靠操航性好的带螺旋桨推进装置的 1471kW 级的拖船完成。另外，为提高精度，用设置在海底的水准点确认基准高度。海底挖掘结束时，用上述台船测深系统确认挖掘底面的挖掘精度，随后用无人潜水机进行水中录像拍照，确认底面挖掘状况。其结果无论 2P 还是 3P 的挖掘深度的平均精度在 0～－10cm 的范围内，均小于 ±50cm 的目标值。

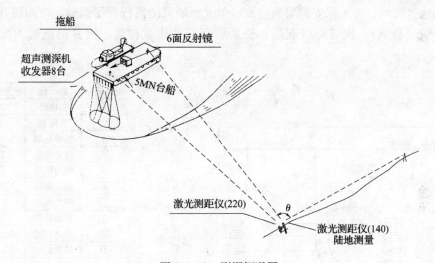

图 6.2.13　测深概况图

6.2.6　钢沉井的拖航

在钢沉井舾装设备使用技术操作培训、沉井沉设位置海底挖掘等工序结束后，接下来应进行把沉井从培训点（海域）拖航到沉设现场的运送工序。这里介绍拖航中的一些注意事项。

① 最佳气象时段的掌握

钢沉井的技术培训结束后，解除系泊开始向设置位置拖航。因为钢沉井的拖航—设置作业开始后不能返回，所以在决定解除培训地系泊后的 3 天内的气象状况至关重要。为此，从预定拖船前 3 天开始，每隔几小时（约 3～6h）就应收听气象预报一次，做好连续记录工作。再在参考历年该季节气象记载和气象规律的基础上，选定低潮、风小等时段进行拖航。

② 拖航速度的决定

在绝对安全的条件下，根据航道条件（航道宽窄、过往船只多少及大小），拖航船只的拖航能力、方式，选择合适的拖航速度。

③ 拖船的规格、配置

根据钢沉井的吃水深度、沉井平稳拖航的条件，选定拖船的规格、数量及配置方式。拖船的拖航能力必须大于沉井运动阻力。为平稳拖航，必须配置多艘拖船，通常为十几艘。拖船配置的考虑条件是平稳拖航。

④ 事先确定好拖航路线

海上拖航路线上，过往船只和渔船较多时，为确保安全必须与海上保安部取得联系，求得他们的帮助，派出警船并调整其他船只的通行时间。

对明石海峡工程来说，选择在低潮期拖航，平均拖航速度为 1.028m/s，用时 20h；拖航的钢沉井的吃水深度为 8m，拖船功率不得小于 22000kW，配置 12 艘 2200～2500kW 的拖船。船队分布状况如图 6.2.14 所示，船队由 12 艘拖船构成（沉井前方 4 艘、后方 4 艘及方向控制 4 艘）船队长 250～300m。此外，前后左右各配置 1 艘警船担负警戒。为确保船队顺利通过海峡，海上保安部对通过海峡的大型船只的通行作了调整。夜间沉井在临近泊地处停航（待潮），次日清晨起航，最后顺利抵达作业位置。沉井的拖航实况如照片 6.2.7 所示。

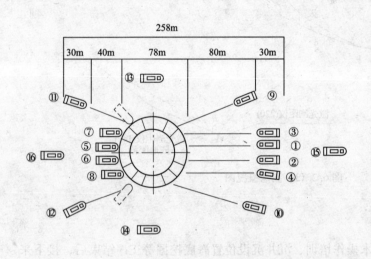

船只编号	名　称	推力（MW）
①	主拖船	2.5
②	主拖船	2.5
③	辅助拖船	2.35
④	辅助拖船	2.5
⑤	辅助拖船	2.5
⑥	辅助拖船	2.5
⑦	辅助拖船	2.35
⑧	辅助拖船	2.35
⑨	辅助舵船	2.35
⑩	辅助舵船	2.35
⑪	辅助舵船	2.35
⑫	辅助舵船	2.35
⑬	左侧警船	2.35
⑭	右侧警船	2.35
⑮	前方警船	0.735
⑯	后方警船	0.735

图 6.2.14　拖船沉井时拖船分布状况

6.2.7　钢沉井的系泊

1. 作业时段选择

所谓的系泊作业，即在现场海域用拖船队保持沉井的位置，同时进行沉井侧系泊索与事先设置在海底的沉块上的系泊索连接的作业。包括系泊后的沉设作业在内的一系列的作业日期，均应安排在停潮期内，而停潮期每年只有两次。因此，若因故错过预定作业日程，

照片6.2.7 沉井拖航实况

则作业将推迟至半年后的下一个停潮期，故系泊作业不容错过预定日期。系泊作业须在以停潮为中心的时间段内进行，作业时的潮速必须小于1.028m/s，作业应在短暂的几小时内完成。

因允许的作业时间短，所以除了系泊作业以外的其他作业，如沉块的设置状况和连接沉块的钢索的展开状况的确认、去除填埋土砂、备用器材设备的准备、特殊机械设备的专业技术人员的待命及事前估计到的事故应急措施等均应事前作好准备，以备系泊作业的到来。

2. 系泊作业中使用的机械设备

系泊及系泊后开展的沉设作业中使用的机械设备（包括绞车、绞车侧系泊索、连接装置、系泊沉块、沉块侧系泊索等）如图6.2.15所示。沉井的位置及安全由绞车、系泊索（钢丝索）控制。

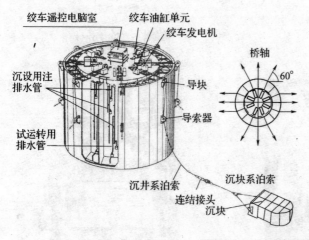

名　称	规格（8组）
沉块	钢制8.5～12MN
沉块系泊索	承载力10MN、φ120mm
连结接头	承载力10MN
沉井系泊索	承载力10MN、φ120mm
导索器	承载力10MN、φ2400mm
导块	承载力10MN、φ2400mm
线性绞车	4MN×2m/min
油缸单元	电动机150kW×2

图6.2.15 系泊系统概况

系泊沉块为8500～11500kN的钢块，为了减轻大水深中潜水员的设置、拆除作业的负担，废除了以往的利用环钩连接沉块的上提方式，目前多采用自动连接装置（快速连接，见照片 6.2.8）。该装置构造如图 6.2.16 所示。当金属锥形插头插到金属母夹具中时，受弹簧推动的金属滑块自动弹出成为自动的制动块，使插头和夹具牢固地连接在一起。因插头的引入和制动块的工作确认均在吊船上进行，故采用这种连接方式可使以往的潜水员在水下长时间的钩环连接作业得以废除。

照片 6.2.8　钢沉块自动连接装置

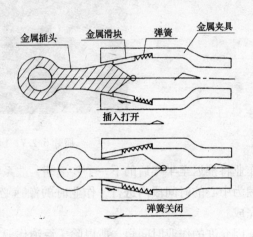

图 6.2.16　自动连接装置构造

系泊索是直径 120mm（拉断强度 10MN）的钢丝绳，沉井与沉块的系泊索连接时，使用与沉块连接时一样的自动连接装置。照片 6.2.9 示出的是系泊索连接作业的状况。

卷绕系泊索的绞车如照片 6.2.10 所示。最大卷入力为 4MN，最大承载力为 10MN。该绞车如图 6.2.17 所示，设置了两道交替使用的夹钳固定器，用转筒卷入系泊索。因夹钳固定器用楔块持索，所以索的损伤小，保持张力大，索的伸出速度可以微调。

照片 6.2.9　系泊索连接状况

照片 6.2.10　线性绞车

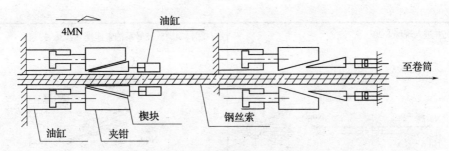

图 6.2.17 绞车纲索拉入机构

如上所述，停潮时间可以预估，但是潮流方向和速度是时刻变化的，所以掌握方向、速度信息至关重要。为此，用设置在现场海域系泊船上的超声波流向、流速计测量流向流速，其测量数据由遥测计发送给沉井上的接收装置，并显示在 CRT 画面上确认变化状况的同时指导作业。沉井系泊图如图 6.2.18 所示。

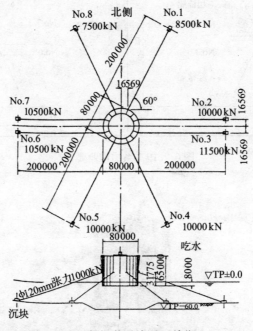

图 6.2.18 钢沉井系泊图（单位：mm）

3. 系泊作业实例

这里以 3P 的情形为例，介绍其系泊作业状况。船队从 I 区东侧进入 I 区（相应的潮速大致在 1.028m/s，在 I 区中央附近停航，并作位置保持。此时用 4 艘起锚船完成南北方向的 4 个沉块的系泊索连接部的提升，随后立即用取索船（拖航时的方向控制船）拉出沉井侧的系泊索，并在起锚船上完成连接。在约 1h 内完成 4 点系泊，继而在西向低潮时进行西侧的 2 点系泊。在 6 点系泊结束的同时，东侧 4 艘拖船连接到系泊索上，故位置得以保持。下午退潮时进行东侧 2 点的系泊。整个系泊作业仅为 3h，该作业中安全无事。

图 6.2.19 示出的是钢沉井的系泊要领，照片 6.2.11 示出的是系泊作业状况。

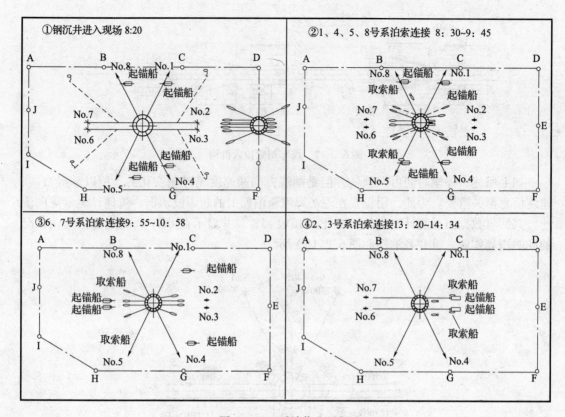

图 6.2.19　系泊作业要领

照片 6.2.11　系泊作业状况

6.2.8　钢沉井的沉设

1．沉设准备

钢沉井的沉设是用分布在二层壁内划分成 16 个区的 32 台水泵，向内外壁所夹的中间部位注入海水使沉井下沉，同时用绞车修正位置。

注水泵（20m×10t/min）每区 2 台。此外，还备有当上述注水泵出现故障时，可以向整个注水区注水的备用水泵（30m×10t/min）2 台。再有，为防备沉井触底前后出现事先没有预料到的事故，还在各区（16个区）配备了1台可使沉井上浮用的排水泵（30m×10t/min）。

2. 沉设程序

沉设作业，把触底前的注水分为三个阶段。在系泊完工后进行粗略定位，然后开始一次注水。就3P的情形而言，从夜间到次日清晨经历了超过2m/s的潮浪三次。由于存在砂砾回填的隐患，所以直到实施吃水下沉20m前均为一次注水，用时1d。因为本次的二层壁构造的巨大圆筒沉井的阻力系数数据以往没有，所以特对夜间强潮时的潮速、风波和系泊索张力等参数进行了测定，进而推估阻力系数。

次日上午的退潮前已下沉到吃水34m，确认位置，切换注水配管阀门后，进行一次注水直到吃水下沉到55m止。下午退潮前的时段内慎重地进行最终的位置调整确定。接下来进行三次注水使沉井触底。照片6.2.12示出的是触底前的沉井实物状况图。随后作位置确认，为下沉到TP+2.5m作稳定沉井的超载注水。

照片6.2.12 触底前的沉井实物

3P沉井触底时的位置、倾斜等参数如下：

① 平面位置

X（桥轴直角方向）：对应设计值偏西9mm。

Y（桥轴方向）：对应设计值偏北10mm。

② 倾斜

X轴倾斜：西侧高出0.026°。

Y轴倾斜：南侧高出0.115°。

最大倾斜：0.118°。

③ 深度

对应设计深度TP−57m的实测值为TP−57.009m，与2P的深度设置精度大致相同。

图6.2.20示出的是沉井的沉设程序，表6.2.7示出的是3P沉井拖航、沉设的工程进展状况时间表。

3. 沉设作业管理

为了提高钢沉井沉设作业的效率，除了管理沉井的平面位置、方向、倾斜、下沉状况、机械工作状况外，还必须对潮流状况等信息作实时处理。特别是本次的严酷的潮流条件，退潮时间短暂的海域作业，所以如何尽早高精度地修正沉井的位置，把沉井移到正确

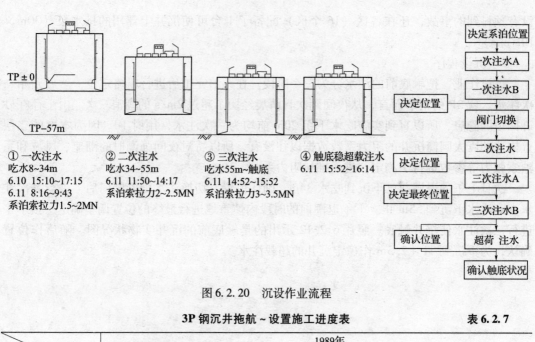

图 6.2.20　沉设作业流程

3P 钢沉井拖航～设置施工进度表　　　　　　　　　　表 6.2.7

	1989年			
	6.8	6.9	6.10	6.11
	4　8　12　16　20	4　8　12　16　20	4　8　12　16　20	4　8　12　16　20
培训现场	6:00 11:15			
系泊解除				
拖　航	17:10 调整	4:30▽ ▽ 13:00 待潮 明石海峡航路	4:00 8:20入域	
系　泊			14:31	
沉　设				
1次注水A(吃水8~20m)			15:40 17:15	
1次注水B(吃水20~34m)				8:16
2次注水(吃水34~55m)				10:50 14:07
3次注水(吃水55~触底)				14:52 15:52
超荷注水				16:14 触底
其他3P工区内作业				
沉块索调查				
潮流调查				
E灯浮标拆除 复原		拆除	复原	

位置最为关键。因为钢沉井的位置靠调整 8 台绞车卷入和伸出系泊索（钢丝绳）的长度进行修正。钢丝绳的伸出长度，可由安装在绞车上的脉冲振荡器的数据处理计算得出，所以掌握钢丝绳的伸出长度与沉井位置的信息至关重要。另外，在沉井位置的修正中，还须掌握目标位置与现时位置的偏差。沉井的位置可由陆地上的两个不动测量点用激光测距仪测定，然后遥测计将测量数据发送给装在沉井上的计算机，经运算后求出沉井的位置。鉴于上述原因，本工程采用了把必要的信息综合集中管理的作业管理系统。其概况图如图 6.2.21 所示。

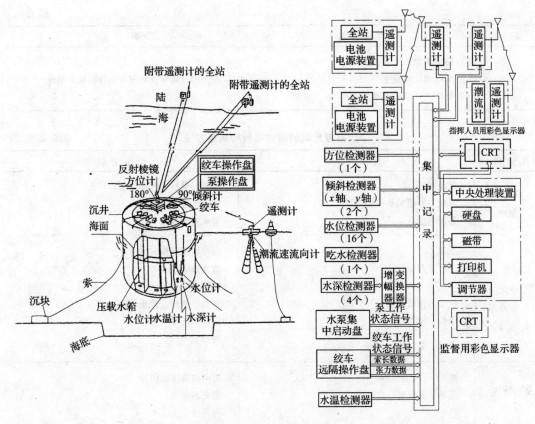

图 6.2.21 作业管理系统图

该系统由陆地测量装置、海上潮流计、安装在沉井上的各种传感器及处理信息并在 CRT 上显示图像的计算机构成。

CRT 显示器设置在集中有绞车和水泵操作台的中央管理室内，把多种作业信息处理后给出表 6.2.8 示出的三种画面。作业指挥者看到该画面后，向各作业班组发出指示，并可实时地确认该结果。

归纳钢沉井沉设时的管理项目和测量方法如表 6.2.9 所示。

CRT 显示器提供的作业信息   表 6.2.8

画面	信息内容	摘要
	① 钢沉井设置的目标位置和现时位置 ② 各绞车的拉力、索长 ③ 钢沉井的倾斜、方位 ④ 潮速、潮向 ⑤ 绞车的作业状态	① 用遥测计接收陆地测量数据（主系统） ② 音频发射、接收测量数据的后备系统
	① 钢沉井的吃水深度 ② 钢沉井下端的水深 ③ 各注水区的水位 ④ 钢沉井的倾斜 ⑤ 注水泵的工作状态	显示安装在沉井上的各种传感器的信息

续表

画　面	信　息　内　容	摘　　要
	① 推估潮位和潮速 ② 实际潮位和潮速 ③ 钢沉井下端水深履历	用遥测计接收在钢沉井近傍测得的潮速

沉井设置时的管理项目和测量方法　　　　　　表 6.2.9

作 业 内 容	管 理 项 目	测 量 方 法
钢沉井 拖航	气象预报 海域一般船舶及作业 船舶的信息	收听气象台、海洋气象台预报 航道管理所通报 警戒船的通报
钢沉井 的系泊	潮流 沉井平面位置 绞车工作状况 索长、拉力	超声波流速流向计 激光测距仪 经纬仪 卷入、伸长、停止转换 脉冲振荡器 测力盒
钢沉井 的沉设	潮流 沉井平面位置、高度 绞车工作状况 索长、拉力 到海底面的距离 水位 泵的工作状况	超声波流速流向计 激光测距仪 经纬仪 卷入、伸长、停止转换脉冲 振荡器 测力盒 超声波测深器 水位计（水压计） 运转停止转换

4. 钢沉井触底状况

钢沉井沉设作业结束后，使用无人潜水机器人（Rov），由水下电视和摄影照片调查沉井的触底状况。

就 3P 的情形而言，外周长 245m 中，从沉井外侧可以确认沉井与岩层密实接触的部分为 53m，最大的缝隙为 50cm，大部分在 30cm 以下。另外，密实接触部分的大部分露出挖掘岩层，砂砾堆积仅在凹部可见，堆积稍厚。图 6.2.22 示出了钢沉井触底状况的调查结果。

6.2.9　水中混凝土的浇筑及管理

1. 水中混凝土的施工方针

水中混凝土的施工数量规模极大（270000m³），为了从结构上减少水平接头、缩短工期，希望每次的浇筑量较大，故这里选择 10000m³ 的混凝土搅拌船。

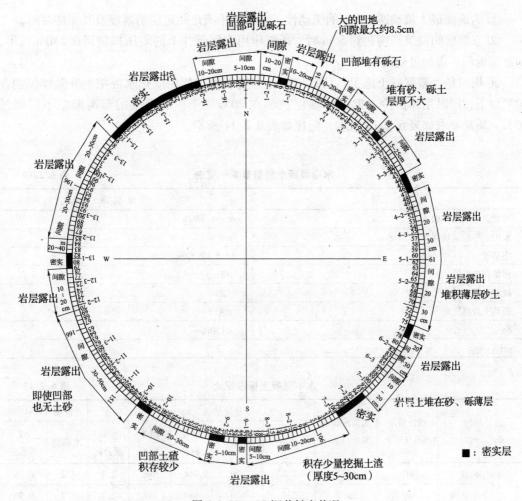

图 6.2.22 3P 沉井触底状况

施工顺序：为了防止持力层的不均匀沉降，先浇沉井的中空部分（内核部），后浇二层壁的中间部位。

沉井的内核（浇筑面积 2300m²）施工，每条浇筑管承担的浇筑面积为 100m²，分 14 层浇筑，最下层浇筑填充性好的水泥砂浆。

施工中为了提高浇筑效率，使用可以调节浇筑量的分流阀，所以尽管使用的混凝土泵的数量不多，但可实现大面积全覆盖的同时浇筑。同时还使用了监视流动状况的 TV 系统与浇筑速度匹配的浇筑管的自动提升装置。

浇筑管总共 24 条，分流阀数 18 个。此外，还开发了内核水平浇筑接头自动处理装置和复杂施工管理的综合管理系统。

二层壁间的浇筑施工，在沉井沉设时起压载井体作用，分 16 个区浇筑高度均为 55m，故水中混凝土在外壁上产生的侧压是一个重要的管理项目。二层壁间的浇筑管的数量为 6 条，分别与混凝土泵直接连接。各浇筑管压送量的管理方法基本与内核相同。

2. 水中混凝土的质量要求及配比

归纳上述施工内容，对混凝土的质量要求如下：

① 为确保最大流动距离 8m 的流动性，所以必须满足规定的坍落度及其保持时间。

② 二层壁间浇筑高度达到 55m 时，须把作用在钢沉井上的侧压抑制到 0.2MPa 以下，即凝结时间不得超过规定值。

③ 因为是大量混凝土施工，所以应防止温度裂纹。使用低热水泥把上升温度控制在 30℃ 以下，同时用冰预冷，把浇注温度控制在 20℃ 以下。混凝土的最高温度不得超过 50℃。质量要求如表 6.2.10 所示，配比如表 6.2.11 所示。

水中混凝土质量要求一览表 表 6.2.10

项　　目	质　量　要　求
设计基准强度（91d）	$\sigma_{91} = 18MPa$
水中、气中试块强度比	≥0.8
坍落度	52.5±2.5cm
坍落保持时间	≥8h
凝结时间	<30h
断热上升温度	<30℃
SS	<150ppm
pH	<12

水中混凝土标准配比 表 6.2.11

浇注部位名称		细骨材率 S/a（%）	水、水泥比 W/c（%）	质量量纲（kg/m³）					量纲（L/m³）	
				水 W	水泥 C	细骨材 S	粗骨材 G	特殊混合材	流动剂	AE 减水剂
2P	内核	40	69.7	223	320	644	988	2.3	3.2	0.96
	2 层壁间	40	69.7	223	320	644	988	2.3	3.2	0.96
3P	内核	40	66	213	320	648	1005	2.3	1.6	0.80
	2 层壁间	40	65	208	320	658	1024	2.3	3.2	0.88

3. 水中不分离混凝土施工管理

水中不分离混凝土的浇筑，必须确保施工的安全性、可靠性，所以建立从制造到施工的实时集中管理系统十分必要。具体地讲，就是把表 6.2.12 中示出的项目施工管理的必要信息显示在监视屏和 eRT 画面上的系统（见照片 6.2.13）。

作业装置对应的管理项目 表 6.2.12

管 理 项 目
混凝土制造量的历时变化（制造量、制造速度）
搅拌状态的历时变化（质量状态）
泵喷出压、压送性
总浇筑量的历时变化（浇筑量、浇筑速度）
系统不同浇筑量的历时变化（浇筑量、泵的状况）
系统不同浇筑量的差异

续表

管 理 项 目
各浇筑管的浇筑量、混凝土高度、浇筑管高度
各浇筑管浇筑量的历时变化
浇筑管上提管理（覆盖面积、混凝土高度）
混凝土水平历时变化（高度）
混凝土水平断面图（A、B、C、D）
混凝土水平测深锤测深断面图（A、B、C、D、E、F）

照片6.2.13　水中混凝土中央控制系统

管理项目中，内核各浇筑管的浇筑面积取决于各管的最大流动距离（8m）（见图 6.2.23）。为了确保对应浇筑面积的分配浇筑量的施工，故应设定泵的喷出量、分流阀的切换时间（约2min），每条浇筑管的浇筑量用计算机计算，并把计算结果明示在 CRT 上。

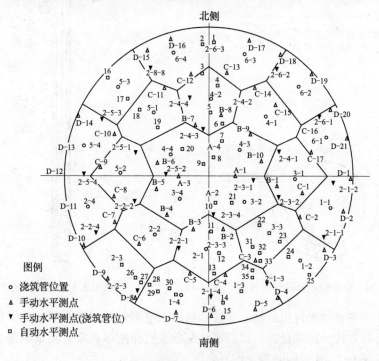

图例
○ 浇筑管位置
△ 手动水平测点
▽ 手动水平测点(浇筑管位)
□ 自动水平测点

图6.2.23　水中混凝土内核浇筑管承担面积图

再有，浇筑中混凝土的浇筑高度用自动水平仪确定，同时可在 CRT 上连续监视压送混凝土时管内压力和喷射压力等参数，调整浇筑管在混凝土中的插入深度，尽量防止压送管的堵塞，同时还应加强浇筑后混凝土流动状况的管理，以便确保浇筑质量。

二层壁间的外板上设置土压计管理侧压，从而调整混凝土的浇筑速度。

6.2.10 基础地层的变位测量

水中混凝土和气中混凝土的施工目的是增加有效重力，故基础地层会存在一定变形。测量此时的地层变位数据，用该数据实施弹性模拟逆解析，用最小二乘法求出与应力和实测变位吻合的解析模型各层的弹性系数。

根据解析求出的数据预测下沉量，决定主塔锚框架的设置水准，及混凝土的最终施工水准。详细介绍如下。

1. 地层变位测量

为了测量地层变化，钢沉井沉设后，水中混凝土浇筑前，在图 6.2.24 示出的沉井中央部位实施钻孔，把滑动测距器设置在基础底面到 TP—180m（3P 为 199m）的 120m 的区间内。

滑动测距器如图 6.2.25 设置，在钻孔内每 1m 设置一个计量标记，与当初的标记间隔数据对比测量变位。

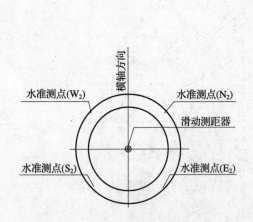

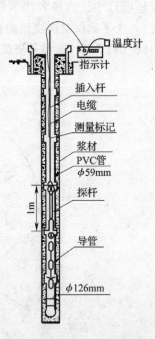

图 6.2.24　滑动测距器设置位置图　　　　图 6.2.25　滑动测距器设置图

把基础地层测量结果得出的地层变位和跨海水准测量结果进行对比，增加数据可靠性的同时确认其有效性，结果良好，可以确认基础大致作刚体表象。测量结果反映的主要内容如下（参考图 6.2.26 的历时变化图）。

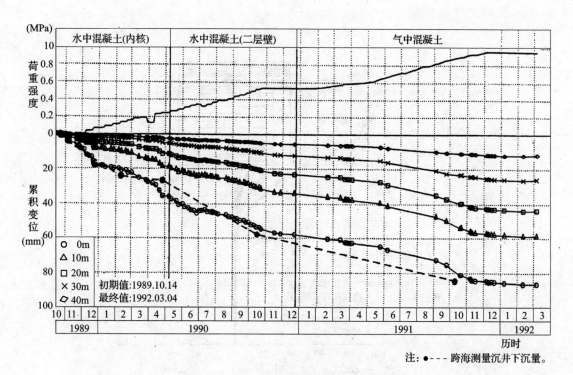

图 6.2.26 2P 主塔基础地层变位历时变化

① 由内核水中混凝土施工结束时点测定的沉井的沉降量知道，正下方地层的变位量较大。结果发现内核混凝土重力决定的正下方地层的变位比沉井刃脚地层变位大（参考图 6.2.26 的历时变化）。

② 二层壁间的水中混凝土施工结束时，二层壁正下方的地层的变位比内核正下方的地层变位更大，这说明总的变位呈现混凝土有效重力叠加的表象。

③ 深度方向的地层变化分布取决于有效重力的影响，对 2P 来说，影响范围为 70m（3P 为 60m），均比基础宽度（2P 为 $\phi80$m，3P 为 $\phi78$m）小（图 6.2.27）。

④ 因为水中混凝土是间断、快速施工，故可测量粘弹性表象。

⑤ 从跨海水准测量结果知道，主塔基础的非均匀沉降小。

⑥ 就接近基础底面的区间变位量而言，部位区间在混凝土浇筑初期即呈现大的变位量，这可以认为是海底挖掘时地层松弛，故再压密时沉降大。该范围大致在离开基础底面 7m 的范围内（图 6.2.28）。

2. 模拟弹性逆解析

使用 FEM 弹性轴对称模型实施逆解析。逆解析在① 水中混凝土施工结果时段；② 主塔锚设置时段；③ 主塔基础完工时段；④ 桥梁完工等四个时段进行。结果表明，预测值与实测值基本一致（图 6.2.29）。

解析求出的模拟弹性系数（E_{FEM}）与基础施工前孔内载荷试验求出的弹性系数（变位系数 E_{LLT}）对比的结果发现，不论 2P 还是 3P，弹性系数在应力影响范围内随地层变化而变化。但是一般的倾向是在地层内深度越深，（E_{FEM}/E_{LLT}）的比值越大。该比值依赖于应变，应变小弹性系数大；应变大弹性系数小（图 6.2.30）。

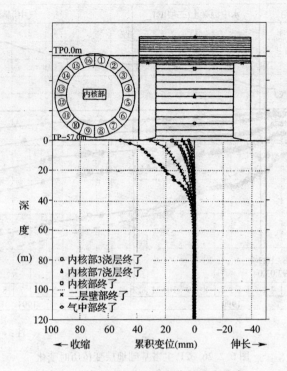

图 6.2.27　2P 基础地层变位的竖向分布

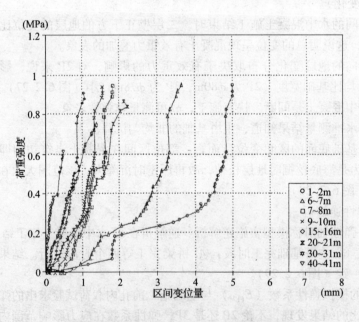

图 6.2.28　2P 基础应力区间变位关系图

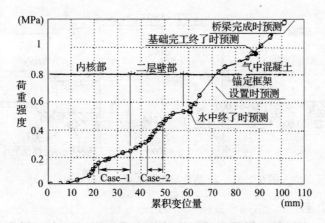

图 6.2.29 主塔基础地层变位计算值与实测值历时变化

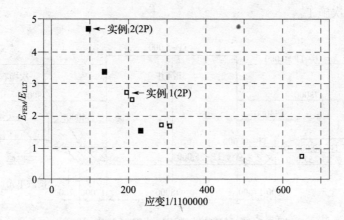

图 6.2.30 弹性系数与应变的关系

6.2.11 主塔基础的防冲措施

主塔基础采用设置沉井工法施工的另一个重要问题，即沉井设置后，其周围、下方的砂砾层被强潮流冲刷，给基础的稳定性带来较大的威胁，所以必须采用一定的防冲措施。

本节介绍主塔基础挖掘到海底持力层设置沉井后，铺设袋装压实碎石的初期防冲措施（滤波单元以下记作 FU）；随后作抛石覆盖层施工，即长期防冲措施施工。同时还介绍 2P 的初期、长期防冲的具体施工实绩及施工后的跟踪调查。

1. 防冲工法概况

（1）2P 防冲措施

图 6.2.31 示出的是平面形状为圆形，2P 防冲施工的纵断面构造图。对初期防冲而言，因沉井设置后立即产生冲刷现象，故应尽快铺设 FU，其目的是保护沉井周边地层，确保沉井的稳定性，对长期防冲而言，是利用 10kN 重抛石，把沉井周围 1D（D 为沉井直径）宽的同心圆环状范围覆盖成蜂窝（状）层，其目的是降低沉井周围的流速。

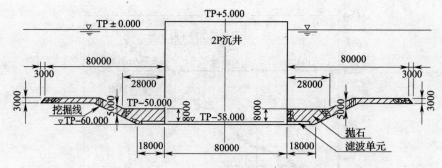

图 6.2.31 2P 防冲措施构造图（单位：mm）

（2）3P 防冲措施

3P 与 2P 相比，因设置地层是岩层，防冲能力强，所以没有必要像 2P 那样急速地在 1D 宽的范围内实施防冲施工，而是像图 6.2.32 那样，在初期防冲 FU 铺设后，把长期防冲抛石作业分两次施工。

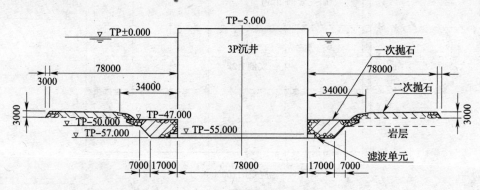

图 6.2.32 3P 防冲措施构造图（单位：mm）

2. 防冲措施的实验研究

为了证实防冲措施施工的有效性，特开展了室内水力实验和现场水力实验。

（1）室内水力实验

首先，实施了把沉井设置在现场海底面上，但不采用任何防冲措施情形下，观察防冲特性的实验。结果发现，在短时间内，由于潮流的冲刷作用，致使沉井发生倾斜甚至翻倒。这完全证实对沉井采取防冲措施非常必要。

同时还讨论了各种防冲措施施工法的经济性、施工性，及室内水力实验得出的基本水力特性。讨论结果发现，抛石形成覆盖层的选用实绩较多，完成后还有容易掌握海洋环境的优点。此外，从抵抗强潮方面考虑，选用 10kN 级抛石更为稳妥。所以以此为重点开展由室内水力实验决定抛石覆盖层各种基本参数和形状的讨论。

（2）现场水力实验

为了掌握与室内水力实验冲刷特性对应的 2P 海域现场的冲刷特性，确认沉井设置后的初期防冲措施 FU 的效果，通过水力学上接近实际规模的圆筒模拟沉井（直径 15m，高 3m）的设置，进行了防冲调查。结果表明，现场冲刷现象是室内水力实验的再现，FU 措施是较为有效的初期防冲工法。

（3）设置沉井工法的选用

由室内水力实验和现场水力实验，证实海域设置沉井工法的防冲问题是可以克服的。挖掘深度由潮流决定的挖掘底面的稳定条件和持力层强度条件共同决定，对挖掘深度为15m，3P挖掘深度为20m。

另外，挖掘底槽的坡面坡度、底面余裕宽度，均以沉井设置作业中潮流对挖掘底面不卷入回填土砂为标准，具体数据由室内水力实验决定。

（4）初期防冲措施规格的决定

FU填充材，采用去除砂砾层的砂成分后的粒径为30～150mm的混合砾材，填充材的选择以能使海底和沉井密实地结合在一起为标准。图6.2.33示出的网袋填充材单元（即FU单元）是符合这一标准的理想单元用材。FU单元抛石的重力选择原则是，对应现场的最大潮流，FU单元抛石不应发生移动。从室内实验知道FU单元抛石的重力定为10kN。另外，铺设FU单元时填充材的填充率应按受压后层厚为50cm的可挠性进行管理。再有，袋装填充材的铺设层厚不得小于1m。考虑到挖掘精度（±0.5m）和设置精度，最后选定铺设层厚为2m。

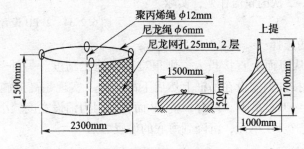

图6.2.33　FU单元图

（5）防冲范围的决定

网袋铺设范围。从室内无措施实验结果知道，就2P而言，其范围为沉井周围15m范围的圆环域；因3P沉井的设置面为岩层，从安全性考虑，其范围定为沉井周围5m范围的圆环域。

2P的抛石铺设范围。从室内长期稳定性实验结果知道，其铺设范围是沉井外侧宽1D（沉箱直径）的圆环区域。但是长期抛石外缘部位有可能出现冲刷沟，所以抛石铺设结束后，还应跟踪调查抛石外缘的状况。

抛石层厚。为了防止从地层下方涌出砂砾，极抛石施工应为3～4层，层厚≥3m。考虑到施工性和降低潮流力，从外缘向沉井作阶梯式施工，共分3层，每层的厚度依次为3、5、10m。

3P抛石范围（一次）。要求只需覆盖挖掘的露出部分即可，故抛石范围为0.35D宽的圆环。另外，可以预测施工后冲刷将在周围的冲积砂砾层上发生，抛石层正下方的岩层很难发生急剧冲刷，所以应定期跟踪调查冲刷状况，如出现冲刷沟，即应进行二次抛石回填。

6.2.12 2P 防冲施工

1. 2P 初期防冲施工

（1）工程概况

FU 单元由网眼 25mm 的双层网袋中填充约 0.7m^3 粒径 ϕ50～150mm 的碎石制成，单元重力 10kN。2P 的 FU 单元数量为 8136 个，3P 的为 7380 个。

（2）施工条件与课题

① 在室内水力实验的 FU 铺设防冲实验中，如果考虑沉井设置后海底面的历时变化，则要求 FU 设置必须在沉井设置后经过一次强潮到下一次低潮（约 6d）止的时间内结束施工，即超高速施工。

② 在水深 60m 以下，沿沉井外壁无间隙的设置，为了确保均匀厚度 2m，要求像图 6.2.34 那样，由 FU 单元叠积 4 层。

③ 为确保设置精度，从潜水作业等方面考虑，如果把作业潮速极限定在 1.028m/s 以下，则成为每天 1～2 次的轮流作业，实际上每天的作业时间不足 2h。

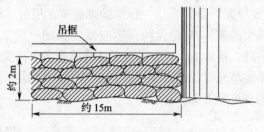

图 6.2.34 2PFU 设置计划断面图

（3）施工方法的选择

FU 的设置如果从海面上直接投入，则很难确保施工精度。另外，损耗率也非常大。为此，需把 FU 单元按计划安设在吊框上然后下吊。为了实现超高速施工，这里采用大型吊船一次大块（多层 FU）吊下。再有，就 3P 而言，因为铺设宽度较小（5m），故采用由疏浚船的抓斗夹紧几个 FU 单元，沉降到海底的设置方法。

① 施工域的划分

FU 的设置像图 6.2.35 示出的那样，把整环域分成 12 个区（块），每块由 678 个 FU 单元组成，每块包括吊具在内重约 8.5MN（见照片 6.2.14）。

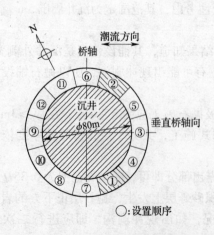

图 6.2.35 2PFU 施工分块设置顺序

照片 6.2.14 FU 块吊入状况

再有，为使吊下的 FU 块能与沉井贴紧，应使 FU 块可以微转调整。使用大型吊船提吊能力为 20.5MN。

② 设置顺序

以室内水力实验的结果为依据，确定的设置顺序如图 6.2.35 所示。

③ 海底吊具解除

每块的设置时间必须在一个低潮期内完成。FU 块到位后，水深 60m 下的海底的吊具（吊钩）解除靠潜水员在 1h 时间内取下吊框上 24 个点的吊钩，潜水员呼吸用气是 $He + O_2$。

（4）施工实绩

FU 块的设置原则是沉井设置后，低潮期内先完成图 6.2.35 中的①、②两块的设置。在下一个低潮期前后的 6d 时间内，利用每天二次的潮流变向机会完成剩下的 10 块，FU 块设置作业如照片 6.2.14。如图 6.2.36 所示，是吊船、台船和潜水作业母船联合作业。平均每块用时 3h。FU 设置施工进程如表 6.2.13 所示。

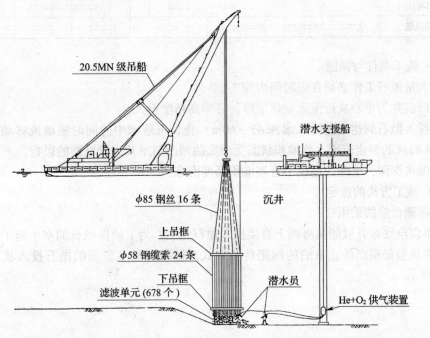

图 6.2.36　2PFU 设置作业状况

FU 块全部设置结束后，由潜水员实施摄影调查，确认 FU 紧密贴紧沉井的状况（两者之间无间隙），且块体与海底接触密实良好。

2. 2P 长期防冲施工

（1）工程概况

抛石选用相对密度≥2.5，重力 8～20kN 的岩块。设置地层，对砂砾层（2P）而言，沉井近旁的抛石层厚定为 10m；从沉井外围到宽 80m 的同心圆带状范围的挖掘坡面及覆盖海底面上的抛石厚度为 3～5m。2P 的估算施工数量为 270000m^3，3P 的估算施工数量为 120000m^3。

2PFU 设置施工进度表 表 6.2.13

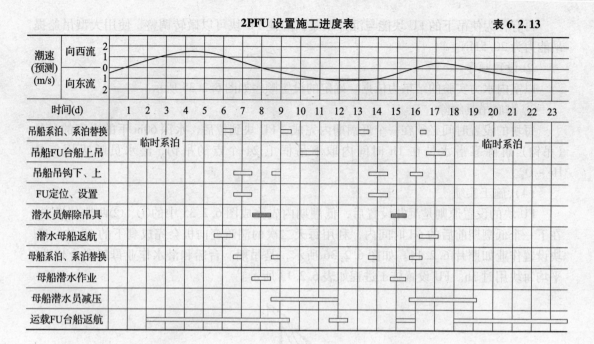

潮速(预测)(m/s) 向西流 / 向东流	时间(d)																						
	1	2	3	4	5	6	7	8	9	10	11	12	13	14	15	16	17	18	19	20	21	22	23
吊船系泊、系泊替换	临时系泊																		临时系泊				
吊船FU台船上吊																							
吊船吊钩下、上																							
FU定位、设置																							
潜水员解除吊具																							
潜水母船返航																							
母船系泊、系泊替换																							
母船潜水作业																							
母船潜水员减压																							
运载FU台船返航																							

（2）施工条件与课题

① 大量抛石工作必须在短时间内完工。

② 以沉井为中心从近至远变化层厚，必须高精度投入。

③ 投入抛石到达海底面（水深 43~60m）止，沉落水中的同时随潮流移动，所以不一定落入海底的预定范围，故堆积状态受海底的凹凸斜率及设置坡面的影响。

④ 因水深深，故施工过程中管理堆积高度困难。

（3）施工方法的选定

① 标靶台船的采用

基本以全底敞开驳船从海面上直接投入抛石为主，为了确保抛石的水中施工精度，投入时采用该驳船横向静止系泊的标靶台船方式。标靶台船 + 驳船的抛石投入状况如照片 6.2.15 所示。

照片 6.2.15　台船 + 驳船抛石投入状况

标靶台船使用海底锚系泊抗强潮自身保持系泊力的台船。当驳船不能直接对沉井近旁投入时，可使用抓斗投入。另外，投入抛石堆积层厚极薄的情况下，可使用大型挖泥船（抓斗容量 13m³）。

② 施工顺序

根据挖泥船的系泊漂移模型，这里把整个区域像图 6.2.37 那样，按东西南北分成 4 块，依次施工。另外，为了缩短工期，尽量优先选择驳船直接投入方案，其余不能由驳船直接投入的部分改由抓斗投入。驳船直投的施工顺序是，先投一定层厚的沉井近傍，然后坡面，最后沉井外围海底面。

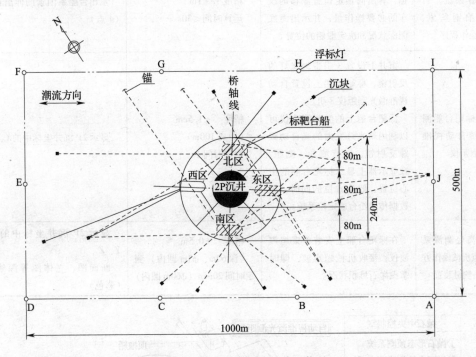

图 6.2.37　2P 抛石施工分区状况

③ 施工管理系统

就抛石扩散状况而言，因潮流、海底地形、海底土质、驳船船型及装载量等因素的不同而不同。利用室内水力实验确认这些条件下的海中落入状况的同时，还应积累海底堆积范围形状等数据。现场施工中利用计算机作成抛石形状的预测系统，由这些数据和现场各种测量值确定适当的抛石投入的位置及适当的时刻。

另外，在潮流转向的限定时间内必须完成抛石投入、每次的抛石范围及测深等一系列作业。为此，必须使用各种施工管理系统。表 6.2.14 示出的是抛石施工管理系统的概况，图 6.2.38 示出的是施工管理系统的机器配置图。

④ 抛石施工管理程序

高效抛石施工管理程序如图 6.2.39 所示。

（4）施工实绩

① 工程

2P 抛石施工管理系统概况   表 6.2.14

管理系统名称	概 况	规 格	输 出
① 抛石堆积形状预测系统，驳船积载状况～抛石堆积状况，模拟程序	由驳船的载重量、系泊位置（与沉井、坡面的关系）及潮流状况预测抛石的散落状况，并绘出投入抛石后的海底形状。	精度 ±0.5m	① 显示 2P 沉井坐标系中的 X、Y、Z。 ② 断面图、立体图等深线图
② 决定标靶台船位置系统，台船系泊钢丝索、绞车操作程序	接收标靶台船测位系统的数据，算出向预定位置漂移的绞车的必要操作量，并示出海底测深状况和决定驳船的位置。	精度 ±1m 运算时间 ≤30s	示出台船系泊索的伸出长度（4 点）
③ 标靶台船测位系统自动视准激光测距仪	沉井上设置 3 组带聚光灯的反射镜，标靶台船上设置自动视准激光测距仪 3 组。 标靶台船上的激光测距仪可以利用聚光灯发射的光自动跟踪反射镜，进行测角、测距，在显示器上显示标靶台船的中心位置、船头方位的同时，把数据传送给台船定位系统。	精度 ±1.5cm （距离 100m） 测定时间 1s	显示 2P 沉井坐标中的 X、Y
④ 海底测深系统单束机械操作方式抛石测量装置	在标靶台船上安装单束超声波仪，接收机械超声波，即时掌握抛石堆积状况。	精度 ±0.5m （深 60m、ϕ3m 圆内）测定时间 20min（ϕ60m 圆内）	显示 2P 沉井坐标中的 X、Y、Z 断面图、立体图等深线图（彩色）

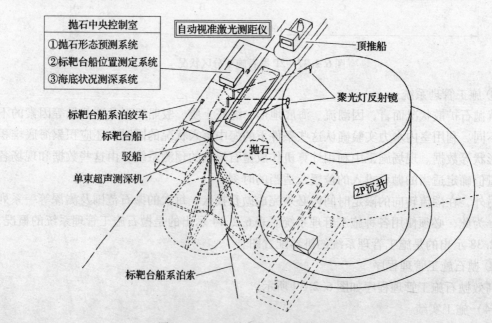

图 6.2.38   2P 抛石施工管理系统配置图

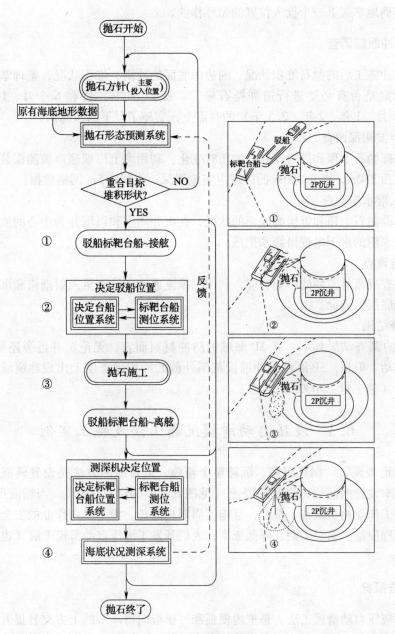

图6.2.39 2P抛石施工管理程序

工程用时100d。驳船投入为62d，每天平均约4500m³，选用6艘全平底驳船（1000～1500m³），每个潮流转换时节（西向、东向流速0.514m/s以下）最多投入3艘。当潮速为0.514～1.028m/s时已超过驳船抛石作业极限，改为抓斗抛石作业。

② 施工精度

抛石投入的损耗为百分之几。这个精度是根据室内水力实验和应用施工管理系统、广域全面确保必要抛石层厚、把扩散到计划铺设范围以外的抛石损耗量控制到最小、把层厚过厚压到最小限度条件下，得到的精度。特别是使用了分辨率极高的海底测深系统，可在此基础上准确地掌握下一个投入位置的循环作业。

6.2.13 防冲跟踪调查

调查防冲施工后的抛石堆积状况、周边海底面的冲刷、堆积状况，整理掌握防冲效果的目的是判定是否有必要进行追加抛石施工。就2P而言，特在6个月、1年、2.5年（3P：2.4个月、1年、2年、2.5年）的时点上，实施了以下的跟踪调查。

① 超声波测深调查

为了掌握抛石上顶和周边海底面的历时变化，利用海上广域超声波测深装置，在以沉井为中心东西350m×南北300m的区域内实施测深，并制作5m网格数据。

② 无人潜水艇调查

为了掌握抛石上顶和近傍海底面的状况，在沉井周围和以沉井为中心的放射线上，进行了无人潜水艇的水下电视摄像和拍照。

③ 潮流调查

为了调查潮流对防冲的影响程度，利用三维流速流向计测量入射潮流和沉井附近3个点的表层和底层的流况。

④ 调查结果

2.5年的调查结果如下：就2P海域的防冲材料而言，无论沉井近旁还是周边海底，均无显著变动。但是，3P海域防冲铺设范围外侧的冲积砂砾层上出现冲刷域，随后进行了三次抛石（施工量：70000m³）施工。

6.3 液压自动滑模沉箱工法及施工实例

陆地（地表现场）制作沉箱、沉箱整个箱筒，最普通的方法是设置模框模板、脚手架，然后吊车设置钢筋笼，浇筑混凝土（见图6.3.1的以往工法）。当箱筒尺寸较大时，该工法的施工作业相当艰苦、费力，且施工周期相当长。为了提高作业的安全性及作业效率、确保工程质量、缩短工期、降低成本，人们开发了液压自动滑模工法（也称模板整体提升工法）。

6.3.1 工法概况

所谓的液压自动滑模工法，是把内模板和外模板向每一节的上方交替提升，同时连续构筑箱筒的工法。

施工顺序如下：在底板混凝土施工后，设置液压自动滑模设备，升高备有钢筋组装脚手架的塔吊滑车组装钢筋，续接宽板梁和钢模板或者使用FRP（玻璃纤维增强塑料）模板等大型模板，上提固定备有装拆脚手架的模板滑车，并调整模板，浇筑混凝土。

每块模板上均备有液压滑升装置（油缸）、按有线遥控操作方式控制其自动滑升，每节箱筒均需重复上述作业。液压自动滑模工法的施工程序如图6.3.2所示，主要工序示意图如图6.3.3所示；设备设置概况如图6.3.4所示，表6.3.1示出的是所用设备一览表的一个例子。

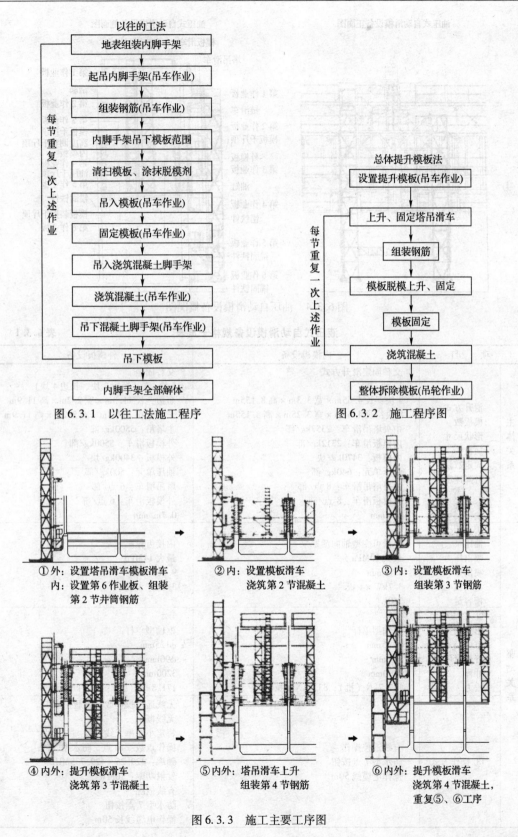

以往的工法

地表组装内脚手架

起吊内脚手架(吊车作业)

组装钢筋(吊车作业)

内脚手架吊下模板范围

清扫模板、涂抹脱模剂

吊入模板(吊车作业)

固定模板(吊车作业)

吊入浇筑混凝土脚手架

浇筑混凝土(吊车作业)

吊下混凝土脚手架(吊车作业)

吊下模板

内脚手架全部解体

每节重复一次上述作业

图6.3.1 以往工法施工程序

总体提升模板法

设置提升模板(吊车作业)

上升、固定塔吊滑车

组装钢筋

模板脱模上升、固定

模板固定

浇筑混凝土

整体拆除模板(吊轮作业)

每节重复一次上述作业

图6.3.2 施工程序图

①外:设置塔吊滑车模板滑车
内:设置第6作业板、组装
第2节井筒钢筋

②内:设置模板滑车
浇筑第2节混凝土

③内:设置模板滑车
组装第3节钢筋

④内外:提升模板滑车
浇筑第3节混凝土

⑤内外:塔吊滑车上升
组装第4节钢筋

⑥内外:提升模板滑车
浇筑第4节混凝土,
重复⑤、⑥工序

图6.3.3 施工主要工序图

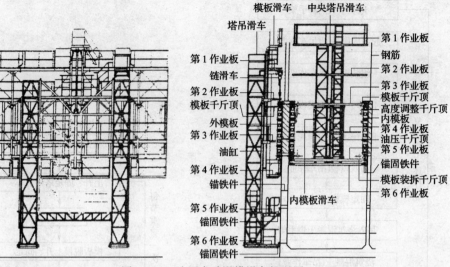

油压式自动滑模设备正面图　　　油压式自动滑模设备侧面图

图 6.3.4　油压自动滑模设备概况图

液压式自动滑模设备规格一览表　　　　　　表 6.3.1

	项　目	内模板设备	外模板设备
主体关系	滑升方式 模板数 形状尺寸 质量 固定数量 升降速度	交替固定滑升方式 12 块/节 4 块：长 4.65m×宽 3.3m×高 8.155m 8 块：长 4.65m×宽 3.25m×高 8.155m 中央塔吊滑车：2357kg/部 内模板滑车：2312kg/部 内模板：3470kg/块 油压单元：640kg/部 中央塔吊滑车：8 点/部 内模板滑车：8 点/部 1m/min	交替固定 6 块/节（短边 2 块、长边 4 块） 短边：长 11.3m×宽 2.2m×高 11.9m 长边：长 10.93m×宽 2.2m×高 11.9m 主塔吊：5500kg/部 外模板滑车：5500kg/部 外模板：3400kg/块 油压单元：500kg/部 塔吊滑车：6 点/部 外模板滑车：6 点/部 0.7m/min
驱动关系	① 油压单元 油压泵 喷出压力 喷出量 电动机 槽容量	容量可变型轴向活塞泵 最大 10MPa 15L/min 3.7kW×4 极 150L	内接齿轮泵 最大 14MPa 9.36L/min 3.7kW×4 极
	② 油压单元 形式 缸内径 杆外形尺寸 冲程 推力	枢轴型单杆 ϕ125mm ϕ71mm 3200mm 122.7kN（推）；83.1kN（拉）	枢轴型单杆 ϕ125mm ϕ90mm 3200mm 171.8kN（推）；82.7kN（拉）
	③ 操作方式	有线遥控操作 防水型 7 点按钮 操作电缆线 50m	无线遥控操作或有线遥控操作 无线概况 特定小功率无线装置 操作点数：10 点，防水型 频率：429.25～429.735MHz 发射功率：10MW 有线概况 防水型 7 点按钮 操作电缆线长 50m

6.3.2 工法特点

由于该工法设置了自动滑升内外模板和脚手架的一体化系统，故具有作业效率高、安全性好、工程质量提高、工期缩短等优点。

1. 作业高效化

（1）高效化作业

由于采用自动化系统，故箱筒制作中的多数工序的效率大为提高。

① 内外模板可以并行作业（内模板3组，外模板2组同时滑动）（见照片6.3.1和照片6.3.2）。

照片6.3.1　内模板滑车

照片6.3.2　外模板滑车

② 模板伸出作业容易（使用模板千斤顶）。

③ 模板高度微调容易（使用高度调整千斤顶，空吊式差动滑车）。

④ 模板装拆作业容易（使用模板千斤顶）。

⑤ 使用脚手架组装钢筋（见照片6.3.3）。

⑥ 使用脚手架设置安装吊用钢丝绳（见照片6.3.4）。

照片6.3.3　使用脚手架组装钢筋

照片6.3.4　使用脚手架设置安装吊用钢丝绳

⑦ 使用脚手架进行装饰作业施工。

随着上述工序效率的提高，通常可使劳力下降30%。

（2）有待提高效率的作业

下列作业目前尚未自动化，作业效率有待今后改进提高。

① 模板滑车锚固铁件的安装、拆除。

② 塔吊滑车与模板滑车的地表组装、解体及设置、拆除（包括油缸安装、拆除）。

③ 塔吊滑车与模板滑车的上升、固定。

④ 塔吊滑车在第一层作业板上的手工安装、拆除作业。

2. 安全性的提高

（1）危险作业消减消除

众所周知，吊车事故多数是重大事故，所以吊车的安全管理措施是各施工单位的重点管理项目。

该工法中，设备设置、拆除虽然也使用吊车，但由于每节内、外模板和内、外脚手架的移动，均靠液压装置控制，所以吊车作业大为减少，故安全性提高。

以下示出几点提高安全性的评述。

① 采用吊车作业时，操作员的熟练程度、联络信号的正确等均影响安全性。但是，该工法可在邻近的脚手架上进行遥控操作，在近距离目视的同时进行模板滑车和塔吊滑车的滑动作业（见照片6.3.5）。

照片6.3.5 目视滑车滑动

② 以往工法在内块移动作业时，作业员从吊车悬吊的内模板上进入，进行承托模板的角铁的装卸工序，实属危险性作业。本工法是在固定的脚手架上作业，故危险性大大减少。

③ 钢筋组装时，作业员在内模板块间移动，就以往的工法来说，拧紧钢筋时要反复上下攀登，作业数次，极不安全。本工法是利用塔吊滑车的第1作业板和爬梯上下，故作业员可安全地在内块间活动。

（2）特殊安全措施

本工法设备上已备有防下落装置、制止阀、限制开关、升降爬梯（见照片6.3.6）、安全扶手栏杆等安全措施。

① 下落防止阀（紧急切断阀）

下落防止阀是安装在高空作业装置和油压滑升机上的防止油缸上下过程中滑车下落的紧急切断装置。该下落防止阀是在切断油管等原因致使油缸与油管中的压力出现差值情况下，瞬间关闭阀门的装置。

② 制止阀（手动开关阀）

在下落防止阀的油压单元中安装制止阀，在油压装置运转以外的时间里处于关闭状态。

③ 限制开关

为防止油压装置造成的过上升和过下降，安装了上下限制开关。另外，还限制未连接状态的油压千斤顶，使其不工作。

④ 报警蜂鸣器

内模板设备上升过程中，蜂鸣器鸣叫报警（见照片6.3.7），外模板设备上升过程中，红色旋转灯鸣叫通知作业员。

此外，作为防止液压系统故障造成升降滑车的下落灾害的措施，还应严禁作业人员（包括操作人员在内）进入滑车升降的上下运动范围。

（3）其他作业安全性的提高

① 因为可以在固定的脚手架上进行钢筋组装作业和进行钢丝绳的安装作业，这些作业的作业性、安全性都得以提高。

照片6.3.6　升降爬梯

照片6.3.7　报警器

② 进行内板装饰时，在塔吊滑车上升之前，可以在固定的第6作业板上对每节的内板进行装饰。

③ 外模板脚手架从移动下降到拆除，与以往的工法相比，高空解体脚手架的作业得以废除，故安全性提高。

3．工期缩短

沉箱的规模（箱筒尺寸）越大，节数越多，工期缩短越明显。

4．质量保证

（1）竣工精度的确保

① 模板自身与以往工法相同，使用整块模板和宽格梁的大型组合模板，模板的固定方法也相同，用杆状螺栓拉紧定位件。另外，确保侧墙、隔墙厚度的方法同样采用定位件与架立角钢的方法。

② 模板调整作业使用模板千斤顶（棘轮千斤顶），可取得较好的效果。即使浇注混凝土时出现变位，也可直接修正。

③ 高度调整与以往的工法相同，使用角钢承托模板。但是对微调来说，内模板使用模板千斤顶，外模板使用空吊差动滑车。

④ 实测施工精度证实不低于以往工法（通常为几毫米）。

（2）确保施工质量的方法及稳妥性

本工法与以往工法两者确保施工质量方法的对比：

① 本工法

模板伸出靠安装在模板滑车上部的具有接近推出功能的模板千斤顶（10个/块）控制。

模板高度调整，把内模板4个面上各2点，外模板的1个滑车上2点卡入模板角铁，即可满足要求。再有，当必须调整时，可用高度调整千斤顶和空吊差动滑车进行微调。

外模板的伸出与内模板一样，利用定位件（垫片）和宽边角钢。

但是，兼作锚的定位件因为是C式螺栓，故宽边角钢数量较以往的工法要多。

② 以往工法

平面位置的微调，靠链式差动滑车或者链条与松紧螺丝等调整。为此，每次都必须靠工具调整，必须进行安装及拆卸工序。

水平微调，把模板4个面上各2个点卡到模板角铁上即可。

（3）良好的混凝土接头施工

模板的固定方法与以往工法相同（靠螺栓紧固），可确保接头的连续性。

紧固螺栓前的模板推压作业，靠模板千斤顶（棘轮千斤顶）进行，故作业性较以往工法方便。

固定设备的定位件直径大，但不影响混凝土的质量。

（4）裂纹的消除

本工法的施工是反复提升模板滑车和吊塔滑车的作业。

因支承模板的定位件还兼作承受设备自重力（例如：内滑车设备 88kN，外滑车设备 144kN）的锚，所以必须确保定位件周围的混凝土的强度。但是因为装置上升固定到下一节（下一浇筑环节）的定位件上，故施工中不会出现裂纹。另外，施工实绩也未发生裂纹。

6.3.3　工程实例

1. 工程概况

某国际物流集散中心港的内、外贸货物集装箱场地构筑工程中的重点工程即沉箱法构筑的防波堤工程。该工程（国际上）首次使用了下列先进技术：把80MN重的防波堤用巨大沉箱（箱筒）从制作场地运到砌制岸墙处的陆地空气膜箱筒移动装置，装载箱筒的拖航技术，到达沉设位置的注水装置，短时间内总长4000m（设置133座沉箱）的巨大防波堤的大规模快速施工技术等。

这里介绍防波堤主体工程箱筒（长20m×宽11（13）m×高14.5m的12块，5节）制作中的液压自动滑升模框沉箱工法。沉箱构造图及参数分别如图6.3.5和表6.3.2所示。

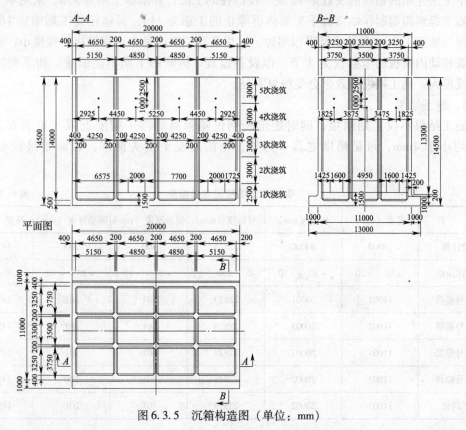

图 6.3.5　沉箱构造图（单位：mm）

沉箱参数一览表 表6.3.2

项　　目	符　号	单　位	数　值
沉箱混凝土体积	V	m³	698.85
沉箱混凝土质量	M	t	1704.87
沉箱重心	G	m	5.03
沉箱吃水深度	d	m	8.96
沉箱浮力中心	c	m	4.4
沉箱稳定中心	M_G	m	$0.47 > 0.05d = 0.45$
压舱混凝土体积	V_s	m³	159.64
压舱混凝土重力	V_w	kN	3671.8

2．沉箱箱筒制作方法

箱筒制作采用前面介绍的液压自动滑模工法制作。施工程序如图6.3.2所示，设备设置状况如图6.3.4所示，所用设备规格如表6.3.1所示。

3．工期缩短状况

本工法介绍的箱筒的块数是12块，按以往的工法计算基本工期为35d。采用本工法从箱台施工起到箱筒制作结束脚手架解体拆除止的工期为34d，每座箱筒工期缩短1d，133座箱筒则缩短133d。显然工期得以缩短。这里需要说明的是本工程箱筒的规模小，使用油压装置移动内模板的节数仅为3节，但设备设置、拆除的工期不能缩减。如果箱筒节数多、规模大、则工期缩减效果会变得更明显。

4．施工结果

施工结果不仅工期缩短，同时矩形断面沉箱箱筒的施工精度上乘（见表6.3.3），误差均小于4mm，可见精度之高。另外，箱筒混凝土接头良好，表面始终没有出现裂纹。

实测竣工箱筒尺寸数据表 表6.3.3

项　　目	宽度（mm）	长度（mm）	对角线（mm）	侧墙厚度（mm）	隔墙厚度（mm）	高度（mm）
设计值	11000	20000	22825	400	200	14500
允许误差	+30～-10	+30～-10	±50	+10～-10	+10～-10	+30～-10
17号箱筒	11002	20001	22829	401	201	14504
18号箱筒	11002	20003	22828	401	201	14504
19号箱筒	11004	20002	22829	401	201	14504
20号箱筒	11003	20002	22828	401	200	14503
平均值	11003	20002	22829	401	201	14504

6.4 预制块拼接箱筒沉箱工法设计施工及实例

本节介绍另一种提高作业安全性、省力化、工期缩短、工程成本缩减的钢筋混凝土沉箱工法，即沉箱箱筒预制化，在现场组装钢筋混凝土预制块（PC）的制作沉箱的工法。以下简称为预制块沉箱工法。

本节先介绍预制块沉箱工法及特点；随后介绍为了明确预制拼接沉箱构造上的力学性状而进行的模型载荷确认实验及在该实验结果的基础上建立的设计方法及施工方法，最后介绍该工法在防波堤构筑工程中的应用实例。

6.4.1 预制块沉箱工法概况

本工法是在工厂把沉箱的侧墙、隔墙分割制成多块（预制混凝土板块，以下简称为预制块），在现场浇筑的底板上，组装成为一体化的沉箱（见照片6.4.1）的工法。其特点如下：

① 底板和底脚基础，按现浇钢筋混凝土法制作（见照片6.4.2）。随后在其底板上插入（组装）事先在工厂制作的预制板化的侧墙、隔墙（见照片6.4.3），靠套筒接头（横接口）和预应力（纵接口）实现一体化。

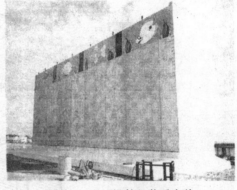

照片6.4.1 沉箱组装后全貌

照片6.4.2 沉箱底板现浇混凝土全貌

照片6.4.3 侧墙预制板插入状况

② 如果对底板和底脚基础有应力要求，则利用后张法在垂直法线方向上加入预应力。

③ 预制板的分割形状，可从力学条件、施工性和搬运性考虑决定。

④ 侧墙与侧墙，隔墙与隔墙的接口部位（以下纵接口），采用湿缝工法在接缝处注入特殊水泥类无收缩灰浆后，拉紧PC钢材，实现无缝结合。

⑤ 底板与侧墙，底板与隔墙的接缝（以下横接口），采用套筒接头，在接头处填充高强度无收缩灰浆。

⑥ 隔墙从中间分割成两半，每半与侧墙作成一体化T字形结构，按前面叙述过的方式进行纵横接口接合。

沉箱构造概念图如图 6.4.1 所示。

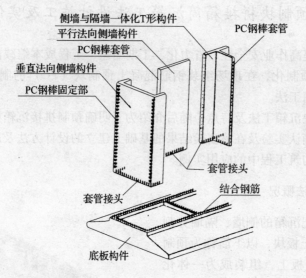

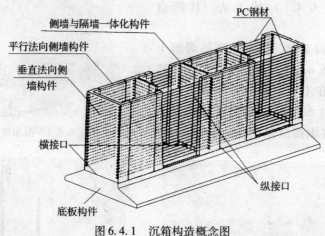

图 6.4.1　沉箱构造概念图

6.4.2　模型载荷实验

1. 实验概况

（1）实验目的

因预制块沉箱是靠预制板拼接而成，故存在接口。接口部必须设置在高强度，使用时可把混凝土看成压缩域，且不产生裂纹的小断面力的位置上；同时要求其耐久性、止水性良好，施工性及经济性好等等。

为了证明接口部满足上述条件，特进行了模型载荷实验。这里介绍采用湿接工法的纵接口（以下简称接口部）构造（接合键）的实验。

实验要确认预制板的接合部是构造上的弱点，在预应力混凝土港湾构造物的设计中使用极限状态设计法情况下，确认极限状态的裂纹产生状况、最终极限状态的强度、破坏力矩等力学参数，进而进行接口部实用化的讨论。实验中为了明确预应力量的影响，接口部断面的大小的影响，特从裂纹宽度、抗弯强度和抗剪强度等三个方面进行讨论。

图6.4.2示出的是就大小两个试件考虑施工性的接合部位形状的实验。

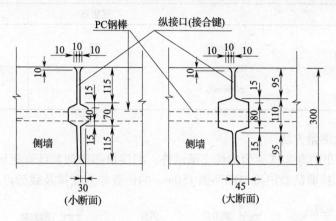

图6.4.2 纵接口图（侧墙—侧墙接口）（单位：mm）

（2）试件和使用材料

试件的大小即为图6.4.2示出的尺寸，抗弯试验确定3个试件，抗剪试验定为两种接合键各3个试件，共计9个试件。

接口部的填充使用水泥类填充材，混凝土设计基准强度为40MPa，按此数据确定构件轴向预应力。试件的构造如图6.4.3、图6.4.4所示。表6.4.1为试件的参数一览表，表6.4.2、表6.4.3示出的是材料试验的结果。

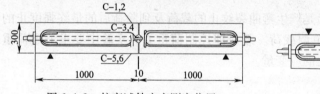

图6.4.3 抗弯试件应变测定位置

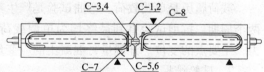

图6.4.4 抗剪试件应变测定位置

试件一览 　　　　　　　　　　　　　　　　　表6.4.1

试件种类	纵接口		
试件	VM–1～3	VS–1～3	VS–4～6
试件尺寸（mm）	300×300×（1000+10+1000）		
剪切试验块（mm）	40/70/30	40/70/30	80/110/45
预应力决定的 混凝土的应力（MPa）	VM–1→1.0 VM–2→2.0 VM–3→3.5	VS–1，4→1.0 VS–2，5→2.0 VS–3，6→3.5	

混凝土和填充材的抗压强度（MPa） 　　　　　表6.4.2

试件名	VM–1～3	VS–1～3	VS–4～6
混凝土的抗压强度	49.2	52.6	52.6
填充材的抗压强度	55.8	62.1	68.1

注：表中数据为平均值。

钢材的力学特性（MPa）　　　　　　　　　表6.4.3

		屈服点	抗拉强度
钢筋（SD 345） （3 条的平均值）	D 16mm	388	563
PC 钢棒 （试验体 1 条的值）	ϕ26mm	1153	1261

（3）载荷及测量方法

图6.4.5示出的弯曲试验为单纯支承试件，把接口部的加载纯弯矩区间定为试件的中央部位300mm。抗剪试验把接口部两侧150mm的位置作为支撑及载荷点。

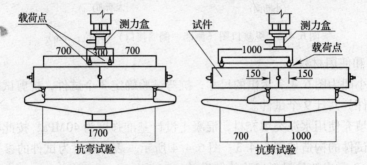

图 6.4.5　抗弯抗剪试验概况（单位：mm）

载荷履历是单调载荷。弯曲试验是产生弯曲裂纹止的载荷及到除荷后的最终强度止的两个周期。抗剪试验直到最终均为单调载荷。载荷即控制荷重力。实验中要求测定荷重力，主要点的变位、开裂量，混凝土的应变量。

2. 试验结果

（1）破坏经过和荷重力与变位的关系

① 抗弯试验

图6.4.6示出的是荷重力（P）与挠曲变位（δ）的关系，直到构件屈服大致呈弹性，从P_y（构件的屈服强度）移向第2斜坡再移向最终的第3斜坡。预应力施加量越大，屈服荷重力P_y也越大。但是，就P_u（最终强度）而言，3块试件大致相同。图6.4.7示出

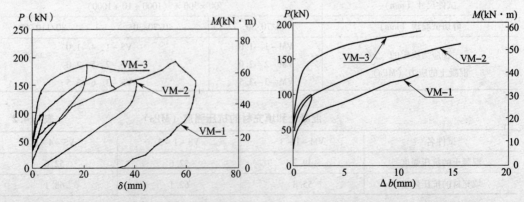

图6.4.6　荷重力与变位的关系（测定位置→跨度中央）　　　图6.4.7　荷重力与裂缝的关系

的是荷重力与裂缝的关系。直到用变位计测定的初始开裂量0.05mm时，VM－1、VM－2、VM－3对应的荷重力分别为28.0kN、46.8kN、58.8kN。最终的开裂状态（VM－3）如图6.4.8所示。

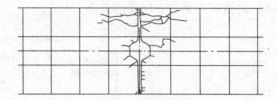

图6.4.8 最终裂缝状况（VM－3）

② 抗剪试验

像图6.4.9示出的那样，对VS－1、VS－2试件而言，在最终抗剪强度的60% ~70%处，接口部呈现滑动特性（a~b区间），从加载开始到中间滑点（a点）基本为弹性状态。b~c区间与初期的弹性相比刚性下降直至c点（屈服荷重），c点以后移向PC钢棒的抗剪强度力，维持强度不变变位增加，最终的结局是含接合键的接口部总体出现剪切破坏；VS－4 ~ VS－6的键结合部在转角45°方向上产生裂缝时的荷重力为128 ~245kN，比VS－1 ~ VS－3的157 ~265kN要低一些。VS－4与VS－1、VS－2大致相同均在最大荷重力的50%点发生滑动。VS－5、VS－6呈现阶段性缓慢的基材混凝土的剪切破坏特性。

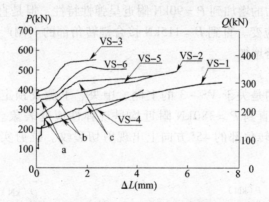

图6.4.9 荷重力与变位的关系（测定位置→接口部）

最终的状态呈现接合键周围基材混凝土的剪切破坏。图6.4.10示出的是VS－3、VS－6的最终的裂缝状态。

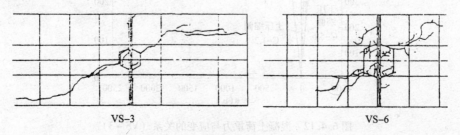

图6.4.10 最终裂缝状况（VS－3、VS－6）

（2）应变分布

① 抗弯试验

图6.4.11示出的是在VM－3上侧（压缩侧）、中央（接口部）、下侧（拉张侧）设置应变计（C－1～C－6）测得的荷重力－应变的关系。

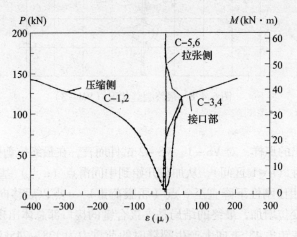

图6.4.11　混凝土荷重力与应变的关系（VM－3）

抗弯实验块的应变测定位置如图6.4.3所示。

压缩侧随着荷重力的增加到 $P=90kN$ 附近呈弹性特性，但是直到 $P=90kN$ 附近拉张侧也没有出现明显的应变。直到 $P=115kN$ 接合键转角部的上侧产生裂纹，应变均较小。但中央部位的应变显著增加。

② 抗剪试验

图6.4.12示出的是关于VS－3的上侧、中央、下侧及预定剪切破坏面位置的荷重力－应变的关系。直到 $P=380kN$ 附近均呈现弹性应变表象。以后像图6.4.10示出的那样，在接合键转角部的45°方向上出现剪切裂纹。抗剪实验块的应变测定位置如图6.4.4所示。

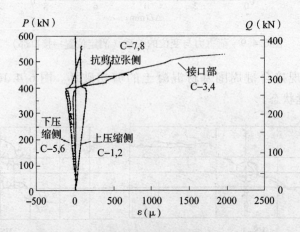

图6.4.12　混凝土荷重力与应变的关系（VS－3）

3. 实验结果的解析

有关抗弯和抗剪模型载荷实验的结论如下：

抗弯试验。在接口部产生弯曲裂纹后，裂纹基本集中到接口部，最终出现压缩缘混凝土的破坏。就荷重力—变位关系而言，对加入2MPa以上预应力的VM-2、VM-3而言，即使荷重力在最终强度的50%以上仍可保持良好的弹性变形特性，即接口部保持较好的韧性。另外，随着预应力的增加，最终的强度也有一定的增加；相反韧性下降。当加过预应力的混凝土上存在残余抗压域时，接口部的缝隙为零或者非常小。表6.4.4示出的是由混凝土规范算出的最终强度的计算值与实验值的比较，实验值大致是计算值的1.15~1.2倍。

剪切实验产生的支点倾斜裂纹与接合键部位角上产生裂纹，对小断面试件来说，最终出现构件总体剪切破坏；对大断面试件来说，最终接合键外侧的混凝土被压坏。另外，表6.4.5中示出的是小断面试件VS-1~VS-3的剪切强度的计算值与实验值的对比，不难发现两者基本相同。表中计算值是指剪切摩擦系数 $\mu=0.5$ 时，利用预制块接头抗剪强度公式计算（道桥规范）的计算值。

弯矩的计算值与实验值的对比　　　　　　　　　　　　　　表6.4.4

试件名	计算值 $cL\,M_u$（kN·m）	实验值 exp M_u（kN·m）	exp M_u/cL M_u
VM-1	46.0	53.1	1.15
VM-2	48.9	57.6	1.18
VM-3	53.0	63.8	1.20

抗剪力的计算值与实验值的对比　　　　　　　　　　　　　表6.4.5

试件名	计算值 $cL\,Q_u$（kN）	实验值 exp Q_u（kN）	exp Q_u/cL Q_u
VS-1	177.3	163.6	0.92
VS-2	224.4	231.3	1.03
VS-3	300.8	266.3	0.86
VS-4	219.0	128.6	0.59
VS-5	267.5	177.2	0.66
VS-6	342.0	253.8	0.74

综上所述，不难发现，无论抗弯还是抗剪实验，都表明本接口方式的构件均有较高的强度，完全可以在工程中应用。

6.4.3 PC块沉箱的设计、施工实例

1. 基本设计

这里介绍横须贺港地区岸墙采用预制块沉箱工法施工（水深-5.5m）的设计实例。施工时预制块沉箱作为消浪堤，竣工后作为岸墙。

（1）设计条件

① 利用条件

a. 计划水深：-5.5m。

b. 顶高：上部 +3.5m。

沉井顶 +2.5m。

c. 上载荷重力：常态 $q = 20\text{kPa}$；

地震时 $q' = 10\text{kPa}$。

② 自然条件

a. 海底水深： -13.0m；

b. 设计震度： $K_m = 0.20$；

c. 设计潮位： $H \cdot W \cdot L + 2.0\text{m}$；

$L \cdot W \cdot L \pm 0.0\text{m}$。

d. 设计波浪参数：

参数	最终极限	使用极限
设计浪高 H_D	3.64m	1.4m
有效浪高 $H_{1/3}$	2.02m	0.8m
周期 T	6.8s	4s
入射角 β	0°	0°

③ 材料条件

a. 重度：预制混凝土 $\gamma = 24.5\text{kN/m}^3$；钢筋混凝土 $\gamma = 24\text{kN/m}^3$。

b. 混凝土的设计基准强度：预制混凝土 $f_{ck} = 40\text{MPa}$；钢筋混凝土 $f_{ck} = 24\text{MPa}$。

c. PC 钢材屈服强度：PC 钢绳 $f_{PYk} = 1570\text{MPa}$；

PC 钢棒 $f_{PYk} = 785\text{MPa}$。

（2）稳定计算结果

如表 6.4.6 所示。

稳定计算结果　　　　　　　　　　　　　　　　表 6.4.6

荷重状态			完成状态			
			常　态		地震时	
			有上载荷重	无上载荷重	有上载荷重	无上载荷重
稳定计算结果	安全率	滑　动	2.77 > 1.2	2.43 > 1.2	1.04 > 1.0	1.01 > 1.0
		倾　倒	4.87 > 1.2	4.27 > 1.2	1.71 > 1.1	1.68 > 1.1
	底板反力	P_1 (kN/m²)	114.9	111.3	280.8	269.7
		P_2 (kN/m²)	118.6	93.3	0.0	0.0
		b (m)	7.50	7.50	6.06	5.91
	圆形滑动	港外侧	—	—	—	—
		港内侧	1.38 > 1.3	1.47 > 1.3	—	—
	毕肖普法的安全率		2.51 > 1.2	2.48 > 1.2	1.06 > 1.0	1.03 > 1.0

（3）构造

断面尺寸如图 6.4.13 所示。

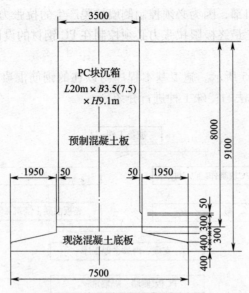

图 6.4.13　沉箱断面图（单位：mm）

2. 分项设计

（1）断面力的计算

断面力的计算与通常的钢筋混凝土沉箱的计算相同。底板认为是四边固定板，侧墙、隔墙看成是三边固定、一边为自由板（侧墙也可考虑荷重力状态和构造作成四边固定板）。

（2）沉箱侧墙下部加固

由于底脚部分产生力矩，所以底脚下侧产生拉张力，上侧产生压缩力。该压缩力作用在侧墙上，故应进行侧墙下部的加固讨论。

（3）纵接口位置及预应力

因为本构造是预制板的拼装构造，故侧墙与侧墙、隔墙与隔墙的接口部钢筋不连续，要想该接口部不产生弯矩造成的裂纹，则必须考虑使用法向抗拉钢筋固定。经济、恰当的预应力可按下述方针设定。

尽管接口部是钢筋的不连续状态，但必须保持与连续配筋时有同样的力学性能，故可认为构件最大弯矩（M_{max}）的反曲点出现在接口部附近。另外，像图 6.4.14 示出的那样，预应力可按以接口部附近锚固拉张钢筋范围内的压缩态混凝土的预应力考虑，或者不小于 2MPa（实验值）的原则确定。

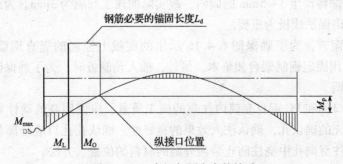

图 6.4.14　弯矩与预应力的关系

垂直法向隔墙的接口部，因为必须控制侧墙拉脱产生的拉张力，所以可以考虑极限拉张力全部由预应力承受，最终极限拉张力必须控制在 PC 钢材的设计屈服强度以下。

3. 施工

施工程序如图 6.4.15 所示。施工基本程序与以往的钢筋混凝土沉箱的程序相同。所以这里只就 PC 块沉箱工法的特殊工种进行介绍。

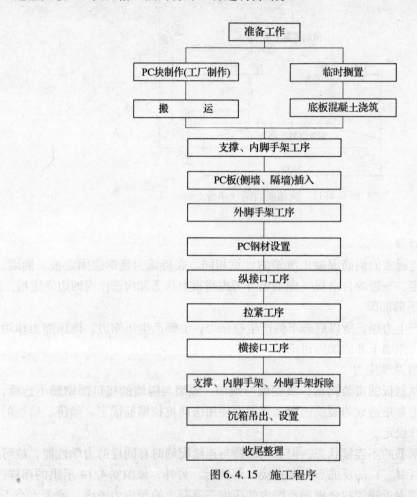

图 6.4.15 施工程序

接口部间隔（纵、横）的规格设定在 20mm 以内。纵接口部预制板下端的间隔，如果超过 1mm，则顶端将产生 3～5mm 的倾斜，故实际的竣工间隔为 3mm。为此，期待工厂制作和现场插入时确保法线极为重要。

就横接口部而言，为了确保图 6.4.16 示出的底板上竖起的竖直钢筋的施工精度在 3mm 以内，应使用固定钢制架台和垫木。另外，插入预制板时，为了确保横接口间隔，应使用衬垫进行微调。

为了确保接口部和 PC 钢材套筒内注浆的施工质量，应使用高流动性浆材，同时还应设置确认完全填充的确认孔，确认注入效果的良好性。确认孔孔口应全部朝外设置，便于观察。同时还应注意向孔中浇注防止浆液外漏的材料的位置、方法。

其他还有预制板的插入固定用的支撑工序和 PC 拉紧等工序。

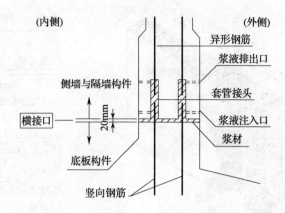

图 6.4.16 横接口图（侧墙底板接口部）

PC 块沉箱工法中采用的纵接口构造，由载荷实验可以确认具有极佳的强度和变形性状，完全可以满足预定的设计（最终极限状态、使用极限状态）要求。

从本次的施工实绩的结果分析可知，本工法与以往钢筋混凝土沉箱工法相比，具有现场作业省力化、工期短化，高空作业减少，安全性提高，成本缩减等优点。

本工法无需专用制作场地，预制板可在小规模的工厂制作，现场组装容易。构造可以轻量化、细长化和长大化，在软地层中构筑岸墙和护堤可以发挥其优点。在大规模工程中，因可以期待大量预制板的二次制品化，故可实现快速施工。

6.5 混合沉箱工法及施工实例

通常把箱筒躯体由钢筋混凝土材料构成的沉箱称为 RC 沉箱。由钢筋、钢板、H 型钢、混凝土等混合材料构成的沉箱称为混合沉箱。根据该定义应该说有多种混合沉箱工法。这里重点介绍 HB 沉箱工法、PFC 沉箱工法及实例。

6.5.1 HB 沉箱工法

1. 沉箱构造及特点

HB 沉箱的构造如图 6.5.1 所示。该沉箱系箱体侧墙为钢板与 RC 混凝土构成的复合墙 [见图 6.5.1 (b)]，底板及基座为 RC 混凝土中内埋 H 型钢的 SRC 构造 [见图 6.5.1 (c)] 的沉箱。为防止侧墙复合板中的钢板与 RC 混凝土脱解，特在钢板上焊接螺柱，螺柱的另一端埋在 RC 混凝土中，从而使钢板 RC 混凝土复合板成为一个紧密结合的一体化构造。

HB 沉箱的特点如下：

① 因为构成材料的强度高，故板厚变薄、且重量减轻。

② 由于采用外伸长度大的底座，抛石构基的施工量小，成本低。

③ 由于底板钢壳法向的抗弯力、抗扭力大，故可加大长度。

④ 吊车车轮荷载与沉箱箱体重心相比均作用在陆地一侧，所以端压不大。

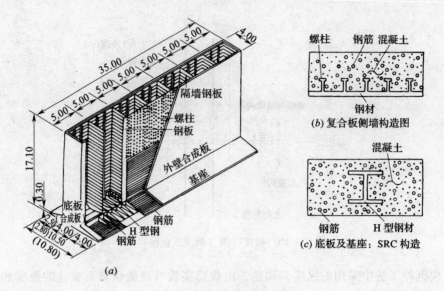

图 6.5.1 HB 沉箱的构造（单位：m）

⑤ 钢板兼作内模框，所以浇筑混凝土时省力。

2. HB 沉箱工法的施工步骤及注意事项

HB 沉箱工法的施工步骤如图 6.5.2 所示。

实际上 HB 沉箱应属水中沉箱中的一种，多为水中施工。施工中的注意事项如下：

① 组装钢壳时，应注意因风速过大造成的钢壳倾倒问题，必须制定防止措施。

② 浇筑混凝土时，应注意检查钢壳和钢筋较多的复杂部位的混凝土是否确实填充；底板部位的混凝土应选用高流动性的混凝土；浇筑钢壳内的混凝土时，应考虑使用空间活动半径受限的浇筑设备。

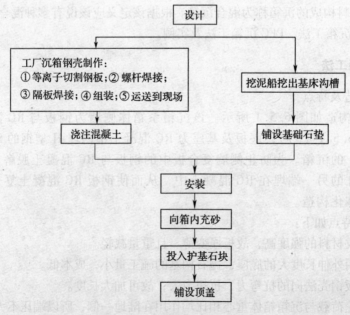

图 6.5.2 HB 沉箱工法施工程序

③ 安装时应注意选择吨位较大的起重机船和台船。

④ 投放护基杂石时，应注意选择投放方式以免损伤基底。

⑤ 安装提吊时，应注意重心不要失衡。

3. HB 沉箱与 RC 沉箱的比较

HB 沉箱与 RC 沉箱的差异如表 6.5.1 所示。

HB 沉箱与 RC 沉箱的比较 表 6.5.1

	HB 沉箱	RC 沉箱
安装用时	因沉箱箱长较长，故总的安装用时少	场地受限时，沉箱不可能一次制作成功，所以起重机船必须返航多次
断面形式	通常基座的长度取得较长，所以对地基反力低的情形而言，相对较为经济（护基的投石量可以相对减少）	不设支墩的场合下，基座通常取 1.5m
箱体长度	由于底板钢壳法线方向的抗弯、抗扭力大，故适于长大化。目前已有 $L/B = 10$ 的最高记录，L 为长度，B 为顶宽	大多数情形下，取 $L/B = 2$，L/B 最大也不能超过 4
箱体制作	由于钢壳自身兼作沉箱内模框，故横框工作量减小。沉箱用料为钢筋、钢板、螺柱、混凝土	
护基工作	箱体长大达几十米，故防砂嵌条少。靠陆地一侧的基座较长，所以投放杂石护堤、防砂薄层的工作量大	箱体较短，故防砂嵌条数量多
基础工作 填充工作 混凝土顶盖	箱体顶宽较小，所以护基杂石、填沙、顶盖混凝土量缩减。箱体顶宽4m，所以填砂选用皮带传输船施工	
吊筋	采用把吊件焊接到钢壳上的方法	采用把可以承受沉箱重力的吊筋附着在混凝土上

6.5.2 大水深集装箱码头 HB 沉箱岸墙工程实例

本节介绍北九州大水深集装箱码头 HB 沉箱岸墙工程的设计及施工概况。

1. 设计

（1）设计条件

该岸墙施工地点的地层条件较好（见图 6.5.3），所以基本构造选用重力式沉箱。另外，该设施是大水深（15m）的大型国际海上物流中心，极其重要。故从构造形式上讲，定第 1 泊位为 HB 沉箱，第 2 泊位为 RC 沉箱。这种设计极大地提高了岸墙的抗震性。设计条件如表 6.5.2 所示。

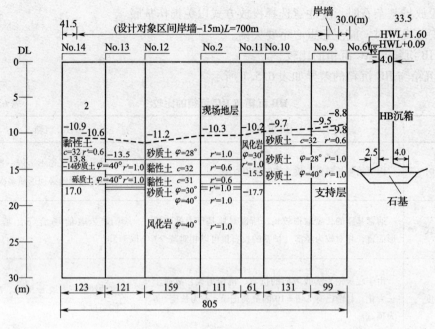

图6.5.3　土质概况图（单位：m）

岸墙设计条件　　　　　　　　　　　　　　　　　　　表6.5.2

水深	−15m	船舶对象	50000D/W 级
顶高	−3.5m	货物对象	集装箱
总长	700m	工作机械	集装箱吊车
护床宽度	61m	耐用年数	50 年
护床坡度	1%	设计震度	0.1

（2）土质条件

岸墙土质柱状图如图6.5.3所示。由柱状图可知，17m 深处的土质为风化岩或密实砂土，故无需地层加固。

（3）岸墙断面形状

岸墙断面形状和施工图如图6.5.4所示。

HB 沉箱兼作龙门起重机靠海一侧的基础和沉箱靠陆地一侧的侧墙，顶宽与轨法线间的距离（岸墙法线与龙门起重机靠海一侧的轨道间的距离）相同均为4m。沉箱长度 L，在第1泊位的350m 中，沉箱的实际长度定为35m。RC 沉箱可选用一般的类型。

2. HB 沉箱的施工

（1）工程概况

工程概况如表6.5.3所示。

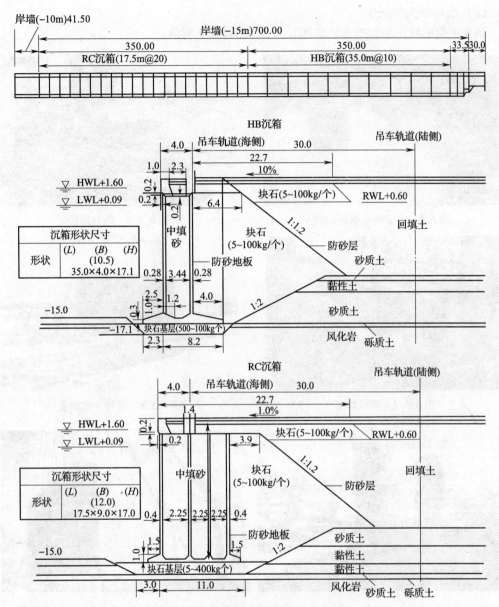

图6.5.4 岸墙沉箱设计断面（单位：m）

工 程 概 况 表6.5.3

工 序	工作量	用时	工 序	工作量	用时
岸墙（−15m）			HB沉箱的制作安装	10个	9（月）
基础工作			中部填砂	19000m³	25（d）
挖泥船挖基床沟槽	41600m³	2.5（月）	填砂铺平	1200m²	25（d）
基底块石铺设	7700m³	2（月）	混凝土顶盖铺设	240m³	25（d）
基础	4500m²	1.5（月）	护基底工作		
基础	720m²	1.5（月）	防砂嵌板安装	10块	15（d）
箱体工作			护基投石	63000m³	40（d）

525

（2）沉箱钢壳的制作

制作钢壳的状况和管理方法如图6.5.5～图6.5.9所示。

图6.5.5　等离子钢板切割

图6.5.6　螺柱焊接

图6.5.7　隔板焊接

图6.5.8　总体立式组装

图6.5.9　钢壳组装结束的运输

（3）防止沉箱钢壳倾倒的对策

HB沉箱钢壳施工期正巧遇上台风季节。从钢壳组装到混凝土浇筑结束，该期间的最大风速达40m/s。采取的具体防风对策如表6.5.4所示。

HB沉箱钢壳倾倒防止对策　　　　表6.5.4

钢壳制作时	沉箱制作时（1）	沉箱制作时（2）

（4）混凝土的浇筑

在沉箱的两侧靠海一侧和靠陆地一侧分别设有作业口。浇筑底板混凝土时，先从两侧的作业口分别通入混凝土压送管，进行内部浇筑。然后再浇筑底座部位。见图6.5.10。

由于HB沉箱侧墙厚度仅为28cm，加上螺柱和钢筋的存在，所以这里选用直径8.9cm的软管浇筑混凝土。

图6.5.10 浇筑混凝土的状况

（5）沉箱安装

沉箱的安装工作是在起重船（吊重37MN）和台船（60MN）上进行的。另外，HB沉箱箱体长达35m，故应把安装后的HB沉箱的动态变动控制到最小。安装两幅箱体之后，应把HB沉箱彼此间的固定接头螺栓拧紧，使其连成一个整体。

再有，因一幅HB沉箱箱体的上吊重量为20MN，又靠陆地一侧的底座长度为4m，而靠海一侧的底座长2.5m，两者差别较大。为了防止重心失衡，故使用37MN的起重船。

（6）中间填充

因HB沉箱的顶宽较窄仅为4m，防止中填砂投入时产生浑浊，故选用皮带传输机船投入。与此同时，把夹在隔墙中的填充砂的落差控制在1.6m以内，即严格控制投入量。

（7）填石工作

杂石（5~100kg/块）填充中应注意以下施工管理事项：

1）由靠陆地一侧的座底长4m，所以不能从座底的上部直接投入块石。应从座底的后方投入块石，即间接的使块石投放到位。

2）因HB沉箱长大，所以投石应先从中央部位开始，然后再向两边投放。

6.5.3 混合沉箱港湾防波堤的构筑实例

1. 工程概况

某港湾是一个集中有煤炭、铁矿石、钢铁制品等系列配套的钢铁企业的港湾。该港防波堤的构筑计划要求具备确保系泊运入火力发电站的原材料的LNG（液化天然气）船的条件（水深14m），及确保公共岸墙（水深10m）的静稳定。该防波堤定为设置水深24m、浪高7m的外海设施。堤内侧是海钓公园，要求防波堤的反射波对海钓公园的垂钓者不构成任何危险，即防波堤应具备消波功能。

本节叙述选定混合沉箱构造防波堤的理由、混合沉箱的构造特点及施工措施。

2. 选择槽式混合沉箱堤的理由

随着海上船舶大型化高效率运输业的发展，系泊设施大型化也成为必然。为确保船舶能在静稳水域安全航行，防波堤也多建造在大水深、高波浪的海域中。至今为止，高浪区建设的防波堤，均按在沉箱前面设置消波块（减弱波浪对堤体的冲击力）覆盖堤体的构造（见图6.5.11）。但是，防波堤的断面大，加上在风浪激烈的海象条件下施工，故工期长。为此，人们迫切希望开发新构造形式的防波堤。

作为防波堤，应具备以下三个功能：① 消波功能；② 防波堤稳定性、耐久性好；③ 施工性好，工期短。本工程在决定防波堤构造形式时，既考虑到满足上述三个功能又

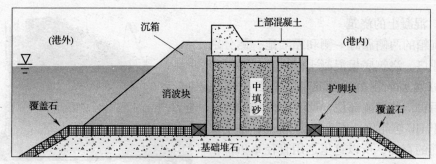

图 6.5.11 覆盖消波块防波堤

经过成本对比，最后选定了价格低廉的直立消波堤（槽式沉箱堤），见表 6.5.5。但以往这种构造形式多为 RC 构造物，应用在波浪小的内海海域。如果将 RC 材用于高波浪海域时，其 RC 构件的断面过大，致使沉箱重力大增。为避免重力过大带来的施工难题，所以必须把沉箱每幅的幅长缩短，进而带来工期变长。为此，考虑到 HB 混合沉箱的构造特点，本工程决定选用槽式 HB 混合沉箱防波堤，其设计断面如图 6.5.12 所示。

防波堤构造比较 表 6.5.5

防波堤种类	消波功能	施工性	稳定性抗波性	实绩	成本	评价
覆盖消波块堤	○	○	○	有	△	○
槽式混合沉箱堤	○	○	○	有（内海）	○	◎
双重圆筒沉箱堤	○	△	○	有	△	△

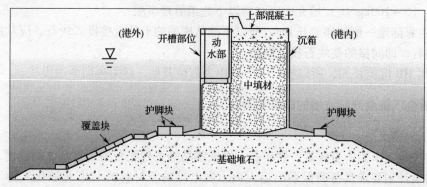

图 6.5.12 直立槽式混合沉箱防波堤断面图

3. 防波堤沉箱的制作、施工

（1）沉箱制作概况

防波堤混合沉箱的主要参数如表 6.5.6 所示。沉箱断面尺寸如图 6.5.13 所示。沉箱总重力为 29530kN。

沉箱概况 表 6.5.6

沉箱尺寸	20.0m（L）×26.5m（B）×21.5m（H）
总重力	29530kN
钢壳重力	3460kN
钢筋重力	1340kN
混凝土重力	24730kN

断面A—A

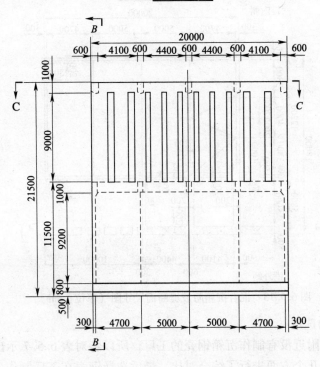

断面B—B

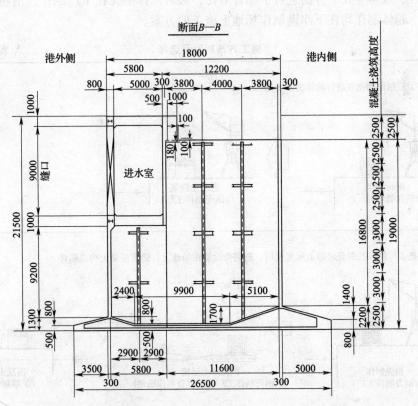

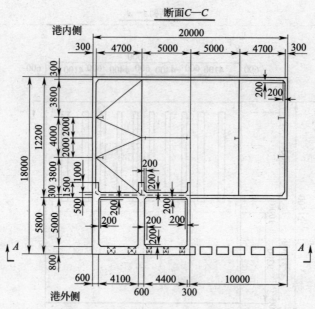

图 6.5.13　混合沉箱防波堤断面尺寸图（单位：mm）

（2）施工方案的选定

因该防波堤位置附近没有制作沉箱钢壳的工厂，所以特对表 6.5.7 示出的三种施工方案从施工性、成本等几个方面进行了综合对比，最后选择钢壳在工厂制作，钢筋组装、浇筑混凝土、箱体制作均在下津港制作场地上施工的方案。

施工方法对比及选择   表 6.5.7

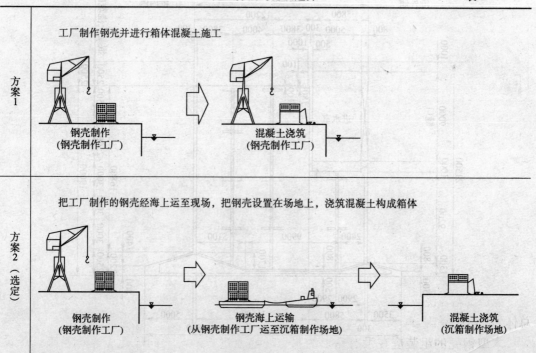

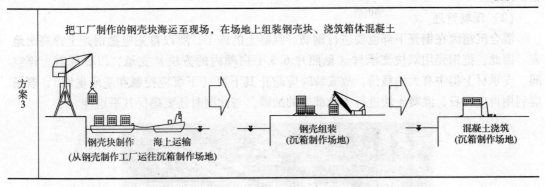

把工厂制作的钢壳块海运至现场，在场地上组装钢壳块、浇筑箱体混凝土

方案3

钢壳块制作 海上运输
（从钢壳制作工厂运往沉箱制作场地）

钢壳组装
（沉箱制作场地）

混凝土浇筑
（沉箱制作场地）

（3）制作状况

混合沉箱的制作程序如图6.5.14所示。钢壳安装之前，先进行场地清理，支承材的水平调整、组装下筋，随后安装一节（幅段）3460kN的钢壳，接着组装钢筋，组装外模框、浇筑混凝土、养护、脱模，如此重复8次（8节）。

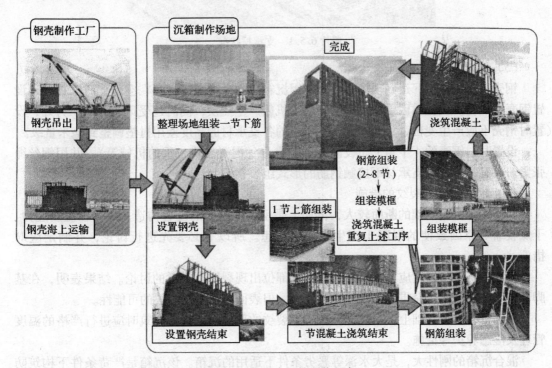

钢壳制作工厂 沉箱制作场地

完成

钢壳吊出

整理场地组装一节下筋

浇筑混凝土

钢壳海上运输

设置钢壳

1节上筋组装

钢筋组装
（2~8节）
组装模框
浇筑混凝土
重复上述工序

组装模框

设置钢壳结束

1节混凝土浇筑结束

钢筋组装

图6.5.14 混合沉箱制作程序

4. 施工注意事项及措施

（1）钢壳制作精度

混合沉箱在浇筑混凝土时，钢壳自身作为施工的内模框，所以钢壳的尺寸是决定沉箱总体形状的关键因素。

大型钢壳的组装应在没有变形的制作场地上进行，与此同时，还应用经纬仪等设备测量钢壳的倾斜、钢壳的长度、宽度与高度。此外，还应对钢壳的扭曲变形实施严格的管理。

（2）现场整理

混合沉箱因在钢壳下部也要进行钢筋、混凝土的施工，所以首先应把钢壳上浮高出地表。因此，把钢壳用双块支承材（见照片6.5.1白圈内的方块）支承，以确保其上浮空间。支承材上集中有大的载荷，故安装时应防止其下沉（下沉应控制在毫米量级），现场应利用再生碎石，混凝土块进行支承部位的加固，与此同时还要确保其平坦性。

照片6.5.1　支承材状况

（3）钢壳安装

钢壳在从制作工厂运到现场安装时，因沉箱下面存在配筋，存在空隙，所以首先须设置钢壳支承材。设置时因受波动影响，起重机船产生摇摆，同时还受风的影响，另外，设置时钢壳不应产生变位，为此须把支承钢壳的各支承材的高度差用衬垫调整到毫米量级。

设置时，钢壳的4个角上布设固定平衡重力（混凝土块、重的机械等），并用钢丝绳张紧。再有，按钢壳支承材不接触钢筋的形式组装钢筋。

（4）控制混凝土裂纹的措施

因该混合沉箱基础的断面较大，再加上是钢与混凝土的复合构造，故存在温度应力、干燥收缩等原因致使的混凝土产生裂纹的隐患。所以有必要先进行讨论，并制定应对措施。

为此，实施了温度应力解析，进行了各部位出现裂纹可能性的讨论。结果表明，在基脚部位不存在产生致命贯通性裂纹的可能性，但表面存在出现裂纹的可能性。

在解析结果的基础上，对可能存在产生裂纹的部位，混凝土浇筑时应进行严格的温度管理及湿态养护等措施。

混合沉箱的刚性大，是大水深等恶劣条件下适用的沉箱。该沉箱是严苛条件下构筑防波堤的良好方案，具有诸多优点。其缺点是钢壳钢材的价格随市场波动大，选择钢壳制作场地时，应考虑钢壳海上吊出的方便性。另外，还应考虑钢壳制作中的一些技术问题。

6.5.4　钢构混合沉箱工法

1. 推出钢构混合沉箱工法的必然性

在新形防波堤的开发中，在确保防波功能的同时，合理且经济的构筑方法也非常重要。以前沉箱多考虑钢筋混凝土构造，但钢筋混凝土构造存在以下问题：

① 在大水深高波浪的海域中，钢筋混凝土构件的耐久性差。

② 配筋设置时需要的劳力过多。

③ 斜面板不易构筑。

为了解决这些问题，人们开发了外墙面板预制化、隔墙预制化及外墙隔墙全部预制化的预制沉箱工法。但由于预制件构筑整体沉箱时，其接合部的耐荷性、耐久性、施工性均存在难点，必须采用诸多措施来弥补这些难点，致使这些工法的成本升高。

2．PFC 工法构成

为了克服钢筋混凝土和全预制构造沉箱的一些弊病，Shinichirs Sekiquchi 等人开发了PFC（Precast Form Caisson）工法，即在 H 型钢（竖向芯材）、带钢筋（横向筋材）及高耐久性埋设模板（预制件）的构造体（见图6.5.15）中填充流动混凝土构筑的钢构混凝土沉箱箱壁（侧墙、隔墙）的工法。

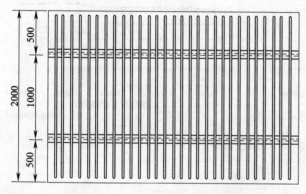

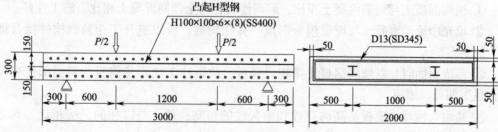

图 6.5.15　PFC 墙体构成图例（单位：mm）

高耐久性埋设模板，采用在高强度水泥砂浆中添加不锈钢纤维法制作。该模板的特点是：与填充混凝土的粘结性好；防冻、防融、防蚀性好；对荷重的防疲劳特性好；抗裂性好，表面光洁美观。该材料的特性值如表 6.5.8 所示。

高耐久性埋设模板材料特性　　　　　　　　　　　　　　　　表 6.5.8

项　　目	特　性　值
抗压强度	≥70MPa
抗弯强度	≥12MPa
弹性模量	3.5×10^4MPa
重度	24kN/m³

填充混凝土中添加了水泥扩散剂和特殊抗分离减水剂——复合聚乙烯羧酸类高性能 AE 减水剂。故混凝土的流动性好（见图 6.5.16），材料的抗分离性好，同时还可以防止蜂窝等初期缺陷，制造容易、成本低。

凸起 H 型钢及带钢的材质、型号的选择必须满足沉箱墙体的设计要求、详见设计、施工注意事项一节的叙述。

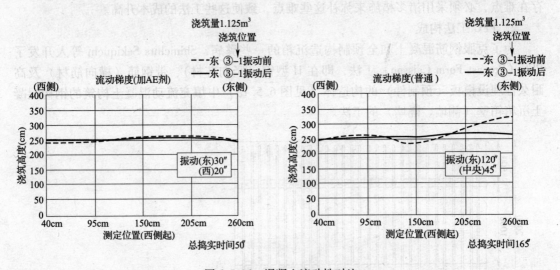

图 6.5.16   混凝土流动性对比

3. PFC 工法的特点

① 钢构混凝土与钢筋混凝土相比，耐荷性高；与全预制混凝土相比，施工性好。

② 填充中流动混凝土与埋设模板形成一体化构造，所以避开了全预制构件接合部构造上的弱点。

③ 形成斜面时，以倾斜钢材支撑埋设模板，故以往工法不易构筑的斜面部位变得简单，且工期可以缩短。

④ 高耐久性埋设模板是高耐荷性和耐久性的预制构件，与以往的工法相比，具有质优及外表美观的优点。

4. 设计施工注意事项

这里结合构筑 PFC 斜槽沉箱开展的实验研究，叙述 PFC 工法设计、施工中的一些注意事项。

（1）浇筑混凝土的填充性

前面业已指出，PFC 侧墙和隔墙构筑中，需要对挟在高耐久性埋设模板或 RC 预制板埋设模板间的狭窄空隙部位（见图 6.5.15），填充混凝土构筑。要求该混凝土的流动性（中流动）要好，为此添加了水泥扩散剂和抗分离减水剂的复合聚乙烯羧酸类 AE 减水剂，使其成为形成中流动性混凝土。

图 6.5.16 是比较中流动性混凝土和普通混凝土流动性的一个实验例子。由图可以看出，中流动混凝土固结前后状态几乎没有差别；另外，中流动混凝土的振捣时间为 20″~30″，而普通混凝土的振捣时间为 45″~120″，这些均说明中流动混凝土的流动

性较好。

（2）H 型钢的配置间隔

本工法为了确保必要的耐荷力，对替代竖直钢筋的 H 型钢的配置间隔有一定的要求。为了掌握 H 型钢的最大允许间隔和应力，特开展了实验研究。

试验体厚 30cm，总长 300cm、高 200cm，把 100 规格的 H 型钢按表 6.5.9 的间隔配置 2 条，选带钢筋（D13）作配筋，设置间隔为 10cm。H 型钢和钢筋的材质分别为 SS400，SD345，混凝土是标称强度 24MPa 的预拌早强混凝土。H 型钢的高度是 15mm，间隔为 15mm（见图 6.5.15）。

试验体的主要规格 表 6.5.9

编 号	H 型钢的中心间距（l）	（l）/翼缘宽度
1	1000mm	10
2	800mm	8
3	600mm	6
4	400mm	4

表 6.5.10 示出的是实验值与解析值的比较；图 6.5.17 示出的是荷重力与跨度中点挠曲变位的关系；图 6.5.18 示出的是混凝土的宽向应变分布。

对 H 型钢中心间隔最大的实验 1 而言，型钢跨度中点的应变较小，且受有效宽度的影响。由表 6.5.10 中的耐荷力、变形的实验值与计算值的比较，显然两者较为接近。从耐荷力和变形可以判断，可以把 10 倍于 H 型钢的翼缘宽度的尺寸作为 H 型钢的设置间隔。再有，槽部使用普通 H 型钢。

实验值与解析值的比较 表 6.5.10

编 号	参 数 名 称		实验值	解析值	实验值/解析值
1	产生裂纹的荷重力	（kN）	160	257	0.62
	最终荷重力	（kN）	618	571	1.08
	最终变位	（mm）	93.5	82.1	1.14
2	产生裂纹的荷重力	（kN）	140	206	0.68
	最终荷重力	（kN）	637	607	1.05
	最终变位		90.7	58.92	1.54
3	产生裂纹的荷重力	（kN）	100	130	0.77
	最终荷重力	（kN）	611	576	1.06
	最终变位	（mm）	66.0	40.8	1.62
4	产生裂纹的荷重力	（kN）	70	81	0.86
	最终荷重力	（kN）	562	514	1.09
	最终变位	（mm）	48	29.4	1.63

注：把最大荷重后荷重明显下降的时点定义为最终时点。

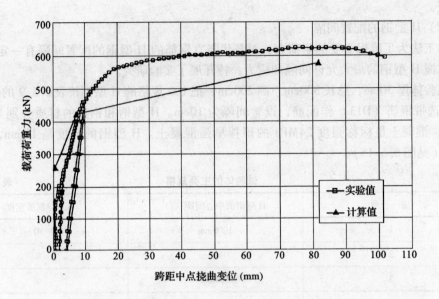

图 6.5.17　荷重力与跨距中点挠曲变位关系的计算值与实验值的比较（实验 1）

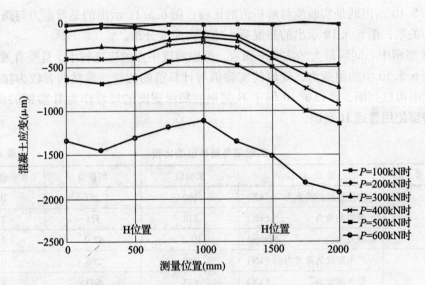

图 6.5.18　宽度方向上的混凝土应变的分布（实验 1）

（3）侧墙和隔墙交点处内侧水平钢筋的接头构造不直接受波浪影响的部位使用 RC 预制埋设模板。此时把 RC 预制埋设模板内的配筋作为水平钢筋设计。

但是像图 6.5.19 示出的那样，因侧墙内侧钢筋和隔墙钢筋位于 RC 预制埋设模板内，故侧墙和隔墙的交点、隔墙与隔墙间的交点处的钢筋断开位置必须使用接头。该接头多采用简易型主筋（模板内钢筋）与接头筋分开的形式，接头筋（也称定位筋）的最小重叠长度 $L = 35\phi$（见图 6.5.19），ϕ 为主筋直径。

（4）侧墙和隔墙交点处抗拔配筋

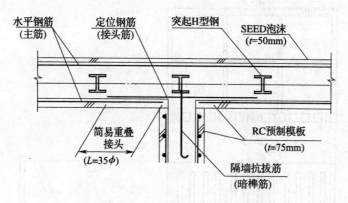

图 6.5.19　外墙、隔墙接头构造图

像图 6.5.19 示出的那样，在侧墙与隔墙的交点处必须设置侧墙防拔配筋。为此，隔墙端部还须设置定位钢筋起暗榫作用。

（5）钢构混凝土的设计

基本斜槽沉箱的构造如表 6.5.11，图 6.5.20 所示。图中明示了各构件的配置状况。关于钢构混凝土的设计，槽部为柱形，其他部位为平板；槽部设计成累加型，其他部位设计成钢筋、钢构并用型。因为钢构混凝土的粘固性不好，故槽部使用普遍 H 型钢。

沉箱构件材料组合状况　　　　　　　　　　　　　　　表 6.5.11

构件		构件编号	H 型钢	高耐久性埋设模板	RC 预制模板	中流动混凝土
前墙	槽柱	①	○（NH）	○		○
	侧墙槽柱	②	○（NH）	○		○
	隔墙槽柱	③	○（NH）	○		○
	上梁	④		○		○
	下部竖墙	⑤		○		○
侧墙（缓冲室）		⑥	○（SH）	○		○
侧墙（填充室）		⑦	○（SH）	○	○	○
侧墙（背面）		⑧	○（SH）	○	○	○
缓冲室后墙		⑨	○（SH）	○		○
隔墙（缓冲室）		⑩		○		
隔墙（填充室）		⑪				
底板（缓冲室）		⑫				
底板（填充室）		⑬				

注：SH：凸起 H 型钢，NH：普通 H 型钢。

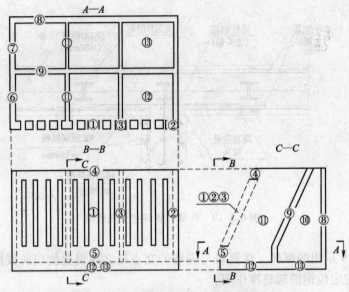

图 6.5.20　沉箱各构件中的材料组合

（6）预制模板接合断面缺损的构造模型

像图 6.5.21 示出的那样，在叠起 RC 预制埋设模板的水平接合面上，因配筋不连续，断面小，所以隔墙设计时，把隔墙最下端部分设计成三边固定一边自由，其上面的隔墙部分按两边固定模式设计。

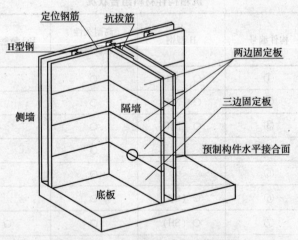

图 6.5.21　预制板隔墙设计模型图

6.5.5　钢构混合沉箱工法斜面防波堤的构筑

1. 斜槽堤的特点

通常防波堤使用消波块覆盖层护堤，大量消波块的使用致使成本大为提高。特别是在大水深、高波浪的海域，上述问题更为显著。

为了解决这些问题，以往也开发过各种防波堤，但是这些防波堤存在成本高、施工难度大等问题，故很难普及。这里给出一种适于大水深、高波浪海域适用的新型防波堤，即下部为直槽沉箱、上部为斜槽沉箱的组合形式的新型防波堤。

两种沉箱的特点如下：

直槽沉箱防波堤的构造示意图如图6.5.22所示。由主沉箱和副沉箱构成，副沉箱的前面侧墙做成透水墙，下部为缓冲室。从透水墙进入的波浪通过透水墙时产生旋涡，波的能量得以消耗（见图6.5.22）。缓冲室内外水位差越大，波能量消耗越大，其效果可使波高大为下降。

上部斜面沉箱是使防波堤上部倾斜，垂直作用于斜面上的波压中的竖直分力竖直向下作用于沉箱上成为滑动阻力，故仅有水平分力成为滑动力。因此，降低了波浪的冲击力，增大了滑动阻力，即可使堤体宽度减小，从而也可降低成本，见图6.5.23。此时，若把沉箱前壁从水下起做成斜面，则效果更为显著。相反，为确保预定的静稳度，堤顶高度有所增加。

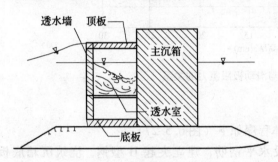

图6.5.22 直立消波沉箱

图6.5.23 上部斜面堤

堤体稳定计算中用到的波力，可按直立消波沉箱和上部斜面沉箱的波力叠加的计算法求取（见图6.5.24和图6.5.25）。即对应直立消波沉箱的6个典型的相位计算波力，在不同设计相位求出的水平波力上乘以半没水上部斜面堤波力计算公式的低减系数。

图6.5.26中示出的是波高与滑动极限重力的关系。

由图6.5.26不难发现，计算值与实验值吻合得较好。但是随着波高的增大，实验值与计算值的差也增大。此外，斜槽沉箱的水力特性请参考有关文献。

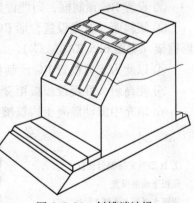

图6.5.24 斜槽消波堤

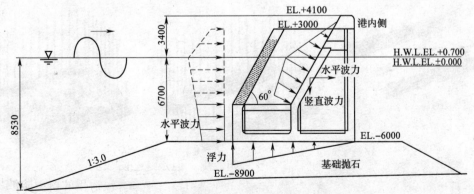

图6.5.25 斜槽沉箱防波堤设计条件图（单位：mm）

539

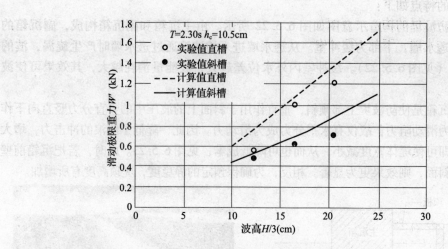

图 6.5.26　波高与滑动极限重力的关系

2. 斜槽沉箱的构筑程序

钢构混合沉箱工法构筑斜面沉箱的具体程序如下（图 6.5.27）：

① 设置高耐久性模板，在其内侧配设水平钢筋，建立突起 H 型钢，浇筑沉箱底板（见图 6.5.27③）。

② 设置 RC 预制框，向埋设模框中填充中流动混凝土（见图 6.5.27④）。

③ 倾斜面，首先设置台形 RC 预制框，在其前面设置凸起 H 型钢，与上部连接形成门形框架（见图 6.5.27⑥、⑦）。

④ 以此为支撑设置 RC 预制板，在其前面设置槽芯 H 型钢（见图 6.5.27⑧、⑨）。

⑤ 使高耐久性埋设模板箱穿过 H 型钢，在 H 型钢上事先安装好带筋。

⑥ 填充中流动混凝土构筑槽的上部、完工（见图 6.5.27⑫）。

① H 型钢支持架台设置
底板下端筋设置
侧墙水平筋（外侧）设置

② 凸起 H 型钢插入
侧墙水平钢筋（内侧）设置
底板上端筋设置
填充室（直立部）加强筋
缓冲室（直立部）配筋

③ 浇筑底板混凝土

④ 填充室RC预制框（直立部）设置
缓冲室高耐久性埋设模板（直立部）设置

⑤ 侧墙、隔墙（直立部）混凝土浇筑
侧墙水平筋（外侧）设置
侧墙高耐久性埋设模板设置

⑥ 填充室上部RC预制框设置

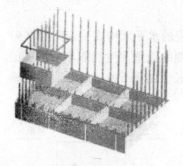
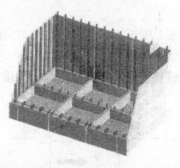
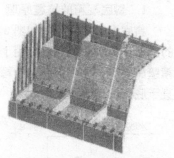

⑦ 缓冲室后墙倾斜H型钢
插入，端头接合

⑧ 侧墙、隔墙（填充室）加强筋设置
隔墙（缓冲室）水平钢筋设置
缓冲室上部高耐久性埋设模板设置

⑨ 槽柱背面高耐久性埋设模板设置
槽柱H型钢插入

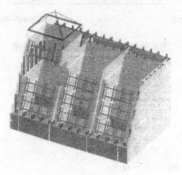

⑩ 槽柱钢筋设置
槽柱、侧墙槽柱、隔墙槽柱埋
设模板设置，侧墙隔墙槽柱混
凝土浇筑

⑪ 槽柱高耐久性埋设模板设置

⑫ 上梁高耐久性埋设模板设置和配筋
槽柱、上梁混凝土浇筑

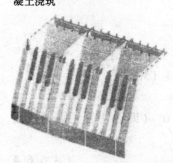

图6.5.27 斜槽沉箱的构筑程序

6.6　斜底抗震沉箱工法及应用实例

6.6.1　设计

1. 斜底沉箱的抗震原理

斜底沉箱抗震原理如图 6.6.1 所示，即使沉箱底面与对应的水平面构成一定角度（θ）的沉箱称为斜底沉箱。在用于岸墙的场合下，沉箱靠陆地一侧的箱壁深度比靠水域一侧的箱壁深度深，即陆地一侧的箱壁长度比水域一侧的箱壁长度长。由图 6.6.1 不难发现，垂直于底面的力（强度）

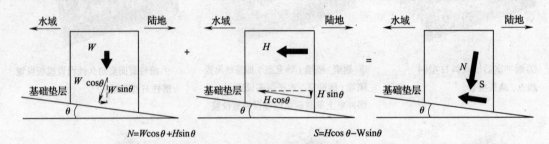

图 6.6.1　斜底沉箱抗震原理图

$$N = W\cos\theta + H\sin\theta \qquad\qquad (式 6.6.1)$$

平行于底面的力（强度）

$$S = H\cos\theta - W\sin\theta \qquad\qquad (式 6.6.2)$$

促使底面滑动的力

$$
\begin{aligned}
m &= S - \alpha N \\
&= H\cos\theta - W\sin\theta - \alpha W\cos\theta - \alpha H\sin\theta \qquad (式 6.6.3)
\end{aligned}
$$

式中　N——垂直于底面的力（MPa）；

　　　S——平行于底面的力（MPa）；

　　　m——促使底面滑动的力（MPa）；

　　　W——沉箱的自重力（MPa）；

　　　θ——沉箱底面与水平面的夹角（°）；

　　　H——作用在沉箱侧壁（陆地侧）的水平（土压 + 水压）（MPa）；

　　　α——底面与垫石层间的摩擦系数。

由式（6.6.1）、式（6.6.2）、式（6.6.3）可知，设 $\theta = 0°$（即以往的无倾斜沉箱，也称普通沉箱）时的 N 为 N_0，S 为 S_0，m 为 m_0，则

$$N_0 = W \qquad\qquad (式 6.6.4)$$

$$S_0 = H \qquad\qquad (式 6.6.5)$$

$$m_0 = H - \alpha W \qquad\qquad (式 6.6.6)$$

显然，$\theta \neq 0°$ 时的 $N > N_0$、$S < S_0$、$m < m_0$，这说明斜底沉箱与普通沉箱相比，滑动力减小，沉箱稳定（即抗震性好）。在同样震度条件下，斜底沉箱的宽度（岸堤宽度）

减小。

2. 斜底沉箱的特点

归纳斜底沉箱岸墙的特点如下:

① 底面倾斜,抗滑阻力增大,所以对设计震度大于0.25的抗震强化岸墙来说,可以期待较大的成本下降。

② 因为斜底沉箱的岸墙宽度缩减,所以基础地层的加固范围也相应减小,故会带来成本的进一步下降。

③ 除沉箱底板为倾斜施工之外,其他施工方法均与普通工法相同。

沉箱底面设一定倾角的目的是提高抗震性,倾角越大,抗震性越好、越安全。但是,作用在底面下方的托垫地基上的载荷增大,即要求地层的承载力也要增大,所以地层往往需要改良加固。另外,考虑地震时的动外力作用的稳定性倾角 θ 不得大于10°。

3. 基本断面的讨论

(1) 基本构造

斜底沉箱的形状和托垫地基的形状分别有两种。

斜底沉箱的形状如图6.6.2所示,有斜底A型(台形断面型)和斜底B型(通常的矩形断面型)两种。

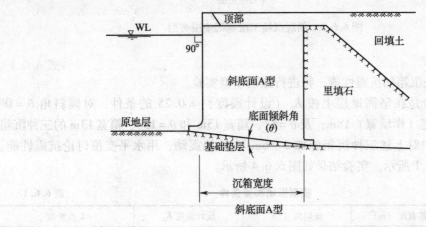

斜底面A型

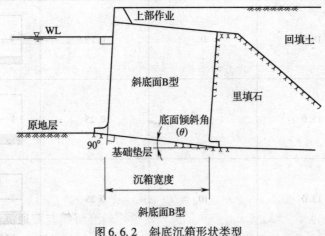

斜底面B型

图6.6.2 斜底沉箱形状类型

就斜底 A 型而言，箱壁为竖直壁，箱顶为水平顶；斜底 B 型即箱壁与托垫地基面垂直，但箱顶是斜面。通常选择 A 型较多。

地基承托层形状有图 6.6.3 示出的上面和下面平行倾斜型及上面倾斜下面水平的倾斜型两种。对硬质地层而言，选用平行倾斜型承托层，对软地层则选用上倾下平倾斜型承托层。

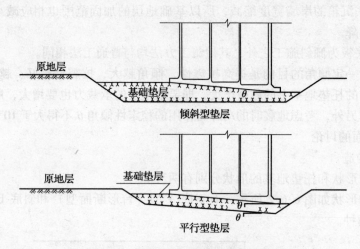

图 6.6.3　斜底沉箱工法基础垫层类型

（2）抗震性能

为了明确斜底沉箱的抗震性能，特进行振动模型实验。

振动模型实验是在坚固地层上按 K_h（设计震度）＝0.25 的条件，对倾斜角 $\theta = 0°$（普通沉箱）、箱宽（岸墙宽）18m；及 $\theta = 5°$、箱宽 15m 和 $\theta = 10°$、箱宽 13m 的三种沉箱进行实验。实验中对上述三种沉箱施加 $2 \sim 6m/s^2$ 的地震动，用水平变位讨论抗震性能。实验条件如表 6.6.1 所示。实验结果如图 6.6.4 所示。

模型振动实验条件　　　　　　　　　表 6.6.1

条件	沉箱宽度（m）	倾斜角（°）	设计震度 K_h	实验断面
1	18.0	0	0.25	
2	15.0	5	0.25	
3	13.0	10	0.25	

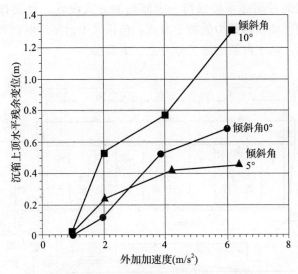

图 6.6.4　外加加速度与水平残余变位

由图 6.6.4 可知，$\theta = 10°$ 的情形比普通沉箱（0°）的残余变位增大较多；但是 $\theta = 5°$ 的沉箱的残余变位与普通沉箱的残余变位相比略低。上述规律与 FLIP 有效应力解析的倾向相同。

研究表明，沉箱底面倾角大于 6° 后，箱底端支承压力过大；另超过 6° 后，缩小沉箱宽度困难，所以通常把倾角定在 5°。

（3）考虑施工的断面讨论

在设定沉箱断面时应考虑施工精度和长期变动，特别是底面倾角变化直接影响抗震的稳定性。应注意以下三点：

① 沉箱的制作精度；

② 抛石基础垫层的精度；

③ 沉箱设置带来的垫层的变化。

另外，抛石垫层的长期变形因素的影响，在现场地层是岩层的情况下，该因素影响可略去；对软地层应事先加固。关于上述沉箱的制作精度，沉箱高度的允许误差范围为 $+3 \sim -1\text{cm}$。抛石均匀程度为 $\pm 10\text{cm}$，设置沉箱时的抛石垫层的瞬时沉降量为 5cm。垫层的最大高低差为 29cm，所以沉箱岸墙宽为 15.4m 的底面倾斜角的变化量 $\tan^{-1}\left(\dfrac{0.29}{15.4}\right) \approx 1°$，稳定计算结果的允许角度为 $\pm 1°$，故沉箱稳定。

此外，讨论沉箱底面倾角时，还应考虑底板混凝土的浇注施工性。

6.6.2　施工

向地中沉入斜底沉箱的施工方法，即斜底沉箱工法。有关该工法的原理及优越的抗震性等优点已在 6.6.1 节作过介绍，这里只介绍施工程序及施工监测方法。

斜底沉箱施工大致分为斜底沉箱制作、清基及均匀投入抛石、设置沉箱三个步骤。

1. 斜底沉箱制作场地

斜底沉箱制作用的台架必须按保持一定倾角的方式设置。台架有钢制和填土两种方式，通常选用容易确保地基承载力的填土方式。包括填土台架的断面图在内的制作现场的概况如图 6.6.5 所示。填土台架的施工分为上、上两层。

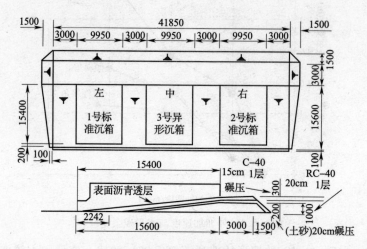

图 6.6.5　沉箱制作现场概况图例（单位：mm）

（1）施工程序

① 下层：共分 5 层，每层 20cm，均匀摊铺再生碎石、碾压。第 6 层均匀摊铺土砂，层厚 20cm。

② 上层：共 2 层，每层 15cm，均匀摊铺碎石、碾压。作为降雨的防水措施，全面摊洒沥青透层。

（2）质量管理方法及基准值

① 现场密实度试验，压实度≥93%。

② 平板载荷试验，在 210kPa 载荷作用下沉降量≤2cm。

2. 沉箱箱筒制作

因为斜底沉箱箱筒制作是在倾斜填土台架上的作业，所以许多作业的效率低（钢筋加工组装、模框组装），但工序与普通沉箱箱筒的制作相比差异不大。在对填土充分压实，确保非均匀沉降小的条件下，可以制作出与普通沉箱箱筒质量相同的箱筒。斜底沉箱的制作状况如照片 6.6.1 所示。

此外，沉箱制作过程中还应注意浇筑各节箱筒时的底面倾角的变化状况。

3. 清基和抛石均匀投入

（1）清基

根据基础地层的种类（硬度大小）制定清基方案。对良好的岩层而言，为避免过度清基，可用抓斗疏浚船粗挖到一定的深度，随后按 2～3m 一段进行分段细挖。对较差地层应在改良加固后妥善制定清基方案。

（2）均匀抛石

清基后进行均匀抛石。为了确保倾角，防止异常的非均匀沉降及防止箱筒自身的偏载荷致使的非均匀沉降，采用人工（潜水员）均匀抛石及平坦化作业。抛石层的作业精度基准为±5cm。

4. 沉箱设置

（1）沉箱运输方法

斜底沉箱的运输方法有从陆地现场用起重机船直吊和用起重机船吊降到台船上运送的两种方式。

（2）沉箱设置注意事项

伴随吊降的进行，由于斜底面的浮力不均衡，沉箱易失去平衡，所以必须反复慎重地进行注水，计算重心及检测吊钩的反力。

5. 沉箱沉设状态观测

沉箱设置后应对其底面倾角进行观测，并划出倾角与经历时间的关系曲线。此外，还应观测填芯投入、混凝土顶盖浇筑、里填石投入等各个阶段的沉箱的倾斜状况，判断沉箱的稳定状态。

6.6.3 施工实例

本节介绍斜底抗震沉箱岸墙施工实例。

1. 工程概况

某斜底抗震沉箱岸墙的设计震度为0.25，水深约12m，基础地层为良质岩层。沉箱底面设计倾角 $\theta=5°\pm1°$，沉箱岸墙断面如图6.6.6所示。设定的斜底沉箱岸墙宽14.4m，按同样的条件计算的通常沉箱岸墙宽为17.8m。从成本方面比较，采用斜底沉箱方案可使成本下降5%。但采用斜底岸墙时要岸墙是低反射构造，因此采用槽缝式沉箱。无论选用斜底沉箱，还是选用一般沉箱，其沉箱的前部都必须作成槽式具有缓冲作用的动水室。也就是说，沉箱的前部两者是相同的，即成本没有任何差异。再有，因现场地层是岩层，故清基费用占的比例较大，所以两者成本出现较大差异的可能性不大。尽管该工程实例断面成本费仅削减了5%，但这是由于条件限制所造成。可以想像对于其他斜底沉箱（条件改变）工程，断面成本的下降率可能会更大。

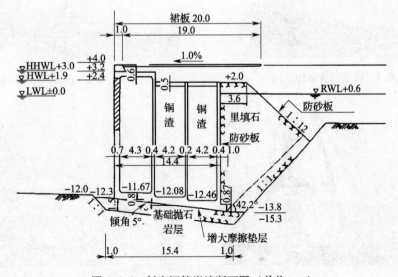

图6.6.6 斜底沉箱岸墙断面图（单位：m）

2. 施工概况

施工精度的具体要求如下：

① 沉箱制作精度（高度）为 +3 ~ -1cm。

② 抛石垫层施工误差应控制在 ±10cm 以内。

③ 抛石垫层受压沉降量为 5cm。

④ 倾角变化量为 1°。

（1）沉箱制作

沉箱台架选用确保地基承载力的填土台架。构筑台架的施工程序和质量管理方法、基准值与 6.6.2 节的叙述完全相同。斜底沉箱的制作状况如照片 6.6.1 所示。

（2）清基和均匀抛石

因本工程基础地层是岩层，故清基采用抓斗疏浚船粗挖到 -13.8m，然后按每 3m 一段分段进行细挖修整。

为确保倾角，必须防止抛石垫层的非均匀沉降。为此采用潜水员对抛石（花岗岩石 10 ~ 200kg/块）作匀层调整作业，平整度为 ±5cm。

（3）沉箱设置

考虑气象、航道等条件，本工程采用 30MN 的起重船直吊方式设置沉箱。设置中反复计算注水时的重心及检测吊钩的反力。照片 6.6.2、照片 6.6.3、照片 6.6.4 分别示出的是斜底沉箱的吊出状况、拖航状况、设置状况。

照片 6.6.1　斜底沉箱制作状况

照片 6.6.2　斜底沉箱吊出状况

照片 6.6.3　斜底沉箱拖航状况

照片 6.6.4　斜底沉箱设置状况

3. 施工结果

本工程从沉箱设置起对各个施工阶段的沉箱底面倾角实施了观测，得到的倾角与经历时间的关系如图 6.6.7 所示。这里把沉箱向陆地侧倾斜时的倾角定义为正，把沉箱向水域的倾斜定义为负，见图中的纵坐标。填芯（浇筑铜渣混凝土）70% 时的倾角变化量为 0.128°；填芯 100% 时的倾角变化量为 0.146°；顶板浇筑结束后，倾角变化量增至 0.154°；里填石（花岗岩）填充 30% 时，倾角变化量增至 0.168°；填充 50% 时，倾角变化量增至 0.183°；填充 100% 时，倾角变化量减至 0.178°。出现倾角减小 0.005°（0.183° -0.178°）的原因是，陆地侧回填上部花岗岩里填石和土砂致使的上部水平土压增加，最后致使沉箱又向水域侧倾斜 0.005°。如此小的倾角变化量（0.183°）足以说明沉箱设置施工的成功性。

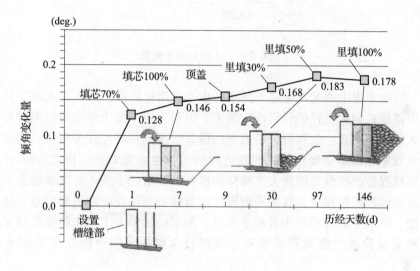

图 6.6.7　斜底沉箱底面倾角的历时变化

6.7　水中沉箱无人设置系统

6.7.1　开发无人设置系统的必要性

对大型水中沉井、沉箱而言，设置施工时，搭乘在漂浮沉箱上的作业员，起码在 10 名以上。靠操控数台绞车把沉箱引渡到预定位置，在监视各隔室水位的同时用多台水泵向沉箱内注水，进而沉设沉箱。但是，沉箱上决定沉箱位置的钢丝索和注、排水泵等设备密集，作业性极差，受波浪等因素的影响钢丝索上的张力有时过大，即存在钢丝索被拉断的可能性，故沉箱上的作业人员极为危险。另外，在向沉箱的隔室中进行注、排水时，要求沉箱必须保持水平（姿态），作业员必须在及时测量各隔室水位的基础上，小心地操作注、排水泵。因此，施工精度、施工效率均不理想。鉴于上述原因，真锅匠开发了远程单人操作的无人沉箱设置系统（即 UCIS）。总起来说，UCIS 的开发背景如图 6.7.1 所示。

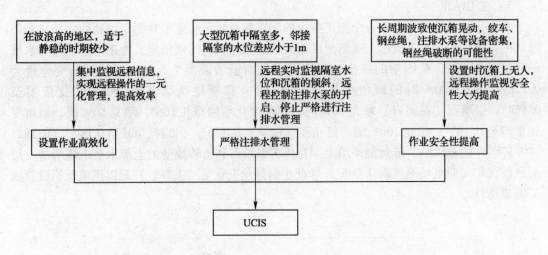

图 6.7.1　UCIS 的开发背景

目前，陆地工程中的无人化施工技术已步入实用化阶段。这些无人施工技术基本上均属于利用摄像机摄像监控的远程操作技术。但是，对于施工环境时时刻刻变化的海上沉箱的无人化施工而言，仅靠摄像机摄像的信息实现远程遥控较为困难，即使把风和浪等环境信息数字化提示给操作员，实现适时的遥控也是困难的。因此，UCIS 上应增加支援人工准确操作的模件和辅助人工操作的模件。所谓的支援人员准确操作的模件是扩展摄像之外的远程监视项目，且把先前设定的目标及遵循规则的引导信息，适时地提供给绞车和注、排水泵的远程操作者的子系统。所谓的辅助人工操作的模件是采用具有预测危险、避免危险技术措施和多重安全电路技术措施，广泛跟踪施工环境变化的子系统。

6.7.2　系统概况及特点

1. 概况

UCIS 是把沉箱动态监视、绞车操作监视、注排水操作监视等作业系统化，用无线 LAN 远程集中监视、操作，提高作业效率和安全性的系统。图 6.7.2 示出的是 UCIS 的示意图，图 6.7.3 示出的是沉箱设置作业的程序图。

2. UCIS 的特点

该系统的特点如下：

① 可以远程集中管理沉箱的动态（位置、方位、倾角），测量各隔室的注排水状况，钢丝索绞车和注排水泵的操作等参数。

② 由于引入危险预测、避免技术和多重安全电路技术，使系统操作的安全性和可靠性得以提高。

③ 确实可靠的远程监视，操作的最大距离达 500m。

④ 把以往 10 余名作业员作业的设置作业，改成了远程监视、操作盘上的 1 人操作。

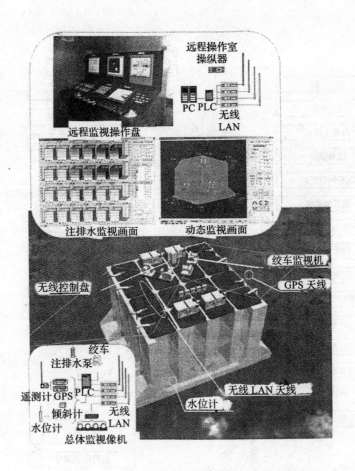

图 6.7.2　UCIS 示意图

6.7.3　系统构成

UCIS 构成中的四种关键技术如图 6.7.4 所示。

① 用数据和图像等信息远程监视沉箱动态、各隔室的水位、绞车工作状况及注、排水泵工作状态的技术。

② 远程启动、停止绞车和注排水泵的远程操作技术。

③ 避免通信非正常停止的双线化技术和绞车操作的多重安全电路技术。

④ 绞车的转矩限制技术和系统异常报警等危险预测、避免技术。

沉箱设置时，由于波浪的原因致使沉箱摇摆晃动，为此需及时调整流向沉箱中的注水量及绞车钢丝绳的状态，以便保持沉箱的平稳。这一调整操作多靠经验丰富的操作员操纵。另外，波浪状态，使用机械的能力及沉箱的形状也是决定调整操作重要因素。再有，系统决定的设置作业不是自动的，而是远程的单人操作。该系统的模型如图 6.7.5 所示。操作员依据装在沉箱上的各种传感器的信息作出判断进行下一步的操作。

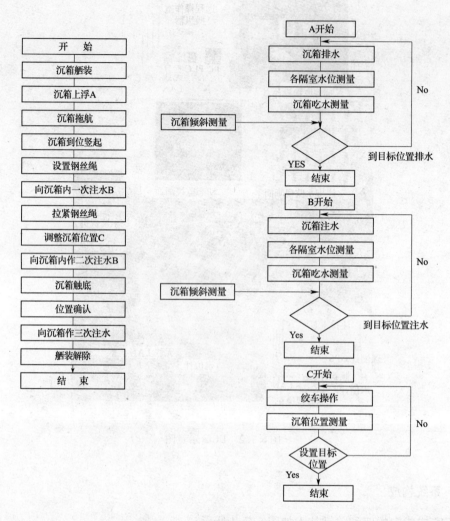

图 6.7.3　沉箱设置作业的程序图

　　沉箱上设置有测定沉箱和方位的 RTV – GPS 接收机，测量沉箱倾斜的倾斜计，测量各隔室水位的水位计，测量沉箱吃水状况的水位计、绞车、注排水泵、监视摄像机和无线控制盘。另外，远程操作室中设置有远程监视操纵沉箱上的机械装置的操作盘。沉箱沉设中，通常无线控制盘和远程监视、操作盘之间的联系，靠天线 LAN 进行传感器的数据、图像和控制信号的收发传递。操作员监视显示上述信息状况的监视器，即可精确地掌握沉箱的动态和各隔室的水位。使以往不可能实现的远程高效一人操纵多台绞车和十几台注排水泵的操作成为现实。照片 6.7.1 示出的是远程监视操作盘的实物照片，照片 6.7.2 示出的是无线控制盘的实物照片。

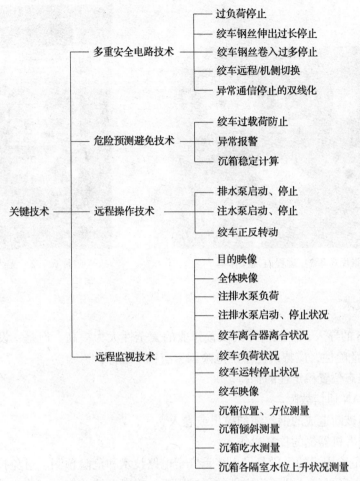

图 6.7.4　系统关键技术

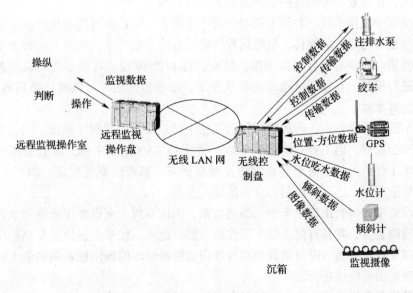

图 6.7.5　系统模型

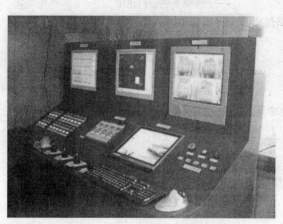

照片 6.7.1　远程监视操作盘

照片 6.7.2　无线控制盘

6.7.4　安全技术

由于 UCIS 的导入，使沉箱无人设置作业的安全性大为提高。但是，设置作业无人化也存在一定的危险性，应特别注意的危险因素有以下几点。

① 沉箱姿态位置稳定性的保持。

② 无线 LAN 通信故障。

③ 钢丝绳破断造成的钢丝绳的拉出或卷入。

④ 远程或者机器侧的重复操作。

杜绝这些危险因素的手段是导入多重安全电路技术和危险预测、避免技术。但在海上无人化施工中，还可能遇到预想之外的影响因素，或者系统动作不完善，也可能引发大的事故。为此，还设置了抑制这些不利因素的措施机构。

在向沉箱中注排水时，对于上部斜面堤沉箱而言，随着向各隔室内注排同样水量的持续，会出现重心与浮心的偏移，只靠远程测得的各隔室内的水位和沉箱的倾斜数据，调整注排水量使重心和浮心重合较为困难。然而，对 UCIS 来说，可以事先对沉箱各隔室的水位目标值进行模拟。在保持沉箱稳定的条件下，由模拟的结果可以找出适当的目标水位，以此操控注排水量。

在绞车的远程操作中，若远程操作者无意中触及操作杆倾倒（接合）时，则会连续发射绞车的工作信号，但不经过自保持电路。故无线 LAN 通信中断，即远程操作中断，以此防止绞车工作。另外，对于非正常停止通信而言，靠双线系统实现，即当无线 LAN 的一个系统环脱落时，还可以由另一个系统使其急停。

沉箱设置中有时会出现绞车钢丝绳的破断，为此系统中还设置了检测钢丝绳过卷、伸出过多的检测装置，并具有停止绞车工作的功能。此外，绞车上还设置了当作用于钢丝绳上的力超过了设定荷重力时自动释放部分作用力使钢丝绳的转矩锁在限制值上的装置。所以钢丝绳破断的可能性极低。

系统虽然具有远程操作功能，但是，为防止重复操作，故把机侧（沉箱侧）操作切换设置在机侧。另外，系统还可以监视绞车和注排水泵的负荷状态，与此同时，若出现负荷过载则由报警系统发出报警通知。

6.7.5 应用实例

日本南冲沉箱防波堤构筑工程中，两座沉箱的设置施工中使用了 UCIS。该防波堤是为了应对太平洋沿岸特有的波浪起伏（长周期波浪），对船舶构成的装卸障碍，所设置的沉箱基础构筑工程。沉箱 30m（长）×26m（宽）×22m（高），自重 89MN。按沉箱上浮的方式近海拖航 2km 直到预定海域，远程操作室离设置点 300m。操作员在监视的同时进行操作。由于采用 UCIS 使沉设作业得以顺利安全的竣工。

沉箱拖航中使用的牵引船，2206.5kW、3677.5kW 各一艘，拖航时拖船在沉箱前后各100m。起重船 4000kN。此外，还需配置监视船数艘。

沉箱设置状况如照片 6.7.3 所示，设置时的远程监视、操作状况如照片 6.7.4 所示。

照片 6.7.3 沉箱设置到位状况   照片 6.7.4 远程监视、操作状况

6.8 美国旧金山奥克兰连接桥半球沉井施工实例

半球形沉井工法是沉井工法的一种，该工法较为适合于大水深大规模海中基础的构筑。该工法是从沉井制作地点作为浮体构造物经海上运到建设地点，经挖掘下沉把沉井沉设到深层支承地层上的工法。该工法在美国旧金山奥克兰连接桥基础工程（1936 年）、美国特拉华纪念桥（1951 年）、葡萄牙撒拉索尔桥（1967 年）等桥梁基础工程中均有应用实绩。

6.8.1 旧金山奥克兰连接桥概况

旧金山奥克兰连接桥是连接旧金山海湾的西侧旧金山市和东侧奥克兰市的大规模海上桥梁（见照片 6.8.1），全长 13km，于 1936 年竣工。整座桥分为东西两侧水路桥，西侧桥起于旧金山市，止于旧金山海湾中间的埃尔伯布埃纳岛。西侧水路连接桥为两个中央跨距674m 的吊桥，两吊桥通过中间一个共用锚墩连接成一座二连吊桥形式的西侧桥。东侧的水路连接桥是跨距 427m 的悬臂桁架桥和桁架桥的合成桥。埃尔伯布埃纳岛内为隧道。图6.8.1 和图 6.8.2 分别示出的是旧金山奥克兰连接桥的地理位置和桥梁概况图。

照片6.8.1　旧金山奥克兰连接桥

图6.8.1　地理位置图

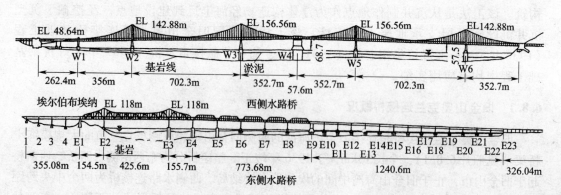

图6.8.2　桥梁概况

6.8.2 半球沉井工法

1. 工法概况

西侧水路连接桥的 W-3、W-4、W-5、W-6 的基础采用半球沉井工法构筑。图 6.8.3 示出的是西侧水路桥的地形地质图。表 6.8.1 示出的是基础的尺寸、水深、基础底面深度概况。W-6 基础的水深最深为 32m；W-3 基础底面的深度最大为 68m。堆积层由砂、砂质黏土、黏土等构成。W-3 基础处的堆积层厚最厚近 50m。

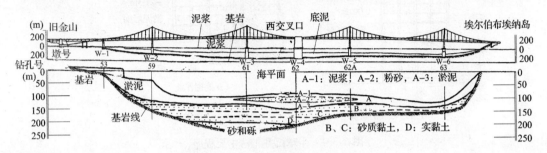

图 6.8.3　西侧水路连结桥地形地质

基础尺寸（西侧水路桥）　　　　　　　　　　　　　　　表 6.8.1

基础	平面尺寸	水深	基础底面	工法
W-2	37.2m×15.8m		-30.4m	围堰法
W-3	38.8m×22.7m	-21.3m	-68.0m	半球沉井
W-4	60.0m×28.0m	-21.3m	-64.0m	半球沉井
W-5	38.8m×17.4m	-21.3m	-32.6m	半球沉井
W-6	38.8m×22.7m	-32.0m	-49.0m	半球沉井

对这种深基础而言，多采用沉井工法。但是，对这样大水深来说，为了对抗大的水压多采用内部补强加劲措施。另一种工法，即所谓的浮运式活底沉井工法，也属于沉井工法范畴。该工法即在下部井筒底端安装一个临时的底板，使其成为水中浮体，以便于将其拖航到预定地点沉设。在沉设地点续筑上部井筒，触底前靠经过上部井筒的钢丝绳把临时底板取出。但是，在大水深临时底板超重的情况下，取出底板的作业相当困难。另外，沉井触底时易产生横滑，因此易使泥土发生移动，因而产生井筒倾斜和横移动的危险性，故这种工法也不可取。因此，西侧水路连接桥的建造中提出了一种新的半球沉井工法。该工法是在沉井的上部安装一个临时的半球状圆顶，往其内部压入压缩空气，使其成为浮体构造物将它拖运到沉设位置。挖土下沉时，调整气压修正沉井的倾斜。图 6.8.4 示出了从船坞中建造沉井、拖航、沉井进水、现场挖掘下沉作业等几个主要工序。照片 6.8.2 示出的是半球圆顶和挖土抓斗的工作状态。

沉井触底作业，减小挖掘井中的气压即可使沉井触底。在触底地层非常软的情况下，即使刃脚下泥土没有完全被排除，仍可触底，所以沉井不会产生倾斜和横向错位。即使产生倾斜也可通过调整圆顶中的气压（增压或减压），纠正倾斜。

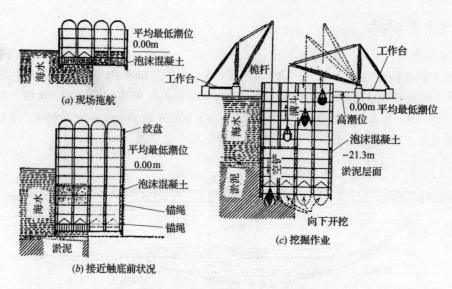

图 6.8.4　半球沉井工法主要程序

照片 6.8.2　半球圆顶和挖土抓斗

2. 工法的优缺点

（1）优点

① 沉井拖航中的稳定性好。

② 挖土下沉时的可控性好。

③ 沉井重心始终位于倾心的下方，即存在防止沉井发生倾斜的力矩。

④ 与沉箱工法相比，因气闸设在圆顶上，作业员在井内的作业空间大，清除刃脚部位的障碍物容易。

（2）缺点

该工法成本高、工期长。

6.8.3　施工中的问题及应急措施

因建设地点的最大潮速为 3.31m/s，所以利用图 6.8.5 示出的混凝土锚、钢丝绳和沉井上顶的绞车锁定沉井的位置并使其稳定。作业台架对 W-3、W-4 基础而言，如图所示采用桩构造；对 W-5、W-6 基础而言，因水深较深，故选用浮式构造。

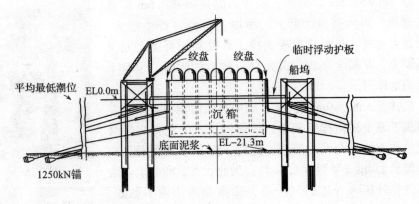

图6.8.5 锚与作业架台概况

因W-6基础的施工实绩能较好的体现该工法的特点，故这里以W-6为例进行介绍。W-6基础沉井出现的倾斜状况如照片6.8.3所示。倾斜修正作业如图6.8.6所示。沉井触底落位后在软土中贯入6m，随后先从西侧开始下沉，随即整个沉井出现轻微的西倾。为修正这个轻微的倾斜，特对东侧刃脚下方进行疏浚。然而，沉井又突然向东倾倾斜6°（见图6.8.6b）。为修正该倾斜又返回在西侧

照片6.8.3 W-6基础沉井的倾斜

井内进行疏浚，但是抓斗易被内隔墙的尖端挡住，造成作业困难。因此，西侧刃脚和内隔墙下的土砂清除使用高压射流进行。此时，在西侧一排子沉井中安装圆顶并压送空气，压气只起制动闸的作用，但未进行修正。接下来把西侧的混凝土锚的锚线设置到沉井顶部，用该锚完成倾斜的修正（图6.8.6c）。因W-6基础的水深大，所以压缩空气的压力最大值达到0.3MPa。

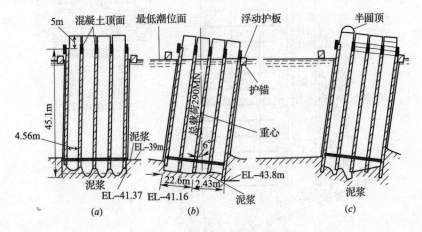

图6.8.6 倾斜状况与修正作业

共用锚墩W-4基础的构造如图6.8.7、图6.8.8所示。该基础由55个（5×11排）小钢圆筒井（直径4.6m）群构成的一个大沉井（以下称为沉井），上部配置护板，平面

尺寸29.6m×58.5m。另外，沉井刃脚是间隔4.6m的格状箱形梁，因为是封闭断面，所以其自身会产生浮力。钢圆筒由支桩、外板或钢板支撑。外壁和钢圆筒之间浇筑混凝土，混凝土在成为沉井自身构造的同时，也起下沉载荷的作用。

沉井贯入海底9m的时候，因中央圆筒钢井疏浚时发生刃脚下泥土横向排除现象，致使桩支承的桅杆式转臂起重机作业的平台发生隆起。此时，沉井下沉缓慢且向北侧倾斜2.4m（见照片6.8.4）。为此，在北侧井上安装圆顶并提升压入气体的气压及去除南侧圆顶均不见效。而后继续浇筑南墙混凝土，同时对南侧井内进行疏浚则沉井复原，继续疏浚则发生南侧倾斜2.7m。此时作业平台也发生隆起。发生这种现象显然是沉井载荷过大，且已超过刃脚下方土体的极限承载力所致。直到承载力相当大的地层止，故只能减小沉井的重力。最终采用在北侧井内排水，然后疏浚消除倾斜使沉井复位。

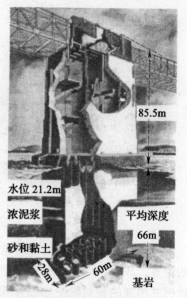

图6.8.7 共用锚墩的构造

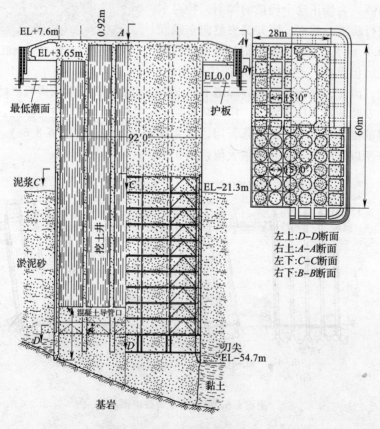

左上：D—D断面
右上：A—A断面
左下：C—C断面
右下：B—B断面

图6.8.8 W−4基础的沉井

照片6.8.4 W-4基础沉井倾斜

图6.8.8示出的是在倾斜的岩层上浇筑底板混凝土的情形。利用减小圆顶内空气压使加在刃脚上的荷重减小，防止沉井倾斜。西侧水路连接桥的沉井要求全部沉到岩层上，但因岩层面不是水平的，存在相当大的凹凸不平。所以在浇筑底板混凝土之前，靠潜水员把岩层面及沉井的侧面用高压水冲平，淤泥用泵和排出器排出。然后潜水员对冲净面的状态进行检查。用容量3.1m³的开底吊桶浇筑混凝土。

第7章　测量传感器及特殊测量设备

有关沉井、沉箱施工管理的监测目的、项目、监测方法及数据传输反馈控制等在有关章节（4.18 节、4.4.7 及第 4 章、5 章、6 章的所有实例中）均有介绍。归纳起来，沉井的施工测量传感器和特殊设备，可分为以下两方面：

1. 躯体［井筒（沉井）和箱体（沉箱）］自身的受力状况，产生的变形、变位中用到的测量传感器和设备。

2. 监测躯体周围地层扰动状况的传感器及特殊设备。扰动内容包括土体位移［竖向位移（即沉降）和水平位移］，地下水位变化，地下水流速流向的变化、间隙水压的变化等。

7.1　地层沉降观测方法

7.1.1　地层沉降测量原理及分类

（1）沉降测量原理

尽管测量下沉的方法多种多样，但原理均为测量设定的不动点和测定对象点间的高程差。

（2）分类

一般使用的测量方法，据其测量方式其分类状况如图 7.1.1 所示。

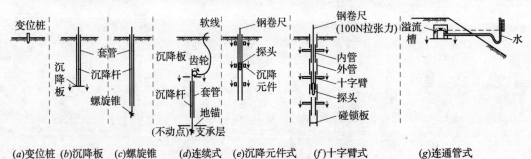

(a)变位桩　(b)沉降板　(c)螺旋锥　(d)连续式　(e)沉降元件式　(f)十字臂式　(g)连通管式

图 7.1.1　地层沉降测量方法分类图

下面简略介绍一下测量方法的构成及设置中的注意事项。

7.1.2　变位桩法

变位桩法是调查地表（或浅地层）变形的最实用的基本方法。下沉量可通过水准法直接测量桩顶钉（测点）的变位求得。兼测地表水平变位时，多选用木桩，具体尺寸为 $10\text{cm} \times 10\text{cm} \times 200\text{cm}$。

7.1.3　沉降板

沉降板是测量软地层、回填土层沉降使用最多的工法，构造简单极易说明问题。沉降板位置的沉降量，可由测定与沉降板焊接在一起的杆（沉降杆）上顶的高度（水准测量）得出。构造如图 7.1.2 所示。为消除土体与杆的摩擦，特在杆的外面套有塑料套管。沉降板多为 40 ~ 60cm 正方形钢板。设置沉降板时，设置面应非常平整，且与土体紧密结合。为使沉降板与设置面充分结合，特在设置面与沉降板

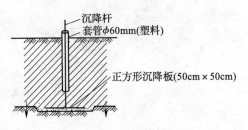

图 7.1.2 沉降板设置例

之间摊铺少量的砂。另外，若填土施工中，在沉降板正上方附近存在重型机械作业时，必须注意不能损坏和移动沉降杆。另外，套管下端与沉降杆间的间隙必须留足，且不能相碰，这一点极为重要。

沉降板周边土的密实程度应与周围原状土（未扰动的土体）相同。但是，因不能引入碾压机械压实，故多用小型夯具夯实。

7.1.4 螺旋锥尖式沉降计（深层沉降计）

当工程需要监视深度较深的软土层的沉降量时，此时地中测点应选择螺旋锥杆（或者螺旋锚）替代沉降板。设置时利用钻孔在地中的预定测点处把螺旋锥杆固定，杆的周围设有保护套，测量沉降量和设置上的注意事项与沉降板的情形相同。图 7.1.3 中示出的是螺旋锥沉降计的设置状况。

7.1.5 滑动沉降计

滑动沉降计是把一根钢杆（支柱）竖直地固定在地层深处的支承层（不动点）上，随后把沉降计设置在支柱上。沉降计的构造（见图 7.1.4）是在一块沉降板上固定一个方盒，盒子里面装有紧密贴附支柱的旋转齿轮（或压轮），齿轮转轴上固定一

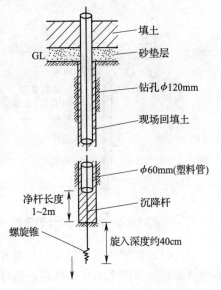

图 7.1.3 螺旋锥沉降计设置例

个滑动电阻器（线绕电阻器），齿轮与电阻器同一根转轴。当沉降计埋设位置的土体发生上、下运动（即抬升和沉降）时，沉降板也上、下运动，带动盒中的齿轮转动（跟踪土体的上、下运动），进而滑动电阻器也发生转动，即电阻值发生变化。所以在地表用电阻计测定该电阻的变化量，即可得出地层的沉降量。因该沉降计靠滑动电阻的变化自动测定地层沉降，故称滑动沉降计。

滑动沉降计的特点，因沉降杆不露出地表，故对施工不会构成障碍。只要恰当地选择齿轮（单个齿轮或者齿轮组合体），即可连续测定沉降量（满刻度 100mm 对应齿轮转一圈），且测量范围不受限制，同时还能确保较高的测量精度。另外，使用多点切换器可以迅速地测定多个测点的沉降量。目前该测量方法已经实现自动化。该沉降计，对大沉降特别有效。

设置滑动沉降计的例子如图 7.1.5 所示。填土中设置多个滑动沉降计的例子如图 7.1.6 所示。

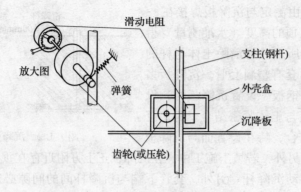

图 7.1.4　滑动沉降计

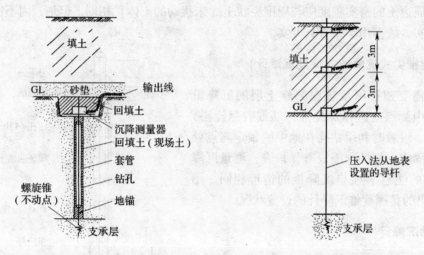

图 7.1.5　滑动沉降计设置例　　　　图 7.1.6　设置多个滑动沉降计的例子

设置时，必须注意杆的正确位置和姿态，不能使杆弯曲和下沉。另外，埋设的电缆线不能被弄断。像图 7.1.6 那样在一条杆上设置多个沉降计的情况下，在沉降杆施工不受妨碍的条件下，采取把整个沉降杆分成多节，然后逐节续接。设置时一般的注意事项应遵循 7.1.3 节的沉降板法的准则，必须能观察到电缆线的下沉量。电缆线外面要套上保护管以便保护电缆线不被切断。

7.1.6　沉降元件沉降计（分层沉降计）

这种沉降计，由设置在钻孔中的沉降管（一定刚性的塑料管）、沉降管外侧预定位置设置的沉降跟踪元件（磁环、铁环、线圈等元件，跟踪地层中土体运动）、测沉计（地表）、探头（内设电磁线圈或磁性近接等元件）、钢卷尺、三脚架等部件构成。探头线钢卷尺（内含电缆线）与测沉计连接。

当探头从沉降管顶口吊下［见图 7.1.1（e）］，到达沉降元件位置时，测沉计中的电路参数发生变化（频率、振幅、Q 值，电路开关等），进而显示器会有显示，同时蜂鸣器发生声音。此时通过钢卷尺的读数可以知道沉降元件的所在深度（到管口的距离），同样方法可测出所有（各层段）沉降元件的深度，进而可以求出各层段间相对变位（沉降或隆起）。另通过地表标准基准点和水准仪可以准确定出各层段的准确深度。

沉降元件沉降计作分层沉降观测使用较多，其他事项不再赘述。

7.1.7 十字臂沉降计

这类沉降计主要用于填筑坝和高填土层的沉降测量。该测量装置像图7.1.1（f）示出的那样，沿伸缩管（由内管和外管构成）轴向设置多节十字臂的构造，内管中央部位设有与管轴向垂直结合的钢制横材（即十字臂）。

十字臂的作用与沉降板相当，十字臂的沉降量即是内管的沉降量，所以使用鱼雷形钢材探测装置（以下称探头）从地表可以测定十字臂到地表的距离，进而与初始值相比，即可得出十字臂的沉降量。这种沉降计多用于填筑坝和高填土层，该沉降计与普通沉降测定装置相比，具有坚固耐久性。通常，内管直径为5cm，在长约1m的中央高度上用螺栓垂直地固定好长2m的槽钢。外管直径为6cm，长约2.6m。

因设置多节十字臂，所以设置施工时内外管的连接处绝对不允许出现弯曲。另外，设置十字臂时地层必须作水平整形。其他事项与沉降板一节的情形完全相同。

十字臂沉降计的测定程序如下：把接到钢卷尺上的探头从内管上口吊下，由最上部十字臂依次向下逐个测定。测量时把探头的横向突出制动爪钓合到十字臂管（内管）的下端，用手柄以10N的力张拉钢卷尺，卷尺的读数即是测定的垂直距离。再用水准仪分别测定卷尺的零点高度，进而确定各个十字臂的标高。测定结束后，位于最下部锁定探头的弹片，因撞击底部，故使制动爪钓回到探头内部，随后把探头回收到地表。

7.1.8 连通管法沉降计

该方法是利用连通管性质的原理，是可以溢流的水箱与安装在水箱上的软管连结测定水位的读取装置。以测定对象不同可分为以水箱为基准点方式（固定式）和以水箱为测点的方式（可搬式）两种。图7.1.1（g）为可搬式的例子，这种方法可用于重载构造物的沉降测量中，设置和测量注意事项如下：基准点为不动点；气管和连结软管的断面要小，以防水柱振动；软管中不能混入空气；在冬季不能发生冻结。

7.1.9 直结变位计型沉降计

深层沉降计是测量地层内部某层竖直变位量的测量计，在测点部位设置可以跟踪土体一起变位的十字臂。深层沉降计以往多采用在测管中插入探测元件检测层位的方法，但这种方法在测量层段深度较深时，因人工操作靠钢尺的长度判断层位，故误差大。为了提高测量精度，在测点的沉降板和支柱面设置变位计，沉降板的沉降量由变位计变成电信号并输出（见图7.1.7）。这种沉降计的测量范围较大。

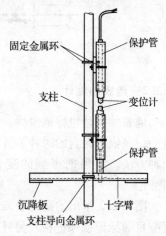

图7.1.7 直结变位计型沉降计

7.1.10 连通管竖直相对变位计

竖直相对变位计的构成如图 7.1.8 所示。在沉降计沉降杆上端固定一个水管，该水管与地表的刻有刻度的水管连接成一个连通管。随后使上端水管与地表刻度水管的水位相同。当地中监测土层（沉降计设置层）发生变位时，则上端水管内的水位也发生改变，则地表刻度

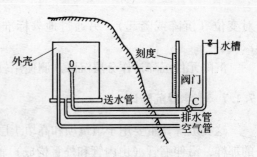

图 7.1.8　竖直相对变位计示意图

水管中的水位发生反向改变，该水位变化就是监测地层的层位变化。如上端水管水位下降，则刻度管水位上升（说明地层沉降），反之，亦反（说明地层隆起）。

7.2　地层水平变位的观测方法及设备

地层水平变位和倾斜的测量与沉降（竖直变位）测量相同，必须依据测量目的、测量位置、测量时期、测量范围、要求的测量精度等条件，选定适当的测量设备、器具。

7.2.1　地表变位桩测量法

变位桩法，即用水准仪或经纬仪直接测量桩顶的水平变位。与变位桩测定地表沉降法一样，该方法是测量地表地层水平变位的最基本最实用的方法。因为变位桩的移动不仅是水平移动，它还包括沉降、隆起和倾斜，所以通常是与沉降测量一起进行。变位桩多采用长 50～100cm，截面为 10～15cm 正方形的角桩（见图 7.2.1）。当地表面为软地层时桩长可取 200cm。地表到桩的距离多取 20～50cm。地表变位桩的设置实例如图 7.2.1 所示。

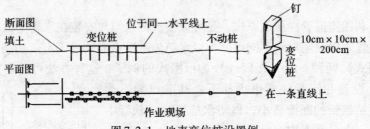

图 7.2.1　地表变位桩设置例

7.2.2　地表伸缩计

地表伸缩计也称地滑计，它是测量地表面或斜面上两点间距离变化的测量设备。变化量的记录依靠设置的时钟装置和扩大装置（机械式）自动记录在记录纸上和记录电信号的两种方法。如果把得到的变化量（变形量）除以两点间的距离，则可得到地表的相对变形。

图 7.2.2 示出的是地表伸缩计的设置例，因使用的殷钢丝较细，人容易触碰，故应设置醒目的标记或保护栏。另外，刮风时殷钢丝易被拉张，所以必须设置塑料保护管（内径 50～100mm）。

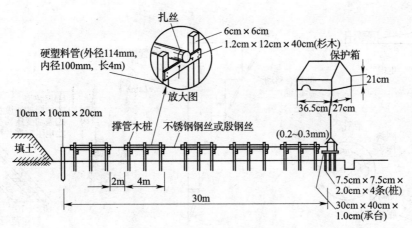

图7.2.2 地表伸缩计的设置例

7.2.3 地表倾斜计

地表倾斜计的功能是测定地表的变位和斜面倾斜角的变化。因地表倾斜计的灵敏度比地表桩和地表伸缩计的灵敏度高，所以多在地层变动灵敏的情况下使用。地表倾斜计有气泡管式和重锤振子式（内藏电变换器）两种。

7.2.4 地中倾斜计

该倾斜计（也称为测斜仪）由埋设在地中的测斜管、测斜探头、电缆、测读计等部件构成。

1. 测斜管

系柔性管，必须能跟踪地层中土体的变位，即土体变位由该管变位来表征。通常测斜管选用塑料和铝合金管材制作。管长多为 1.5～3m，管的内径多为 4～8cm，壁厚 2mm（铝合金）、5mm（塑料），管内壁上开有两对互为正交的导槽。设置测斜管时，需先钻孔，然后把柔性测斜管设置在孔中，接着用水泥砂浆对钻孔孔壁与测斜管间的间隙进行填充。

2. 测斜探头

探头由测角传感器、壳体、导轮、底座、电缆卡构成，其功能是测定变位后的测斜管的轴线偏离与竖直线的角度。当土体变位致使测斜管发生倾斜，探头从管口滑下时，探头内摆锤与竖直线间形成夹角 θ，则管的斜率为 $\sin \theta$。设测段长为 L，则 i 测段测斜管偏离理想竖直线的水平位移量。

$$\Delta x_i = L \sin \theta_i \qquad \text{（式 7.2.1）}$$

则某深度处的总水平变位量 x_n（见图 7.2.3）为

$$x_n = \sum_{i=1}^{n} \Delta x_i = \sum_{i=1}^{n} L \sin \theta_i \qquad \text{（式 7.2.2）}$$

目前探头多为应变片型、差动变压器型及伺服加速度型。图7.2.4示出的是四种探头的测定范围和精度。图7.2.5是伺服型探头的构造和测斜管断面形状。图7.2.6是电路构造图，利用伺服放大器放大的电压（对应伴随倾斜重力摆的变位）产生的磁力，使重力摆返回零位。

567

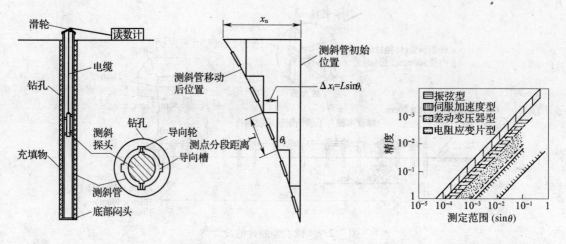

图 7.2.3　倾斜计工作原理图　　　　　　图 7.2.4　倾斜计的测量精度

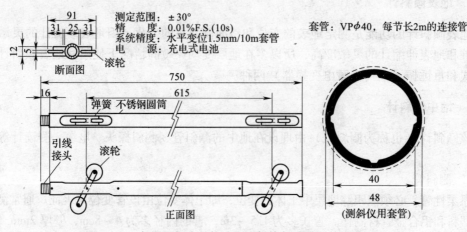

图 7.2.5　伺服型探头的构造和测斜管断面图（单位：mm）

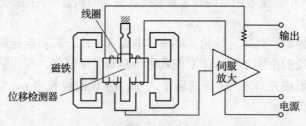

图 7.2.6　伺服电路图

　　差动变压器型滑动倾斜计也有较好应用实绩，且可靠性高。

　　图 7.2.7 示出的是插入式地中滑动倾斜计的设置状况。该图中的支持层必须是不受上方土层变形影响的不动层。另外，探头测定的测斜管管顶口的移动量，必须用其他方法进行校正。

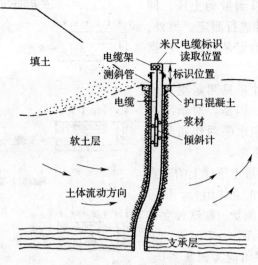

图7.2.7 地中滑动倾斜计

3. 电缆线

电缆线是探头的电源线、探头输出信号送给测读计的输送线、测点深度标尺、下放和提升探头的钢绳的混合线。电缆线应具较好的防水性。

4. 测读计

测读计的功能是显示各测点的深度及水平变位量。测读计必须与选用的探头匹配。

7.2.5 地中变位计

这种方法与地中倾斜计相同，也是使用柔性管，管上贴附电阻应变片，从应变片的变形量求出柔性管的变形量。根据柔性管的变形形状，推估地层的变形和滑面的位置。

7.3 土 压 计

7.3.1 土压计的原理

测定土压力的装置为土压计。土压计有壁面式和土中式两种。尽管满足壁面土压计与土中土压计的条件存在差异，但土压计的原理是相同的。

土压计的原理如图7.3.1所示，大致分为平衡型土压计和判断型土压计两种。平衡型土压计是使土压计的承压板变位，再把其变位量变换成土压。根据承压板的变位方式平衡型土压计可分为承压板整体变位的活塞型、承压板挠曲变位膜片型及介于活塞型和膜片型两者之间的中间型三种类型。从变位量的转换方式而言，存在电转换、机械转换、光学转换及三者混合利用等几种方式。

判断型土压计是从承压板的内侧加压，测定的是承压板保持原位时的土压力。通常，是求取承压板在土中被推开瞬间电触点断开的土压。判别型土压计适于测定稳态土压，不适于测定动态土压。

平衡型土压计可以测量动土压，同时可远程对多个土压计进行测定。另外，可使用计算机进行自动记录和进行数据处理。

目前的多数土压计是只测量垂直作用在承压面上的土压。但是，对承压面而言，可以测量垂直和水平两作用分量的土压计，通常使用不多。

普通的土压计只测量土压计上的垂直应力。但是利用土压计的立体组合，则可以进行二维、三维应力测量。在这种立体组合土压计的框面（3 面体～7 面体）上设置土压计，可构成多维应力测量系统。但应指出，在土中土压计的方向是不变的。

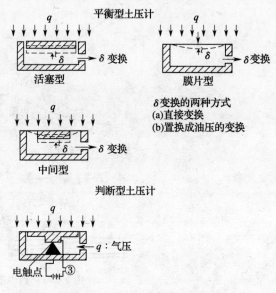

图 7.3.1　土压计原理及种类

7.3.2　土压计应具备的条件

因土呈颗粒状，如果把土压测定和水压测定进行比较，则可发现土压测定有如下特点：
① 粒径不均匀。
② 即使微小变位，其应力变化也较大。
③ 因土压计是刚性，故易使应力集中。
所以必须选择符合这些条件的土压计（见图 7.3.2）：
（1）粒径条件

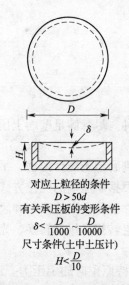

对应土粒径的条件
$D > 50d$
有关承压板的变形条件
$\delta < \dfrac{D}{1000} \sim \dfrac{D}{10000}$
尺寸条件（土中土压计）
$H < \dfrac{D}{10}$

图 7.3.2　土压计应具备的条件

$$D > 50d \qquad\qquad (\text{式 } 7.3.1)$$

式中　　D——承压板有效直径；

　　　　d——土的最大粒径。

（2）承压板的变形条件

$$\delta < \left(\frac{1}{1000} \sim \frac{1}{10000}\right) \cdot D \qquad (\text{式 } 7.3.2)$$

式中　　δ——挠曲值。

（3）应力集中的条件

① 刚性　　$E_s < E_g/10$

② 形状　　$D \geqslant 10H$（土中土压计的情形）

式中　　E_s——土的变形系数；

　　　　E_g——承压板的变形系数；

　　　　H——土压计的厚度。

上述条件随土的种类和密实程度等的变化而变化，所以即使满足这些条件也不能求出绝对精确的土压。

7.3.3 土压计的种类

土压计大致种类见图7.3.3，目前使用较多的当属箔状应变片型、差动变压器型、振弦型。

土压计通常由两部分构成：

(1) 埋设在地中的土压力传感器，即把土压力变换成各种电参数（如电阻、电感、电压、频率等）信号，通过电缆输送到地表的装置，也称土压力盒；

(2) 地表测量装置（即测量、变换、处理、显示土压力传感器输出信号的装置），也称接收仪。

1. 振弦型土压计

该类土压计的土压传感器为振弦传感器，地表测量装置由自激振荡器、频率计（频率测定仪）、处理转换电路、显示器等部件构成。该土压计的输入为压力，输出为频率。

振弦传感器的构造如图7.3.4所示。测压原理如下：振弦钢丝置于磁铁产生的直流磁场中，两端用钢柱固定张紧，当外界土压力（F）作用在弹性薄片上时，承压薄片向上挠曲，致使两钢柱张紧程度变大。可以证明，此时钢弦的固有谐振频率可用式（7.3.3）求取：

$$f_o = \frac{1}{2l}\left(\frac{F}{\rho}\right)^{\frac{1}{2}} \tag{式7.3.3}$$

式中 l——钢弦的有效长度（m）；

ρ——钢弦的线密度（kg/m）；

F——土压力（kN）。

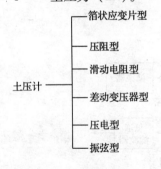

图7.3.3 土压计的类型

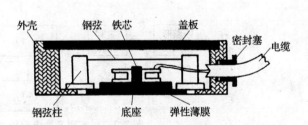

图7.3.4 振弦型土压传感器

由式（7.3.3）可知，f_o 与 $(F)^{\frac{1}{2}}$ 成正比，所以若测得 f_o，即可知道土压力 F。

测定 f_o 的方法是把该传感器置于间歇自激振荡器（间歇激励法，也可采用连续激励法）中，当振荡器向线圈供给脉冲电流时，钢弦被迫产生振动（频率为 f_o）。进入间歇期后，脉冲电流消失，但钢弦仍在以 f_o 作衰减振动。该衰减振动又在线圈中产生感应电势，该感应电势的频率仍为 f_o。也就是说，图7.3.4中输出电缆中的电势信号的频率仍为 f_o，但信号幅度是衰减的，如图7.3.5所示。由于地表测量装置测量的是频率 f_o，所以幅度衰减无关大局。

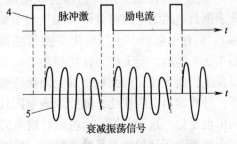

图7.3.5 脉冲激励电流与衰减振荡信号图

实践发现，按式（7.3.3），$f_。$与F的关系确定F的非线性误差大（5%～6%），若按$F = 4l^2 \rho f_。^2$的关系确定F，则非线性误差可减小（0.5%～2.5%），所以通常在地表测量装置中频率计的后面还接有平方处理转换电路。图7.3.6、图7.3.7分别示出的是间歇激励测量电路、转换电路。

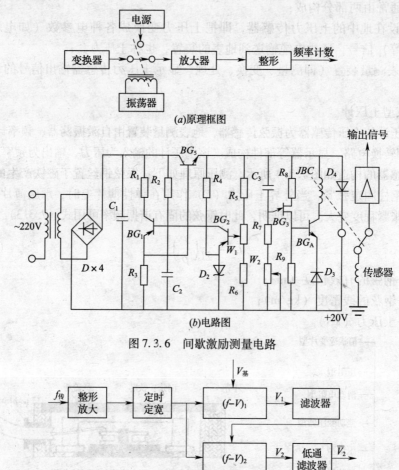

图 7.3.6　间歇激励测量电路

图 7.3.7　实用变换电路原理框图

振弦型土压计的抗水性、抗冲击性好，并可作温度起伏补偿，零点漂移小，故使用较多。

2. 电阻应变片土压计

这类土压计的土压传感器为电阻应变传感器，地表测量电路为电阻测量计（惠斯登电桥等测量电路），简称电阻计。土压电阻应变传感器构造例如图7.3.8所示。当土压力作用接触面时，弹性膜受压发生挠曲变位，因而粘结其上箔状应变片发生变形，导致输出电阻变化，随后地表电阻计测得的电阻值也变化。这就是说，由电阻计输出的变化，完全可以判断输入土压力的大小。

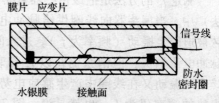

图 7.3.8　电阻应变传感器

这类土压计的优点是性能稳定、精度高。但应变灵敏度低。

3. 差动变压器型土压计

这类土压计以差动变压器为传感器，地表测量电路多为差动整流电路和相检波电路。

差动变压器传感器的构造示意图如图7.3.9所示。图中的铁芯与承压板相连，当承压板在土压力的作用下发生变位时，线圈与铁芯产生相对变位，则次级线圈中产生感应电势，该电势正比于铁芯的位移，故地表测量电路的输出电压正比于土压力。

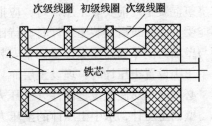

图7.3.9 螺管型差动变压器构造示意图

差动变压器型土压计的特点是构造简单，无任何机械接触部件，故该类土压计的长期稳定性、抗冲击性好。

7.3.4 土压计的标定

土压计出厂时，通常附有用水压等标定的校正曲线。但多数情况下，该标定曲线与实际土层的条件不符，所以须对实际土层进行标定。

标定方法，把土压计埋设在与现场相同条件的土槽内，经过橡胶薄膜用气压和水压对其加压。

标定项目如下：

① 校正曲线的直线性和有效使用压力范围。

② 返复加压的精度。

③ 温度变化，绝缘性能下降等因素决定的可靠性和耐久性。

此外，水压标定时，还应进行土压计和引出电缆线的耐水性检查。

7.3.5 半导体压阻型土压计

构成这类土压计（或孔隙水压计）的地中感压传感器是半导应变片型压阻传感器（输入压力，输出电阻）；地表测量装置为电阻计。图7.3.10示出的是在圆筒内设置半导体应变片型压阻传感器，检测总土压（土压+水压）、孔隙水压力及差压（总土压－孔隙水压）的装置。图7.3.11示出的是利用扩散型半导体压阻传感器构成的低压小型土压计。

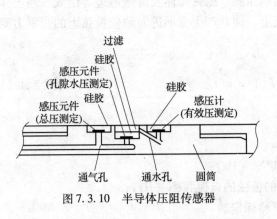

图7.3.10 半导体压阻传感器

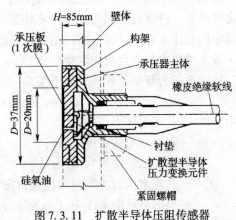

图7.3.11 扩散半导体压阻传感器

7.3.6 土压计设置上的注意事项

壁面土压计的设置，承压面与壁面应为同一平面，必须注意两者之间不能产生凸凹。在浇筑混凝土之前安装土压计时，应把土压计牢靠地固定在模板上。浇筑混凝土时土压计不能受力。浇筑后安装土压计时，待比土压计稍大的脱膜混凝土硬化后，用砂浆等按承压面与壁面为同平面的要求设置调整安装土压计。

土中设置土压计时，埋设土层面与承压面要成为一个平面，埋设压实应与周围土体相同，必须避免对测量设置部件（土压力盒）施加过大的应力。

壁面土压计，水中土压计的土压力盒埋设，应选用原位土，保持原位状态为好。当存在砾石，担心砾石对承压面产生集中应力的情况下，最好采用细砂保护承压面等措施。

7.4 孔隙水压力计

孔隙水压力计即是测量土中孔隙水压力的测量计。孔隙水压力计的分类状况大致如图7.4.1所示。与水位型孔隙水压力计、测压型孔隙水压力计相比，电子型孔隙水压力计具有自动记录、可长期连续观测、操作简单、省功省力省时等优点；缺点是标定必须在埋设前进行。总起来说，目前电子型孔隙水压力计在该领域占统治地位。故本节只介绍振弦型孔隙水压力计、电感调频型孔隙水压力计、电阻应变片型孔隙水压力计及差动变压器型孔隙水压力计。

图 7.4.1 孔隙水压力计的分类

7.4.1 振弦型孔隙水压力计

振弦型孔隙水压力计与振弦型土压力计的构成，除土中埋设传感器的构造，及地表测量装置中的处理电路略有不同外，其他完全相同。

（1）振弦传感器构造

振弦（用钢丝制作）型孔隙水压力计的地中传感器的构成如图7.4.2所示。它由振弦压力传感器、过滤石层构成。压力传感器由承压膜、振弦壳体及屏蔽电缆等组成。当土体孔隙中的有压水透过过滤石层作用在承压膜上，使其产生变形进而致使振弦上的张紧力变化，故振弦自振频率也相应发生变化。

孔隙水压力与振弦频率有如下关系：

$$u = 4l^2\rho(f_o^2 - f_1^2) = k(f_o^2 - f_1^2) \qquad (式7.4.1)$$

式中　u——孔隙水压力（kPa）；

　　　l——振弦的有效长度（m）；

　　　ρ——振弦的线密度（kg/m）；

　　　f_o——孔隙水压力为零时的振弦自振频率（Hz）；

　　　f_1——某时刻孔隙水压力（不为零）的振弦的自振频率（Hz）；

　　　k——系数（kPa/Hz^2）也可由室内试验标定。

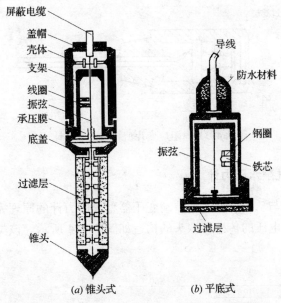

图 7.4.2 振弦型孔隙水压力计地中传感器构造

（2）传感器埋设注意事项

① 埋设前将过滤石放入净水中煮沸 2h，去除石表孔隙中的气泡及微生物等。

② 对传感器电缆进行编号。

③ 选用干钻法钻孔，孔径要大于传感器外径。

④ 一个钻孔最好埋设一个传感器，埋设几个传感器时，应细心封孔。

⑤ 传感器埋设前测出传感器的初始频率 f_o，传感器送入钻孔并定位后向孔中倒入纯净的粗砂，随后投放膨润土泥球、封孔。地表开沟埋设传感器引出电缆到监测室。

7.4.2 电感调频型孔隙水压力计

该孔隙水压力计的地中传感器为电感传感元件、谐振电容和集成电路块构成的 LC 振荡电路，一同装于传感器盒壳内。当土中水压力透过滤水石层进入感压腔作用在电感传感元件弹性承压膜片上时，膜片变形致使磁路气隙、磁阻及线圈电感发生变化，进而 LC 振荡器的振荡频率发生变化。正压作用时，膜片向内变形，气隙减小，磁阻减小，电感增大，频率降低；负压作用时，膜片向外变形，气隙加大，磁阻加大，电感减小，频率升高。这就是说，传感器的输入为压力，而输出信号为频率，且频率变化与土压力大致成线性关系。这类孔隙水压力计的特点是测量范围宽。

7.4.3 电阻应变片型孔隙水压力计

该类孔隙水压力计与同类土压力计原理相同，其特点是地表测量装置电桥的输出电压与输入的压力信号成正比，该孔隙水压力计较适于饱合砂层的孔隙水压力的测量。图 7.4.3 示出的是电阻应变片型孔隙水压力计的构造图。

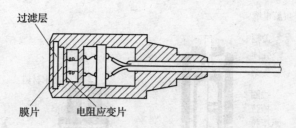

图 7.4.3　电阻应变片型孔隙水压力计

7.4.4　差动变压器型孔隙水压力计

该类孔隙水压力计与 7.3 节叙述的差动变压器型土压力计的原理完全相同，其土中埋设的孔隙水压力转换为电压的传感器探头的构造如图 7.4.4 所示。该类孔隙水压力计的稳定性、抗冲击性极好。

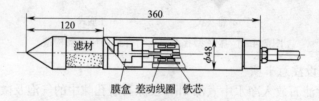

图 7.4.4　差动变压器型孔隙水压力计

7.5　应　力　计

应力计是测量构件、构材应力的测量计。与土压力计、孔隙水压力计类似，应力计有振弦型，电阻应变片型、差动变压器型等几种。因构件多为钢筋混凝土，所以测定钢筋混凝土构件躯体的受力状况，实际上就是测定主筋（钢筋）的受力，即钢筋应力计。图 7.5.1 与图 7.5.2 分别示出的是振弦应力（钢筋）传感器、电阻应变片应力（钢筋）传感器。图 7.5.3 示出的是差动变压器型应力传感器。

应力（钢筋）传感器应焊接在同一直径的受力钢筋上并保持同一轴线。传感器应离开钢筋绑扎接头一定距离（1 ~ 1.5m 以上）。根据现场情况，钢筋传感器可采用对焊、坡口焊或熔槽焊。焊接时可在传感器部位浇水冷却，使传感器的温度低于 60℃，但不得在焊接处浇水。安装绑扎带钢筋计的钢筋时，应将电缆引出端朝下，振捣混凝土时振捣器要离开传感器 0.5m 以上。

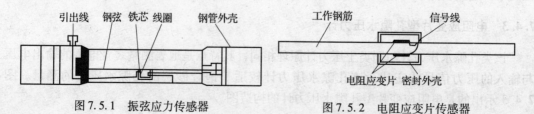

图 7.5.1　振弦应力传感器　　　　　图 7.5.2　电阻应变片传感器

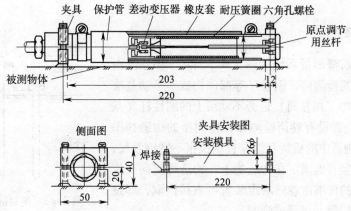

图 7.5.3 差动变压器型应力传感器（单位：mm）

7.6 井筒自身变位的测量方法

井筒自身变位的测量方法，可选用①有利用水准仪、经纬仪、基准点从地表进行测量的方法，也可选用②从井筒上设置标点，用相对沉降计、绝对沉降计、井壁上设置测斜孔等方法。这里仅对②的一些方法和设备作一简介。

7.6.1 静电容低差压计（相对沉降计）

低差压计的工作原理如图 7.6.1 所示。当两侧承压膜片上加有压力差（即与两侧膜片连接的水位筒存在高度差）时，该压力差经封液传递给感压膜片，故起弹簧作用的感压膜片产生正比于压力差的变位。该变位致使感压膜片与其两侧固定电极构成的静电容量发生变化，且该容量变化正比于变位。这电容量的变化经

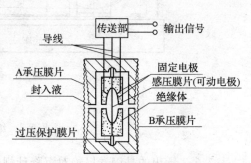

图 7.6.1 低差压计构成示意图

电子电路变换、放大成为输出信号。显然，测量该输出电信号，即可确定 A、B 两点间的压差对应的微沉降。表 7.6.1 示出的是低差压计规格的一个例子。

低差压计（相对沉降计）规格   表 7.6.1

名　称	规　格
形式	FFC - 33WA
测量范围	±100mm
分辨率	0.02mm
精度	±0.6%
输入电压	DC 12V ~ 45V
输出电流	DC 4 ~ 20mA
响应速度	<0.5s

7.6.2 绝对沉降计

构造物绝对沉降测量系统如图 7.6.2 所示。该系统由不动基准杆、卷筒检测器、钢卷尺等部件构成。不动基准杆是设置在构造物（如井筒）近旁不动层上的刚性杆（基准标）；该杆的上部设有卷筒检测器，检测器的构造如图 7.6.3 所示。检测器中的板簧卷绕器长期拉张不锈钢卷尺，卷尺经变向滚轮竖直地固定在构造物上。构造物竖向变位时，钢卷尺发生的伸缩由卷筒测定装置可直接读取，即是构造物的竖向变位量（沉降或隆起）。

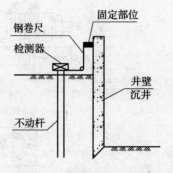

图 7.6.2 绝对沉降测量系统

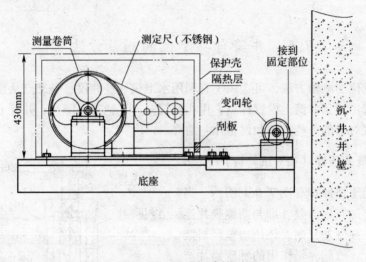

图 7.6.3 绝对沉降检测器

表 7.6.2 示出的是钢卷尺绝对沉降计规格的一例。

钢卷尺绝对沉降计规格	表 7.6.2
名　称	规　格
形式	CSD－6M
测定范围	±6m
分辨率	1mm
精度	±0.1%
输入电压	DC 20～30V
输出电压	DC 1～5V
响应速度	50cm/s
温度	－10～40℃
相对湿度	<85%

7.6.3　相对、绝对沉降计在井筒下沉姿态监测中的应用实例

这里仅对图 7.6.4 中所示出的 $\dfrac{D}{H} = \dfrac{60\text{m}}{15 \sim 45\text{m}} = 4 \sim 1.33 > 1$ 的 LNG 地下贮罐超大型沉井沉设时的变形测量、井筒下沉测量管理方法、监测设备及测量结果的利用方法进行简单的介绍。

1. 井筒变形与应力

（1）变形的定义

井筒倾斜造成的偏离理想刚体变形面的位移量定义为变形量。变形量通常有多个，变形量 δ 的定义如图 7.6.5 所示。

$$\delta = \delta_1 + \delta_2 \qquad\qquad\qquad （式 7.6.1）$$

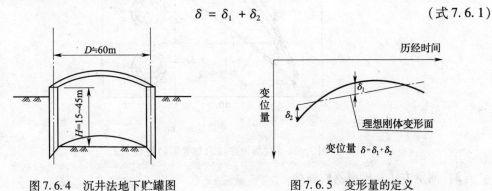

图 7.6.4　沉井法地下贮罐图　　　　　图 7.6.5　变形量的定义

（2）变形与井筒应力

井筒应力可以通过埋设在井筒内的钢筋计直接测出。但是，因钢筋计设置数量有限，测出的数据不能表征井筒全部的应力状态。因此，较现实的管理方法是把其应力大小状况通过变形展示。关于变形与应力的关系可以预测推算，因为沉井井筒可用圆柱薄壳模型模拟，所以可对各种支承条件下的模型进行 FEM 解析。用曲线表征的解析结果如图 7.6.6 所示。图中的 θ 代表没有地弹簧支承部分的角度。

（3）变形量管理值

上述井筒应力管理值可由曲线图决定。以防止产生沉设作业应力裂缝为前提，在 $\dfrac{D}{H} = 2 \sim 3$ 的范围内，变形量没有差别，均为由混凝土的允许张拉应力求出的允许变形量，可以判定为 15mm。考虑安全性，故现场的管理值应控制在 10mm 以内。

2. 变形测量方法

（1）测量设备的开发经过

作为井筒姿态的监测方法，可以考虑在沉井中央部位土体上常设水准仪，在井筒内侧贴附标尺，用水准仪测量记录一圈的方法。但是这种方法，即使在测量过程中，井筒自身也在缓慢下沉，所以很难准确地掌握井筒的姿态。另外，数据做成曲线图也是通过人工进行的。所以下沉井筒过程中，要想知道井筒快速微小变形对应的井筒应力（小的挤压态）是不可能的。

为此，必须选用高效的姿态检测器，进行适当合理的沉设管理。实践证明，使用静电容式低差压计做成相对沉降计完全可以满足这一需求。

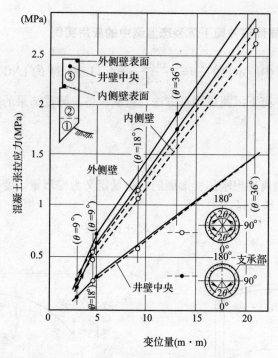

图 7.6.6　混凝土张拉力与变形的关系

（2）测量方法和检测器的规格

在井筒内侧同一水平圆周上，像图 7.6.7 示出的那样，设置 16 个等分点，在各区的中间点固定（表7.6.1 规格的）低差压计，经过水压管检测两端水位筒的水位差（水压管也固定在井筒内侧上，所以水位差就是两点间的水平高度差），以 16 点中的任意一点为基准，即可掌握其他点的相对水平高度，其结果可打印图示。低差压计的现场设置安装状况分别如照片7.6.1 和 7.6.2 所示。

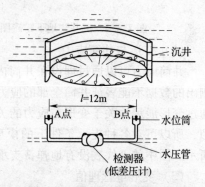

图 7.6.7　相对沉降测量方法

照片 7.6.1　现场设置状况

照片 7.6.2　低差压计

（3）现场输出信号及其利用方法

在被设置的 16 个等分点上（间距为 10～12m），设定 A～P 的 16 个标记点（参考图

7.6.8），以设在 A 点的绝对沉降计定位，作为井筒的基准高度。接下来由 16 个点的差压计送出的数据绘图，发现井筒的最高部分在右侧，最低部分在左侧，据此可求出井筒的倾斜（刚体变形轴）如图 7.6.9 所示。其次，以该刚体变形轴和剩下的 14 个点的高度关系可以绘出，变形（相对）曲线和变形量的曲线图（见图 7.6.10）。

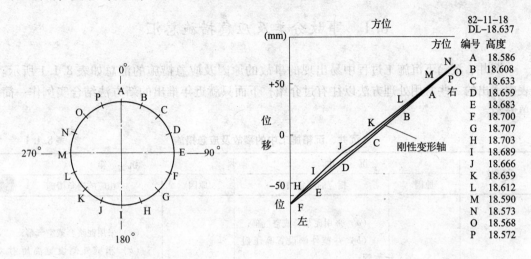

方位		82-11-18 DL-18.637
编号	高度	
A	18.586	
B	18.608	
C	18.633	
D	18.659	
E	18.683	
F	18.700	
G	18.707	
H	18.703	
I	18.689	
J	18.666	
K	18.639	
L	18.612	
M	18.590	
N	18.573	
O	18.568	
P	18.572	

图 7.6.8 测点分布状况　　　　图 7.6.9 井筒倾斜（刚体变形轴）图

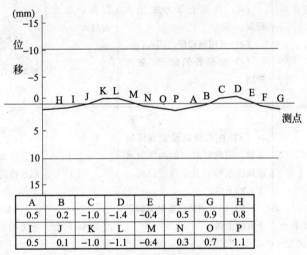

A	B	C	D	E	F	G	H
0.5	0.2	-1.0	-1.4	-0.4	0.5	0.9	0.8
I	J	K	L	M	N	O	P
0.5	0.1	-1.0	-1.1	-0.4	0.3	0.7	1.1

图 7.6.10 变形曲线图

上述曲线图表征的现场井筒的姿态被显示在图形显示器上。由此可以知道各点的不同沉降和变形的变化状况，进而决定刃脚下方的挖掘位置及土砂挖除量，继续下沉作业。

另外，不同下沉量及变形量超过管理基准值时，作为报警的方法，在打印机上打出超过管理值的清单，即使现场没有监视员，也可据长期监测结果就井筒的姿态进行安全确认。

第8章 施工事故及应急措施

8.1 事故分类及应急措施总汇

沉井、沉箱下沉施工过程中易出现的事故的原因及应急措施的汇总如表 8.1.1 所示。表中示出的一些常用处理方法以往有过介绍，下面只就近年推出的新方法结合实例作一简单介绍。

沉井、沉箱施工中的事故及应急措施 表 8.1.1

事故	沉　井		沉　箱	
	原因	相应的应急措施	原因	相应的应急措施
难沉（系指下沉过于缓慢或沉不下去）	井壁与地层间的摩阻力过大	（a）采用泥浆套或空气幕； （b）井壁外侧设置高压射水管； （c）井壁外侧面涂润滑剂； （d）井筒上顶外加压入荷载； （e）利用地锚反力压入； （f）井壁外侧钻孔、破坏楔槽	井壁与地层间的摩阻力过大	（a）采用泥浆套或空气幕； （b）箱壁外侧设置高压射水管； （c）箱壁外侧面涂润滑剂； （d）箱体上顶外加压入荷载； （e）利用地锚反力压入； （f）箱壁外侧钻孔、破坏楔槽降低作业室的气压
	刃脚下土层抗力过大	（a）在刃脚处设置高压喷水管，用此管射出的高压射水或高压水枪的射水冲挖刃脚正下方的土体； （b）还可用钻机松动刃脚正下方的土体； （c）刃脚正下方存在大的卵石时，潜水员下水钻孔，爆破清除； （d）利用地锚压沉； （e）改沉井工法为沉箱工法施工	刃脚下土层抗力过大	（a）在刃脚处设置高压喷水管，用此管射出的高压射水或高压水枪的射水冲挖刃脚正下方的土体； （b）还可用钻机松动刃脚正下方的土体； （c）刃脚正下方存在大的卵石时，潜水员下水钻孔，爆破清除； （d）利用地锚压沉
	上浮力大	（a）排水； （b）井筒上顶加外荷载	上浮力大	（a）排水； （b）箱体上顶加外荷载加水荷载、加砂荷载

事故	沉 井		沉 箱	
	原因	相应的应急措施	原因	相应的应急措施
突沉	井壁与地层间的摩阻力小	（a）适当增大刃脚踏面的宽度； （b）挖土要均匀、对称，且挖土深度不能太大； （c）向井壁外侧与地层间的孔隙中填充砾石构成楔槽	井壁与地层间的摩阻力小	（a）适当增大刃脚踏面的宽度； （b）挖土要均匀、对称，且挖土深度不能太大； （c）向箱壁外侧与地层间的孔隙中填充砾石构成楔槽 加大作业室的气压
沉偏	a. 两侧井壁与地层间的摩阻力不同	在下沉少的一侧井壁外侧钻孔、冲水、压气等措施减小摩阻力	a. 两侧井壁与地层间的摩阻力不同	在下沉少的一侧箱壁外侧钻孔、冲水、压气等措施减小摩阻力
	b. 两侧刃脚踏面处土体支承反力不同	下沉少的一侧的井内加快挖土，用高压水冲挖刃脚踏面下方土体，下沉多的一边停止挖土，或者在井筒内侧加支承架	b. 两侧刃脚踏面处土体支承反力不同	下沉少的一侧的箱内加快挖土，用高压水冲挖刃脚踏面下方土体，下沉多的一边停止挖土，或者在箱壁内侧加支承架
	c. 井筒重量不对称	局部加载	c. 井筒重量不对称	局部加载
	d. a + b + c	（a）使用千斤顶推托式倾斜修正装置纠偏； （b）利用地锚压沉（防偏、纠偏）； （c）在外壁与地层之间的上部设置圆卵石滑槽（只能防偏）	d. a + b + c	（a）使用千斤顶推托式倾斜修正装置纠偏； （b）利用地锚压沉（防偏、纠偏）； （c）在外壁与地层之间的上部设置圆卵石滑槽（只能防偏） 河道水位涨高时，对下沉到位的沉箱充水校正
超沉	a. 地层强度不够、过软 b. 刃脚射水过量	（a）用千斤顶上堤； （b）控制射水量及射水时间，不大于5min	a. 地层强度不够、过软 b. 供气软管故障，停止供气	（a）用千斤顶上提；避免供气事故

续表

事故	沉　井		沉　箱	
	原因	相应的应急措施	原因	相应的应急措施
刃脚损伤	a. 运输、安装过程中碰破刃脚 b. 遇到孤石、巨砾层等硬层	（a）用钢板、钢筋混凝土修复； （b）先把表层孤石、巨砾置换成细粒土砂	a. 运输安装过程中碰破刃脚 b. 遇到孤石、巨砾层等硬层	（a）用钢板、钢筋混凝土修复； （b）先把表层孤石、巨砾置换成细粒土砂
基底隆起喷水、喷砂	隆起安全系数 $\eta < 1$（η 见 5.4.1 的叙述）	改用压气工法	隆起安全系数 $\eta < 1$（η 见 5.4.1 的叙述）	提高作业气压

8.2　沉井事故应急事例

8.2.1　推托式倾斜修正法

推托式倾斜修正装置如图 8.2.1 所示。沉井两侧的钢板桩挡土墙上固定有推托千斤顶，该千斤顶上装有高灵敏度的行程计和倾斜计。当沉井井筒的倾斜超过某一规定值时，操作盘发出使井筒顶高一侧的液压千斤顶卸压放开，使顶低一侧的千斤顶加压推托井筒，从而使井筒倾斜消除，恢复正常。该装置同样完全可以修正沉箱箱体的倾斜。

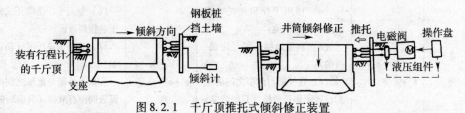

图 8.2.1　千斤顶推托式倾斜修正装置

8.2.2　沉井工法改为沉箱工法的应急事例

1. 事例 1

（1）概况

沉井形状、井环的分割状况如图 8.2.2 所示。

（2）沉井下沉受阻经过

用抓斗挖掘下沉顺利地通过砂砾层下沉到巨砾、孤石层界面处。进入巨砾、孤石层，孤石粒径太大（见照片 8.2.1），抓斗已无能为力，同时还会损伤抓斗。如用带铲头的钢

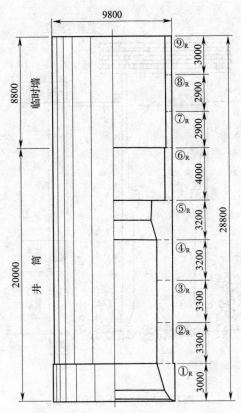

图 8.2.2 沉井形状、井环的分割状况（单位：mm）

钎破碎孤石或用铁丝捆绑、整块吊出等方法，清除刃脚周围障碍，其作业效率太低。

再有，作为增加下沉载荷的措施，在井筒顶部增加了钢材和混凝土块载荷（见照片8.2.2）；对于减小刃脚反力的措施还进行了巨砾和孤石的爆破；此外，还采取了喷注润滑浆液及用反铲挖掘沉井外周等降低周面摩阻力的措施。尽管施加了上述诸多措施，但沉井仍无法下沉。该沉井挖掘下沉及井筒的悬挂状况如图8.2.3所示。

照片 8.2.1 大径孤石

照片 8.2.2 井顶加载状况

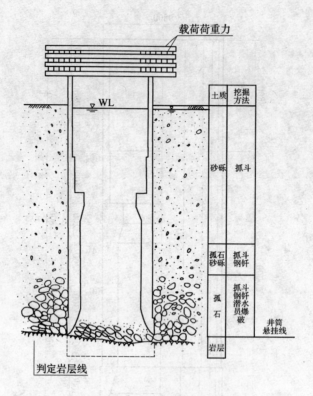

图 8.2.3　沉井下沉挖掘状况

（3）沉井向沉箱的变换

① 沉井工法的挖掘极限及采用沉箱工法的理由

a. 抓斗挖掘的极限

巨砾、孤石的粒径大，所以抓斗无法抓住夹紧。

b. 人工挖掘极限

在浅的沉井中，以往有过在触岩后，用水泵排水，然后在大气压下作人力挖掘的例子。但是，本工程系巨砾、孤石层，渗水系数大，排水措施不起作用。因在水深25m深处无法区分地层分界面，如果此时再靠潜水员作业，则会出现发生下沉和避让判断困难的无安全感的作业段，所以不能再派潜水员下水作业，必须另寻其他安全的工法和措施。相比之下，因沉箱工法是在沉箱作业室内的干挖作业，所以能够清晰地看清孤石层与岩层的分界线，即施工作业安全可靠。

c. 其他水中挖掘机械也有超越极限的问题

鉴于上述 *a*、*b*、*c* 三种原因，最后决定接下来的挖掘下沉改为沉箱工法。

② 压气作业室顶板的构筑

沉井改沉箱的压气顶板的构造和构筑程序分别如图8.2.4和图8.2.5所示。

因压气盖（作业室顶板）设在沉井的中部，现场浇筑混凝土施工时，要求井位附近要作排水安排。对于该方法来说，须先浇筑临时止水底板混凝土，然后再在临时底板上回填土砂，以备对抗排水时的浮力。

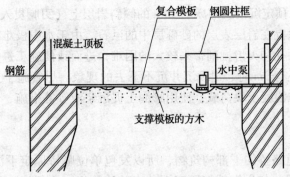

图 8.2.4 气室顶板详细构造

① 填埋	② 浇筑临时混凝土底板	③ 投入中密砂	④ 构筑气室顶板
对超挖部位进行回填，由潜水员摊平。	用导管浇筑混凝土并摊平。	先降低井内水位，投入中密砂。	排水后构筑顶板。

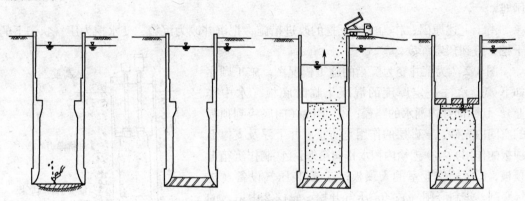

图 8.2.5 压气顶板构筑程序

③ 压气挖掘

压气板下方4m的中密砂的挖掘为无气压挖掘，此后开始压气。临时底板混凝土拆除时的内压为0.2~0.3MPa。压气挖掘的施工程序如图8.2.6所示。

① 开口	② 无气压挖掘	③ 加气压挖掘	④ 拆除临时底板挖掘岩层
用φ15.2cm的排砂泵排除顶板下2m的砂土。			用爆破法挖掘下沉

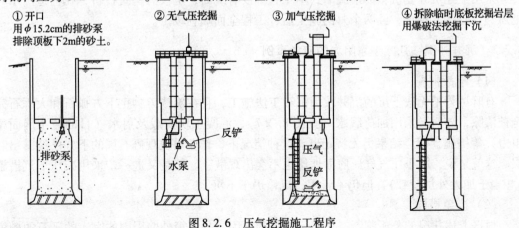

图 8.2.6 压气挖掘施工程序

2. 事例2

（1）事故概况

某 ϕ10m 的沉井预定沉设到河床下 30m 的倾斜岩层上（刃脚贯入岩层 1.5m），施工中采用潜水爆破法清除混在岩层表层的砂砾层中的巨石。由于水中极难辨认转石和大块砾石的位置，故给爆破钻孔和刃齿掘削带来较大的困难，进而致使施工进度极其缓慢。当沉井下沉到离预定位置还有 3m 时，出现沉井沉不下去的现象。尽管施工人员采用了增大沉井止水壁的重量；外加混凝土块荷载；使用膨润土促沉浆液等等措施，但仍无效，致使工程被迫停工。

（2）应急措施

因为该沉井是道路桥的下部构筑物，所以发包单位坚持原定下沉目标不变，即沉井必须下沉到预定位置。如果继续按原定沉井水挖法施工，不仅清除刃脚正下方的孤石和大砾石困难，还必须超挖减小外周面的摩阻力确保下沉。但是，为了减小水中爆破振动的影响及确保沉井的竖向精度，故必须在外壁与地层之间的孔隙中填充密实的砂砾。这样一来，地层与外壁之间的砂砾易形成楔槽，致使摩阻力更大。也就是说，沉井下沉更困难。

由于上述原因，作为继续下挖的改进措施，把沉井改为沉箱，变水挖为压气状态下的干挖，直到预定深度。

图 8.2.7 为沉井变为沉箱的施工概况图。施工顺序如下：① 浇注一定厚度的混凝土临时底板（水中作业），切断向井内涌水的路径；② 填砂（向底板到顶板的空间内充砂，该砂层的作用是防止沉井上浮及支撑上顶板的作用）；③ 把箱内积水排向箱外；④ 制作沉箱上顶板，即沉箱作业室的天顶板；⑤ 安装压气设备（进气竖闸、进料竖闸等）；⑥ 压气开挖：先挖②中填入的砂层，再钻破临时底板，然后爆破巨砾石、岩层，直到预定位置；⑦ 封底。

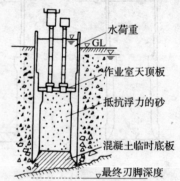

图 8.2.7　沉井变沉箱的施工概况图

（3）结果

采用上述沉井变沉箱的措施后，本工程既没有筑岛，也没有构筑栈桥，在河道涨水时把压气设备运入现场，经两个月的施工后，工程全面顺利竣工。

8.2.3　沉井外围钻孔减小摩阻力的应急事例

（1）事故概况

有时尽管把无法下沉的沉井改为沉箱工法施工，且在确认刃脚正下方孤石和大砾石完全被清除，随后又采用加荷载水（见图 8.2.7）、混凝土块荷载及射水（目的减小周面摩阻力）等措施促沉，结果仍无济于事。这种情况下，作业员发现砾石层的下方已经露出岩层。这就是说，减小压气气压底面地层也不会出现散乱。于是又进一步采用减压下沉措施（相当于加大外加荷载），但仍不管用，沉箱仍不下沉。

（2）应急措施

根据上述状况的分析判断，沉箱不下沉的原因，是沉箱外壁周围的密实的砾石的槽楔作用，致使周面摩阻力过大所致。所以采用硬质地层中使用的封套钻孔法（直径 1.5m、2m），对沉箱外围进行钻孔，解除槽楔。钻孔后回填小砾石。

（3）结果

使用两台钻孔机，经一个月的钻孔（钻孔数：15孔、钻进总长度427m）后，沉箱开始下沉，以后的挖掘、下沉均进展顺利。20d后沉箱顺利下沉到预定位置。日后工程费用的结算结果表明，包括停工、钻孔机的待机、现场管理人员的工资费用等统统在内，工程的总费用仍较整个工程一开始就采用沉箱工法便宜。

8.2.4 沉井工法变为开挖工法的应急事例

（1）事故概况

矩形沉井（外侧尺寸12.4m×17.4m，壁厚1.2m）兼作某弯道高架桥基础的防渗壁和外框。因原设计只凭沉井预沉位置中心处的钻孔结果，把沉井基底确定在砂砾层下面的岩层表面。但是施工前的多点实际钻孔勘察的结果表明，垂直桥轴向的岩层表面的高低差为1.7m，桥轴向的高低差为3.2m。即岩层表面是倾斜的且为中硬岩。如按原定计划施工，则要求沉井刃脚的一部分要贯入岩层约3m，其他刃脚部位要求置入粒径100~150mm的砾石层。置入状况如图8.2.8（a）所示，这就给沉井施工中的岩层挖掘和下沉后的刃脚处的止水，提出了极大的技术难题。

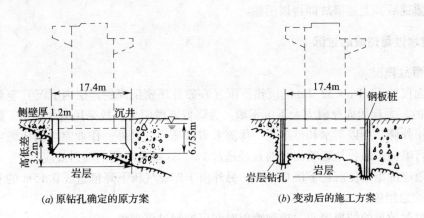

图8.2.8 施工方法的变动过程

（2）应急措施

为了确保直接基础和防渗壁的功能，可采用如下两种方案：

① 用炸药爆破岩层。

② 先把岩层作一定程度的爆破或破碎，然后掘削成可以插入钢板桩的沟，再安装水平支撑，最后开挖的方案。

经价格及施工可行性两方面的研讨结果知道，采用方案②为好。

方案②的施工顺序如下：a. 先用封套法对岩层钻孔；b. 对钻孔充砂；c. 用振动锤打入钢板桩；d. 最后作防渗灌浆处理。施工概况如图8.2.8（b）所示。

（3）结果

钢板桩防水功能得以充分发挥，用明挖法对直接基础实施开挖，结果顺利竣工。

8.3　沉箱事故应急事例

8.3.1　供气软管管理失误造成的沉箱下沉异常

（1）事故概况

某沉箱工程系用同一供气系统向两座沉箱作业室压送压缩空气，柔性供气软管要各自分别跨越外围脚手架。伴随沉箱下沉，假如跨越框架式脚手架的供气软管中的一路（A 沉箱），在脚手架的上部发生弯折，随即出现供气停止。为解决这个问题，则势必提高该路的供气压力（即供气量加大）。这样一来必导致掘削中的 B 沉箱的供气量减小，进而致使 B 沉箱的气压降低。最后导致 B 箱内涌水、下沉快及伤害作业人员等事故。

（2）应急措施

事故的原因系对供气软管监视不利所致，必须加强监视人员的责任教育、增进责任心。

（3）结果

加强监视后，上述事故即得以消除。

8.3.2　射水过量造成的过沉

（1）事故概况

当平面尺寸 48.1m × 37.2m 的沉箱下沉（在砂井压密沉降的地层内下沉）至离地表面约 22m 处时，发现周面摩阻力大下沉不顺。为降低该摩阻力，故采用射水措施。因为砂井也位于沉箱外侧，所以射水和砂混为一体流入刃脚部位。另外，作业室内的压缩空气也从该路径逆行喷向地表，地表喷出孔的直径超过 1m。这就是所谓的喷射效应。

喷射效应的结果使沉箱下沉 0.44m，另外由于作业气压下降也造成 0.15m 的下沉。

（2）应急措施

解析喷射效果的结果表明，控制喷射时间可抑制过沉现象。

（3）实验结果

把射水时间控制在 5min，结果发现既有促沉作用，又不出现过沉。每次的下沉量可控制在 0.4 ~ 0.5m 以内。

8.3.3　沉箱超沉

（1）事故概况

沉箱的闸门和竖向料孔、人孔的接头处常发生漏气现象。为使作业气压保持一定值，必须向作业室内不断补充供气。如果停止供气，则气压会缓慢下降，同时沉箱下沉。通常在刃脚掘削终结阶段，常利用这种停止供气的方法促进沉箱下沉。本工程规定把供气阀门关闭 60min，随后及时开启供气阀门，以免发生过沉。但是，由于该班操作人员疏忽，在关闭阀门后去做其他工作，忘却了 60min 后应开启供气阀门的事宜。不久，作业人员下班离岗，结果漏气事故持续一夜。第二天上班，发现沉箱已超沉了 0.6m。同时致使沉箱下方的横断河底的近接铁路隧道变形。

（2）应急措施

为了确保横断河流的铁路隧道（深度比河底还深）的安全，必须把沉箱提升到原定位置。作业方法如下：

① 排除沉箱上方的土砂荷载和水荷载。

② 减小周面摩阻力。

③ 增大作业室的作业气压。

④ 利用千斤顶的上升力提升。

作为上述作业的临时设施，还应在设置千斤顶的位置上设置厚900mm的钢筋混凝土板的土台；在刃脚周围浇筑防漏气的混凝土。另外，在采用上述措施后沉箱必然上浮，造成地层与刃脚间的缝隙增大，导致漏气量增加。为此还准备了填堵地层与刃脚间缝隙的密实砂土袋，及粘贴性聚乙烯薄膜材料以防漏气。

（3）结果

沉箱复位时的作业气压为0.162MPa（与刃脚和河水水位间的水头差的压力相当），千斤顶的抬高力为490kN×16＝7840kN。在不射水的情形下，即可看到沉箱上浮。直到隧道的纵向高度上浮到预定位置，再把隧道出现的横向倾斜（隧道宽度13m，相对位移0.3m）用千斤顶修正。

8.3.4 防止刃脚损伤的事例

沉箱在含孤石和巨砾的砂砾地层中掘削下沉时，以往出现过肉眼即可确认刃脚损伤状况的事例。作为措施可在沉箱下沉前，先把表层的孤石和巨砾置换成细粒土砂，这样处理的结果，实践证明对刃脚的损伤起一定的防止作用。另外，刃脚安装到位开始下沉前应检查是否有损伤，如有破损应根据具体破损状况用钢筋混凝土等材料进行修复。

8.4 隆起及其压气应急措施

隆起是挖掘下方存在滞水层的黏性土层时产生的一种土层上突的现象。当滞水层上界面的水压（竖直向上的力）比挖掘面到滞水层上界面的土的重量（竖直向下的力）大时，即发生挖掘面的隆起，严重时滞水层中的水和砂会从挖掘面喷出。目前防止隆起的有效措施，即压气法。

本节介绍挖掘面隆起的基本概念、压气沉箱作业室内观察到的隆起现象。然后介绍判别伴随挖掘产生的挖掘面的上浮（膨胀）及判别挖掘面隆起的方法，调整气压防止隆起的事例。最后介绍由于挖掘过程中出现隆起，进而把施工方法改为压气工法的事例。

8.4.1 挖掘黏性土时的压气效应

在压气的沉箱作业室内，挖掘滞水层上面的黏性土层时，由于黏性土不透气，所以作业室内的压缩气体的气压将以竖向向下荷载的形式作用在挖掘面上，显然该气压对隆起有抑制作用。其作用模型如图8.4.1所示。滞水层的水头 h 可由图8.4.1左侧的观测井水位及滞水层的上界面标高求出。该水头对应的水压，竖直向上的作用在黏土层的下面，该水压对应的作用力，就是产生隆起的主要原因。

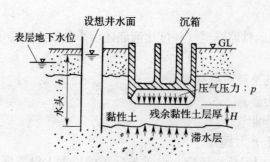

图 8.4.1　压气环境下的粘性土挖掘模型图

图 8.4.1 示出的作业室内的竖直向下的矢量表示作业气压。挖掘面与到滞水层上界面止的黏性土荷载的作用方向也是竖直向下的。气压和黏性土重力的和是产生隆起的阻力。用作用力和阻力表征的隆起安全系数 η 的表示式如下。

$$\eta = \frac{气压 + 黏性土荷载 + 黏土层的抗剪力}{水压}$$

$\eta > 1$ 表明，挖掘面不会发生隆起，即挖掘面稳定；反之，发生隆起。

就开挖工法而言，上式中的气压为大气压，从防止隆起的角度看，显然效果较差。另一方面，对压气工法而言，因为设定气压应据设计要求和施工状况而定，为防止隆起应对隆起状况作实时监测。另外，还应把沉箱刃脚外侧正下方的黏性土的抗剪力考虑到安全系数的计算公式中来。但是由于① 黏土层厚度破坏前的变形太大；② 吸水和拢动致使黏性土强度下降，且该强度下降具有不确切性。因上述两因素均具有极大的起伏性，无法估算，所以通常把抗剪力的影响略去。

8.4.2　隆起现象的试验观察

有人在试验施工的沉箱作业室内观察了隆起与气压的关系。试验施工的黏土层为相对密度 1.7 的黏硬的硬质黏土，水平断面尺寸为 23.2m × 11.2m。当黏土层的层厚为 3.9m 时，刃脚底面理论气压 0.147MPa，黏土层与滞水层界面处的水压为 0.185MPa。试验中分两次把气压降至 0.05MPa，此时作业室中央的地层上升 11.5mm。其中，底面的挠度为 7.5mm，其余 4mm 为减压膨胀。由挠度算出的底面埋入端的最大应力为 0.2MPa。随后进一步挖掘，刃脚旁边的黏土层在梁破坏理论示出的方向上多处出现开裂。当挖掘到黏土层仅剩 1.5m 厚时，刃脚旁边的黏土出现破碎。若继续减压，则黏土层完全破坏，最后涌水。同样试验条件的另几座沉箱，由于直到最后气压一直维持理论气压值，故破坏和涌水现象一直未有发生。

上述试验的观察结果表明：随挖掘深度的加深，若不增加气压，必出现隆起涌水。若随挖掘深度的加深，逐渐增加气压，则可避免隆起的发生。

8.4.3　膨胀量的评估及基底隆起的判定

（1）膨胀量的评估

由于挖掘覆盖土压减小，结果地层的内应力释放，故地层产生膨胀。黏性土的膨胀量，可由压密试验除荷后的间隙比的增大量进行评估。这种方法也是评估开挖法膨胀量的较好的方法。在黏土层剩余厚度较大的阶段对挖掘面处的黏土实施压密试验，挖掘面的隆起量和挖掘面以下的各层的变位量，可直接用分层沉降仪测量。

（2）是否发生隆起的判别

膨胀量的急剧增大，很可能造成挖掘面的隆起，所以必须对膨胀量作连续测量。测量可在沉箱下沉休止期内进行，可把作业室的天顶板作为固定点。这样测定的挖掘面的隆起量与估算的膨胀量的值极为接近。观察发现若挖掘面上喷出地下水，则刃脚附近必有较大的地层隆起，隆起量远大于通常的膨胀量的征兆，即表明将发生隆起。

8.4.4 压气法防止隆起的优点

总起来说，采用压气工法防止隆起有以下几个优点：

（1）从前面叙述过的挖掘黏性土时压气效应可知，压气时挖掘面上无泥泞现象，故给挖掘反铲和铲土机的运行带来方便，为确保挖掘效率创造了良好的条件。

（2）地下水从滞水层喷出的压力与防止地下水喷出的作业气压无关，即喷出的压力不随作业气压的升高而升高。

（3）作业气压升高挖掘机械不受任何损坏。

（4）若作业气压恒定在某一值时，制造压缩空气的压缩机的耗电不增加，即工程费用不增加。

（5）对基础支承层无任何损伤。

压气沉箱工程多以滞水砂砾层为支承层，由于产生隆起，致使滞水层的地下水从挖掘面喷出，同时还可能夹杂着砂和砂砾。这就构成了扰动滞水层表面即支承层的因素，作为这种情形的补救措施，即应重新考虑埋入深度和评估上部工作荷载条件下的剩余沉降量，特别注意沉箱最终阶段的下沉高度的控制。

8.4.5 作业气压的适用范围

近年来沉箱挖掘技术已实现全部机械化、无人遥控化（详见第六章）。另外，近年来让作业人员呼吸 $He + N_2 + O_2$ 三种混合气体的工法（作业人员的健康不受任何影响，见5.1.2节的叙述）的开发成功，使作业气压可达 0.2~0.7MPa，这就给操作人员的偶尔入箱操作或维修人员入箱维修保养机械带来了极大的方便。也就是说给压气工法带来了生机。

显然，压气工法在大深度盾构隧道施工中的开挖面的稳定方面，也是一种安全可靠的方法。

8.4.6 防止挖掘面隆起的压气应急事例

（1）工程概况

某下水道终端处理场，污水地下室的平面尺寸为 48.1m×81m、深23.9m。整个地下室分3座沉箱下沉，待下沉到位后再把3座沉箱相互连为一体。从其基础形式来说为浮基础（构造物的基础设计的重力与排出挖掘土的重力相当的基础），底面比滞水层的上界面高6.9m，底面位于黏土层中。图8.4.2示出的是沉箱的布设状况，表8.4.1为3座沉箱的平面尺寸。

沉箱的规格　　　　　　　　　　　　　　表 8.4.1

沉箱名称	短边 B（m）	长边 L（m）	深度 Z（m）
闸门沉箱	16.6	48.1	23.9
沉砂池沉箱	37.2	48.1	23.9
泵站沉箱	22.6	48.1	23.9

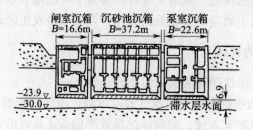

图 8.4.2　地下设施与沉箱设置状况

（2）防止隆起的实测结果

图 8.4.3、图 8.4.4、图 8.4.5 分别示出的是黏土层剩余厚度与作业气压、黏土层剩余厚度与 m（实际作业气压系数）及黏土层剩余厚度与隆起安全系数的关系。

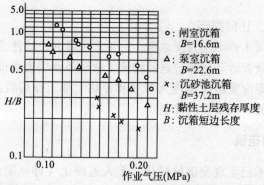

图 8.4.3　作业气压与黏性土层残存厚度的关系

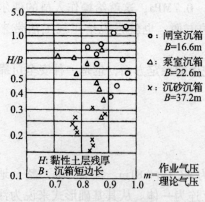

图 8.4.4　H/B 与 m 的关系

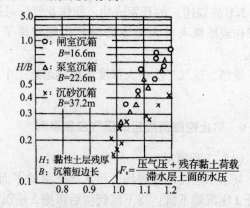

图 8.4.5　H/B 与 F_s 的关系

这里应当指出"滞水层的地下水分布应看成是以下部砂层标高 -1m 处的地下水位为基准的静水压。图中的 P_1 为沉箱作业室内的理论作业气压，相当刃脚标高处的静水压；P

为隆起安全系数大于 1 时的作业气压，应据挖掘环境及压缩机的容量设定；B（m）为沉箱水平矩形断面的短边；H（m）为挖掘面与滞水层上界面间的淤泥层厚。H/B 表征下沉进度，$m = P/P_1$ 为实际作业气压系数。

这里应当指出的是图 8.4.5 中示出的沉砂沉箱最终阶段的隆起安全系数仅为 0.97，按理说此时会发生隆起（以致喷水），但实际施工中并未发生隆起，这是前面 8.4.1 提到的黏土的抗剪力在计算 η 时被忽略的原因所致。

（3）挖掘面以下各地层膨胀量的实测值

该工程的施工地点为填筑地，曾用促进黏土层压密下沉的排水砂井对该地层实施加固，地层中还保留有确认促沉效果的原来埋设的分层沉降仪。这里利用该分层沉降仪测量沉砂池沉箱下沉终了时的膨胀累积值为 14mm，另由挖掘对象黏性土的压密除荷试验结果，估算最终挖掘时点的膨胀量为 12mm，显然两者极为接近。另外，也没有观察到作业室内的地下水喷出及刃脚附近的黏土层的异常上升，据此可以断定没有发生隆起的预兆。

8.4.7 竖井开挖隆起喷水压气工法的应急事例

某地下连续墙逆作法施工的竖井工程，为防止隆起，事先采用过对滞水层进行化学注浆止水的措施。但是，挖掘过程中出现喷出地下水和砂的现象，最后致使竖井被水淹没。出水的原因是矩形竖井直角转弯的部位很难进行斜注入。另外，离出水事故发生前不长的时间里发生过震度为 3 的地震，致使化学注浆的层段可能存在一定程度的破坏。作为措施采用压气工法应急处理上述事故，结果使事故在短时间内得以很好地解决，使工程顺利竣工。

就压气沉箱工法而言，因为是在地表构筑箱体，压气挖掘与箱体下沉同时进行，也就是说防止隆起的措施与挖掘下沉是同时进行的，即从施工顺序上就杜绝了致使隆起事故的主要原因。另外，施工中出现力的波动也比开挖法小得多。由于上述原因近年来用压气法防止隆起的工法发展极快，应用极广。

第9章 沉井、沉箱施工对周围环境的影响

9.1 地层变形的防止及预测

这里的地层变形及预测系指沉设沉井、沉箱时，周围地层的变形，本章重点讨论致使地层变形的因素、防止措施及沉降预测。

9.1.1 概述

通常土木工程施工中，因需从地表向地下开挖，故造成土体的移动和地下水位的变化。这就是说开挖出土必然引起地层的变态，特别是周围存在构造物时，无论采用哪种地下开挖工法，均需采取多种防止地层变形及保护原有构造物的措施。沉井、沉箱工法作为一种大深度地下开挖的施工方法，其特点是开挖的同时用刚性较高的钢筋混凝土箱体置换开挖产生的空间。目前，这是一种致使周围地层变形最小的工法，但不等于变形可以忽略。也就是说，当施工位置存在近接构造物时，还应与其他开挖工法一样考虑周围地层变形及导致邻近构造物的变形（沉降、倾斜等）。当前迫切需要一种能事前预测沉井、沉箱开挖施工对周围构造物沉降、倾斜影响程度的方法问世。以便于将这些预测的参数值与基准管理值进行比较，估计开挖的影响程度，以便根据影响程度制定必要的措施，以便保证邻近构造物的安全。

然而开挖施工致使的原有构造物的变形问题，通常应按主动土压与极限状态下的被动土压平衡的条件计算断面力，然后再与允许应力对比。但是由于作用外力不是极限外力，无法估算地层的变形系数。故致使这种预测构造物变形的方法受阻。

随着测量技术的进步，人们提出了另一种较为实用的方法，即信息化施工预测管理法。也就是说，对施工中测得的各个阶段的测量数据进行解析，进而得出各个阶段的变形，由此预测后来的施工实例的变形。

本章重点叙述沉设沉井、沉箱时致使的周围地层的变形因素及防止变形的措施；设置临时挡土墙和不设临时挡土墙情形下的周围地层的变形状况的对比；预测地表沉降的方法（有限元法、数值回归法）及沉降推估公式的导出。

9.1.2 地层变形因素及防止措施

1. 变形因素

沉井、沉箱施工开挖沉设致使周围地层变形的因素分析如表 9.1.1 所示，下面叙述各种因素影响状况及排除方法。

2. 箱体形状的影响

（1）减摩台阶的影响

设置在沉箱外壁上的减摩台阶的作用在于促进沉降，但是沉箱与地层之间产生的空隙会诱引地层的松散和坍落，进而致使沉箱周围地层变形。其防止措施如下：

箱体下沉致使周围地层变形的因素分析　　　　表 9.1.1

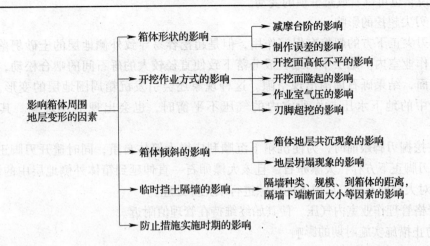

① 在减摩台阶从地表向地中下沉的初期，用堆放在沉箱外壁周围地表面上的砂子时刻填充减摩台阶与地层间的空隙。

② 作为促沉减小周面摩阻力的方法而言，可向沉箱外壁上喷射膨润土泥水，用这种膨润土泥水填充外壁与土层间的空隙。

③ 沉箱沉设到位后，向外壁与土层间的空隙处注浆，进一步把减摩台阶造成的空隙填实。

④ 设置挡土隔墙限定影响范围。所谓的隔墙即用刚性大的抗弯材料作成的限制开挖影响范围的，设置于地中的挡土墙的总称。通常使用钢板桩、钢管桩、排柱桩和地下连续墙等。

（2）沉箱制作误差的影响

当制作的沉箱外壁面局部凸凹不平时，也会使沉箱的下沉阻力增大。伴随沉箱的下沉周围地层对应的局部范围会被一起牵动沉降，即产生所谓的引发共沉。作为防止措施，须在浇筑混凝土时，认真检查模板的布设状况发现变形者应及时修正或更换。

3. 沉箱倾斜的不利影响

沉箱下沉过程中如果发生倾斜，则外壁的一侧必压迫周围地层，此时必发生共沉。另一侧因脱离地层，故常引发该侧地层坍落。其防止措施如下：

（1）沉箱下沉时的竖直精度必须小于管理值，与此同时还必须降低周面摩阻力。

（2）因为沉箱的倾斜方向是随机的，所以只能靠隔墙限制其影响范围。当考虑对近接构造物的影响程度时，还须讨论隔墙的抗弯刚性和入土深度。

4. 开挖作业带来的影响

（1）开挖面的变形

通常的开挖工程中开挖面会出现凸凹不平和隆胀等变形，这种现象在沉箱开挖时也会出现，这种现象的出现必然会影响到周围地层。另外，隆胀也会引发凸凹不平。作为防止措施有以下几点：

① 加强作业气压的管理，使其作业气压始终位于标准值附近。

② 设置隔离墙。

回弹现象可用沉箱刃脚限制其扩张，故对周围地层的影响小。但是对于桩柱支承式沉箱基础来说，也可以看成是桩顶的变动。

（2）刃尖超挖的影响

尽管刃尖正下方的超挖有促沉作用，但是超挖容易导致外侧地层的土砂坍落，使其土体涌向作业室内。地层中的细粒成分落下致使直径较大的砾石间的啮合松动，导致砾石移向壁面，结果砾石周围出现空隙。这种现象还会引发沉箱周围地层的变形。另外，外侧地层中的地下水压与作业室内的气压不平衡时，也会出现上述现象。其防止措施如下：

① 在挖掘刃脚跟前时，为使沉箱下沉顺利应增大箱体自重，同时避开刃脚正下方的挖掘。当刃脚正下方存在大漂卵石，且该大漂卵石一直伸延到箱体外侧地层中的情形下，必须考虑对大漂卵石破碎后留下的空隙进行填充等处理。

② 严格管理作业室内气压，使其始终维持在管理值附近。

5. 防止措施实施时期的影响

防止地层变形措施的实施时期的正确选择至关重要。若选择不当会导致措施失效，同时也造成经济浪费。通常隔墙及对原有构造物保护措施的施工须在开挖之前实施，其他措施可在开挖过程中实施。

9.1.3 周围地层变形的观测事例

1. 事例1：沉箱外侧浅表层的变形状况

本事例是沉箱下沉后，对其外侧地层开挖观察到的沉箱周围地层变形状况的报导。因沉箱周围无任何构造物，所以没有采取任何防护措施。图9.1.1是对沉箱外侧开挖检查的结果图。挖出来的接近地表面的土体是均匀铺垫的黑色土，地表1m以下的白色土是回填的砂质黏土。开挖过程中不难发现，伴随沉箱的下沉靠近外壁部位的土砂有向下滑的痕迹。即在地层与外壁的接触部位出现均匀铺垫的黑色土，沿外壁向下移动充入白色砂质黏土中的迹象。此外，还发现，减摩台阶（3cm）贯入地中时产生的空隙已被周围地层中的土砂填充。填充的土砂呈细尖状薄层，这说明周围的砂质黏土在向沉箱外壁方向移动。土体移动（即变形）的结果导致周围地层的松陷下沉。沉降可由标记在井筒壁上的50cm长的沉降线确认。

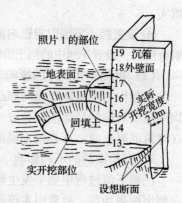

图9.1.1 沉箱外侧开挖检查结果

2. 事例2：沉箱外围深部地层的变形状况

在某地下室的建设中设计要求沉设间隔2.6m的两座沉箱。沉设到位后挖除两沉箱间的2.6m的土体夹层，然后把两沉箱连通。开挖两沉箱间的土体夹层时可以观察到包括减摩台阶（3cm）在内的外围深地层中的土体的变形状况。开挖土层的土质是事先用砂井排水压密（95%压密）的黏性土层（一轴抗压强度16～20kN/m²）。

观察结果发现，减摩台阶上方的地层紧贴沉箱外壁，地层与外壁之间无任何空隙。

无空隙的原因也很简单，即箱体下沉减摩台阶上方出现空隙，进而致使周围地层中的土体应力释放，故土体向外壁方向移动，最后紧贴到外壁上。但是，贴在外壁处的土砂的间隙率比地层中的土砂的间隙率大。无论黏性土，还是砂质土均呈这个规律。

两座沉箱的沉设分先后两步进行，待第一座沉箱沉设结束后，再进行第二座沉箱的沉设。在第二座沉箱的下沉作业中观察发现夹在两座沉箱中间2.6m的地域的地表沉降的值比第一座沉箱下沉时的沉降值要大。其原因是第一座沉箱下沉时隔墙内受沉降影响的地域较大（包括第二座沉箱部位和两座沉箱中间的夹区等）；而第二座沉箱开挖出土下沉时，受沉降影响的区域变小，仅被局限在两座沉箱中间的地域内，而两座沉箱的开挖出土量是相同的，所以中间夹区的地表沉降量大。

9.1.4 隔墙效果

为了确认隔墙的效果，表9.1.2示出了16座沉箱沉设时的地表沉降的实测数据，整理后的沉降关系如图9.1.2所示。图中的横坐标是测点离开沉箱的距离除以沉箱沉设深度的商值（无量纲），纵坐标是沉降量除以沉设深度的商值（无量纲）。总的说来，图中的曲线因沉箱形状、尺寸及土质条件的不同而不同。但一般的规律是设置隔离墙时沉降量小一个量级。另外，沉降量与测点离开沉箱的距离的关系，与一般的开挖导致地表沉降的关系基本一致。

沉箱有关参数概况

表9.1.2

序号	形状尺寸 长（m）×宽（m）×高（m）	减摩台阶 厚（cm）	减摩台阶 位置（m）	隔墙 种类	隔墙 深度（m）	隔墙 距离（m）	土质
1	φ15.00×41.30	5	4.00	SP-V	25.00	1.50	黏土质粉砂
2	6.30×8.60×18.17	10	3.30				混有黏土的砂砾
3	13.20×23.80×18.18	10	3.30				混有黏土的砂砾
4	7.10×10.10×40.00	5	3.50	SPⅡ	10.50	1.00	粉砂
5	φ5.70×21.20	10	3.50	SPⅢ	14.00	0.70	砂～砂砾
6	13.30×13.30×15.40						混有漂卵石的砂砾
7	φ9.70×38.90	10	3.50	SPⅢ	15.00	2.00	粉砂～细砂
8	φ5.20×17.80						混有漂卵石的砂砾
9	5.20×15.70×18.90	10	3.50				混有漂卵石的砂砾
10	φ11.20×14.81	10	3.50				砂砾～黏土互交
11	φ11.20×17.00	10	3.50	SPⅢ	7.00	1.00	砂砾～黏土互交
12	φ6.60×27.45	5	3.20				砂砾
13	φ6.60×24.03	5	3.20				砂砾
14	48.16×16.66×24.00	3	3.50				粉砂～砂
15	48.16×37.26×23.90	3	3.00				粉砂～砂
16	48.16×22.66×24.00	3	3.50				粉砂～砂

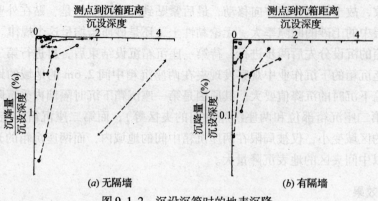

图 9.1.2 沉设沉箱时的地表沉降

9.1.5 有限元法地层变形的预测

这里结合实例介绍沉箱工程中用有限元法预测沉箱周围地层变形的事例。

1. 工程概况

某高架桥沉箱基础开挖下沉的关系如图 9.1.3 所示。沉箱外径为 9.0m，开挖深度 −32.5m。另外，离沉箱 11m 的位置上存在河流护堤（桩基础、桩长 26m），故存在沉箱开挖下沉过程中影响护堤的悬念。因此，在施工之前，应对沉箱周围地层的变形进行预测解析，在讨论对护堤影响的同时，还对作为保护措施的钢板桩的切边效果作了讨论。下面叙述预测变形的解析方法、解析结果，并对该解析结果与施工中实测得到的地层和护堤的变形作了对比。

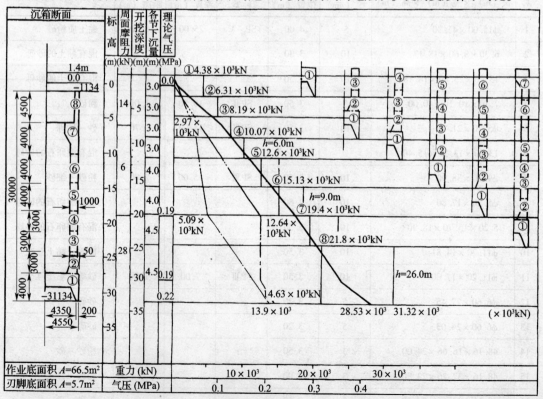

图 9.1.3 挖土下沉关系图（单位：mm）

2. 有限元法地层变形的预测解析

（1）解析方法

解析系指轴对称条件下有限元法的弹塑性解析，解析模型如图9.1.4所示。另外，土质试验中设定的地层的各种参数如表9.1.3所示。

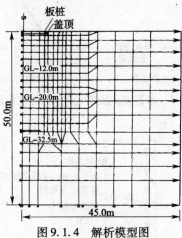

图9.1.4　解析模型图

地层参数一览表　　　　　　　　　　　　　表9.1.3

GL－(m) 地质柱状图	深度 GL－ (m)	平均 N 值	重度 γ (kN/m³)	内聚力 c (MPa)	内摩擦角 φ (°)	弹性系数 E (MPa)	泊松比 μ
埋土＋中砂	10	6	18	5×10^{-3}	37.6	3.2	0.35
上部淤泥	14	1	16	40×10^{-3}	1.0	2.7	0.475
下部淤泥	20	2	16	50×10^{-3}	1.0	3.8	0.47
黏土	24	4	16	60×10^{-3}	1.0	8.0	0.46
砂砾	29	50	19	5×10^{-3}	42.0	43	0.3
细砂	35	40	19	5×10^{-3}	39.0	35	0.3
砂砾	50	30	18	5×10^{-3}	36.0	46	0.3

① 切边钢板桩的评价

在沉箱外围打设钢板桩的场合下，由于钢板桩的切边作用，致使板桩内侧和外侧的地表沉降（沉箱开挖下沉所致）出现不连续的跌差。为了评估这种现象，在钢板桩的内侧与土体之间设置摩阻型接缝单元。垂直应力与摩阻接缝单元的张开、闭合的关系，及剪切应力与滑动的关系示于图9.1.5。钢板桩和地层间的最大的抗剪力 τ_p，可按式（9.1.1）设定。

$$\tau_p = c + \sigma_n \cdot \tan\varphi \tag{式9.1.1}$$

其中　σ_n——垂直应力；

c、φ——是表9.1.3中示出的地层常数。

另外，接缝轴向刚性 k_n 和剪切刚性是 k_s，可认定与表9.1.3中示出的地层的弹性系数相等。

② 沉箱减摩台阶的评估

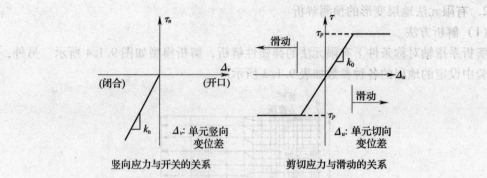

图 9.1.5　摩阻型接缝单元的应力与变位的关系

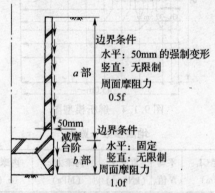

图 9.1.6　沉箱减摩台阶及地层周面摩阻力

　　像图 9.1.6 中示出的那样，为了减少沉箱周面与地层间的摩阻力，设有 50mm 的减摩台阶。为了评价台阶部位的地层的填充作用，就图 9.1.6 中示出的 a 部位而言，可以给出 50mm 的强制变形量；就 b 部位而言，水平向是固定的。

　　③ 沉箱周面和地层间的摩阻力的评估

　　沉箱下沉时，由于沉箱周面和地层之间存在摩阻力，故地层受拉。把图 9.1.6 中示出的设计周面的摩阻力记作 f，则考虑到图 9.1.6 中 a 部位的地层的松散和台阶因素，故认定 a 部位的摩阻力为 $0.5f$，b 部位的竖向向下的应力为 $1.0f$。

　　（2）解析步骤

　　考虑到施工过程，解析步骤可分为以下四步。

　　第一步，初期自重解析；

　　第二步，沉箱刃脚位置 GL－12.0m；

　　第三步，沉箱刃脚位置 GL－20.0m；

　　第四步，沉箱刃脚位置 GL－32.5m。

　　图 9.1.7 中示出的是解析步骤和作用力模式图。

　　3．解析结果与实测值的比较

　　（1）测量项目

　　沉箱施工时进行的测量项目如表 9.1.4 所示。测量位置的平面图和断面图分别如图 9.1.8、图 9.1.9 所示。

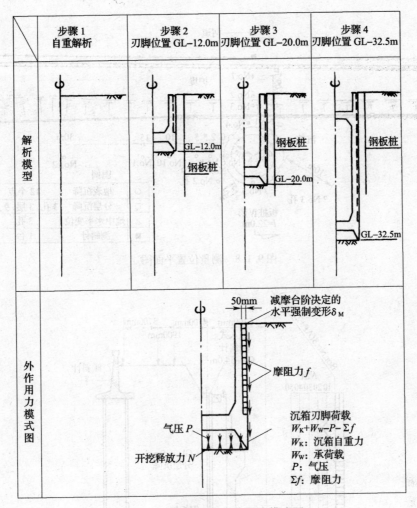

图 9.1.7 解析步骤和作用力模式图

测量项目一览表 表 9.1.4

测量项目	测量仪表	测量点数
地表沉降	水准仪	12 点
地层沉降	插入式沉降仪	3 孔，每孔三种深度 GL－6.5m GL－19m GL－33m
地层水平变位	插入式测斜计	3 孔 GL－34m
护堤倾斜	设置型测斜计	1 点

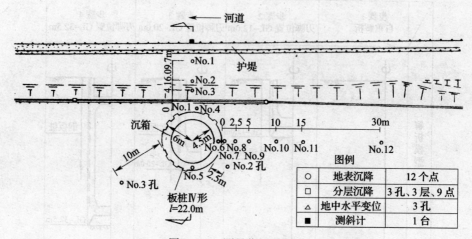

图 9.1.8　测量位置平面图

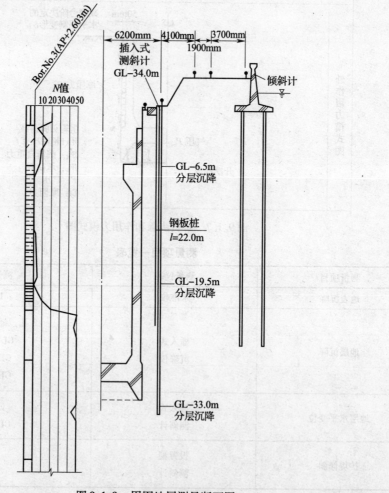

图 9.1.9　周围地层测量断面图

（2）解析结果和实测值的比较

① 对护堤的影响

解析结果表明离开沉箱外周面 11m 远的地点的地表面的沉降量为 6mm，但对桩基础有威胁的是地层的水平位移，而水平位移的最大值为 2mm。因沉箱仅与部分护堤的距离为11m，而其他大部分护堤与沉箱的距离大于 11m，故可推定对护堤基本没有影响。

另一方面，设置在护堤上的测斜计的指示始终为 0，这说明沉箱出土下沉施工对护堤根本没有影响。

② 地层竖向变位

沉箱挖土、下沉施工过程中，GL－6.5m 处的地中沉降的测量结果和解析结果的对比如图 9.1.10 ~ 图 9.1.12 所示。另外，刃脚沉降到 GL－32.5m 时的地表面的沉降量和－6.5m 处的土体的沉降量分别如图 9.1.12（a）、（b）所示。观察图中的测量结果可以发现，GL－6.5m 处的沉降量的最大值为 24mm；而地表面的最大沉降量也不超过 5mm。显而易见 GL－6.5m 处的土体的沉降量远比地表面的沉降量大。发生这种现象的原因是GL－3m 附近存在一层层厚 50cm 的混凝土，由于这层混凝土的支撑作用，故致使地表面的沉降量小。图 9.1.13 示出的是钢板桩的水平位移量，最大值为 20mm，通常的挡土墙的变形量与地表沉降量基本相同，但有时地表沉降的测量结果较小。因此，这里不讨论地表沉降数据，而只讨论 GL－6.5m 处的土体沉降的解析结果和测量结果的对比。

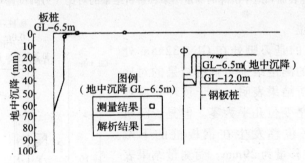

图 9.1.10　地中沉降测量结果和解析结果的对比

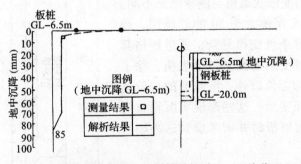

图 9.1.11　地中沉降的测量结果及解析结果的对比（刃脚位置 GL－20m）

解析结果和测量结果均表明，以钢板桩为界，沉箱一侧和钢板桩背面一侧的沉降量存在较大的跌差。显然可用该解析模型评估钢板桩的切边效应。另外，尽管讨论的对象是钢板桩背面的地中土体的沉降的绝对值，但预测的解析结果仍与实测值基本一致。

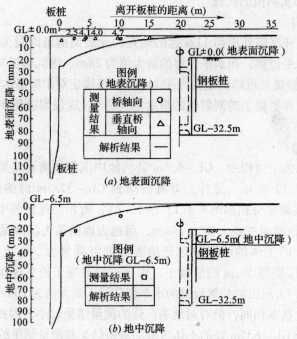

图 9.1.12　地表面和地中沉降的测量结果和解析结果的对比（刃脚位置 GL－32.5m）

③ 地下水平变位

图 9.1.13 示出的是刃脚处在 GL－32.5m 处时的地下水平变位的测量结果与解析结果的对比图。测量结果与解析结果表明，由于顶环效应致使钢板桩桩顶的水平变位几乎为零。但是，解析结果示出最大水平位移发生在钢板桩的下端（GL－22m）处且位移量为 29mm。而测量结果表明，最大水平位移值（20mm）发生在 GL－15m 处，另外解析结果的变形状态也与测量结果不同。这是由于钢板桩贯入 N 值大于 50 的砂砾层，致使钢板桩下端的边界条件变得复杂，要想评估其状态极为困难。板桩变形的测量结果表明，除了钢板桩顶与沉箱刃脚部位以外，沉箱壁的台阶的突出部位也因受挤而变形，这些都说明沉箱自身的刚性受到影响，而解析时并未考虑到这种刚性的变化。

④ 影响范围

沉箱下沉的影响范围可从地中土体的沉降和地中土体的水平位移的测量结果推估得出。在刃脚处于 GL－32.5m 时，对于地表沉降来说，影响范围为离开钢板桩 15～22m 的范围；对水平位移来说，影

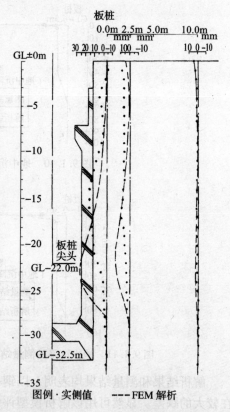

图 9.1.13　地中水平变位的测量结果和解析结果的对比（刃脚位置 GL－32.5m）

响范围为离开钢板桩10m的程度。解析结果的影响范围基本上与上述实测影响范围相同。

本节对沉箱施工致使周围地层及近接构造物的变形，及利用钢板桩切边效应抑制上述变形进行了预测解析，并与实测结果进行了对比，其结果如下。

（1）利用钢板桩的切边效应，使用摩阻型接缝单元解析钢板桩的切边效应，得到的结果与实测值的倾向一致。

（2）钢板桩背面的地层沉降及沉降影响范围的实测值与解析结果的对应关系较好。但是，就地下水平位移而言，解析结果与实测结果存在差异。

（3）距离钢板桩10m以远的护提处的土体变形为0，这一点已被事前的预测结果和实测结果所证实。

由此可知，由施工前的土质调查报告和施工计划，设定输入条件的解析结果与测量结果基本一致，这说明利用该解析方法的事前预测是正确且可行的。该方法对其他施工实例有一定的参考价值。

9.1.6　数值解析地表沉降估算公式的导出

以往有过几例利用有限元法预测解析沉箱周围地层变形的事例报导。随着计算机计算能力的飞跃提高，有限元法已成为一种常用的解析方法。但是，目前在小型计算机上得到三维模型的解析解困难较大，故通常小型机上只能进行二维模型的解析解。此外，在解析模型的边界条件、荷载条件及模拟地层时的泊松比等方面，还存在一些棘手的问题。我们深信，随计算机技术的进步，不久的将来上述问题都会得以解决。也就是说，有限元法是较有竞争力的方法。

另一方面，目前工程人员最关心的参数，即沉设沉箱时致使周围地层地表的沉降量（竖向位移）。地表沉降量虽然不能完全反应地层的变形状况，但是地表沉降量是地层变形诸多参数中最重要的一个量。尽管用这个量描述的地层变形状况较为粗略，但因其简单，加之三维解析麻烦、成本高等原因，故目前利用地表沉降量描述地层变形的方法仍是工程上实用较多的方法。这里给出这种解析方法的原理，导出简易的地表沉降估算公式。沉降公式的导出过程中，采用了表9.1.2和图9.1.2中示出的16座沉箱的地表沉降的实测数据。

（1）弹性理论讨论

推导地表沉降估算公式时，重点考虑的是地表沉降因素，所以应按弹性理论确立沉降曲线的函数形式。伴随沉箱开挖周围地层沉降的主要原因前面业已作过叙述。

根据弹性理论导出的周围地层的沉降估算公式，因荷载状态的不同估算公式也有多种形式。下面给出一种地表沉降随距离（离开沉箱外壁面的距离）衰减形式的地表沉降公式。

当竖向作用的周面摩阻力均匀分布时

$$\omega = \frac{3f}{4\pi E}\left\{2\ln(\sqrt{1+t^2}+t) - \frac{t}{\sqrt{1+t^2}}\right\} \qquad （式9.1.2）$$

当水平向作用荷重为三角形分布时

$$\omega = \frac{3k}{4\pi Et}\left\{\ln(\sqrt{1+t^2}+t) - \frac{t}{\sqrt{1+t^2}}\right\} \qquad （式9.1.3）$$

式中　ω——地表沉降量；

　　　E——地层的弹性系数；

　　　c——沉箱的沉设深度；

　　　r——测点到沉箱的距离；$t = \dfrac{c}{r}$；

　　　f——为周面摩阻力；

　　　k——主动土压；

　　　$\ln$——自然对数。

　　如果观察上式不难发现，沉降随距离的衰减不完全取决于上述对数函数，同时还与距离的 1 次项或 2 次项的反比函数有关。

　　（2）实测数据的分析

　　就地表沉降而言，可用最大沉降量、总沉降量（竖直断面内的沉箱和现场层面及沉降后的地表面所包围的面积）和影响范围三个量来表征。同时研究了各种沉降因素与三个量的关系。图 9.1.14 和图 9.1.15 分别示出的是上述三个量与沉箱开挖出土的体积与减摩台阶产生的空隙量的关系。

　　从下面两个图中可以看出，开挖出土的体积与最大沉降量和总的沉降量之间的正相关性极高。但开挖体积与影响范围之间的关系不够明确。减摩台阶产生的空隙与沉降量之间，相关性的差异较大，有相关性高的曲线，也有不相关的曲线。

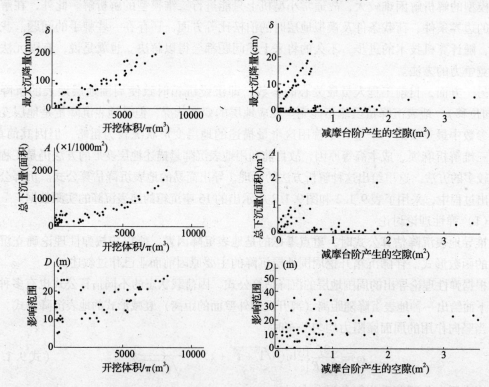

图 9.1.14　沉降与开挖体积的关系　　　图 9.1.15　沉降与减摩台阶产生的空隙的关系

（3）沉降估算公式的建立

沉降估算公式的建立，即利用实测数据的主要成分进行分析，确立工程上或者有务实意义的因子。然后用确立的因子进行回归分析，进而导出构成简单使用方便的估算公式。

前面业已指出，地表沉降系用最大沉降量、总沉降量及影响范围三个量来表征。所以地表沉降公式也应针对最大沉降量、总沉降量及影响范围三个量分别进行回归。观察表征这三个量的关系可以发现，地表面沉降曲线 ω_r 可用离开沉箱距离 r 的一次方程表示。由图9.1.2 示出的实测数据的分布形状和弹性理论的讨论结果，及使用的简便性等方面考虑，$\omega_r(r)$ 的函数形式可用式（9.1.4）表示。

$$\omega_r = \frac{1}{\zeta(r+\eta)^2} + \xi \qquad (式9.1.4)$$

式中，ζ、η 和 ξ 分别为由最大沉降量 δ、总沉降量 A 和影响范围 D 决定的系数。式（9.1.4）必须满足下列条件。

$$\left. \begin{array}{l} \int_0^D \omega_r dr = A \\ r = 0 \text{ 时}, \omega_r = \delta \\ r = D \text{ 时}, \omega_r = 0 \end{array} \right\} \qquad (式9.1.5)$$

所以 ζ，η 和 ξ 应按式（9.1.6）求取。

$$\left. \begin{array}{l} \zeta = \dfrac{A^2}{(\delta D - 2A)D} \\[2mm] \eta = \dfrac{AD}{\delta D - 2A} \\[2mm] \xi = \dfrac{(\delta D - 2A)^3}{DA^2(\delta D - A)^2} \end{array} \right\} \qquad (式9.1.6)$$

最大沉降量 δ（m），总沉降量 A（m^2）和影响范围 D（m）的回归式如下：

$$\left. \begin{array}{l} A = (b_0 + b_1 a^2 L + b_2 S_d \cdot S_L \cdot S_g + b_3 C \cdot a)/1.000 \\[2mm] D = b_4 + b_5 S_d \cdot S_L \cdot S_g + b_6 f_c (L - F_L) + b_7 N + b_8 C + \dfrac{b_9}{af} \\[2mm] \delta = (b_{10} + b_{11} a^2 L + b_{12} S_d \cdot S_L \cdot S_g + b_{13} atf)/1.000 \end{array} \right\} \qquad (式9.1.7)$$

式中　a——沉箱的等效半径（m）；

L——沉箱的深度（m）；

S_d——隔墙与沉箱间的距离（m）；

S_L——隔墙的深度（m）；

S_g——隔墙的刚性（EI）（$kN \cdot m^2$）；

E——隔墙的弹性系数（kN/m^2）；

I——隔墙断面二次矩（m^4）；

C——沉降阻力与下沉力的比（通常为1）；

f_c——减摩台阶的宽度（m）；

F_L——减摩台阶的位置（m）；

N——沉设地层的平均 N 值；

f——沉箱周面的平均摩擦系数（kN/m²）；

t——从开挖起到沉设结束止的施工天数（d）；

$b_0 \sim b_{13}$——回归系数：

$b_0 = -3.866 \times 10^{-2}$（m²）， $\qquad b_1 = 1.267 \times 10^{-4}$（m⁻¹），

$b_2 = -4.240 \times 10^{-8}$（m⁻²kN⁻¹）， $\qquad b_3 = 1.658 \times 10^{-2}$（m），

$b_4 = 9.098$（m）， $\qquad b_5 = -1.3 \times 10^{-6}$（m⁻³），

$b_6 = 3.128$（m⁻¹）， $\qquad b_7 = -7.24 \times 10^{-2}$（m/次），

$b_8 = 1.39 \times 10$（m）， $\qquad b_9 = -5.479 \times 10^3$（kN），

$b_{10} = 2.846 \times 10^{-3}$（m）， $\qquad b_{11} = 2.42 \times 10^{-5}$（m⁻²），

$b_{12} = 8.1 \times 10^{-9}$（kN⁻¹·m⁻³）， $\qquad b_{13} = 4 \times 10^{-10}$（m²/kN·d）。

（4）地表沉降估算值与实测值的比较

用地表沉降估算公式求出的值与实测值的对比结果，如图9.1.16、图9.1.17所示。图中的事例有的是用有限元法解析的结果，这里也一道给出。图9.1.16示出的结果表明两者吻合较好。图9.1.17因影响范围的推估误差大，故一致性差。

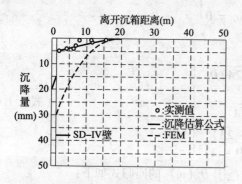

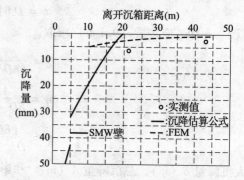

图9.1.16　估算值与实测值的对比（一）　　　图9.1.17　估算值与实测值的对比（二）

因为地表沉降估算公式是以实测数据为基础作成的实验公式，所以由最大沉降量 δ、总沉降量 A 和影响范围 D 的关系导出的地表沉降曲线 ω_r，有时会出现隆起的结果。这种场合下必须按排除影响范围 D（相关性差）的形式推估沉降曲线。沉降曲线因输入条件不同差异较大，所以必须对设定的输入值作充分的讨论。但是，因为沉降估算公式是按各种因素对沉降影响互相独立的特点组建的，所以在计划阶段就应选择有效的防沉措施。

本节对伴随沉箱开挖下沉引起的周围地层变形量作了评述，并介绍了评估沉降量的估算公式。该公式是从一些不同尺寸的沉箱和隔墙事例中的共性因素总结归纳而成，因没有很好地考虑土质条件及施工条件，所以该公式只能说是一个大致的标准。

沉降量的估算精度是制定切适保护近接构造物措施的关键。今后应重视事前解析，收集各种不同土质、不同施工条件时的地表沉降及隔墙变态的观测结果，以便提高沉降估算公式的精度及可靠性。

9.2 防振的措施

沉井、沉箱在挖掘、排土、下沉作业过程中，挖掘机，排土机等设备的运转均会产生振动。也就是说，上述机械设备的运转必对周围环境产生影响。为使其影响小于法定标准，必须对振动加以抑制，使其符合法定标准。

本节介绍振动的基本定义、预测方法及控制目标，减振措施的分类及效果，最后介绍气垫减振装置及其应用实例。

9.2.1 振动的基本定义、预测及控制目标

（1）基本定义

通常振动波的谱宽较宽，对人和物体均有一定的影响。就人体而言，除人有不舒适的感觉外，还会出现血压升高、心跳加快及呼吸困难等症状。就物体而言，有时会使建筑物破损、精密机械和自动控制装置出现故障等。

作为物理性质主要考虑的应是振动加速度值（VAL），量纲为分贝（dB）。VAL 定义如下：

$$VAL = 20\lg \frac{A}{A_0} \qquad （式9.2.1）$$

其中 A——振动加速度的有效值（cm/s^2）；

A_0——振动加速度的基准值（cm/s^2）。

把振动加速度的值按人的感觉进行修正后的值定义为振动值［VL，量纲为分贝（dB）］。

即

$$VL = VAL - V_c（修正值） \qquad （式9.2.2）$$

V_c 与 f（振动频率）的关系如图9.2.1所示。由图可知，频率不同修正值不同；振动形式（竖直、水平）不同修正值也不同。对竖直振动而言，当 $f = 4 \sim 8Hz$ 时，$V_{c\perp}$（竖直振动修正值）$= 0$；$f < 4Hz$ 时，$V_{c\perp}$ 按 $-2dB$ 的斜率下降；$f > 8Hz$ 时，$V_{c\perp}$ 按 $-3dB$ 的斜率下降。对水平振动而言，在 $f = 1 \sim 2Hz$ 时，$V_{c\parallel}$（水平振动修正值）$= 3dB$；$f > 2Hz$ 时，$V_{c\parallel}$ 按 $-3dB$的斜率下降。

（2）预测值

在假定地层均匀的条件下，振动随距离的衰减可按式（9.2.3）求取

$$VL_{r2} = VL_{r1} - 10\lg(r_2/r_1) - 8.68\alpha(r_2 - r_1) \qquad （式9.2.3）$$

其中 r_1、r_2——分别为点1、点2离开振源的距离，量纲为 m；

VL_{r1}、VL_{r2}——分别为离开振源 r_1、r_2 处的振动值，量纲为 dB；

α——土的衰减系数，量纲为 dB/m，通常取 $0.01 < \alpha < 0.04$。

通常 VL_{r1}、r_1 可由手册中查出，然后可由式（9.2.3）方便地求出 VL_{r2}、r_2。

（3）控制目标值

在设定振动控制目标值时，应按法律规定从人体感觉及对建筑物的影响程度方面考虑，查出施工现场所在地域的法定振动基准值。例如：一类区域的振动法定基准值，白天应小于60dB、夜间应小于55dB。

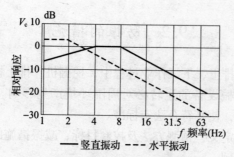

图 9.2.1　振动感觉的频率补偿值

烈度与振动的关系　　　　　　　　　　　　　　表 9.2.1

地震系数	状　况	加速度	振　动
0	人体无感觉	< 0.8gal	< 55dB
1	静止的人和敏感的人有感觉	0.8 ~ 2.5gal	55 ~ 65dB
2	大多数人有感觉、稍有振动	2.5 ~ 8gal	65 ~ 75dB
3	房屋晃动、吊具摇摆	25 ~ 80gal	75 ~ 85dB
4	房屋摇动激烈，走动的人也有感觉	25 ~ 80gal	85 ~ 95dB

注：振动加速度，由 $1gal = 1cm/s^2$ 的关系算出。

$Va = 20 \cdot lg(gal/1 \times 10^{-3}) = 20 \cdot lg(1/1 \times 10^{-3}) = 60dB$，假定 4 ~ 8Hz 时的感觉修正值为 0，振动值为 60dB。

　　表 9.2.1 示出的是振动与烈度的关系。由表 9.2.1 可知，无感区的振动值必须小于 55dB。图 9.2.2 示出的是木结构、钢筋混凝土结构建筑物的振动与频率的关系。由图可知，木结构建筑物的固有频率为 3Hz 左右，混凝土建筑物的固有频率为 7 ~ 8Hz。当地面振动波的主要频谱成分接近 3Hz 时，木结构建筑物 2 层楼楼板的加速度是地面加速度的 3 ~ 5 倍，相当于 9.5 ~ 14dB。当地面振动波的主要频谱成分接近 7 ~ 8Hz 时，混凝土建筑物 2 层楼楼板的加速度是地面加速度的 2 倍，相当 6dB。

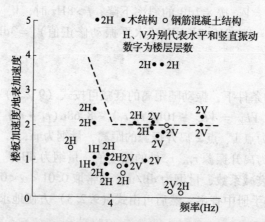

图 9.2.2　木结构、钢筋混凝土结构建筑物的振动与频率的关系

　　总之，上述结果表明，振动的破坏程度与振动的相关性较好，建筑物无破坏的振动极限在 70dB 以下。故通常把极限值定在 55dB。

9.2.2　防振措施

防振的力学措施通常有如下三种：

$$力学措施\begin{cases}（1）在构造物的振源一侧采取防振措施。\\（2）在振源与构造物之间设置防振沟。\\（3）在振源处采取防振措施。\end{cases}$$

（1）显然要在构造物民房一侧采取防振措施较为困难。

（2）就防振沟法而言，这里先让我们估算一下防振沟的深度。

这里假定地层土质均匀，先从要求的振动衰减量 L（dB），求取振动传递系数 τ。由设计要求知道 L

$$L = 55dB - 71dB \leqslant -16dB = 20\lg\tau，所以$$

$\tau \leqslant$（$10^{-16/20}$）$\leqslant 0.16$。又因 $\tau = e^{-2.35}$（h/λ），所以

$$h = -V \cdot \ln\tau / 2.35 \cdot f \qquad\qquad （式9.2.4）$$

其中　h——沟的深度（m）；$\lambda = V/f$；

　　　　V——振动传播速度；

　　　　f——频率。

将实测得到的 $V = 150m/s$，$f = 8Hz$ 代入（9.2.4）式得沟深 $h_8 \geqslant 14m$；若将 $f = 4Hz$ 代入式（9.2.4），则得 $h_4 \geqslant 29m$。由上述的估算结果不难看出，要想通过设置防振沟实现减振的目的，成本过高。加上振动受地层反射、绕射及埋设物体等因素的影响，故很难定量地评估振动的衰减状况。所以总的来说，防振沟法也不太现实。

（3）对振源自身施加防振措施的情形而言，通常采用在振源中装入弹性体，吸收、截止振动的方法。对于弹性体而言，可选用软木、防震橡胶、弹簧、气垫等几种材料。

对弹性体的具体要求如下：

① 吸收振动的效果好。

② 衰减性能好。

③ 荷重移动和变化时，作业基面应保持水平，且安全。

软木、防振橡胶具有重量轻、成本低的优点，但是在频率 4～8Hz 的范围内防振性能和衰减性能均差。

就弹簧而言，若想长时间保持作业基板的水平较困难。

气垫的防振性能好，衰减性能和保持水平的能力均可以通过辅助手段得到有效的控制。

表9.2.2 示出的是上述四种防振材料的特性对比表，图9.2.3 示出的是振动衰减量的对比图。由表9.2.2 和图9.2.3 不难看出，选用气垫式防振装置较为理想，故近年使用较多。

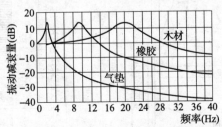

图9.2.3　材料防振效果的对比

防振材料的特性比较 表9.2.2

项　目	木　材	防振橡胶	弹　簧	气　垫
4～8Hz范围内的防振性能	×	×	○	○
衰减性能	×	×	△	△
自动安平	×	×	×	△

注：×号表示差；○号表示效果好；△号表示添加辅助手段后效果好。

9.2.3　气垫防振工法施工实例

这里介绍盾构进发沉井竖井施工中采用的气垫防振工法。

1. 工程概况

图9.2.4示出的是采用压沉沉井法构筑盾构进发竖井的概况。为了便于探查障碍物和保证第1节井筒的施工精度（竖直精度和水平精度），第1节井筒采用开挖法施工。为了防止第1节井筒开挖法施工造成的地面沉降及压入以后各节井筒造成的地层沉降，故在竖井周围设置了V形钢板桩（$L=21m$）。第一节的开挖深度到GL−5m，然后回填厚2m的砂垫，通过6条地锚的反力把6节井筒（分6次）压入地层中。

挖掘时为防止涌砂和隆胀，应保证井筒内的水位与地下水位持平。

井筒形状：圆形外径$\phi=12.4m$，壁厚1.2～1.5m，井筒长25.3m（分6节施工）。

反力装置：地锚7条，锚径$\phi=21.8mm$，锚长L=55.5m，其中6条的锚固长度为29m。

压入深度：GL−27.8m。

2. 地质概况

地质柱状图如图9.2.5所示。GL−1.5～−2.5m段为堆积腐质土，3～20m段为$N=0～3$

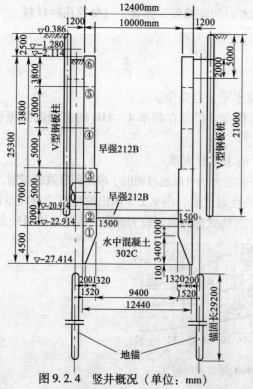

图9.2.4　竖井概况（单位：mm）

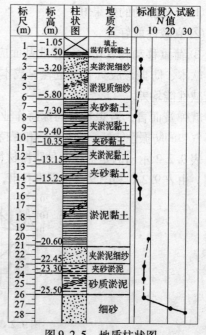

图9.2.5　地质柱状图

的软黏土层，20～29m 为砂质土层和黏土层，沉井的持力层为细砂层。另外，施工现场的西边 75m 处为火车站。沿街居民对运行车辆的通过有振感。

3．振动的预测和控制目标

（1）预测值

为了避免挖掘中产生大的振动，通常选用带抓斗的桥吊式挖掘机进行挖掘。另因必须确保抓斗液压开关装置和电气系统具备良好的防水性能，故本工程选用可靠性高的履带式吊车（500kN）抓斗挖掘机。

因沉井四个侧面中有两个侧面面临公路，一个侧面的外侧是公园，只有一个侧面的外侧存在 12m 宽的空地，施工时该空地用来设置履带式吊车抓斗挖掘机。在离开挖掘机中心 10m 远的地方存在居民楼。

由手册查出，履带式挖掘机产生的最大振动值在离开中心 5m 的地点是 75dB。由式（9.2.3）可以求出离开中心不同距离的各预测点的振动预测值，见表 9.2.3。

<table>
<tr><td colspan="6" align="center">振动预测值</td><td align="right">表 9.2.3</td></tr>
<tr><td>测点</td><td>1</td><td>2</td><td>3</td><td>4</td><td>5</td><td></td></tr>
<tr><td>距离</td><td>8m</td><td>10m</td><td>19m</td><td>30m</td><td>47m</td><td></td></tr>
<tr><td>振动预测值</td><td>72.2dB</td><td>70.7dB</td><td>66dB</td><td>61dB</td><td>54dB</td><td></td></tr>
</table>

注：$\alpha = 0.03$。

（2）控制目标值

该施工现场所在地域属一类控制区，法定基准值为白天的振动值应小于 60dB，夜间应小于 55dB。为确保周围居民的良好生活环境，故本工程把居民楼处的测点 2 的振动的基准值定在 55dB。另由表 9.2.3 可知，测点 2 的预测值为 71dB，为使该点的振动值下降到 55dB 以下，本工程特采用气垫法降低振动值。

4．气垫式防振装置

（1）装置概况和功能

气垫式防振装置，由设在基板下方的气垫、自动安平水准装置、液压缓冲减振装置、水平下限限制器构成（见图 9.2.6）。

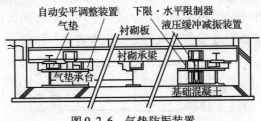

图 9.2.6 气垫防振装置

① 气垫

气垫是一个下部存在供气、排气口的直径 $\phi360mm$、高 200mm、厚 7mm 的袋状物。袋材是两层交叉编织的尼龙绳，并贴合橡胶的合成材料。耐压强度为 3MPa（图 9.2.7）。

气垫设置在衬砌板承梁和气垫承台之间，吸收作业基板的振动。

② 自动安平水准装置

615

供、排气阀由开关阀门的操作杆和空气导管构成。操作杆的支点设在气垫承台上。另外，杆的端头装在衬砌板的承梁上，利用与承梁上下运动连动的供、排气阀的开关调整气垫内压，从而保持作业基板的水平（见图9.2.8）。具体工作状况如下：

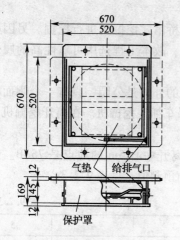

图9.2.7　气垫详图（单位：mm）

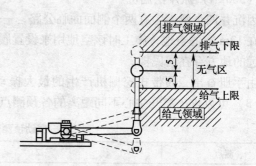

图9.2.8　自动安平装置的工作范围

a. 荷重增加，气垫充气

（a）杆下降供气阀开。

（b）与杆连动的空压机起动，向气垫内充气。

（c）随着气垫内压的上升，气垫增厚同时杆成水平态，随即关闭供气阀。

b. 荷重减轻，气垫排气

（a）杆上升的同时排气阀开，气垫内的空气向大气中排放。

（b）随着内压的下降、气垫的厚度变薄同时，杆成水平态，随即排气阀关。

另外，履带吊车提吊废土时，气垫的内压最大（0.72MPa），所以把空压机的最高使用压力定在1.1MPa。

③ 液压缓冲减振装置

液压缓冲减振装置的参数：外径135mm，高560mm，冲程30mm（见图9.2.9）。

液压缓冲减振装置介于衬砌板承梁与气垫承台之间起两者的连接作用，由液压力控制气垫的伸缩。另外，该装置对地震和强风的共振现象有抑制作用。

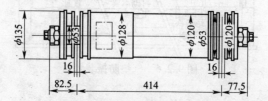

图9.2.9　液压缓冲减振装置详图（单位：mm）

④ 水平下限限制器

水平下限限制器，由设置在气垫承台上的表面贴有缓冲材料（橡胶板厚5mm）的钢箱（长250mm×宽250mm×高146mm×厚16mm），及安装在衬砌板承梁下面、与钢箱上端面间隔 30mm、侧面间隔为 4mm 的钢盖（长 300mm × 宽 300mm × 高 151mm）构成（见图 9.2.10）。

即使在地震等荷重激烈变化，致使气垫摇摆的情形下，由于限制器内箱的限制作用，该装置仍有防止防振装置破坏和吊车倾倒的功能。

（2）装置的设置

因作业基地的地层是软淤泥层厚 20m 的堆积层。为此用旋喷搅拌桩（φ2m × 深 1m）法对该地层进行加固，然后构造箱形混凝土基础（长 16m × 宽 8m × 高 1.5m × 厚 0.3m）。

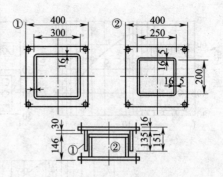

图 9.2.10 下限水平限制器详图
（单位：mm）

然后在箱形基础上铺设气垫承台 H 钢（H－400mm × 400mm），与此同时设置气垫防振装置，然后再在其上面设置衬砌承梁（H－400 × 400），随后架设防滑衬砌板。

气垫设置在衬砌板承梁和气垫承台的交叉部位，液压缓冲装置，水平下限限制器设置在衬砌承梁的两端。

考虑到空压机的容量和成本，采用每 3 个气垫点设置一个自动水平安平装置的方案，设置总数如表 9.2.4 所示。

防振装置数量　　　　　　　　　　　　　表 9.2.4

气　　垫	27 个	液压缓冲减振装置	18 个
自动水平安平装置	9 个	下限水平限制器	18 个

另外，考虑到 500kN 履带吊车的大小和挖掘、旋转、装运等作业的移动范围，把衬砌的面积定为 128m^2（长 16m × 宽 8m）。

（3）防振衬砌的效果

对实测的放掉气垫中空气（无措施）与气垫中充入空气（施加措施）两种情形下 500kN 履带吊车工作时各种作业的振动值进行对比，结果如表 9.2.5 和图 9.2.11 所示。

振动测量结果－览表　　竖向（dB）　　　表 9.2.5

项目 测点	运　　行		铲斗铲满土		上　　吊		旋　　转		废土倒出	
	措施前	措施后	措施前	措施后	措施前	措施后	措施前	措施后	措施前	措施后
P_1	60	52	63	49	58	40	66	42	60	41
P_2	63	54	63	52	61	43	69	46	63	50
P_3	61	53	60	51	59	45	66	45	62	49
P_4	54	48	56	47	47	39	57	41	48	48
P_5	44	41	50	41	39	38	48	36	45	44

图 9.2.11 中的实践是无减振措施情形下，以最大值为基点，用理论公式估算的振动值随距离衰减的变化曲线。

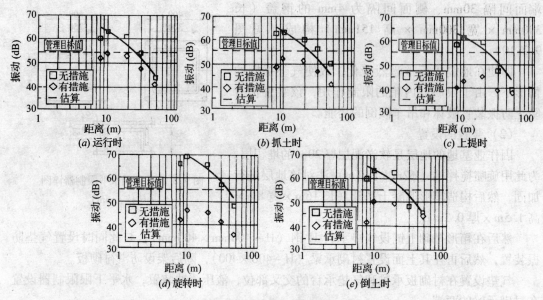

图 9.2.11　振动测定结果

观察振动值不难发现以下几个特点：

① 施加措施后的最大值在 P_2 点为 54dB，任何作业及每个测点的振动值均被控制 55dB（目标值）以下。

② 比较施加措施前后的衰减的最大值，发现运行时为 9dB，装满掘削土时为 14dB，上吊时为 18dB，旋转时为 24dB，丢弃掘削土时为 19dB。显然旋转时的减振效果最好。

另外，此时求出的振动传递系数 τ 为 0.06，即振动能量降低 94%。

③ 离开振源 20m 的范围内，防振效果显著。

④ 即使离开振源 20m 以上，其运土和旋转作业时的减振效果仍非常理想。但是，对运行、上吊废土下丢等作业而言，离开振源 50m 时，减振效果极其微弱。

⑤ 无论何种作业，措施前的振动值均与理论估算值接近。

9.3　噪声抑制措施

沉箱施工中产生噪声的设备主要是空压机的运转噪声，料闸的排气、漏气噪声。

1. 防噪防震措施

空压机有以下几种：

① 往复式空压机：压缩式、活塞式；

② 横型空压机：压缩式、活塞式；

③ 螺旋空压机：压缩式、螺旋叶轮式。

①和②型空压机的噪声、振动大，必须设置在一定厚度基础的混凝土和四周为隔声墙的隔声房中。尽管③型空压机的振动略有减小，有时还会混入高频噪声，但噪声绝对值小，设置在简单的隔声房中，即可工作（对环境影响不大）。目前螺旋型空压机在该领域应用极多，占统治地位。

　　料闸的降噪装置如图9.3.1所示，采用在排气管出口处安装多重管消声器（见照片9.3.1）消声，消声效果见图9.3.2。关于钢丝绳密封口的漏气噪声，可利用包围闸室的开关套（或滑板装置）降噪，降噪效果见图9.3.3。

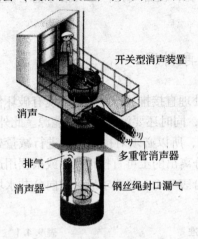

图9.3.1　漏气降噪装置

照片9.3.1　多重管消声器

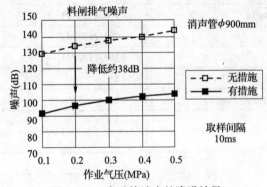

图9.3.2　多重管消声的降噪效果

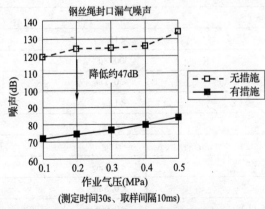

（测定时间30s、取样间隔10ms）

图9.3.3　滑板消声装置的降噪效果

2. 防止漏气的措施

　　确保作业气压等于地下水压是箱内作业的基本条件。但如果作业气压比地下水压大，则会发生漏气。在现场绝对不漏气的情况下，作业气压应比地下水压稍低，其原则是在地下水位面比刃尖稍高一点的状态下进行挖掘作业。但是，万一平衡破坏发生漏气，作为补救措施采取迅速回收气体的对策，即事先在沉箱周边钻孔，设置气孔，在沉箱外壁上设置回收盒，通过气管（与盒相通）回收漏气。

9.4　泥水分离处理及再利用

对水挖法施工的沉井工法而言，排出的泥水若不加处理直接排放，对自然环境有破坏作用，加之运输车辆（槽罐车）过多，不仅增加交通负担，同时还要消耗大量的能源。此外，车辆运输过程中洒泥及排出 CO_2 均对环境构成严重污染，所以必须对排出泥水进行减量处理，以利再利用。所谓的减量处理，即作土、水分离，分离出的土可直接再利用或根据用途需要作有关处理，然后再利用。分离出来的水经检查符合表 9.4.1 的要求后，可向公共水域排放。若不符合要求，应作相应处理，待合格后排放。

向公共水域排水的水质标准　　　　　　　　　　表 9.4.1

氢离子浓度（pH，ppm）	<5.8～8.6
生物化学耗氧量（BOD，mg/L）	<160（120/d）
悬浮物量（mg/L）	<200（150/d）
化学耗氧量（mg/L）	<160（120/d）
正己烷抽出物含量—矿物油类（mg/L）	<5
正己烷萃取物含量—动植物油类（mg/L）	<30
酚含量（mg/L）	<5
铜含量（mg/L）	<3
锌含量（mg/L）	<5
溶解性铁含量（mg/L）	<10
溶解性锰含量（mg/L）	<10
铬含量（mg/L）	<2
氟含量（mg/L）	<15
大肠杆菌群落数（个/cm³）	3000/d
镉及其化合物（L）	<0.1mg
氰化合物（L）	<1mg
有机磷化合物（L）	<1mg
铅及其化合物（L）	<1mg
六价铬化合物（L）	<0.5mg
砷及其化合物（L）	<0.5mg
汞、烷基汞及其他汞化合物（L）	<0.005mg
烷基汞化合物（L）	检查不出来
PcB（L）	0.003mg

泥水处理工法多种多样，这里仅对土砂分离法、脱水工法等减量处理工法进行介绍，见表9.4.2。

泥水处理工法及再利用

表9.4.2

处 理 工 法	处 理 技 术	处理土形状	用　　途
土砂分离法	筛分法、离心分离法	粒状砂 黏土脱水结块	砂材、筑路土、回填土、筑堤土
自然脱水法	风干、日晒干	土粒～粉体	土质材料
机械脱水 （压密脱水）	滤压法、高压薄层滤压法、 真空加压法、装袋压密脱水法	脱水结块	回填土、筑堤土、筑路土
纸浆灰吸水法	PS 材料吸水	粒状	筑路土、筑堤土、回填土

9.4.1　自然脱水法

自然脱水法，即将泵吸法排出的泥浆倒入泥浆槽，沉淀后将析出水排放掉，随后将沉淀后剩余浓泥浆倒在地表，经日晒、风干去除水分，得到土的粉体。可作土质材料再利用。这种方法经济实用，但要求现场具备日晒、风干的场地，即要求现场场地宽广，通常在市区很难得以满足。另外该工法受气候影响。

9.4.2　土砂分离法

该方法具体又细分为一次处理法、二次处理法、三次处理法。

1. 一次处理法

一次处理即把携带掘削土砂的排泥中的砾、砂、淤泥及黏土结块等粒径大于$74\mu m$的粗颗粒，从泥水中分离出去，并用运土车运出。

一次处理设备

① 土砂振动筛

利用机械振动筛的网孔把粒径5mm以上的砾石、黏土结块分离。

② 离心机分离

使用离心机把粒径大于$74\mu m$的土颗粒分离。

③ 组合处理

使用土砂振动筛和离心机组合处理的例子如图9.4.1所示。

2. 二次处理法

二次处理法即把一次处理后多余的泥水进一步作土（细粒成分）、水分离（凝集脱水），处理成可以搬运的状态，然后运出。

二次处理设备

（1）凝聚分离设备（浊水处理设备）

把剩余泥水作 pH 调整后，使其在凝聚沉淀槽中搅拌，同时添加絮凝剂使颗粒结合形成絮凝物（团粒），促进沉淀。作为絮凝剂有无机类（聚氯化铝，即 PAC 等）和高分子类

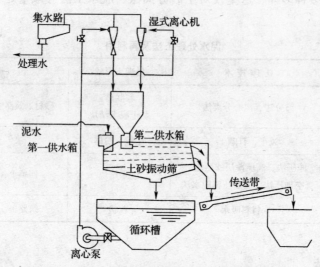

图 9.4.1　土砂振动筛和离心机组合处理例

（丙烯酰胺类）两种，目前两者并用的情形较多。无机类絮凝剂是利用颗粒表面电位的作用，使其形成絮凝沉淀；而高分子类絮凝剂是利用线状高分子的框架作用，使其形成絮凝沉淀。

絮凝分离程序的例子，如图 9.4.2 所示。

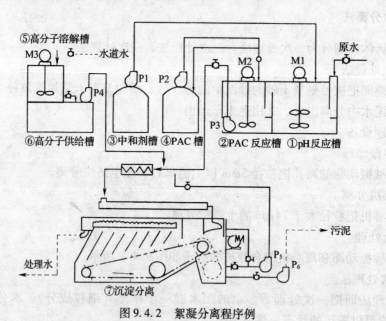

图 9.4.2　絮凝分离程序例

（2）脱水设备

脱水即去除絮凝的凝聚物中的大部分孔隙水，使之成为可以搬运的结块（含水量为 40% ~60% ）。

① 加压脱水方式（过滤加压，见图 9.4.3）

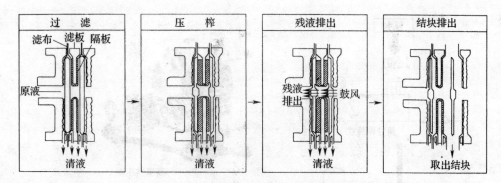

图9.4.3 压榨式过滤脱水处理工序

利用泵和空压机对絮凝物加压，通过滤布脱水。以往仅按压送原液的加压力（0.6～0.8MPa），但是最近推出了以同样的压力在内藏于过滤布中间的隔板处注入空气的压榨工法，及把加压力提高到4MPa的高压工法。

② 真空脱水

真空脱水是在绷紧滤布的旋转鼓筒内加负压，利用其压力差进行脱水。

③ 离心分离

把原液送入旋转体内使其高速旋转，利用离心力使土体在壁面上堆积结块。分离液从大口排出，结块从小口排出。

3. 三次处理法

把二次处理后产生的水处理成达到排放标准的水，然后排放。

9.4.3 高压薄层脱水处理系统

本节介绍采用薄层脱水和单榨泵技术措施的高压薄层脱水系统。该脱水处理系统具有脱水时间短、效率高、成本低的优点。

1. 系统构成概况

图9.4.4示出的高压薄层脱水系统是由以往的泥水盾构等脱水处理中广泛使用的滤榨系统改进而来。脱水压力为1.5MPa，在不使用水泥等固化材的场合下，脱水后的土体强度与第2类处理土（$q_u \geq 0.2$MPa，$q_c \geq 0.8$MPa）的强度相当。另外，为了不提高成本高压泵广泛使用工程现场浇筑混凝土用的挤压泵（通称混凝土泵），用变流器控制高压装置的稳定性，制作出高强度结块。为缩短脱水时间滤室的厚度定为20mm。

2. 淤泥脱水处理试验

（1）试验概况

试验泥水为湖底淤泥，平均含水率为80%（沉井工法吸泥泵排出的泥水与其类似），试验中使用的高压薄层脱水系统的规格如表9.4.3所示。用脱水处理后的结块土作筑堤土再利用试验，试验概况如图9.4.5所示。随后用手提式静力锥体触探器对夯捣式碾压机碾压后的筑堤土进行强度测定，与此同时还进行了土的含水率和干密度关系的测定。

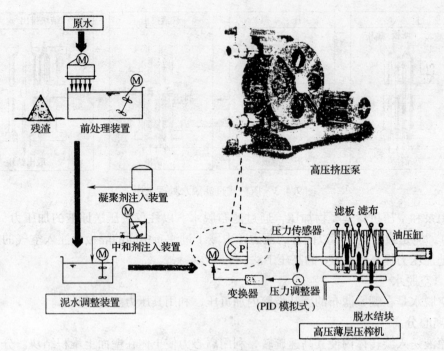

图 9.4.4　高压薄层脱水系统

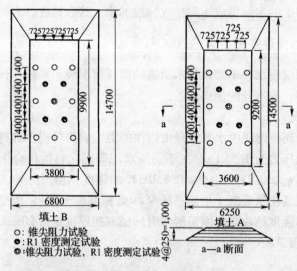

○: 锥尖阻力试验
●: R1 密度测定试验
◎: 锥尖阻力试验，R1 密度测定试验

填土	层	压实数	竣工厚	压实机
A	1.2	3 次	25cm	夯击式 压路机
A	3.4	1 次	25cm	夯击式 压路机
B	1.2	4 次	25cm	夯击式 压路机
B	3.4	2 次	25cm	夯击式 压路机

图 9.4.5　填工试验概况图（单位：mm）

高压薄层脱水系统的规格 表 9. 4. 3

高压薄层滤榨机	
外形尺寸	$9.1m \times 2.82m \times 2.4m$
机身质量	20.5t
滤框尺寸	$1m \times 1m$
滤室数量	113 室
过滤面积	$186m^2$
结块厚度	20mm
过滤容积	$186m^3$
挤　压　泵	
喷 射 压 力	1.5MPa（最大 2.5MPa）
喷 射 量	最大 $22m^3/h$

（2）试验结果

试验发现，对保证过滤压榨脱水时间 60min、结块强度一致的前提下，真空脱水装置的脱水时间仅为 12.5min。但是，真空脱水处理装置的容量仅为过滤压榨脱水装置的 $\frac{1}{3}$。

总起来说，真空脱水处理装置的处理能力是过滤压榨脱水装置的 1.5 倍。

真空脱水装置脱水时间短的原因是：

a. 使用了凝聚效果好的水泥作凝聚剂；

b. 虽然施加脱水压力（投入压）时，该压力由土颗粒骨架支承，且该压力无法传递给孔隙水，即孔隙水无法脱出。但是，若在施加投入压力的同时再添加负压（即抽真空），则孔隙水可被强制性地吸出。故脱水率得以提高。

碾压次数与锥尖阻力的关系如图 9.4.6 所示。脱水结块的锥尖阻力，在碾压次数为 0 时，即摊平后的锥尖阻力为 0.4MPa 以上，然后随碾压次数的增加而增加。碾压次数 ≥4 后，可以看到有些点已达到第 2 类建设土的强度（锥尖阻力 ≥0.8MPa）。含水率干密度的关系如图 9.4.7 所示。由图可知，认真施工或者进行简单的土质改性，则碾压后的干密度可以在压密管理基准的饱和度 85% 以上，如果碾压次数 >4，则饱和度可达 95% 以上。由图还可以看出特性值在第 3 类建设弃土的特性值以上。

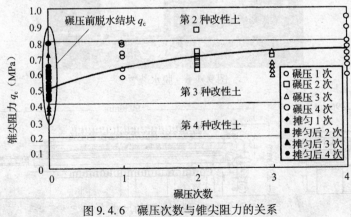

图 9.4.6　碾压次数与锥尖阻力的关系

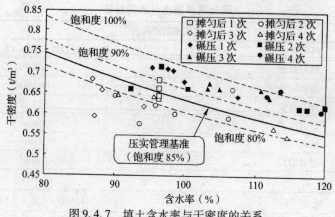

图 9.4.7　填土含水率与干密度的关系

9.4.4　真空加压脱水污泥处理及有效利用

本节介绍真空脱水装罩的概况，及利用该装置处理泥水盾构工程的剩余废弃泥水（沉井排出泥水大致与其相同）的试验结果。

（1）真空脱水装置

脱水装置的外貌如图 9.4.8 所示，该装置的参数规格如表 9.4.4 所示，装置尺寸及构造分别如图 9.4.9 和图 9.4.10 所示。图中示出了用千斤顶使滤板压紧靠拢时的断面图。靠聚丙烯板的受压重合，使滤板间出现厚 30mm 的滤室（可用换框的方法改变滤室的厚度）。该滤室的上部设有投入口，从该口压入高含水率的泥水，并添加少量凝聚剂。当滤室压入压力达到 0.25MPa（试验表明该压力时脱水效果最佳）时，随后维持该压力，并使真空泵工作，即泥水上产生负压（真空度 93kPa）进行真空脱水。聚丙烯布起过滤作用，由于压入压力和真空压力的作用产生过滤脱水液，并由滤板背面下部的排出口排出。

图 9.4.8　脱水装置

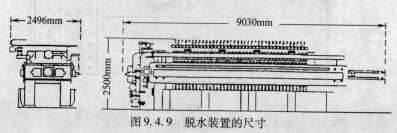

图 9.4.9　脱水装置的尺寸

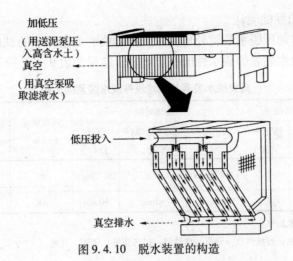

图9.4.10 脱水装置的构造

脱水装置规格   表9.4.4

滤室数（个）		38个
滤室容积		约2m³
总质量		18000kg
滤材	材质	聚丙烯
	尺寸	1.5m×1.5m
滤材	材质	聚丙烯布
	厚度	0.48mm
	通气度	1800mL/（min·cm²）
	抗压强度 纵	1.5kN/3cm
	横	1kN/3cm
	拉断伸长率 纵	30%
	横	30%

　　脱水后的改良土（结块）的排出，靠各滤板间用链条连接的千斤顶的伸张使滤板的间隙张开（达60mm），使改良土从该间隙下落到皮带传送机上，即所谓的瞬时开框方式。装置的另一个结构特点是滤板开框的同时，滤板自身振动，故改良土（结块）可自动脱离，即操作无人化。

　　另外，该脱水装置的开发条件是以普通水泥作凝聚剂。因为使用水泥作凝聚剂，故脱水后得到的改良土中也混入水泥，因发生水化反应故强度增加。所以调节水泥添加量可以控制改良土的强度，也就是说可根据不同的用途强度要求确定水泥添加量，从而得到满足需求的改良土。

　　另一方面，当处理的泥水中混有水泥时，过滤材上容易出现水泥固结堵塞网孔的现象，进而造成脱水效率大减。作为防止滤材网孔堵塞的措施，该装置采用滤板闭板后可自动从滤板内侧喷出清洗液进行清洗的设计。采用这种措施后，即使对于混入水泥多的泥水，作业结束后经过1h的冲洗，网孔的堵塞现象也可消除。

（2）脱水装置的性能确认

这里介绍用真空加压脱水装置处理泥水盾构排放的多余泥水的试验，并对真空加压脱水装置与过滤压榨脱水装置的脱水性能作了比较，结果如表9.4.5所示。

真空脱水装置与过滤压榨脱水装置的比较　　　　表9.4.5

| 机种 | 容量（m³） | 絮凝剂 | | 处理时间 | | | 处理泥水量（m³） | 泥水处理能力（m³/h） | 改良土的强度 q_c（MPa） |
		种类	添加率①（%）	脱水时间①	开闭框时间②②	合计①+②			
真空脱水装置	2	水泥	1.0	12.5min	7.25min	19.75min	6	18	0.87
过滤压榨	6	PAC	0.3	60min	30min	90min	18	12	0.59

注：① 相对泥水量的添加率。

　　② 脱水装置：闭框，残液回收，开框，清洗等；过滤压榨：闭框，开框。

9.4.5　纸浆渣烧结灰泥土改良再利用工法及适用实例

本节介绍PS灰改良材的基本性能、设计配比、改良土工法的施工实例。

1. 泥土改良材的基本性质和配比设计

（1）PS灰的性质及制品化处理

把造纸工业产生的污泥废弃物PS作燃料资源烧结，最后剩下的残渣称为PS灰。

表9.4.6示出的是40多种PS灰的基本特性。图9.4.11示出的是PS灰改良材制品化的处理方法。处理方法大致分为利用1次烧结时的高温气体对PS灰作2次烧结处理，及抑制氟的溶出，且以调整pH值为目的进行的高性能混合、造粒处理两种方法。至于选定哪种方法处理，应根据各造纸厂的设备条件及PS灰的性状决定。表9.4.7、表9.4.8及图9.4.12分别示出的是PS灰和实施处理后的PS灰改良材制品的化学成分、物理化学特性、粒度特性的比较。就作为原料的PS灰而言，因产生PS灰产地、厂家不同，其物理化学特性也不同（颗粒密度2.2～3.3g/cm³，相对密度为0.48～0.88，平均粒径 D 为5020～1000μm，pH值为7.2～12.5）。PS灰自身具自硬性，吸水功能强，故多适于泥土改良。但是原灰（未加改良的灰）存在氟的溶出量超过土质基准值的可能性。上述图、表中示出的FT泥土改良材是对原灰处理后符合土质基准要求的、质量稳定的泥土改良材产品。

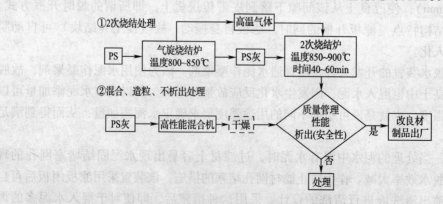

图9.4.11　PS灰的处理方法

PS 灰的基本特性　　　　　　　　　　　　　表 9.4.6

PS 灰	粒子密度 (g/cm^3)	* 改良效果 $q_c = 400kN/m^2$ 条件下的添加率（%）灰 $A \sim \delta$ 黏土 1 号（$w = 45\%$）	pH	其他	PS灰	粒子密度 (g/cm^3)	* 改良效果 $q_c = 400kN/m^2$ 条件下的添加率（%）灰 $\varepsilon \sim \delta$ 黏土 2 号（$w = 72\%$）	pH	其他
A	2.40	23.7	8.0	无养护的效果	Z	2.46	14.0	10.5	
B	2.82	14.6	7.3	无养护的效果	α	2.67	11.9	10.7	
C	2.71	17.4	7.2	无养护的效果	β	2.43	19.9	9.6	
D	2.52	23.2	10.8	无养护的效果	γ	2.34	19.8	11.2	
E	2.45	22.0	11.7	有养护的效果	δ	2.63		11.3	
F	2.36 ~ 2.55	18.0	11.3	短时间养护的效果	* $\varepsilon \sim \delta$ 灰的改良效果，使用 2 号黏土（$w = 72\%$）				
					ε	2.49	34.2	11.6	有养护的效果
G	2.36	15.2	11.5	有养护的效果	ξ	2.54	49.2	11.4	无养护的效果
H	2.39	24.0	11.1		η		49.5	9.0	无养护的效果
I	2.56	29.0	10.2		θ		51.9	8.8	无养护的效果
J	2.18	22.0	11.9		τ	2.44	44.6	10.9	无养护的效果
K	2.36	20.0	12.0		k	2.65 ~ 2.96	39.5	10.2	有养护的效果
L	2.58	24.0	9.8						
M	2.59	15.0	10.8		λ	2.64	47.3	11.7	无养护的效果
N	2.53	11.8	12.3	有养护的效果	μ	2.55		9.2	
O	2.35	20.0	10.5		* 就 $v \sim t$ 灰而言，纯灰的单轴抗压强度 q_u（kN/m^2）				
P	2.34	20.0	11.9						
Q	2.17	18.0	11.9		v	2.68	142.0	8.4	
R	2.55	25.0	12.2	有养护的效果	ξ	2.56	348.0	12.5	有养护的效果

629

PS灰	粒子密度 (g/cm³)	* 改良效果 q_c = 400kN/m² 条件下的添加率 (%) 灰 $A \sim \delta$ 黏土 1 号 ($w = 45\%$)	pH	其他	PS灰	粒子密度 (g/cm³)	* 改良效果 q_c = 400kN/m² 条件下的添加率 (%) 灰 $\varepsilon \sim \delta$ 黏土 2 号 ($w = 72\%$)	pH	其他
S	2.42	25.0	12.1	无养护的效果	o	2.45	24.0	11.7	无养护的效果
T	2.58	22.9	11.4		π	2.64	168.0	8.4	
U	2.52	14.0	11.8	无养护的效果	ρ	2.61	77.0		无养护的效果
V	2.52	17.0	12.3	有养护的效果	ζ	2.46	90.0		无养护的效果
W	2.50	17.9	10.5		σ	3.19	967.0		有养护的效果
X	2.36	21.4	11.8		τ	3.30	206.0		
Y	2.29 ~ 2.36	8.0	12.0	有养护的效果					

PS 灰与改良材的化学成分比较　　　　　　　　　表 9.4.7

化学成分	含 有 率（%）	
	FTPS 灰改良材	一般 PS 灰（范围）
Al_2O_3	22.6	10 ~ 54
SiO_2	33.8	20 ~ 57
CaO	18.1	2 ~ 35
MgO	5.2	0.6 ~ 12
Fe_2O_3	1.8	1 ~ 5

PS 灰与改良材的物理化学特性的比较　　　　　　　表 9.4.8

材料	FTPS 灰改良材	一般 PS 灰（范围）
颗粒密度（g/cm³）	2.4	2.17 ~ 3.3
pH	≤10	7.2 ~ 12.5
氟析出量（mg/L）	≤0.8	0.1 ~ 7.0
密度（g/cm³）	0.67	0.484 ~ 0.876
吸水率 w_{ab}（%）	105	80 ~ 192

表9.4.8中所谓的吸水率w_{ab}（%）是日本学者望月美登志等人提出的用试验方法求取表征材料吸水性能的指标，该指标表征材料自身保持的含水率。FT改良材的颗粒级配（见图9.4.12）与细砂接近，但颗粒内部存在许多细孔（图9.4.13是FT改良材电子显微镜下的照片），故FT改良材具备极强的吸水性能。另外，该材料的压实强度高，承载能力强。

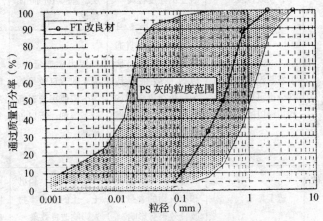

图9.4.12　PS灰与改良材的级配

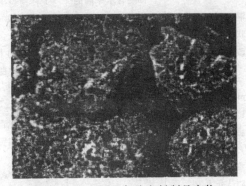

图9.4.13　FTPS灰改良材制品实物

（2）泥土改良工法的特点

使用FT制品改良泥土的原理是，液状高含水率泥土中的剩余水被改良材吸收，因此，改良材与泥土混合后泥土成为可以直接运输的第4种建设产生土。施工存在以下几个特点：

①　因为可以瞬时改良，所以无需养护时间和场地。

②　改良材自身满足土质环境基准要求，故对环境无影响。

③　因从原理上讲，改良材不与土壤发生反应，所以适应的土质范围宽。

④　因改良材的粒径与细砂相似，所以改良材与泥土的搅拌混合，比通常的粉体改良材与泥土的搅拌混合容易。

⑤　处理土的再开挖、运输、压实容易。

⑥　添加量的调整范围宽，故可确保必要的强度。

表9.4.9示出的是改良材与以往其他改良材的特征比较。

FT 改良材与以往改良材的特征比较 表 9.4.9

项目	FTPS 灰改良材	石 灰 类	水 泥 类	高分子类	石 膏 类
改良原理	利用 PS 灰吸水的物理性质，也有附加固化功能的情形	利用吸水、发热，降低土的含水率，实现改良	利用水泥的水化、固结作用，实现土的强度提高	高分子吸附、固定自由水，在土颗粒表面形成覆盖层，框架进而团粒化	利用泥土中的水分生成熟石膏，进而成为2水石膏固化，属化学改良
改良效果	FT 改良没有贯通的部分也可期待吸水作用的改良效果，可按室内配比试验结果的原样在现场使用	石灰没有贯通的部分也可期待吸水作用得以改良	因水泥没有贯通的部分不固化，所以改良效果不均匀。故在决定现场添加量时，应根据施工方法，修正现场与室内的强度比	因为添加量少，为了使改良效果均匀，需使用液态高分子溶剂，所以价格高	在土中水分渗入的瞬时固化。固化改良后，如果对改良土反复压实时，可能致使强度下降
适用土质	首选黏土、砂土、腐殖土也可适用	适于黏土	适于砂土。黏土和有机物的含量对改良效果有影响	适于黏土、粉砂土。土的含水率过大影响改良效果	黏土、砂土均可适用。含水率大影响改良效果
适用的含水率	即使含水率高的土，只添加量合适，均可期待好的改良效果	混入石灰后仍呈泥状的土，不能期待改良效果	即使含水率高的土，只要添加量适当，均可很好地硬化，即可期待改良效果	只限于砂场合下含水率≤50%的情形，及黏土含水率≤100%的情形，可以期待改良效果	对高含水率的土，应考虑增加添加量，还应考虑与其他固化材并用
环境影响	在标准的使用范围内，可呈中性~弱碱性的改良，对动植物的影响极小	pH 值呈强碱性。动植物的生长有不适感。水化反应生热。超过 500kg 的储藏、使用必须有消防队介入	六价铬的析出不稳定。改良土的 pH 值呈强碱性，对动植物生长带来不适	中性、无毒，即使长时间搁置也无问题	改良材自身呈中性，但以废石膏板等为原料时，氟的析出量大。此外，还应注意选定石膏和改良土中的硫化物的影响
施工性	因为可以瞬时改良，故无需养护，改良不均匀现象也少。即使黏性高的土，也可以用专用机械搅拌均匀	固化必须几天的养护时间。储藏、施工时均应引起注意	固化必须几天的养护时间。如果改良不均匀和添加量多，说明施工性存在问题。若搅拌叶片不搅拌材料发生空转，混合性能显著下降	无需养护时间，改良土的强度低，不适于填土材使用。为了提高固化强度，应与固化材（水泥）并用，要想混合均匀必须使用专用机械	因为反复压实时强度下降，所以施工时应予注意。施工中并用助材的情形较多，不适于连续改良
再利用	因为是物理改良，所以再利用时强度不变	因为需要把固结土解开，故强度低，存在2次泥化的可能	因为是松散固结土，故强度下降	即使运输后再利用，性能也不发生变化	因为是松解固结土，故需2次压实，改良土转运时应予注意

632

（3）泥土改良效果及配比设计

改良材改良建设工程产生土的场合下，因为用静锥尖阻力区分建设产生土的种类（改良标准），所以实施用静力触探法进行改良材的配比试验。这里讨论该改良建设泥土的改良特性和配比设计方法。图 9.4.14 示出的是对盾构排泥（淤泥砂）分别实施添加 FT 改良和生石灰处理后的改良效果的比较。为了得到必要的强度，FT 改良材的添加率与生石灰的添加率相比要大，但是改良单价要比生石灰低。另外，对高有机质

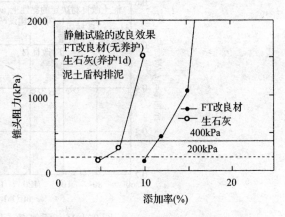

图 9.4.14 改良材配比试验结果比较

泥土的场合而言，FT 改良材的添加量≤以往固化材的添加量。为了确立本改良工法的合理设计配比，对现场采集的多种泥土实施配比试验的结果如图 9.4.15 所示。这里把泥土的剩余水看成是超过液限 w_L 的水（即 $w - w_L$），图 9.4.15 是泥土剩余水量与对 $q_c = 200$KPa 的第 4 种产生土的改良材必要添加率 η 的关系。添加率 η 用 $\eta = M_m/M_s$ 定义，M_m 为改良材的添加量，M_s 为干泥土的质量。改良材使用流通制品 FT 改良材和 4 种开发中的材料。对无法求出液限的 NP（non-plastic）泥土而言，可把 $w_L = 0$ 的含水率 w 看成是剩余水。从该结果不难发现，无论哪种改良材，添加率 η 与剩余水（$w - w_L$）均呈直线关系。即存在关系 $\eta = C（w - w_L）+ d$。目前的整理结果发现 plastic 与 non-plastic 直线间出现平行间距。就吸水率 w_{ab} 与添加率 η 的关系而言，存在图 9.4.16 的结果，w_{ab} 值大的材料添加率小，改良效果好。由上述结果可知，可据目标强度求出改良材的添加率 η，若能明确剩余水量和改良材的吸水性能指标 w_{ab} 的定量关系式，则可由 w_{ab} 确立 η。

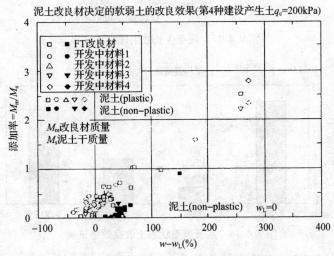

图 9.4.15 添加率 η 与（$w - w_L$）的关系

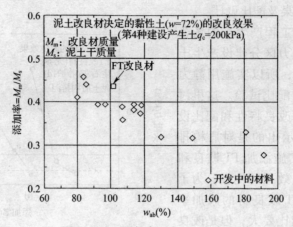

图 9.4.16　添加率 η 与 w_{ab} 的关系

2. 环境改善效果

因 FT 改良材工法的改良土呈中性，且有适度吸水、保水性，所以在各种环境评价试验中均可获得良好的结果。图 9.4.17 示出的是蔬菜生长效果评价试验。图 9.4.18 是对水蚤繁殖困难的池底泥和池水用 FT 改良材处理后成为理想水蚤繁殖状态土的改良效果。另外，还对构成湖泊水质恶化要因的底泥进行了盐类析出试验。图 9.4.19 和图 9.4.20 示出的是改良材抑制疏浚土的氮、磷析出速度的效果。

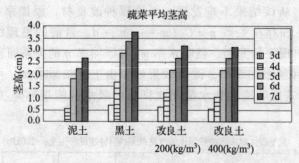

图 9.4.17　蔬菜生长效果评价试验

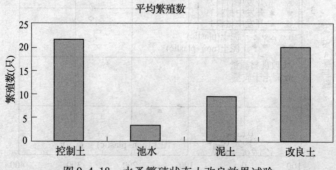

图 9.4.18　水蚤繁殖状态土改良效果试验

包括其他测量项目在内的综合试验中也发现同样的倾向，所以该改良工法还可期望湖泊水质的改善，及把底泥改良土作湖泊内侧护堤材的再利用。

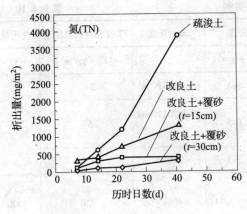

图9.4.19　氮析出的历时变化

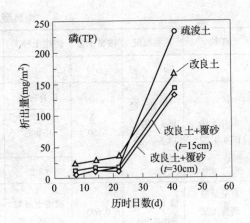

图9.4.20　磷析出的历时变化

3. 适用实例

（1）各种工程中的泥土改良实例

至今为止，FT改良工法在盾构排泥处理、建设产生土的改良、软地层改良、道路路床改良、湖泊河流泥土改良等领域有着广泛的适用实例。图9.4.21～图9.4.24、表9.4.10示出的是典型的工程适用实例。图9.4.21是沉井开挖软土的改良状况；图9.4.22是疏浚河流疏浚土的改良状况，FT改良工法与以往的固化工法相比，不存在搅拌不均的因素影响；当湖泊疏浚底泥的对象土的黏性大，用铲斗搅拌很难实现均匀混合，再加上环境条件的限制，所以必须采用防止粉尘泥浆四溅的封闭措施，即使用改良型单轴搅拌螺旋钻的专用装置。图9.4.23是泥土顶管工程中的排泥处理适用实例。掘削的同时可以迅速确认排出泥土的物性，判断最佳改良率（第4种建设产生土），同时实施改良处理。

（改良前）⇨（改良后）　　　　　　　（改良前）⇨（改良后）

图9.4.21　沉井开挖软土的改良状况　　　图9.4.22　河流疏浚土的改良状况

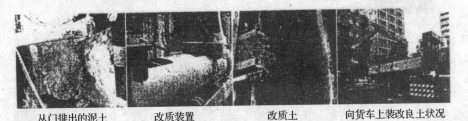

从门排出的泥土　　　改质装置　　　改质土　　　向货车上装改良土状况

图9.4.23　泥土顶管工程的适用实例（优于第4种建设产生土）

典型工程实例　　　　　　　　　　　　　　　　　表 9.4.10

工法	工程概况	改良土量	产生土种类	密度	改良强度	FT 改良材的添加量	使用量
		（m³）		ρ_S（g/cm³）		平均（kg/m³）	（t）
沉井工法 （图 9.4.22）	外径16m，内径13.5m，深28.5m	6150	废弃泥浆	1.565	$q_c = 200\text{kN/m}^2$	345	775
			粉灰石	2.645	坍落值 120mm 以下	50	
			砂土	2.795	$q_c = 200\text{kN/m}^2$	130	
真空泵船疏浚工法 （图 9.4.23）	桥下河流总长 220m	9.695	疏浚土（黏土，砂土等）	2.541~2.744	$q_c = 400\text{kN/m}^2$	420	4000
单轴螺旋钻改进机疏浚土改良 （图 9.4.24）	湖泊疏浚土改良	57000	疏浚土（有机土）	2.347~2.576	$q_c = 500\text{kN/m}^2$	300~350	1700
泥土顶管工法 （图 9.4.25）	管径 3000mm 路线长 288m （72m×4）	2448	黏土粉砂土	2.670	$q_c = 200\text{kN/m}^2$	222	544

目前都市的盾构隧道、顶管隧道的施工工程较多，确保养护场地较为困难，所以选用无需养护期的 FT 改良工法非常必要。近年已问世最大处理能力 200m³/h 的处理装置，在大口径泥土盾构工程的排泥处理中得以适用。

（2）改良土的应用实例

图 9.4.21~图 9.4.23 的工程实例，均为改良土生成后立即运往利用现场作填土等建设材料有效利用的实例。但是，对于改良土量大的疏浚泥土而言，应事前作好利用计划。因改良土呈中性，对再利用场地的环境无恶化影响，所以在农田底土（图 9.4.24）、宅地、停车场、校园操场等填土工程中均可选 FT 改良工法施工。图 9.4.25 示出的是倾斜护堤填土材再利用的实例。图 9.4.26 示出的是倾斜湖堤造成实况。

图 9.4.24　农田底土

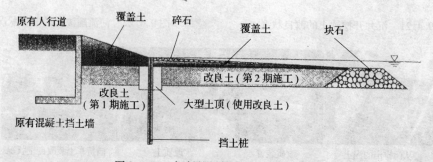

图 9.4.25　倾斜护堤填土材再利用实例

图 9.4.26 倾斜湖堤造成状况

本节所述 PS 灰的改良土工法，近年国外进展极快，需求量大，生产规模也随之扩大。大型储藏设施的设置、运输系统的充实等已成系统化，产品日趋规范化。

参 考 文 献

[1] 陈仲颐, 叶书麟. 基础工程学. 北京: 中国建筑工业出版社, 1990

[2] 顾晓鲁等. 地基与基础. 北京: 中国建筑工业出版社, 1994

[3] 建筑地基基础设计规范 GB 50007—2002. 北京: 中国建筑工业出版社, 2002

[4] 程骁, 张凤祥. 土建注浆施工与效果检测. 上海: 同济大学出版社, 1998

[5] 吴红兵. 沉井施工纠偏技术. 上海隧道, 1995, 4 (总24): 127~132

[6] 吴红兵. 软土地层沉井施工实践及技术难点处理. 上海隧道, 1996, 2 (总25): 81~87

[7] 吴红兵. 软土地层中短刃脚深沉井施工技术处理. 上海隧道, 1997, 2 (总29): 81~84

[8] 张凤祥. 地下埋设物体的无损探测. 上海市政工程, 1990, 2 (14): 34~39

[9] 张凤祥. N 值与土质参数的关系. 上海隧道, 1996, 2 (总26): 88~97

[10] 张凤祥. 盾构隧道竖井的设计与施工 (一). 上海隧道, 1997, 1 (总28): 97~114

[11] 张凤祥. 盾构隧道竖井的设计与施工 (二). 上海隧道, 1997, 2 (总29): 85~104

[12] 张凤祥. 压沉沉箱竖井工法. 中国土木工程学会隧道及地下工程分会第十届年会论文集. 铁道工程学报增刊, 1998, 10: 648~653

[13] 张凤祥. 沉箱工法新技术. 岩石力学与工程学报, 第18卷增刊 (总71), 1998. 8: 1079~1082

[14] 张凤祥. 沉井沉箱工法最新技术进展. 上海隧道, 1999, 2 (总36): 62~67

[15] 七泽利明. ヶーソン基础的设计. 基础工, 1997, 25 (2): 35~42

[16] 大内正敏. ヶーソン基础的设计例. 基础工, 1997, 25 (2): 64~75

[17] 山崎和夫. 地震时保有水平耐力法によゐ铁筋コンクリート桥脚と基础的设计例. 基础工, 1997, 25 (3): 103~114

[18] 田边胜利. ヶーソン基础と地中连壳壁基础との设计法の比较. 基础工, 1997, 25 (9): 21~28

[19] 棚村史郎. 铁道における柱状体基础の设计法. 基础工, 1997, 25 (9): 14~20

[20] 木村嘉富. 道路桥における柱状体基础の设计法. 基础工, 1997, 25 (9): 8~13

[21] 向山辰夫. 井筒型基础の设计について. 橋梁と基础, 1993, 27 (7): 41~45

[22] 池谷洋. シールド机にとゐ直接切削连贯进を考虑した圧入丹形ヶーソンの施工. 土木施工, 1996, 37 (7): 41~46

[23] 小宅知行. 圧入力としてダラウンドアンヵーを利用したヶーソン工法. 基础工, 1997, 25 (7): 110~114

[24] 松田辉雄. セダメント圧入掘削にとり立坑を筑造. トンネルと地下, 1992, 23 (7): 47~52

[25] 藤田宏一. ヶーソンェ事での地下水对策. 基础工, 1990, 18 (8): 96~101

[26] 日产建设. SSヶーソンェ法. 建设の机械化, 1998, 10 (584): 51

[27] 谷村大三郎. 自动化オープンケーソンェ法にとゐ大规模立坑の掘削. 建设の机械化, 1998, 7 (581): 9~14

[28] 佐久间智. へリウム混合ガス併用无人掘削工法にとゐ大深度ニューマチックケーソンの近接施工. 土木技术, 1995, 50 (11): 54~65

[29] 龚锦涵. 潜水医学. 北京: 人民军医出版社, 1985

[30] 佐久间敏夫. 自动化ヶーソンェ法. 基础工, 1990, 18 (2): 88~93

[31] 中川干雄. 自动化ケーソンェ法の开发. 土木学会论文集. 1994, 24 (9)：23～25

[32] 阿部伸二. 自动化オープンケーソンェ法にとゐ大深度立坑の施工. 土木施工, 1999, 40 (2)：9～16

[33] 角田治郎. ケーソンの自动掘削机. 基础工, 1993, 21 (2)：50～54

[34] 杉江哲出. 多机能型ケーソン掘削机 DREAM Ⅱ. 建设机械, 1998, 34 (8)：95～98

[35] 石井通夫. 狭隘个所にずけるケーソンの施工. 基础工, 1998. 26 (8)：29～35

[36] 小松秀树. 国内最高作业气压下でのニューマチックケーソンの施工. 土木施工, 1999, 40 (5)：71～77

[37] 藤本忠孝. 自动化ケーソン工法にとゐ城山立坑工事. 基础工, 1997, 25 (9)：64～69

[38] 上月直昭. 多机能型ケーソン掘削机ドリームⅡにとゐ高气压下（0.42MPa）の岩盘掘削. 建设の机械化, 1999, 6 (592)：22～27

[39] 原口和夫. 东汉芦屋线海中ケーソン基础の选定——无人化施工. 基础工, 2000, 28 (5)：50～53

[40] 建筑抗震设计规范（GB 50011—2001）. 北京：中国建筑工业出版社, 2008

[41] 落合紘一. デュアルウオータージエットシステム. 建设机械, 2006, 42 (4)：48～53

[42] 森拓摩. ニューマチックケーソンの近接（1.4m）施工. 建设机械2008, 44 (11)：62～67

[43] 天野明. 地下水位ガ高い玉石・岩盘层におけるオープンケーソンの施工例, 基础工1989, 17 (11)：86～93

[44] 后藤贞雄. 隔壁のない直径64mのオープンケーソン施工. 基础工, 1980, 8 (7)：36～45

[45] 上坂贤三. バイブリッドケーソン制作と施工. JOURNAL for CIVL ENGINEERS 2009, 50 (3)：20～25

[46] 八木健一郎. 超大形オープンケーソンの管理计测例. 基础工, 1984, 12 (5). 87～92.

[47] 泉满明. 圧入式オープンケーソン工事. 基础工, 1980, 8 (7)、47～55.

[48] 小沢大造. ケーソン制作におけるPCブロックケーソン工法. 土木技术55 卷7 号（2007. 7), 89～93

[49] 石丸正之. 常陆那珂港のケーソン制作におけるトータルリフトァップ工法. 土木技术55 卷10 号（2000. 10), 38～46

[50] 小林法男. ケーソンェ法で新干线・埼京线と交差. トンネルと地下, 2003 年（平成15 年）4 月. 第34 卷4 号, 15～26

[51] 松田信夫. 自动化オープンケーソンェ法で大深度の土丹层な掘削. トンネルと地下, 2007 年（平成19 年）7 月. 第38 卷7 号：45～53

[52] 关口信一郎. 铁骨构造にとるハィブリッドケーソンの构筑工法, 土木技术54 卷9 号（1999. 9), 58～66

[53] 真锅 匠. 海上工事における观测施工（ケーソン据付の无人化施工), 基础工, 2007. 35 (9). 33～37

[54] 特集◈ 明石海峡大桥の基础工. 基础工, 1993, 21 (5)

[55] 铃木 干启设置ケーソン工事における情报化施工. 基础工, 1999, 27 (6)：47～52

[56] 工藤健一. 斜底面ケーソン式岸壁の适用——日高港. 基础工, 2006. 34 (7)：69～71

[57] 秋山敬吾. 斜底面ケーソン式岸壁の设计・施工. 土木技术56 卷8 号（2001. 8)：81～86

[58] 池田 青. 斜底面ケーソン式岸壁の设计・施工について一日高港御坊地区岸壁（－12m)（耐震取付部). 基础工, 2003. 31 (5), 34～37

[59] 落合紘一. 除去アンカーシステム. 建设机械2005. 41 (3)：62～67

[60] 佐藤荘一郎. ニューマチックケーソンにとる新干线・埼京线下道路トンネルの施工. 土木施工, 2001. 42 (12)：10～15

[61] 金本康宏. 地中しーダ法にとる地中构造物の可视化と适用性. 基础工, 2005. 33 (9). 43~45

[62] 前原后春. 地下水调查技术とその留意点. 基础工, 2006. 34 (3). 6~12

[63] 山县延文. ニューマチックケーソン自动掘削工法. 建设の机械化. 2001. 10 (2): 17~22

[64] 藤田宏一. ケーソンの世界ナンバーワン巡り. 基础工, 2006. 34 (1). 47~56

[65] 张凤祥. 产业弃物在土建工程中的再利用, 北京: 人民交通出版社, 2006. 12

[66] 张凤祥. 沉井与沉箱. 北京: 中国铁道出版社, 2002. 1

[67] 塩井幸武. 构造物基础におけるケーソン基础の位置づけ. 基础工, 2008, 36 (11): 3~6

[68] 河海大学. 交通土建软土地基工程手册. 北京: 人民交通出版社, 2001

[69] 基础工程施工手册编写组. 基础工程施工手册 (第二版). 北京: 中国计划出版社, 2002